2023 机电创新与产教融合新思考论文集

余联庆　主编

北京理工大学出版社
BEIJING INSTITUTE OF TECHNOLOGY PRESS

内 容 简 介

作为机电大省、科教大省，湖北省的机电企业、高等院校一直在不懈努力，不断推陈出新，实现一批批科研和学术成果。本书是《机电创新与产教融合新思考》第五部论文集，其中收录的论文都是高校和企业探索机电创新与产教融合的最新经验和最新结晶。

本书分为七部分内容，即学术研究、教学研究、人才培养、产品技术、校企合作、创新教育及相关行业，围绕机电行业学术研究，收录了创业人才培养、技术创新培养，学校体制创新、机制创新，以及新产品、新材料、新理念、新技术等相关文章。

本书应湖北省机电工程学会会员要求出版发行，作为每年一届的中部机电行业产学研训合作峰会暨中部机电院长联席会（湖北省机电院长联席会）年度会刊保存收藏。

期待今后在实现机电创新和产教融合方面，涌现出更多的新思想、新观念、新路径。

图书在版编目(CIP)数据

2023 机电创新与产教融合新思考论文集 / 余联庆主编. -- 北京 : 北京理工大学出版社, 2023.9

ISBN 978-7-5763-2899-8

Ⅰ. ①2… Ⅱ. ①余… Ⅲ. ①机电工程-产学合作-教学研究-高等学校-文集 Ⅳ. ①TH-4

中国国家版本馆 CIP 数据核字(2023)第 180141 号

责任编辑：徐艳君　　**文案编辑**：徐艳君
责任校对：周瑞红　　**责任印制**：李志强

出版发行 / 北京理工大学出版社有限责任公司
社　　址 / 北京市丰台区四合庄路 6 号
邮　　编 / 100070
电　　话 / (010) 68914026（教材售后服务热线）
(010) 68944437（课件资源服务热线）
网　　址 / http://www.bitpress.com.cn

版 印 次 / 2023 年 9 月第 1 版第 1 次印刷
印　　刷 / 三河市华骏印务包装有限公司
开　　本 / 787 mm×1092 mm　1/16
印　　张 / 29
字　　数 / 710 千字
定　　价 / 98.00 元

图书出现印装质量问题，请拨打售后服务热线，负责调换

编　委　会

收　获

古人云：人生有“三不朽”——太上立德，其次立功，其次立言。立言者，立说也。

打开这本论文集，犹如大专院校、机电企业在教学实践、技术创新领域成果的“大检阅”——论文或侧重于职业教育理论运用、课程建设、模块化教学方式和教学评价体系，或侧重于企业智能赋能、生产工艺改进、技术创新……无一不是见微知著，无一不是真知灼见！其鲜活的素材、科学的描述、独到的见解，源于湖北机电工程学会众多会员、专家的认真和执着，严谨与睿智。这些由心灵迸发而出的文章，不仅仅是立言立说，更如一盏盏明灯，照亮了自己，也点亮了他人前行的路。

从这个意义上说，这些教学与实践的结晶虽未必不朽，但其言其说，必将云水相关，相映成辉，一定能使得这本论文集愈加景象万千，并起到答疑解惑、师者长思的积极作用。

湖北机电工程学会 2018 年 12 月成立，经过 5 年的发展，会员人数达到 800 余人。难能可贵的是，这 5 年中，有 3 年多的时间受到新冠病毒肺炎疫情的严重冲击，但各会员单位、专家学者、企业技术人员，聚力学术创新、产教融合，善谋致远、励学敦行、骁勇前行、笔耕不辍，取得了一个又一个丰硕成果。正是这些耕耘者，让我们享受了收获的喜悦。吸吮着收获的蜜汁，我们又有什么理由不憧憬更美好的明天？

立言立说是一门艺术，更是一种智慧，是一项智者的工作。陶行知先生说：“捧着一颗心来，不带半根草去。”为了科技报国这一伟大而神圣的事业，我们必当“志行万里者，不中道而辍足”。

当前，我国已踏上建设中国式现代化的新征程，机电制造业高质量发展，是中国走向现代化、实现民族复兴的重要支撑。它决定着国家的未来，也关乎着国家的核心产业安全。志行万里，仰望星空，更要脚踏实地。

习近平总书记曾提出“四个面向”——面向世界科技前沿，就是要加强基础研究和应用基础研究，瞄准关键领域，持之以恒推进原始创新；面向经济主战场，要将了解经济发展规律和掌握专业技能结合起来，推动科研与生产实践相结合；面向国家重大需求，要胸怀大局，做国家最需要的事；面向人民生命健康，要坚持以人民为中心，以科技创新不断增进民生福祉。

这“四个面向”为机电行业学术创新、产教融合指明了前进方向，提供了根本遵循。对于湖北机电工程学会广大会员单位、科技工作者来说，就是始终要坚定国家发展需要、人民要求、市场需求的方向，强化科研攻关、促进成果转化，把论文写在祖国大地上。

可喜的是，这本论文集，正是把“论文写在祖国大地上”的生动实践。其意义在于彰显了机电人开拓创新、科技报国的本色，敢为人先、攻坚克难的创新精神，和不忘初心、慎终如始的历史责任，把论文写在机电行业的急难愁盼上，写在立足新阶段、贯彻新理念、全面推动机电行业高质量发展的征程中。

我国机电行业正在全面向智能化、绿色化转型，需要大量高素质机电人才。人才是富国之本、兴邦大计。我们的机电专业高等院校、科研院所和企事业单位，责无旁贷。

习近平总书记强调，建设教育强国，龙头是高等教育。切实发挥好高等教育的龙头作用，对于教育强国建设意义重大。面对党和国家加快建设人才强国、聚天下英才而用之的新目标新要求，面对新一轮科技革命和产业变革重构人才中心和创新版图的新形势新环境，实施高水平研究型人才强校战略，全面落实立德树人根本任务，深刻把握世界之变、时代之变、历史之变，努力做深入实施科教兴国战略、人才强国战略、创新驱动发展战略的推动者、践行者，培养造就大批德才兼备的高素质机电人才，我们肩上担负着沉甸甸的责任。

老子曰："合抱之木，生于毫末；九层之台，起于垒土。"中国式现代化的美好画卷正在徐徐展开，时代催人奋进。站在新一轮产业变革和科技革命的前沿，源于初心，始于梦想，筑梦育人，我们要以这本论文集为新的起点，仍将踔厉奋发，笃行不怠。勤耕，土地将馈以丰饶；笃行，成功必跬步千里。

本论文集的编写得到了北京华航唯实机器人科技股份有限公司以及越疆机器人的大力支持，在此一并表示衷心感谢！

武汉纺织大学党委书记

2023 年 8 月于武汉

前　言

法国作家罗曼·罗兰说："要撒播阳光到别人心中，总得自己心中有阳光。"这或许就是对我国唐代大文人韩愈有关师者的另一种解读。他在《师说》中云："古之学者必有师。师者，所以传道受业解惑也。人非生而知之者，孰能无惑？……道之所存，师之所存也。"

《机电创新与产教融合新思考（2023版）》就是这道光——一道心灵之光，一道智慧之光，更是一道教育之光。这道光不一定能让所有读者"茅塞顿开"，但一定能好似"随风潜入夜，润物细无声"，启迪人们的心智，让人受益匪浅。

《机电创新与产教融合新思考》至今已经出版了四卷，而《机电创新与产教融合新思考（2023版）》将是第五卷。应该说，其中的每一卷都适应各个时期的重要行业特征。第五卷全书共收录了81篇论文，共计80万字。本书包括七部分内容：学术研究、教学研究、人才培养、产品技术、校企合作、创新教育及相关行业。字里行间，都反映了机电行业科技人员、教育工作者、企业管理人员敏锐的嗅觉和创新精神，具有鲜明的前沿探索特性。毫不夸张地说，这是高校和企业探索机电创新和产教融合生动实践的最新经验和成果结晶，同时也是湖北作为机电大省、科教大省的挺膺担当。

我们正处在一个巨变的时代，一个需要推陈出新的时代，一个开创新时代中国特色社会主义伟大实践的时代，时代催促机电行业的每一个人"不待扬鞭自奋蹄"，不断努力探索机电产教融合发展的新途径、新方法、新模式。从这个意义上说，我们任重道远！

最后，特别鸣谢本书出版的主要支持单位：武汉理工大学、太原理工大学、福建农林大学、武汉纺织大学、湖北工业大学、江汉大学、湖北汽车工业学院、武汉东湖学院、武汉城市职业学院、武汉软件工程职业学院、襄阳汽车职业技术学院、湖北工程职业学院 、天门职业学院，以及北京华航唯实机器人科技股份有限公司、深圳市越疆科技股份有限公司等企业。正是因为上述单位的鼎力支持，促成了本书的顺利出版。

目　录

第一篇　学术研究

第二篇　教学研究

第三篇　人才培养

第四篇　产品技术

第五篇　校企合作

第六篇　创新教育

第七篇　相关行业

第一篇　学术研究

AHP 法在设备故障管理中的应用[①]

王　东[1]　陆全龙[2]　袁子厚[1]　唐令波[1]

1. 武汉纺织大学；2. 武汉工程职业技术学院

摘　要：本文通过一个 QC（质量管理）活动的设备故障案例，阐述在 QC 活动中应用 AHP 法建立协调机制，以提高 QC 小组整体设备故障预测判断能力的运作。其中，对于如何应用 AHP 基本原理做了某些调整变通，以开拓新的应用方面。

关键词：决策　AHP 法　故障判断　质量管理

引言

20 世纪 70 年代提出的多目标层次分析法（Analytic Hierarchy Process，AHP），是一种定性量化层次分析法，亦称多目标层次分析决策法。AHP 的基本思想是，对课题所涉及的诸因素分成目标、准则和措施三大类，然后构造一个由课题总目标到措施各个因素之间相互关联的层次结构模型——关联图。由此，通过上下两层之间的下一层因素，并关联上一层的准则因素，进行两两比较并计算标定它们的相对重要程度（权重），最终求得措施对于总目标的权重排序，择重而行。

1　AHP 的方法

1.1　判断矩阵的检验

由文献[1]可知，可由（$\lambda_{max}-n$）度量判断矩阵 $\boldsymbol{A}'$ 与 $\boldsymbol{A}$ 的一致性，即以平均相容性指数 C. I. 度量，见下式：

$$\text{C. I.}=\frac{\lambda_{max}-n}{n-1} \tag{1}$$

C. I. 越大，$\boldsymbol{A}'$的相容性越差。通常认为，当 C. I. ≤0. 1 时，$\boldsymbol{A}'$的相容性是可以接受的，否则应重新判断。

当判断矩阵的阶数越高时越难以准确判断，故应放宽对高阶判断矩阵相容性的要求。于是，引入修正值 R. I. ，如表 1 所示。此时采用 C. R. 作为高阶判断矩阵相容性指数，且通常当 C. R. ≤0. 1 时可以接受[2]，即：$\text{C. R.}=\frac{\text{C. I.}}{\text{R. I.}}$

---

① 基金项目：武汉纺织大学研究生精品课程（202201048）。

表1 修正值R.I.

阶数	5	6	7	8	9
R.I	1.12	1.24	1.32	1.41	1.45

1.2 判断矩阵的计算

如前述，判断矩阵的各个元素是估计给出的。其具体操作的做法是依据两两对比的程度相应找出判断尺度量来给出。因而问题需计算出判断矩阵的特征向量 $\boldsymbol{\omega}$ 和特征值 λ。前者便是问题的答案，而后者则为检验建立的判断矩阵的相容性所用。

设矩阵 $\boldsymbol{A}'$ 的元素 $a_{ij}=\frac{w_i}{w_j}$，$\boldsymbol{A}'$ 的每行元素的几何平均值 W_i 为：

$$W_i=\left(\prod_{j-1}^{n}a_{ij}\right)^{\frac{1}{n}},\quad i=1,2,\cdots,n \tag{2}$$

归一化，便可得特征向量的分量 $\boldsymbol{\omega}_i$，即：

$$\boldsymbol{\omega}_i=\frac{W_i}{\sum_{i=1}^{n}W_i},\quad i=1,2,\cdots,n \tag{3}$$

也可以用算术平均求 ω_i。矩阵 $\boldsymbol{A}'$ 的特征值 λ 由式解出，即：

$$\begin{bmatrix}\alpha_{11} & \alpha_{12} & \cdots & \alpha_{1n}\\ \alpha_{21} & \alpha_{22} & \cdots & \alpha_{2n}\\ & \vdots & & \\ \alpha_{n1} & \alpha_{n2} & \cdots & \alpha_{nn}\end{bmatrix}\begin{bmatrix}\omega_1\\ \omega_2\\ \vdots\\ \omega_n\end{bmatrix}=\begin{bmatrix}\lambda_1 & & & 0\\ & \lambda_2 & & \\ & & \ddots & \\ 0 & & & \lambda_n\end{bmatrix}\begin{bmatrix}\omega_1\\ \omega_2\\ \vdots\\ \omega_n\end{bmatrix} \tag{4}$$

解出各个 $\lambda_i(i=1,2,\cdots,n)$ 值选其中最大者 λ_{max} 用于检验 $\boldsymbol{A}'$ 的相容性。如相容性指数可以接受，上述计算出的 $\boldsymbol{\omega}=(\omega_1,\omega_2,\cdots,\omega_n)^{T}$ 便有效。

2 AHP在QC故障诊断中的应用

现以作者发布的《改进水喷淋控制系统，提高HiB钢生产合格率》QC成果案例[3-4]，来具体说明AHP法在QC故障诊断活动中的应用。

QC小组对影响水喷淋系统的各个因素经排查绘制成图1的关联图。接着用“0—1”法筛选要因（1——主要因素，2——次要因素），如表2所示。

表2 “0—1”法确认要因

序号	故障因素	小组成员确认							
		P_1	P_2	P_3	P_4	P_5	P_6	P_7	合计
1	喷嘴喷口形状不规范	1	1	1	1	1	1	1	7
2	喷淋管喷嘴排列不当	1	1	1	1	1	1	0	6
3	循环水质结垢	0	1	1	0	1	1	0	4
4	管路锈蚀	0	0	0	1	0	0	1	2

续表

序号	故障因素	小组成员确认							
		P_1	P_2	P_3	P_4	P_5	P_6	P_7	合计
5	喷淋管接头泄漏	0	0	0	0	1	0	0	1
6	炉内粉尘多	0	0	1	0	0	0	1	2
7	循环水工艺参数不当	1	1	1	1	0	0	0	4
8	环境温度高	0	0	0	1	0	0	0	1
9	调节阀失灵	0	1	0	0	0	0	0	1

QC 小组共有 10 名成员，其中高工 1 名（P_1），技术管理人员 3 名（P_2~P_4），操作工人 6 名。因为 3 名工人在认定时“弃权”，故只统计 3 人的认定（P_5~P_7），且 P_5 系该机组班长。

从表 2 看出，因素 1 和因素 2 分别获 7 人和 6 人被认定为要因，因而可以将它们列为整改因素；因素 4~6 和因素 8 和 9 由于被认定为要因得票少，故可以不考虑整改。而因素 3 和因素 7 均各有 4 人认定为要因，因“过半数通过”亦列入整改，即筛选出 4 个因素整改。

按照 QC 活动应先易后难、短期见效、宜小不宜大的选题原则[5]，对本课题而言，如果一次 PDCA 循环不宜将整改因素列入太多而分散整改精力，就有必要对上述两个因素再进行斟酌筛选，择一整改。

众所周知的一个客观事实是，三结合的 QC 小组之间的专业知识水平和工作经验不会是完全一样的，由于经历和视野各异致使某人在此问题认识上见短，而在彼问题上则见长。如果建立一种协调权衡各人所长的评估机制，无疑会提高小组整体的判断能力。

所以再筛选的方法是，将图 1 所示的关联图中增添一类小组成员“因素”，经此“变通”构成图 2 所示的关联图。即以因素 3 和因素 7 作为准则因素，小组成员“因素”两两比较他们对该两个因素在认识上谁强谁弱，从而通过计算标定出这两个因素对于课题总目标的权重排序，择重舍轻。我们以表 2 给出的判断尺度为参照系，另行给出本案例的判断尺度及其定义，如表 3 所示。

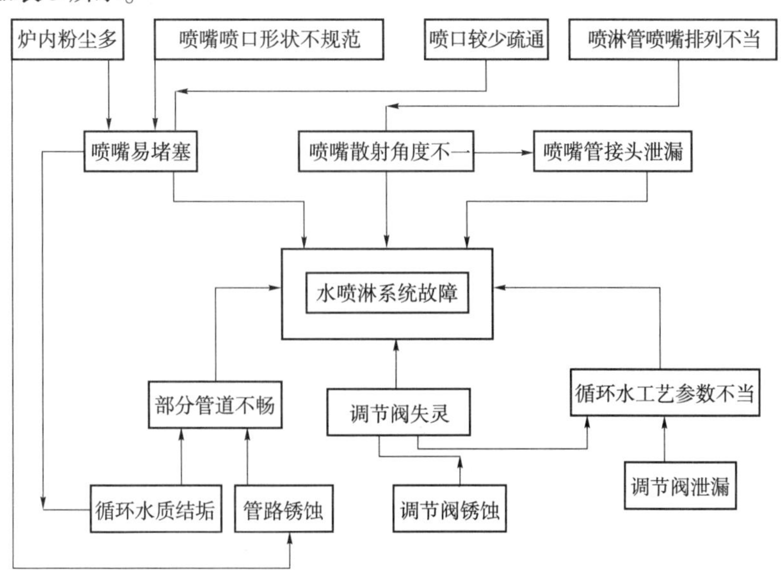

图 1　水喷淋系统故障因素关联图

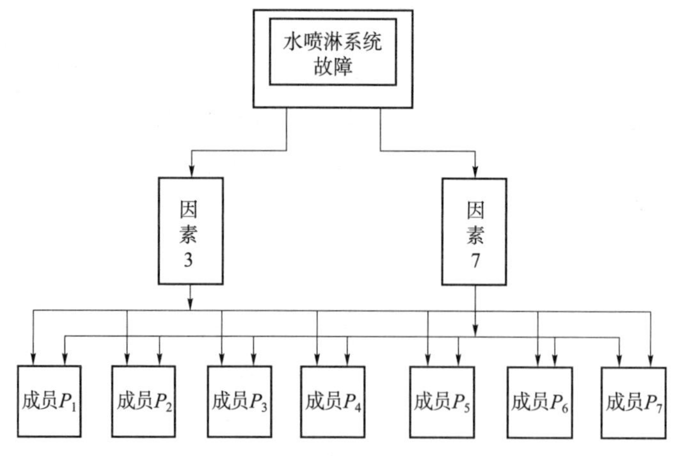

图2 QC成员对故障因素3和因素7的关联图

表3 故障案例的判断尺度定义表

尺度	定义
1.0	因素A_i和A_j一样强
1.2	因素A_i比A_j强些
1.4	因素A_i比A_j强
1.6	因素A_i比A_j很强
1.8	因素A_i比A_j极端强
1.1，1.3，1.5，1.7	介于上述两相邻尺度中间
倒数	因素A_i不如A_j（强…）

由于表3的尺度比表1的尺度缩小，故判断矩阵可以接受的相容性指数也应缩小，若按最大尺度“8~1.7”（因“9~1.8”在对比运作时不用），相应取C.I. ≤1.7÷8×0.1≤0.023作为可以接受的标志。

通过小组成员对于因素3（H_3）和因素7（H_7）在认识能力上的两两对比，且以表3的尺度相应给出其比值，建立起判断矩阵$\boldsymbol{A}_3'$和$\boldsymbol{A}_7'$：

$$\begin{array}{c|ccccccc} H_3 & P_1 & P_2 & P_3 & P_4 & P_5 & P_6 & P_7 \\ \hline \end{array}$$

$$\boldsymbol{A}_3' = \begin{array}{c} P_1 \\ P_2 \\ P_3 \\ P_4 \\ P_5 \\ P_6 \\ P_7 \end{array} \left[\begin{array}{ccccccc} 1 & 1.2 & 1.3 & 1.3 & 1.4 & 1.5 & 1.5 \\ \frac{1}{1.2} & 1 & 1.2 & 1.2 & 1.3 & 1.4 & 1.4 \\ \frac{1}{1.3} & \frac{1}{1.2} & 1 & 1 & 1.2 & 1.3 & 1.3 \\ \frac{1}{1.3} & \frac{1}{1.2} & 1 & 1 & 1.2 & 1.3 & 1.3 \\ \frac{1}{1.4} & \frac{1}{1.3} & \frac{1}{1.2} & \frac{1}{1.2} & 1 & 1.2 & 1.2 \\ \frac{1}{1.5} & \frac{1}{1.4} & \frac{1}{1.3} & \frac{1}{1.3} & \frac{1}{1.2} & 1 & 1 \\ \frac{1}{1.5} & \frac{1}{1.4} & \frac{1}{1.3} & \frac{1}{1.3} & \frac{1}{1.2} & 1 & 1 \end{array}\right]$$

$$A_7'=\begin{array}{c|ccccccc} H_7 & P_1 & P_2 & P_3 & P_4 & P_5 & P_6 & P_7 \\ \hline P_1 & 1 & 1.2 & 1.3 & 1.3 & 1.4 & 1.5 & 1.5 \\ P_2 & \frac{1}{1.2} & 1 & 1.2 & 1.2 & 1.3 & 1.4 & 1.4 \\ P_3 & \frac{1}{1.3} & \frac{1}{1.2} & 1 & 1 & 1.2 & 1.3 & 1.3 \\ P_4 & \frac{1}{1.3} & \frac{1}{1.2} & 1 & 1 & 1.2 & 1.3 & 1.3 \\ P_5 & \frac{1}{1.4} & \frac{1}{1.3} & \frac{1}{1.2} & \frac{1}{1.2} & 1 & 1.2 & 1.2 \\ P_6 & \frac{1}{1.5} & \frac{1}{1.4} & \frac{1}{1.3} & \frac{1}{1.3} & \frac{1}{1.2} & 1 & 1 \\ P_7 & \frac{1}{1.5} & \frac{1}{1.4} & \frac{1}{1.3} & \frac{1}{1.3} & \frac{1}{1.2} & 1 & 1 \end{array}$$

对 A_3' 的计算，由式（2）计算出各行元素的几何平面值 W_i，如：

$$W_1=(1\times1.2\times1.3\times1.4\times1.5\times1.5)^{\frac{1}{7}}=1.3033$$

$$W_2=\left(\frac{1}{1.2}\times1\times1.2\times1.2\times1.3\times1.4\times1.4\right)^{\frac{1}{7}}=1.1731$$

依次计算得到：$W_3=1.0138$，$W_4=1.0138$，$W_5=0.9180$，$W_6=0.8130$，$W_7=0.8130$，其和为 $\sum_{i=1}^{n} W_i=7.0968$。

归一化由式（3）计算，如 $\omega_1=1.3033/7.0968=0.1836$，$\omega_2=1.1731/7.0968=0.1653$，依次计算得到：$\omega_3=0.1463$，$\omega_4=0.1463$，$\omega_5=0.1293$，$\omega_6=0.1146$，$\omega_7=0.1146$。

对 A_3' 进行相容性检验，由式（4）得到以下关系式：

$$\begin{bmatrix} 0.1836\lambda_1 \\ 0.1563\lambda_2 \\ 0.1463\lambda_3 \\ 0.1463\lambda_4 \\ 0.1293\lambda_5 \\ 0.1146\lambda_6 \\ 0.1146\lambda_7 \end{bmatrix}=\begin{bmatrix} 1 & 1.2 & 1.3 & 1.3 & 1.4 & 1.5 & 1.5 \\ \frac{1}{1.2} & 1 & 1.2 & 1.2 & 1.3 & 1.4 & 1.4 \\ \frac{1}{1.3} & \frac{1}{1.2} & 1 & 1 & 1.2 & 1.3 & 1.3 \\ \frac{1}{1.3} & \frac{1}{1.2} & 1 & 1 & 1.2 & 1.3 & 1.3 \\ \frac{1}{1.4} & \frac{1}{1.3} & \frac{1}{1.2} & \frac{1}{1.2} & 1 & 1.2 & 1.2 \\ \frac{1}{1.5} & \frac{1}{1.4} & \frac{1}{1.3} & \frac{1}{1.3} & \frac{1}{1.2} & 1 & 1 \\ \frac{1}{1.5} & \frac{1}{1.4} & \frac{1}{1.3} & \frac{1}{1.3} & \frac{1}{1.2} & 1 & 1 \end{bmatrix}\begin{bmatrix} 0.1836 \\ 0.1563 \\ 0.1463 \\ 0.1463 \\ 0.1293 \\ 0.1146 \\ 0.1146 \end{bmatrix} \tag{5}$$

由式（5）解出：$\lambda_1=7.0107$，$\lambda_2=7.008$，$\lambda_3=7.0041$，$\lambda_4=7.0041$，$\lambda_5=7.0106$，$\lambda_6=7.0026$，$\lambda_7=7.0029$。而 $\lambda_{max}=\lambda_1=7.0107$，故有：

$$C.I.=\frac{7.0107-7}{7-1}=0.0018<0.023$$

所以，判断矩阵 A_3' 的相容性可以接受，其特征向量为：

$\boldsymbol{\omega}$ =（0.183 6，0.165 3，0.146 3，0.146 3，0.129 3，0.114 6，0.114 6）^{T} 有效。

用同样的方法得到矩阵 A_7' 的相容性指数 C.I. = 0.002 4<0.023，其特征向量为：

$$\boldsymbol{\omega} = (0.146\,6, 0.146\,6, 0.182\,0, 0.160\,3, 0.132\,5, 0.116\,0, 0.116\,0)^T$$

所述的特征向量对本问题而言，意指成员 $P_1 \sim P_7$ 分别对因素 3 和因素 7 认定为要因的认识权重。由此便可得到 QC 小组整体对这两个因素认定为要因的综合权重 Ω。Ω 由下式计算标出，即：

$$\Omega s = \sum_{i=1}^{n} \boldsymbol{W}_i P_{is} \tag{6}$$

式中：P_{is}——成员 P_i 认定因素 H_s 为要因，即：

$$P_{is} = \begin{cases} 1\text{——认定为要因,} \\ 0\text{——认定为次因} \end{cases} \tag{7}$$

数据由表 3 给出；其中 S 为准则因素的序号，对本案例 $S=3$ 和 $S=7$。

这样，小组整体确认因素 3 为要因的综合权重 Ω_3 为：

$$\Omega_3 = 0.183\,6\times0+0.165\,3\times1+0.146\,3\times1+0.146\,3\times0+0.129\,3\times1+ 0.114\,6\times1+0.114\,6\times0=0.555\,5$$

同样计算出小组整体确认因素 7 为要因的权重 $\Omega_7 = 0.635\,5$。

显然 $\Omega_7 > \Omega_3$，且 $\Omega_7 > 4/7$（系由“0-1”法认定）$> \Omega_3$。因此再筛选的结果是，将因素 7（循环水参数不当）列入整改，而舍去因素 3。

如果本问题套用表 3 对应的判断尺度量“定性量化”分析时，经计算标定出 $\Omega_3 = 0.483$ 和 $\Omega_7 = 0.806$，仍然是 $\Omega_7 > 4/7 > \Omega_3$，但两者之间的距离拉大。它给我们的启示是，只要判断合理，至于选用何种判断尺度方案，并不影响问题的最终结论，因为 AHP 法的本质就是一种优劣排序择优而行的方法，从而也就没有必要深究事物行为权重的绝对数值。

3 结语

“0—1”法体现了民主决策的精神。民主决策的初衷是为了科学决策。在“0—1”法的基础上引入 AHP 法，使得决策运作过程中加入了一种协调的机制，从而能够提高决策水平。本文的案例是将 QC 小组成员作为一类最底层因素，而两两比较他们对于两个有待再筛选因素的认识能力，这一方法可应用于分解定性考核项目，推荐人才排序等方面。

参考文献

[1] 钱颂迪. 运筹学［M］. 北京：清华大学出版社，2012.
[2] 汪应洛. 企业管理系统工程［M］. 北京：中央广播电视大学出版社，2015.
[3] 王东. HiB 电工钢水喷淋系统的分析［J］. 电工材料，2001（2）：37-38.
[4] 陆全龙，黄效国. 机电设备故障诊断与维修［M］. 北京：科学出版社，2008.
[5] 全面质量管理手册［R］. 武汉钢铁公司内部资料，2002.

Creo模具设计关闭曲面、填充环曲面和延伸曲面的应用[①]

罗光汉[②]

武汉城市职业学院

摘　要：运用Creo软件的"关闭"功能、"填充环"功能和"延伸曲线"功能，以参考模型的破孔边界表面作为参考曲面，创建其破孔的关闭曲面，以参考模型的破孔轮廓边线作为闭合链，创建其破孔的填充环曲面，以参考模型的底部轮廓边线作为延伸链，创建指向边界考参的延伸曲面，由此快速完成模具分型面的设计，并能很好地满足参考模型的模具设计要求，本文通过实例展示关闭曲面、填充环曲面和延伸曲面在模具设计中的功能特点与应用技巧。

关键词　Creo关闭曲面　填充环曲面　延伸曲面　模具分型面

引言

Creo模具设计具有功能丰富、强大的分型面实用技术，新增的"关闭"功能、"填充环"功能和"延伸曲线"功能，以参考模型的破孔相关表面或轮廓边线创建相应的曲面，为模具分型面的设计提供了简单、快捷的实用方法。"关闭"功能与"填充环"功能分别用于创建破孔的关闭曲面、填充环曲面，形成破孔的分型面，"延伸曲线"功能用于创建轮廓边线的延伸曲面，既可形成模具的主分型面，也可形成破孔的分型面。这些曲面与其相关表面、边线的属性以及几何条件保持一致，这极大地提升了参考模型的模具设计能力。

1　关闭曲面的应用

1.1　"关闭"功能及操作方法

"关闭"功能是以参考模型的破孔边界表面进行填充形成关闭曲面的分型面设计工具。在创建破孔的关闭曲面过程中，选择破孔的边界表面作为参考曲面，一是通过封闭所有内环，直接形成参考曲面中各破孔的关闭曲面，若以破孔的边界边作为排除环，则忽略该破孔的关闭曲面；二是定义破孔的边线作为"关闭环"，直接形成该破孔的关闭曲面。对于一定几何结构的缺口，为构成闭合的参考曲面，应添加缺口侧的基准平面，再通过定义缺口的轮廓边线，可快速形成缺口的关闭曲面。

图1为探测器底盖参考模型[1]201-220，选择电池盒和顶部螺钉沉孔各破孔的边界表面作为参考曲面并封闭所有内环，或排除电池盒底部4个电源极性沉孔的边线，形成各相应破孔的关闭曲面，再选择顶部两个插槽的表面与底表面作为参考曲面，以两个插槽各自内侧的闭合边线作为关闭环，形成两个插槽孔的关闭曲面。

---

① 基金项目：武汉市市属高校产学研研究项目（CXY202219）；湖北省教育厅科研计划项目（B2020427、B2019433）；武汉城市职业学院科研创新团队建设计划资助项目（2020whcvcTD02）。

② 罗光汉（1963—），男，教授，工学学士，主要研究方向为机械设计及其CAD/CAM的教学与研究。

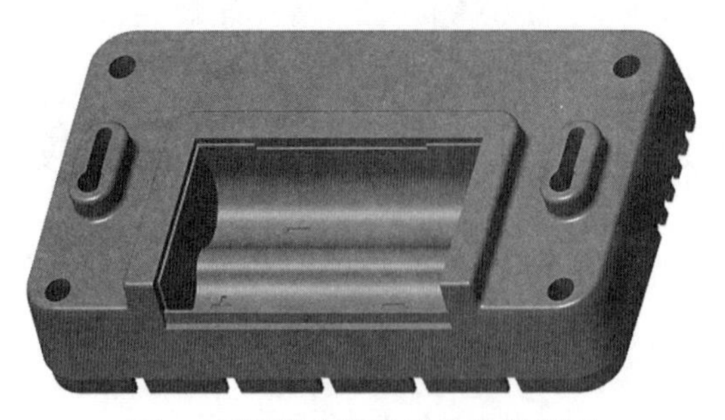

图1 探测器底盖破孔的关闭曲面

1.2 排除破孔的关闭曲面

图2为收音机外壳参考模型[2]，定义其顶部外表面、两个凸缘的沉孔环面和电池盒的止口面并封闭所有内环，再以圆角矩形沉孔与椭圆形沉孔的边界边以及两个凸缘下方圆形破孔的边界边作为排除环，形成参考模型顶部阵列孔和凸缘沉孔的关闭曲面以及电池盒止口面的关闭曲面。

图2 收音机外壳型腔侧各破孔的关闭曲面

1.3 关闭曲面中的封闭曲面

为了创建一定几何结构缺口的关闭曲面，采用基准平面封闭边界表面，使其满足缺口形成关闭曲面的条件。图3为仪表前壳参考模型[3]，定义其弧形缺口7个内腔边界表面或添加弧形侧壁表面作为参考曲面，创建过参考模型底表面的基准平面作为封闭曲面，再以参考曲面的8条边线作为关闭环，形成弧形缺口的关闭曲面。

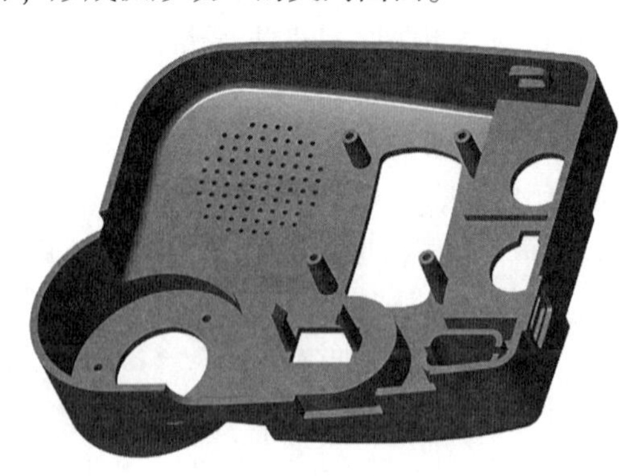

图3 弧形缺口的关闭曲面

1.4 切口卡扣的关闭曲面

图4（a）为外壳参考模型[4]，定义其切口卡扣的内表面作为参考曲面，以其闭合边线作为关闭环，形成切口卡扣的关闭曲面；或定义切口卡扣的5个内侧表面并添加切口的边界表面作为参考曲面，通过封闭参考曲面的内环，同样形成切口卡扣的关闭曲面，如图4（b）所示，显然，后者的操作过程优于前者。

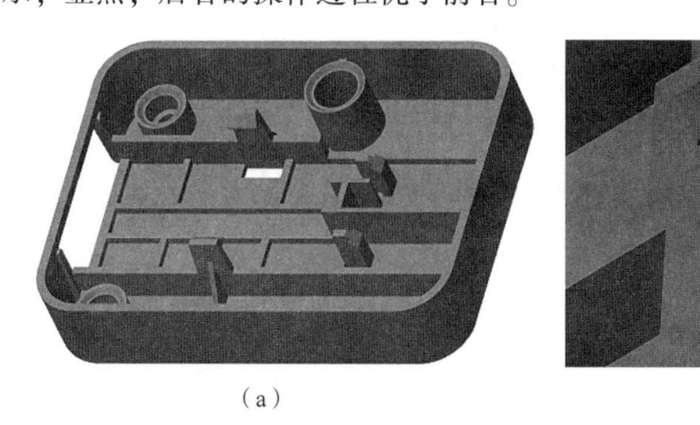

（a）　（b）

图4 外壳及其切口卡扣的关闭曲面

电器外壳的切口卡扣如图5（a）所示[5]，因卡扣的两个斜侧面不与切口的同侧表面对齐，若以切口卡扣的内侧表面作为参考曲面，通过封闭参考曲面的边线，形成的关闭曲面不与卡扣的边界表面对齐，若添加卡扣的两个斜侧面与侧壁缺口的底表面作为卡扣的“内侧面”，这相当于将卡扣的斜侧面延伸至切口的侧表面，这样，以卡扣的3个“内侧面”与切口卡扣的5个内表面作为参考曲面，同样，通过封闭参考曲面的边线，形成图5（b）中的关闭曲面，再完成对5个关闭曲面中的直立面的拔模。

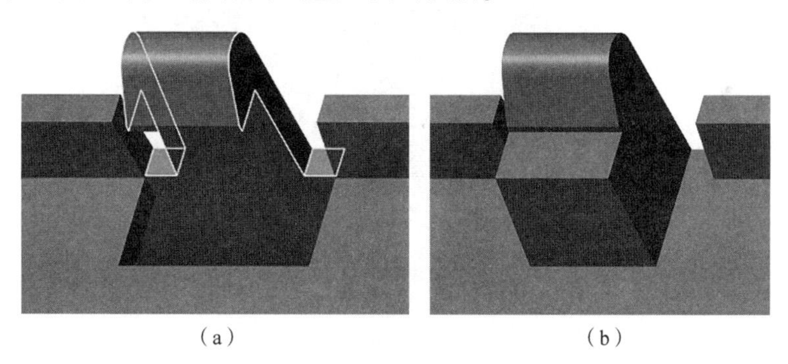

（a）　（b）

图5 非对齐切口卡扣的关闭曲面

2 填充环曲面的应用

2.1 “填充环”功能及操作方法

“填充环”功能是以参考模型的破孔轮廓边线进行填充形成填充环曲面的分型面设计工具。选择破孔的轮廓边线作为闭合链，默认为“曲面”类型，较为常用的“延伸到平面”与“延伸到曲面”是以破孔轮廓边线按照一定的方向延伸至平面或曲面的填充环曲面，用于创建破孔的聚合曲面。

为了创建读卡器顶盖各破孔的分型面[6]89-142，以“默认拖拉方向”与“曲面”类型，选择参考模型顶表面两个腰圆孔边线的闭合链、LED 灯圆孔中倒角面边线的闭合链与斜矩形孔底表面内（外）侧边线的闭合链，形成各破孔的填充环曲面，再将两个腰圆孔的填充环曲面向型芯侧进行移动变换，形成腰圆孔的分型面，其偏移值为 0.502 5 mm，添加参考模型底表面轮廓边线的延伸曲面，由此完成读卡器顶盖模具分型面的设计（图 6）。

图 6　读卡器顶盖的模具分型面

2.2　定义“曲面”类型

为了创建支架参考模型所有破孔的分型面，以“默认拖拉方向”，采用“曲面环”选择方法，定义两个矩形沉孔底表面腰圆孔边线各自的闭合链与顶表面矩形切口边线的闭合链；定义 6 个扁矩形孔顶表面边线各自的闭合链，切换“延伸到平面”并以扁矩形孔下方的矩形表面作为填充平面；定义 4 个拐角的顶表面矩形孔边线各自的闭合链，填充平面为参考模型的内腔顶表面，形成各破孔的填充环曲面，再添加参考模型底表面轮廓边线的延伸曲面，完成支架模具分型面的设计，如图 7 所示。

图 7　支架的模具分型面

2.3　定义“拖拉方向”

为创建外壳参考模型所有破孔的填充环分型面，以“默认拖拉方向”与“曲面”类型，定义外壳参考模型顶部两个沉孔底表面圆形孔边线、内腔顶表面圆形孔边线与孔柱的内侧圆环面边线作为各自的闭合链，形成 4 个圆形孔的填充环曲面。定义梯形切口边线作为闭合链，以同侧的工件侧表面作为拖拉方向，切换“延伸到平面”并以梯形切口的斜表面作为填充平面，形成梯形切口的填充环曲面。定义切口卡扣之一的内腔轮廓边线作为闭合链，以卡扣相对的工件侧表面作为拖拉方向，切换“延伸到平面”并以卡扣相对的切口侧表面作为填充平面，或反向拖拉方向，形成切口卡扣的填充环曲面，同样完成另一切口卡扣的填充环曲面，再添加参考模型底表面内（外）轮廓边线的延伸曲面，完成外壳模具分型面的设计，如图 8 所示。

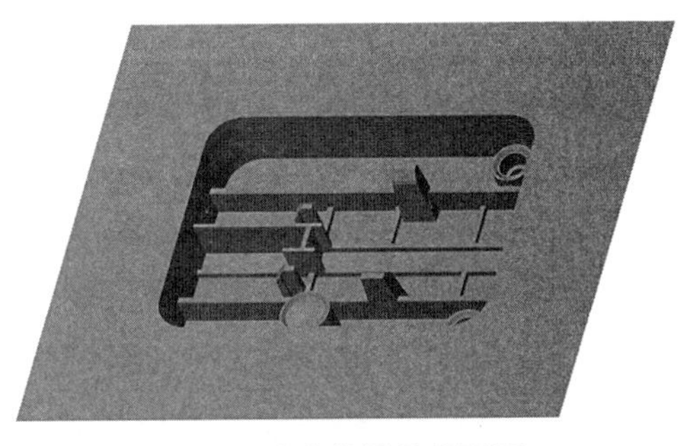

图 8 外壳的模具分型面

3 延伸曲面的应用

3.1 “延伸曲线”功能及操作方法

“延伸曲线”功能是以参考模型的轮廓边线延伸至边界参考形成延伸曲面的分型面设计工具。选择的边线延伸至边界参考，合理定义延伸链及其方式与方向，有助于形成轮廓边线的延伸曲面。

运用“关闭”功能，创建打印机零件参考模型顶部各破孔的关闭曲面，以“垂直于参考模型”方式，定义参考模型的前侧、左侧与后侧外表面轮廓边线的延伸链，再添加参考模型右侧外表面轮廓边线的延伸链并切换“与模型相切”，通过创建过渡曲面形成轮廓边线的延伸曲面，完成的模具分型面如图 9 所示。

图 9 打印机零件模具分型面

3.2 定义延伸方式

为了快速创建探测器底盖参考模型的延伸曲面，将参考模型底部轮廓边线分为两个延伸链，即定义参考模型前侧轮廓边线的延伸链并切换“垂直于边界”，再添加参考模型底表面轮廓边线的延伸链并创建过渡曲面，形成图 10 中的延伸曲面。

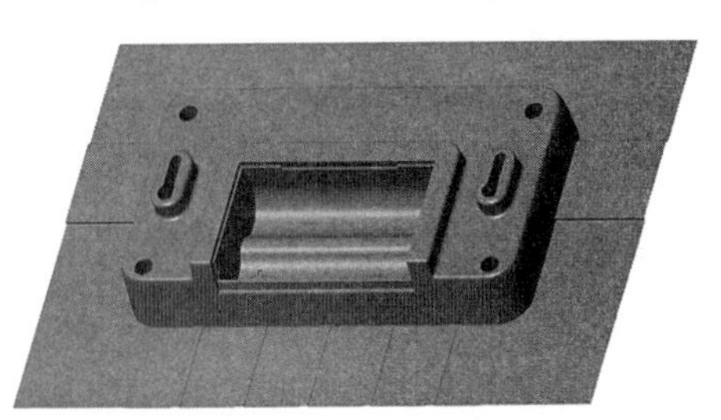

图 10 探测器底盖模具分型面

3.3 定义拖拉方向

定义收音机外壳参考模型直立端外侧边线的延伸链、底部半腰圆缺口外侧边线的延伸链以及底部两侧链接边线的延伸链，以默认“垂直于参考模型”并定义工件的底表面作为拖拉方向，形成轮廓边线的延伸曲面，完成的模具分型面如图 11 所示，其中，以参考模型内腔各破孔的边界表面以及电池盒弧形侧壁上的矩形孔的 3 个表面与两个边界表面，创建相应破孔的关闭曲面。

图 11 收音机外壳的模具分型面

4 照相机前盖的模具分型面

以照相机前盖参考模型为例[6]31-86，定义其参考模型顶部的沉孔圆环面、LED 灯圆形孔边界表面与腰圆切口卡扣内侧面作为参考曲面，再以 3 个破孔的闭合边线作为关闭环，形成破孔的关闭曲面。定义腰圆阵列孔的 3 个内腔边界表面作为参考曲面并封闭所有内环，再以内腔顶表面腰圆孔的边界边作为排除环，形成腰圆阵列孔的关闭曲面。定义参考模型底部与半腰圆缺口轮廓边线作为延伸链并切换“垂直于边界”，形成轮廓边线的延伸曲面，完成的模具分型面如图 12 所示。

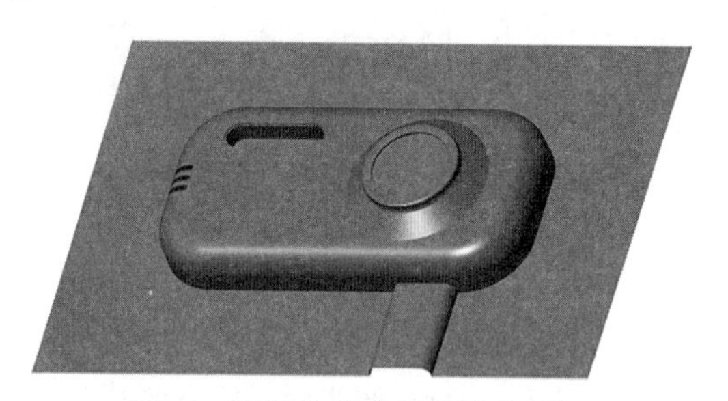

图 12 照相机前盖的模具分型面

5 结语

创建参考模型复杂几何结构破孔的关闭曲面，关键是定义参考曲面与选择闭环边线方法，参考曲面由破孔的表面或边界表面或破孔的表面与边界表面构成，当破孔的边界表面不足以形成关闭曲面时，可尝试添加破孔的表面作为参考曲面，闭合方法可采用封闭内环或采用关闭环，或选择“选项”卡中的“上一个”按钮或“下一个”按钮，使其成相应的关闭曲面，符合模具设计要求。

参考文献

[1] 刘朝福. Pro/ENGINEER 中文野火版 4.0 模具设计实例精解 [M]. 北京：清华大学出版社，2009.

[2] 罗光汉. Creo6.0 软件在收音机外壳注射模设计中的应用 [J]. 智能制造，2021(2)：108-113.

[3] 罗光汉. 基于 Creo 5.0 聚合体积块的仪表前盖模具设计 [J]. 模具工业，2019，45(5)：7-11.

[4] 詹友刚. Pro/ENGINEER 中文野火版 4.0 模具设计实例精解 [M]. 北京：机械工业出版社，2009：206-219.

[5] 罗光汉. Pro/E 用户定义特征在电器外壳模具设计中的应用 [J]. 模具技术，2016(6)：19-23+49.

[6] 周峻辰. Pro/ENGINEER 中文野火版塑料模具设计专家实例精讲 [M]. 北京：中国青年出版社，2006.

标准仪表系统数据采集开放式实验设计[①]

吴 伟 杨 红 薛家铖 张首华 李明树
武汉工程大学机电工程学院

摘 要：电动单元组合式仪表构成了现行的标准仪表体系，计算机自动测试技术也成为数据采集的基本手段。针对相关测试、控制类课程教学的实际需要，本文基于模块化的实验装置平台，采用开放式的教学组织形式，设计了标准仪表系统数据采集实验项目，开展设计性、探究性实验。介绍了开放式的实验平台，并给出了实验教学设计与应用案例。

关键词：标准仪表体系 数据采集 开放式平台 设计性实验

引言

实验教学是培养学生能力的重要环节，但在实验教学的具体组织中，学生动手实践机会少，缺乏感性认识，影响学生学习积极性。实验教学的内容以验证性为主，设计性、探究性实验开展不足。基于模块化、平台化的实验装置，采用开放式的教学组织形式，能有效提升实验教学效果，是培养学生实践创新能力的有效形式[1]。目前的实验教学装置，片面强调综合性、集成化，装置单价过高，学校配置台套数不足，减少了学生动手的机会，影响了设计型、探究性实验的开展实效[2-3]。

电动单元组合式（DDZ）仪表是现行的标准仪表体系，计算机自动测试技术也成为数据采集的基本手段。以标准仪表体系和计算机自动数据采集技术为核心，本文设计开展了标准仪表系统数据采集实验项目，开发了模块化的数据采集综合实验台，实施开放式的教学组织，取得了较好的教学效果。

1 系统总体设计

目前广泛使用的开放式的标准仪表体系，采用 DDZ-Ⅲ型电动单元组合式仪表和国际标准信号制，现场传输信号为4~20 mA DC，控制室联络信号为1~5V DC，信号电流与电压转换电阻 RL 为 250 Ω，由 24 V 直流电源统一供电，采用两线制的标准接线方式。数据采集模块主要实现 A/D 转换、数据 I/O 及数据采集控制等功能，通过标准总线与计算机通信，在数据采集软件系统的控制下，软硬件协调配合完成数据采集工作。

基于开放式的实验装置，以标准二线制接线方式为核心，在同一平台上集成多种常用数据采集模式，包括传统仪表测量，以及 RS-232、USB、PCI 等多种接口总线形式的计算机数据采集，为使用者提供一个综合的学习实践与设计开发的实验平台。标准仪表体系下的数据采集系统结构如图 1 所示。基于开源的多平台示例程序，使用者可进行二次开发，按照硬件集成、软件开发的思路，构建自己完整的计算机测试系统。

---

① 基金项目：武汉工程大学重点教学研究项目（X2018002）。

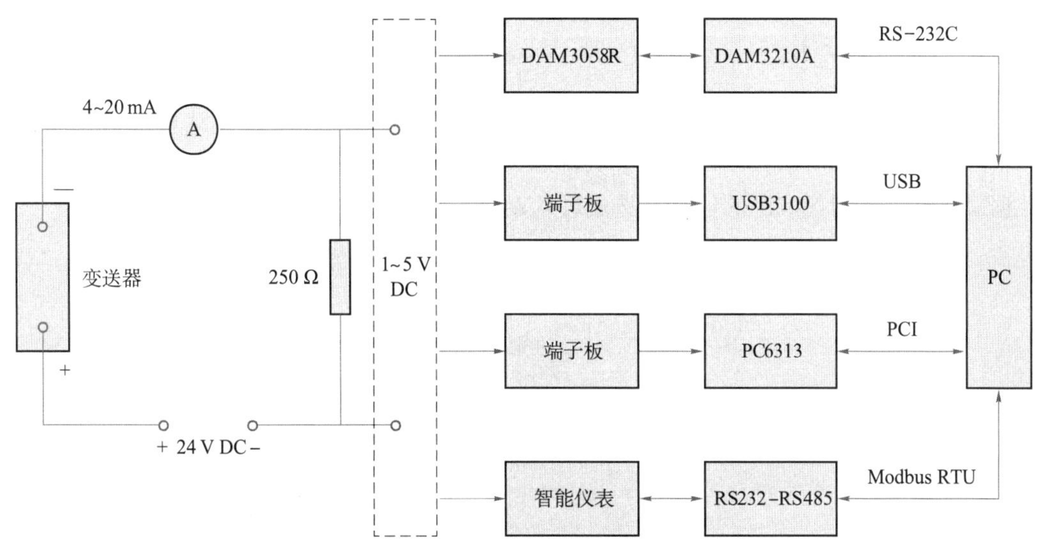

图 1　标准仪表体系下的数据采集系统结构

2　开放式实验平台

为实现上述设想，开发了 OpenDAQ-Ⅰ型开放式数据采集综合实验系统。装置采用模块化、平台化设计，配开放式安装底板，采用工业标准的安装导轨、接线端子排，配备变送器、智能仪表、检流计、开关电源等仪表单元模块，配套工具及元器件，选配了北京阿尔泰科技的系列数据采集产品模块。凸显硬件集成接线的重要性，以标准二线制接线方式为核心，使用者自主设计，自行接线，构建电源、信号回路，开发测控软件，开展设计性、探究性实验。实验系统主要配置如表 1 所示。

表 1　实验装置基本配置

序号	名称	规格型号	数量
1	实验台架	型铝框架，不锈钢多孔背板及掀盖实验箱	1 套
2	数据采集模块	USB3100，8 路 12 位 AD，4 路 DIO，USB 通信	1 套
3	数据采集模块	DAM3058R，8 路 12 位 AD，支持 Modbus RTU 协议	1 套
4	通信转换模块	DAM3210A，RS232-RS485 转换器，光电隔离	1 套
5	智能数字调节仪	SY - TF9T - DB10，PID4 - 20 mA 输出，一组报警，带 MODBUS 通信，配固定板	1 套
6	电流计	0~30 mA，指针式，配固定板	1 只
7	开关电源	24 VDC 输出，1 A	1 只
8	温度变送器	Pt100，4~20 mA 输出，铠装，0~100 ℃	1 只
9	配套工具	万用表、剥线钳、剪刀、起子、工具箱等	1 套
10	元器件及耗材	安装导轨、接线端子排、电线、负载电阻等	1 批

3 教学设计及应用

基于上述设想和开放式实验平台，设计了标准仪表系统温度测量及计算机数据采集实验，系统结构如图2所示。以环境温度为测试对象，便于测量参数的改变。鉴于USB通信的数据采集产品得到更广泛的应用，选配阿尔泰科技的USB3100数据采集模块。

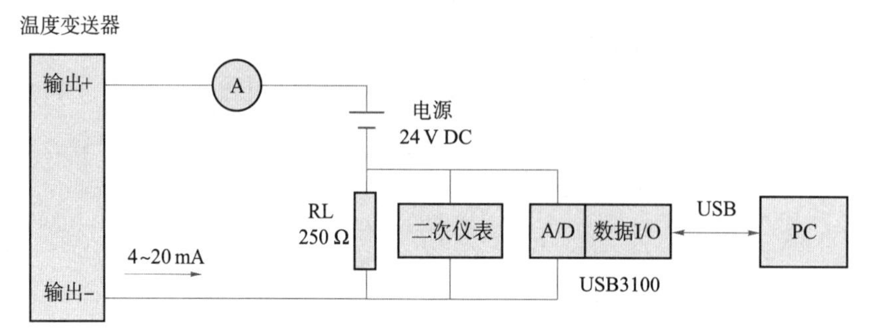

图2 标准仪表体系下的温度数据采集系统结构

实验目的是：要求学生熟悉标准仪表测量及计算机数据采集系统的一般组成及工作原理；掌握标准两线制接线方式及仪表数据采集的一般方法，掌握工业标准接线工具及检测显示仪表的使用；了解数据采集模块的一般功能及工作原理，掌握某款数据采集模块的性能特点及使用方法；了解测控软件的一般功能及使用特点，掌握一种高级语言或平台软件的使用方法；能基于标准仪表系统、数据采集模块和相关软件，设计、开发单通道计算机数据采集系统。

实验要求学生预先设计系统电气原理图及接线图，开发数据采集软件系统，并现场安装接线、调试运行系统，实现温度的仪表显示及计算机数据采集功能。测试软件包括基本的数据采集控制、数据分析处理、图形显示、存储打印等功能。和不同教学内容相配合，也可将本项目拆分为两个实验，一是以智能仪表显示为主的标准仪表系统温度测量实验，二是以计算机数据采集技术为主的单通道温度数据采集实验。

平台化的实验装置可多台套配置，学生2~3人一组，团队合作完成实验，如图3所示。结合实验室的开放，提供给学生柔性的实验时间，便于学生多次调试修改，在不同软件平台上实现系统功能[4-5]。本装置也可作为研发实现的平台，服务于学生课外科创活动，图4为学生开发的基于固态继电器的电加热温控实验系统。

图3 学生实验现场

图 4 基于固态继电器的电加热温控实验系统

4 结语

平台化、模块化的实验装置，是实施开放式实验教学的物质基础。开放式实验项目的设计，要难易适度，便于学生自主完成。本文设计的开放式数据采集综合实验装置，采用开放式的实验台架和模块化的仪表单元配置，装置成本低，可多台套配置。标准仪表系统数据采集实验，以单元组合式仪表的标准仪表体系和计算机自动数据采集为核心，实施开放式实验教学。应用表明，该项目能有效激发学生兴趣，帮助学生熟悉仪器仪表的使用，掌握测试系统的基本原理，提升学生实验测试系统的设计与开发能力。

参考文献

[1] 刘刚. 高校实验教学现状与改革措施研究 [J]. 亚太教育，2015（22）：192.

[2] 徐东明，周嵘. 模块化自动生产线在机电实验教学中的应用 [J]. 实验科学与技术，2009，7（1）：41-43.

[3] 王帅，王明全，杨琳，等. 模块化开放式电路综合实验的研究与教学实践 [J]. 实验科学与技术，2018，16（3）：89-92.

[4] 刘恩，杨红，蔡国齐，等. 基于 VB6.0 的开放式计算机数据采集实验系统 [J]. 机电工程技术，2020，49（2）：126-128.

[5] 孟春节，杨红，赵帅，等. 基于 LabVIEW 的开放式温度采集实验系统设计 [C]//王生怀. 2022 机电创新与产教融合新思考论文集. 北京：中国铁道出版社，2022：117-121.

微机电系统技术在光纤通信中的应用

曹　薇　姚育成　李　劲　江俊帮　王　娜
湖北工业大学理学院芯片产业学院

摘　要：光纤通信是用光波作为信号的载体，以光纤为传输的媒介进行信号传送的一种通信方式。光纤有着较高的抗干扰能力、优异的传输频率带宽以及小幅度的信号衰减，是目前世界上最主流的通信技术。微机电系统（MOEMS，Micro-Optical-Electro-Mechanical Systems），是在微米甚至亚微米级别加工制造的电子机械系统。MEMS技术作为一项材料底层技术，能衍生出很多交叉学科应用，基于MEMS技术和光纤通信技术的融合，目前已经逐渐发展出了很多优秀的产品。开展这一领域的研究，既可带动一些重要课题基础研究立项，又能带动产业界新功能、新产品、新应用的研发投入。

关键词：微机电系统　光纤通信　微光机电系统

引言

光纤通信是用光波作为信号的载体，以光纤为传输媒介进行信号传送的一种通信方式。1966年光纤之父高锟（Charles Kuen Kao）提出用石英制作玻璃丝来传导光信号，损耗为20db/km，实现大容量的光纤通信。经过半个多世纪的高速发展，光纤凭借较高的抗干扰能力、优异的传输频率带宽以及小幅度的信号衰减，已远远优于同轴电缆和微波通信的传送能力，光纤通信技术是目前世界上最主流的通信技术。

微机电系统，是在微米甚至亚微米级别加工制造的电子机械系统。从20世纪80年代基于硅的微机电马达，到90年代的微机械式喷墨打印头、硬盘读写头、硅机械式加速计和数字微透镜等设备的产业化，都充分显示了微机电技术和微系统的巨大应用前景。随着微机电系统技术的蓬勃发展，高特性小体积的MEMS相关产品需求出现爆炸式增长，在医疗应用、消费电子、工业应用等领域开始相继出现MEMS产品的身影。

MEMS技术作为一项材料底层技术，非常显著的优势就是可以应用于交叉学科领域。光纤通信系统主要分成三部分，有源光发射机、有源光接收机和无源的光传输网络，MEMS技术在这些方向都有相关的应用[1-2]。

1　微光机电系统技术简介

MEMS技术非常适合应用于光学领域，一方面是因为MEMS器件的尺寸与作用距离和光通信波长可以相比拟；另一方面，光子的质量很小，MEMS技术则可以非常轻松地驾驭光子。

基于MEMS技术的微光机电系统（MEMS，Micro-Electro-Mechanical Systems）应运而生，开启了这一类产品的新纪元。成熟的MEMS技术和工艺平台为MOEMS技术的快速发展打下了良好的工艺基础。MEMS器件可以和半导体、绝缘体、金属融合加工，所以MOEMS能把MEMS技术里面的相关结构件、光学的微光学器件、光波导结构、半导体激光器、光电探测器完整地集成与融合在一起，形成全新的功能性结构系统。MOEMS 技术具备以下几个特点：

1.1 可批量生产

因为能够兼容半导体产品的生产工艺流程，目前微光机电产品已经有高度集成化的方案，可以批量生产，生产成本和生产效率都大大提升。由于集成度高，产品批量生产的制程参数控制、良率和制程能力，都保持着十分优秀的水平。

1.2 结构的高度兼容

微光机电产品的结构尺寸非常紧凑，最小尺寸可以到微米甚至亚微米，最大尺寸也不到毫米级别，响应时效性在 50 ns~1 s，其可动的结构通畅由静电制动，集成度可以达到很高的水平，最多可以集成 100 多个元器件。

1.3 动态操作的优势

通过精准的加电控制和使能，微光机电产品微光学元器件可以在一定范围内实现动态的操作，可以完成光强和波长的调节、时域瞬间状态的延时，光学反射、衍射、折射，以及简单的自由空间光学处理。以上几种操作结合在一起，就可以实现光学应用中比较复杂的功能操控，甚至实现光学逻辑门运算和更复杂的光子信号处理。

制作 MOEMS 器件的工艺主要分为三种：

第一种是以半导体芯片制程比较发达的美国为代表的技术，主要是通过干法刻蚀和湿法腐蚀等工艺，结合硅基超大规模集成电路芯片流片工艺，制造出基于硅材料的 MEMS 光电器件。

第二种是结合日本传统的高精度精密机械加工技术，使用大型机械加工设备制作小尺寸的机械加工设备，再用小的机械设备制作出微型机械结构和器件。

第三种工艺派系是德国的 LIGA 电铸技术，主要包括 X 光深度同步辐射光刻，电铸成型和注塑成型三个工艺步骤。通过传统的基于 X 射线的光刻技术，结合电铸制模和注模复制，加工出深层次的微光学结构。这种 MEMS 加工基础和硅基半导体芯片工艺制程兼容，可实现微机械和微电子的集成，适用于批量生产，已经成为目前的主流技术[3-4]。

2 MEMS 技术在光通信中的应用

2.1 基于 MEMS 的可变光衰减器

作为光纤通信中一款重要的光无源器件，可变光衰减器（VOA，Variable Optical Attenuator）通过衰减传输光能量来实现对光信号幅度的实时操控。可调光衰减器与掺铒光纤放大器（EDFA，Erbium Doped Fiber Amplifier）、光学波分复用器（WDM，Wavelength Division Multiplexing）以及背光光电探测器等光器件构成可重构光分插复用器（ROADM，Reconfigurable Optical Add-Drop Multiplexer）、可调光功率波分复用器、增益平坦型掺铒光纤放大器等模块，还可直接用于光通信网络中光接收机的过载光功率保护。另外，在光功率计等其他仪器和仪表的定标、检测、计量中，也需要使用到可调光衰减器。随着应用越来越广泛，对其要求也更苛刻：需要精确控制光信号能量，稳定各通道波长的衰减量；在超长距密集型波分复用系统中，必须有足够的可靠性与灵敏度，用来调整和补偿因为环境等其他外界原因导致的光信号幅度的变化。

通过 MEMS 技术来实现可调衰减器功能，目前主要有两个技术路线，一个是挡光型，一个是反射型。挡光型 MEMS VOA 是将挡光片插入光路中，实现光学衰减；反射型 MEMS VOA 则是将通过 MEMS 技术调节反射镜的角度，来降低光学耦合效率，从而实现可调节的光衰减功能。微反射镜主要是由硅基晶圆和通过气相沉积在牺牲层上的氮化硅薄膜构成，氮化硅薄膜通过设计成特定的结构和特殊的腐蚀方法，来形成调制器的机械结构，电极会加工在氮化硅表面，用氢氟酸腐蚀形成有源区。MEMS 光衰减器由多层的半导体电介质反射器形成堆栈，在实际工作中，我们给最后一层堆栈施加一定的电压，氮化硅薄膜就会被吸引朝向衬底移动，随着电压的变化，反射镜的反射率可以从 0%～90%实现动态变化。目前针对 MEMS 光衰减器的研究比较多，由于性价比比较高，国内外光通信系统已经开始批量部署[5-6]。

2.2 基于 MEMS 的光开关

光开关（OS，Optical Switch）是具有单通道或多通道的可选择的传送窗口，对光传输链路或集成光学中的光信号进行交叉互联或逻辑类控制的一种关键光学元器件。光开关最基本的形态是 2∶2 型四端口，入端和出端各有两根光纤。这个结构可以实现并行连接和 X 型连接。较大型的空间光学交换型逻辑单元，可由基本的 2∶2 光开关以及对应的 1∶2 型光开关进行多级的级联、架构，组合建成。

MEMS 型光开关技术在近几年实现突飞猛进的发展，利用半导体的通用加工技术与微光学微机械加工工艺相结合产生的新型微光机电一体化开关，成为大容量、高密度、高可靠性、高交互性的光网络开关发展的主流方向。目前这些 MEMS 光开关主要用于自动检测、光链路环路、光链路网络远程监控、光纤通道切换、光电系统监测、实验室科研、灵活配置型分插复用、光环路切换保护、光纤系统传感、光器件封装与测试等多个方向。MEMS 光开关的原理和制作工艺，是在硅的晶圆上，通过干法刻蚀和湿法腐蚀，加工出若干微型镜面，通过加电形成的静电力或电磁场作用，使得这些能够活动的微型镜面产生三个维度的移动、旋转，改变输入光传播方向，用以实现光路的通断功能。MEMS 光开关相比其他类型的光开关，存在一些明显的优势：兼容使用了集成电路 IC 制造的工艺制程，使得光开关体积小、集成密度大；光开光的工作方式和光信号的参数，包括调制格式、传输协议、光源波长、光的传输方向、光的偏振态均无关，可以处理任意形态的光链路信号[7]。

2.3 基于 MEMS 的可调谐激光器

相干光通信收发模块向小型化发展，对其中的核心器件的小型化、低功耗和低成本提出了迫切的要求。目前，可调谐激光器作为光源已经逐步成为高速大容量光通信系统中最关键的器件之一。现在常见的几种可调谐激光器有着各自的优点和不足。可调谐的分布式反馈（DFB，Distributed Feed Back）激光器可以保持较为稳定的输出，但是调谐范围较窄。取样光栅分布式布拉格反射（SG-DBR，Sampled Grating Dis-tributed Bragg Reflection）激光器易与半导体光放大器（SOA，Semiconductor Optical Amplifier）实现单片集成，但是驱动较复杂且容易跳模。在众多可调谐半导体激光器的实现形式中，外腔结构的激光器具有窄线宽、可调谐范围大、输出功率高和边模抑制比高等显著优点，但是传统的外腔结构大都使用压电元件来实现转动和调谐，导致器件的体积和功耗都较大。如果将 MEMS 技术应用在外腔可调谐激光器中，可以把尺寸缩小到毫米量级，并且可以提高响应速度，降低器件功耗。

利用 MEMS 技术可以通过可调光滤波器（TOF，Tunable Optic Filter）作为波长选择元件来设计外腔可调谐半导体激光器，其结构如图 1 所示。

激光器的外腔是由增益芯片、准直透镜、标准具、MEMS 光滤波器、（液晶）芯片作为相位补偿元件和平面镜组成的。光会在芯片的部分反射膜端和平面镜之间振荡。MEMS 光滤波器的 F-P 腔由一组平行玻璃板构成，它们的内表面镀有高反膜，外表面镀有增透膜。通过改变加在 F-P 外侧电极上的电压就能改变 F-P 腔的腔长，使得能够通过 MEMS 光滤波器的峰值波长发生改变，最终实现激光器输出波长可调。根据国际标准 ITU-T 波长来制定透

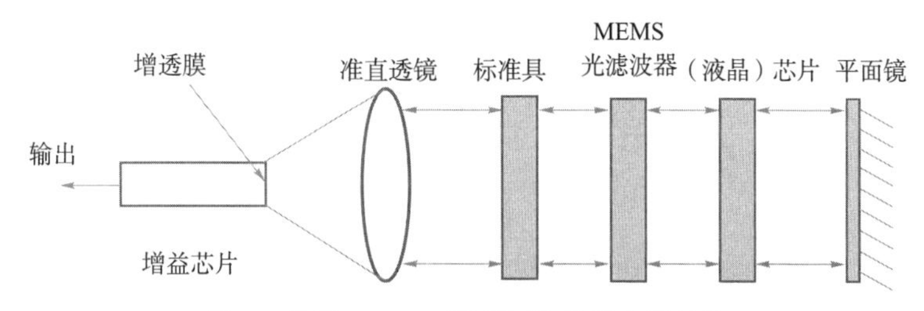

图 1　基于 MEMS 的可调外腔激光器结构

过峰，其他不符合的纵模都会被抑制。同时通过波长锁定器来检测输出波长是否有偏差，如果误差过大就会反馈给单片机，通过控制加在液晶芯片上的电压来改变晶体折射率，使得输出波长向 ITU-T 标准靠近[8-9]。

3　总结与展望

MEMS 技术在光纤通信应用领域有其独特的技术优势，它可以和很多传统光器件相结合，如可调型光衰减器、光开关、自适应的光纤耦合器、光调制器和可调谐激光器等。这些传统的光纤通信器件融入 MEMS 技术后，在应用端变得更加有效灵活，受益于 MEMS 加工技术和 IC 流片工艺的兼容性，也使得这类器件容易批量生产制造。MOEMS 技术也具备高度的交叉性和综合应用性，未来可以衍生出更加丰富的光电子器件应用。开展这一领域的研究，可以带动产业界新功能、新产品、新应用的研发投入。

基于 MOEMS 的光电子器件具备小尺寸、高性能、高可靠性和低延时等诸多优点，目前已经在全球光纤通信系统里面实现了大批量部署。随着国际互联网业务、云数据中心、下一代接入网、骨干网波分系统等细分光通信领域的飞速发展，未来将会有更多的微机电型光学器件应用在光通信系统网络内部。相信在不久的将来，这类器件将在光通信领域大放异彩，推动光通信产业和光器件产品的持续进步。

参考文献

[1] 胡艺森. 微机电系统制造工艺综述 [J]. 新型工业化，2022，12 (7)：71-75.

[2] 吴亚明. 光学 MEMS 技术及其光通信应用 [J]. 功能材料与器件学报，2013，19 (3)：119-123.

[3] 付博，赵月月. 微光机电系统（MOEMS）研究综述 [J]. 传感器世界，2004 (10)：11-17.

[4] 周易，纪引虎. 微光机电系统制造工艺综述 [J]. 航空精密制造技术，2008 (2)：1-3.

[5] 陈旭，万助军，米仁杰，等. MEMS 可调光衰减器的波长相关损耗优化 [J]. 光通信研究，2015，192 (6)：49-52.

[6] 魏会敏. MEMS 可调光衰减器光学系统的研究 [D]. 武汉：华中科技大学，2006.

[7] 李栋，黎志刚，李流超. 基于 MEMS 技术的多通道光开关研究 [J]. 轻工科技，2014，30 (8)：75-76+83.

[8] 钱坤. 基于微机电系统的外腔可调谐半导体激光器的研究 [D]. 武汉：武汉邮电科学研究院，2012.

[9] 曹薇，肖希，马卫东. 基于硅基微环的混合集成可调谐激光器 [J]. 光通信研究，2018，206 (2)：48-50.

产教融合背景下的单片机层次化实验项目设计

王 闵 袁 理 朱兰艳 向昊林
武汉纺织大学电子与电气工程学院

摘 要：单片机原理及应用课程是电子信息类、自动化类、电气类等专业的核心课程，在教学环节中起着承上启下的作用。如何在单片机原理及应用课程实践中结合区域经济和产业需求，设计并开展实验项目具有重要的研究意义。考虑到地方经济的光电子信息产业规模，设计了基于光立方的分层次单片机实验教学项目，并阐述各层次的实验目的及原理。该项目的实施能够有效提高学生的学习效果，培养学生综合运用知识解决问题的能力。

关键词：产教融合 单片机 实验项目

引言

党的十九大报告中提出："要完善职业教育和培训体系，深化产教融合、校企合作"，新形势下可以利用"产学研用"各方协同育人[1]，培养符合行业企业需求的应用型创新人才[2]。作为一所地方院校，在生源、地域和师资等资源有限的情况下，如何结合区域经济和产业需求，设计实验项目并应用于教学具有重要的研究意义[3]。

单片机原理及应用课程是电子信息类、自动化类、电气类等专业的核心课程，在教学环节中起着承上启下的作用，其课程建设具有重要的现实意义[4]。单片机原理及应用课程的理论性和实践性都很强，如何设计实验项目，使其既具有知识性和综合性，又能兼顾不同层次学生的水平能力，还能具有一定的趣味性？

灯光秀能够呈现出独特的视觉效果，被广泛应用于城市文化宣传、主题活动表演等，已成为现代化城市空间的重要组成部分。例如，武汉军运会主题灯光秀、G20 杭州峰会的西湖夜景灯光秀、深圳市庆祝改革开放四十周年的灯光秀等。武汉光谷已成为我国参与全球光电子信息产业竞争与合作的知名品牌，光电子信息产业集群规模效应明显、创新能力突出、产业特色鲜明且产业链完备。因此，设计基于光立方的单片机实验教学项目具有较强的实用性[5]，能够培养学生运用所学的理论知识和实验技能解决实际问题，有助于提升学生的创新意识和综合能力。

1 实验系统搭建

1.1 单片机选择

在教学中，引导学生了解目前各种主流单片机的型号和特点，以及如何根据需求选择合适的单片机型号。本实验课程中，选用 STM32 作为主控芯片，其单片机最小系统结构如图 1 所示，包含单片机 MCU、电源模块、烧录模块、复位模块和时钟模块。

1.2 LED 灯选择

LED 是一种固体光源，当它两端加上正向电压时就可以发光。采用不同的材料，可制

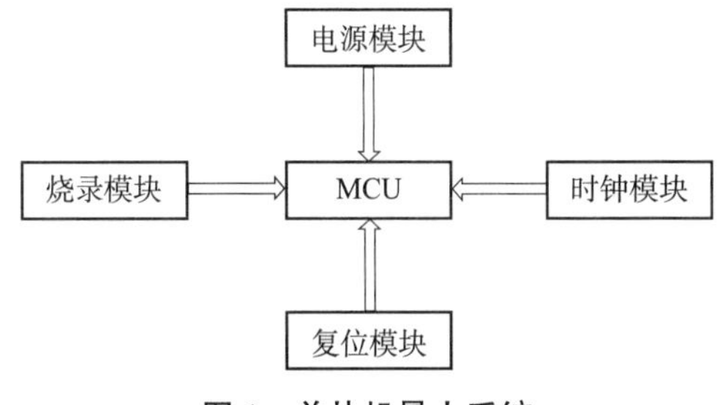

图 1 单片机最小系统

成不同颜色的发光二极管。作为一种新的光源，广受欢迎而得以快速发展。从而在各种各样的传媒信息的宣传中得以体现。考虑到成本和控制的难易程度，选取单色 Φ3 mm 红色 LED，成本低、亮度高、显示效果好。

1.3 I/O 口扩展芯片的选择

本项目的光立方规格为 8×8×8，单片机 I/O 口有限，为了使尽可能多的 LED 灯独立亮灭以达到更好的显示效果，需要选用芯片对 I/O 口进行扩展。本项目采用典型的锁存器芯片——74HC573，其包含 8 路 3 态输出的非反转透明锁存器，是一种高性能硅栅 CMOS 器件，器件的输入是和标准 CMOS 输出兼容的，加上拉电阻它们能和 LS/ALSTTL 输出兼容。当锁存使能端为高电平时，器件的锁存对数据而言是透明的，这意味着输出是同步的，延时时间短，LED 点阵的显示效果更佳。

1.4 LED 灯组的制作

光立方的焊接质量将直接影响最终的实验性能。光立方的制作过程中，要准备好电烙铁、焊锡丝、镊子等工具。需要注意以下几点：

(1) 焊接之前要考虑到光立方整体的布局构造，考虑到框架焊接完成之后，如果有 LED 灯损坏更换难度较大，因此焊接之前需要用万用表测试所有的 LED 灯，确保亮度、稳定度完好。

(2) 焊接过程中需要注意焊接的步骤、温度、布线、整齐度等，可以加强学生对元器件的认识，提高学生的组装和焊接技能，锻炼学生的意志力和动手能力。

(3) 每焊接完成一层可以测试 LED 灯是否可以正常点亮，防止后期出现问题难以排查，培养学生的专业素养和全局思维能力。

1.5 程序的编写和扩展

本设计根据二极管点阵的原理由单片机 I/O 口控制点亮不同的二极管从而组成不同的画面，动态画面的视觉效果依赖于人眼视觉暂留现象（物体突然消失时，人类的视觉神经对物体的印象会延续 0.1~0.4 s）。基于单片机进行 C 语言程序设计必须考虑到系统的硬件资源，在通过 I/O 口控制 LED 灯亮灭的基础之上，控制延时时间、点亮次序，结合光立方的空间特性实现不同的画面效果。

2 实验项目设计

为了适应不同学习层次的学生，实现因材施教的教学效果，实验项目的设计分为基础型、综合型和设计型三种层次。其中，基础型和综合型实验为必选实验，创新型实验为选做实验，具有层次性的实验内容设计能够满足不同层次学生的学习需求。

2.1 基础型实验

基础型实验的目的在于通过使用单片机控制 LED 的亮灭来学习硬件的连接、程序的编写和下载等方面知识。同时，通过手动调整延时时间等因素，加深对基本控制原理的理解，为后续更高级别的系统设计打下更扎实的基础。

基础型实验具体包括：①普通发光二极管 LED 的亮灭控制：帮助学生熟悉实验软硬件环境，包括单片机开发板、LED、条线、杜邦线、C 语言集成开发环境等；②发光二极管 LED 的自动循环亮灭控制：认识时序逻辑，了解分频技术，利用分频技术将高频信号转换为低频信号；③三基色发光二极管 LED 的七色光循环控制：熟悉复杂时序逻辑控制，引导学生对分频过程中出现的抖动、失真等现象进行抑制和校正；④呼吸灯：熟悉复杂时序逻辑控制，引导学生利用分频技术实现不同占空比、不同频率的方波。

2.2 综合型实验

经过基础型实验后，学生已经基本熟悉单片机的硬件平台和软件开发工具，并通过简单的实验，掌握了单片机的基本原理和编程方法。综合型实验是在基础型实验的基础上，加入更多的组件或功能，在实际场景中进行设计和应用。综合型实验既考查了学生的单片机基础知识，又锻炼了他们的实践能力和综合应用能力，是在基础型实验中进一步提升学生的实践水平和探索能力的重要方式。本阶段实验设计如下：

2.2.1 数码管的控制

实验任务：通过单片机控制数码管实现对二进制编码进行 BCD 码转换，并将其在数码管上显示。

实验目的：①了解数码管的基本工作原理，掌握数码管的接线方法和控制信号输出方式；②理解 BCD 码转换的相关知识，并掌握 BCD 码转换算法；③综合应用数字电路原理、单片机编程技术和硬件电路设计能力。

设计思路：将单片机和共阴极四位七段数码管依次通过杜邦线连接起来。单片机 P0 口负责输出控制信号，其中 P0.0~P0.3 接到四位数码管的段选端，P0.4~P0.7 分别接到各个数码管的位选端；同时，由于本实验采用共阴极数码管，因此需要将每个数码管的抗联点连在一起，并连接到单片机的 GND 引脚上。单片机程序中需包含数码管显示控制函数、二进制编码和十进制 BCD 码的转换函数以及主函数等模块，还可加入键盘扫描模块和时钟模块等扩展功能。

实验测试：将输入的二进制代码在单片机程序中进行 BCD 码转换，并依次传递给数码管对应的控制端口。按下复位键后，将会从 00 开始逐位显示转换后的数字，直到达到指定的截止条件为止。

实验总结：该实验利用单片机控制数码管实现译码功能，加深对数字电路原理及单片机编程的理解，并提高了综合运用能力和动手实践技巧。

2.2.2 流水灯控制设计

实验任务：通过单片机控制 LED 实现流水灯的效果，即多个 LED 依次亮起并熄灭，形成一种循环闪烁的效果。

实验目的：①理解 I/O 口的输入输出原理，理解单片机控制 LED 的基本方法；②了解操作寄存器等常用寄存器的使用方法；③综合应用数字电路原理、单片机编程技术和硬件电路设计能力。

设计思路：将单片机和若干 LED 按照相应连接方式进行连接，其中，单片机的 P0 口可以接入一个数组，将多颗 LED 以串联的形式进行连接，并通过 220 Ω 规格的限流电阻限制导通电流，防止单片机被烧毁。编写单片机程序，实现 LED 流水灯效果控制。将 LED 逐个点亮并控制相应时间后熄灭，再亮下一个 LED，重复上述过程，达到流水灯的效果。

实验测试：接通开关后，程序会自动执行，出现 LED 流水灯的效果。测试时需要注意观察实验结果和程序运行状态，每次修改程序后都需重新进行编译、调试、下载等操作以确保实验结果正确。

实验总结：除了编写正确的单片机程序，在实验过程中还要注意硬件连接的正确性和程序设计的准确性，以保证实验结果的正确性和稳定性。

2.3 设计型实验

设计型实验重点在于培养学生的创新思维和综合应用能力，针对特定问题或任务，要求学生自主设计、制作和调试一份完整的单片机系统。其中需要学生选取适当的硬件、开发软件、算法模型，进行系统架构设计、功能模块拓扑等方面的规划，并着重考虑系统可靠性、代码简洁性、可维护性等方面的标准。在完成前面多个单片机综合型实验之后，学生会具备丰富的实践经验和操作技巧，同时也积累了不少的理论和技术知识。而设计型实验则是更进一步的拓展和延伸，要求学生有能力将所学知识应用在具体问题解决中，并通过实际操作获得更深层次的理解和体验。本阶段实验设计如下：

2.3.1 智能 LED 屏

实验任务：利用 LED 点阵屏幕和 MAX7219 驱动芯片，通过二进制位移和逻辑运算等基本操作来搭建一个可以通过串口通信控制的智能 LED 屏。

实验目的：①理解 LED 屏的工作原理和接口规范，学习 MAX7219 的驱动方式和寄存器配置；②掌握串口通信的基本原理与实现方式；③编程能力，学会单片机控制 LED 屏的后台开发技巧；④提升创新思维，尝试设计出更加丰富多彩的 LED 屏显示效果，如滚动文字、流光字等。

实验思路：将 LED 屏幕与 MAX7219 芯片相连，通过 SPI 总线协议来进行通信。使用串口通信模块将单片机与 PC 端或者移动端连接起来，建立数据传输通道。使用 C 语言编写程序，首先以常数形式将所有涉及的字符和数字转换成二进制序列，再利用移位运算、逻辑与或等基本操作来控制 LED 屏的点亮。通过串口通信接收 PC 端或移动端发来的文本、图片等数据，并转化成相应的位图，最终通过单片机把位图灌入 LED 屏幕中实现显示。

实验点评：考虑到特定场合需求，可以在程序中加入计时器，实现倒计时功能；也可以设计多种字体和文字特效，使 LED 屏具有更丰富的显示效果。该实验结合了多个领域的知识，包括电子技术、计算机科学和数据通信等，可以锻炼学生的硬件编程能力、创新思维，帮助他们顺利地进入 IoT 设备开发等领域。

2.3.2 智能光立方

实验任务：用单片机控制 8×8×8 光立方的实验方案，可以独立控制每个面的颜色/亮度。

实验目的：①光立方的 DIY 设计；②如何使用单片机和点阵显示器构建出 8×8×8 LED 光立方；③学习如何使用 PWM 技术控制每个 LED 的亮度；④了解灵活配置每个 LED 的 RGB 像素以实现所有颜色的亮度混合；⑤锻炼学生的创新能力，让他们从中发现更多可能性。

实验思路：硬件设计方面，利用 512 个 LED（8×8×8）构成 8 个独立面，并有效地管理电源输入和适当放置电容和电阻。采用 8 组控制电路，用于管理每个面的 LED。比较常用的控制芯片是 MAX7219 或 MAX7221，通过级联可用于同时控制多个 LED 阵列。在考虑电源电压和最大功耗时，务必保证系统能够正常工作，可以使用交流变压器、稳压器等电路组件；面之间的隔离电路必须要进行良好的隔离，以确保各面的光不受到其他部分干扰，在实现快速切换时也要注意防止短路或静电干扰。程序设计方面，主要分为两部分：实现独立控制每个面颜色和亮度，使用 PWM 技术调整每个 LED 的亮度；对 RGB 色彩空间进行控制，实现每个像素在亮度和颜色方面的控制。

实验点评：该实验使用 PWM 技术控制每个 LED 的亮度，同时也实现了独立控制每个面的颜色和亮度。实验要求学生熟练掌握嵌入式系统的相关知识和技能，如电路设计、程序编写等。难度相比前一项有所提升，但目的依然是锻炼学生的技能和创新能力。与综合型实验不同之处在于，独立控制每个面的颜色和亮度可以为学生提供更多的变化空间，使他们在学习过程中获得更深入的理解。

3 结语

本文设计了基于光立方的基础型、综合型和设计型三个层次的单片机实验教学项目，分别探讨了它们在实际操作中的应用方法及技术难点。该项目所采用的光立方视觉效果强烈、功能强大、应用场景广泛，具有较强的趣味性和吸引力，同时，采取层次化的项目设计，难易适中，创新性较强，能有效激发学生的主动性，增强其成就感。

参考文献

[1] 何谐. 应用型高校产教融合制度化发展研究 [J]. 国家教育行政学院学报，2020 (11) 50-57+87.

[2] 谢笑珍. “产教融合” 机理及其机制设计路径研究 [J]. 高等工程教育研究，2019 (5) 81-87.

[3] 韩文，于盛睿，徐晗. 地方高校工程训练的实践教学体系构建与特色定位 [J]. 实验室研究与探索，2017，36 (1)：221-225.

[4] 王京港，张翠平，刘海艳. “分层次、项目式、虚实结合” 的单片机实验教学改革与实践 [J]. 工业控制计算机，2023，36 (2)：130-134.

[5] 孙秀娟，张姗，王传江，等. 数字光立方层次化实验项目的设计与实践 [J]. 实验室研究与探索，2022，41 (10)：190-193.

超声振动加工技术及应用①

袁　博②

武汉城市职业学院

摘　要：本文介绍了超声振动加工技术的基本原理、应用领域、特点及优点，同时分析了该技术在材料、生产工艺等方面的创新和挑战。这种技术在加工硬质、脆性和难加工材料方面具有显著优势，适用于各种硬度的材料。

关键词：超声振动　加工　应用

1　超声振动加工原理

超声振动加工技术主要包括超声振动发生器、工具头和加工件三个部分。超声振动发生器将高频电信号转换为机械振动，并通过工具头传递到加工件上。加工过程中，超声波激发工具头与加工件接触区域的高频振动，使得研磨颗粒对加工件产生高频冲击，从而去除材料。超声振动系统的示意图如图1所示。

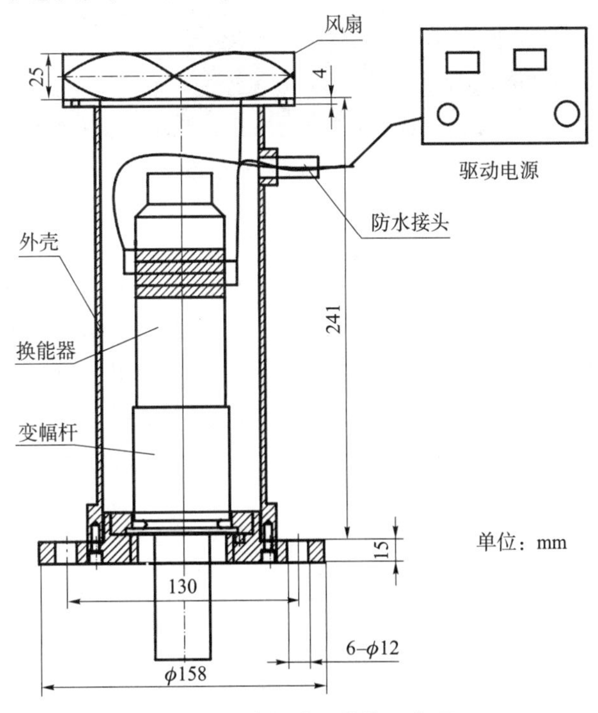

图1　超声振动系统的示意图

---

①　基金项目：湖北省教育厅科研计划项目（B2019433）；武汉市市属高校产学研研究项目（CXY202219）；武汉城市职业学院科研创新团队建设计划资助项目（2020whcvcTD02）。

②　袁博（1986—），男，讲师，研究方向为摄影测量光纤传感、优化设计。

20 K超声波系统包括20 K电源、换能器、不锈钢变幅杆和法兰。20 K电源型号是FZG20-1000A，功率为800 W，频率是20 kHz（图2）；换能器型号是FZ20-H50-4Z，频率为20 kHz，不锈钢变幅杆型号是FZ20-B50-S，振幅为20 um（图3）。

图2　20 K电源

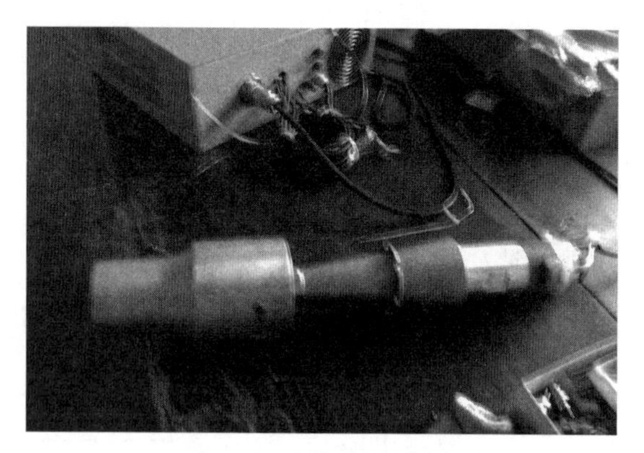
图3　变幅杆和换能器

1.1　超声波发生器

超声波发生器将220 V或380 V的交流电信号转换成超声频率的电振荡信号，它主要由振荡级、放大级、功率级和电源等部分组成（图4）。其中，振荡级是超声波发生器的心脏部件，为了超声波发生器达到最高的效率以及变幅杆产生较明显的振幅，超声波发生器必须和换能器的阻抗匹配。目前超声波发生器都装有声跟踪电路和频率自动跟踪电路，大大改善了超声加工的现状。超声波发生器正向着大功率、小体积、低成本、标准化、积木化、智能化及高可靠性的方向发展。

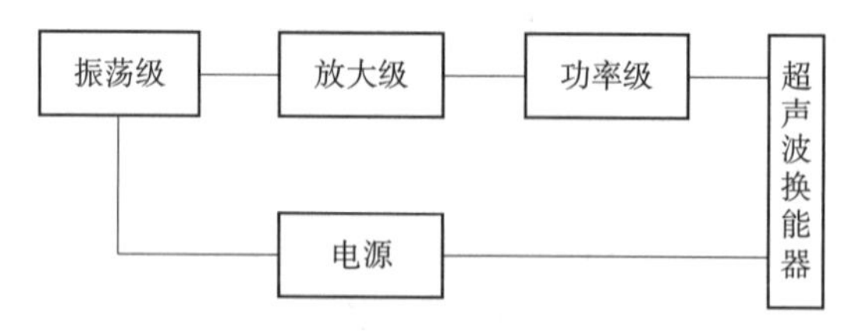

图4　超声波发生器

振荡级由三极管连接成电感回授振荡电路，调节电路中的电容器可以改变输出功率，振荡级输出经耦合至电压放大级放大，控制电压放大级的增益可以改变超声波发生器的输出功率，放大后的信号经变压器倒相送到末级功率放大级，功率级常用多管并联推挽输出，经输出变压器输出至超声波换能器。

经过多年的研究和发展，超声波发生器的基本技术已基本成熟，目前投入研究和使用的超声波发生器类型如图 5 所示。

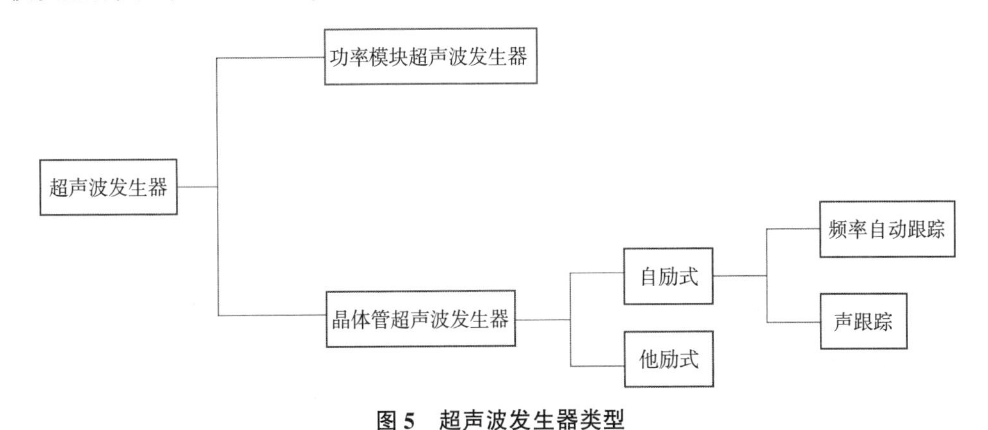

图 5 超声波发生器类型

结合本试验，选用杭州斧正超声设备有限公司生产的 FZG20-1000A 超声波发生器(图 2)，其具有自动搜频功能，能在开机的时候，根据不同的负载，搜到最佳的共振频率，这个功能能够实现对应不同的工件以及共振台选用最适合的工作频率，频率稳定，并能在所需范围之内连续可调，具有频率自动跟踪功能。综上所述，选用电源能够满足实验要求。

1.2 换能器

顾名思义，换能器就是进行能量形式转换的部件，是将超声波发生器产生的高频电振荡信号转变成机械振动的装置，也就是电能向机械能的转换设备，通过换能器实现一种能量形式向另外一种的转变。

换能器通常由一个储能元件及一个机械振动系统组成，当换能器开始运行时，从激励电源输出级输出的振荡信号，引起电储能元件相对应的电场或磁场的变化，通过某种效应这种电场或磁场的变化对换能器的机械振动系统产生一个推动力，使其进入振动状态，从而推动与换能器机械振动系统相接触的介质发生振动，产生超声振动的效果，这种工作原理揭示了换能器的运行形式。

1.3 变幅杆

通常换能器输出的振动特别微弱，振幅比较小，变幅杆的主要作用就是把换能器输出的机械振动的位移或速度放大，或将超声振动的能量集中在横截面较小的面上，达到聚能目的。简单来讲就是由于换能器输出的振幅很小，仅有几个微米，达不到超声振动辅助铣削中需要研究的振幅量级，所以，超声变幅杆就是将换能器输出的振幅放大，以达到研究的需要。

本项目采用的变幅杆是复合型变幅杆，形如倒喇叭，选用的材料为 45#钢，共振频率 20 kHz，振幅是 20 um，能够满足实验要求。并且配合的超声电源具有搜频功能，能够在开机时，给负载一段连续频率的超声振动，根据共振时超声电源内部电流的变化，确定共振频率，避免了在空载情况下设计出来的变幅杆在工作时因为负载的影响，发生共振频率漂移现象，影响实验精度，同时避免引起换能器和变幅杆结合处因为能量传递时发生较大的能量损失，造成烧伤结合端面的后果。

2 超声振动加工技术的应用领域

超声振动加工技术作为一种非传统加工技术，凭借其高精度、低热量、低应力等优点，在许多领域得到了广泛应用。

2.1 航空航天领域

超声振动加工技术在航空航天领域具有广泛的应用。由于此领域对材料的强度、硬度及耐腐蚀性要求较高，因此对加工技术要求也较高。超声振动加工技术可用于加工高强度、高硬度和难加工材料，如钛合金、高温合金、陶瓷基复合材料等。这些材料广泛应用于航空发动机零件、导弹、火箭等关键部件。

2.2 微电子领域

微电子领域对加工精度和表面质量要求极高。超声振动加工技术可用于半导体、硅晶圆、微型传感器等微型器件的精密加工。此外，由于超声振动加工对材料的热量和应力影响较小，因此在微电子器件制造过程中不容易导致晶体结构损伤，有利于保持器件性能。

2.3 光学领域

光学领域要求高精度的光学元件，如透镜、棱镜、光纤等。超声振动加工技术能够实现光学元件的高精度加工，提高光学系统的性能。此外，由于超声振动加工在加工过程中产生的热量较低，能够有效地防止光学元件的表面损伤。

2.4 模具制造领域

模具制造对材料的硬度、精度和表面质量要求较高。超声振动加工技术能够实现硬质合金、陶瓷等难加工材料的高精度加工，从而满足模具制造领域的需求。在模具制造中，超声振动加工技术可用于微型、复杂形状的模具制作，如微喷嘴、微齿轮等。

2.5 汽车制造领域

在汽车制造领域，超声振动加工技术可以用于加工高强度钢、铝合金、陶瓷等材料。这些材料在汽车制造中具有广泛应用，如发动机零件、刹车系统、悬挂系统等关键部件。超声振动加工技术能够提供高精度、低热量和低应力的加工，有利于提高汽车零部件的性能和寿命。

3 超声振动加工技术的特点及优点

超声振动加工通过利用超声波产生的高频振动，在研磨颗粒和加工件之间形成高速冲击，从而实现材料的去除。

3.1 适用于各种硬度的材料

超声振动加工技术适用于各种硬度的材料，包括金属、非金属、陶瓷、玻璃等。尤其是对于硬质合金、陶瓷、玻璃等难加工材料，超声振动加工表现出良好的加工性能。这使得超声振动加工技术在航空航天、生物医学、微电子等领域具有广泛的应用前景。

3.2 低热量和低应力

与传统的加工方法相比，超声振动加工过程中产生的热量和应力较低。这意味着在加工过程中，被加工材料的微观结构和性能不容易受到损害，从而有利于保持加工件的原始性能。这对于一些对热量和应力敏感的材料和器件（如光学元件、微电子器件等）具有重要意义。

3.3 高精度加工

超声振动加工技术能够实现高精度加工，尤其是在微尺度、三维复杂形状的加工方面具有优势。在某些情况下，超声振动加工甚至可以达到纳米级别的精度，满足微电子、光学等领域对精度的严格要求。

3.4 工具磨损较低

由于超声振动加工过程中的冲击作用主要发生在研磨颗粒和加工件之间，因此工具头的磨损相对较低。这有助于提高工具寿命，降低生产成本。

3.5 无须加热或冷却

超声振动加工技术在加工过程中产生的热量较低，通常无须额外的加热或冷却措施。这不仅有利于节省能源，还有助于降低生产过程中的环境影响。

4 超声振动加工技术的挑战及创新

尽管超声振动加工技术具有许多优点，但仍面临一些挑战。为了更好地推动这一技术的发展和应用，研究人员和工程师们正努力解决这些挑战，并不断进行创新。

4.1 加工效率

相较于传统加工方法，超声振动加工的加工效率相对较低。为提高加工效率，研究人员正在尝试优化工艺参数（如振动频率、振动幅度、磨料颗粒尺寸等），并探讨新型的振动系统和磨料供给系统。

4.2 工具磨损

虽然超声振动加工工具头的磨损相对较低，但在长时间加工过程中，工具磨损仍会影响加工精度和效果。为解决这一问题，研究人员正在开发新型的耐磨材料和工具设计，以降低工具磨损。

4.3 加工精度

尽管超声振动加工技术在微尺度加工方面具有优势，但在纳米级别的精度上仍有改进空间。为提高加工精度，研究人员正努力开发新型的高频振动系统、更精确的工具定位方法以及智能控制系统。

4.4 加工深孔和薄壁构件

在加工深孔和薄壁构件时，超声振动加工可能会面临振动幅度衰减和加工件形变等问题。为解决这些问题，研究人员正尝试采用新型的超声振动系统、改进的磨料供给策略以及刚性和阻尼优化的工具设计。

4.5 环境污染与安全

超声振动加工过程中产生的噪声和磨料颗粒可能对环境和操作者造成影响。为减少环境污染和保障操作安全，研究人员正开发低噪声的超声振动系统、高效的磨料回收设备以及有效的防护措施。

4.6 复合加工技术

为发挥超声振动加工与其他非传统加工方法的优势，研究人员正积极探索复合加工技术，如超声振动-激光复合加工、超声振动-电化学复合加工等。结合不同的加工方法，可以实现更高效、精确和复杂的加工任务。同时，复合加工技术还可以降低对单一加工方法的依赖，提高加工过程的稳定性和可靠性。

4.7 智能化和自动化

随着智能制造和工业 4.0 的发展，超声振动加工技术也面临着与时俱进的挑战。研究人员正努力开发基于大数据、机器学习和物联网技术的智能控制系统，实现超声振动加工过程的实时监测、自适应调整和远程控制。这将有助于提高加工效率、降低人工干预成本，同时提高加工质量和稳定性。

4.8 新型超声振动加工技术

为进一步扩大超声振动加工技术的应用领域，研究人员正不断探索新型超声振动加工技术，如旋转超声振动加工、悬浮研磨加工、液相超声振动加工等。这些新型技术有望在特定应用场景中发挥更大的优势，提高加工性能和效果。

5 总结

超声振动加工技术适用于各种硬度的材料、低热量和低应力加工、高精度加工、工具磨损较低、无须加热或冷却、环保、无电极损耗、兼容性好、自适应性强等。然而，这一技术仍面临一些挑战，如加工效率、工具磨损、加工精度、加工深孔和薄壁构件、环境污染与安全、复合加工技术、智能化和自动化等。

为了克服这些挑战并推动超声振动加工技术的发展，研究人员和工程师们正在努力进行创新，包括优化工艺参数、开发新型系统和材料、探索复合加工技术、实现智能化和自动化等。随着科学技术的不断发展和创新，超声振动加工技术有望在未来实现更高效、精确和智能化的加工过程，满足各行业日益增长的加工需求。

参考文献

[1] 李敬涵，张卫锋，李念冲，等. 超声振动辅助钻削BK7的试验研究 [J]. 工具技术，2022，56 (10)：22-28.

[2] 许超，袁信满，关艳英，等. 超声加工技术的应用及发展趋势 [J]. 金属加工（冷加工），2022，854 (9)：1-6.

[3] 王桂莲，赵文利，刘文瑞，等. 单激励三维超声振动辅助加工装置的设计与分析 [J]. 工具技术，2022，56 (8)：72-76.

[4] 王亮，雷亚江，牛玉艳. 微织构刀具超声振动辅助加工切削性能仿真研究 [J]. 机械制造，2022，60 (7)：55-59.

[5] 武晓龙. 超声振动与飞秒激光复合微孔加工机理研究 [D]. 合肥：安徽建筑大学，2022.

[6] 高玉侠. 基于超声振动的镁合金铣削加工仿真与试验研究 [J]. 机电工程，2022，39 (4)：532-537.

[7] 封军阳. 超声振动钻削加工参数优化及试验研究 [D]. 青岛：青岛科技大学，2022.

[8] 佟浩，罗雨戈，刘国栋，等. 超声振动辅助机械铣削复合电化学放电加工 [J]. 电加工与模具，2022，366 (S1)：54-58+63.

[9] 丁文锋，曹洋，赵彪，等. 超声振动辅助磨削加工技术及装备研究的现状与展望 [J]. 机械工程学报，2022，58 (9)：244-269.

[10] 孔凡. 基于超声振动挤压轴类零件的表面强化加工技术研究 [D]. 天津：天津职业技术师范大学，2022.

超声振动刨削加工的研究[①]

陈淑花[②]

武汉城市职业学院、上海大学

摘　要：本文对超声振动排屑刀具工艺进行了系统性的研究，涉及超声振动原理、刀具设计、材料加工特性、切削力学分析、数值模拟与优化以及实验研究等方面。通过对各个方面的深入探讨，为进一步提高切削加工的效率和质量提供了理论依据和实践指导。

关键词：超声振动　排屑刀具　切削加工　力学分析　数值模拟

引言

超声振动排屑刀具工艺是一种将超声振动与切削过程相结合的先进加工方法，能有效地提高加工效率和表面质量。近年来，超声振动排屑刀具工艺在航空、汽车、医疗等领域得到了广泛应用。本文对该工艺进行了详细的研究，旨在为实际应用提供理论支持和技术指导。

1　超声振动原理与刀具设计

1.1　超声振动原理

超声振动是指频率高于 20 kHz 的振动。在超声振动排屑刀具工艺中，将超声波引入切削刀具，使刀具在切削过程中产生高频振动，从而改变切削力、热量分布和排屑过程。超声振动切削的主要优点包括降低切削力、降低切削热、提高切削效率、改善工件表面质量等。

1.2　超声振动排屑刀具的设计

为了实现高效切削，需要设计合适的超声振动刀具，主要包括以下几个方面：

（1）刀具材料：选择具有高硬度、高强度和高韧性的刀具材料，使用硬质合金。

（2）刀具结构：刀具结构设计应考虑刀具的刚度、强度和振动特性，以适应高频振动切削过程中的各种应力和变形，采用刨刀。

（3）超声振动发生器：选择适当的超声振动发生器，采用压电陶瓷材料，以实现高效、稳定的超声振动输出。

（4）刀具与发生器的连接方式：选择合适的连接方式，采用螺纹连接，以确保振动能量的有效传递。

（5）超声振动参数：确定合适的超声振动频率、振幅和相位等参数，电源功率为 800 W、频率为 20 kHz（FZG20－1 000 A），换能器频率为 20 kHz（FZ20－H50－4Z），变幅杆振幅为 20 um（FZ20-B50-S），以实现最佳的切削效果。

---

① 项目基金：湖北省教育厅科研计划项目（B2019433）；武汉市市属高校产学研研究项目（CXY202219）；武汉城市职业学院科研创新团队建设计划资助项目（2020whcvcTD02）。

② 陈淑花（1979—），女，副教授，博士在读，研究方向为刀具涂层及切削。

如图1所示，刀具由刀片和排屑块两部分组成。在单体切削刀具刀片的前刀面上开一个微小深度凹槽，嵌入一个排屑块。排屑块底部边缘最大限度地接近刀刃。刀片通过刀柄固定在刀夹上；排屑块固定在超声振动单元上，超声振动单元支座固定在刀夹上，或与刀夹无相对运动的物体上。刀片和排屑块之间不发生物理接触，防止彼此间力的传递。两者之间形成底部间隙及前端间隙，用作冷却介质的流通。排屑块前面用于切屑流动。排屑片前面刻有不同宽度的沟槽，以减小切屑与排屑面的接触面积。排屑块底部加工有冷却介质缓冲腔。外部供给的压力冷却介质，进入缓冲腔，然后通过内部的通道及刀片与排屑块之间的间隙分送到刀片的后面、刀尖及排屑片前面，保证冷却介质最大限度地接近发热源。切削时，切削层受到刀片施加的沿切削方向的作用力 F_c，及因排屑块振动产生的并通过切屑传递到切削层的动态作用力 F_b，两者的合力使切削层发生塑性变形，与母体材料分离，形成片状切屑。材料切削过程中，切削层和刀具之间的运动可分为两个阶段：①切屑分离，即刀刃切割工件材料，使切削层与母体分离，形成薄片状切屑；②切屑排放，即切屑离开刀刃，移动到排屑块的排屑面，移动一段距离后离开刀具。在排屑面上，切屑受到排屑块的超声振动驱动，相应地发生振动，并将振动力传递到切削层的根部。

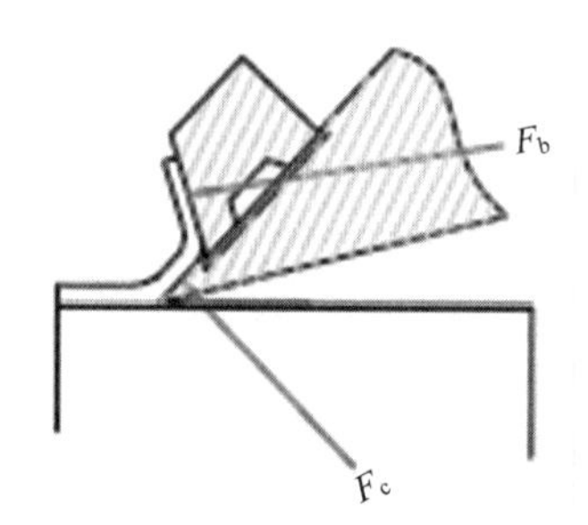

图1 切削原理示意图

为了保证刀片和排屑块之间的间隙，冷却介质必须具有一定的压力，防止微小的材料掉入间隙中。同时，切削层离开刀片时必须为片状。整个切削系统主要包括双层结构刀具、超声振动单元及冷却介质供给单元等，如图2所示。

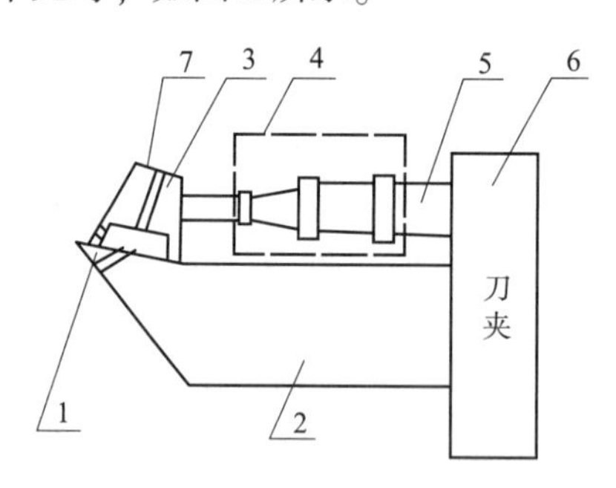

图2 切削系统结构图

1—刀片；2—刀杆；3— 排屑块；4—超声振动单元；5—超声振动单元支座；6—刀夹；7—冷却介质供给单元

2 超声振动切削力建模

为建立超声振动切削过程的切削力模型，首先要确定其与传统切削过程的不同之处，超声振动切削过程较为复杂，主要是由于许多切削参量都是时变的，而且不能简单地直接套用传统切削力公式，本研究为简化处理，仅考虑切削厚度以及剪切角的变化情况。切削过程如

图 3 所示，其中有几个重要的节点，A 是再次进入切削过程的节点，B 是未变形切屑厚度最大点，F 是切削过程结束节点，G 是切屑刀具运动方向改变节点。切削厚度即 CD 段长度前面已给出随时间变化情况，此部分重点考虑剪切角随时间变化情况。

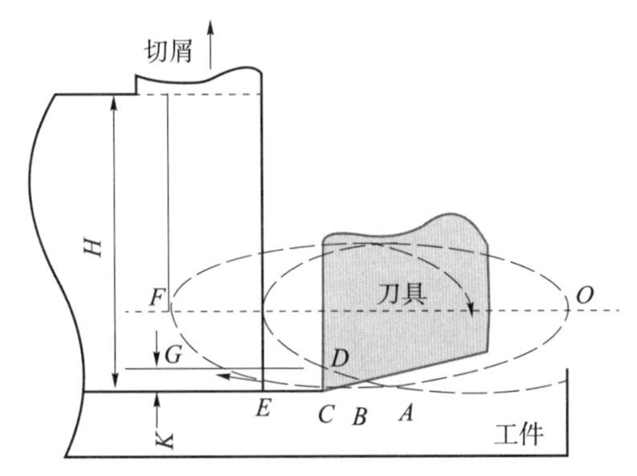

图 3 超声振动切削原理图

2.1 瞬态剪切角分析

振动切削过程根据刀具切屑相对运动可以分为三个阶段（空切过程没有考虑），分别是正向运动摩擦过程、静态摩擦过程和反向运动摩擦过程。正向运动摩擦过程与传统切削类似，切屑从前刀面流出，在一个振动周期内从 t_A 时刻开始，剪切角也类似于传统切削；静态摩擦过程中切屑与刀具相对静止不动，剪切速度即为刀具相对工件运动速度；反向运动摩擦过程中刀具退出速度较切屑流动速度快，此过程与传统切削正好相反。图 4 分别说明了这三个过程。

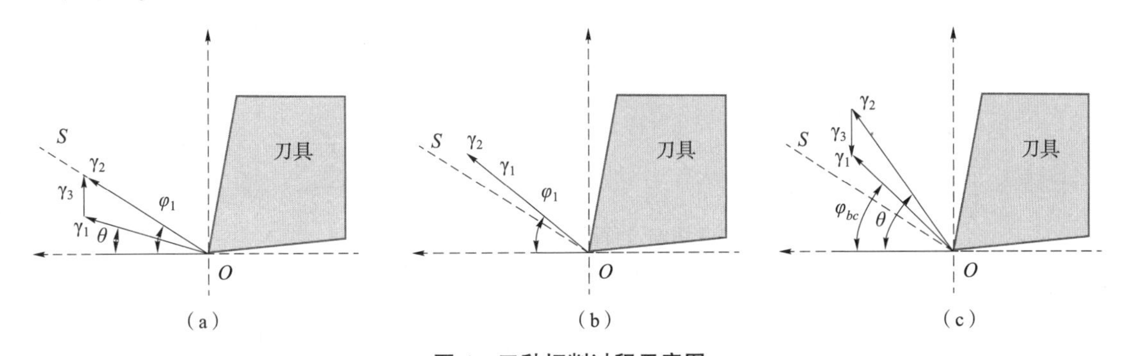

图 4 三种切削过程示意图

(a) 正向运动摩擦剪切角；(b) 静态摩擦剪切角；(c) 反向运动摩擦剪切角

传统切削过程根据麦钱特的最小切削合力原则，对切削合力进行微分，可以得到剪切角的公式：

$$\varphi=\frac{\pi}{4}-\frac{\beta}{2}+\frac{\gamma_0}{2}$$

式中：β——前刀面上的摩擦角；

γ_0——刀具前角。

超声振动切削的正向运动摩擦过程如图 5（a）所示，与普通切削过程类似，从受力图可以得到主切削力公式：

$$F_r=\frac{t_1 f\tau_s\cos(\beta-\gamma_0)}{\sin\varphi_{bc}\cos(\varphi_{bc}+\beta-\gamma_0)}$$

式中：t_1——未变形切屑厚度（背吃刀量）；

f——进给速度；

τ——主剪切平面剪应力；

φ_{bc}——正向运动摩擦过程剪切角。

根据以上公式，可以发现正向摩擦运动过程中剪切角大小与麦钱特原则相互吻合，剪切角大小相同，可以化为普通切削考虑。

如图 5（b）所示，此种情况与传统切削相反，根据受力图可以得到主切削力公式：

$$F_r=\frac{t_1 f\tau_s\cos\ (\beta+\gamma_0)}{\sin\ \varphi_{kr}\cos(\beta+\gamma_0-\varphi_{kr})}$$

式中：φ_{kr}——反向运动摩擦过程剪切角。

同样根据切削力最小原则对剪切角求导：

$$\frac{dF_r}{d\varphi_{kr}}=-t_1 f\tau_s\cos(\beta+\gamma_0)\frac{\cos\ \varphi_{kr}\cos(\beta+\gamma_0-\varphi_{kr})-\sin\ \varphi_{kr}\sin(\beta+\gamma_0-\varphi_{kr})}{\sin^2\varphi_{kr}\cos^2(\beta+\gamma_0-\varphi_{kr})}$$

$$\cos(2\varphi_{kr}-\beta-\gamma_0)=0$$

$$2\varphi_{kr}-\beta-\gamma_0=\frac{\pi}{2}$$

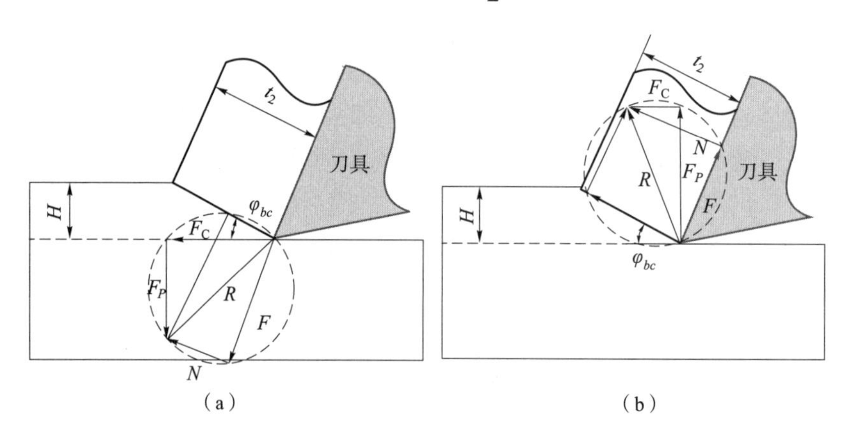

图 5　切削过程图反向运动摩擦过程

（a）正向运动摩擦切削过程；（b）反向运动摩擦切削过程

对比上式可以发现，超声振动切削在一个振动周期内剪切角的变化范围是 β，也就是一倍的摩擦角大小。综合考虑三个区域可以获得一个振动周期内的瞬时剪切角大小，表示为：

$$\varphi_t=\begin{cases}\varphi_{bc} & \theta(t_A)\leqslant\theta(t)\leqslant\varphi_{bc}\\ \theta(t) & \varphi_{bc}\leqslant\theta(t)\leqslant\varphi_{bc}\\ \varphi_{kr} & \varphi_{kr}\leqslant\theta(t)\leqslant\theta(t_F)\end{cases}$$

式中：$\theta(t)$——刀具运动瞬时方位角，$\theta(t)=\tan^{-1}\left(\frac{v_y(t)}{v_x(t)}\right)$。

2.2　瞬态切削力分析

为了求取瞬时切削力模型，需要先应用不等距剪切带模型，如图 6 所示，其中 AB 为主剪切平面，CD 为刚开始进入剪切带的平面，EF 为退出剪切区域平面，并且平面之间相互平行。在 xy 坐标系下剪应变率可以写成如下形式：

$$\gamma=\begin{cases}\dfrac{\gamma_m}{[(1-k)h]^q}[y_s+(1-k)h]^q & y_s\in[-(1-k)h,0]\\ \dfrac{\gamma_m}{(kh)^q}(kh-y_s)^q & y_s\in[0,kh]\end{cases}$$

式中：γ_m——AB 平面的最大剪应变率；

h——剪切区域厚度；

k——剪切区域比例；

q——剪切区域切向速度幂指数（低速切削时 $q=3$；高速切削时 $q=7$）。

通过积分可以得到剪应变值。其中 V 是切削速度，在 xy 坐标系中。

根据速度和剪应变率之间的关系对上式进行积分运算，可以得到去除材料在 xy 坐标系下的剪切速度：

$$\gamma=\begin{cases}\dfrac{\gamma_m}{[(q+1)(1-k)h]^q}[y_s+(1-k)h]^{q+1}-V\cos\varphi & y_s\in[-(1-k)h,0]\\ -\dfrac{\gamma_m(kh-y_s)^{q+1}}{(q+1)(kh)^q}+V\sin\varphi\tan(\varphi-\gamma_0) & y_s\in[0,kh]\end{cases}$$

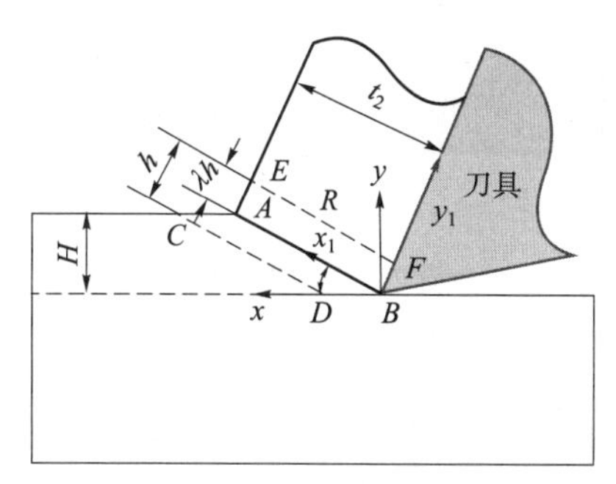

图 6 不等距剪切带模型

根据等距不剪切带模型，在主剪切面 AB 上时，没有切向速度，故可以得到剪应变率和剪切区域比例的方程：

$$\gamma_m=\frac{(q+1)V\cos\gamma_0}{h\cos(\varphi-\gamma_0)}$$

$$k=\frac{\sin\varphi\sin(\varphi-\gamma_0)}{\cos\gamma_0}$$

再根据 Johnson-Cook 模型可以得到剪应力流 τ。此处认为工作温度与室温相同，即忽略温度对其影响，进行了适当的简化，简化的 Johnson-Cook 公式如下：

$$\tau=\frac{1}{\sqrt{3}}\left[A+B\left(\frac{\gamma}{\sqrt{3}}\right)^n\right]\left[1+C\ln\left(\frac{\gamma}{\gamma_0}\right)\right]$$

式中的 A、B、C、n 均与材料属性有关，根据加工对应材料手册可以查到，再根据剪平面 AB 的剪切力公式可以得到：

$$F_x(t)=\frac{\tau_s}{\sin\varphi_x}f\,t_t$$

式中：t_t——实时的切削厚度。

单位时间内对上式进行积分，积分范围为 $0\sim Rt$，即切削占比时间，代入瞬时切削厚度和瞬时剪切角，可以求得平均切削力。相比较传统切削，平均切削力有明显降低。

3 有限元仿真

为了更好地探寻和验证二维超声振动切削的特点，本研究利用 Abaqus 进行切削有限元仿真分析，为方便分析模拟精密加工车削过程，这里采用二维切削仿真进行模拟，简化分析模型，节约仿真时间。切削厚度选取 6 μm，模拟超声振动振幅为 2 μm，振动频率为 30 kHz，切削材料为 TC4，对比仿真无振动切削与引入超声振动辅助切削的不同加工状态，如图 7 所示。

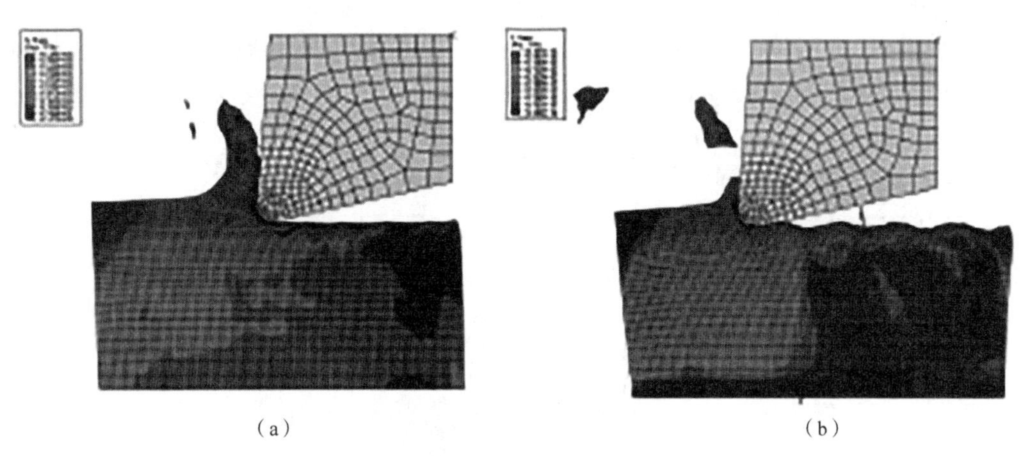

（a）　　（b）

图 7　切削仿真图

（a）普通切削；（b）超声振动切削

此外超声振动加工相比传统加工降低了平均切削力。通过切削有限元仿真，分别完成一段切削过程，提取刀具几何体对应的反作用力数值，绘制出切削力曲线，虽然网格的细密程度会影响仿真测力结果，但总体趋势正确。图 7 分别代表普通切削与振动切削对应的主切削力大小。

观察可知，传统切削过程中切削力平均值在 0.12 N 附近，而超声振动切削虽然切削力瞬时值较高可以达到 0.2 N 左右，但根据前面切削时间占空比可以得出，平均切削力小于 0.08 N，达到了降低切削力的作用。当材料硬度更大切削深度更大时，即普通切削力更大时，超声振动切削力降低的效果更明显。

4 结语

本文对超声振动排屑刀具工艺进行了详细的研究，主要关注刀具设计、数值模拟与优化以及实验研究等。研究结果表明，超声振动排屑刀具工艺能有效地提高加工效率和表面质量，为实际应用提供了理论依据和技术指导。此外，超声振动切削过程中的热量分布有利于降低工件和刀具的温度，从而延长刀具寿命。

本研究为超声振动排屑刀具工艺的发展提供了一定的理论基础，但仍有许多问题有待进一步研究，如刀具寿命预测、工艺参数优化算法、在线监测与控制技术等。未来研究还需要将超声振动排屑刀具工艺与其他先进加工技术相结合，以实现更高效、环保、智能的制造。

参考文献

[1] 邹云鹤. 航空材料超声振动螺旋铣孔切削机理与加工质量研究［D］. 天津：天津大学，2021.

[2] 姜伟. 超声振动辅助条件下圆弧形铣刀加工钛合金实验研究［D］. 哈尔滨：哈尔滨理工大学，2021.

[3] 周彤. 超声辅助不锈钢厚板钻削关键技术研究［D］. 天津：河北工业大学，2020.

[4] 王鹏. 超声振动辅助钻削钛合金加工机理研究［D］. 上海：上海工程技术大学，2020.

[5] 李哲，王新，张毅，等. CFRP 超声振动套磨钻孔高效排屑机理和实验［J］. 北京航空航天大学学报，2020，46（1）：229-240.

[6] 邵振宇，李哲，张德远，等. 钛合金旋转超声辅助钻削的钻削力和切屑研究［J］. 机械工程学报，2017，53（19）：66-72.

[7] 廖结安，刘战锋，郭涛，等. 和田青玉超声波深孔高速钢麻花钻钻削试验研究［J］. 机床与液压，2017，45（7）：48-50+105.

大型建筑电力系统信号冗余抑制方法研究①

杨正祥②
武汉交通职业学院智能制造学院

摘　要：传统建筑电力系统信号冗余抑制方法无法降低电力系统内部进程运行负载量，导致该方法的信号冗余抑制效果不理想。为此，本文提出新的大型建筑电力系统信号冗余抑制方法。分析电力系统信号的有效地址峰值，并判断信号是否具有冗余性，针对信号的冗余程度对故障信号分类。建立逻辑门调用冗余信号，通过触发器、逻辑门、信号置位端以及数据选择器四部分完成冗余抑制编码设计。实验结果表明，大型建筑电力系统信号冗余抑制方法能够有效减少运行负载量，提高系统运行的稳定性，提高冗余抑制效果。

关键字：大型建筑　电力系统　信号冗余　抑制方法

引言

能源的合理调用可有效减少电力资源的浪费。集成发电厂、送变电线路、供配电所以及电力传送器件，构成一个结构复杂的电力系统。由于电力系统的结构复杂性，并且不同设备的工作原理不同，电力系统在运行过程中，系统内部器件工作的发生信号向外传输，会出现信号冗余冲突故障。在大型建筑电力系统工作运行过程中，系统根据各个结构器件传递出的数据信号，设置相对应环节信号冗余抑制程度，维持大型建筑电力系统的正常运行[1-3]。

马星河等人[4]提出一种基于经验小波变换（Empirical Wavelet Transform，EWT）的高压电缆局放信号降噪方法。通过信号降噪的方式对其信号的冗余进行抑制。利用自适应经验小波变换分解信号，定位脉冲信号，利用改进阈值函数去除信号的冗余，实现电力信号噪声的抑制。唐新灵等人[5]针对驱动电路和环境产生严重的电磁干扰，提出基于 IGBT 的 PETT 振荡冗余抑制方法。基于 IGBT 关断拖尾阶段空穴注入空间电荷区引起的空间电荷效应，分析空间电荷区的大信号特性以及 PETT 振荡产生的机理，搭建测试平台实现电路信号振荡冗余的抑制。但是以上两种传统方法在信号种类和数量过多情况下，会对每个信号源造成分析干扰并增加系统冗余的负载量，因此无法保证大型建筑电力系统内部结构信号的无误传递。

为此，本文设计了大型建筑电力系统信号冗余抑制方法，完成大型建筑电力系统信号冗余抑制方法的设计，最后通过实验结果证明此方法在大型建筑领域应用中具有意义。

1　大型建筑电力系统信号冗余故障分析

冗余信号产生过程如图 1 所示。

---

①　基金项目：中国交通教育研究会教育科学研究重点课题（JT2022ZD038）；湖北机电工程学会湖北高校机电专业教学改革课题（6）。

②　杨正祥（1976—），男，湖北汉川人，博士，教授，主要研究方向为智能控制、教育信息化。

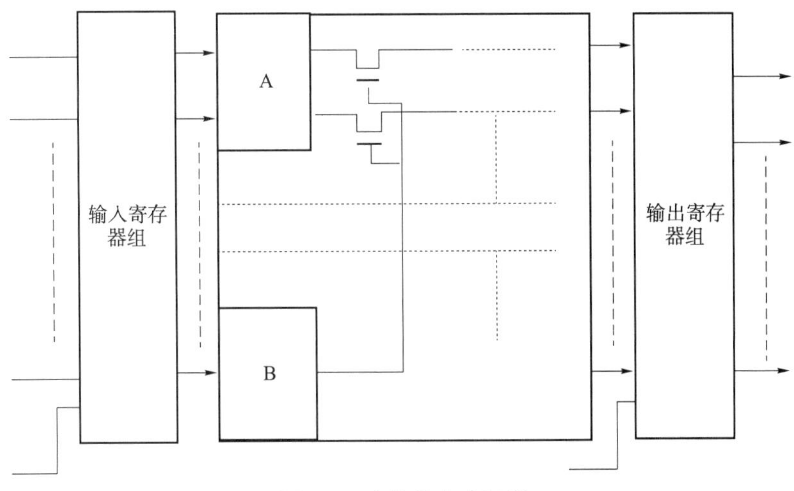

图 1　冗余信号产生过程

大型建筑电力系统的恒值点冗余信号状态可能由三种原因引起，其中冗余信号波的波长声动介质与正常数值的差值大于定值[6]。电力系统每时每刻都处于工作状态，但是一套系统内部的信号波长序列长度是唯一的，如果在信号差错检测过程中，校验信号的长度会出现变化，则此信号为冗余信号，并且为恒值点故障类型。电力系统信号发送过程中，由于信号阻塞产生的冗余信号故障，阻塞时间越长，冗余信号的进程越大，信号冗余行为遵循遍历算法，在短时间内，可以在原本基础上生成更多倍数的冗余信号[7]。

异门或者非门导致电力系统内冗余信号的产生，正常电力系统信号冗余抑制方法对于输出信号采集的流程都是相同的，形成此信号冗余故障的原因为：电力系统各个器件根据不同的逻辑语法执行相对应的命令，有时命令重复导致出现相同的逻辑语法，但是在电力系统数据库中，逻辑门又一次输出相同的信号，而不是调用逻辑中非门和异常门的指令，使得系统中出现冗余信号，影响系统的工作状态[8]。电力系统逻辑门结构如图 2 所示。

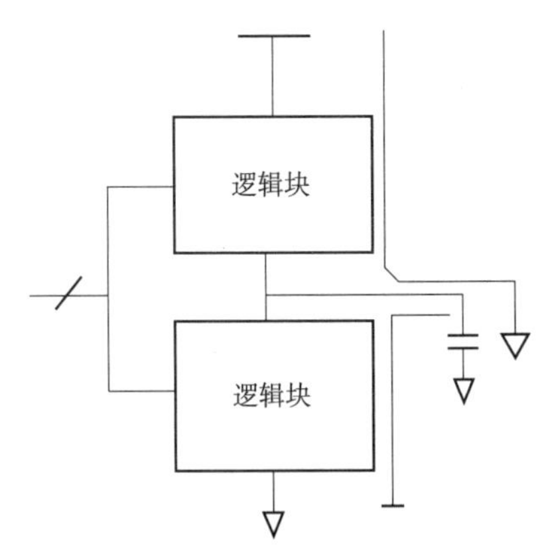

图 2　电力系统逻辑门结构

2　大型建筑电力系统信号冗余抑制方法分析

为保证电力冗余信号抑制的效果，本文在电力系统中导入静态 CMOS 电路，通过电路的逻辑协议，平衡并且抑制电力系统内信号冗余的信息量，电力系统信号冗余抑制效果通过系统的运行负载即可检测。静态 CMOS 电路与抑制效果的关联为冗余量的计算环境，在系统检测并提取信号冗余量后，逻辑门将冗余信号的所有特征进行有序调用，然后控制端逼迫后一个特征行为信号抑制前一个冗余量的信号数据衍生行为，达到抑制效果，当冗余信息量的跳变始终为 1 时，表示信号冗余被完全抑制。另外信号冗余抑制必须在系统正常运行过程中进行抑制关闭，在需要时及时调用，保证系统的正常工作。冗余抑制技术逻辑框图如图 3 所示。

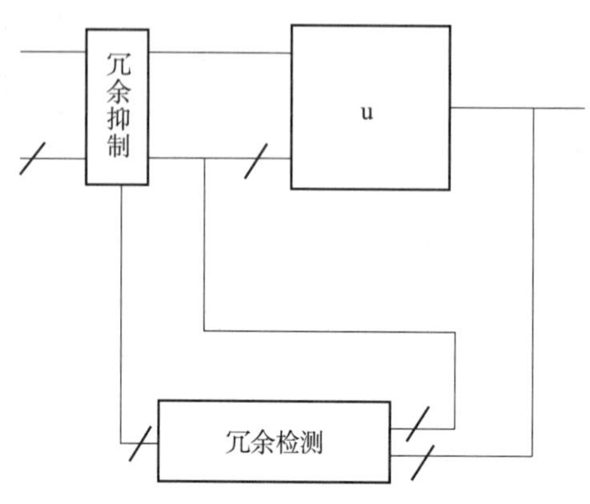

图 3　冗余抑制技术逻辑框图

电力系统信号冗余抑制方法对于信号是否冗余的辨识度是十分关键的，信号冗余抑制方法存在于电力系统的控制中心，如果抑制了正常信号，会影响到电力系统的正常运行。因此本文进一步通过固定电平的模式，将系统内部正常信号与抑制结构相互隔离，维护电力系统的正常工作。隔离冗余信号的抑制结构主要包括触发器、逻辑门、信号置位端以及数据选择器四部分。触发器逻辑结构如图 4 所示。

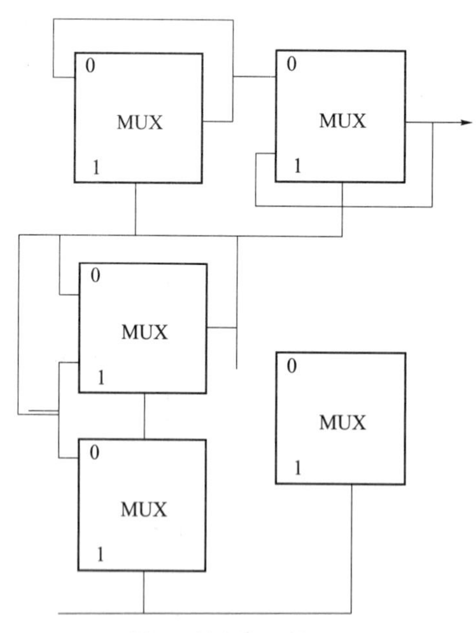

图 4　触发器逻辑结构

本文利用小波变换算法，将需要处理时间段内的所有电力系统信号进行分辨处理，具体的处理结果公式如下所示：

$$W_a f(t)=\frac{\left(a\cdot\frac{\mathrm{d}_{\theta\cdot c}}{\mathrm{d}t}\right)}{f(s)}$$

式中：a——信号的平滑尺度；

c——信号波长；

$f(s)$——信号的一阶函数；

d_θ——小波变换系数[9]。

完成冗余信号的分辨后，冗余信号函数的拐点就是冗余信号的特征，对信号函数高斯处理即可完成提取，提取公式如下所示：

$$h=\lim\frac{w_a f(t)}{0.23}$$

提取大型建筑电力系统冗余特征信号后，对电力系统信号的故障类型进行依次简述。在大型建筑电力系统内部结构中，出现信号冗余故障的类型主要为三种，分别为恒值点信号冗余故障、信号发送过程中堵塞的信号冗余故障以及异或非门的信号冗余故障，每种电力系统信号故障类型不同，冗余程度不同。

电力系统内部任意一种冗余故障，均具有遍历和衍生的特性，因此实时信号数据为保证冗余信号故障结果的重要确认因素[10-13]。

3 试验分析

本文对大型建筑电力系统的记录存档数据进行分析后，结合建筑电力系统的信号冗余输出特点，设计具有针对性的大型建筑电力系统信号冗余抑制原理，然后通过对抑制方法的解构和抑制效率分析，使抑制效果达到最佳。大型建筑电力系统信号冗余抑制具有一定的逻辑性和科学性，无法代表电力系统信号冗余抑制方法的实际功能，为此，本文设计一个对比试验，检验此抑制方法是否具有信号冗余抑制功能，并且抑制效果是否符合规定。首先本试验选择沈阳市大东区某大型建筑区内三个相同型号的发电系统作为样本，为了提高对此试验的可靠性和公平性，选择两个传统的大型建筑电力系统信号冗余抑制方法作为对照试验（下文依次称为文献［4］方法和文献［5］方法），两个传统方法的抑制效果可以满足基本大型建筑的工作需求。因为两个传统方法的性能已通过认证，在试验过程中只需要在本文方法控制的电力系统后台触发一个标准的方法，保证试验的进度。

进行试验前需要与样本所属单位进行合理的沟通，在不影响建筑正常工作的情况下，使对比试验效果达到最佳。试验的信号输出全部采用 AC 230 V，准备三个数据分析仪、计算机、变压器，试验不干预大型建筑电力系统的工作，将三个大型电力系统信号冗余抑制方法成功接入电力系统控制中心后，同一时间调用方法，考虑到实际因素，试验时间为 4 小时，试验时间达到后，与工作人员交接，停止三个电力系统信号冗余抑制方法的应用，终止试验，分析试验数据，得出结论。

按照以上试验操作，工作人员调出计算机内部监测到的三种方法的运行数据，对数据进行合理分析，得出以下数据结论。

根据表 1 可知，在有效试验时间内，本文设计的大型建筑电力系统信号冗余抑制方法所附属的电力系统内部进程运行负载量小于两个传统方法附属的电力系统内进程的运行负载量。

表1 运行负载量实验结果

实验次数/次	运行负载量/GB		
	文献［4］方法	文献［5］方法	本文方法
1	15.25	18.33	2.54
2	15.27	18.22	2.69
3	15.29	18.47	2.41
4	15.32	18.54	2.47
5	15.35	18.52	2.56
6	15.36	18.61	2.59
7	15.27	18.74	2.44
8	15.39	18.33	2.38
9	15.38	18.54	2.48
10	15.24	18.29	2.49

根据表2可知，三个抑制方法在有效试验时间段内全部采集到了有效的输出信号，但是传统方法在有效信号集中存在少量的冗余信号，另一个传统方法和本文设计的方法整理的有效信号集内不存在冗余信号，方法的抑制效果达到了99%以上。

表2 抑制率实验结果

实验次数/次	抑制率/%		
	文献［4］方法	文献［5］方法	本文方法
1	85.26	79.27	99.67
2	87.33	78.25	98.25
3	82.69	79.46	99.04
4	85.64	79.65	99.66
5	85.44	79.66	99.98
6	89.69	79.48	99.58
7	87.36	79.25	99.47
8	88.21	79.33	99.35
9	84.69	78.27	99.65
10	85.39	78.24	99.24

根据表3可知，本文设计的抑制方法对比传统的抑制方法的另一个优点是直接消除电力系统输出的冗余信号，提高大型建筑电力系统的运行稳定性。

因为本次试验采取的参照方法的信号冗余抑制性能都符合规定，三个方法所产生的数据只具有参照作用，大型建筑电力系统信号冗余抑制方法性能体现在电力系统冗余信号的抑制性，根据数据分析结论可以直接得出，本文设计的方法具有抑制效果，并且抑制效果符合规范。

表 3 运行稳定性实验结果

实验次数/次	运行稳定性/%		
	文献［4］方法	文献［5］方法	本文方法
1	76	86	95
2	76	84	96
3	74	86	94
4	75	85	97
5	76	83	98
6	73	87	98
7	72	88	97
8	79	88	96
9	78	89	94
10	77	85	99

4 结语

通过仿真试验检验了此大型建筑电力系统信号冗余抑制方法可以提高电力系统信号输出的稳定性。此电力系统信号冗余抑制方法利用信号特征提取公理，提高对冗余信号的辨识度。另外，本文还在完成大型建筑电力系统信号冗余抑制方法的基础上，探讨了电力系统信号冗余的抑制效率与总信号量的关系。相信本文的研究成果，可以促进大型建筑电力系统信号传输的稳定性，提高系统的工作性能。

参考文献

［1］黎其浩，岳杨，蒋京辰，等. 基于贪心流量调度的智能变电站过程层网络拓扑高可用无缝冗余配置方法［J］. 电力系统保护与控制，2020，48（3）：106-112.

［2］赵新. 船舶电力推进系统的分布式仿真研究［J］. 舰船科学技术，2019，41（10）：110-112.

［3］布左拉·达吾提，刘文红. 基于解析冗余关系理论的电力电子电路健康预测［J］. 科学技术与工程，2019，19（13）：144-150.

［4］马星河，张登奎，朱昊哲，等. 基于 EWT 的高压电缆局部放电信号降噪研究［J］. 电力系统保护与控制，2020，569（23）：114-120.

［5］唐新灵，张璧君，张语，等. 高压大功率压接型 IGBT 器件的 PETT 振荡特性及其抑制方法［J］. 高电压技术，2020，328（3）：321-328.

［6］张秀丽，徐利美，朱星伟. 基于云计算访问控制安全模型的电力监控系统多重可靠冗余配置设计［J］. 国外电子测量技术，2019，38（8）：80-85.

［7］周华良，宋斌，安林，等. 特高压输电线路分布式故障诊断系统研制及其关键技术［J］. 电力系统保护与控制，2019，47（24）：123-130.

［8］吴鹏，林国强，郭玉荣，等. 自学习稀疏密集连接卷积神经网络图像分类方法［J］. 信号处理，2019，35（10）：1747-1752.

[9] 潘益玲. 基于PLC技术的船舶电力推进系统设计 [J]. 舰船科学技术, 2019, 41 (4): 83-85.

[10] 汪玉凤, 李晓博. 电力系统稳定器对风电系统低频振荡抑制研究 [J]. 传感器与微系统, 2019, 38 (11): 38-41+45.

[11] 余正东, 王硕丰, 王良秀, 等. 船舶直流综合电力系统小信号稳定性分析 [J]. 船舶工程, 2019, 41 (1): 63-67.

[12] 王茜, 张敏, 杜峰, 等. 一种双冗余转速/频率转换电路设计 [J]. 电子设计工程, 2020, 28 (21): 190-193+199.

[13] 贾天下, 孙华东, 赵兵, 等. 基于结构保持能量函数的电力系统暂态稳定分析方法研究 [J]. 中国电机工程学报, 2020, 40 (9): 95-102.

基于 Geomagic 软件的充电器外壳逆向设计

石　赞①

湖北工程职业学院

摘　要：本文利用先临三维扫描仪 Einscan Pro 和 Geomagic Wrap、Geomagic Design X 软件，对充电器外壳进行数据采集、点云数据处理和三维模型重构，得到充电器外壳的设计原型，为新产品开发与创新设计提供了思路和方法，缩短了产品开发周期。

关键词：Geomagic　充电器外壳　逆向设计

引言

逆向设计是设计师对工业产品进行数据采集、点云处理和三维模型重构获得工业产品三维模型，并可在此基础上进行再设计和优化以及创新设计的过程[1]。传统的产品开发流程为“概念设计 →CAD/CAM 系统 →制造系统→ 新产品”，往往生产周期较长、成本高，特别是对于复杂产品，设计难度系数大、效率低，难以适应新产品更新迭代快、开发周期短的现实需求，逆向设计能迅速找到产品的优异形态并缩短开发周期，有效弥补了传统产品开发的缺陷和不足，得到越来越多公司和产品设计师的青睐。Geomagic Wrap 和 Geomagic Design X 是美国 3D Systems 公司的主要产品，Geomagic Wrap 主要用于扫描点云数据处理，Geomagic Design X 主要用于参数化逆向建模，在逆向设计领域被广泛使用[2]。

1　逆向设计基本流程

1.1　产品数据采集

产品数据采集的方法分为接触式和非接触式两大类。接触式测量根据测头的不同，可分为触发式和连续式。应用最广泛的接触式测量仪是高效精密的三坐标测量机，它是有很强柔性的大型测量设备。非接触式测量根据原理的不同，可以分为三角形法、结构光法、计算机视觉法、激光干涉法、激光衍射法、CT 测量法、MR 测量法、超声波法和层析法。随着激光测量技术的飞速发展，当前产品逆向设计中常用的是基于激光三角测距原理的非接触式数据采集方法。

1.2　点云数据处理

点云数据处理的结果将影响模型重构的质量。一般应进行数据预处理、数据分块、数据光顺、三角化、数据优化、多视拼合、噪声滤波、拓扑建立、特征提取等工作。

1.3　三维模型重构

三维模型重构的方法主要有三种：①以 B-Spline 或 NURBS 曲面为基础的曲面构造法；

---

① 石赞（1983—），男，湖北黄石人，讲师，硕士，主要从事逆向工程及数字化设计与制造技术研究。

②以三角 Bezier 曲面片为基础的曲面构造法；③以多面体面片为基础的曲面构造法。

在模型重构过程中，通常采用混合设计方法，即正向设计和逆向设计结合使用。根据处理好的各面片的特征，分别进行正向逆向混合实体建模和曲面建模。并在拟合后的各面片间拼接、求交和匹配，使之成为连续完整的曲面，从而获得产品的三维模型[1]。

2 充电器外壳逆向设计

2.1 充电器外壳数据采集

使用非接触式激光三维扫描仪（型号：先临三维扫描仪 Einscan Pro）对充电器外壳进行三维数据采集。扫描前，需要完成以下准备工作：①对扫描仪进行标定校准，使用与扫描仪型号相对应的标定板，对扫描仪进行十字标定与校准；②对充电器外壳进行喷粉和标志点粘贴，使其表面反射的光线得以充分接收，以此保证数据采集的完整性[3]。

根据充电器外壳模型特点，选用拼合扫描的方式进行表面数据采集。为将充电器外壳的全部轮廓扫描完整，需将其置于转盘中央。设置转盘每周转动次数为 8 次，同时，借助转盘上标志点的定位，实现不同方向上点云数据的自动拼接，改变扫描角度和方向，以获得充电器外壳各个方向上的点云数据。为了获得充电器外壳完整的点云数据，根据模型结构特点分 3 次进行产品外部特征、内部特征以及内部细节特征数据采集，获取 ASC 格式采集数据(图 1~图 3)。

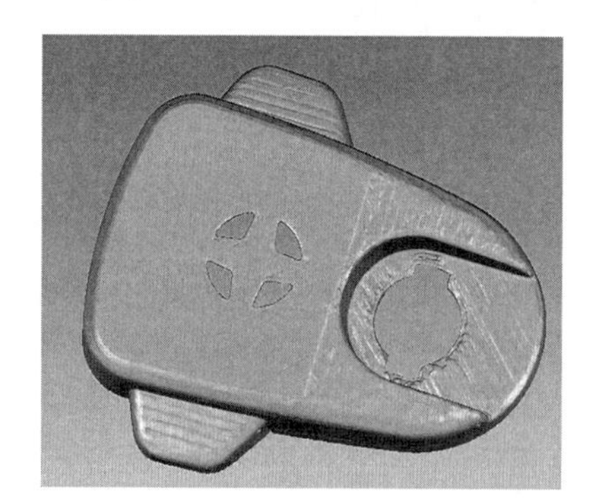

图 1 外部特征

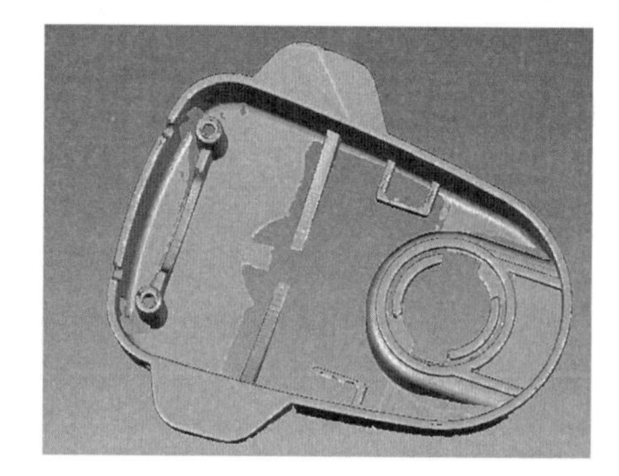

图 2 内部特征

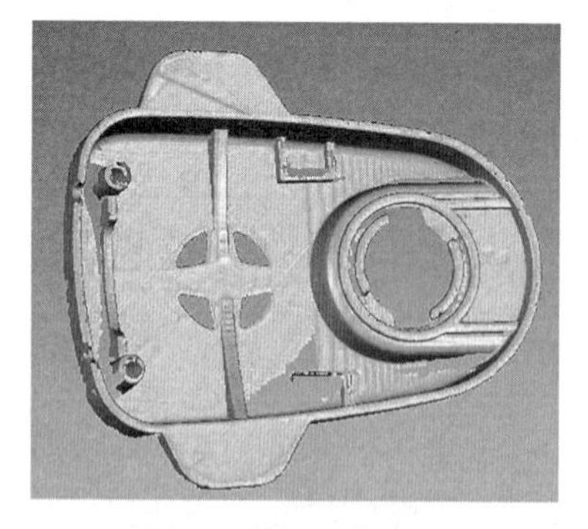

图 3 内部细节特征

2.2 充电器外壳点云处理

将 3 次采集的点云数据一起导入 Geomagic Wrap 软件中，利用手动对齐命令将三次采集的点云数据进行粗略对齐，再采用全局对齐命令进行精确对齐，对齐后效果如图 4 所示，可见许多游离于或附着于充电器外壳的孤点和杂点。先利用曲率采样，将点云数据进行稀释，有助于点云处理分析，利用去除体外孤点命令，删去游离于充电器外壳体外的孤点。再利用减少噪声命令，删去附着于充电器外壳表面的杂点。随后，对点云模型进行封装处理，得到三角面片模型。封装完成后，利用去除特征、填充孔、简化多边形及松弛等命令对三角面片模型进行规则化处理，从而使充电器外壳表面更加平滑光顺，规则化处理后的充电器外壳如图 5 所示。

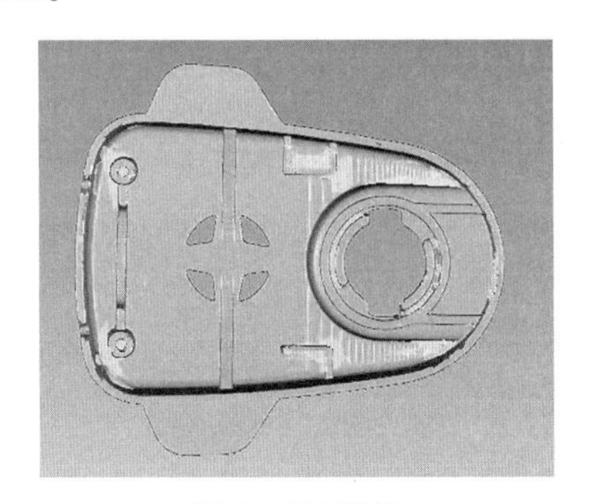

图 4　对齐效果

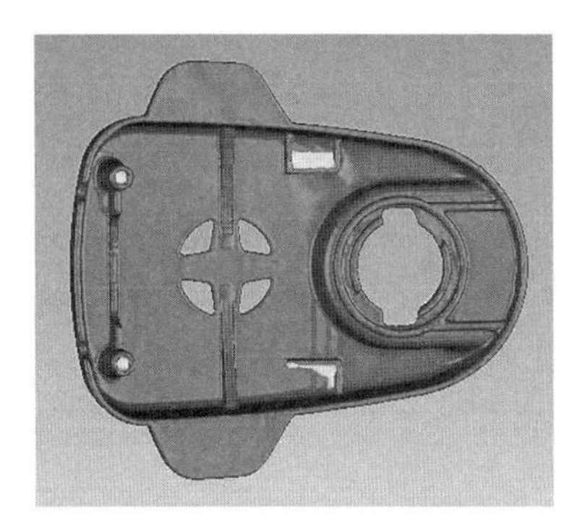

图 5　规则化处理后的充电器外壳

2.3　充电器外壳模型重构

将经过 Geomagic Wrap 软件处理后的封装文件导入 Geomagic Design X 软件中。创建新的坐标系，将新建坐标系手动对齐与充电器外壳坐标系重合，以此坐标系为基准创建草图平面[3-4]。选择草图平面绘制面片草图，在面片草图上绘制充电器外壳截面轮廓线，通过拉伸、基础实体、抽壳、切割、布尔运算等操作，最终完成充电器外壳原型的三维重构，如图 6 所示。

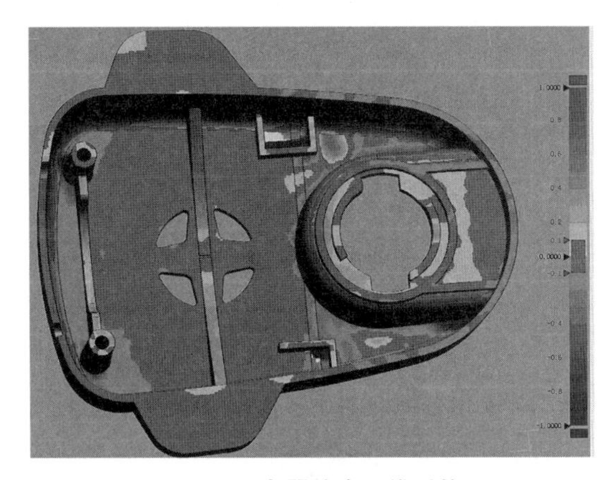

图 6　充电器外壳三维重构

3　结语

近年来，逆向设计在新产品的设计开发中应用越来越广泛。以充电器外壳模型为例，采用 Geomagic 软件，对其进行数据采集、点云数据处理和三维模型重构，得到充电器外壳的设计原型，对新产品开发与创新设计提供了思路和方法，缩短了产品开发周期。

参考文献

[1] 王琛，于嘉浩. 基于Geomagic的茶壶壶体逆向设计 [J]. 设计，2021，42（7）：134-135+186.

[2] 李小明. 基于Geomagic Design X的产品建模研究与3D打印成型——以内燃机连杆为例 [J]. 内燃机与配件，2021（17）：1-3.

[3] 靳峰峰，屈科科，唐光胤，等. 基于Geomagic wrap和Design X减速器箱体逆向设计 [J]. 农机使用与维修，2020（6）：21-22.

[4] 杨晓雪，闫学文. Geomagic Design X三维建模案例教程 [M]. 北京：机械工业出版社，2016.

基于 Petri 网的混流系统建模与仿真①

郑火胜[1]　韩大勇[1]　熊燕萍[2]　陈臻彦[1]
1. 武汉城市职业学院；2. 武汉中地云申科技有限公司

摘　要：混合流水车间生产调度对提高生产效率、经济实力和竞争水平起着重要的作用。合理的生产调度能有效提高设备利用率、减少原材料和能源消耗、确保订单的交货期和减少生产成本。在生产线上按需求生产不同种类产品的混合流水车间生产调度被认为是最难的工业调度之一。本文建立基于单元特定事件的连续时间混合整型线性规划模型，解决带有多缓冲的混流生产调度问题。相关实际案例验证了该模型的有效性。

关键词：混合流水车间　生产调度　多缓冲

引言

现代制造企业需要生产多种类型的产品，以满足客户多样化需求；同时还希望采用大规模生产模式，以降低单位产品的制造成本。混流制造系统应运而生，它在不改变现有生产条件和能力的前提下，通过改变生产组织方式，在同一个车间内就可以生产出多种不同型号、不同数量、特性相近或相似的产品，从而能够快速响应市场需求的变化，满足顾客需求，降低库存，进而提高企业的竞争力[1]。对混流制造系统建模与仿真，目的是寻求系统的最优、较优决策，包含预测制造系统在非正常状态下的潜在性能，找出影响系统性能的敏感因素，选择合适的控制规则或变量，从而使系统运行状态平稳。目前，国内外制造系统建模与仿真的主要方法有排队网模型和仿真模型等，但这些方法在描述非生产形式特征（如堵塞、异步、并发等）及对系统进行数学描述方面存在一定的局限性，而 Petri 网能较好地克服这些问题，便于对系统进行结构和行为特性分析与评估[2-3]。

Petri 网是德国科学家 Carl Adam Petri 于 1962 年首次提出来的。由于 Petri 网能较好地表达离散事件动态系统（DEDS）的静态结构和动态变化，并以特定的规则，形式简洁、直观地模拟离散事件系统所在的状态及其在不同状态之间的变化，较好地描述实时控制系统中的并发和同步行为，并能够对制造系统的动态性能进行分析，已成为最有前景的实时控制系统的建模工具[4]。目前，基于赋时 Petri 网（TPN）的建模仿真技术已被广泛应用于智能制造系统、柔性制造单元、敏捷制造单元、自动生产线及单件生产等复杂制造系统的过程性能分析中[5]。Yang Wei 等人[6]在基于 Petri 网的复杂制造系统建模方法的基础上，针对非串行制造系统中的加工单元分块建模。尉玉峰等人[7]针对动态复杂制造系统故障诊断问题，提出了一种融合 Petri 网与故障树的系统故障建模方法。但以上论文均未涉及混流制造系统的建模。

---

① 基金项目：武汉市教育局产学研究项目（CXY201634）。作者简介：郑火胜，武汉城市职业学院，自动化专业副教授，硕士，研究领域为机电工程技术；韩大勇，武汉城市职业学院，智能制造专业，讲师，工学博士，研究领域为生产计划与控制。熊燕萍，女，武汉中地云申科技有限公司项目经理，信息技术专业，硕士，研究领域为信息技术。

考虑到混流制造系统内在复杂性，本文应用赋时 Petri 网，模拟实际制造系统中的逻辑关系，建立混流制造系统的 Petri 网模型，研究建模过程中的关键技术，并对其进行分析。

1 混流制造系统赋时 Petri 网建模

1.1 混流制造系统描述

混流制造系统中，加工时间和工艺路线随着产品种类的变化而变化，且其往往由一系列具有特定功能、有序的生产子线构成，每条生产子线节拍可以相同或者不同，按特定的工艺关联和协调各子线，能批量生产出具有结构或功能相似性的多种产品类型，从而减少生产不同品种的调整准备时间，以便在节约资源和时间的前提下，快速满足市场多样化需求。

本文引入某发动机制造公司的总装车间作为实例进行说明。该车间生产两种不同型号的产品 A 和 B。如图 1 所示，其产品主要工艺流程为：产品 A 先后经过 A 加工、测试、喷漆和环境件加工；产品 B 先后经过 B 加工、喷漆、测试和环境件加工。

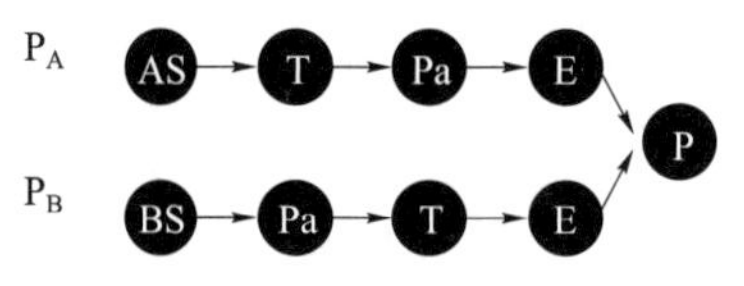

图 1 产品工艺流程

由图 1 可知，两种产品都需要加工、测试、喷漆和环境件加工 4 道工序，每道工序各由一条生产子线完成。由于两种产品自身结构、几何尺寸等差异极大，需使用专用设备，装配环节不混流；测试、喷漆、环境件加工 3 个环节由于工艺要求相似，可采用混流生产，该车间混流生产模式如图 2 所示。

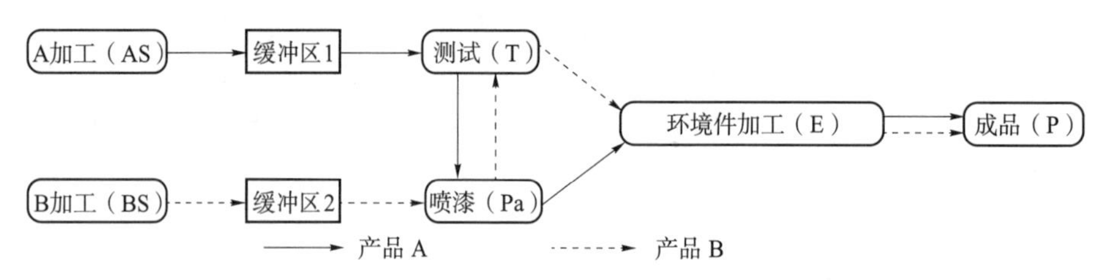

图 2 混流生产流程示意图

产品 A 和 B 各子线的加工时间如表 1 所示。

表 1 各子线生产节拍 单位：min

工序			
装配	喷漆	测试	环境
7.5	3.75	30	3.75
7.5	3.75	30	3.75

1.2 基于 Petri 的混流制造单元建模

围绕该发动机制造公司的总装车间生产流程，采用模块化方法建立该车间制造单元各构成部分，包含子线、缓冲区、标签等的 Petri 网模型。

1.2.1 生产子线

相对整个车间和其他子系统，各子线表现出的状态集为｛“空闲”、“工作”｝，且在任一时刻有且仅有一种状态；对该子线上的在制品来说，可能状态有｛“准备加工”、“加工”、“进入缓冲区”｝。由于各子线除功能不同外，工作状况相似，故可建立相同的 Petri 网模型，如图 3 所示。当子线 M 空闲（库所 p_1 中有 token）且物料准备在 M 上加工时，变迁 t_1 激发，消耗 p_1 中一个 token，并在 p_2 中增加一个 token，M 开始加工物料。完成加工后，变迁 t_2 激发，消耗 p_2 中一个 token，并在 p_1 中增加一个 token，子线 M 恢复空闲状态，等待加工下一物料。

逻辑模型	Petri 网模型
 M	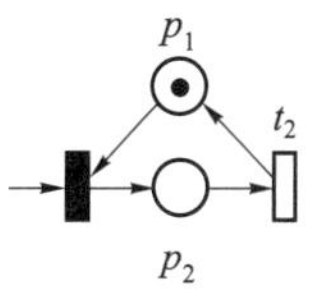 p_1 t_2 p_2

图 3　生产子线的 Petri 网模型

1.2.2 缓冲区

缓冲区用于暂时存放半成品或在制品，以协调相邻两个工序之间的生产不平衡。其 Petri 网模型如图 4 所示。抑制弧的一端连接着变迁的输入库所 p，当库所 p 中所容纳的 token 数大于抑制弧的权数 k（若抑制弧上无数字，则默认其权数为 1）时，变迁 t 将被抑制激发，即表示缓冲区容量已耗尽，此时其前端机器将出现堵塞。

逻辑模型	Petri 网模型
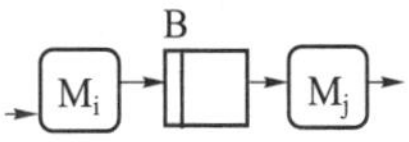 B M_i M_j	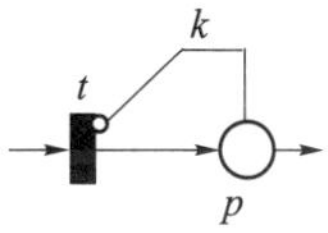 k t p

图 4　缓冲区的 Petri 网模型

1.2.3 产品标签与工艺路线

由于 A、B 两种产品的工艺路径在测试和喷漆两子线的顺序不同，故在 Petri 网模型中涉及路径的选择。所以在本文的建模中，引入虚拟产品标签的思想，虚拟标签在 Petri 网模型中表现为一个 token，通过虚拟标签与抑制弧的作用实现不同产品选择不同的路径，如图 5 所示。t_1 被激发后，在 p_1 中产生一个 token，此时抑制弧起作用，t_3 被抑制，但 t_2 不受影响，故代表产品的 token 只能选择 t_2 后续路径运动。

逻辑模型	Petri 网模型
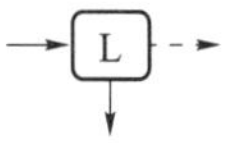 L	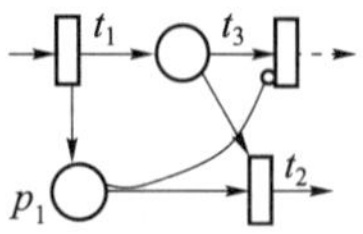 t_1 t_3 t_2 p_1

图 5　虚拟标签的 Petri 网模型

1.3 基于赋时 Petri 的混流制造系统建模

1.3.1 混流制造系统 Petri 模型

利用前面描述的生产子线、缓冲区、标签等的 Petri 网模型，图 2 所示的混流制造系统 Petri 网模型就可以逐步完成。首先构建 A 装配、B 装配、测试、喷漆和环境件加工等各生产子线；再利用缓冲区控制 A、B 两种产品的加工数量；最后采用虚拟标签，标识出当产品类型为 A 时，先测试再喷漆，当产品标签为 B 时，先喷漆再测试。遵循各产品加工工艺约束、各产品加工数量约束、各缓冲区位置关系和逻辑关系约束，最终得到该混流制造系统的 Petri 网模型。

其中，模型中库所和变迁的定义如表 2 所示。为了便于分析，结合实际生产情况，针对该模型提出如下假设条件：

（1）机器出现故障后可以及时得到修理，修复后即可正常工作；

（2）在制品在子线间传递时不受其他因素干扰，故不会出现运输中断现象；

（3）在制品在子线间的运输时间相对加工时间，可以忽略不计；

（4）最前端的子线不会待料，而最后端子线无阻塞；

（5）任一子线在空闲时都保持其现有状态，不会发生故障或失效；

（6）任一子线在不同状态之间的转换时间极短，故忽略不计。

表 2 Petri 网模型中库所和变迁的含义

库所或变迁	含义
p_1、p_2	A 或 B 准备进行装配
p_3、p_4、p_{11}、p_{12}、p_{18}	子线处于空闲状态
p_5、p_6、p_{13}、p_{14}、p_{19}	子线处于工作状态
p_7、p_8	虚拟标签盒
p_9、p_{10}	缓冲区
p_{15}、p_{16}	临时存放区
p_{17}	A 或 B 准备进行环境件加工
p_{17}	A 或 B 成品
t_1、t_2、t_7、t_8、t_{13}	子线开始加工
t_3、t_4、t_9、t_{10}、t_{14}	子线加工完毕
t_5、t_6	虚拟标签与在制品结合
t_{11}、t_{12}	在制品进入环境件加工子线

1.3.2 模型时延设置

在模型中，将待制造的产品分别看作序列 token，并对其赋予特定的时间信息。根据某一工作日实际生产情况，取 2 个批次共 72 件产品作为混流制造对象进行研究与分析，其中 A、B 数量之比为 2 : 1，按一定的序列投入生产，产品加工时间信息如表 3 所示。

表 3　产品加工时间

产品 w_i	类型 C	d_5	d_6	d_{13}	d_{14}	d_{19}
产品 1	A	7.5		30	3.75	3.75
产品 2	A	7.5		30	3.75	3.75
产品 3	B		7.5	30	3.75	3.75
产品 4	A	7.5		30	3.75	3.75
……						
产品 72	B	7.5		30	3.75	3.75

2　仿真分析

建立 Petri 网仿真模型，按表 2 中的各子线生产节拍设置处理器加工时间；并按该车间某天实际生产计划驱动仿真模型，模拟一天的实际生产运行。根据产品 A、B 到达各子生产子线的时间，统计仿真运行数据，得到如图 6 和表 4 所示仿真结果。

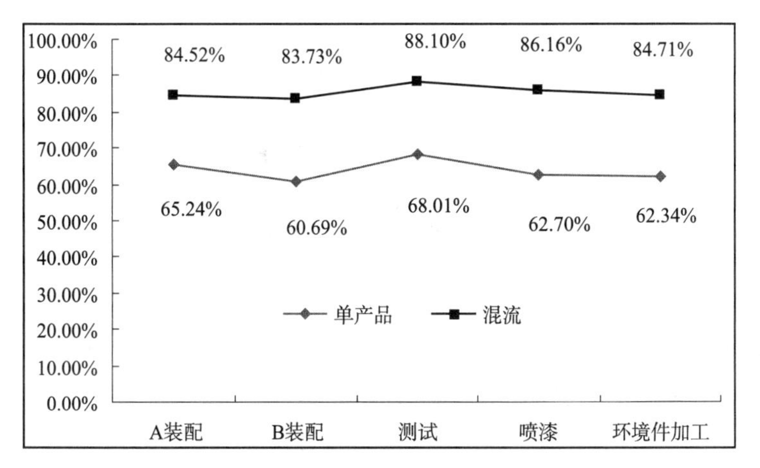

图 6　设备利用率

表 4　在制品库存

缓冲区	单产品	混流
缓冲区 1	3.2	1
缓冲区 2	4.1	1

（1）从图 6 可以看出，与单产品生产相比，混流生产时，A 装配、B 装配、测试、喷漆、环境件加工 5 个子线的设备利用率有了较大幅度的提高，分别达到 84.52%、83.73%、88.10%、86.16%、84.71%，说明在合理的投产序列下，混流生产能张紧各个生产环节，有效减少机器停工待料时间和调整准备时间，增加了生产的连续性，提高了设备利用率。

（2）从图 6 可以看出，在单产品生产情况下，各子线设备利用率的波动范围较大，最大达到 7.32%，存在一定程度的忙闲不均现象，实现混流生产时，设备利用率波动范围减小到 4.37%，生产线不平衡现象得到一定的改善。

（3）从表 4 可以看出，与单产品生产相比，混流生产时，在合理的投产序列下，缓冲区1、2中的库存水平维持在1，可有效减少在制品库存。

3 结语

本文针对某发动机制造公司的总装车间混流制造系统的动态性和离散型特点，进行了基于赋时Petri网的建模与仿真。用模块化建模方法，较为完整地表达混流制造系统的静态结构和动态变化；并通过模型的仿真运行，统计得到了混流制造系统的设备利用率、在制品库存等性能指标，并与单产品生产状况进行了比较，为系统性能分析和优化提供了依据。

参考文献

[1] 李勇，李坤成，孙柏青，等. 智能体Petri网融合的多机器人-多任务协调框架[J]. 自动化学报，2021，47（8）：2029-2049.

[2] JIN Y C，REVELIOTIS S A. A generalized stochastic Petri net model for performance analysis and control of capacitated reentrant lines [J]. IEEE Tram On Robotics and Automation，2003，19（6）：474-480.

[3] 湾玥，袁杰，加尔肯别克. 知识驱动下数据融合的Petri网建模 [J]. 微电子学与计算机，2017，34（4）：7.

[4] 潘理，杨勃. 基于时间Petri网的区间作业车间调度问题建模与分析 [J]. 湖南理工学院学报（自然科学版），2016（1）：29.

[5] 何鹏，李文锋. 基于随机Petri网的物流配送流程建模与分析 [J]. 武汉理工大学学报，2010，32（6）：434-436.

[6] YANG W，WANG M L. Research on hybrid flow shop scheduling using ant colony algorithm based on Petri nets [C]//IEEE International Conference on Consumer Electronics - China，2014.

[7] 尉玉峰，阚树林，任漪舟，等. 基于Petri网的复杂制造系统故障树分析 [J]. 机械设计与制造，2010（7）：192-194.

基于 VMD 的间谐波检测方法

陈强伟①
湖北工程职业学院

摘　要：本文提出一种变分模态分解（Variational Mode Decomposition，VMD）算法，并将该算法应用到间谐波的检测问题中，给出基于 VMD 间谐波检测的具体过程。利用 VMD 将待检测电力信号分解成若干个内蕴模态类函数（Intrinsic Mode Function，IMF）分量，然后对所得到的 IMF 分量通过 Hilbert 变换，提取间谐波的频率和幅值参数。通过与传统的经验模态分解（Empirical Mode Decomposition，EMD）所得到的 IMF 分量进行对比仿真分析得出，所提出的 VMD 方法对于间谐波检测比传统的 EMD 具有更准确的检测效果。仿真和实测数据都表明该方法对于间谐波检测的有效性。

关键词：变分模态分解　间谐波检测　Hilbert 变换　经验模态分解

引言

近年来，大量的非线性负载在电网中广泛使用以及新能源发电并网，使得电力系统中产生大量的谐波，这些谐波不仅有整数次的还有非整数次的间谐波[1]。间谐波不仅具有谐波对电网的危害，还有一些危害是谐波所不具备的，具体表现在电压闪变、无源滤波器过载、电压过零点偏移等一系列问题上。

变分模态分解是一种新的对信号可变尺度处理的方法[2]，与经验模态分解[3]的处理方式一样，就是将一个复杂信号分解成若干个内蕴模态类函数分量，但是它与 EMD 的原理有着很大的差别，对不同的信号处理的效果也有很大差别，VMD 方法不仅能有效避免信号的模态混叠现象[4]，并且分解结果不会产生虚假分量[5]，这是 EMD 方法所不具备的。

本文将 VMD 方法应用到间谐波的检测中，对含有间谐波信号的算例 1 和算例 2 进行了 VMD 分解，得到每一个 IMF 分量的频率、幅值和相位参数，即可检测出间谐波分量，仿真和实测数据都证明了该方法是间谐波检测的有效方法。

1　变分模态分解算法

1.1　变分模型的构造

变分问题实际上是寻找 k 个模态函数 $u_k(t)$，使得每个模态的估计带宽之和最小，约束条件为各模态之和等于输入信号 x：

$$\min_{\{u_k\},\{\omega_k\}}\left\{\sum_k \left\| d_t\left[\left(\delta(t)+\frac{j}{\pi t}\right) * u_k(t)\right]\right\|_2^2\right\}$$

① 陈强伟（1991—），男，湖北黄石人，硕士研究生，助教，研究方向为谐波抑制及无功补偿。

$$s.t.\ \sum_{k} u_k = x \tag{1}$$

式中：$u_k=\{u_1,u_2,\cdots,u_K\}$——模态的集合；

$\omega_k=(\omega_1,\omega_2,\cdots,\omega_k)$——相对应中心频率的集合；

$\delta(t)$——单位脉冲函数；

j——虚数单位；

$*$ 表示卷积。

1.2 变分模型的求解

（1）对（1）式使用二次惩罚项和拉格朗日乘子法构造增广拉格朗日函数 η。

$$\eta(\{u_k\},\{\omega_k\},\lambda)=\alpha\sum_{k=1}^{K}\left\|d_t\left\{\left[\delta(t)+\frac{j}{\pi t}\right]*u_k(t)\right\}\mathrm{e}^{-j\omega_k t}\right\|_2^2+\left\|x(t)-\sum_{k=1}^{K}u_k(t)\right\|_2^2+\left\langle\lambda_t,x(t)-\sum_{k=1}^{K}u_k(t)\right\rangle \tag{2}$$

式中：α——表示惩罚参数；

λ——拉格朗日乘子。

（2）VMD 采用交替方向法来求解上述变分约束模型，通过交替更新 u_k^{n+1}、ω_k^{n+1}、λ^{n+1} 寻找式（2）的“鞍点”。

其中，u_k^{n+1} 可表示为：

$$u_k^{n+1}=\underset{u_k\in X}{\operatorname{argmin}}\left\{\alpha\left\|d_t\left[\left(\delta(t)+\frac{j}{\pi t}\right)*u_k(t)\right]\mathrm{e}^{-j\omega_k t}\right\|_2^2+\left\|x(t)-\sum_{i}u_i(t)+\frac{\lambda(t)}{2}\right\|_2^2\right\} \tag{3}$$

式中：ω_k 等价于 ω_k^{n+1}。

根据 Parseval/Plancherel 定理将式（3）由时间信号变换到频率信号，各模态的更新表达式为：

$$\hat{u}_k^{n+1}(\omega)=\frac{\hat{x}(\omega)-\sum\limits_{i=1,i\neq k}^{K}\hat{u}(\omega)+\dfrac{\hat{\lambda}(\omega)}{2}}{1+2\alpha(\omega-\omega_k)^2} \tag{4}$$

同理将中心频率由时间信号变换成频率信号，则 ω_k^{n+1} 更新表达式为：

$$\omega_k^{n+1}=\frac{\int_0^{\infty}\omega\left|\hat{u}_k(\omega)\right|^2 d\omega}{\int_0^{\infty}\left|\hat{u}_k(\omega)\right|^2 d\omega} \tag{5}$$

迭代终止为：

$$\sum_{k=1}^{K}\frac{\|\hat{u}_k^{n+1}-\hat{u}_k^{n}\|_2^2}{\|\hat{u}_k^{n}\|_2^2}<\varepsilon \tag{6}$$

特别需要注意的是，根据式（4）所得到的模态分量是频域上的表达式，此时对求得的 $\hat{u}_k(\omega)$ 进行傅里叶反变换再取其实部，即可得到 $u_k(t)$。

2 基于 VMD 的间谐波检测

2.1 VMD 间谐波检测的具体过程

根据前面所述的变分模态分解，将电网的待测信号作为待分解的信号 x。接着按以下步骤：

(1) 对 $\{\hat{u}_k^1\}$、$\{\omega_k^1\}$、$\hat{\lambda}^1$ 和 $n=0$ 做初始化处理；

(2) 对于 $n=n+1$ 执行整个迭代；

(3) 根据式 (4) 和式 (5) 交替更新 $\hat{u}_k$ 和 ω_k；

(4) 对 $\hat{\lambda}_k$ 利用式 (7) 进行更新：

$$\hat{\lambda}^{n+1}(\omega) \leftarrow \hat{\lambda}^n(\omega) + \gamma[\hat{x}(\omega) - \sum_{k=1}^{K} \hat{u}^{n+1}(\omega)] \tag{7}$$

式中：γ 代表噪声容限参数。为了抑制噪声的影响，可让 $\gamma=0$。

(5) 循环步骤 (2)~(4)，直到当满足式 (6) 的迭代终止。

同样对所求得的 $\hat{u}_k(\omega)$ 进行傅里叶反变换再取其实部，即可得到信号 x 中的每一个间谐波分量。

2.2 间谐波信号参数的提取

对于电力系统中的谐波和间谐波信号可表示为：

$$x(t) = \sum_{i=1}^{n} A_i \cos(2\pi\omega_i t + \theta_i) \tag{8}$$

式中，A_i、ω_i、θ_i 分别对应了谐波和间谐波分量的幅值、频率和初始相位。

对于 VMD 分解出的 IMF 分量可由式 (9) 表示为：

$$x(t) = A_0 e^{-\xi\omega_0 t} \cos(\omega_d t + \theta_0) \tag{9}$$

式中，ξ、ω_0、ω_d 分别代表阻尼系数、阻尼自振荡频率和振荡频率。将 $x(t)$ 进行 HT 变换，得到的解析信号为：

$$z(t) = x(t) + jH[x(t)] = A(t)e^{j\varphi(t)} \tag{10}$$

式中，H 为 HT 的算子，并且 $A(t)=\sqrt{x(t)+H^2[x(t)]}$，$\varphi(t)=\arctan\dfrac{x(t)}{H[x(t)]}$。

谐波和间谐波问题幅值 $A(t)$ 和相位 $\phi(t)$ 可简化为：

$$A(t) = A_0 \tag{11}$$

$$\phi(t) = \omega_d t + \theta_0 \tag{12}$$

通过对式 (11) 和式 (12) 采用最小二乘拟合，得到 IMF 分量的幅值、频率和相位，也即是式 (8) 信号中谐波和间谐波参数的检测。

3 算例仿真及实测数据分析

3.1 算例 1

假设含有间谐波的信号为：

$$\begin{aligned} x(t) = {} & 200\sin(100\pi t+\pi/6) + 100\sin(200\pi t+\pi/4) + 60\sin(300\pi t+\pi/5) + \\ & 120\sin(60\pi t+\pi/10) + 80\sin(150\pi t+\pi/12) \end{aligned} \tag{13}$$

下面对所给的含有间谐波信号进行 VMD 和 EMD 分解，采样频率为 5 000 Hz，采样点数为 5 000，为了消除边界效应的影响，对于仿真结果取其中的第 1 000 到第 4 000 个点。两种分解结果得到的 IMF 分量如图 1 和图 2 所示。

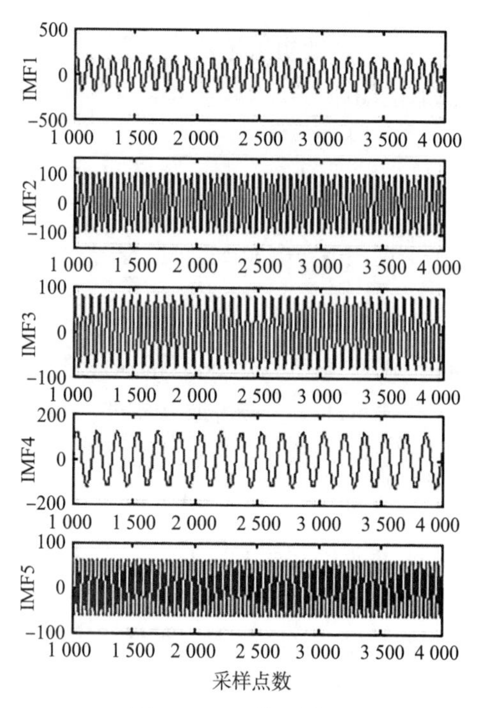

图1 VMD仿真结果

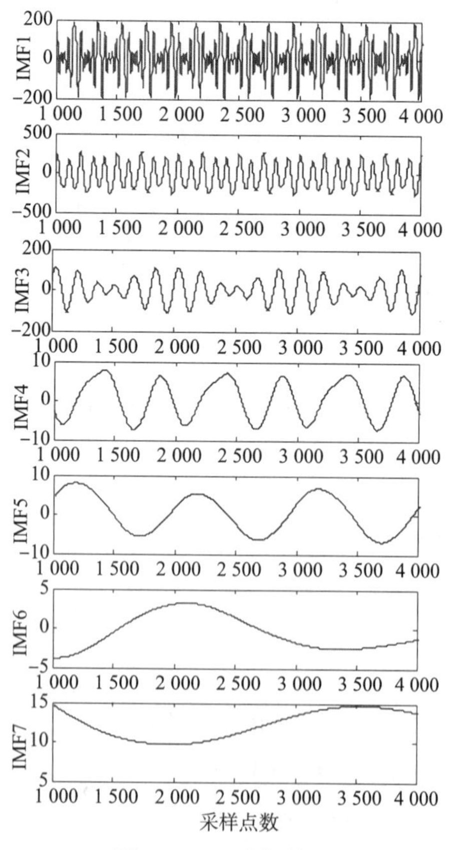

图2 EMD分解结果

由图 1 可知，IMF1 为基波分量，IMF2 为频率 100 Hz 的谐波分量，IMF3 为频率 75 Hz 的间谐波分量，IMF4 为频率 30 Hz 的间谐波分量，IMF5 为 150 Hz 的谐波分量。通过图 1 不难看出，VMD 分解的结果频率唯一，每一个 IMF 分量的幅值与所给信号的理论值基本一致，很好地表达了原信号中含有的谐波和间谐波分量；并且所分解出的 5 个 IMF 分量具有很好的收敛性，每一个 IMF 分量的延时很短。对于图 2 EMD 分解所得到的结果出现了 7 个 IMF 分量，这是因为模态混叠现象使得 EMD 分解出现了虚假分量 IMF5、IMF6、IMF7，并且 IMF1、IMF2、IMF3 分量也不是标准的正弦波，因此分解出的 IMF 分量并不能表达出原信号的信息，失去了所给间谐波信号的物理意义。对比图 1 和图 2 可知，VMD 比 EMD 具有更好的分解信号的能力，分解出的 IMF 分量更能体现原信号的物理意义。

为得到原始信号的间谐波的参数，对图 1 中 IMF1 做 Hilbert 变换，得到的瞬时频率、相位和幅值如图 3 所示（限于篇幅图 1 中其他分量的 Hilbert 变换图不再给出）。运用最小二乘拟合求出各分量的频率、相位和幅值参数的估计值，求得的参数和误差如表 1 所示。(由于 EMD 分解的结果与原信号各种分量相差较大，故不做 Hilbert 变换分析)

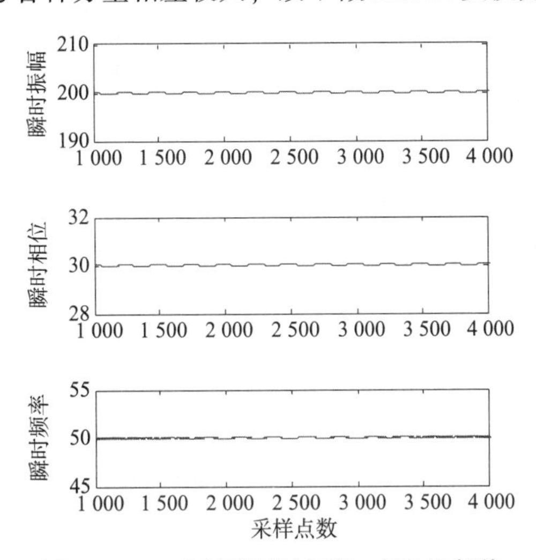

图 3 IMF1 分量的瞬时频率、相位和幅值

表 1 VMD 分解各间谐波参数的检测结果

IMF 分量	频率/Hz	幅值	相位/°
	误差	误差	误差
IMF1	50.000 0	199.997 1	29.988 6
	0.000 0%	0.001 5%	0.037 9%
IMF2	100.000 0	99.995 4	45.000 1
	0.000 0%	0.004 6%	0.000 3%
IMF3	74.999 9	79.999 0	15.000 0
	0.000 1%	0.001 3%	0.000 0%
IMF4	30.000 1	119.606 2	17.996 6
	0.000 1%	0.328 2%	0.018 8%
IMF5	150.000 0	59.992 9	35.999 0
	0.000 0%	0.011 8%	0.002 8%

从表1可以看出，对于所求得的谐波和间谐波的参数是比较精确的，能将原信号中的谐波和间谐波基本反映出来，并且所得到的数据误差很小。对于各谐波和间谐波频率的检测最大的误差为0.000 1%，实际上频率实测值与实际值最大的误差为0.000 1；幅值和相位的误差最大的为0.328 2%，这也说明了该方法对于谐波参数检测的精确性。

3.2 算例2

为了进一步说明VMD算法检测间谐波的有效性，待检测信号采用文献［6］电弧炉电流实测信号。电弧炉电流由基波（50 Hz）和25 Hz、125 Hz的间谐波组成，幅值分别为100、64.933和74.813，另外还含有5%的随机噪声，波形如图4所示。与算例1一样采样频率为5 000 Hz，采样点数也为5 000。同样为了消除边界效应的影响，对于仿真结果取其中的第1 000到第4 000个点。VMD和EMD分解结果如图5和图6所示。同样，为了消除边界效应的影响，对于仿真结果取其中的第1 000到第4 000个点。

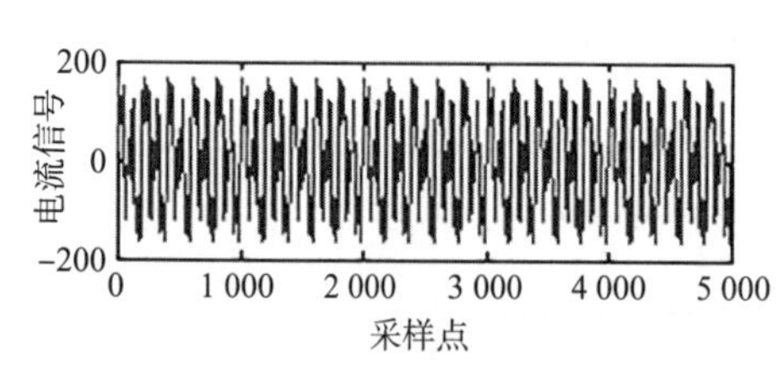

图4 电弧炉电流实测信号

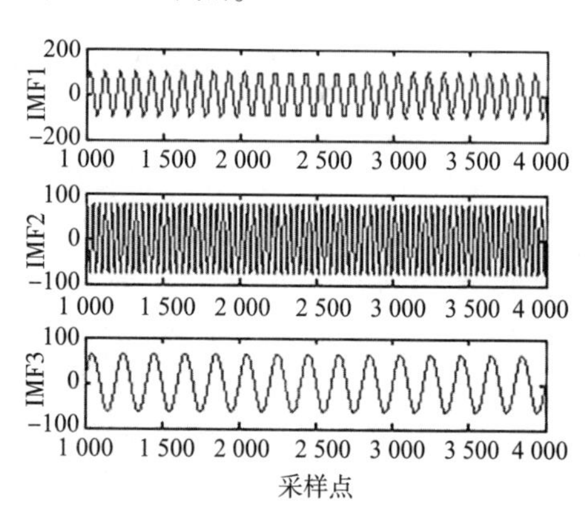

图5 电弧炉电流信号VMD的分解结果

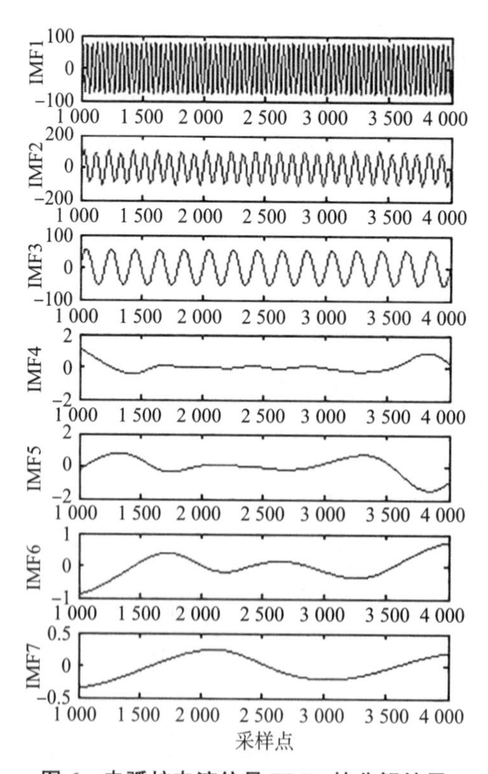

图6 电弧炉电流信号EMD的分解结果

从图 5 可以看出，VMD 分解的 3 种分量 IMF1、IMF2 和 IMF3 分别是电弧炉电流信号的基波分量、125 Hz 和 25 Hz 的间谐波，分解出来的分量与所给的电弧炉电流信号基本一致。而 EMD 分解出的结果出现了 4 个虚假分量 IMF4、IMF5、IMF6、IMF7，而此时其他的 3 个 IMF 分量也基本表达了电弧炉电流信号基波和间谐波分量。下面分别对这两种方法检测出的 IMF 分量做 Hilbert 变换，再来求这 3 个 IMF 分量参数的估计值，求得的参数和误差如表 2 和表 3 所示。

表 2 VMD 分解各间谐波和基波参数的检测结果

间谐波分量	参数	实际值	估计值	误差
IMF1	频率	50	49.999 9	0.000 2%
	幅值	100	100.000 1	0.000 1%
IMF2	频率	125	125.000 0	0.000 0%
	幅值	74.813	74.812 2	0.001 0%
IMF3	频率	25	25.000 1	0.000 4%
	幅值	64.933	64.830 7	0.157 5%

表 3 EMD 分解各间谐波和基波参数的检测结果

间谐波分量	参数	实际值	估计值	误差
IMF2	频率	50	49.998 8	0.002 4%
	幅值	100	96.911 6	3.088 4%
IMF1	频率	125	124.999 2	0.000 6%
	幅值	74.813	74.895 2	0.109 9%
IMF3	频率	25	24.978 9	0.084 4%
	幅值	64.933	64.149 8	1.206 2%

由表 2 可以看出，检测出的 25 Hz 的间谐波频率的误差为 0.000 4%，幅值的误差为 0.157 5%；125 Hz 的间谐波频率的误差为 0.000 0%，幅值的误差为 0.001 0%；所以 VMD 方法得到频率的平均误差为 0.000 2%，幅值的平均误差为 0.0529%。同样由表 3 可以看出，对于 25 Hz 的间谐波频率误差为 0.084 4%，幅值误差为 1.206 2%；对于 125 Hz 的间谐波频率误差为 0.000 6%，幅值误差为 0.109 9%；所以 EMD 方法得到频率的平均误差为 0.029 1%，幅值的平均误差为 1.468 2%。对比可得 VMD 比 EMD 分解具有更高的精度，分解的结果也不存在虚假分量。

4 结语

对于间谐波的检测，本文提出了一种有效的方法——变分模态分解（VMD）。算例 1 和算例 2 都说明该方法对于间谐波检测的有效性，分解出的 IMF 分量也具有很好的收敛性，并且能有效抑制模态混叠现象，且不会产生虚假分量。该方法不仅能检测出间谐波，也对给定信号的基波有很高精度的提取。显然该方法有着很好的理论价值。

参考文献

[1] 王燕. 电能质量扰动检测的研究综述 [J]. 电力系统保护与控制，2021，49（13）：

174-186.

[2] DRAGOMIRETSKIY K, ZOSSO D. Variational mode decomposition [J]. IEEE Tran on Signal Processing, 2014, 62 (3): 531-544.

[3] 刘德利, 曲延滨. 改进的希尔伯特-黄变换在电力谐波中的应用研究 [J]. 电力系统保护与控制, 2012, 40 (6): 69-73.

[4] 陈强伟, 蔡文皓, 孙磊, 等. 基于 VMD 的谐波检测方法 [J]. 电测与仪表, 2018 (2): 59-65.

[5] 李正明, 徐敏, 潘天红, 等. 基于小波变换和 HHT 的分布式并网系统谐波检测方法 [J]. 电力系统保护与控制, 2014, 42 (4): 34-39.

[6] 李天云, 程思勇, 杨梅. 基于希尔伯特-黄变换的电力系统谐波分析 [J]. 中国电机工程学报, 2008, 28 (4): 109-113.

基于机器视觉的橡胶垫圈缺陷分拣装置研制

刘海平　程晓峰　甘沐阳①
湖北工程职业学院

摘　要：橡胶制品在制造时，如果因为模具闭模时冷却时间不够或者其他工艺原因，则开模时有可能造成橡胶制品的表面和外形缺陷。若不能及时发现并分选出缺陷制品，则会对产品质量造成严重影响。因此我们结合对橡胶生产制造流程的分析，对目前已有的部分视觉检测设备进行改进，设计出一套分拣装置，分拣装置包括主控单元、振动上料盘、与振动上料盘平行并依次设置的视觉检测分类单元和下料单元四个部分，并运用智能缺陷检测软件图像处理、分拣橡胶圈。其效率高，并能完整检测橡胶垫圈所有部位的不同种类缺陷，为橡胶制造行业提供了质量保证。

关键词：视觉检测　橡胶垫圈　机械分拣　智能缺陷检测系统

引言

随着中国橡胶制造业的不断发展，橡胶生产企业对橡胶产量与质量的需求不断提高，同时也面临着许多问题，其中包括季节性影响、产能过盛、企业生产经营成本的增加等，所以在橡胶生产行业中保证现有产品质量的同时提升生产效率尤为重要[1]。而如今机器人自动化技术的迅速发展，使机械及其自动化应得到了广泛的应用，并不断地向其他领域拓展。工业机器人已成为一种高新技术产业，为工业自动化发挥了巨大作用。

本文研制的分拣装置主要用于检测橡胶垫圈表面和外形缺陷，是一种基于机器视觉的橡胶垫圈检测设备和方法[2]。其自动上料机能将所有橡胶垫圈自动校正姿态以便检测；视觉检测系统的四个相机能同时检测橡胶垫圈的不同缺陷，并根据是否能修复进行自动分拣，不仅能够适用于多种橡胶垫圈的生产，还实现了生产的智能自动化，解放了人力物力的同时还保证了生产质量。

1　橡胶垫圈缺陷分拣总体装置设计

从图 1 可以看出橡胶垫圈分拣装置的总体结构比较复杂，由上料装置、视觉检测装置和排料口组成。首先由左侧上料单元将橡胶垫圈通过传送带传送至视觉检测分类单元，经过顶部、侧面、底部相机分拣后传送至下料单元，再由主控单元将分拣结果进行分类，从而达到缺陷分拣的目的。

---

①　刘海平（1967—），男，主要从事工业互联网、机器人等方面的研究；程晓峰（1977—），男，副教授，主要从事机电控制、机器人等方面的研究；甘沐阳（1989—），男，博士，主要从事机器人、视觉等方面的研究。

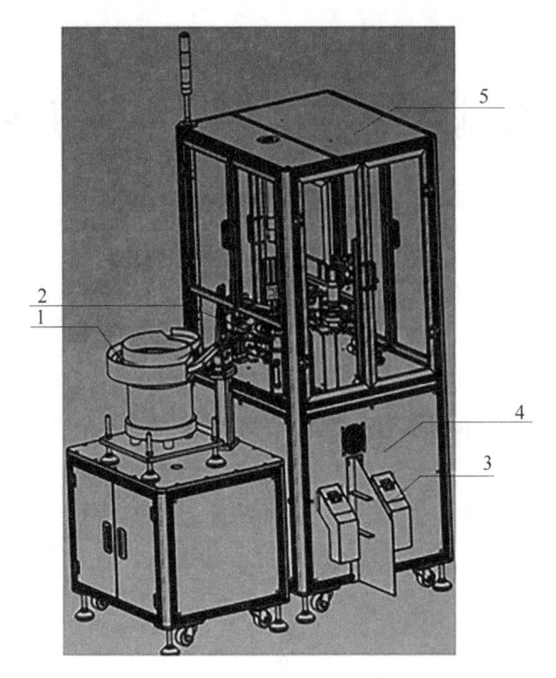

图 1　橡胶垫圈分拣装置

1—上料单元；2—视觉检测分类单元；3—下料单元；4—主控单元（布置在机箱内部）；5—机箱外壳

1.1　上料振动盘装置

振动上料盘和视觉检测分类单元与下料单元间以轨道连接，并设有机械限位装置，避免上料过程中橡胶垫圈掉落。振动上料盘由上料盘和出料端、振动马达组成。上料振动装置如图 2 所示。

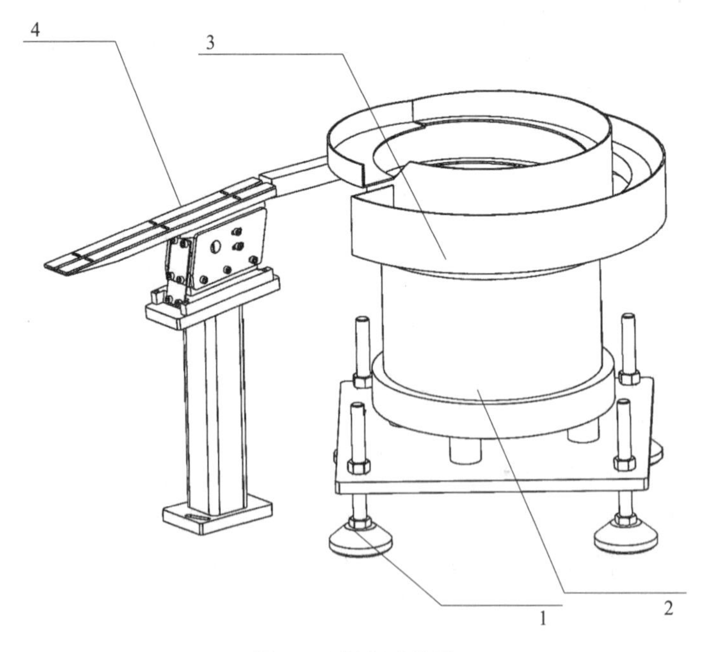

图 2　上料振动装置

1—振动盘支架；2—振动盘振动器；3—振动盘上升轨道；4—振动盘和检测机构间的限位轨道

1.2 视觉检测设备

视觉检测分类单元的机械传动设备的电机为三相异步电机，转盘材质为高透明度玻璃，传感器为接近式传感器，如图 3 所示。

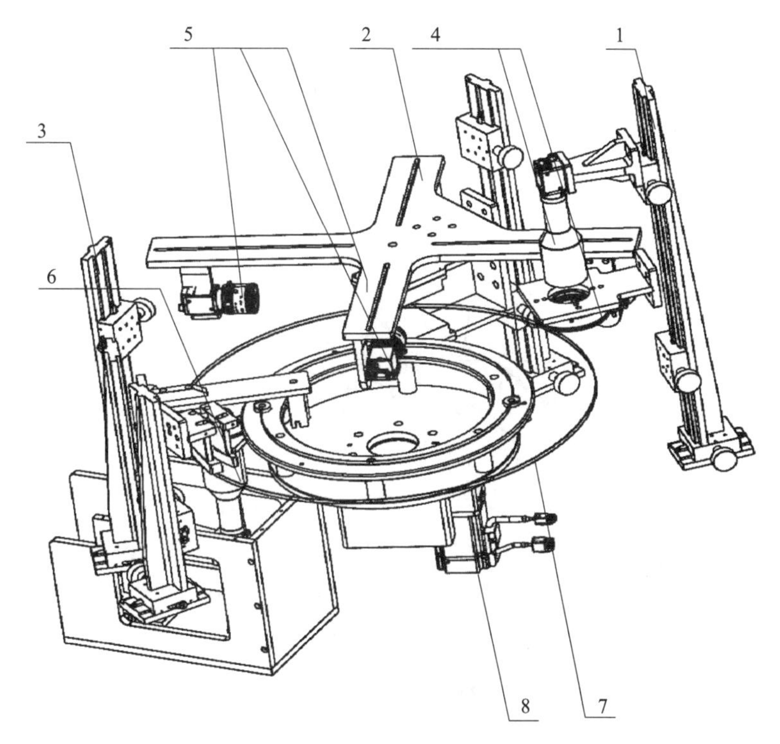

图 3 视觉检测设备

1—上侧检测相机支架；2—侧面检测相机支架；3—底部检测相机支架；4—上部检测相机及光源；5—侧部检测相机及光源；6—底部检测相机及光源；7—高透明度玻璃转盘；8—交流电动机

视觉检测设备包含三组相机与光源的组合（图 3 中的 4、5、6），其中所有相机为大华公司生产的工业相机，底部和顶部的光源为环形光源，侧面的光源为正方形面光源，其实物图如图 4 所示。

图 4 视觉检测相机实物图

1.3 排料口

如图 5 所示，下料单元的电磁阀为带有位置传感器的两位三通阀。

将视觉检测装置已检测出的残次品进行分拣，并且能够分拣出可修复缺陷橡胶垫圈和不可修复缺陷橡胶垫圈，具体分拣过程见工作方式。

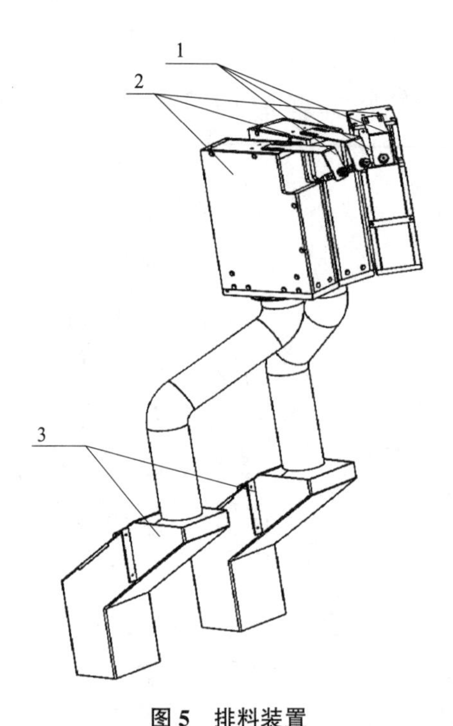

图 5 排料装置

1—下料单元吹气阀门；2—下料暂存料盒；3—底部可更换料盒

2 橡胶垫圈缺陷分拣装置工作方式

（1）上料过程：人工取成型的橡胶垫圈，倒入振动上料盘中，启动上料单元，橡胶垫圈在振动和轨道的限位下沿轨道自动上升到出料传感器处。在这个过程中，橡胶垫圈将会自动被振动调整为底部朝下的姿态。

（2）检测过程：橡胶垫圈通过输送带和机械限位被传送到透明的玻璃转盘上，电机带动玻璃转盘旋转到检测位置。上方、下方、左右两侧的相机对橡胶垫圈进行拍照，并通过交换机上传至数据处理终端。

（3）分拣过程：处理终端将上传的数据进行整合，并向 PLC 上传结果。无缺陷橡胶垫圈转动到机械限位处，掉落至无缺陷的料盒中。PLC 控制电磁阀推动可修复缺陷橡胶垫圈掉落至一号缺陷料盒中，而不可修复缺陷橡胶垫圈则被电磁阀推入二号缺陷料盒中。

3 次品分拣流程

如何检测出次品是视觉检测的重点和难点。次品分离流程如图 6 所示。

次品分拣的执行动作过程如下：

S1：上料。人工取成型的橡胶垫圈，倒入振动上料盘中，启动振动装置，橡胶垫圈在振动和轨道的限位下沿轨道自动上升到出料传感器处。在这个过程中，橡胶垫圈将会自动被振动调整为底部朝下的姿态。

S2：检测。橡胶垫圈通过输送带和机械限位被传送到透明的玻璃转盘上，电机带动玻璃转盘旋转到检测位置。上方、下方、左右两侧的相机对橡胶垫圈进行拍照，并通过交换机上传至数据处理终端。

S3：分选。数据处理终端将上传的数据进行处理并向 PLC 上传处理结果。PLC 控制电

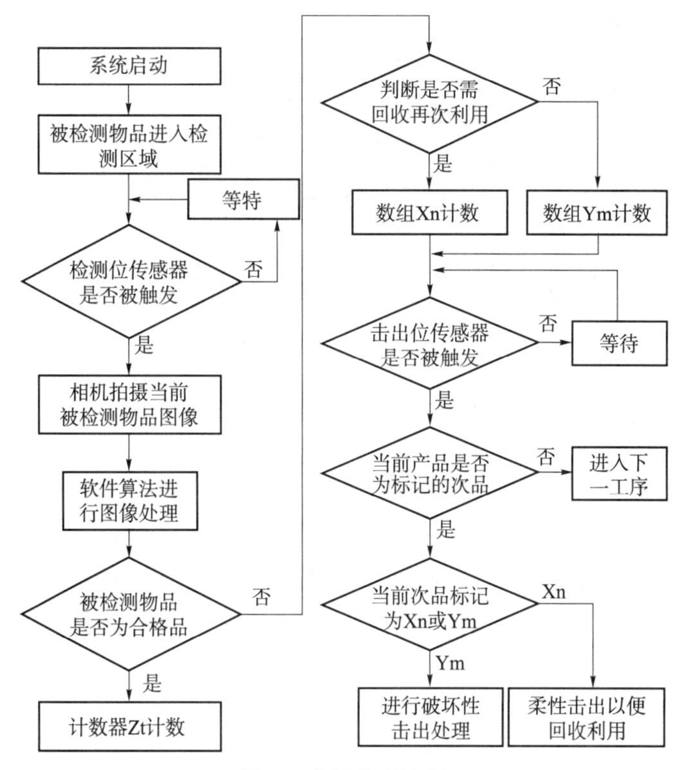

图 6　次品分离流程

磁阀推动缺陷橡胶垫圈掉落至缺陷料盒中。无缺陷橡胶垫圈转动到机械限位处，掉落至无缺陷的料盒中。

4　视觉检测像素边缘的提取

对原始图像 $f(x,y)$ 求梯度，用 Roberts 算法得其梯度图像 $g(x,y)$：

$$g(x,y)=\{[f(x,y)-f(x+1,y+1)]2+[f(x+1,y)-f(x,y+1)]2\}1/2$$

在梯度图像上，以二值图像粗对准后取得的边缘曲线点的坐标值为中心沿其法线方向各向外推 3 个像素，从而得到一个 $n\mathrm{X}_m$ 的搜索区域子集 $fnm(i,j)$，其中 $i=0,1,2,\cdots,n-1;j=0,1,2,\cdots,m-1$。其中，$m=7,n$ 为边缘曲线上的点数。

在搜索区域子集 $fnm(i,j)$ 中，对 $j=1,2,3,4,5,\cdots,m-1$，搜索最大值 $fnm(i,j)$ 为边缘点。它在原始图像 $F(x,y)$ 中坐标为 (x_i,y_i+j_{m-3})。

5　PLC 控制系统

硬件控制系统部分主要包括操作控制台、PLC 的控制站及传感器，传感器负责对运行状态进行监测。控制系统 PLC 采用西门子控制，其作用在于控制电磁阀推动缺陷橡胶垫圈掉落至缺陷料盒中。

6　结语

本文所研制的分拣装置主要用于检测橡胶垫圈表面和外形缺陷，是一种基于机器视觉的橡胶垫圈检测设备，其总体实物图如图 7 所示。

图 7　橡胶垫圈缺陷分拣装置实物图

该设备具有以下优点：第一，自动上料机能将所有橡胶垫圈自动校正姿态以便检测；第二，四个相机能同时检测橡胶垫圈的不同缺陷，并根据是否能修复进行自动分拣。本发明通过对橡胶垫圈搜集图像数据，进行一系列的图像处理，可以判断出缺陷的位置、种类和图像信息，再通过 PLC 输出和控制分选装置，增强了智能缺陷检测系统处理系统的实时性和适应性，一方面可以适用于各种橡胶垫圈的生产，另一方面可以实现生产的智能自动化，解放人力物力，大大提高了生产效率，保证了产品质量。

参考文献

[1] 张磊，陈红，范维浩. 陶瓷套圈表面质量机器视觉检测系统 [J]. 2020，30 (2)：92-96.

[2] 周博文，李艳斌，吴亮红. 智能视觉检测与控制实验平台的研究与开发 [J]. 2018 (4)：13-16.

基于视觉引导和协作机器人的配餐平台及数字孪生①

程晓峰　胡启迪②

湖北工程职业学院

摘　要：新冠病毒肺炎疫情蔓延使餐饮行业面临巨大挑战，传统餐饮行业生产过程中的接触带来了更多的感染风险。对此，本文设计了基于视觉引导的和协作机器人的配餐平台。首先，设计了一个随动视觉模块及其对应算法，解决了在配餐时背景与食材目标颜色接近而导致的定位困难问题。其次，对协作机器人的选择进行了系统研究，并搭建了对应的配餐实验平台。配餐平台能够按照设计的配餐流程，针对不同食材稳定持续配餐；最后，针对配餐平台搭建了相应的数字孪生仿真，使得配餐流程更为直观。实验结果表明，整个配餐平台性能良好，针对复杂环境有一定的鲁棒性。

关键词：智慧餐饮　协作机器人　图像识别　数字孪生

引言

在当前新冠肺炎全球蔓延的大背景下，传统餐饮行业面临着巨大的挑战。在餐饮行业的实际生产过程中，生产人员的密集接触、食材的处理和加工、环境的复杂多变和产品的生产运输等，以上每一个环节都增加了相关行业人员的感染风险；同时，也增加了餐饮企业向自动化、智能化转型的难度[1]。

有鉴于此，餐饮生产中应当减少人的参与，在各个环节做到无接触式的封装、制作以及配送，以最大限度降低疫情对餐饮行业的影响[2]。因此，以机器人技术为代表的智能制造技术可以帮助餐饮企业迎接挑战[3]。

协作机器人具有加工效率高、工作范围广、柔性化程度高等特点[4]。同时，相比传统工业机器人，协作机器人还具有特殊的安全传感器，可以避免因碰撞造成的安全事故，这使得协作机器人可以被应用到例如医疗、餐饮等密切与人接触的场景中[5-6]。随着机器视觉和摄影测量技术的快速发展，在机器人系统的设计阶段，设计人员们常常加入视觉系统来引导机器人[7-8]。例如在焊接任务中，机器人根据快速采集的图像，实时调整焊缝的位置；生产线上的工业机器人代替工人进行上下料[9]。对于以上的视觉及机器人的配套系统，往往会有对应的识别和精度优化算法[10-11]。

引入机械臂作业能够降低人力成本和暴露风险，但在实际应用中，存在以下问题：

（1）各种食材在每一层中摆放的位置会有一定的差异。如果采用传统的示教方法，会在执行抓取动作时产生偏移导致抓取失败。而如果采用专门的位置引导设备，则会增加高额

---

① 基金项目：湖北省职教学会项目“1+X证书制度下机电一体化技术专业人才培养模式研究与实验”（ZJGB2021105）。

② 程晓峰（1977—），男，副教授，主要从事机电控制、机器人等方面的研究。胡启迪（1995—），男，助理讲师，硕士研究生，主要从事机器人技术方面的研究。

的成本[12]。采用机器视觉对食材进行定位是一种解决方案，对此，需要针对不同的食材开发与之对应的视觉检测算法。

（2）在生产过程中，生产工位的空间有限，普通的工业机械臂在使用时因为安全原因需要设置隔离网等安全措施，但以上措施均可能对前来取餐的顾客造成伤害[13]。采用具有安全措施的协作机器人可以保证取餐顾客的安全，但是在执行例如豆浆制作和封装等任务时，需要合理规划机器人的末端移动路径，以免造成豆浆杯翻倒等事故。

针对以上几个问题，本文设计了一种基于视觉和协作机器人的早餐制作系统。如图 1 所示，配餐工作台对三种食品原料蒸鸡蛋、豆浆和咸菜进行配餐和封装的工作，并将配好的食品和饮品放置在餐盘中。本文还利用三种食材对该系统进行实验，以期达到在视觉引导下的协作机器人能够应对食材位置偏差、稳定出餐的目的，从而验证方案的可行性，减少工作人员暴露在新冠病毒下的风险，提高生产效率。

图 1　配餐工作台

最后，我们利用博智软件对整个系统进行仿真和数字孪生，实现了现实中装置向虚拟空间中的数字化映射过程，使得整个设备的工作过程更为直观，且更符合智能餐饮的要求。

1　系统方案设计

如图 1 所示，整个试验台包含备餐部分和操作部分。备餐部分包括保温蒸笼和豆浆机，用于储存和制作成品食材；豆浆机配有对应的杯架，并有研磨功能，取餐盘、茶杯和触碰研磨按钮均由机器人完成。

本系统的协作机器人采用 BN-i5 协作机器人。它的安全性满足 ISO-1384901 与 ISO-10318-1 安全标准，共有 10 级可调的安全等级，在碰撞的力超过设置的安全阈值后便会停止运行。因此经过安全评估后，BN-i5 协作机器人可以在不设置安全围栏的状态下进行餐饮工作，不会对取餐顾客造成安全隐患。

本系统的视觉部分采用的是大华公司的相机和配套的 MVP 软件开发包。该套系统已被广泛运用于工业生产环境中，展现出了优秀的稳定性与高效性。算法开发过程采用图形化编程方式，易于开发。控制与通信协议使用的是 Mod-bus TCP/IP 协议，它是一种开放的工业控制通信协议，用于获取机器人的状态信息。而脚本层上对机器人的控制由西门子 S7-1200PLC 来执行，基于梯形图语言的编程可以非常容易地实现对机器人的控制，从而加快开发的进度。

机器人的末端执行器为夹爪和吸盘。夹爪用于夹持杯具，吸盘则用于移动鸡蛋等易碎的食材和器具。从现实空间到虚拟仿真的映射使用的是博智软件，这是一款针对智能制造生产线的数字孪生软件，能将现实工况中的 PLC 和机器人映射到虚拟空间中，使系统在现实和虚拟空间中同步工作，从而将系统的工作过程进行直观展现。

2 食材定位过程

2.1 问题描述

三种食材中，本文以鸡蛋为例展示视觉定位及引导机器人的方法。由于鸡蛋表面光滑并且易碎，因此移动鸡蛋时的末端执行器选择吸盘。同时，鸡蛋的颜色与周围背景颜色接近，加之实验场地光照复杂，相机所采集的图像照度不均匀，这给食材的定位带来了一定的挑战。

2.2 视觉系统设计

为了消除环境光对食材识别的影响，本文根据不同的材料特性，对光学系统进行了设计，以得到效果良好的图片进行分析。通过增强或抑制食材与背景的辐射度差异，可以更好地识别食材的位置。场景的光照模型如图 2 所示。

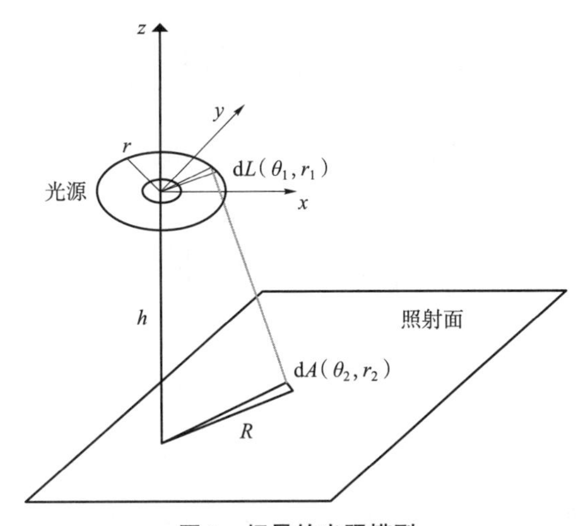

图 2 场景的光照模型

由于蒸笼是圆形，因此我们采用了环形光源来进行照明，以保证整个圆形平面照射亮度相同。光源的半径记为 r，照射面上的点距离光源中心的距离为 R，距离照射表面的高度差为 h，其中 r、h 为常数，R 可变。发光面微元 $\mathrm{d}L(\theta,r_1)=r_1\mathrm{d}r_1\mathrm{d}\theta_1$，被照射面微元 $\mathrm{d}A(\theta,r_2)=r_2\mathrm{d}r_2\mathrm{d}\theta_2$，$\mathrm{d}\vartheta$ 是发光面微元的中心和被照射面微元的中心组成的立体角。设光源是辐射度 Le 恒定的朗伯辐射源，则立体角的表达式如下：

$$\mathrm{d}\vartheta=h\mathrm{d}A\ \sqrt[3/2]{\pi(\theta_2 r_2-\theta_1 r_1)^2+h^2}$$

L_C 为光源面辐射度，根据几何关系，其表达式为：

$$L_c=\frac{(\pi(\theta_2r_2-\theta_1r_1)^2+h^2)^2\mathrm{d}^2\varphi_e}{h^2\mathrm{d}A\mathrm{d}L}$$

$\mathrm{d}^2\varphi_e$ 是发光源 dL 照射到照射面 dA 上的能量，记 $\pi(\theta_2r_2-\theta_1r_1)^2+h^2=\kappa$。

由此可以得出结论，虽然食材表面和背景木纹的颜色相近，但可以利用二者表面反射系数的不同来区分并进行精确的定位。

图 3 展示了有光源照射的情况下相机所采集的图像，由此可以看出在相机所采集的图像中，属于鸡蛋的区域相比于背景木纹区域更加明亮。

图 3　添加光源后相机采集的图像

2.3　图像算法设计

在采集完食材的图像之后，视觉系统是无法直接对原始图像进行检测的，因此需要对原始图片进行处理，以对位置进行检测。对于一体化配餐平台的视觉系统，通过图像算法确认食材目标的流程如图 4 所示。

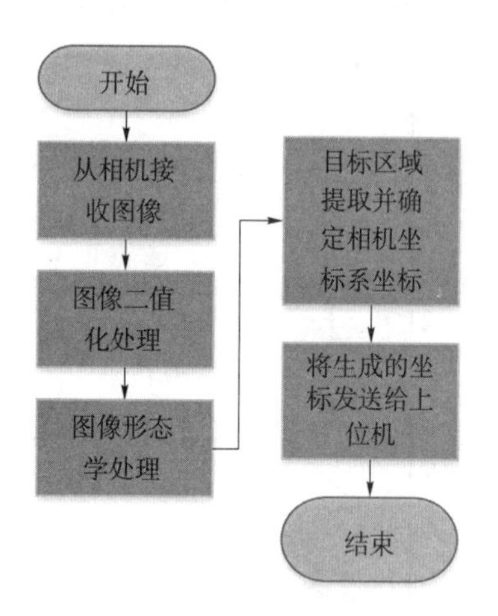

图 4　通过图像算法确认食材目标的流程

从相机接收彩色图像之后，先将图像转化为灰度图像，然后使用硬阈值对图像二值化处理。如果阈值设定过高，则大量明亮的背景区域会被划入目标区域中；若阈值设定过低，则目标下的投影就会对目标区域的分割造成影响。针对以上问题，图像算法中对阈值的处理方法如下：手动提取图像中属于鸡蛋的区域，然后绘制图像灰度直方图。通过图像灰度直方图可以确定食材目标的灰度分布在 200 至 225 之间，因此图像的目标阈值即取此范围。

在进行上一步处理后，因为原图可能存在过度曝光区域，这在二值化图像中会导致目标边缘轮廓出现断续。为了更好地提取目标图像的区域以更精确地确认坐标，算法对处理好的二值图进行了形态学处理。处理前及处理后的图片如图 5 所示，可以看出，断续的鸡蛋轮廓被补充完整。

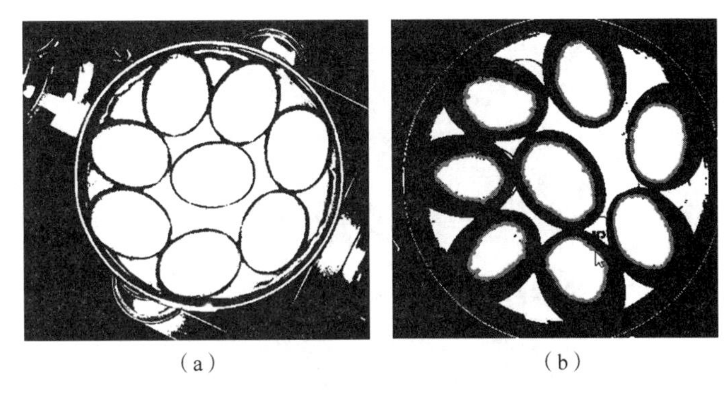

(a) (b)

图 5 通过形态学处理二值图像

3 协作机器人食材抓取系统

在相机采集图像后，为了准确引导机器人抓取食材，需要将图像中的坐标转化为机器人坐标系的坐标。设机器人基坐标系为｛**B**｝，工具坐标系为｛**T**｝，机器人末端坐标系｛**E**｝，相机坐标系｛**C**｝，它们之间的关系如图 6 所示。

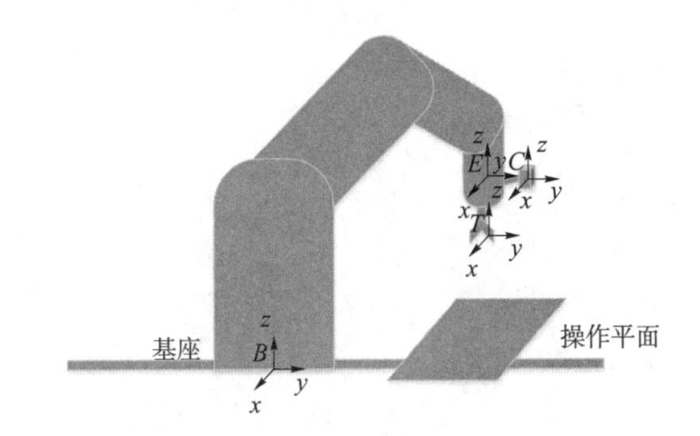

图 6 协作机器人的各坐标系

图像中一点 P 的图像坐标与它在机器人基坐标中的变换关系如下：

$$^{B}P={}^{B}_{E}\boldsymbol{T}^{E}_{T}\boldsymbol{T}^{T}_{C}\boldsymbol{T}^{C}P$$

这个矩阵可以简化为：

$$^{B}\boldsymbol{P}=\boldsymbol{R}^{C}P+b$$

式中：$\boldsymbol{R}$——二维的转移矩阵；

b——偏移量。

为了获得准确的操作平面坐标，需要求解 $\boldsymbol{R}$ 矩阵，此求解过程即为标定过程。固定机器人末端的姿态，通过调整机器人的位置，让机器人接触到标定平面上的多个点。$^{B}P_{i}$为第 i 个点的坐标，对应该坐标，找到图像中对应的$^{C}P_{i}$。转移矩阵中有 6 个未知数，需要三个点的坐标即可以使得状态转移方程满秩。但为了提高系统的精度和稳定性，在实际的工程应用中一般会多采集几个点的坐标，然后通过最小二乘法求线性解来获得状态转移矩阵 $\boldsymbol{R}$。本系统的标定板如图 7 所示。

利用大华 MVP 软件进行采集、标定和坐标转换的界面如图 8 所示。

在进行完机器人相机标定以后，所记录的标定信息将会通过 Mod-bus 协议发送给 PLC，以在设备运行过程中引导协作机器人进行精确的移动。同时，除了与机器人和相机的通信，一体化配餐平台还需要采集其他的数字或模拟信号以完成完整的配餐过程。

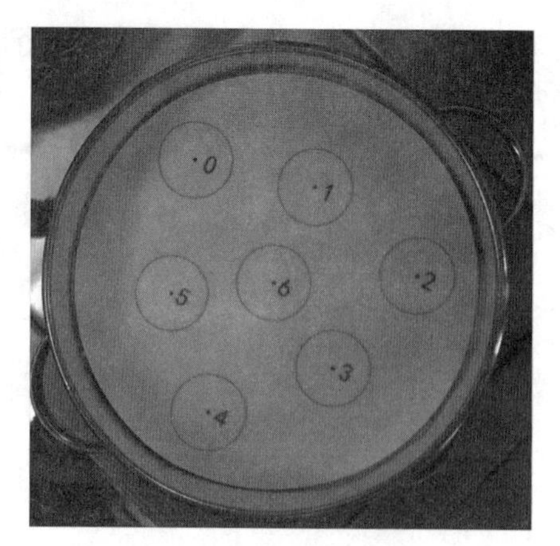

图7 视觉系统标定板

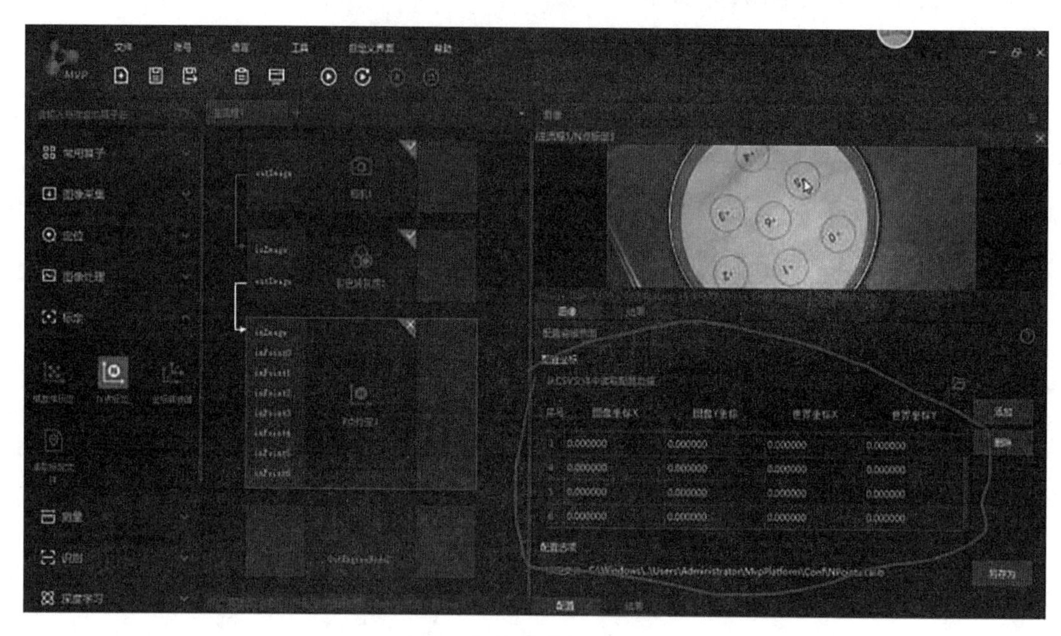

图8 视觉系统标定界面

4 实验验证与分析

4.1 系统搭建及图像采集

根据以上所述的光学、机器人及控制系统设计，搭建实验平台。相机所采集的图片大小为1 280像素×960像素，对应的视场大小为350 mm×200 mm的餐盘。机器人使用前文所述的BN-i5协作机器人，光源采用24V供电的圆环光源，控制系统和远程传感器连接则使用西门子S7-1200PLC。

4.2 配餐平台实验测试

根据一体化配餐平台的系统设计和工作过程，搭建测试平台后，编写程序，对所有的食材进行配餐工作。对于每一层蒸笼中的食材，视觉系统会采集它们在相应层蒸笼图像中的位置，并通过标定数据计算对应的机器人坐标系下的位置，引导机器人进行抓取。以鸡蛋食材为例，实验表明，在复杂的环境光照背景下，一体化配餐平台可以在不添加任何参照物的情况下区分颜色相近的蒸笼木纹背景和鸡蛋食材目标，对食材进行精确定位并抓取和配餐，对环境有一定的鲁棒性。循环测试表明，一体化配餐平台在更换蒸笼后仍然满足所需要的抓取精度，因而可以实现长时间的稳定配餐。

4.3 数字孪生仿真

最后，本文使用博智软件进行数字孪生的仿真模拟，根据配餐过程编写数字孪生程序，在计算机上进行仿真模拟，并与一体化配餐平台随动。数字孪生仿真过程如图 9 所示。实验结果显示，仿真平台动作与实物完全相同。

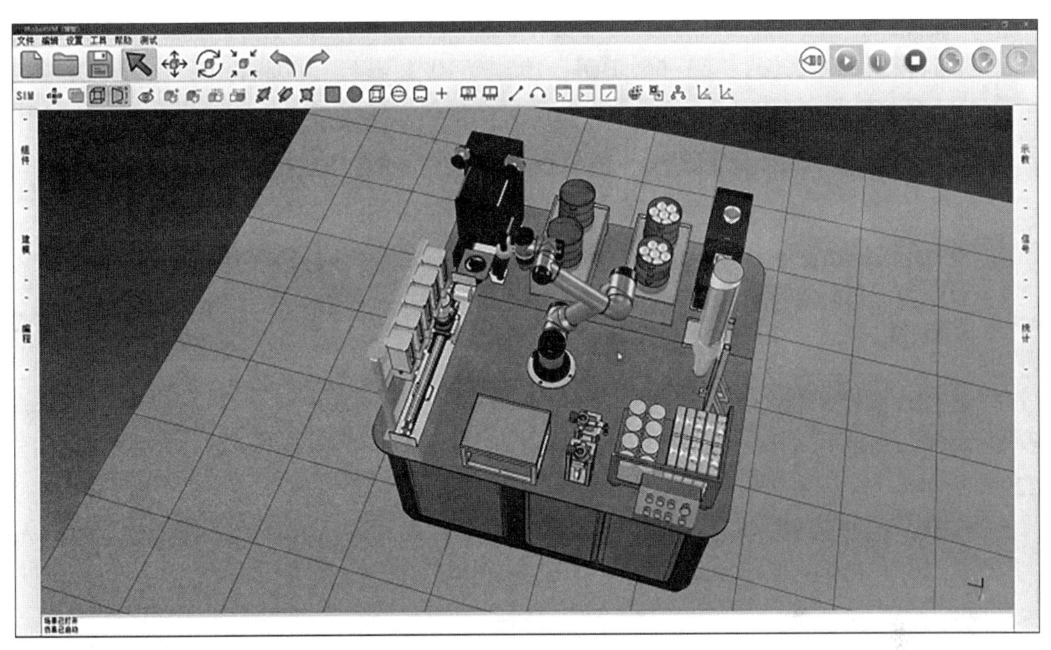

图 9 数字孪生仿真过程

5 结语

本文立足于新冠病毒肺炎疫情时代背景下智能餐饮的需求，设计了一台基于视觉算法和协作机器人的一体化配餐平台。该平台能在不添加参照物和背景存在干扰的情况下，对场景中不同位置的食材目标进行定位、抓取与无接触配餐，客观上降低了餐饮行业从业人员暴露于新冠病毒下的风险。同时，基于博智软件构建了该系统的数字孪生仿真，使得系统运行更加直观，符合智能餐饮的需求，在餐饮行业的智能化改造中有一定的价值。

同时，所设计的视觉模块引导的协作机器人系统在工业上有着广泛的应用前景，可以应用到焊接、制造、检测、分拣等领域中，进一步提高生产效率，助力智能制造。

参考文献

[1] 杨波，夏筱君，陈媛媛. 新冠肺炎疫情下的餐饮业：冲击与分化［J］. 河海大学学报（哲学社会科学版），2021，23（1）：31-40+106.

[2] 杨铭铎. “工业 4.0” 智能时代餐饮企业发展思考［J］. 美食研究，2017，34（4）：

1-4.

[3] 闫纪红，李柏林. 智能制造研究热点及趋势分析 [J]. 科学通报，2020，65 (8)：684-694.

[4] 黄海丰，刘培森，李擎，等. 协作机器人智能控制与人机交互研究综述 [J]. 工程科学学报，2022，44 (4)：780-791.

[5] 解则晓，陈文柱，迟书凯，等. 基于结构光视觉引导的工业机器人定位系统 [J]. 光学学报，2016，36 (10)：400-407.

[6] 倪自强，王田苗，刘达. 基于视觉引导的工业机器人示教编程系统 [J]. 北京航空航天大学学报，2016，42 (3)：562-568.

[7] 任传凯，徐俊南，王超逸，等. 协作机器人在整车厂下线检测系统中的应用 [J]. 汽车工艺与材料，2022 (6)：63-66. DOI：10. 19710/J. cnki. 1003-8817. 2021040.

[8] 王赟皓，孙长江，陈正涛，等. 基于协作机器人的车门密封条滚压系统 [J]. 机械设计与研究，2021，37 (2)：28-33+39.

[9] 朱光耀. 基于无标定视觉伺服的全向移动机械臂跟踪控制 [J]. 电子测量技术，2020，43 (23)：23-29.

[10] CHEN H，PANG Y，HU Q，et al. Solar cell surface defect inspection based on multispectral convolutional neural network [J]. Journal of Intelligent Manufacturing，2020，31 (2)：453-468.

[11] CHEN H，HU Q，ZHAI B，et al. A robust weakly supervised learning of deep ConvNets for surface defect inspection [J]. Neural Computing and Applications，2020，32 (15)：11229-11244.

[12] 陈伟，孙奇涵，祁宇明，等. 智能协作机器人制餐服务系统研制 [J]. 机器人技术与应用，2021 (5)：33-37.

基于一种新型振动装置研究的方法和流程探讨

周　健[1]　熊　飞[2]　刘　杰[2]　方立胜[2]

1. 武汉东湖学院；2. 武汉思力博轨道装备有限公司

摘　要：振动设备是预制混凝土轨枕的自动生产的关键设备，针对一种新的振动装置的设计研究之前，需要综合考虑其研究设计的流程和研究方法，这直接关系到振动装置的研究成败。本文针对这种新型的振动设备的研究过程，对其中的流程做出系统的叙述，并对其研究方法做出总结。

关键词：振动装置　研究方法　研究流程

1　概述

"十四五"规划强调要加快推进"八纵八横"高速铁路主通道建设，有序拓展区域高铁连接线。高铁的飞速发展[1]，大大缩短了城市之间的出行时间。随着城镇化建设的加快，国内城市圈、中心城市的区域轨道交通也迎来新一轮的建设高峰。这必然对轨道的基础——混凝土轨枕提出更高的要求，其中，混凝土的振捣是混凝土轨枕的关键生产工艺。众多学者和研究人员对于振捣技术及其影响混凝土性能的各个方面进行了细致的研究。温家馨等人阐述了混凝土振捣密实机理，并阐明振动方式分为内部振捣器和外部振捣器两类[2]。其中外部振捣器又分为附着式振捣器、表面振捣器、振动台，并提出了混凝土振捣技术智能化的发展方向。秦明强等人研究了振捣频率与混凝土抗碳性、渗透性的关系，指出振捣频率过高或过低都会对混凝土的性能有影响[3]。徐浩等人论证了不同振捣方向对混凝土强度的影响[4]。姜良波等人通过高频振动与普通振动下的混凝土强度检测数据的比较，认为高频振动可有效解决混凝土强度增长慢、蜂窝等质量通病[5]。

以上方法都是针对振动设备具体的参数进行的研究，但是针对这一领域，在工程开发应用的流程和研究方法方面，没有系统的研究。

本文针对这种新型的振动装置研究开发过程。这种装置通过振捣台将轨枕模具以阵列排布并通过液压夹钳将其固定到振捣基座上，通过振动台上安装的振动电机工作，带动所有轨枕模具自身振动，从而达到快速高效的振捣效果。

2　研究方法

2.1　研究对象定义

为了解决以上混凝土轨枕生产中存在的问题，本文从实际生产情况出发，以地铁块枕产品的生产作为第一研究对象，分析了地铁块枕的模具尺寸及重量、浇筑混凝土规格、生产要求等资料。

在此基础上，依据混凝土轨枕生产工艺的特点，将适用的产品范围扩大，推广到有砟、无砟、有预应力等混凝土轨枕的自动生产。

2.2 研究方法

2.2.1 类比法研究

在前期的市场调研和可行性方案编辑过程中，采用类比法进行了研究。主要是针对同行业的相同或者类似生产线的相同设备，进行详细调研。特别是深入装配式建筑行业内的预装构件厂进行调研，找出混凝土轨枕和其他产品在材料、工艺、质量要求、原材料要求等方面的差异性和优缺点，并将这些差异性和优缺点统计出来，优点可以在新的设计中进行借用，并将缺点进行改进和优化。例如：将其中先进的液压夹紧方案考虑到本次设备研究之中，并针对混凝土地铁块枕的生产工艺进行研究，采取合适的振动电机，进行激振力的计算。针对预制构件生产用的振动设备，参照其减振元件，进行了减振设计。针对生产用的原材料——混凝土，依据其特点，进行了类比研究。例如：混凝土轨枕生产用的混凝土强度要求都比较高，通常使用 C50、C60 规格的混凝土；而预制构件用的混凝土一般都用 C20、C30 规格。轨枕用混凝土的坍落度低，水分较低，流动性不好。

2.2.2 协作式研究

为了满足其性能要求，需要对激振力的计算和减振元器件的特点进行研究，甚至对液压元件的安装、密封件的耐久性等进行研究。这就需要与专业的供货商联合进行开发，比如，与激振电机的厂家进行联合研究，依照其市场的应用数据和使用情况，可以对本振动装置的振动电机功率、调节范围以及电机的布置等方面进行协作式的研究设计。这样的方法可以大大减少选型错误、计算失误等方面造成的成本浪费，并且可以节省研究时间。

3 研究流程

研究设计流程是新产品开发的重要依据，它是指导研发设计正常进行的最主要依据，并实时对研发设计过程进行监督和纠偏，保障研究设计过程的顺利进行。研究设计流程的制定依据不同的行业、产品、企业性质和规模的不同而不同。为了保障本文探讨的振动设备的顺利研究，在研究设计之初就制定研究设计流程，本部分探讨的流程只从技术层面探讨，研究流程如图 1 所示。

（1）其中，技术可行性分析主要探讨所研究设计的技术是否能实现，伴随着技术分析的还有研究对象的市场经济性分析。

（2）本振动装置的技术方案分析包含的内容也比较多，不仅体现在结构设计方面，也体现在电气控制的实现方面。

（3）审核是流程不可缺少的层面，它可以实时发现研究设计中的问题，并提供重要的解决方案，保障流程的顺利进行。本振动装置的审核主要邀请业内及相关行业的专家进行评估，依据存在的问题进行有针对性的研究解决方案。并且审核可能会是一个往返多次的过程，直到解决问题的方案和方法得到通过为止。

以上叙述的流程主要针对振动装置的研究设计，在后续的同类产品中可以推广和应用。

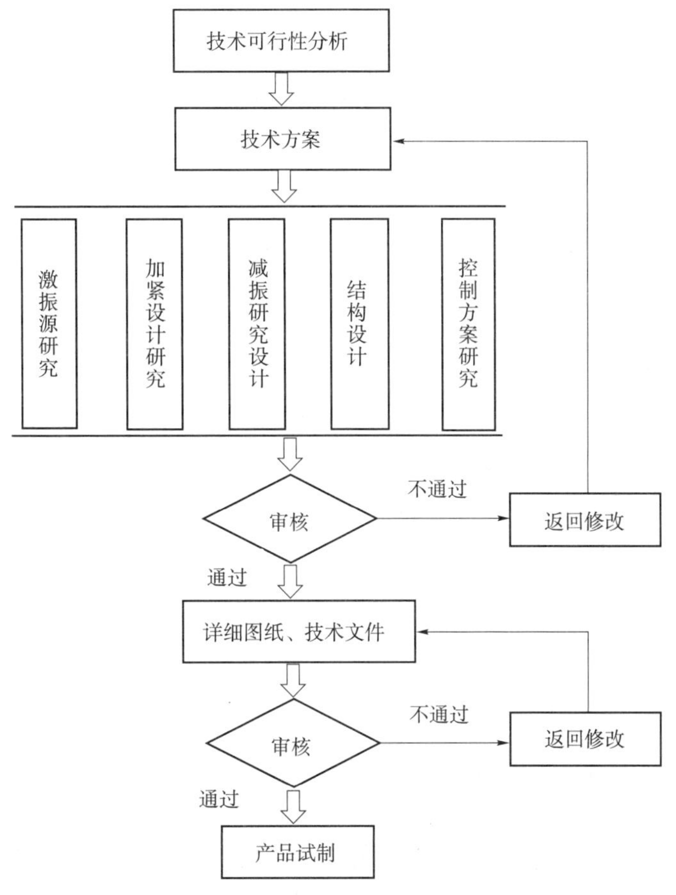

图 1　振动装置研究设计流程

4　结语

本文针对混凝土轨枕自动化生产中的新型振动装置，探讨了研究设计的方法和流程，并详细设计出了一种可行的设计流程。这种流程在实施中具备较强的灵活性，所采用的类比、协作式方法具有较强的针对性。这种流程和方法可以在其他同类产品研究设计中进行推广，具有很强的实际应用性。

参考文献

［1］《中华人民共和国国民经济和社会发展第十四个五年规划和 2035 年远景目标纲要》公布［J］. 都市快轨交通，2021，34（2）：122.

［2］温家馨，黄法礼，王振，等. 混凝土振捣技术研究现状与发展趋势［J］. 硅酸盐通报，2021（10）：3326-3336.

［3］秦明强，胡骏，汗华文. 振捣频率对机制砂和天然河砂混凝土耐久性能影响研究［J］. 建材世界，2021，42（1）：34-37.

［4］徐浩，邱伟，张铁志. 振捣方向与频率对水泥混凝土强度的影响研究［J］. 科技风，2015（19）：29.

［5］姜良波，冯旭，郝伟. 高频振捣对建筑施 T 混凝土强度的影响［J］. 杨凌职业技术学院学报，2014（4）：1-3.

基于深度学习的芯片缺陷系统研究

江俊帮　孙　柯　黄　翼　崔俊鹏
湖北工业大学理学院芯片产业学院

摘　要：在芯片的制造过程中，可能会出现各种缺陷，这可能会导致芯片性能下降、寿命缩短甚至无法正常工作。因此，实时检测晶圆的质量非常重要。但是，如何对芯片进行高效准确的检测和诊断是一个重要的问题。我们提出了一款基于深度学习的芯片缺陷检测系统，其搭载了 Jetson Nano 设备，该系统方便携带，处理速率高，可以出色地解决在工艺工业生产中检测晶圆的问题。

关键词：深度学习　芯片检测　缺陷检测

引言

随着国家的大力支持，我国集成电路产业飞速发展，催生了相关的诸多产业。芯片的生产有晶圆加工、氧化、光刻、刻蚀、薄膜沉积、互联、测试封装等步骤，芯片的缺陷检测在制造中发挥着不可替代的作用。在工业制造中，对于芯片缺陷的检测有着很多方式。西南交通大学的曾礼虎提出了基于机器视觉的芯片表面薄膜缺陷的检测系统，提高了生产效率，节约了人工成本[1]。华中科技大学李可等热人提出了改进 U-Net 芯片 X 线图像焊缝气泡缺陷检测方法，提高了芯片焊缝中所存在的气泡识别的精确度[2]。杨桂华等人提出了用图像识别技术在芯片封测的过程中检测芯片的引脚缺陷的算法研究[3]，重庆邮电大学的杭芹等人对基于 YOLOV5 的芯片缺陷检测算法进行了研究[4]。但是在实际生产检测系统中使用还需要进一步研究。

我们开发了一套基于 Jetson Nano 的使用深度学习的系统，通过显微镜用 Jetson Nano 设备进行融合，期望在工艺中实现快速精确地检测出晶圆表面在各工艺上所存在的缺陷，通过具体的设备来检测芯片在工艺生产中的缺陷，此系统实现工业化有着实际的意义。

1　芯片缺陷检测系统

芯片缺陷检测系统是由显微镜、Jetson Nano、显示屏构成的一套实施图像识别系统，可以实时采集晶圆上的缺陷。显微镜可以实时将晶圆图像显示在计算机显示器上，然后通过 Jetson 外界摄像头对图像进行采集分析，最终辨识结果会展示在电子屏上，图 1 为检测系统示意图。基于深度学习的芯片缺陷检测系统（图 2）具体来说可以分成目标检测区和图像识别区。目标检测区包括图像采集部分、传输与显示部分，图像识别区包含识别部分和处理部分。

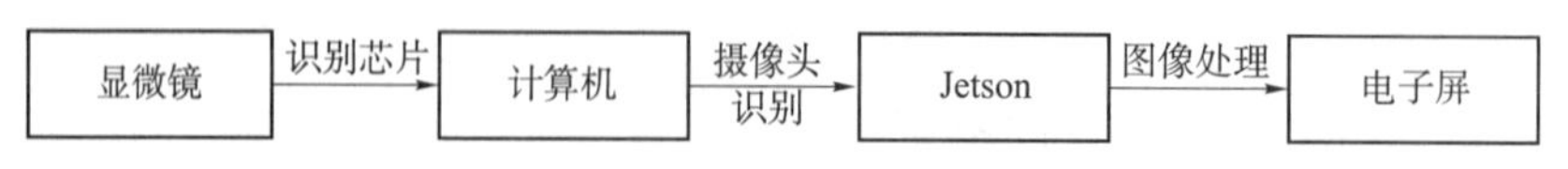

图 1　检测系统示意图

图 2 芯片缺陷检测系统

1.1 图像采集部分

在图像采集部分，我们会选各种工艺流程（光刻、电镀、氧化、刻蚀等）中的晶圆进行检测。我们会将晶圆放置在显微镜上，用显微镜识别、放大待检测区中的图像部分，而在实际生产线中，通过流水线的方式逐个识别出移动的芯片图像。在图像的采集过程中，我们需要在相对封闭且光源较好的环境中，降低对芯片的污染以及光源不充足的问题，让识别出的图像更加清晰。

我们采用的是舜宇光学科技的 RX50M 系列金相显微镜，凭借其宽光束成像系统以及微分干涉相衬成像系统的设计可以更加精确地检测出芯片上所存在的细微差异，更细微地展现出芯片上的划痕以及各处缺陷。此外，显微镜中带有透反射照明装置，可以为系统提供充足均匀的照明环境。

传输与显示部分则可以把显微镜识别到的图像传输到计算机上，用计算机显示识别到的图片，还可以根据识别的情况即时调整显微镜。通过计算机放大显微镜所识别的图像，使图像清晰并且方便下一步流程。图 3 为系统的图像采集部分。

1.2 图像识别区

图像识别区分为两个部分，分别是识别部分与处理部分。上文中提到过在计算机的放大作用下，将显微镜识别到的结果进行进一步判断，我们采用另外一个摄像头对准电子屏幕，此为 Jetson Nano 外设摄像头，直接识别到计算机所显示的图像，同时将结果传输到 Jetson Nano 的处理器中并进行深度学习算法的判断，识别芯片中的缺陷并将结果显示在所连接的 Jetson Nano 的电子屏上。

在处理部分，我们使用搭载 YOLOv5 算法的 Jetson Nano 设备，在 Jetson Nano 上我们用所安装搭建的环境，通过深度学习，自动对芯片内部图像进行处理，并对芯片中所存在的缺陷进行分类，将处理的结果展现在与 Jetson Nano 设备所连接的电子屏幕中。整个识别区减少了在工艺中人眼识别的缺陷，能够在极大程度上弥补人工的不足，提高生产效率，图 4 为图像识别区。

图 3 图像采集部分

图 4 图像识别区

2 深度学习算法

2.1 算法的整体框架

在算法方面我们选择YOLOv5算法，YOLOv5的网络结构（图5）可以分为以下几个部分，分别是输入端、骨干部分（Backbone）、颈部部分（Neck）、头部输出端（Head）[5]。

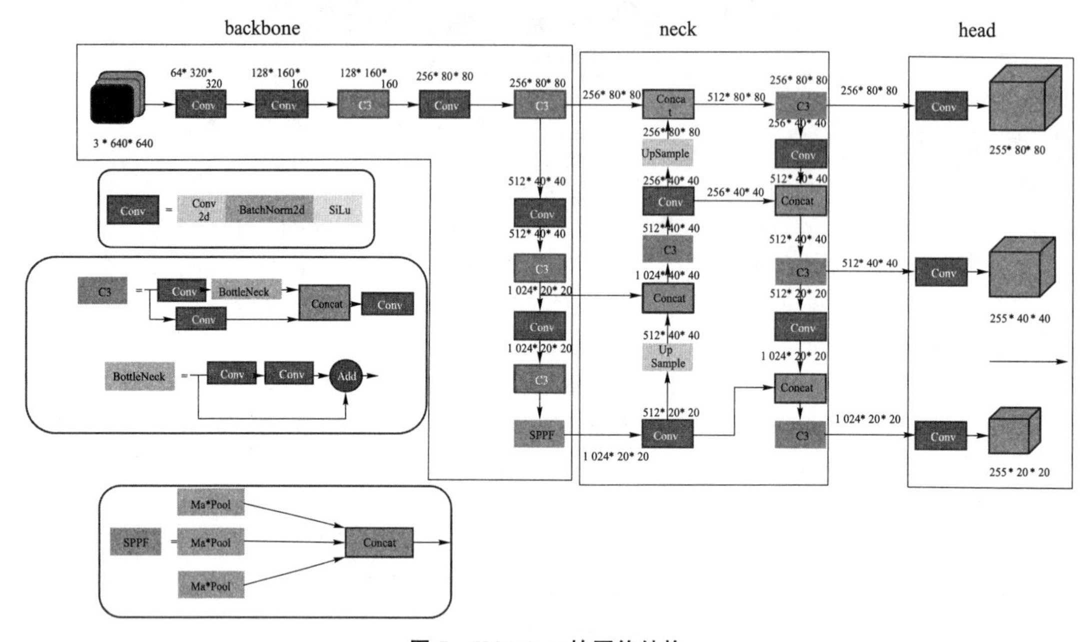

图5 YOLOv5的网络结构

输入端包括一个图像预处理部分，把图像进行预处理并且进行归一化等操作。在训练模型中，使用了Mosaic数据增强的方法，这个算法是在CutMix的数据增强的基础上进行了改进，Mosaic把四张图片进行了随机的缩放、裁剪、拼接，这样在极大基础上丰富了数据集的容量，在一定基础上也提高了训练时的网络速度，降低内存需求。

在骨干部分中，主要是提取特征同时不断地缩小特征图。其中有三个部分，分别为Conv、C3、SPPF。Conv模块中由Conv2d、BantchNorm2d和激活函数构成，能够有效地提取出有用的目标特征信息，BantchNorm2d则可以对每批的数据进行归一化处理，用激活函数增强数据的非线性。C3模块由三个Conv和一个Bottleneck模块组成，由不同的卷积构成，能够起到升维和降维的作用，有利提取到更加详细的特征信息。

颈部部分包括FPN（Feature Pyramid Network）和PAN（Path Aggregation Network）两个部分，同时YOLOv5在YOLOv4的基础上采用了CSPNet所设计的CSP2的结构，增强了网络特征的融合能力。颈部部分主要将浅层的图形特征和深层的语义特征相结合来获取更为完整的特征信息。

头部输出部分利用率CIOU_loss的目标检测任务的损失函数，在解决边界框不重合问题出现的同时考虑了边界框中心点的距离信息和边界框宽高比的尺度信息，可以得到更加准确的检测结果，能够准确用于芯片检测过程中密集的栅极漏极及芯片表面等多个方面，检测芯片的缺陷情况。

2.2 基于 Jetson Nano 的 YOLO v5 的系统设计

我们所设计的系统，选择的是 NVIDIA Jetson Nano 的 AI 系统，在嵌入式物联网应用程序领域中得到了广泛的应用[7]，其中 Jetson Nano 可以并行运行神经网络、对象检测、分割、语音处理等多个应用程序。在检测芯片缺陷的速度上，相比计算机得到了很大的提升。Jetson Nano 设备搭载了四核的 ARMA57 的处理器以及 128 核的 MAXWELL GPU 以及 4GBLPD-DR 的内存，拥有足够的人工智能计算能力，在满足芯片缺陷检测的速率以及精度的同时，其设备方便携带，也更容易满足在工厂大规模使用的需求。不仅如此，它能够实时地实现图像的识别，在展示出显微镜所识别的同时，Jetson Nano 设备能够及时地捕捉到图片信息并进行识别。作为一款功能强大的小型计算机，它在工艺生产中更方便实现芯片的缺陷检测。

我们通过读卡器，将 PC 端的软件设备拷贝到 Jetson Nano 上，配置好实验环境后，创建和激活 Python 虚拟环境，在虚拟环境中导入实验所需要的第三方库文件，包含 Torch、Tensorflow、Torchvision 等深度学习平台。表 1 为其中所需要的软件版本。

表 1　软件版本

配置	具体参数
Pycharm	2023. 1. 1
Python	3. 8
Anaconda	2023. 03
深度学习框架	Pytorch1. 8

对于芯片缺陷的检测结果来说，精确率（Precision）和召回率（Recall）是机器学习之中用来权衡精确的度量。在二分类问题之中，我们经常使用混淆矩阵（Confusion Matrix）来表示样本预测值的正负和样本真实值的正负之间的关系。精确率和召回率的计算公式如下：

$$P=\frac{TP}{TP+FP}$$

$$R=\frac{TP}{TP+FN}$$

式中：P——精确率；

R——准确率；

TP——将正样本预测成正样本；

FN——将正样本预测为负；

FP——将负样本预测为正；

TN——将负样本预测为负。

3　实例分析

高清晰度、高分辨率、高质量的芯片内部的栅极结构缺陷图像是缺陷检测必要的数据基础。我们所选择的数据集来源于学校实验所制作的晶圆，我们逐一地拍照、取样，制作数据集。在我们的数据集中，对于拍摄到的芯片内部的栅极结构缺陷图像，经过裁剪、降噪、高清化等常用图像预处理后，芯片缺陷图像可能存在噪声、模糊等问题，预处理可以通过降噪、增强对比度、图像清晰化等方式，提高图像质量，从而更好地展示缺陷细节。芯片缺陷图像可能来自不同的设备、采集角度和光照条件，预处理可以将图像标准化为固定的尺寸和格式，以便于算法的处理和比较。我们再通过去重和人工筛选后，总共累计 4 605 张芯片缺陷图片。我们按照 8：2 的比例，将照片分成了训练集和测试集。将芯片的主要缺陷一共分成了四类，分别是氧化物（Oxidation）、划痕（Scratch）、污染（Pollution）、烧蚀（Ablation）等四个类别，如表 2 所示。我们在这次实验中采用 LabelImg 作为标注工具，将标注格式设置为 YOLO 格式，图像中物体的位置用矩形框来表示[6]。YOLOv5 采用的 YOLO 格式使用的坐标框参数 x、y、w、h，其含义分别为：坐标框中心点的 x 坐标、坐标框中心点的 y 坐标、坐标框的宽度、坐标框的高度。

表 2　训练集分类

缺陷类别	样本量	类别占比
氧化物	2 555	55. 5%
划痕	1 307	28. 4%
污染	1372	29. 8%
烧蚀	626	13. 6%

图 6 则是系统识别结果，目前已经能够识别出芯片内部的缺陷结构。

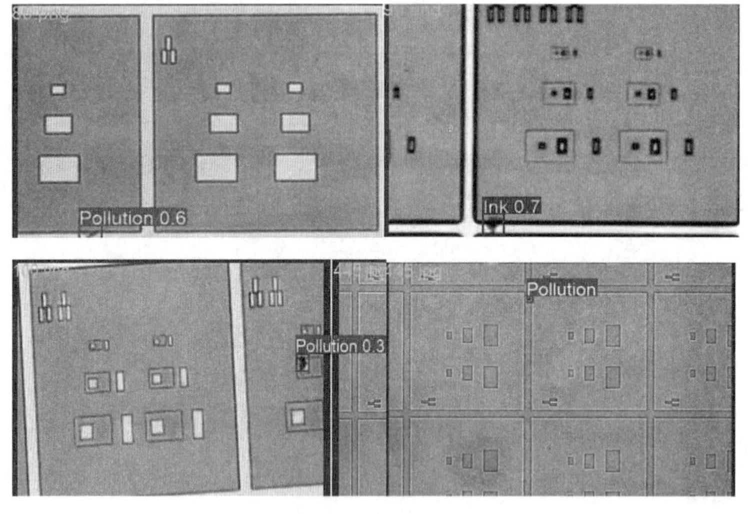

图 6　系统识别结果

我们以 LabelImg 作为标注工具，将所收集的数据集，通过 103 次的迭代，在测试的准确精度上具有较大的提升，目前来说，最高已经达到了 73. 2%，相比初代已经有了 30% 的提升，但是仍然具有比较大的提升空间，在后续的工作中，我们也将会加大在这个方面的工作量。同时我们也会在现有的基础上改善数据集的问题，让四类缺陷的芯片数量分布得更加均衡。图 7 为实物系统中的识别结果。

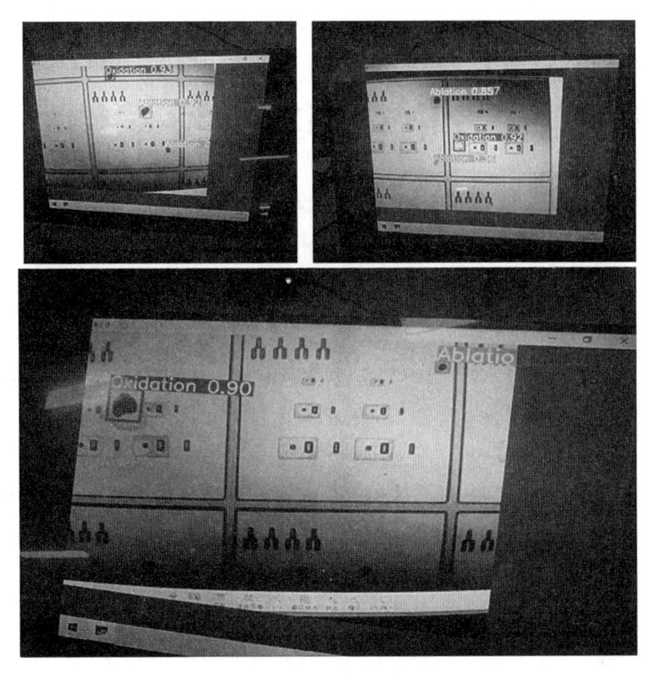

图 7 实物系统中的识别结果

4 结语

针对目前芯片缺陷识别在工艺生产或者实验研究中存在的问题，本文提出了一种搭载了YOLOv5 算法模型的 Jetson Nano 设备，并且在工艺生产中应用。在算法的损失函数中，也采用了较为先进的 CIOU 算法，提高了检测的准确度。同时，我们计划将显微镜所识别到的图片直接与 Jetson Nano 设备连接或直接导入所搭载的 YOLOv5 平台之上，直接进行识别，让识别的精度以及速度比得到进一步的提升，或在已有的算法之上进一步进行探索，让所设计的系统满足工业生产需求并得到广泛应用。

参考文献

[1] 曾礼虎. 基于机器视觉的芯片表面薄膜缺陷检测系统 [D]. 成都：西南交通大学，2021.

[2] 李可，吴忠卿，吉勇，等. 改进 U-Net 芯片 X 线图像焊缝气泡缺陷检测方法 [J]. 华中科技大学学报（自然科学版），2022，50（6）：104-110.

[3] 杨桂华，唐卫卫，卢澎澎，等. 基于机器视觉的芯片引脚测量及缺陷检测系统 [J]. 电子测量技术，2021，44（18）：136-142.

[4] 张恒，程成，袁彪，等. 基于 YOLOv5-EA-FPNs 的芯片缺陷检测方法研究 [J]. 电子测量与仪器学报，2023（5）：1-10.

[5] 冯凯，张书雅，李锦暄，等 . 基于卷积神经网络的返回舱识别 [J] . 现代信息科技，2021，5（10）：20-26.

[6] JOSEPH R，ALI F. YOLO9000：Better，Faster，Stronger [R]. CVPR，2016.

[7] 龙诗科，蒋奇航，包友南，等. 基于 Jetson Nano 视觉应用平台设计 [J]. 传感器与微系统，2022，41（9）：99-101+108.

离网分布式光伏发电在DMB+终端供电上的研究

江俊帮　程鑫鑫　杨淑雯　马鹏博　刘　见　杜宇轩
湖北工业大学理学院芯片产业学院

摘　要：随着数字多媒体广播DMB+的普及，DMB+终端的供电需求不断增加。传统的电网供电需要建设很多的发电厂和输电线路，但这种方式不仅成本高昂、电网容量有限、传输损耗大，而且对环境有负面影响。而光伏发电作为一种新型的、环保且可续的能源，逐渐受到了人们的关注。其中，离网分布式光伏发电具有独立性强、抗失效性强、易于扩展、减轻压力和节约能源等特点。因此，本文提出了使用离网分布式光伏发电系统为DMB+终端供电的新解决方案。

关键词：DMB+终端　分布式光伏发电　离网　优化策略

引言

目前，大部分的DMB+终端设备采用可充电电池供电，包括锂离子电池、聚合物锂离子电池等。这种供电方式具有便携性好、使用安全等优点，可以满足大部分移动用户的需求；但又因为电池容量有限、充电时间久、电池寿命受到影响等缺点，导致可充电电池不适合用于需要超长续航和固定式的DMB+终端设备。

根据国际可再生能源机构（IRENA）发布的最新报告，全球截至2020年年底的光伏发电装机容量为729 GW，中国的光伏发电装机容量以及光伏组件出口量处于世界领先地位。本文旨在探讨离网分布式光伏发电在DMB+终端供电方面的应用，提出相应的供电系统解决方案和技术路线，以期为实现可靠、稳定、清洁的DMB+终端供电提供帮助[1]。

1　离网分布式光伏发电的基本原理和技术特点

离网分布式光伏发电系统是一种基于光伏发电的新型微型电网系统，采用多个小规模的光伏发电系统分布在不同区域[2]，通过联网实现电力的自产自用，不需要接入传统的电网。它主要由光伏阵列、逆变器、电池储能系统和控制系统组成。光伏阵列负责将太阳能转换成直流电；逆变器将直流电转化为交流电，并确保电力质量和稳定性；电池储能系统可以中转电力，保证电力的稳定供应；控制系统实现光伏阵列、逆变器和电池之间的协同工作，同时控制管理系统。

1.1　离网分布式光伏发电的基本原理

1.1.1　离网分布式光伏发电基本原理概述

离网分布式光伏发电的基本原理是利用太阳能照射光伏电池板产生电能，通过电池板下方的DC Combiner（直流集合器）将电池板输出的直流电转化为交流电，再经过逆变器与配电箱，最终将产生的电能供应给负载设备使用。光伏电池板阵列之间相互独立，不需要互相串联或并联，因此光伏电池板的故障不会影响整个系统的发电效率。

1.1.2 离网分布式光伏发电系统各组成部分

离网分布式光伏发电系统主要包括光伏电池板、DC Combiner、逆变器和配电箱。光伏电池板是整个系统中最核心的部分，它由许多光伏电池组成，当太阳光照射到光伏电池上时，光伏电池会吸收能量并释放电子，产生电流，从而实现将太阳能转化为电能。

DC Combiner 是整个系统的一个重要组成部分。光伏电池板阵列的直流输出连接到 DC Combiner，进行集合、保护和监控。DC Combiner 对电压、电流进行测量，并保证光伏电池板的正常工作，避免因电池板反向接线或出现故障而对系统产生影响。

逆变器则是将光伏电池板输出的直流电转换为交流电的关键部分。逆变器将直流电转换为与市电相同的电流，供应到配电箱中，并通过配电箱将产生的电能供给负载设备使用。逆变器还具有 MPPT（最大功率点追踪）技术，能够精确地监测光伏电池板的输出功率，从而调节输出电流和电压来匹配电网的需求[3]。在配电箱中，将交流电转换为直流电，使得负载设备可以直接使用产生的电能。配电箱同时还负责对系统的安全进行监控，如系统输出电压、电流等参数的调节和控制。

1.2 离网分布式光伏发电的技术特点

离网分布式光伏发电系统具备独立性，不依赖于传统电网，具有较高的安全性和稳定性，在实际运行中隐患比较小，可以减少输送电中断的可能，避免了大面积停电风险。并且离网分布式光伏发电系统可以就地发电和输送电力，缩短电网故障处理时间。

离网分布式光伏发电系统线路损耗为零，系统运行中几乎不会产生能耗，因此能量损失很小。相较于大型发电装置，光伏发电系统的传输和配电设备的安装建设成本低，系统维护成本也低。

离网分布式光伏发电系统适应能力强，设备的自动化程度较高，可以根据季节性和用电情况进行智能调度，实现自主供电。

离网分布式光伏发电系统适用于地处偏僻郊区的工业园区等难以接入传统电网的场景。

离网分布式光伏发电系统的实现，有助于减少对传统能源的依赖，促进清洁能源的推广，促进用电模式和能源结构的转型，有利于现代化的发展，也可以保证能源的安全。

2 DMB+终端供电需求分析

DMB+数字多媒体广播系统具有高效、便捷、个性化、实时性等多种优势。

DMB+支持语音、图片、视频和数据的无线传输，广泛应用于学校、社区、景区、园区、城镇、医院、工矿企业等单位的大区域公共信息发布和公共安全。DMB+的终端设备主要是无线室外音柱、室内智能喇叭、LCD 屏、LED 显示屏、手机、电脑等公共接收终端[4]。

2.1 DMB+终端设备工作特点

（1）多媒体：DMB+终端设备支持多种多媒体内容的播放，如电视节目、音频、视频、图像等。

（2）高清晰度：DMB+终端设备支持高清晰度，能够提供高质量的音视频图像。

（3）数据压缩：DMB+终端设备可以通过数据压缩技术实现数据的压缩和传输，在有限带宽下实现更加高效的传输。

（4）多通道支持：DMB+终端设备支持多通道播放，可同时播放多个数字多媒体节目和频道。

2.2 DMB+终端设备电源需求

DMB+终端设备使用的电源应具有过流、过压、过温、短路等多重保护功能，并且尤其需要防雷击等安全保护措施。

2.2.1 电源电压和电流需求

DMB+信号具有高带宽和高压缩比，同时支持高清晰度的视频和音频播放。所以DMB终端需要使用充足稳定的电源供电，一般采用直流电源供电，电流的变化一般在500 mA以下。正负极电源的电压应该符合DMB+终端的电源要求，电源的输出电压通常在5 V左右。其通常能耗范围在2 W到6 W之间。图1是DMB+的一种终端设备，使用5 V直流电源。

图1 DMB+终端（DC 5 V）

2.2.2 外部电源适配器需求

在DMB+终端使用的过程中，应特别注意避免过高或过低的电压对终端的影响。为了保证DMB+终端设备在工作过程中不间断供电，一些型号可能需要一个外部电源适配器，使其能够通过插座充电，从而保持电量。

总之，在满足移动性、稳定性、可靠性和灵活性的同时，DMB+终端设备需要满足合适的电流、电压需求，以确保DMB+终端设备正常工作。

3 离网分布式光伏发电在DMB+终端供电方面的应用设计

利用离网分布式光伏发电系统，包括光伏发电装置、控制器、三端稳压器和储能装置，对DMB+终端进行供电。光伏发电系统通过光伏发电装置产生电能之后，经过控制器，得到12 V的直流电，进入三端稳压器，将光伏产生的12 V降压到5 V，这是因为DMB+终端设备需要5 V的直流电，储能装置用来储存多余的电能。

根据上述分析，离网分布式光伏发电可以为DMB+终端设备提供可靠的电源支持。下面是离网分布式光伏发电在DMB+终端供电的应用设计：

3.1 光伏发电系统

光伏发电装置由4块架起来的光伏发电池板（指屋顶光伏）和4块水平放置的光伏电池板（指地面光伏）总共8块板组成，其工作原理是基于光电效应。它由许多光伏电池串联而成，当太阳光照射到光伏电池上时，光子激发并释放出电子，这些电子会被集电极聚集起来并通过外部电路形成电流。

3.2 光伏板的朝向及倾角

设计和安装光伏发电系统需要考虑光伏电池板的面积、倾斜角度、方向以及组件安装和线路连接等问题。光伏电池板的倾斜角度会影响光伏电池板所接收的太阳辐射的强度，如果倾斜角度过大或过小，则会导致太阳能吸收不够充分，减少光伏发电效率。

太阳在不同季节产生峰值照射的方位是不相同的。例如，在夏季的午后，太阳峰值照射的方位会偏西，而不是正南。此外，屋顶的方位角以及避免太阳阴影等因素也会对方位角的设置产生影响。如果要将方位角设置为负荷的最大值，并且与光伏电池输出功率的峰值一致，则可以使用以下公式进行计算[5]：

$$\theta=(T-12)\times15(\psi-116)$$

式中：θ——光伏电池板的方位角；

T——日辐射峰值时间；

ψ——经度。

方位角无特殊要求，通常设为0°。

使年发电量最大的光伏电池板倾角称为最优倾角，光伏电池板倾角可以使用以下公式计算：

$$R_\beta=S\times[\sin(\alpha+\beta)/\sin\alpha]+D$$

式中：R_β——光伏电池板上太阳能总辐射量；

S——水平面上太阳能直接辐射量；

D——散射辐射量；

α——太阳高度角（正午）；

β——光伏电池板倾角。

另外，光伏电池板的方向决定了所接收的太阳辐射的方向，进而影响光伏发电效率。在北半球，光伏电池板应该朝向正南方向，以获得最多的太阳能辐射。如果方向偏离正南方向，则会导致太阳能吸收不够充分，降低光伏发电效率。

3.3 控制器的安装

控制器（图2）可以监视、测量和控制其他设备的运行，包括传感器、处理器、执行器等组件，可以根据预设的规则或指令对被控制的设备或系统进行自动化操作和调节；在电池电量较低或者光伏发电不足的情况下，控制器可以自动切换电网供电以保证系统的持续稳定运行。这样就可以实现两种能源之间的平衡，减少能源的浪费，并且降低对传统电力供应方式的依赖，使得整个系统可以始终按照最佳状态运行。同时，在光伏发电盈余时，可以将多余的电存储在蓄电池组中。

图2 控制器

3.4 电池组选型

因为需要不间断为 DMB+终端设备提供电能，所以各系统必须增加储能装置。选择两只阀控密封式铅酸蓄电池作为储能装置，如图3所示。该类型蓄电池的循环使用电压为14.4~

15.0 V，浮充使用电压为13.5~13.8 V，最大充电电流为5.4 V。其能够满足DMB+终端在夜间或阴天使用。

图3 阀控密封式铅酸蓄电池

3.5 逆变器选型

离网分布式光伏发电逆变器的主要功能是将太阳能电池板产生的直流电转换成符合离网应用要求的交流电，包括输出电压、电流和频率等参数的调整和控制（图4）。此逆变器的额定功率为120 W，转化率为88%，可以将电能转换为可供DMB+终端设备使用的直流电，同时具有电量监测、保护等功能。

图4 逆变器

3.6 相关配件

配备合适的电线、接线端子、保险丝等相关配件，确保离网分布式光伏发电系统的安全性和可靠性。三端稳压器（图5）可以将从控制器过来的12 V直流电稳压至5 V，提供给DMB+终端使用。

图5 三端稳压器

3.7 安装运维

通过以上的设计方案，离网分布式光伏发电可以为 DMB+终端设备提供可靠的电源支持，解决电源不足、不稳定等问题。最终 DMB+终端离网分布式光伏发电系统框图如图 6 所示。

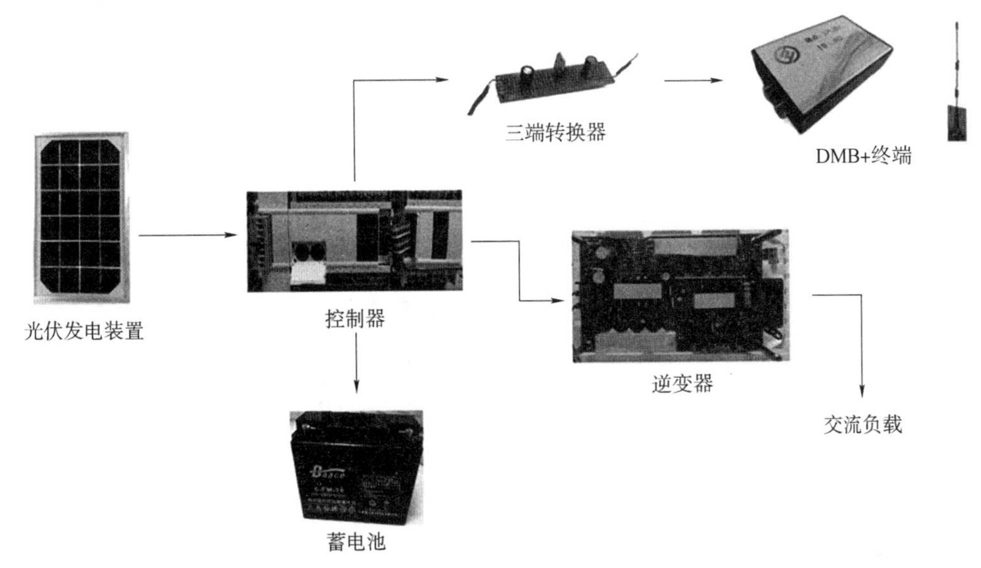

图 6 离网分布式光伏发电系统框图

4 总结与展望

本文对 DMB+终端的电源需求及离网分布式光伏发电系统的特点进行分析，提出了基于离网分布式光伏发电的 DMB+终端供电方案，并且提出了相关的技术路线；通过光伏实验平台深入研究了光伏发电系统的光伏组件方阵的放置形式、方阵倾角和朝向，提出一种系统最优方案。

未来可以通过优化组件设计、采用高效逆变器、使用高能量密度电池、智能电池管理系统和使用新型的热散尽技术来实现离网分布式光伏发电系统的小型化，使 DMB+终端设备适合于各种规模的应用场景，有望在移动通信、野外勘查、紧急救援、军队应用等方面发挥重要作用。

参考文献

[1] 李建忠，尹志新，秦嵩. 太阳能光伏发电应用研究进展综述 [D]. 广西大学学报（自然科学版），2009，34（z1）：192-197. DOI：10. 3969/j. issn. 1001-7445. 2009. z1. 059.

[2] 袁建华. 分布式光伏发电微电网供能系统研究 [D]. 济南：山东大学，2011. DOI：10. 7666/d. y2045413.

[3] 张庆霞. 大庆油田光伏发电应用技术探讨 [J]. 油气田地面工程，2022，41（12）：51-56. DOI：10. 3969/j. issn. 1006-6896. 2022. 12. 010.

[4] 王国裕，张红升，卞璐，等. DMB+，新一代数据传播技术 [J]. 重庆邮电大学学报（自然科学版），2017，29（5）：580-589. DOI：10. 3979/j. issn. 1673-825X. 2017. 05. 002.

[5] 向荣，黄珣，贾智勇. 浅析工厂分布式屋面光伏发电应用 [J]. 工业安全与环保，2022，48（7）：104-106. DOI：10. 3969/j. issn. 1001-425X. 2022. 07. 026.

精密运动平台综述

武　锐　张国豪　李秉杰
襄阳汽车职业技术学院智能制造学院

摘　要：高精度和高分辨率的精密工作台系统在近代尖端工业生产和科学研究领域内占有极为重要的地位。现有的运动平台按驱动方式主要可以分为电磁电机驱动、压电作动器驱动，混合驱动以及其他驱动等，对于当今工业生产越来越高的要求，运动平台应达到纳米级的精度。本文针对精密工作台的发展历程进行了简单的综述，对精密运动平台的发展现状、国内外大行程超精密工作台发展现状、多自由度平台发展现状进行展开描述，再对精密平台控制的相关文献进行研究描述。精密直线平台的研究将会成为未来机械界主要的热点与难点。

关键词：精密运动平台　建模　运动控制

引言

精密运动平台在 IC 制造、光学元件制造、半导体晶片制造、IC 检测、IC 封装、液晶制造、光纤接头制造、光纤对接、激光加工、精密数控机床等精密制造装备以及电子显微、先进医疗设备和生物细胞操纵实验中有着较为广阔的应用前景，国外一些科研院所、企业集团纷纷对精密运动平台进行研究与开发，力图在激烈的竞争中争得先机。近年来，多自由度平台的形式越来越趋于多元化、小型化。为了获得精密平台高精度控制，需要对平台进行系统建模、稳定的控制器设计和有效的振动控制。精密运动平台的建模与分析通常分为两个方面：一方面是机械系统的建模与分析；另一方面是电气系统的建模与分析。精密运动平台的控制主要有两方面的精度指标：一是步进运动所需的定位精度；二是扫描运动所需的动态跟踪精度。前者指经过加速、匀速、减速过程后停止并精密定位的精度，后者是指在加速后进入匀速运动过程的动态轨迹跟踪精度。两者在指标水平上有较大的差异，定位精度可以比跟踪精度高两个数量级以上。在高速和高加速条件下，模型不确定性、负载惯量变化以及外界扰动将成为限制平台性能提高的主要因素，对其控制技术的研究成为众多学者研究的热点。

1　精密运动平台

1.1　精密运动平台发展现状

作为全球三大光刻机集成商之一的 ASML 公司，在其 TWINSCAN 光刻机中硅片台采用“H”形对称结构布置，其硅片台结构非常有代表性。

日本住友重工生产的用于步进机、半导体探伤设备和半导体维护设备的 Nanoplane 系列精密 X-Y 气浮运动平台（图 1），采用上下双层结构布置，两直线电机驱动，X 轴和 Y 轴行程为

475 mm，下层最大速度为 500 mm/s，由气浮和线性丝杠导轨导向，上层最大速度为 1 000 mm/s，由气浮导轨导向。

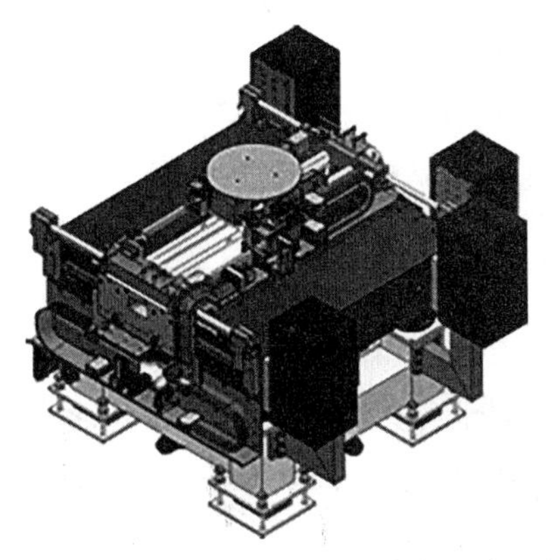

图 1 日本住友重工的 *X*-*Y* 精密运动平台

国内清华大学、华中科技大学、中南大学、长春光机所等单位开展了光刻机相关技术研究，取得了一些成果。其中清华大学在步进扫描投影光刻机工件台掩模台分系统研制当中已经取得了一维方向 10 nm 的定位精度。

从以上精密运动平台的研究发展现状来看，可以从结构布置形式、支撑与导向方式、驱动装置、最大速度和加速度等方面进行归纳：

（1）精密运动平台两自由度一般为串联形式构成，一个自由度叠加于另一个自由度之上，结构布置上均采用“H”形布置，但是结构上分对称和不对称布置两种。

（2）精密运动平台均抛弃了旋转电机+滚珠丝杠的接触式支撑和导向形式，采用气浮支撑和导向形式，甚至采用磁浮技术，基本消除了摩擦力的影响，实现了零摩擦，为高精度的实现提供了保证，但是也带来了运动方向上的近零阻尼，系统易受外界干扰的影响，给控制带来了更高的难度。

（3）精密运动平台驱动元件无一例外均采用直线电机，直线电机驱动在行程上没有限制，并且不同于旋转电机因为离心力的存在而速度受到限制。采用直线电机直接驱动的方式使高速度、大行程精密运动平台的实现成为可能。

（4）精密运动平台的最大加速度基本在 1~2 *g*，有的甚至已达 6 *g* 以上，最大速度均达到了每秒几百毫米，在动态精度方面建立时间一般在百毫秒级以下甚至更小。以高加速度、高速度和高动态性能为特点的精密运动平台，必然要求对其特性进行分析，并设计与其相适应的控制策略。

1.2 国内外大行程超精密工作台发展现状

1.2.1 直线电机式超精密工作台

东京工业大学于 1999 年研制了具有纳米级分辨率的一维直线电机驱动超精密工作台（图 2）。它采用气浮导轨导向，行程 300 mm，导轨的垂直刚度 600 N/μm，水平刚度 220 N/μm。工作台重 19.6 kg，全部采用氧化铝陶瓷材料。直线电机驱动力 160 N，最大加速度 6.4 m/s^2，最大速度 320 mm/s。反馈测量系统采用激光干涉仪，激光干涉仪的分辨率为 0.63 nm。控制系统采用带前馈补偿的 PID 控制器。它最大的特点是配置了一部电流变阻尼器，可以主动控制系统的动静态特性。系统可以实现 2 nm 的步进定位。

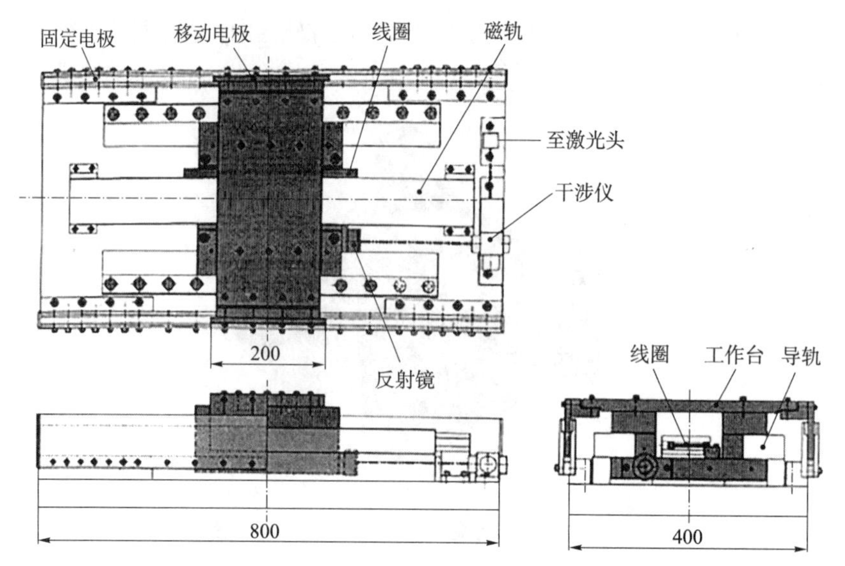

图2 东京工业大学研制的一维直线电机驱动超精密工作台

东京工业大学于2004年发展了X-Y工作台，X、Y方向上行程分别为18 mm、18 mm，能够实现X、Y和θ方向上的定位分辨率2 nm、2 nm和0.2 μrad（图3）。

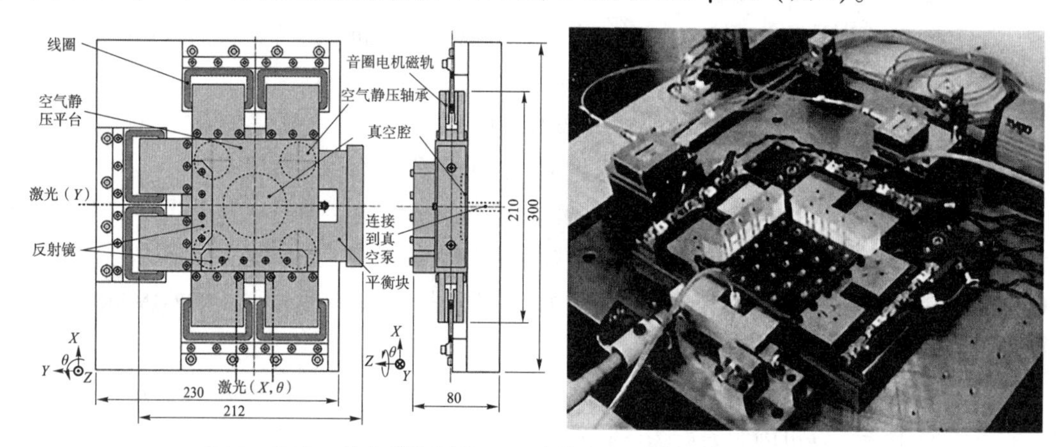

图3 东京工业大学研制的X-Y直线电机驱动超精密平面工作台

1.2.2 摩擦式驱动超精密工作台

国防科技大学的罗兵、李圣怡等对摩擦扭轮式精密工作台进行了研究，如图4所示。系统由高分辨率电机、摩擦扭轮传动机构、空气静压导轨、控制计算机等组成。摩擦扭轮传动机构导程0.26 mm，光杠长度650 mm，螺母刚度3 kg/mm；气体静压导轨行程300 mm，设计直线度0.5 μm/200 mm；交流伺服电机旋转分辨率为1 r/655 360。实验结果表明：在300 mm的行程上运动分辨率达到了10 nm。

图4 国防科技大学开发的摩擦扭轮式精密工作台

2 精密运动平台控制相关文献研究

2.1 精密运动平台建模

为了获得精密平台高精度控制，必然需要对平台进行系统建模、稳定的控制器设计和有效的振动控制。精密运动平台的建模与分析通常分为两个方面：一方面是机械系统的建模与分析；另一方面是电气系统的建模与分析。在机械系统建模方面，由于采用气浮支撑和导向，可以将研究对象视为刚体，气浮支撑与导向轴承视为弹簧阻尼系统，从而可以根据牛顿力学方程比较容易地获得对象的动力学模型。实际上，在高加速和高速度的条件下，对象不可避免地会产生变形，表现出一些非线性特性，但是基于刚体假设的分析能够获取对象的基本特性，进而为控制系统设计提供指导。

针对平面三自由度H形运动平台，根据第一能量定理，通过拉格朗日方程建立了系统动力学模型，并设计了与之相应的自适应控制算法。该方法比较多地应用于机械手的建模上，便于根据模型设计控制律，但是计算相对复杂，且很难为其他控制策略的设计提供理论指导。

针对具有机械耦合的双轴平行驱动平台，采用系统辨识的方法建立了双输入双输出转矩到运动速度的传递函数，并且分析了负载位置变化对模型的影响，并在控制策略中加入了负载变化补偿。由于该平台采用滚珠丝杠来导向，最大加速度和速度有限，同时存在摩擦力等非线性因素，不能够直接通过刚体建模的方法获取其精确模型。

针对驱动和测量传感器布置位置不同的模型特性，Rankers在其博士论文中进行了详细的分析，并且分析了各自特性在控制系统低频、中频和高频段的影响。王建发、贾松涛等人也对一维运动平台的检测—驱动结构进行了建模和分析。

在对精密运动平台建模过程中，往往只能对系统运动方向上进行建模，对于非运动方向上只能依靠导轨和支撑系统的刚度来克服。对于外界扰动建模方面，由于外界扰动的随机性，目前还没有很好的方法能够进行精确建模。此外，对于采用接触导轨导向的运动平台，需要对摩擦力进行建模和分析，并将摩擦力补偿考虑到控制系统中。机械系统建模与分析的重点是需要分析得出对象模型共振反共振特性，避免共振造成控制系统不稳定，为下一步运动控制器的设计提供理论指导。

在电气系统建模方面，精密运动平台一般采用直线电机直接驱动，在采用基于d-q轴模型的直线电机控制时，可以获得电流到力的线性控制，便于建模和控制。但是直线电机存在反电动势，且与运动过程相关，杨一博在其博士论文中对其进行了建模和分析。此外，对于有铁芯直线电机驱动的运动平台，推力波动的影响和分析也是直线电机建模和控制的重要方面。

2.2 精密运动平台相关运动控制

精密运动平台的控制主要有两方面的精度指标，一是步进运动所需的定位精度，二是扫描运动所需的动态跟踪精度。前者指经过加速、匀速、减速过程后停止并精密定位的精度，后者指在加速后进入匀速运动过程的动态轨迹跟踪精度。两者在指标水平上有较大的差异，定位精度可以比跟踪精度高两个数量级以上。在高速和高加速条件下，模型不确定性、负载惯量变化以及外界扰动将成为限制平台性能提高的主要因素，对其控制技术的研究成为众多学者研究的热点。本节将集中对具有机械耦合的H形结构布置的运动平台控制研究进行综述。此种平台通常由三个驱动器提供驱动力，难点一是具有机械耦合的双电机同步控制，难点二是横梁上负载位置的不断变化，从而使得两平行驱动电机所需提供的推力不断变化。

新加坡国立大学K. K. Tan等人对平面三自由度H形精密运动平台（图5）进行较多的

研究。针对质量参数不确定性采用了自适应控制来降低轨迹跟踪误差和平行布置的两轴间的同步误差，通过仿真和实验都证明了其自适应控制较 PID 控制优越。并且研究团队针对旋转电机+滚珠丝杠的 XY 运动平台，研究了基于扰动观测器的协同控制来完成双电机同步控制，以及 RBF-ILC 相结合的直线电机控制策略。但是自适应控制和 RBF-ILC 结合控制算法计算相对复杂，一般很难用于在线计算。

图 5　平面三自由度 H 形精密平台

台湾成功大学杨君贤等人通过对存在机械耦合的双轴线性伺服系统（图 6）的研究，考虑机械耦合特性，采用了主从式控制策略来设计控制器。为了提高轨迹跟踪精度，附加了速度前馈控制器。同时为了减少 X 轴电机位置变动对 Y 向电机的影响，采用了基于力矩平衡原理的负载动态补偿的方法。

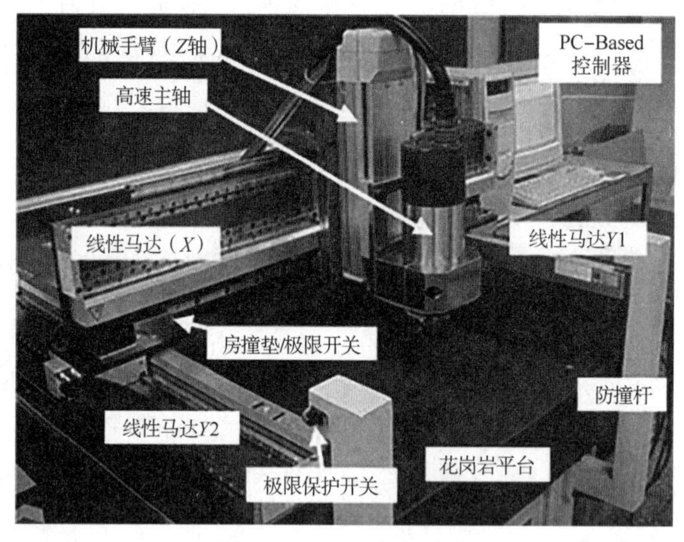

图 6　双轴线性伺服系统

图 7 所示的 H-drive 平台为 H-drive 三自由度运动平台，三直线电机驱动，控制系统的设计基于 MIMO 控制的思想，针对平台研究了基于拉格朗日-欧拉方程的动力学建模、基于频率响应函数的控制器设计、控制器仿真参数优化等，取得了一系列的研究成果。该平台 H 形横梁连接的双电机驱动控制器的设计，没有考虑横梁上负载位置变化对控制性能的影响，而是通过设计高鲁棒性的控制器来获得较好的控制效果。

沈阳工业大学郭庆鼎等人对龙门式镗铣加工中心的研究，采用了类似的主从式控制+负载动态补偿的方法，同时设计了扰动观测器来抑制外部扰动和模型参数变化的影响，并且在双电机自适应控制、解耦控制、模糊 PID、鲁棒控制等方面做了仿真实验研究。

北京航空航天大学刘强等人针对结构完全对称的 H 形结构精密定位平台设计了基于速

图 7 H-drive 平台（荷兰 Twente 大学）

度偏差的并联同步控制器，采用模糊控制实现 PID 参数的自整定，实现双轴速度同步控制。该算法实际上是在单轴独立控制的基础上，将双轴同步误差分别加到两轴控制当中，实现了两轴的交叉耦合控制。

此外，贾松涛在其硕士论文中对一维双边驱动同步控制进行了较深入的研究，提出了采用主从式位置-力交叉耦合同步控制策略完成双边同步质心驱动。

3 结语

通过以上的简要介绍，可以看出国内外精密运动平台设计的特点以及存在的问题：

（1）缺乏降低使用环境要求的考虑。如国内研制的两级进给精密定位平台，没有考虑降低使用环境的要求，使得在使用环境方面的投入过大，专门建造了一个超精密净化、恒温、隔振实验室，这样的平台缺乏实用性和经济性。法国 Mekid 研制的摩擦驱动工作台及沙迪克公司发展的超精密机床就考虑了环境对导轨的影响，如法国 Mekid 研制的摩擦驱动工作台在导轨材料上使用了零膨胀玻璃，从而能够降低使用环境的要求，沙迪克公司发展的超精密机床应用氧化铝陶瓷作为结构材料，在 1 ℃的温控环境下实现了 1 nm 的运动精度。

（2）追求单项性能指标的先进性，整体性能存在缺陷。如法国 Mekid 研制的摩擦驱动工作台，虽然导轨材料考虑到降低使用环境的要求，但在工作台上仍然使用钢材，抵消了导轨材料使用零膨胀玻璃的优点，同时使得工作台重量过大，直接影响到驱动的刚性和稳定性。国内研制的摩擦扭轮驱动平台也存在同样的问题。摩擦式驱动工作台普遍存在的一个问题是仅追求高的进给分辨率，进给速度不高，驱动刚性差。

从以上可以看出，精密运动平台在精密制造装备以及电子显微、先进医疗设备和生物细胞操纵实验中有着较为广阔的应用前景，在未来的精密制造市场中精密运动平台会实现更精密的制造任务！

参考文献

[1] 袁巨龙，王志伟，文东辉，等. 超精密加工现状综述 [J]. 机械工程学报，2007，43（1）：35-48.

[2] 李艳秋. 光刻机的演变及今后发展趋势 [J]. 微细加工技术，2003（2）：1-5.

[3] 朱煜，尹文生，段广洪. 光刻机超精密工件台研究 [J]. 电子工业专用设备，2004（2）：25-27.

[4] 王先逵. 精密加工技术实用手册 [M]. 北京：机械工业出版社，2001.

[5] 文秀兰. 超精密加工技术与设备 [M]. 北京：化学工业出版社，2006.

准时开浇下的炼钢-连铸生产调度研究[①]

韩大勇[②] 陈淑花 徐星皓 李 怡 陈臻彦
武汉城市职业学院

摘 要：本文针对炼钢-连铸生产调度问题，基于浇次的开浇时间，以最小化最大完工时间为目标，建立了基于特定单元事件点的数学规划模型，提出了结合遗传算法与并行倒推算法的混合优化方法，实现连铸阶段的浇次计划调度和完成炉次在前面各工序的加工计划。最后，基于武钢生产实际的仿真实验，表明所提出的混合优化方法能够有效地求解炼钢-连铸调度问题。

关键词：生产调度 机器分配 任务排序 炼钢-连铸

引言

炼钢-连铸（Steel Making and Continuous Casting，SCC）生产过程是现代钢铁企业的核心流程，主要包括冶炼、精炼、连铸等重要工序。由于炼钢-连铸生产过程对钢水的加工及运输时长、钢水温度和化学成分等要求极高，同时还需要在保证生产连续性的前提下，提高设备的利用率，为此，需研制高效、稳定的生产调度方法，以便更好地协调各作业工序的生产节奏，有效地保证生产的连续性和作业的经济性[1-2]。

对炼钢-连铸生产调度的研究和实践，已经取得一定的进展。大部分的研究主要侧重于机器调度，求解方法主要有数学规划法、启发式和元启发式方法[3-4]，毛坤等[5]针对钢铁公司的实例，建立了一个特定的混合整数规划模型，并提出拉格朗日算法，将原问题分解为两个子问题并进行求解；Li 等[6]提出一种基于单元特定事件的连续时间建模方法，并且扩展了滚动域方法来分解混合整数线性规划问题，以浇次为单位进行调度，最后通过 GAMS/Cplex 求得问题的解。金焰等[7]为了求解炼钢-连铸动态调度问题，提出了一种将拉格朗日插值算法与差分进化算法相融合得到的改进的差分进化算法。

本文针对多阶段、多并行设备以及精炼工序重数不同的炼钢-连铸生产调度问题，建立了基于单元特定事件点的数学规划模型。将问题分解为含连铸阶段浇次的分配及指派问题的浇次计划和除连铸阶段外各工序炉次分配及指派的炉次计划，分别针对基于浇次的生产批量编制计划和基于炉次的生产调度，采用两层遗传算法进行求解。

1 炼钢-连铸问题描述

炼钢-连铸生产主要包括炼钢、精炼、连铸几个步骤（图 1）。其中，LF 炉通常设有两

① 基金项目：湖北省科技厅指导性专项课题（课题批准号 B2022608）；武汉城市职业学院博士专项课题（课题批准号 2022whcvcB05）。

② 韩大勇（1990—），武汉城市职业学院智能制造专业讲师，工学博士，研究领域为生产计划与控制。

个工位，既可用于加工也可用于缓存。不同钢种的精炼工序重数不同，即在精炼阶段可能需要一重精炼（LF），也可能需要两重精炼（LF-RH），故图 1 所示的炼钢-连铸生产调度问题变成具有特殊性含 1~3 重精炼工序的 5 阶段混合流水车间调度问题

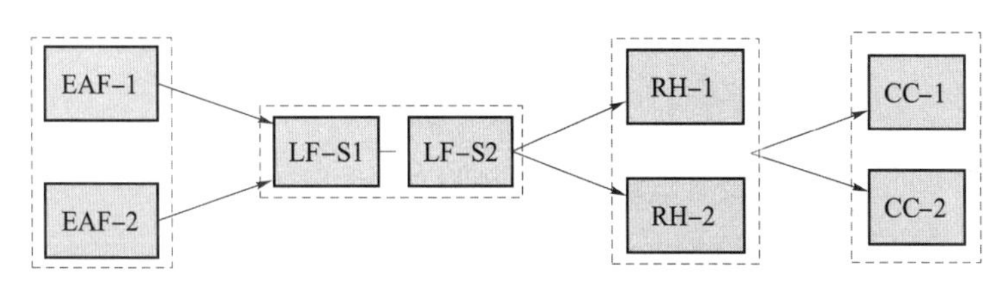

图 1 炼钢-连铸生产车间工艺流程

2 炼钢-连铸生产调度模型

2.1 假设条件与符号定义

为了简化复杂的炼钢-连铸生产调度问题，提出以下常见假设：①各炉次在每个阶段的处理时间已知；②在调度开始时所有的机器均为可用状态；③同一阶段每台机器性能相同，且不考虑因机器故障所引起的生产中断或停线。

2.1.1 后续使用符号

j：炉次，$j=1, 2, \cdots, n$；

l：浇次，$l=1, 2, \cdots, h$；

t：事件点；

m：机器；

i：阶段，$i=1, 2, \cdots, s$；

J_l：属于浇次 l 的所有炉次集合，$|J_l|$表示第 l 浇次的炉次数，满足 $n=\sum_l |J_l|$；

M_i：第 i 阶段的所有并行机器集合；

Bn_j：各浇次的第一个炉次集合。

2.1.2 已知参数

$P_{i,m}$：炉次 i 在机器 m 上的加工时间；

u_s：相邻两浇次在铸机上的调整准备时间；

MAX：一个极大数。

2.1.3 连续变量

$S_{m,t}$：机器 m 上事件点 t 的开始时间；

$C_{m,t}$：机器 m 上事件点 t 的结束时间；

$S_{i,j}$：炉次 j 在阶段 i 上的开始时间；

$C_{i,j}$：炉次 j 在阶段 i 上的结束时间；

$C_{\max}$：连铸机上最后一个炉次的完工时间，即最大完工时间；

APT：连铸机上的最大总加工时间。

2.1.4 离散变量

$$X_{j,m,t}=\begin{cases}1, & \text{如果炉次 } j \text{ 分配到机器 } m \text{ 上的事件点 } t\text{；}\\0, & \text{否则。}\end{cases}$$

$$Y_{l,m}=\begin{cases}1, & \text{果浇次 } l \text{ 分配到连铸机 } m \text{ 上；}\\0, & \text{否则。}\end{cases}\quad \forall m,\ l\cap m\in M_s$$

2.2 基于准时约束的生产调度模型

该模型用于对炼钢和精炼阶段所有炉次进行分配、排序和定时。它包含五部分，分别是分配约束、设备资源约束、排序约束、目标约束和紧约束。

2.2.1 分配约束

$$\sum_j X_{j,m,t} \leqslant 1,\ \forall s<S, m \in M_s, t \tag{1}$$

$$\sum_{m \in M_s} \sum_t X_{j,m,t} = 1,\ \forall j, s<S \tag{2}$$

$$\sum_j X_{j,m,t+1} \leqslant \sum_j X_{j,m,t},\ \forall m, t<|T| \tag{3}$$

针对分配约束，式（1）表明任一机器 m 的每个事件点最多可以分配一个炉次。式（2）表示每个炉次 j 在任一阶段必须分配且只能分配给一个事件点。式（3）表示当前事件点启用前提是前面事件点已经被分配。

2.2.2 设备资源约束

针对设备资源约束，式（4）和式（5）表示每个机器的状态，并限制机器上事件点的开始和结束时间。机器 m 上事件点 t 的开始时间必须大于机器 m 上前一个事件点的结束时间。

$$S_{m,t+1} \geqslant C_{m,t}\ \forall m, t<|T| \tag{4}$$

$$C_{m,t} \geqslant S_{m,t} + \sum_j X_{j,m,t} P_{i,m},\ \forall m, t \tag{5}$$

2.3.3 工艺生产的连续性约束

由于钢水的高温和连续生产要求，任一炉次在下阶段的开始时间必须等于该炉次在本阶段的结束时间。这里炉次在两阶段间的运输时间忽略不计。

$$S_{i,j} = C_{i+1,j},\ \forall j,\ i<S \tag{6}$$

式（7）~式(10）将炉次 j 在阶段 s 的作业时序关联到机器 m 的事件点上。如果炉次 j 的阶段 s 被分配到机器 m 的事件点 t，则机器 m 上事件点 t 的开始和结束时间必须等于炉次 j 在阶段 s 的开始和结束时间。

$$S_{m,t} \leqslant B_{s,j} + MAX \times (1 - X_{j,m,t}),\ \forall i, t, m \in M_s \tag{7}$$

$$S_{m,t} \geqslant B_{s,j} - MAX \times (1 - X_{j,m,t}),\ \forall i, t, m \in M_s \tag{8}$$

$$C_{m,t} \leqslant E_{s,j} + MAX \times (1 - X_{j,m,t}),\ \forall i, t, m \in M_s \tag{9}$$

$$C_{m,t} \geqslant E_{s,j} - MAX \times (1 - X_{j,m,t}),\ \forall i, t, m \in M_s \tag{10}$$

式（11）和式（12）表明，炉次 j 在阶段 s 的结束时间必须等于其开始时间加上作业时间。

$$C_{s,j} = S_{s,j} + \sum_{m \in M_s} \sum_t X_{j,m,t} P_{j,m}\ \forall s,\ j \tag{11}$$

$$S_{m,t+1} \geqslant B_{s+1,j} - MAX \times (1 - X_{j,m,t})\ \forall s<S, j, t<|T|, m \in M_s \tag{12}$$

在最后阶段 s 上，相邻两浇次间的调整准备时间用来更换中间包。

$$B_{s,j} \geqslant C_{m,t} + u_s - MAX \times (1 - X_{j,m,t+1}) \tag{13}$$
$$\forall s=S, j \in B\, n_j, t<|T|, m \in M_s$$

在最后阶段 s 上，同一浇次内下一炉次的开始时间等于前一炉次的结束时间。

$$B_{j+1,s} = E_{j,s}\ \forall j, j \in J_l, (j+1) \in J_l \tag{14}$$

2.2.4 目标函数

目标最小化：

$$C_{\max} \geqslant S_{m,t} + \sum_{l=1}^{h} \sum_{j=1|j \in J} \sum_t X_{j,m,t} P_{j,m} + \sum_{t<|T|} [S_{m,t+1} - (S_{m,t} + \sum_{l=1}^{h} \sum_{j=1|j \in J} \sum_t X_{j,m,t} P_{j,m})],$$
$$\forall s=S, m \in M_s, t=1 \tag{15}$$

同时还满足 $C_{\max}$ 必须大于在最后阶段 s 的机器 m 上最后事件点的结束时间。

$$C_{\max} \geqslant C_{m,t}, \forall m \in M_s, t = |T| \tag{16}$$

3 准时开浇下的两阶段遗传算法

针对炼钢–连铸生产调度所求解的可行性和较优性保障问题，算法从两个层面确保其实现：①利用约束满足的约束传播、深度优先搜索方法、分配策略和冲突消解技术等，对主/子问题进行求解，并通过冲突识别与冲突消解保证原问题的可行性；②利用遗传算法的迭代进化能力，通过适应度函数、选择算子基因、局部交叉算子基因和局部变异算子基因等，通过计算铸机总加工时长和最大完工时间的松弛下界，保证解在迭代过程中呈逐步优化的态势，找到原问题的近优解。结合上述思想，形成图 2 所示的算法流程图。

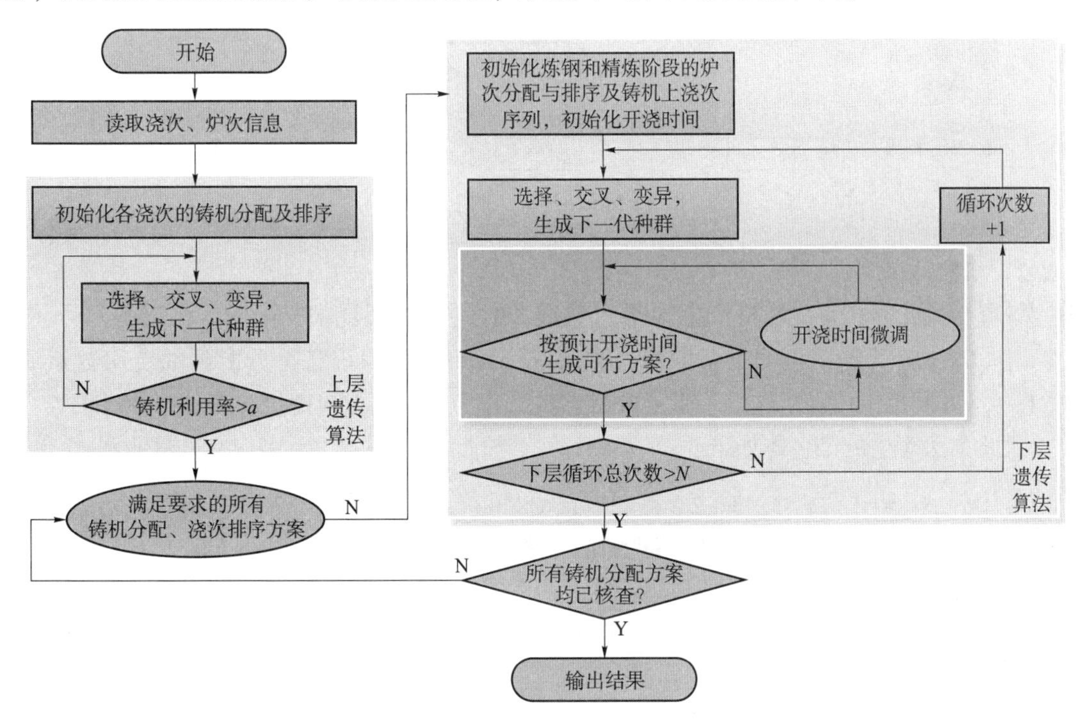

图 2 炼钢–连铸生产调度二层遗传算法流程图

3.1 基于开浇时间的炉次分配与定时

为求解生产调度模型，本文建立由遗传算法与沿生产流程时间并行倒推算法相结合的混合优化算法。

先由遗传算法生成由各连铸机的预定开始浇注时刻，炉次在除 CC 段所有工序上机器分配和排序信息构成染色体，并按各铸机的浇次分配，基于约束满足生成浇次内各炉次在铸机上的开始与结束作业时间；再采用时间并行倒推算法确定浇次中所有炉次在各工序上的开始和结束作业时间，并选择适宜的加工工位，形成完整的作业时刻表；然后通过遗传算法的适应度函数计算对当代中所有作业计划方案进行评价和筛选，得到优化方案；再经遗传操作和不断进化，最终得到满足设定优化效果的模型优化解，即优化的可执行的炼钢–连铸作业计划。

3.2 基于开浇时间的遗传算法设计

采用自然数编码方式，炉次在除 CC 段所有工序上机器分配和排序信息构成染色体。种群初始化时，分别在炉次的机器分配和基于分配的排序允许范围内随机产生一组数作为基因值构成一个染色体，重复上述过程，直至染色体个数达到种群规模要求。

3.2.1 编码和解码

采用自然数编码方式，用形如$[\alpha_l,\beta_l]$数组表示染色体。其中，α_l 为第 l 个浇次分配的连铸机序号，β_l 为第 l 个浇次在连铸机上的可能浇铸顺序（图3）。

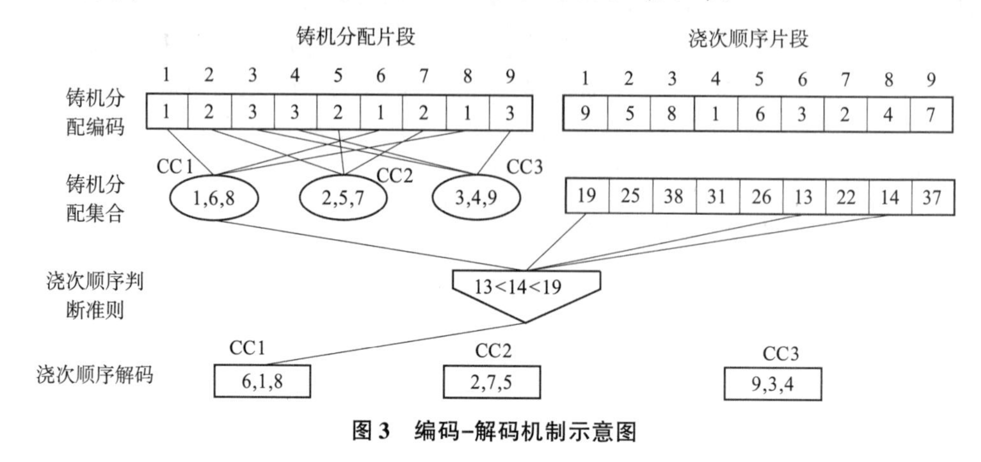

图3 编码–解码机制示意图

3.2.2 初始种群

种群初始化时，首先随机产生 N 个自然数，对应为 N 个浇次分配连铸机设备序号，其中：$\alpha_l \leqslant D_k$，D_k 为连铸机的设备数量；然后统计每台连铸机设备上分配到的浇次数量 β_l，在$[1,N_{\alpha_l}]$区间范围内随机选取不重复的自然数，作为该浇次在连铸机 α_l 上的浇铸顺序。

照此方法产生的染色体如下：

$$[\alpha_l,\beta_l]=[1\quad 2\quad 3\quad \overset{=}{3}\quad 2\quad 1\quad 2\quad 1\quad 3\quad 00\quad 1\quad 3\quad 1\quad 2\quad 2\quad 3\quad 1\quad 2\quad 3]$$

注：带“=”标识为特殊指定铸机的浇次基因片段。

3.2.3 遗传算子

（1）选择算子。采用滚轮盘的方式选择染色体，以保证具有较高适应值的染色体在下一代中的后代个数比较多.

（2）交叉算子。在交叉操作中，分别对染色体的 α_l、β_l 两部分进行两点交叉。因为后半段 β_l 表示的是各浇次在连铸机上的浇铸顺序信息，和前半段 α_l 相对应，所以可能需要在交叉后对其进行修正。为了简要说明交叉操作后基因修正的要点，以如下所示进行交叉操作后的某染色体为例：

$$[\alpha_l,\beta_l]=[1\quad 2\quad 3\quad \overset{=}{3}\quad \overline{2\quad 1\quad 3\quad 3\quad 2}\quad 00\quad 1\quad 3\quad 1\quad 2\quad \overline{1\quad 3\quad 2\quad 1\quad 2}]$$

注：其中“—”表示进行了交叉操作的基因组片段。

染色体修正：

$$[\alpha_l,\beta_l]=[1\quad 2\quad 3\quad \overset{=}{3}\quad 2\quad 1\quad 3\quad 3\quad 2\quad 00\quad 1\quad 3\quad 1\quad 2\quad 1\quad 2\quad 3\quad 4\quad 2]$$

（3）变异算子。变异操作仅针对染色体的前半段 α_l进行，对染色体 α_l变异操作完成后，需根据上面交叉操作中采用的修正方法对染色体 β_l的基因值进行修正，以满足浇铸顺序号的需求。变异后，除了需要对 β_l中与 α_l对应位置的基因值进行修正，还需要关联修改其他的基因值，修正后的染色体为：

$$[\alpha_l,\beta_l]=[1\quad 2\quad 3\quad \overset{=}{3}\quad \overline{1\quad 2\quad 1}\quad 3\quad 2\quad 00\quad 1\quad 3\quad 1\quad 2\quad 2\quad 2\quad 3\quad 3\quad 1]$$

注：“—”表示进行了变异操作的基因组。

4 武钢炼钢厂调度实例

4.1 应用背景

武汉钢铁集团生产规模不断扩大，要求继续提高炼钢产量来满足武汉钢铁集团的总体发展战略。从炼铁厂到三炼钢的铁水供应线设计能力，仅能保证两台炼钢炉正常生产。为了简化实验数据，假设每阶段并行机器性能相同，且都为 2 台并行机，随机产生炉次数 i {8，16，25，39，40，53，61，89，120}，浇次数 l {3，4，5，8，11，14，17，20，30，40}。针对每个不同参数的组合随机产生一些实例，实验共测试了 12 个实际案例，结果如表 1 所示。

表 1 实验结果对比

实验	浇次数	炉数	（LR）下界	GAMS/Cplex	M_GA	
				最优解	最优解	最劣解
1	3	4	324	374*	374*	374*
2	3	6	401	438*	438*	438*
3	3	8	465	492*	492*	492*
4	4	12	632	678*	678*	678*
5	5	16	784	813*	813*	813*
6	8	25	1 124	1 176*	1 176*	1 182
7	11	39	1 687	1 727*	1 729	1 741
8	14	40	1 752	1 794*	1 794*	1 801
9	17	53	2 246	—	2 283	2 312
10	20	61	2 565	—	2 605	2 632
11	30	89	3 727	—	3 752	3 796
12	40	120	4 886	—	4 932	4 939

4.2 参数分析

算法性能受参数影响较大，故采用田口实验确定各参数值。针对案例 5，共考虑 4 个因素的 3 种水平。通过 Minitab 进行参数校验，得到 27 组试验组合，依据目标函数值的最小化特性，采用田口实验中信噪比望小特性的质量损失函数模型对表 1 进行分析，得到图 4 所示的分析结果。

从图 4 可以看出，当自概率参数 Pc 取 0.8，Pb 取 0.2 时，响应变量值最小，故设定其取值（0.8，0.2）。同样方法可以得到其他因素的最优水平，最终设定参数是：种群规模为 30，迭代次数为 500，概率参数（Pc，Pb）为（0.8，0.2）；在后续实验中均采用此因素水平。

4.3 算法有效性分析

针对 12 组不同规模的算例，分别使用 GAMS/CPlex、拉格朗日松弛算法（LR）和所提出方法（M_GA）进行求解，并从最优解、均值和运算时间三个方面评价算法性能。其中本文算法参数以田口实验分析进行调整，在其最优参数组合下进行实验。

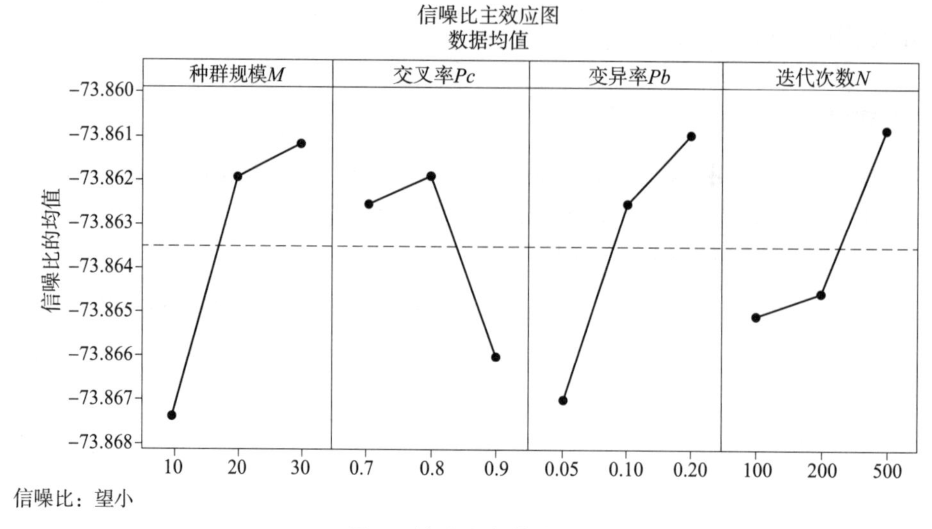

图4 信噪比主效应图

针对算例1~8，本文所提出的基于二次规划的方法均能够快速求解最优解，而在求解较大规模案例时，相对于LR求解下界结果，也能够快速求出问题的可行解。针对每一组案例，该算法运算30次所求得最优解与最劣解的Gap较小，始终保持着很低的标准差，显示了算法在运算过程中相对稳定。

5 结论及展望

实验研究表明，本文所提出的混合遗传算法和并行倒推算法的编制方法实现浇次在连铸机上的分配及排序，并以此为基础完成炉次在前面各工序的加工计划，达到最优生产计划安排。相比其他方法，本文所提出方法主要有两大优点：综合考虑炼钢-连铸问题中生产批次计划制订和在浇次计划已知前提下的生产时间编制调度，即先依据工艺时间要求对相似规格钢种订单进行组浇，在浇次计划确定后对生产过程炉次进行机器分配和加工定时；针对炼钢-连铸生产系统中的炉机对应原则，此方法可以用来处理包含特殊工艺要求的批次计划调度。

考虑到在实际加工过程中，人为因素、机器设备故障等不确定性，后期将针对工序加工时间和设备故障的扰动，提出更加符合现场情况的动态调度方案，以实现实时监控。

参考文献

[1] 马湧，刘新建，蒋胜龙. 基于机器学习的炼钢-连铸生产调度方法［J］. 冶金自动化，2022，46（2）：96-102.

[2] ZHAO Y，JIA F Y，WANG G S，et al. A hybrid tabu search for steelmaking-continuous casting production scheduling problem［C］//International Symposium on Advanced Control of Industrial Processes，ADCONIP 2011：535-540.

[3] 郑忠，朱道飞，高小强. 混合流程作业计划编制的时间并行倒推算法［J］. 计算机集成制造系统，2008，14（4）：749-756.

[4] 马强. 探究炼钢-连铸生产启发式调度方法［J］. 应用能源技术，2021（12）：3.

[5] KUN M, QUAN K P, XIN F P, et al. A novel Lagrangian relaxation approach for a hybrid flowshop scheduling problem in the steelmaking-continuous casting process [J]. European Journal of Operational Research, 2004 (236): 51-60.

[6] LI J, XIAO X, TANG Q H, et al. Production scheduling of a large-scale steelmaking continuous casting process via unit-specific event-based continuous-time models: short-term and medium-term scheduling [J]. Ind. Eng. Chem. Res, 2012 (51): 7300-7319.

[7] 金焰, 王秀英. 改进的差分进化算法求解炼钢-连铸动态调度问题 [J]. 计算机测量与控制, 2022 (6): 30.

浅谈 PLC 在机电一体化中的应用

任 洋
湖北十堰职业技术（集团）学校

摘 要：随着科学技术的不断发展，PLC 已经进入我们的日常生活、生产中的各个方面。在现代工业生产过程中，机械化、自动化已成为突出的主体。PLC 作为通用的工业计算机也在机电一体化技术中得到广泛应用，已成为机电控制领域的主流控制设备。这对提升我国工业水平，推动社会主义现代化建设有着重大意义。本文主要针对 PLC 在机电一体化技术系统中的应用进行分析和探讨。

关键词：PLC 机电一体化 应用

引言

随着工业化的进一步发展，自动化已经成为现代企业的重要支柱，如无人车间、无人生产流水线、无人快递自动分拣等。传统的机电一体化“继电器-接触器控制系统”，操作方式存在劳动强度大、能耗高，不具备现代化工业控制所需求的数据通信与网络控制等功能的诸多缺点。而 PLC 则较好地解决了“继电器-接触器控制系统”存在的通用性、灵活性差与通信、网络方面欠缺的问题。

1 PLC 与机电一体化分析

PLC 采用可编程序的存储器，在其内部存储执行逻辑运算、顺序控制、定时、计数和算术运算等操作的指令，并通过数字式和模拟式的输入和输出，控制各类机械设备或生产过程。PLC 及其有关的外围设备易于工业系统联成一个整体，易于扩充其功能。

1.1 可靠性高、抗干扰能力强

由于 PLC 是专为工业控制而设计的，所以除了对元器件进行筛选，在软件和硬件上都采用了很多抗干扰的措施，如内部采用屏蔽、自诊断故障、自动恢复等功能。采用半导体电路组成电子组件，这些电路充当的软继电器等开关是无触头的，极大地增加了控制系统整体的可靠性。这些措施大大地提高了 PLC 的抗干扰能力和可靠性。

1.2 通用性强，使用方便

现在的 PLC 产品都已系列化和模块化了，档次也多，可由各种组件灵活组合成不同的控制系统，以满足不同的控制要求。用户不再需要自己设计和制作硬件装置，只需设计程序。同一台 PLC 只要改变软件即可实现控制不同的对象或不同的控制要求。

1.3 程序设计简单，容易理解和掌握

PLC 是一种新型的工业自动化控制装置，它的基本指令不多，常采取梯形图语言。梯形图是使用最多的 PLC 编程语言，其电路符号和表达方式与传统的继电器电路原理图相似，

梯形图语言形象直观，易学易懂，对于熟悉继电器电路图的电气技术人员来说，只需花几天时间就可以熟悉梯形图语言，并用来编写程序。

手持式编程器使用简便，对程序进行增减、修改和运行监视都很方便。工程人员在学习、使用这种编程语言时很容易理解和掌握。

1.4 适应性强

PLC 实质上就是一种工业控制计算机，控制功能是通过软件编程来实现的。当生产工艺发生变化时，改变 PLC 中的程序即可。PLC 在使用时不需要专门的机房，可以在各种工业环境下直接运行。而且自诊断能力强，能判断和显示出自身故障，方便操作人员检查判断，维修时只需更换插入式模块，维护方便。

目前 PLC 机电一体化技术化满足了社会发展的实际需要，逐步完善了机械设备的控制系统，保证工业生产朝着智能化方向发展。

2 PLC 技术与机电一体化的融合应用

2.1 在开关逻辑控制中的应用

随着 PLC 技术的出现和发展，它在多个领域都获得了广泛的应用，比如铣床、包装生产、快递分拣、电梯控制等领域，使各行业生产效率得到大幅提升。基于 PLC 技术支持下的机电一体化控制，在电路开关逻辑控制上已经与传统的继电器控制产生了极大区别，所控制的逻辑问题可以是多种多样的，例如组合的、时序的、即时的、延时的、计数的、固定顺序的或随机工作等均可进行。它不再是对设备的单一功能控制，而是能够实现对生产设备的整体控制，即实现流水线的全自动控制能力。在工业生产过程中，合理应用 PLC 技术，就能实现对整个生产流程的自动化、智能化控制。

2.2 在运动控制中的应用

PLC 技术的应用打破了传统机电一体化控制的局限性，能够实现对曲线、直线或圆周等平面运行实施控制。从实现原理和机械构成来看，主要是由开关量输入/输出（I/O）模块和相应的位置传感器联动使用，从而对运动轨迹进行精准控制。相比传统的运动控制系统，PLC 具有可靠性高、抗外界干扰能力强等优势。大多数 PLC 都有拖动步进电动机或伺服电动机的单轴或多轴位置控制模块，这一功能广泛应用于各种机械设备，例如各种机床、装配机械、机器人和电梯都可以在此控制模块的支持下做到精准的运动控制。

2.3 在通信和数据处理中的应用

随着科学技术的不断发展，PLC 的功能更加多样化，可实现包括矩阵运算、函数运算和逻辑运算在内的一系列数学运算。基于 PLC 系统支持下的机电一体化控制，能够实现众多的控制功能，包括算术、逻辑、关系、数据转换等。在通信方面利用多种通信协议的保障，PLC 通过网络通信模块及远程 I/O 控制模块，实现 PLC 与 PLC、PLC 与上位机、PLC 与其他智能设备（如触摸屏、变频器等）之间的通信功能，以实现“分散控制、集散控制、集中管理”模式，建立工厂的自动化网络。在数据处理方面，PLC 与机械加工设备的 CNC（计算机数字控制机床）系统组成一体，用户可以使用 PLC 编程软件进行编程，并且随时读写改变系统控制要求，实现 PLC 与 CNC 设备之间数据交换传送，大大提高了控制器和用户智能设备之间的通信效率。

3 结语

PLC 在工业自动化控制领域是一种很可靠、实用的工具。机电一体化生产系统中合理运用 PLC 技术，能够改善传统机电系统运行时的问题，提升系统运行质量与效率。随着计算机技术的不断发展，传感器的不断智能化，在机电一体化生产中运用新型技术 PLC，必然可以极大地提升生产质量和效率，使人们的生活和工作变得更加便捷。

参考文献

[1] 王国新. PLC 在机电一体化生产系统中的运用研究 [J]. 民营科技，2015 (7)：1.

[2] 周方方. 浅谈 PLC 在工业机电一体化生产系统中的运用 [J]. 中国高新技术企业，2016 (6)：51-52.

[3] 刘景梅. 在机电一体化生产系统中的运用研究 [J]. 山东工业技术，2015 (1)：210.

奇石乐电子压机在曲轴分装单机上的研发

王　健[①]　张海波　刘璋鑫
东风专用设备科技有限公司

摘　要：本文论述了奇石乐电子压机在某发动机装配曲轴分装单机上的应用。将奇石乐电子压机灵活性、精确定位、极高的重复性和准确地定义组装力，成功地运用在曲轴分装单机上，结合高频感应加热设备，实现了对曲轴加热、压装的半自动压装过程。

关键词：奇石乐电子压机　伺服　EtherNet/IP　施耐德 PLC　高频感应加热

引言

汽车制造业是典型的多工种、多工艺、多物料的大规模生产过程。随着汽车行业竞争的日益激烈，各生产厂家都普遍面临着提高生产效率、降低生产成本、提高生产管理水平等压力。传统压机更多采用人工、气动或液压压力机，环保性与安全性得不到保证，压装力、压入深度、压装速度、保压时间修改步骤烦琐。

1　问题的提出

目前汽车制造厂的发动机生产线上，曲轴齿轮压装更多采用人工压装的方式或传统气动、液压的方式，这些方式主要存在以下缺点和不足：

（1）工人操作劳动强度大。操作工人工将曲轴放到位，人工将齿轮放置到加热装置，开始加热，人工将加热完毕的齿轮放置压装机构，人工用工装将齿轮压入曲轴，完成压装。

（2）存在安全隐患。人工转移加热完毕的齿轮时，齿轮温度极高，给操作工人身带来安全隐患。

（3）质量管理难度高。压装力、压入深度、压装速度、保压时间等在人工操作时，无法自动判断产品是否合格。

2　问题的解决

针对上述缺点和不足，我们设计了一种半自动的曲轴分装单机，该装置主要实现以下几个主要功能：

---

① 王健（1988—），男，电气工程师，2011 年毕业于湖北汽车工业学院电子信息科学与技术专业，现在东风专用设备科技有限公司，长期从事汽车行业输送设备电气设计、安装、调试工作，曾主管设计多个项目，主要研究方向为现场工业总线控制、PLC 控制理论的研究。

（1）高频感应加热装置加热齿轮；

（2）红外测温仪测试齿轮温度，齿轮加热完毕；

（3）夹紧举升侧移机构，将加热完毕的齿轮输送至压装位置；

（4）电子压机压装齿轮到位，保压。

综上所述，解决方案示意图如图1所示。

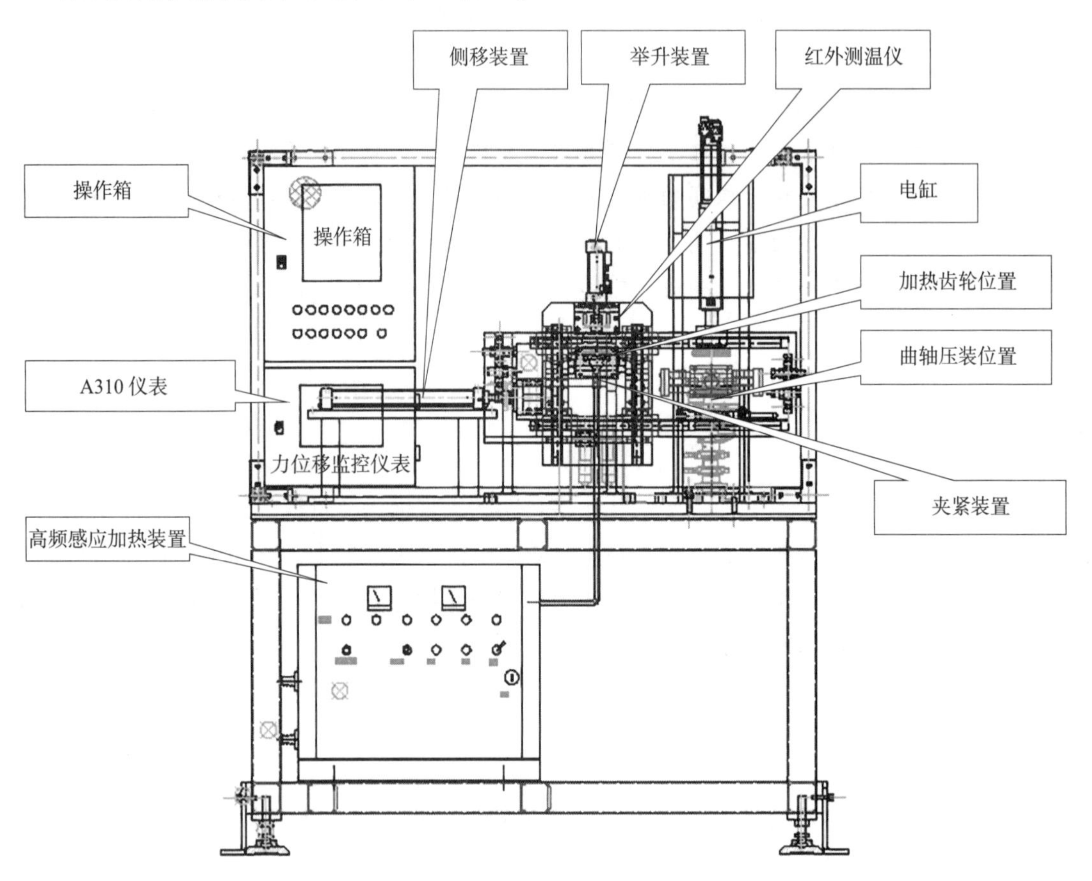

图1 解决方案示意图

3 项目简介

该项目用于某发动机装配线上的曲轴分装压机。该设备采用半自动控制方式，能实现手动放置齿轮、曲轴，设备自动加热、移栽、压装，主要由高频感应加热装置、红外测温仪、夹紧装置、举升装置、侧移装置、电子压机装置6部分组成。电气核心部分采用施耐德Premium系列可编程控制器TSXP572634M，压机采用奇石乐电子压机（第一量程：1 kN；第二量程：0.5 kN；内置力传感器和位移传感器）、力位移监控仪表（连接PLC的端口为EtherNet/IP）。

4 工艺流程介绍

工艺流程图如图2所示。

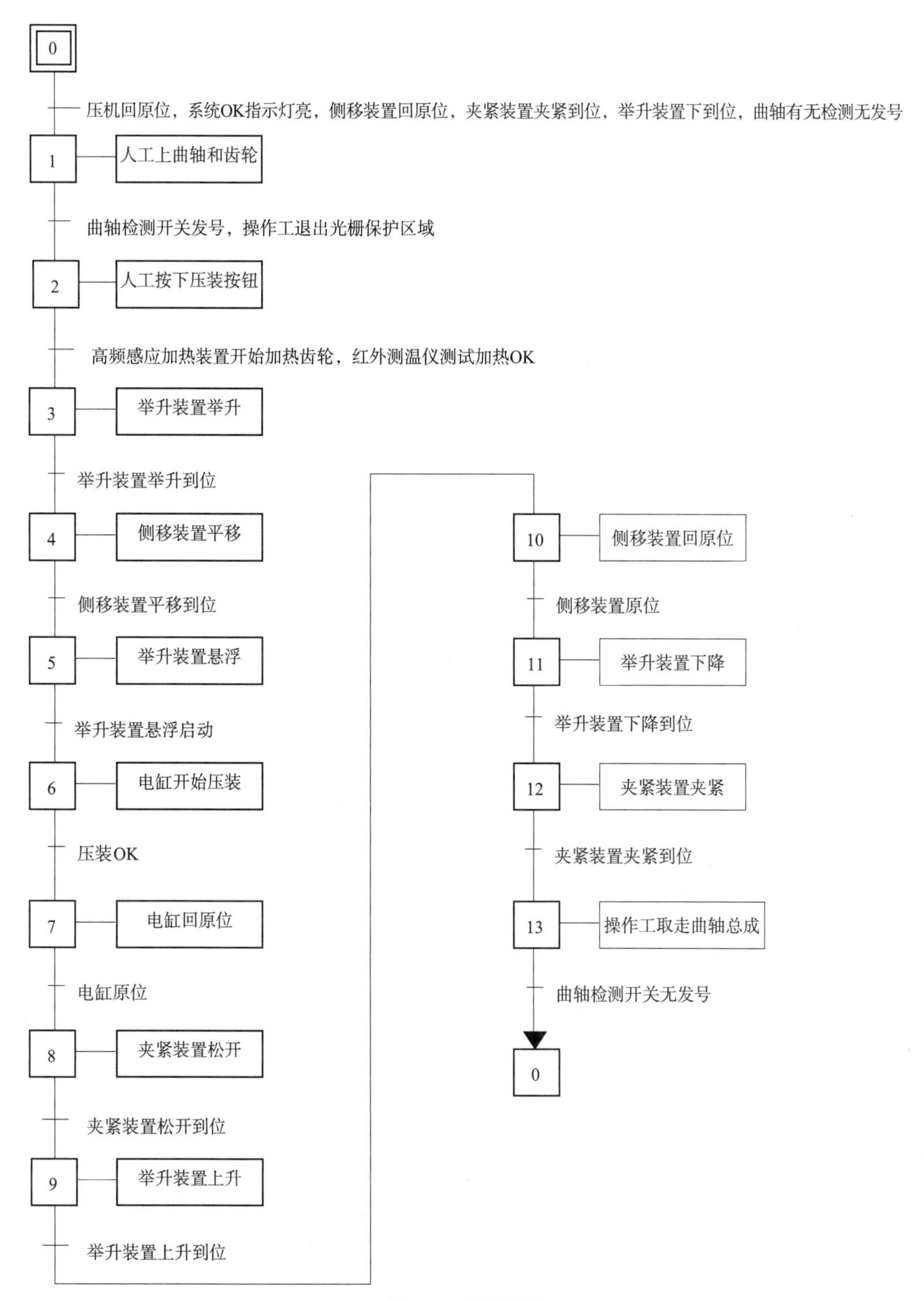

图 2 工艺流程图

5 电子压机硬件配置及接线

一套完整的电子压机系统主要由电缸、伺服控制器、线性滤波器、A310 监控仪表以及一些连接电缆组成，其详细配置清单如表 1 所示。

表1 配置清单

名称	型号	规格	数量
电子压机	2157B6	第一量程：1 kN；第二量程：0 kN；内置力传感器和位移传感器	1台
力位移监控仪表	4740AWY2X0B5	连接PLC的端口为EtherNet/IP	1台
伺服控制器	KSM036432		1台
伺服电机连接电缆	KSM315330-5	5 m，连接电机与伺服控制器	1根
伺服电机反馈连接电缆	KSM303500-5	5 m，连接电机与伺服控制器	1根
内置力传感器连接电缆	KSM381230-5	5 m，连接电机与仪表	1根
网络电缆	KSM036457-5	5 m，监控仪表连接伺服控制器 Network cable A310 EtherNet/IP	1根

该系统硬件接线图如图3所示，该系统硬件接线示意图如图4所示。

电子压机上电：

（1）接线完毕，检查无误后接通DC24 V；

（2）观察IndraDrive驱动器屏幕上显示，代码及其含义如表2所示。

表2 代码及其含义

代码	含义
bb	系统正常
F3141	检查安全回路接线
E8034 E-Stop	检查急停开关接线
PM	检查编码器接线
F3134	检查X41 P1与X31 P4，P5，P6和X41 P4，P5，P6接线是否正确，不能直接用24V替代X41的P1

（3）如果DC24V上电后IndraDrive显示bb，接通AC380V，驱动器应该会显示“Ab”，如表3所示。

表3 信息说明

信息	400 V	驱动器正常	驱动器停止	驱动器可以运动	说明
bb	off	×	×	NO	驱动器正常。AC380 V进线未接通
Ab	on	NO	×	NO	驱动器正常，AC380 V进线接通，电缸未上电
AH	on	YES	NO	NO	电缸已上电，锁止状态
AF	on	YES	YES	YES	位置控制模式
Cxxxx				YES	Command active
Exxxx				YES	警告信息
Fxxxx				NO	故障信息
PM				NO	PM模式

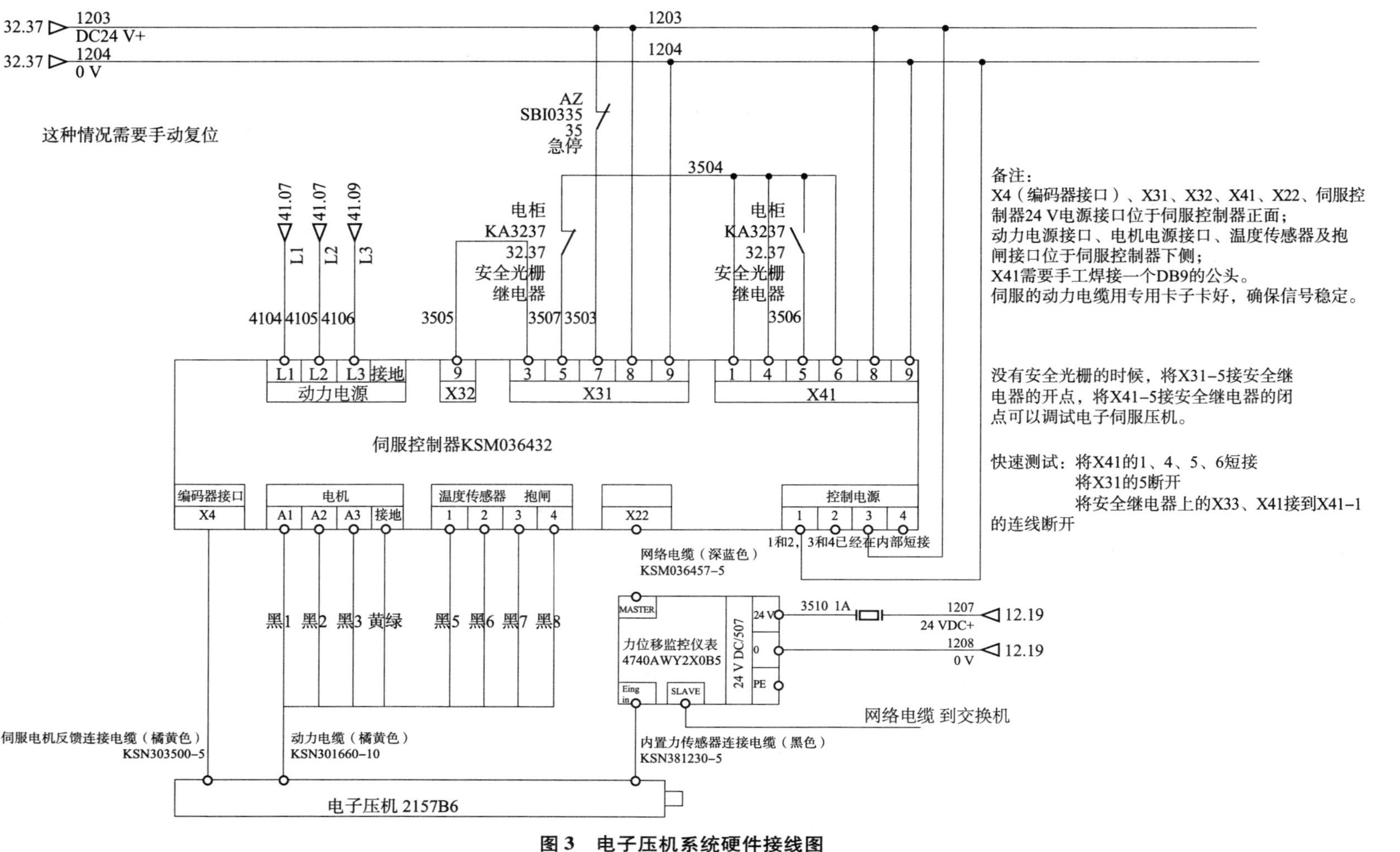

图 3 电子压机系统硬件接线图

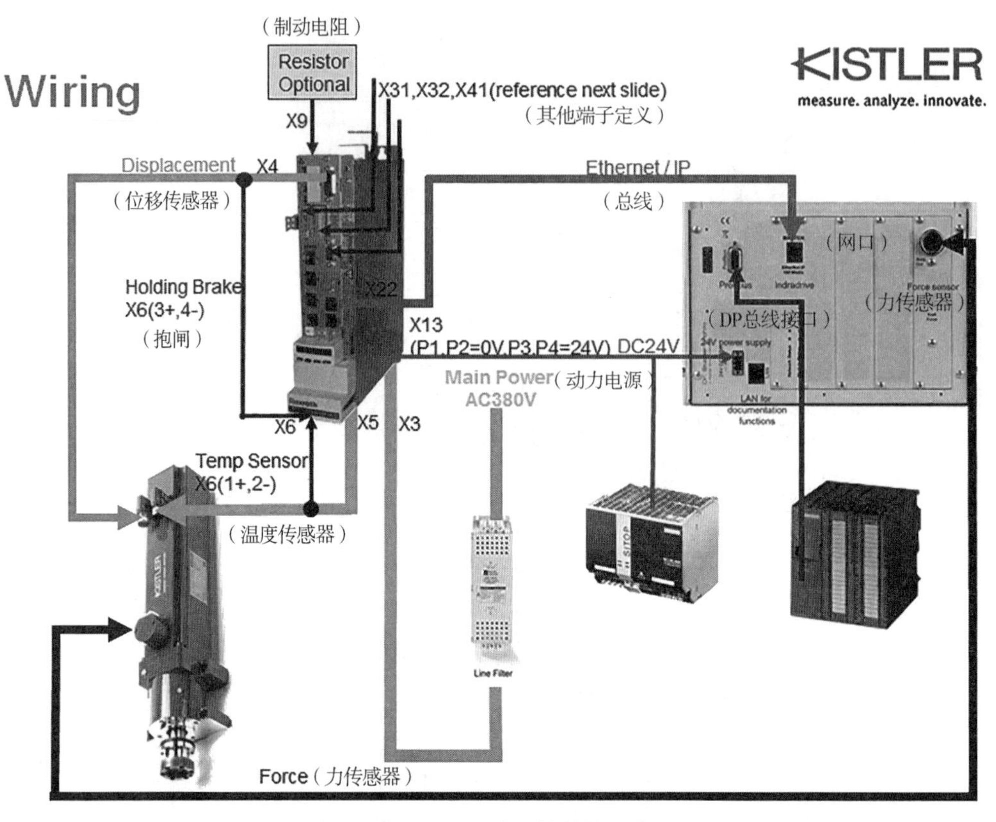

图 4 电子压机系统硬件接线示意图

（4）当 IndraDrive 显示“Ab”时，正常情况下，A310 仪表 System OK 灯亮，A310 仪表面板如图 5 所示。Operating：压装进行中；OK：压装合格；NOK：压装不合格；System OK：系统正常。

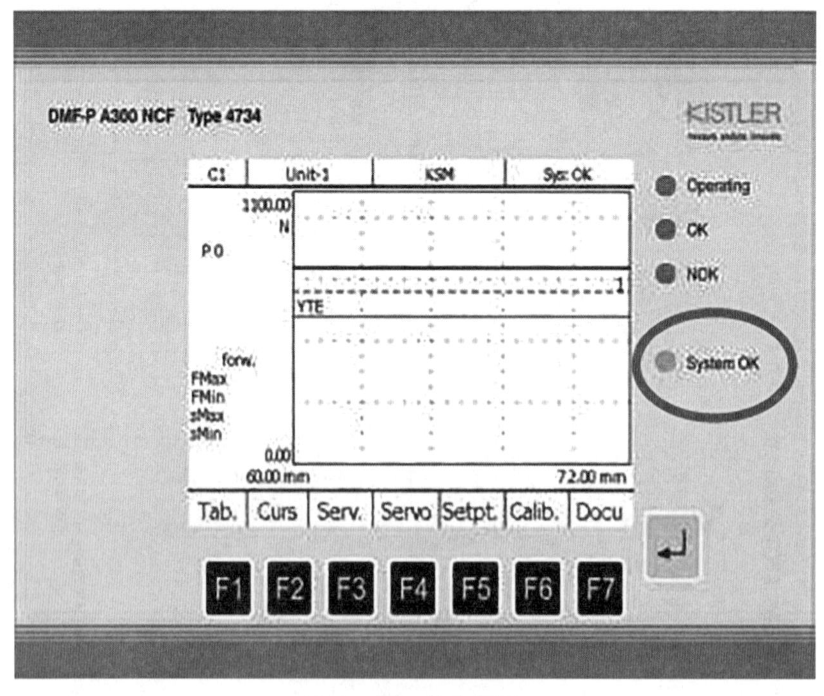

图 5 A310 仪表面板

6 A310 手动控制

System OK 指示灯亮，可通过 A310 仪表手动操作电缸，选择手动控制，按下 F4-Ctrl，如图 6 所示。

确认 A310 控制压机（此时 PLC 控制无效），按下 F7-OK，如图 7 所示。

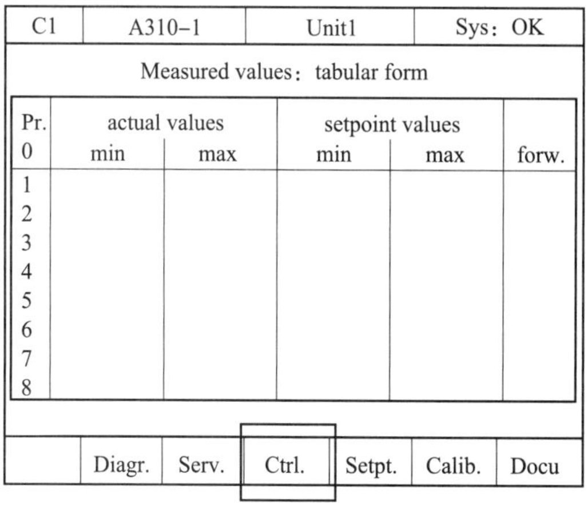

C1
A310-1
Unit1
Sys：OK
Measured values：tabular form
Pr.
0
actual values
min
max
setpoint values
min
max
forw.
1
2
3
4
5
6
7
8
Diagr.
Serv.
Ctrl.
Setpt.
Calib.
Docu

图 6　A310 手动控制

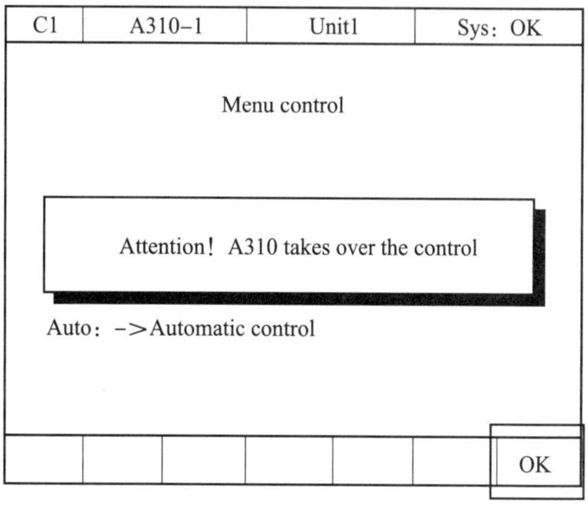

C1
A310-1
Unit1
Sys：OK
Menu control
Attention！ A310 takes over the control
Auto：->Automatic control
OK

图 7　A310 确认手动控制

模式选择，F1-Service（点动模式），F2-Move（单步模式），F3-Automatic （自动模式），如图 8 所示。

点动模式，用于测试电缸上升下降正常，当电缸出现无法自动回原位故障时，可在此强制回原位。点动模式下，压机移动速度最大为 10 mm/s，如图 9 所示。

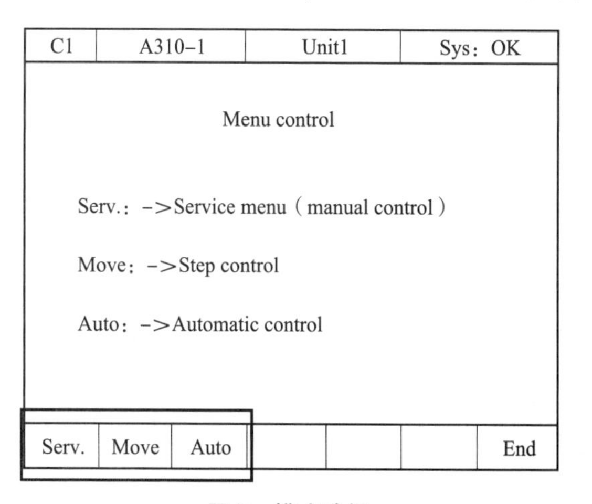

C1
A310-1
Unit1
Sys：OK
Menu control
Serv.：->Service menu（manual control）
Move：->Step control
Auto：->Automatic control
Serv.
Move
Auto
End

图 8　模式选择

C1
A310-1
Unit1
Sys：OK
Service
Diagnose：　A0012
Position：　5.00 mm
Force：　-0.61 N
Power On
Stand still
-0- reached
Measuring range 1：　1000.00 N
Measuring range 2：　500.00 N
Speed：　10.00　mm/s
–
+
-0-
Meas r.
Edit
Power
End

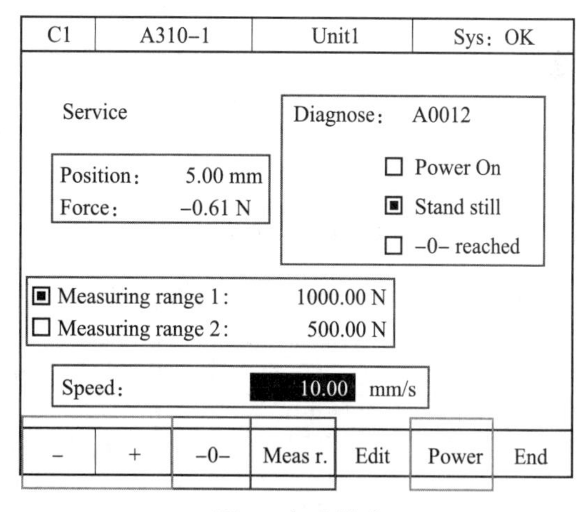

图 9　点动模式

自动模式如图 10 所示。该处的自动模式是指压机在该模式下，“Start” 一直按住，压机将压装到位；再长按 “Start”，压机回原位。程序号、位置、返回模式可以按 Edit 手动设置。

单步模式如图 11 所示。该处的自动模式是指压机在该模式下，“Start” 一直按住，压机将走完整个压装流程；单步模式时不检测原点，直接从当前位置压装。

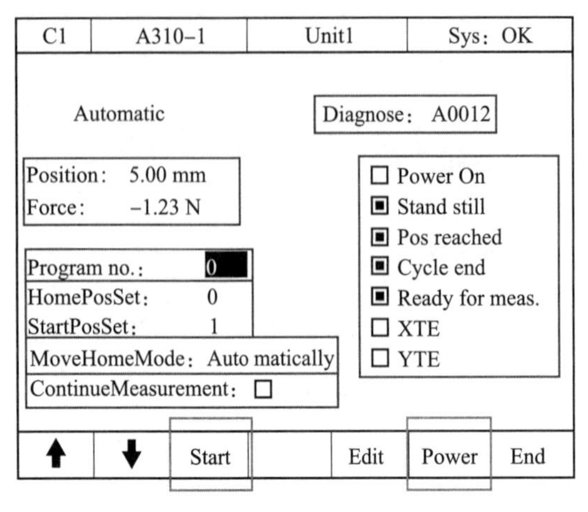

图 10 自动模式

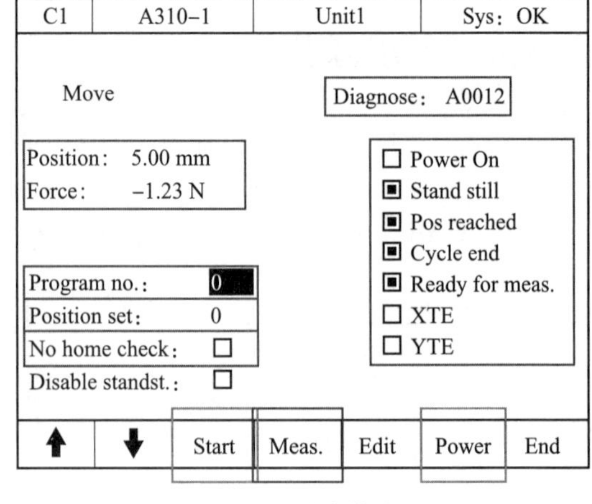

图 11 单步模式

返回 PLC 控制，手动操作完毕后，单击“End”，返回主页面，确认 PLC 将控制压机，如图 12 所示。

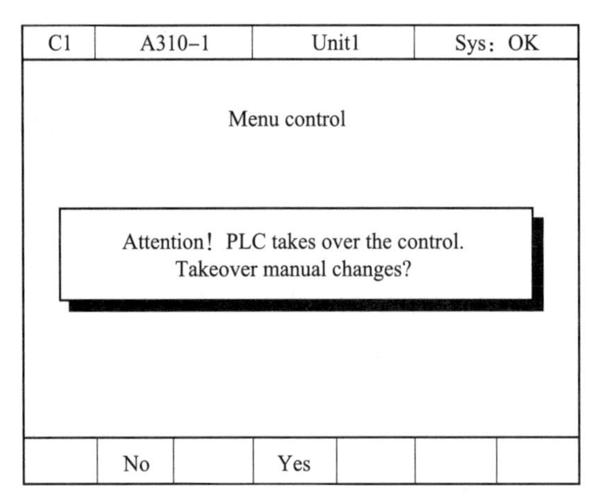

图 12 返回主页面

7 电子压机压装程序设置

按下 F5，启动评估窗口设置，设置程序号，选择程序，如图 13 所示。

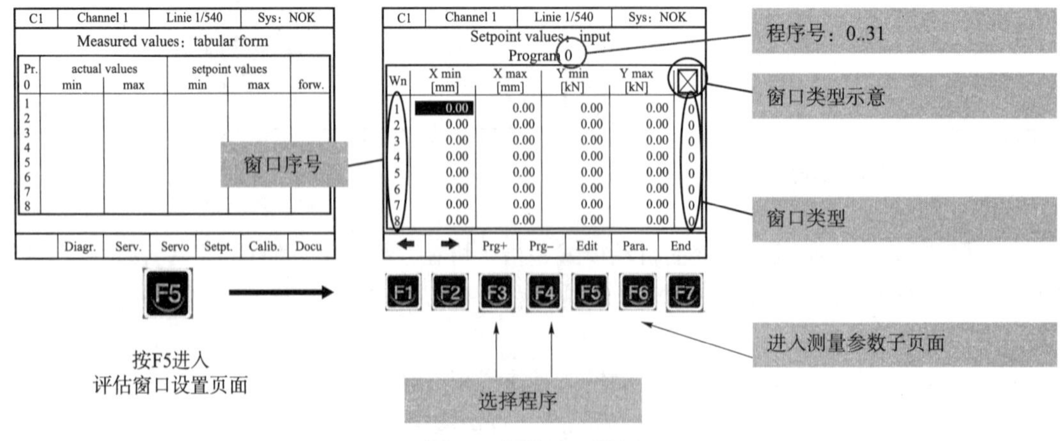

图 13 评估窗口设置

使用下面按钮来选择并编辑各项参数。如图 14 所示，测量方向选择：Forward，向前；Backward：向后；forward & backward：向前 & 向后。如图 15 所示，力方向选择 Push：压力；Pull：拉力；push & pull：压力 & 拉力；如图 16 所示，压装参数设置，设置原点、保压时间、各位移段的速度。

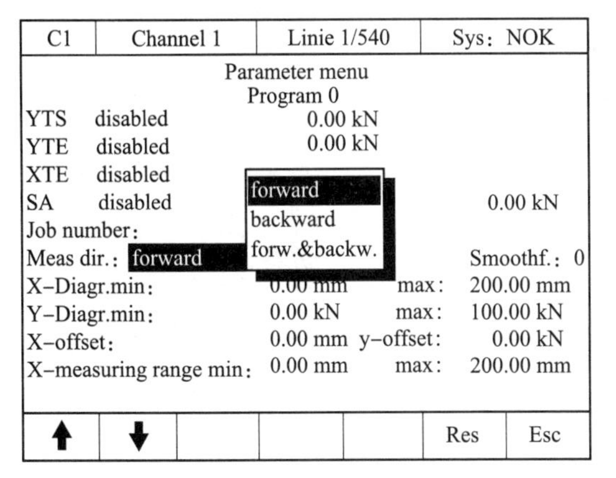

图 14 测量方向选择

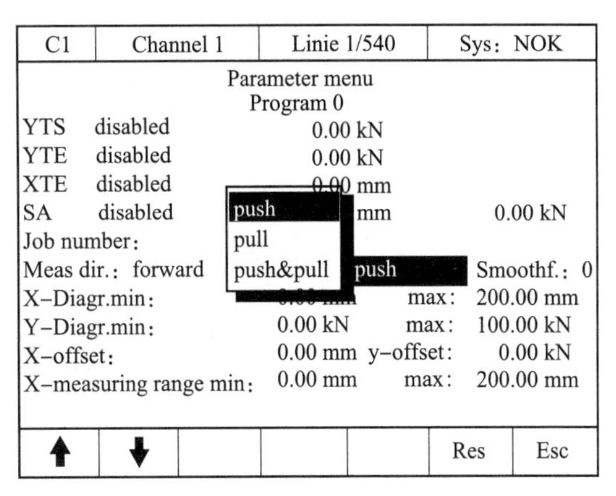

图 15 力方向选择

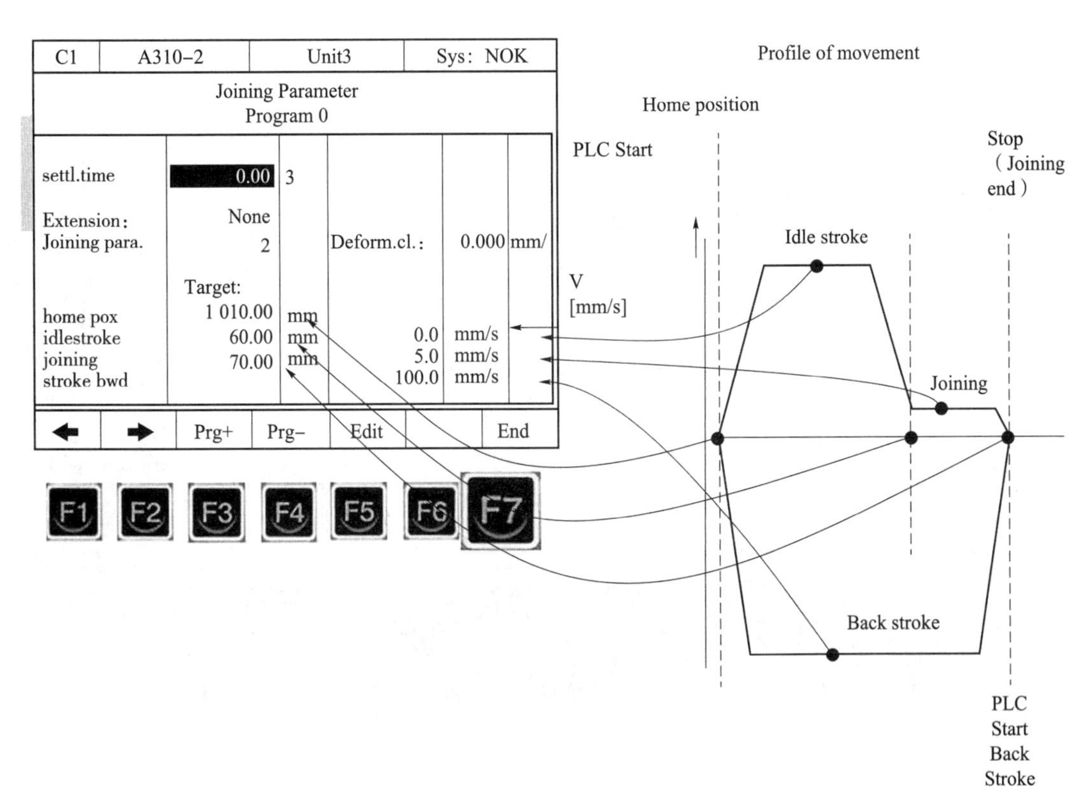

图 16 压装参数设置

8 PLC 调试

参数设置完毕后，在程序调试前，需要将电子压机的 EDS 文件导入 Unity 库中，如图 17 所示。

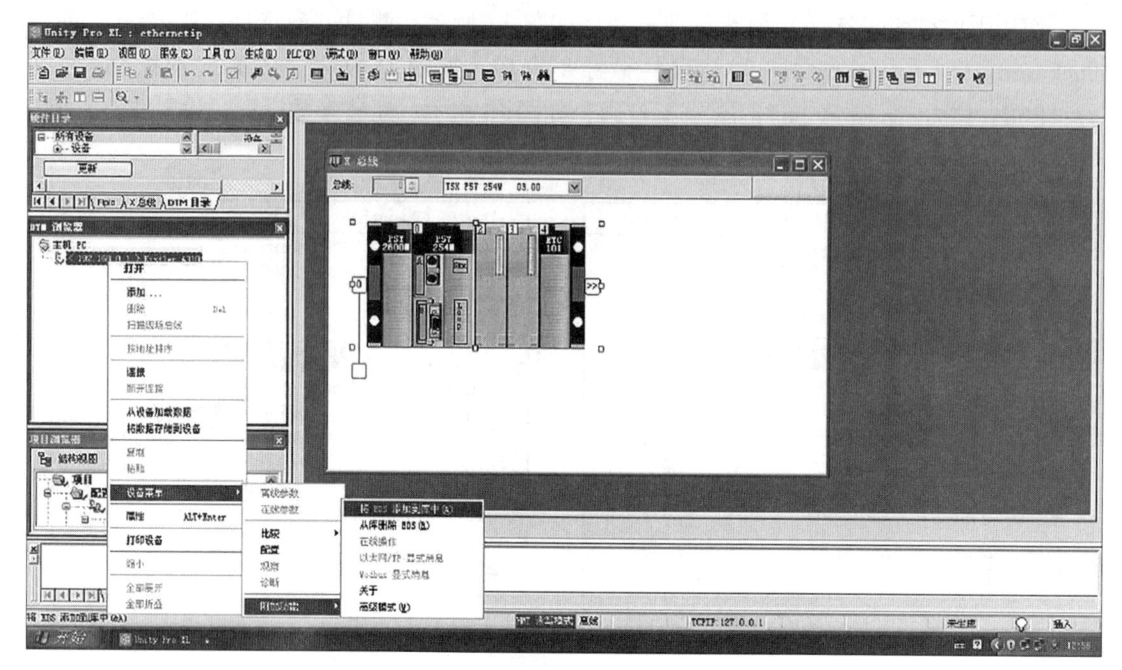

图 17　导入 EDS 文件

在 DTM 浏览器中添加电子压机 DTM 文件，如图 18 所示。

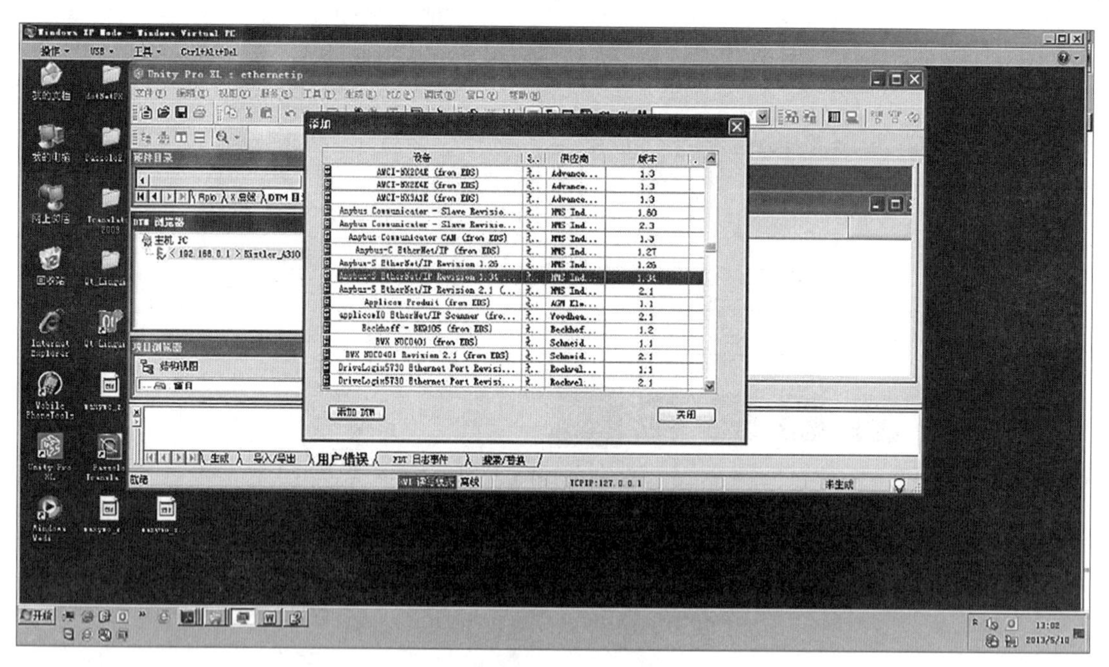

图 18　添加 DTM 文件

分配 IP 地址，ETC101 分配 192.168.2.118，电子压机分配 IP 地址 192.168.2.113，硬件配置完毕后如图 19 所示，电子压机硬件配置“OK”。

电子压机状态字，控制字定义，如图 20 所示。

电子压机控制时序图如图 21 所示。图中 In_PowerStatic——上电；In_Automatic——选择自动模式；In_Program——程序号；In_Start——启动；Out_Cyclecomplete——压装结束，上

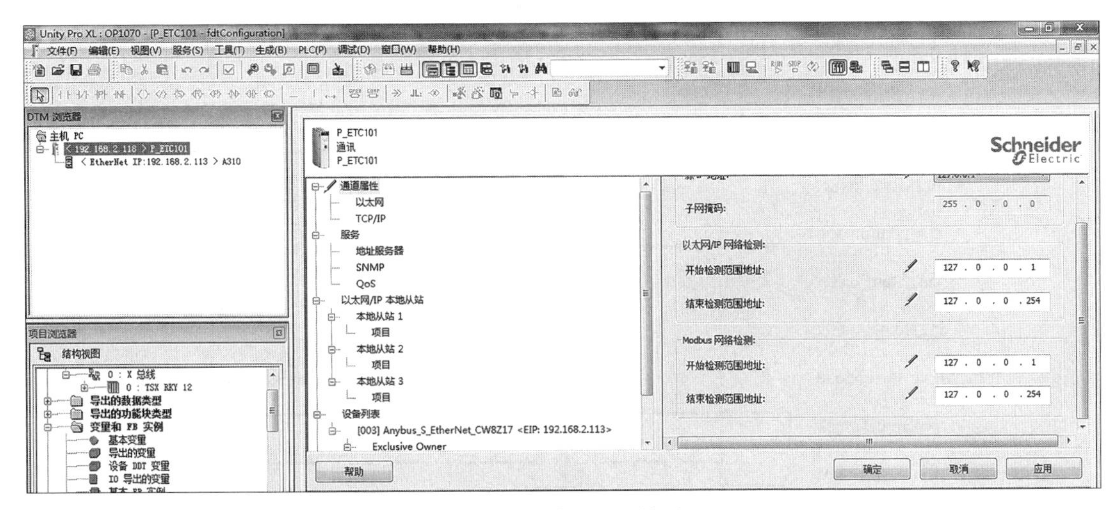

图 19　硬件配置完毕后

Response Signals:		A310 Out	Control Signals:		A310 In
Byte 0	Bit 0	System Ok	Byte 0	Bit 0	Test
	Bit 1	Process end		Bit 1	Start measure/stop measure
	Bit 2	OK		Bit 2	X-Zeros
	Bit 3	NOK		Bit 3	Y-Zeros
	Bit 4	YTS		Bit 4	Backward measurement
	Bit 5	YTE		Bit 5	Continue measurement
	Bit 6	XTE		Bit 6	NoHomeCheck
	Bit 7	Ready to measure		Bit 7	Fault servo delete
Byte 1	Bit 0	F1 Min	Byte 1	Bit 0	Reserved
	Bit 1	F1 Max		Bit 1	Reserved
	Bit 2	F2 Min		Bit 2	Reserved
	Bit 3	F2 Max		Bit 3	Reserved
	Bit 4	F3 Min		Bit 4	Disable standstill
	Bit 5	F3 Max		Bit 5	Teach In
	Bit 6	F4 Min		Bit 6	Master measurement
	Bit 7	F4 Max		Bit 7	Key switch
Byte 2	Bit 0	Reserved	Byte 2	Bit 0	Reserved (must be – 0)
	Bit 1	Reserved		Bit 1	Reserved
	Bit 2	Reserved		Bit 2	Reserved
	Bit 3	Reserved		Bit 3	Reserved
	Bit 4	Reserved		Bit 4	Reserved
	Bit 5	Reserved		Bit 5	Reserved
	Bit 6	Reserved		Bit 6	Reserved
	Bit 7	Reserved		Bit 7	Reserved
Byte 3	Program-Selection reflected (1 Byte)		Byte 3	Program-Selection (1 Byte)	
Byte 4	Bit 0	Status power	Byte 4	Bit 0	Power ON/OFF
	Bit 1	Service		Bit 1	Service
	Bit 2	Move		Bit 2	Move
	Bit 3	Automatic		Bit 3	Automatic
	Bit 4	Cycle complete		Bit 4	Jog +
	Bit 5	Position reached		Bit 5	Jog-
	Bit 6	Zero position reached		Bit 6	Drive to zero
	Bit 7	Stop		Bit 7	Start

Response Signals:		A310 Out	Control Signals:		A310 In
Byte 5	Bit 0	ServoValid	Byte 5	Bit 0	Reserved
	Bit 1	Warning Servo		Bit 1	Reserved
	Bit 2	Error Servo		Bit 2	Reserved
	Bit 3	Braking test		Bit 3	Braking test
	Bit 4	Reserved		Bit 4	Reserved
	Bit 5	Reserved		Bit 5	Reserved
	Bit 6	Reserved		Bit 6	Reserved
	Bit 7	Reserved		Bit 7	Reserved
Byte 6 and 7	ActualPosSet (2 Byte) Currently selected position set		Byte 6 und 7	MovePosSet (2 Byte) Position-set-select for move-operation	
Byte 8	Reserved		Byte 8	Reserved	
Byte 9	Reserved		Byte 9	Reserved	
Byte 10	Handshake Signal gespiegelt		Byte 10	Hand shake signal	
Byte 11	Reserved		Byte 11	Reserved	
Byte 12	Reserved		Byte 12	Adress	
Byte 13	Reserved		Byte 13	Length	
Byte 14	Hand shake expansion reflected		Byte 14	Hand shake expansion	
Byte 15	Packet content (Config Mode) A310->PLC		Byte 15	reserviert	

图 20　控制字状态字定义

升沿信号输出并保持；Out_MeasuringOK——压装合格；Out_MeasuringNOK——压装不合格。

9　故障及解决办法

A310 故障排查，点击 Err，显示故障信息，按下 Test，系统自检（故障复位），对于无复位的故障，查询故障代码解决。故障代码显示界面如图 22 所示。

对于加热不合格的问题处理，检查红外测温仪，齿轮外圈达到温度，齿轮内圈达到温度，齿轮外圈与齿轮内圈的温度差合格，调整合适后，加热合格。

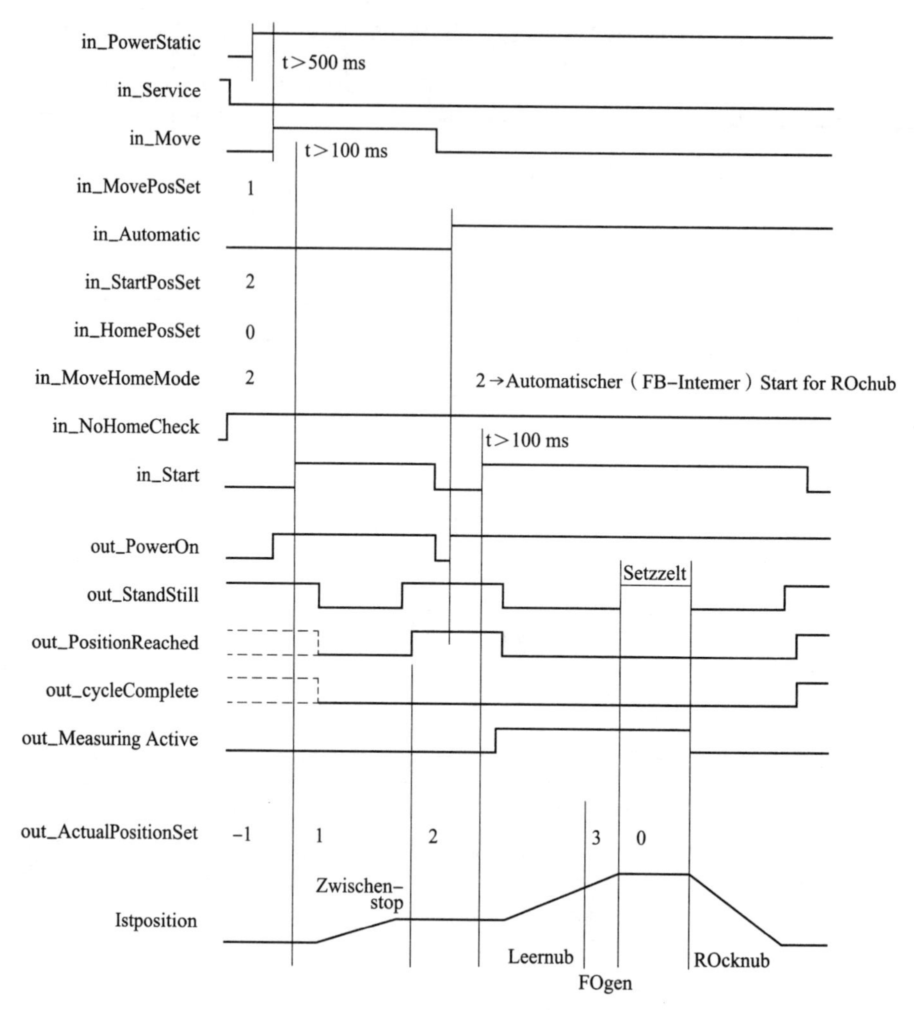

图 21 电子压机控制时序图

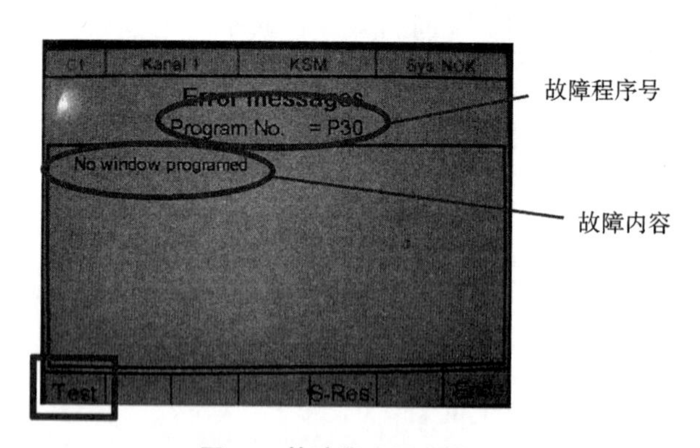

图 22 故障代码显示界面

10 项目难点及创新点

（1）工人操作劳动强度。导入自动加热及压装装置后，工人只需将齿轮和曲轴放置在规定位置，待压装完成后，取走曲轴总成即可。对应于人工压装、手持式加热，人工压装过程就因该设备的导入而自动完成。节约时间，降低工人操作劳动强度。

（2）安全隐患。工人在将齿轮和曲轴放置在规定的压装位置后，按下“压装”按钮，压机自动完成压装过程。人工操作时，需要工人用工具夹住齿轮进行加热，加热完毕后，用工装将齿轮压入曲轴中。使用该自动加热压装装置后，操作工无须人工加热及人工压装，加热及压装区域有光栅保护，加热及压装过程中，人员误闯入保护区域，设备停止，报故障，保护人身安全。压装完毕后，柱灯提示，操作工取走曲轴总成。这有效避免了在加热及压装过程中可能带来工伤事故。

（3）质量管理。自动加热及压装装置能通过力位移等反馈自动识别压装是否“OK”，压装合格，绿灯亮，压装不合格，系统报警，便于操作工判断曲轴总成压装质量。A310 监控仪表能将每次压装曲线显示在屏上，可通过 PC 机将该曲线数据下载，便捷监控产品质量。相对于人工压装后，只能用工装判断产品质量，记录于本子上的方式，在便捷性和可靠性上有了显著提高。

（4）电子压机首次使用。在装配、接线、参数设置、程序调试的过程中出现较多疑问，后经过查阅资料，不断尝试，最终成功掌握该电子压机的使用方法。

加热齿轮达到适合压装条件，借鉴 PSA 在法国的调试经验，通过多频加热的方式，经过多次实验，得到正确的加热时间、加热温度，加热功率等重要参数。

11 结语

该发动机装配曲轴机自 2013 年 8 月调试完毕后，使用至今未出现重大停产故障。电子压机系统压装正常，A310 监控仪表监控力位移曲线准确，加热及红外测温正常，夹紧、举升、侧移机构与其他设备动作互锁完整，设备安全性得到有力保障。

参考文献

[1] TSX ETC101 用户手册（施耐德）。
[2] 电子压机用户手册（奇石乐）。

气门下沉量与喷油器突出量检测设备电控研发

王　健[①]　张海波　袁　星

东风专用设备科技有限公司

摘　要：本文论述了 PLC 控制多套位移传感器在某重型发动机装配线项目上的应用。PLC 通过 Profinet 总线系统将 S120 伺服、FESTO 伺服、多套位移传感器组态在一起，完成气门下沉量和喷油器吐出量的检测和判断。PLC 与安灯系统连接，将测量数据与发动机号绑定后上传至服务器，作质量追溯用。

关键词：PLC 控制　位移传感器　Profinet　质量追溯

引言

随着自动化水平的提高，我们对自动化生产线的速度、精度、可追溯性等方面都有了较高的要求，已经大大超出了人工操作所能达到的程度。2015 年 5 月，国务院印发《中国制造 2025》规划，我国进入了智能制造时代，这为智能检测技术的发展带来了更加广阔的空间。

1　问题的提出

伴随国内物流运输业的快速发展、路况环境的不断改善，市场对发动机效率和动力性能的要求也在不断提高。A 型发动机被视为重卡的黄金排量、未来动力的主流选择，在此背景下，该发动机应运而生。其中气门下沉量和喷油器凸出量对发动机的性能有重要影响，常规采用人工及在线检测，人工检测效率偏低，在线检测，设备维护难。缸盖装配完毕后，气门和喷油器靠近托盘的底部，人工测量难度高。每台缸盖有 24 个气门，6 个喷油器，测量点位多。需要在规定的设备节拍≤240 s（包含发动机输送时间）内完成每一台缸盖的测量检测，对于控制系统要求比较高。同时测头能在线自动标定，具有校零和校准装置。滑板上为三套侧头的安装位置，保证 A/B/C 三个品种能快速切换，切换过程为全自动切换，不需人工干预。

2　需求

针对以上缺点及不足，需要设计一种自动检测，多机型混流检测设备。该设备需要实现以下几种功能：

---

① 王健（1988—），男，电气工程师 2011 年毕业于湖北汽车工业学院电子信息科学与技术专业，现在东风专用设备科技有限公司，长期从事汽车行业输送设备电气设计、安装、调试工作，主要研究方向为现场工业总线控制、PLC 控制理论的研究。

(1) 多机型混流；
(2) 自动测量；
(3) 测量数据可追溯。

3 项目简介

气门下沉量与喷油器凸出量检测设备由1套举升定位装置、1套测量滑台伺服移位机构、3套机型测头机构、3套插销机构、1套夹紧机构、1套升降气缸、1套水平移位伺服移位机构组成。设备平面布置如图1和图2所示。

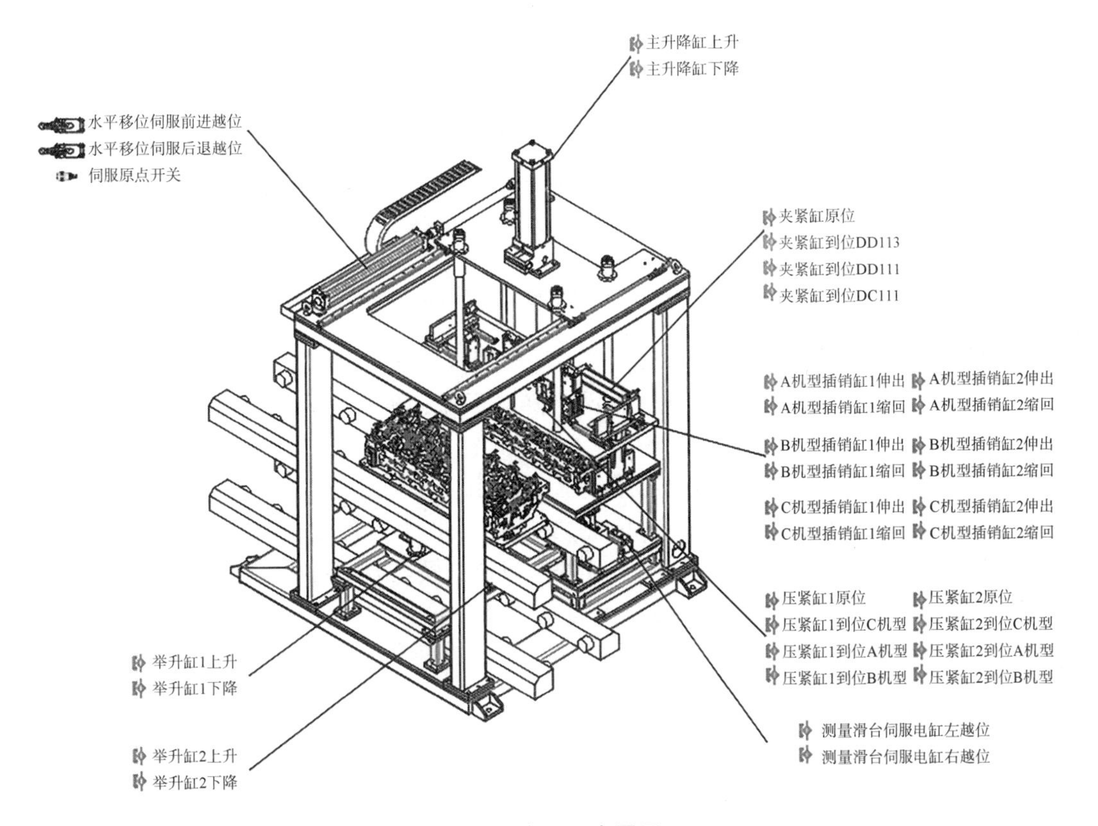

图1 设备平面布置图1

需要完成的工作内容：测量3种类型发动机的气门下沉量与喷油器吐出量。动作流程：托盘举升定位，主升降缸下降，插销缸伸出，夹紧缸夹紧，主升降缸上升，滑台侧移伺服到测量位，主升降缸下降，夹紧缸松开，压紧缸伸出压紧缸盖，侧移滑台伺服电缸到测量位置1，测头升降缸伸出，位移传感器开始测量，气门下沉量与喷油器凸出量数据处理，判断是否合格，显示到触摸屏上，测头升降缸下降，侧移滑台伺服电缸到测量位置2，测头升降缸伸出，位移传感器开始测量，气门下沉量与喷油器凸出量数据处理，判断是否合格，显示到触摸屏上，测头升降缸下降，侧移滑台伺服电缸到测量位置3，测头升降缸伸出，位移传感器开始测量，气门下沉量与喷油器凸出量数据处理，判断是否合格，显示到触摸屏上，侧头升降缸下降，侧移滑台伺服电缸到测量位置4，测头升降缸伸出，位移传感器开始测量，气门下沉量与喷油器凸出量数据处理，判断是否合格，显示到触摸屏上，测头升降缸下降，侧移滑台伺服电缸到测量位置5，测头升降缸伸出，位移传感器开始测量，气门下沉量与喷油器凸出量数据处理，判断是否合格，显示到触摸屏上，测头升降缸下降，侧移滑台伺服电缸

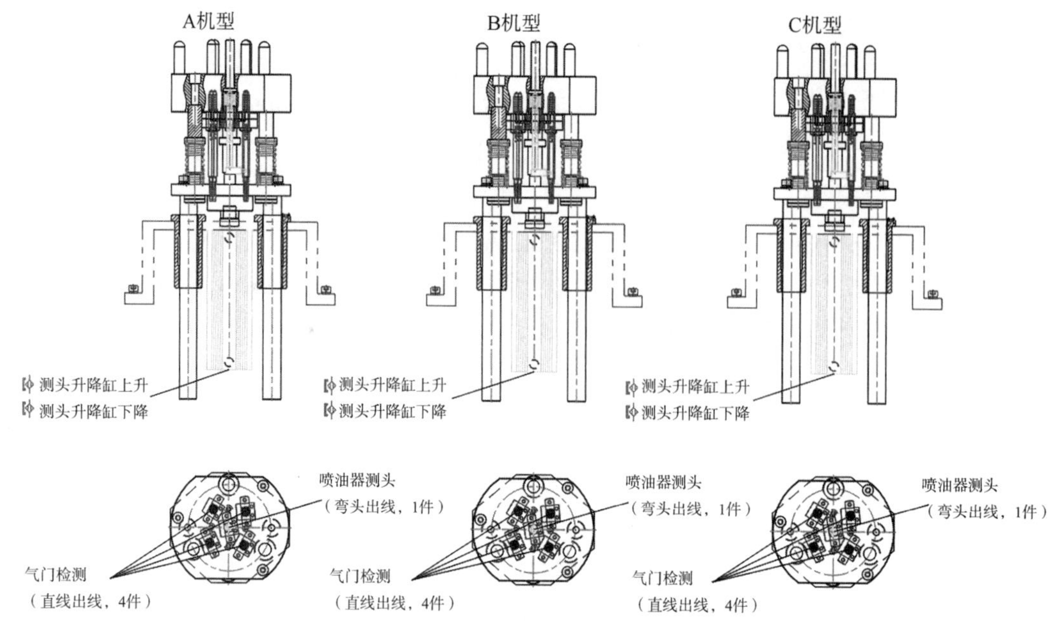

图2　设备平面布置图2

到测量位置6，测头升降缸伸出，位移传感器开始测量，气门下沉量与喷油器凸出量数据处理，判断是否合格，显示到触摸屏上，测头升降缸下降，测量数据上传ANDON系统。以上动作都是设备自动完成。

气门下沉量与喷油器凸出量检测设备电控系统由一套PLC电柜组成，PLC为西门子S7-1515，配置有3块串口通信模块，Profinet总线带有30个远程站点，其中远程I/O站点2个，西门子伺服1个，FESTO伺服1个。3块串口通信模块分别对应3种机型的位移传感器

单独设置一个操作按钮站，配置12英寸西门子触摸显示屏，用来显示线体运行、各台设备的状态与连锁信息、出现的各种故障，方便工人维修和快速排除故障。

4　问题的解决

4.1　系统设计

PLC的电控系统表现出很多好的特性，具体表现如下：首先是PLC有着很强的控制性能，能够快速地将指令信息发布给从站单元，在控制伺服、位移传感器的过程中，还能够与网络技术相结合，指令伺服系统完成各种位置移位任务。其次，PLC也十分可靠，PLC能够加密处理相关的编码，使得PLC有较强的抗干扰能力，保证基于PLC的电控系统能够在工业生产中稳定、正常地运行。

4.1.1　PLC系统

气门下沉量与喷油器凸出量检测设备设置一套PLC，CPU型号为西门子S7-1515，是西门子时下主推的型号，CPU1515-2PN的内部资源及特性如下：

（1）程序工作存储器的大小为500 kB；

（2）数据工作存储器的大小为3 MB；

（3）位指令运算时间为0.03 μs；

（4）字指令运算时间为0.036 μs；

（5）集成3个RJ45接口，支持两个PN子网；

(6) 支持运动控制，典型运动轴数量为 7 个，通过添加工艺模块可最大支持 30 个；

(7) 支持 Profinet I/O 控制器和智能设备功能；

(8) 集成系统诊断功能；

(9) 集成 Web 服务器功能；

(10) 集成跟踪分析（Trace）功能；

(11) 支持 OPC UA，可通过与供应商无关的开放通信协议进行数据交换。

PLC 自带 PN 总线接口，配置 3 块串口通信模块，通过网络模块组态现场的 I/O 站点和智能站点，达到采集数据、监控设备状态、控制执行机构和智能设备的目的，通过 HMI 来显示信息和报警。

4.1.2 位移传感器

本次项目选用输力强 DP 系列数字式测量探头。无论实验室、生产车间或生产现场，Solartron Metrology 输力强精密测量都能为质量控制、测试行业及测量与机械控制提供精准的线性测量方案。Solartron Metrology 输力强是一家在精密数字和模拟测量探头、位移传感器、光栅式线性编码器、三角测量法激光位移传感器及光谱共焦位移传感器及相关仪器仪表行业不断创新的全球领先的生产厂商。

DP 系列数字式测量探头主要有以下特点：

(1) 精度高；

(2) 重复性好；

(3) 可靠耐用；

(4) 尺寸紧凑；

(5) 轻触力；

(6) 使用寿命长；

(7) 防水、防尘、防油；

(8) 绝对式测量；

(9) 适合于各种测量表面；

(10) 最优的性价比；

(11) 可以使用在大多数的场合；

(12) 产品选择范围广。

4.1.3 Profinet 网络组态

Profinet 现场总线是一种开放、低成本的网络解决方案，它将可编程控制器、操作员终端、传感器、变频器、机器人等现场智能设备连接起来，减少了 I/O 接口和布线数量，实现了工业设备的网络化和远程管理。由于采用了许多新技术及独特的设计，与其他现场总线相比，它具有突出的高可靠性、实时性和灵活性。其主要技术特点如下：

(1) 整个网络的用户数量没有限定（使用 Profibus，只可有 126 个用户）。使用 Profinet 配置，仅一个控制模块就可以容下 256 用户。

(2) Profinet 允许将 IT 扩展轻松集成到拓扑中（这在 Profibus 中是不可能的）。将 IT 与 Profinet 集成在一起可完成简单的网络连接，直到办公层。

(3) 使用 Profibus，所有数据具有相同的优先级；如果使用 Profinet，则可以将诸如报警或诊断数据等重要信息排列至优先顺序并移至“优先通道”。

(4) 在 Profinet 安装中，通过简单地为项目分配一个名称（不通过 DIP 开关或 Profibus 的电报）来完成寻址。

（5）拓扑结构变得更加灵活（Profibus 仅允许线性配置）。在 Profinet 安装中，交换机使用星形、树形和环形配置成为可能，这增加了灵活性并减少了接线时间和工作量。

（6）Profibus DP 程序可以简单地应用于 Profinet 安装。经过验证的程序不必重写和测试，这样可以节约时间和精力。

气门下沉量与喷油器凸出量检测设备中 Profinet 接口带有 5 个远程站点。

4.1.4 HMI

气门下沉量与喷油器凸出量检测设备设置一个操作按钮站，配置 12 英寸欧姆龙触摸显示屏，触摸屏用来显示线体运行、各台设备的状态与连锁信息、出现的各种故障，方便工人维修和快速排除故障。

4.2 具体实施

4.2.1 硬件组态

PLC 通过 Profinet 总线将 FESTO 伺服、西门子伺服、IP20 远程站、IP67 远程站连接起来。PLC 作为通信主站，单元元件作为通信从站，先分配网络节点地址，分别是 FESTO 伺服 1#站点、IP20 远程站 2#站点、IP67 远程站 3#站点、西门子伺服 4#站点。通过博图 V14 将 PLC、伺服等进行组态，硬件组态如图 3 所示。

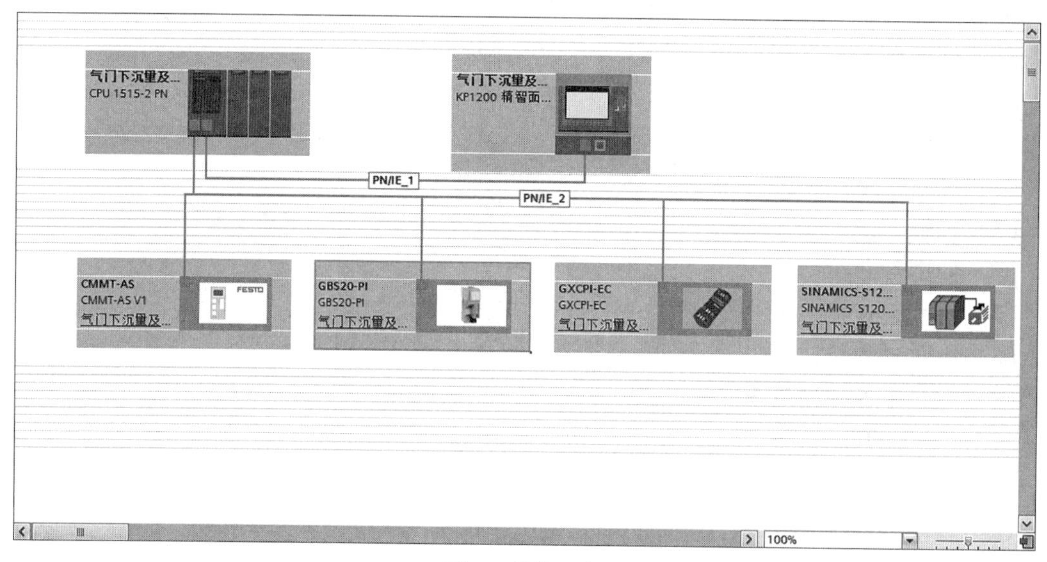

图 3 硬件组态

4.2.2 地址分配

FESTO 伺服、西门子伺服、IP20 远程站、IP67 远程站作为从站扫描上来后 PLC 要给其分配软件地址，作为后期与 PLC 信号交换的具体程序地址。输入和输出地址都需要分配，FESTO 伺服对于 PLC 的输入的起始地址为 100…123，输出的起始地址为 100…123。西门子伺服对于 PLC 的输入的起始地址为 200…223，124…127，输出的起始地址为 200…223，124…127。IP20 远程站对于 PLC 的输入的起始地址为 20，21，输出的起始地址为 20。IP67 远程站对于 PLC 的输入的起始地址为 30…36，输出的起始地址为 30…33。

4.2.3 位移传感器配置

（1）打开 OrbitRegistration 注册程序，选择电脑相应的 COM，选择波特率为 9600，然后点击确定。

（2）点击 OrbitDemonstrator 程序，软件会显示相应的控制器型号及端口等信息。

（3）操作 Notify 按钮增加传感器。

（4）清除 T-CON 内容步骤。

（5）增加完后的传感器读数显示。

4.2.4 程序规划

模块化编程，增强程序可读性，程序易维护。

（1）位移传感器数据采集，数据处理程序。在需要读取传感器数据的时候，PLC 发送 OrbitRead1 命令给 RS232IM 即可，RS232IM 会将相应传感器的读数返回给 PLC。

OrbitRead1 命令：0x02，0x03，0x02，0x31，0x01（通道号）。

RS232IM 返回的字符：0x00，0x03，0x31，2 个字节的读数（最低位字节先发送）。

传感器读数的实数值计算方法：

$$(\text{返回读数的高字节} \times 256 + \text{返回读数的低字节}) / 16\,384 \times \text{传感器行程}$$

测量结果触摸屏显示，如图 4 所示。

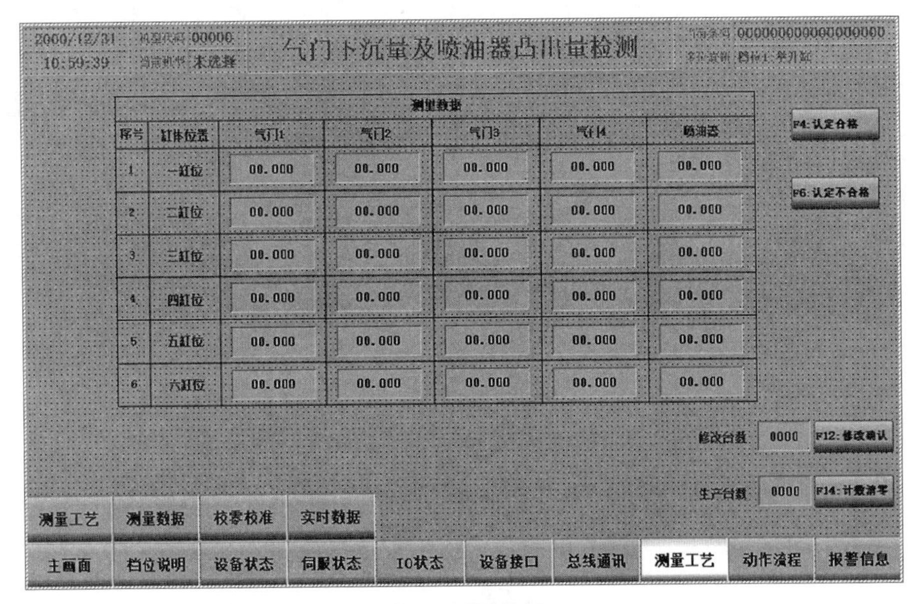

图 4 测量结果

（2）自动动作程序。自动动作程序采用 GRAPH 语言，S7-GRAPH 具有以下特点：

①适用于顺序控制程序；

②符合国际标准 IEC 61131-3；

③PLCopen 基础级认证；

④多个顺控器（最多 8 个）；

⑤步骤（每个顺控器最多 250 个）；

⑥每个步骤的动作（每步最多 100 个）；

⑦转换条件（每个顺控器最多 250 个）；

⑧分支条件（每个顺控器最多 250 个）；

⑨逻辑互锁（最多 32 个条件）；

⑩监控条件（最多 32 个条件）；

⑪事件触发功能；

⑫切换手动模式：手动、自动及点动模式。

4.2.5 质量追溯

工位 PLC 与 ANDON 系统连接，ANDON 系统从 PLC 中采集测量数据并保存到服务器中，便于后期查看（图 5）。

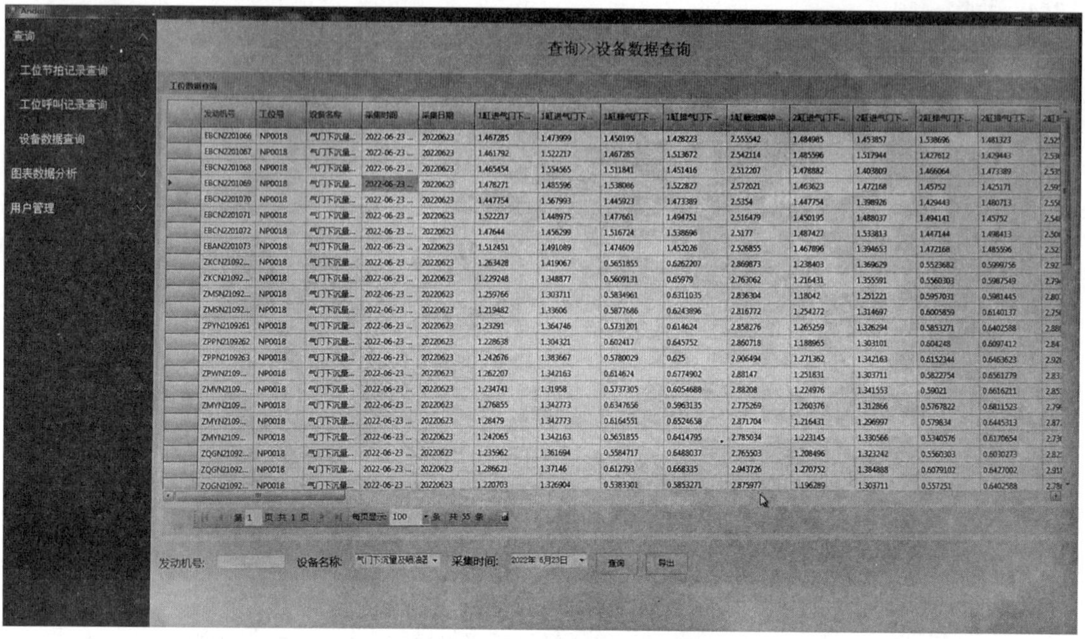

查询
工位节拍记录查询
工位呼叫记录查询
设备数据查询
图表数据分析
用户管理

查询>>设备数据查询

工位数据查询

发动机号	工位号	设备名称	采集时间	采集日期	1缸进气门下...	1缸进气门下...	1缸排气门下...	1缸排气门下...	1缸喷油嘴伸...	2缸进气门下...	2缸进气门下...	2缸排气门下...	2缸排气门下...
EBCN2201066	NP0018	气门下沉量...	2022-06-23 ...	20220623	1.467285	1.473999	1.450195	1.428223	2.555542	1.484985	1.453857	1.538696	1.481323
EBCN2201067	NP0018	气门下沉量...	2022-06-23 ...	20220623	1.461792	1.522217	1.467285	1.513672	2.542114	1.485596	1.517944	1.427612	1.429443
EBCN2201068	NP0018	气门下沉量...	2022-06-23 ...	20220623	1.465454	1.554565	1.511841	1.451416	2.512207	1.478882	1.403809	1.466064	1.473389
EBCN2201069	NP0018	气门下沉量...	2022-06-23 ...	20220623	1.478271	1.485596	1.538086	1.522827	2.572021	1.463623	1.472168	1.45752	1.425171
EBCN2201070	NP0018	气门下沉量...	2022-06-23 ...	20220623	1.447754	1.567993	1.445923	1.473389	2.5354	1.447754	1.398926	1.429443	1.480713
EBCN2201071	NP0018	气门下沉量...	2022-06-23 ...	20220623	1.522217	1.448975	1.477661	1.494751	2.516479	1.450195	1.488037	1.494141	1.45752
EBCN2201072	NP0018	气门下沉量...	2022-06-23 ...	20220623	1.47644	1.456299	1.516724	1.538696	2.5177	1.487427	1.533813	1.447144	1.498413
EBAN2201073	NP0018	气门下沉量...	2022-06-23 ...	20220623	1.512451	1.491089	1.474609	1.452026	2.526855	1.467896	1.394653	1.472168	1.485596
ZKCN21092...	NP0018	气门下沉量...	2022-06-23 ...	20220623	1.263428	1.419067	0.5651855	0.6262207	2.869873	1.238403	1.369629	0.5523682	0.5999756
ZKCN21092...	NP0018	气门下沉量...	2022-06-23 ...	20220623	1.229248	1.348877	0.5609131	0.65979	2.763062	1.216431	1.355591	0.5560303	0.5987549
ZMSN21092...	NP0018	气门下沉量...	2022-06-23 ...	20220623	1.259766	1.303711	0.5834961	0.6311035	2.836304	1.18042	1.251221	0.5957031	0.5981445
ZMSN21092...	NP0018	气门下沉量...	2022-06-23 ...	20220623	1.219482	1.33606	0.5877686	0.6243896	2.816772	1.254272	1.314697	0.6005859	0.6140137
ZPYN2109261	NP0018	气门下沉量...	2022-06-23 ...	20220623	1.23291	1.364746	0.5731201	0.614624	2.858276	1.265259	1.326294	0.5853271	0.6402588
ZPPN2109262	NP0018	气门下沉量...	2022-06-23 ...	20220623	1.228638	1.304321	0.602417	0.645752	2.860718	1.188965	1.303101	0.604248	0.6097412
ZPPN2109263	NP0018	气门下沉量...	2022-06-23 ...	20220623	1.242676	1.383667	0.5780029	0.625	2.906494	1.271362	1.342163	0.6152344	0.6463623
ZPWN2109...	NP0018	气门下沉量...	2022-06-23 ...	20220623	1.262207	1.342163	0.614624	0.6774902	2.88147	1.251831	1.303711	0.5822754	0.6561279
ZMVN2109...	NP0018	气门下沉量...	2022-06-23 ...	20220623	1.234741	1.31958	0.5737305	0.6054688	2.88208	1.224976	1.341553	0.59021	0.6616211
ZMYN2109...	NP0018	气门下沉量...	2022-06-23 ...	20220623	1.276855	1.342773	0.6347656	0.5963135	2.775269	1.260376	1.312866	0.5767822	0.6811523
ZMYN2109...	NP0018	气门下沉量...	2022-06-23 ...	20220623	1.28479	1.342773	0.6164551	0.6524658	2.871704	1.216431	1.296997	0.579834	0.6445313
ZMYN2109...	NP0018	气门下沉量...	2022-06-23 ...	20220623	1.242065	1.342163	0.5651855	0.6414795	2.785034	1.223145	1.330566	0.5340576	0.6170654
ZQGN21092...	NP0018	气门下沉量...	2022-06-23 ...	20220623	1.235962	1.361694	0.5584717	0.6488037	2.765503	1.208496	1.323242	0.5560303	0.6030273
ZQGN21092...	NP0018	气门下沉量...	2022-06-23 ...	20220623	1.286621	1.37146	0.612793	0.668335	2.943726	1.270752	1.384888	0.6079102	0.6427002
ZQGN21092...	NP0018	气门下沉量...	2022-06-23 ...	20220623	1.220703	1.326904	0.5383301	0.5853271	2.875977	1.196289	1.303711	0.557251	0.6402588

第 1 页 共 1 页 每页显示 100 条 共 55 条

发动机号: 设备名称: 气门下沉量及喷油器 采集时间: 2022年 6月23日 查询 导出

图 5 采集数据

4.3 测试数据

4.3.1 调试中标定数据（表 1~表 3）

表 1 A 机型标定值

序号	气门 1	气门 2	气门 3	气门 4	喷油器
1	0.403	0.402	0.400	0.402	0.418
2	0.406	0.406	0.396	0.402	0.419
3	0.403	0.403	0.398	0.400	0.414
4	0.405	0.405	0.397	0.400	0.425
5	0.403	0.403	0.399	0.399	0.403
6	0.404	0.403	0.399	0.399	0.403
7	0.404	0.404	0.399	0.400	0.408
8	0.404	0.403	0.399	0.400	0.403
9	0.404	0.404	0.399	0.400	0.405
10	0.405	0.405	0.400	0.400	0.408
平均值	0.404	0.404	0.399	0.400	0.411
最大值	0.424	0.424	0.419	0.420	0.431
最小值	0.384	0.384	0.379	0.380	0.391

表 2　B 机型标定值

序号	气门 1	气门 2	气门 3	气门 4	喷油器
1	0. 411	0. 416	0. 413	0. 406	0. 403
2	0. 415	0. 419	0. 414	0. 406	0. 406
3	0. 410	0. 417	0. 413	0. 406	0. 409
4	0. 412	0. 417	0. 413	0. 406	0. 405
5	0. 410	0. 416	0. 413	0. 405	0. 402
6	0. 413	0. 419	0. 414	0. 407	0. 406
7	0. 410	0. 417	0. 413	0. 406	0. 410
8	0. 411	0. 416	0. 412	0. 406	0. 412
9	0. 413	0. 417	0. 413	0. 405	0. 412
10	0. 408	0. 413	0. 411	0. 405	0. 412
平均值	0. 411	0. 417	0. 413	0. 406	0. 408
最大值	0. 431	0. 437	0. 433	0. 426	0. 428
最小值	0. 391	0. 397	0. 393	0. 386	0. 388

表 3　C 机型标定值

序号	气门 1	气门 2	气门 3	气门 4	喷油器
1	0. 406	0. 416	0. 396	0. 402	0. 402
2	0. 399	0. 407	0. 394	0. 399	0. 377
3	0. 401	0. 411	0. 395	0. 402	0. 383
4	0. 400	0. 411	0. 395	0. 405	0. 386
5	0. 402	0. 408	0. 394	0. 402	0. 387
6	0. 401	0. 411	0. 395	0. 406	0. 387
7	0. 401	0. 410	0. 394	0. 405	0. 386
8	0. 401	0. 413	0. 396	0. 409	0. 388
9	0. 401	0. 413	0. 396	0. 411	0. 388
10	0. 400	0. 411	0. 395	0. 408	0. 388
平均值	0. 401	0. 411	0. 395	0. 405	0. 387
最大值	0. 421	0. 431	0. 415	0. 425	0. 407
最小值	0. 381	0. 391	0. 375	0. 385	0. 367

4.3.2 调试中测量数据（表4）

表4 调试中测量数据

序号		气门1	气门2	气门3	气门4	喷油器
1缸位	机测1	0.794	0.781	0.815	0.823	2.044
	机测2	0.792	0.779	0.817	0.820	2.047
	机测3	0.793	0.779	0.818	0.822	2.045
	机测4	0.792	0.779	0.817	0.821	2.043
	机测5	0.793	0.779	0.817	0.821	2.045
	手测1	0.750	0.750	0.790	0.800	2.120
	误差	0.044	0.031	0.025	0.023	-0.076
2缸位	机测1	0.784	0.769	0.746	0.757	2.058
	机测2	0.784	0.768	0.748	0.756	2.053
	机测3	0.784	0.768	0.748	0.757	2.053
	机测4	0.783	0.768	0.748	0.757	2.050
	机测5	0.783	0.768	0.748	0.757	2.052
	手测1	0.720	0.740	0.720	0.740	2.130
	误差	0.064	0.029	0.026	0.017	-0.072
3缸位	机测1	0.777	0.746	0.846	0.763	2.053
	机测2	0.776	0.766	0.846	0.762	2.049
	机测3	0.776	0.765	0.845	0.763	2.047
	机测4	0.776	0.766	0.845	0.762	2.047
	机测5	0.775	0.767	0.845	0.763	2.049
	手测1	0.750	0.740	0.830	0.760	2.120
	误差	0.027	0.006	0.016	0.003	-0.067
4缸位	机测1	0.807	0.761	0.834	0.800	2.061
	机测2	0.808	0.762	0.828	0.801	2.051
	机测3	0.806	0.759	0.835	0.800	2.055
	机测4	0.806	0.760	0.834	0.801	2.057
	机测5	0.807	0.760	0.835	0.800	2.055
	手测1	0.770	0.730	0.820	0.780	2.130
	误差	0.037	0.031	0.014	0.020	-0.069
5缸位	机测1	0.735	0.729	0.794	0.806	2.098
	机测2	0.736	0.732	0.792	0.806	2.097
	机测3	0.736	0.729	0.793	0.806	2.098
	机测4	0.736	0.731	0.792	0.807	2.098
	机测5	0.736	0.731	0.792	0.808	2.097
	手测1	0.690	0.690	0.770	0.790	2.180
	误差	0.045	0.039	0.024	0.016	-0.082

续表

序号		气门 1	气门 2	气门 3	气门 4	喷油器
6 缸位	机测 1	0.790	0.746	0.793	0.820	2.073
	机测 2	0.790	0.745	0.794	0.831	2.070
	机测 3	0.790	0.746	0.794	0.830	2.071
	机测 4	0.791	0.746	0.794	0.831	2.073
	机测 5	0.790	0.746	0.794	0.830	2.070
	手测 1	0.750	0.710	0.750	0.790	2.150
	误差	0.040	0.036	0.043	0.030	-0.077

5 应用效果

该设备安装调试完毕后，使用至今未出现重大停产故障。2021 年高产期间，设备稳定可靠。位移传感器检测系统正常，数据准确，举升、夹紧、S120 伺服侧移机构，测头移动伺服与其他设备动作互锁完整，设备安全性得到有力保障。

6 结语

随着自动化技术的高速发展，各种新产品、新技术层出不穷，只有不断加强学习，将各种新产品、新技术应用到产品设计当中去，才能保证设计出来的产品处于领先位置。

这次我在项目中首次全面接触到了测量传感器、伺服等在动力总成装配中的应用，PLC 与各智能元器件交互信号的规划，设计调试过程中有经验也有教训，对自己今后的工作有很大的帮助。

在本次设计中，得到了各位专家及相关技术员的大力支持与配合，也得到了东风专用设备科技有限公司的有关领导及专家的关心与支持，在此对他们深表感谢！

参考文献

[1] 吴建华. 汽车发动机原理 [M]. 3 版. 北京：机械工业出版社，2020.
[2] S7-1500 编程手册（西门子）.
[3] S120 伺服编程手册（西门子）.
[4] FESTO 伺服电缸编程手册（FESTO）.
[5] 位移传感器使用手册（输力强）.

树脂绝缘干式整流变压器温度场分析

王　娜　姚育成　江俊帮　曹　薇　李蒙蒙
湖北工业大学理学院芯片产业学院

摘　要：树脂绝缘干式变压器内部温度场分布研究对变压器稳定运行有着重要的意义。本文在分析干式变压器产热散热机理的基础上，针对树脂绝缘干式整流变压器，利用多物理场有限元软件 Comsol Multiphysics 对其开展温度场仿真计算，计算得出变压器铁芯和绕组的温度分布云图。同时将计算结果与干式变压器温升试验实测数据进行了对比，仿真分析计算的温升结果与试验结果偏差较小，计算方法可满足工程需要。

关键词：干式变压器　流体温度场　热点温度　有限元仿真

引言

变压器对电能的经济运行、安全使用、合理分配等都有重要的意义，它保证着电网中电能的稳定传输。变压器绕组绝缘性能直接影响干式变压器的使用寿命及运行状况。干式变压器运行状况影响因素主要包括干式变压器内部散热、产热及干式变压器绝缘性能，各因素之间又互相影响。当绝缘处发生故障的干式变压器工作时，其绝缘故障处的温度骤升[1]；绝缘性能因温升达到极限值损坏程度持续恶化，爆炸起火事故可能因而出现。影响变压器最大负载值及其长效正常工作的关键是变压器绕组最热点温度[2]。过低的热点温度会导致变压器未得到充分利用，经济效益低；而变压器若长期处于最热点温度过高状态，不仅会加剧绝缘老化导致变压器使用寿命减少，甚至会出现击穿变压器绝缘和起火现象的发生，影响公众安全。因此，为了实现变压器运行的最大效益化，保障电网长期安全可靠运行，测量和定位出变压器内部最热点至关重要。找出树脂浇注干式变压器内部最热点并对其长期监控测试一直是工作的难点之一，因为变压器绕组由整体浇注而成，内部结构紧密窄小，导致变压器在工作时易产生高温高热现象。因此为定位出干式变压器最热点位置并对其长期监控，及时发现变压器故障异常部位，从而保障干式变压器长期稳定运行，对变压器内部温度场分布进行研究分析是非常必要的[3]。

1　干式变压器模型传热分析

干式变压器的热量主要来源于传导传热、对流传热和辐射传热，热量由变压器损耗转换而来导致变压器产生温升，其中变压器主要热源为铁芯及高、低压绕组产生的损耗[4]。

1.1　热传导

变压器绝缘热点到绝缘外部的热量和绕组热点到绕组外部的热量均由传导实现。热传导是相邻粒子中能量之间的传输[5]。利用 Fourie 定律对固体传热中的传导进行建模时，变压器温度梯度正比于传导的热通量 q。

对于瞬态模型，非运动的固体温度场传热方程可以用下式表示：

$$\rho C_p \frac{\partial T}{\partial t} = \nabla \cdot (k \nabla T) + Q$$

式中：k——材料的导热性；

∇T——温差。

1.2 热对流

对流是流体整体运动引起的质量传递。由于温度梯度，即使没有强制流动，也可能由于密度变化和重力作用出现浮力驱动的流动。在正常环境条件下，对于体积大于几毫升的流体，对流通常保持动态，不会出现完全静止不动的现象。这表明，即使没有强制对流作用，对流实际上也会引起质量传递。在温度变化引起密度变化的情况下，这一效应称为自然对流或自由对流，也可以简称浮力对流。对于本文干式变压器整个系统而言，变压器流体内部的温度差会导致各部分流体的密度不同，并由此产生浮力，浮力引起的流体内部流动即为自然对流。

1.3 热辐射

物体发射电磁能被其他物体吸收并转化为热量称为热辐射[6]。在干式变压器工作时，其主要热辐射包括高压绕组外表面对空气的辐射、变压器低压绕组内侧与铁芯外侧之间的辐射、高压绕组内侧与低压绕组外侧之间的辐射等。

2 温度场仿真计算建模

本文以一台树脂绝缘干式整流变压器为研究对象，该干式变压器三维实体 CAD 模型如图 1 所示。铁芯、低压绕组及高压绕组中均设置了散热气道。低压绕组共有五层，每层每匝之间均有绝缘涂层，置于高压绕组和铁芯之间，其中低压绕组每层的绕制匝数不同；硅钢片堆叠而成的铁芯圆周缝隙处填充了导磁材料，且铁芯的上、中、下部位均被玻璃丝固定；高压绕组被设计为分段分层式结构，且高压绕组每段每匝均有绝缘树脂涂层。

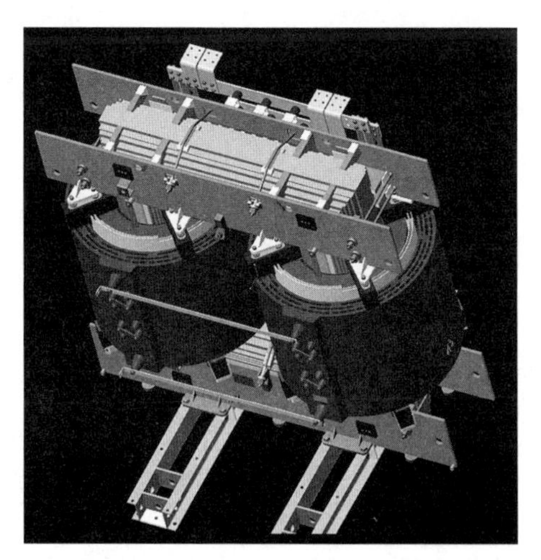

图 1 干式变压器三维实体 CAD 模型

2.1 模型分析

干式变压器主要是绕组发热，计算时取中间相并采用轴对称模型，即只计算域为中间相中的一半，根据变压器结构特性，计算中取空气区域为外壳内区域，宽度为 1.25 m，空气区域的高度为外壳高度 3 m。高低压绕组采用分开建模的方式，低压绕组按照设计层板结构建模，根据散热特性，绕组散热主要在径向，轴向基本不起作用，高压绕组根据排列方式适当简化，保证排列密度相同，分布适当调整，各气道内考虑气道两边固体区域的热辐射散热。本文使用 Comsol Multiphysics 中的“共轭传热，层流”和“辐射，表面对表面辐射传热”多物理场接口对干式变压器温度场进行建模分析，其中层流接口将变压器传热和流体流动进行了耦合，并自动增加“非等温流动”使流动和传热接口进行耦合。

建立的变压器二维轴对称模型如图 2 所示。

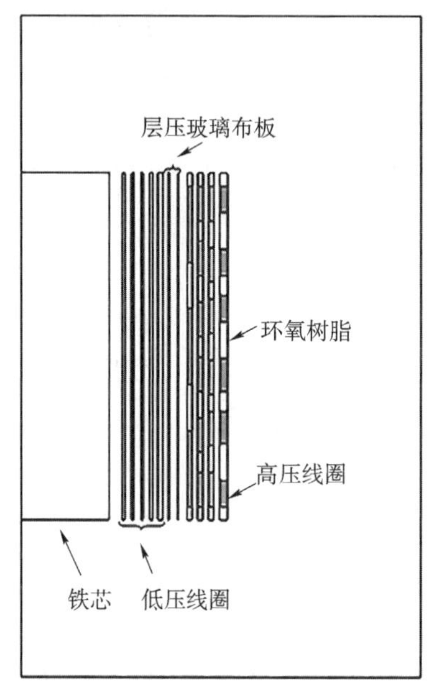

图 2　变压器二维轴对称模型

2.2　热源分析

本文中的干式变压器热源主要包括高压绕组负载损耗、低压绕组负载损耗及铁芯空载损耗。变压器发热部分主要为高、低压绕组的导线部位。将变压器发热部位假定为总热量不变的均匀发热热源，则可得到变压器单位热源体积热率的计算公式：

$$q_v = \frac{P}{V}$$

式中：P——所求部分的总损耗，为空载损耗及负载损耗值；

V——热源体积，通过导体的质量反推得到。

本模型的热源数据如表 1 所示。

表 1　热源数据

部件	铁芯	阀侧绕组	网侧绕组	壳外空气
总损耗/W	9 295	8 487	15 093	恒温 20 ℃
体积/m^3	1. 57	0. 109 83	0. 146 69	
体积热率/($W \cdot m^{-3}$)	5 920	77 264	102 890	

2.3　物性参数

模型计算中变压器固体、空气的物性参数如表 2 所示。

表 2 各材料参数

部件材料	密度/(kg·m^{-3})	比热容/(J·kg^{-1}·k^{-1})	导热系数/(W·m^{-1}·K^{-1})
硅钢片	7 650	446	226
玻璃丝	2 500	794	0.23
网格布	1 800	1 200	0.23
环氧树脂	1 658	1 100	0.526
铜	8 930	386	398
空气	AIR-SI（软件内设）		

2.4 辐射系数

物体表面的发射率主要影响因素有物质表面状况、种类及表面温度等。对于非金属材料，发射率取值范围为0.85~0.95，其中当发射率与物质表面状态没有关系时，通常取值为0.90[7]。本文中的干式变压器各部件外部均有绝缘漆涂层，因此可将变压器辐射系数设为同一数值，本文在仿真模型中将其辐射率 ε 均设定为0.90。

2.5 边界条件

（1）干式变压器模型对称轴的边界条件是一定的，即径向速度为0，温度边界条件为绝热。

（2）产品存在外壳，外壳顶面为铁板，侧面为百叶窗，将变压器与外界环境相对隔开，外壳顶部气流受到阻隔，侧面开孔处空气自由交换，遮挡处气流受到阻隔。由以上分析可得，模型径向与轴向速度均为0，变压器上、下边界条件设为无滑移，边界温度设为20 ℃环境温度。

（3）在边界开孔处空气自由流动，即边界处压强为大气压强，遮挡处为无滑移边界条件，遮挡与开孔面积比为等效面积比。

2.6 网格剖分

在有限元分析方法中，有限元网格决定了模型计算精度。模型被有限元网格分为多个域，即单元，在每个单元上使用一组多项式函数方程组求解表示所需的控制方程，单元大小与网格尺寸成正比，为了使模型求解结果尽可能接近真实解，需要对网格进行不断细化。但网格过于细化将导致模型计算量增加，时间成本提高；若网格选取过于粗糙，则会导致模型计算误差过大[8]。为了合理控制误差，分别对铁芯、高压绕组及低压绕组设定不同的网格尺寸，进行区域划分。该模型选用三角形网格剖分法，在温度梯度较小的区域网格划分较为粗糙，温度梯度大的区域进行适当细化，比如空气接触部位及热源部位，网格剖分结果如图3所示。

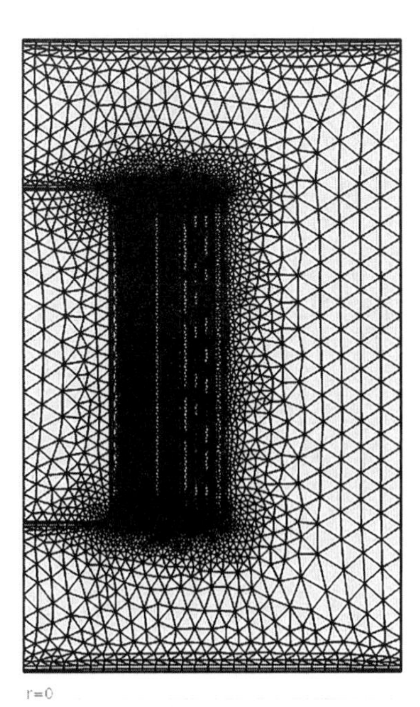

图3 变压器网格划分图

3 仿真结果分析

通过分析计算，得到整体结构、铁芯及绕组、低压绕组和高压绕组的最高温度及温升值，与试验结果对比如图 4 和图 5 所示。

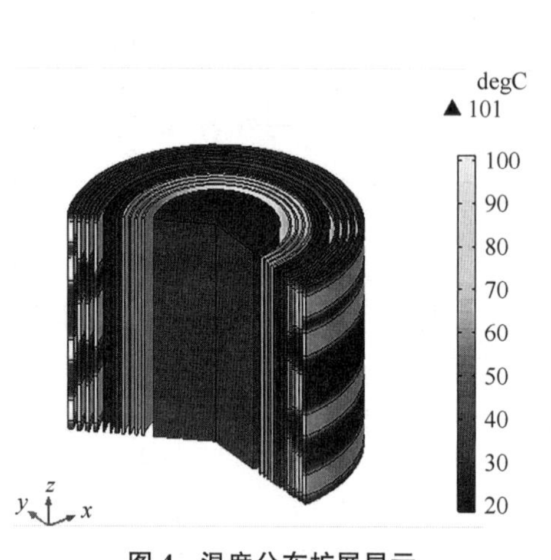

图 4 温度分布扩展显示

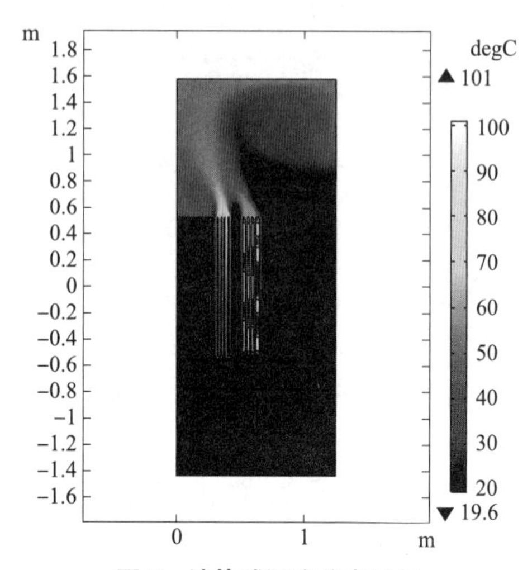

图 5 计算域温度分布云图

计算结果显示，内层低压绕组以及外层高压绕组均呈现出靠近内侧绕组温度高于外侧绕组温度趋势，且最高温度出现在高压绕组中间绕组的上部 4/5 的位置，高压绕组最高温度点温升为 78 K，位于高压绕组（图 6），平均温升 65. 2 K；低压绕组最高温度点温升为 72. 5 K，低压绕组平均温升为 59. 3 K（图 7）。

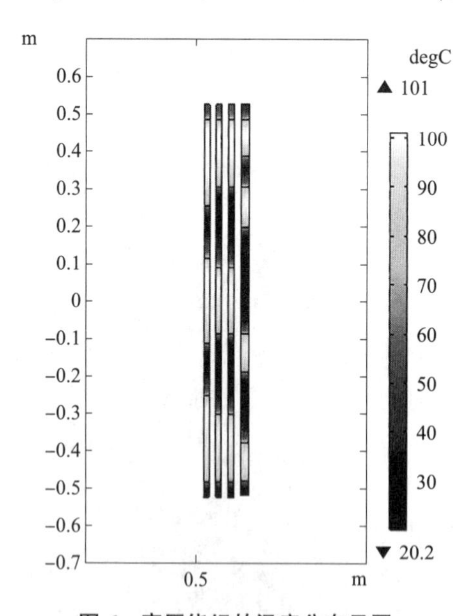

图 6 高压绕组的温度分布云图

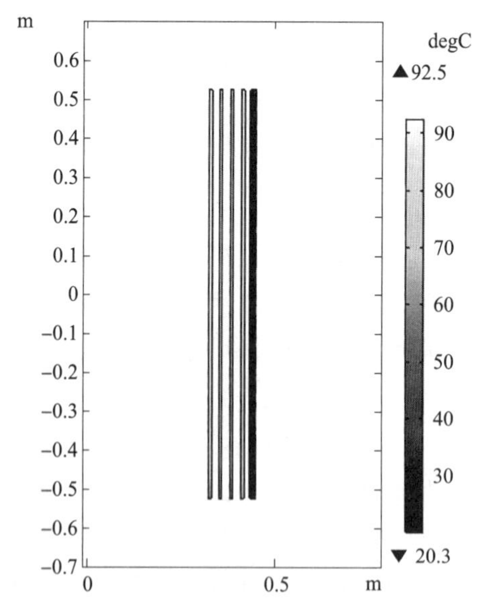

图 7 低压绕组的温度分布云图

由于外壳的作用，热气流在上升过程中遇到外壳后在外壳顶部产生热空气的扰动，在整个外壳内，外壳顶部区域气体温度较高。整个计算域最高温度点温升 81. 1 K，位于绕组层间（图 8）。

图 8 为空气流场速度分布云图，可以看出绕组间隙空气具有较高的上升速度，最大流速为 1.15 m/s，有利于散热。

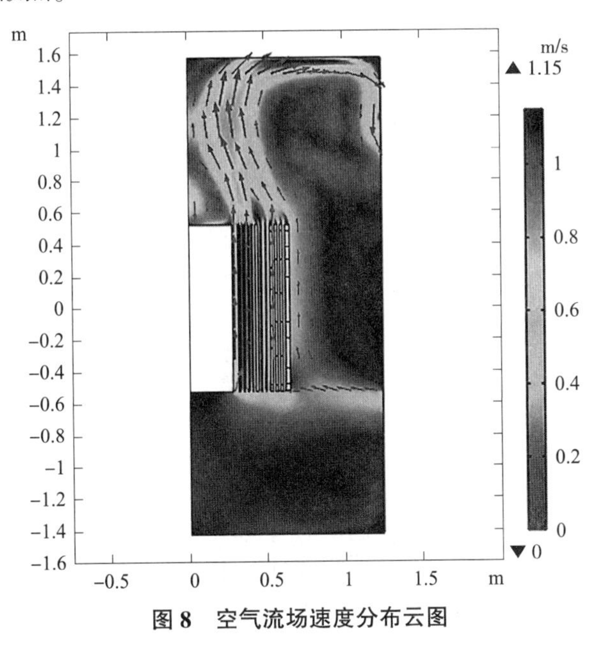

图 8　空气流场速度分布云图

通过以上对干式变压器模型温度场计算结果分析可以得出，在自然散热条件下，绕组最高温度出现在高压绕组中间绕组的上部 4/5 的位置，整体温升比较均匀，通过空气流场速度分布可以看出，空气具有较高的散热速度，空气到达外壳顶部后从侧面流出，底部空气流入补充，3 m 高的外壳顶部和底部对空气流动的阻碍作用已基本不影响空气的流动散热，设计中可以不考虑外壳对变压器温升的影响。

表 3 的平均温度是所求绕组范围内所有节点温度的算术平均值，温升为绕组平均温度与环境温度的差值。干式变压器模型仿真分析计算温升结果虽然与试验结果有偏差，但可以满足标准偏差要求，其计算方法可满足工程需要。

表 3　平均温升计算结果

部件		网侧绕组	阀侧绕组
仿真结果	环境温度/℃	20	20
	平均温度/℃	85.2	92.4
	温升/K	65.2	72.5
试验结果	温升/K	71.1	69.6

4　结语

本文以树脂绝缘干式整流变压器为研究对象进行了温度场仿真，通过仿真结果与实物温升试验结果对比分析可知，实例计算结果与实测结果偏差较小，可满足工程要求，证明了利用多物理场有限元软件 Comsol Multiphysics 仿真计算干式变压器温度场方法的可行性。本文模拟分析计算结果可为变压器定位出最热点位置及产品结构优化升级提供参考，从而提高绝缘使用寿命，保障电网长期稳定运行。

参考文献

[1] 薛飞，陈炯，周健聪，等．基于ANSYS软件的油浸式变压器温度场有限元仿真计算 [J]．上海电力学院学报，2015，31（2）：5.

[2] 刘传彝．电力变压器设计计算方法与实践 [M]. 沈阳：辽宁科学技术出版社，2002.

[3] 许凌霄，马保全，桂建平．树脂浇注干式变压器温度场分析 [J]. 电工技术，2019（9）：56-57.

[4] 刘国坚，王丰华. 油浸式电力变压器温度场分布的计算分析 [J]. 科学技术与工程，2015，15（32）：36-41.

[5] 赵艳龙. 树脂浇注干式变压器温度场数值计算及在线监测系统研究 [D]. 重庆：重庆大学，2013.

[6] 李久菊，秦果，王军奎，等. 基于温度场仿真的干式变压器散热设计 [J]. 电气技术与经济，2023（2）：15-18.

[7] 杨世铭. 传热学 [M]. 北京：高等教育出版社，2006.

[8] 许守东，张疏桐，刘昊橙，等. 温度对电连接器接触件性能影响仿真分析 [J]. 武汉大学学报（工学版），2023，56（4）：4-12.

直线电机综述

武　锐　董蒙恩　么冠博
襄阳汽车职业技术学院智能制造学院

摘　要： 直线电机已存在多年，在各行各业逐渐得到广泛使用，但是大众还是对它还是比较陌生。本文本着科普理念对直线电机做简要综述，首先介绍直线电机如何产生，接着简介直线电机的分类、优缺点、国内外产业发展现状。温度对直线电机影响很大，本文最后介绍了研究温度场的三种办法。通过本文描述，笔者期待对直线电机科普工作做出微薄贡献。

关键词： 直线电机　产业现状　温度场

引言

一般电机工作时都是转动的，但是用旋转的电机驱动机器做直线运动，就需要增加把旋转运动变为直线运动的一套装置，甚至需要通过旋转电机和滚珠丝杠、皮带、齿轮等中间转换机构相配合才能实现直线驱动。能不能直接运用直线运动的电机来驱动，从而省去这套装置呢？现在已制成了直线电机解决这个问题。直线电机是一种新型电机，它不需要中间转换装置，能把电能直接转变为做直线运动的机械能。

直线电机可以认为是旋转电机在结构方面的一种演变。设想把一台旋转运动的感应电机沿着半径的方向剖开，将电机的圆周展成直线，如图 1 所示，这就成了一台最原始的直线感应电动机。而在直线电机中，相当于旋转电机定子的，叫初级；相当于旋转电机转子的，叫次级。初级绕组通入交流电源，便在气隙中产生行波磁场。次级在行波磁场切割下，将产生感应电动势并产生电流，该电流与气隙中的磁场相互作用就产生电磁推力。如果初级固定，则次级在推力的作用下做直线运动；反之，则初级做直线运动。它把电能直接转变为直线运动的机械能而无须中间变换装置。这就是直线电机最基本的工作原理。

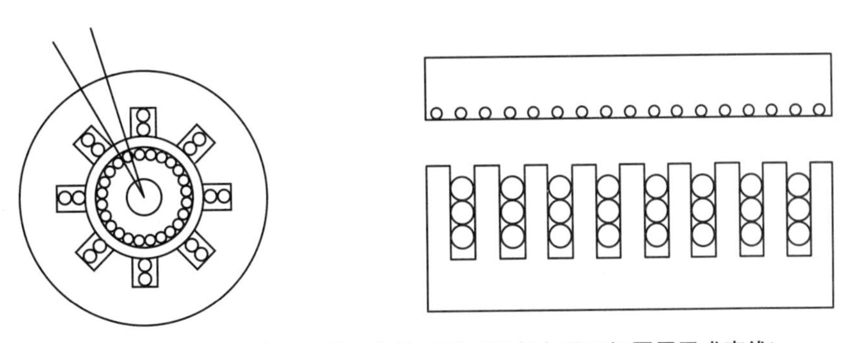

图 1　由旋转电机变为直线电机的过程（沿径向展开把圆周展成直线）

1 分类

为了保证在所需的行程范围内，初级与次级之间的耦合能保持不变，在实际应用时，将初级与次级制造成不同的长度。在直线电机制造时，既可以是初级短、次级长，也可以是初级长、次级短。前者称作短初级长次级，后者称作长初级短次级。图2中所示的直线电机仅在一边安放初级，对于这样的结构形式也称作单边型直线电机。如果在次级的两边都装上初级，那么这个法向拉力可以相互抵消，这种结构形式称作双边型直线电机（图3）。

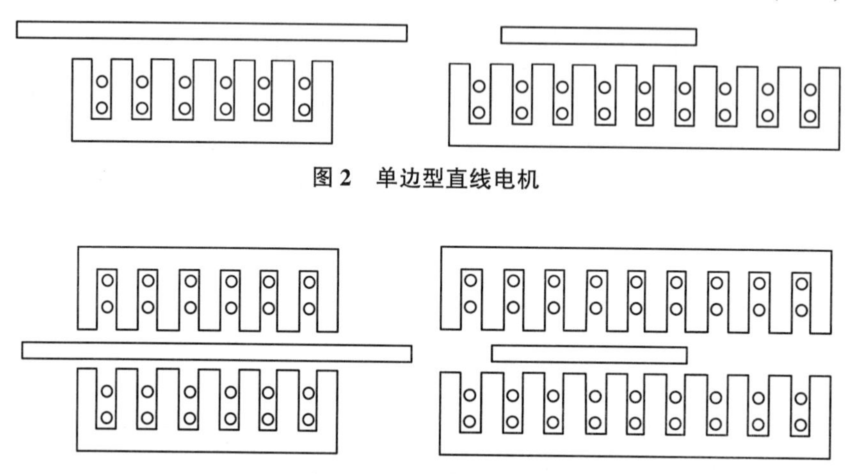

图2 单边型直线电机

图3 双边型直线电机

直线电机的类型如图4所示。按照通入电流来分类，直线电机可分为直线直流电机和直线交流电机。现在工业和民用电机多选择交流电机。按照励磁方式和结构分类，直线交流电机主要包括直线感应电机、直线开关磁阻电机及永磁直线电机。按照电机磁场调制效果，永磁直线电机可分为永磁直线同步电机、初级永磁型直线电机和磁场调制型永磁直线电机。

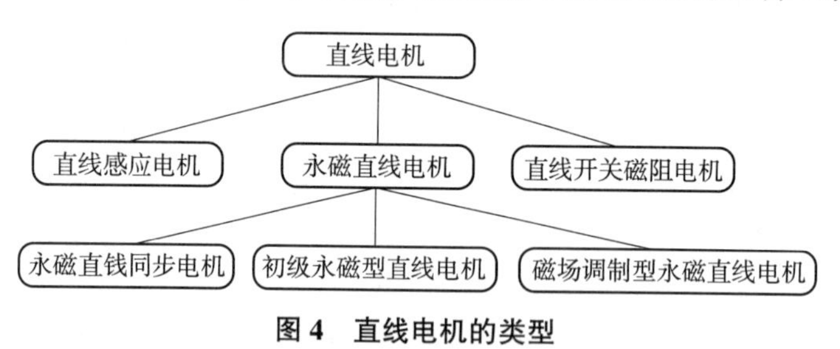

图4 直线电机的类型

直线感应电机具有低成本、易维护、高可靠性的优点，也有其天生的缺陷，感应直线电机需通过电流建立励磁磁场，机电能量转化率低，效率、功率因数和推力密度不高，严重制约了系统性能的提升。直线电机的效率、功率因数及推力密度成为直线驱动系统中的一个重要的研究课题。直线开关磁阻电机短端部集中绕组仅在一侧，结构简单，相绕组在运行时是独立的，并且两相之间的互感很小，可以忽略不计，当发生故障时，出现故障的相绕组对其他相绕组的影响很小。因此，直线开关磁阻电机具有良好的容错能力，可用于需要高可靠性的长距离行程中。同时，直线开关磁阻电机所需的冷却措施和维护较少，成本比较低，利用这些固有的优点，直线开关磁阻电机得到了前所未有的快速发展。与感应直线电机类似，直线开关磁阻电机对气隙大小敏感。相较于直线感应电机和直线开关磁阻电机，永磁直线电机无须额外的电流励磁，具有推力密度高、效率高等优势。

2 直线电机的优缺点

2.1 优点

直线电机与一般常用的旋转式电机相比，主要有以下优点：

2.1.1 起动性能好

由于直线电机具有软特性功能，刚一接通直线电机的电源，就会立即产生接近额定值的电磁推力，而起动电流与额定电流值差别不大。因此，直线感应电动机的正反转和频繁起动对电网几乎无冲击，它靠行波磁场传递推力，不受摩擦系数和黏着力等因素的影响，不存在打滑问题，特别适用于运输设备（尤其是斜坡运输和各类加速器）。

2.1.2 电机自身有良好的防护性能，可以在较恶劣条件下工作

平面型直线感应电动机是敞开式结构，自身散热条件好；直线电机过载能力强，在起动、运行和堵转情况下，电流基本稳定；采用聚氨酯或 PVC 材料密封，能防潮、防尘，防油污、防气体腐蚀。这些性能特点对煤矿生产条件有着现实意义。

2.1.3 无污染、噪声低、结构简单、维护方便、成本低

直线电机依靠电磁力工作，工作中不排放废气；因为直线电机取消了诸如齿轮、皮带轮或摩擦轮、钢丝绳等中间传动装置，这就消除了由它们造成的噪声；由于直线电机不需要把旋转运动变成直线运动的附加装置，因而使得系统本身的结构大为简化，重量和体积大大下降，成本也相应降低；直线感应电动机只有初级和次级两大件，是机电一体化产品，电机的次级或者初级也是工作机械，它省去了中间传动转换装置，是绿色环保型产品。

2.1.4 使用灵活性较大

直线感应电动机可多台并用，互不干扰，也不存在负载分配不均及同步问题。改变直线感应电动机次级材料（如使用钢次级或复合次级）或改变电机气隙的大小均可获得各种不同的电机特性。直线电机结构形式较多，有平面形、双边平面形、管形和圆弧形等，可满足不同工况要求，使用灵活性较大，且为机电一体化产品。

2.1.5 特别适用于高速运行

常规旋转电机，由于离心力的作用，高速运行时转子将受到较大的应力，因此转速和输出功率都受到限制。而直线感应电动机不存在离心力问题，并且它的运动部分是通过电磁感应产生推力来驱动的，与固定部分没有机械联系。直线电机初级和次级之间有气隙，运动部分就无磨损和噪声，同时，牵引力不受车轮与轨道之间所谓“粘着系数”的影响，爬坡能力比较大，所以特别适用于高速列车的推进装置。

2.1.6 特殊用途

有些旋转电机不能承担的工作，可由直线电机完成。例如时速超过 200~25km/h 的高速列车，用旋转电机驱动轮轴系统是无论如何也无法完成的，而目前使用直线电机驱动的高速列车已在不少国家投入试运行，并显示出广阔的发展前景。

2.1.7 便于使用磁悬浮技术

直线电机的初级对次级具有 5~8 倍推力的吸力特点，故便于使用磁悬浮技术。

2.1.8 节能

在频繁起动短时断续工作时，电机几乎始终处于起动工作状态。直线感应电动机处于起动状态工作时，由于其特性软，一般起动电流只相当于额定电流的 110%~150%，而旋转感应电动机具有硬特性，起动电流为额定电流的 5~7 倍；所以在此工况下，直线感应电动机

较旋转感应电动机在起动时具有明显的节能效果，属环保型产品。

由于直线电机具有上述优点，因而具有广泛的用途和发展前景，已被工业、交通、国防等领域的应用所证实，被当今科技界所公认，是高效低能耗的环保型产品。

2.2 缺点

当然直线电机也有不足之处：

（1）因气隙比旋转电机大，所以效率和功率因素要相对低一些，尤其在低速时比较明显。

（2）初级铁芯两端开断，会产生端部效应，特别是在高速直线电机中不容忽视。

可以看出，直线电机的优势是非常明显的。只要在应用时综合权衡利弊，直线电机定能发挥很大的作用。

采用直线电机的直驱系统可以实现更高的速度和加速度，没有背隙，需要维护的零部件少，因而具有响应速度快、控制精度好、可靠性高等优点。特别是在近几十年，得益于高性能永磁材料、电力电子技术和电机控制策略的发展，直线电机的性能不断提升，为其在工业中的应用打下了基础。

3 直线电机产业现状

直线电机应用广泛，市场上成熟产品主要来自国外进口，近几年，国产直线电机技术突飞猛进。下面对国内国外直线电机产品做简单介绍：

3.1 国内直线电机产品

3.1.1 大族电机

大族电机自主研发生产的直线电机、直线运动平台、潜油直线电机等系列产品经过十多年的发展，在直驱电机行业以及自动化智能制造领域拥有丰富的产品线，具有良好的口碑。

3.1.2 长沙一派

长沙一派是专业从事直线伺服电机与非圆截面数控机床研发、生产、销售与服务，并为客户提供完整的智能制造解决方案的国家高新技术企业。公司拥有平板直线电机、U型直线电机、直线伺服模组、平台等完整的产品系列，为PCB钻机、锣机、激光切割机、数控机床、检测设备、光学设备、纺织设备、自动物流、电磁弹射等领域提供优良的伺服运动部件，以现代直驱技术为各行业提供智能制造解决方案。

3.1.3 深圳线马

深圳线马科技有限公司，以专注于线性马达的研发、定制、生产、制造为基础，并以此为基本单元，为客户定制最合适的自动化运动系统。面向高端制造行业，致力于自动化工业的生产效率、品质的提高。现已成功开发并销售6大系列产品，即平板直线电机、U型直线电机、直线电机模组、音圈电机、力矩电机、圆筒电机。

3.1.4 奥茵绅

奥茵绅智能装备（苏州）有限公司（以下简称“奥茵绅”）于2021年在苏州注册成立，前身包括上海奥茵绅机电科技有限公司、深圳海普智能装备有限公司，是一家以直驱马达、直线电机、直线电机模组、大理石运动平台、光栅反馈、细分电路、精度补偿电路、伺服驱动电路等产品的研发、生产、销售以及服务为一体的，拥有自主知识产权的高新技术企业，服务于高端制造业，为用户提供高品质直驱方案。目前，产品广泛应用于3C设备、光伏电池设备、半导体设备、新能源电池设备、AOI检测设备、激光加工设备、高端机床、多轴转台等。上海和深圳分别建有营销中心，制造中心坐落于苏州。

3.2 国外直线电机产品

（1）Parker Hannifin：一家美国跨国工程技术公司，提供广泛的运动和控制技术解决方案，包括直线电机系统。

（2）Baldor Electric Company：一家总部位于美国的电机制造商，其产品线包括直线电机和线性运动系统。

（3）Kollmorgen：一家专业从事运动控制技术的美国公司，其产品范围包括直线电机和驱动器，适用于各种自动化应用。

（4）Bosch Rexroth：德国力士乐集团的一部分，一家提供工业自动化和驱动技术解决方案的公司，其产品线包括直线电机系统。

（5）Festo：一家德国工业自动化和控制技术公司，提供多种类型的直线电机和运动系统，适用于自动化和机器人应用。

4 直线电机的关键问题

温度对直线电机影响很大，目前研究温度场的方法主要有三种：集中参数热网络法、有限元计算方法和计算流体动力学方法。

4.1 集中参数热网络法

集中参数热网络法是根据电机中结构及应用材料的不同，把电机划分为不同的节点，用热阻表示各结构之间的传热，并且把电机各损耗作为热源加载在各节点上，从而形成一个热网络进行求解。所形成的热网络与电网络类似，其中热源类比为电流元，热阻类比为电阻，温升类比为电压差。可以求解热网络，从而得到各节点的温度，热网络模型的求解精度与网络的疏密程度有很大的关系。

4.2 有限元仿真计算方法

数值有限元计算方法是指利用有限元分析软件直接建立电机的二维或三维实体模型，并且进行剖分，通过对实体模型加载热源以及各散热边界条件，从而得到电机各部分的温度分布和温升状况。该方法较集中参数热网络法更加直观、细致，但是需要相对较长的计算时间。且与集中参数热网络类似，若要准确合理建模及计算，需要对模型中的各部分材料的导热系数及散热的边界条件，例如散热系数、辐射系数等准确计算并加载。随着流体动力学及传热学的发展，目前一些边界条件相对应的系数可以借助经验公式求得，但是对于槽部等含有多种材料的部件，其导热系数的计算也是难点，这些都会影响数值有限元法的计算精度。

4.3 计算流体动力学方法

计算流体动力学方法是一种利用计算机求解流体流动、传热及相关传递现象的系统分析方法。因此通过计算流体动力学的求解可以同时得到电机各部分流体的流动状态、边界上的传热系数以及电机内部的温度分布等。与有限元仿真计算方法计算电机温度场不同，计算流体动力学方法的建模和计算中不需要借助于经验公式，因此其精度也会更高。

5 结语

直线电机具有高速、大推力的特点，人们利用直线电机设计制造了时速达 500 km/h 以上的磁悬浮列车，并可以在几秒钟内把一架几千克重的直升飞机拉到每小时几百千米的速度；同时，直线电机还有低速、精细的特点，如在步进直线电动机中可以做到步距为 1 pm 的精度，所以直线电机可应用于许多精密的仪器设备中。随着直线电机制造技术、控制理论的不断进步，直线电机将会更广泛地应用于工业、民用、军事及其他领域。

直线电机具结构简单、无接触、无磨损、噪声低、速度快、精度高等优点。各种相关产品的推广成功充分说明了在科学技术飞速发展的今天，直线电机直接驱动模式必将替代传统驱动模式，在社会生活各个领域得到广泛应用。国外在研究应用方面已有相当的成果，因而我们要积极借鉴其成功之处，结合国内实际，努力发展国内直线电机驱动技术，从而促进社会经济的发展。

参考文献

[1] 叶云岳. 直线电机原理与应用 [M]. 北京：机械工业出版社，2000.
[2] 王伟进. 直线电机的发展与应用概述 [J]. 微电机，2004 (1)：45-50.
[3] 宋书中. 直线电机的发展及应用概况 [J]. 控制工程，2006 (3)：199-201.

一种仿生弹跳飞行器

梁　菁　金卓阳　孙雁兵　岳　辉
太原理工大学

摘　要：固定翼飞行器在起飞和降落时限制多，不能适应复杂地形条件；旋翼飞行器耗能较高，不能够实现长距离的飞行。故运用仿生学原理，将弹跳和飞行结合起来，设计出一种能够实现快速起飞、降落，具有高度灵活性和机动性的飞行器，在复杂的地形可以进行越障和飞行，还能完成勘察地形、环境监测、隐蔽侦察等任务。

关键字：仿生　弹跳　飞行器　结构设计

1　概述

古往今来，人类对无际的天空充满着向往，并不断摸索亲近蓝天的方法。美国的莱特兄弟在1903年研制出人类第一架飞机，实现了人类历史上的首次飞行。随着航空航天技术的飞速发展，各种飞行器的设计研究也在不断进行着，更多的新型材料和新的设计理念不断被提出，逐步取代原来传统的设计理论。与此同时，计算机、微电系统、高能量电池的出现，也使得飞行器向着更轻、更小、更加灵活的方向发展[1]。

传统的固定翼飞行器，虽然在长距离飞行时有很大的优势，但是起飞和降落需要跑道，不能够适应复杂地形条件。相比固定翼飞行器，旋翼飞行器。在狭小的空间和复杂的地形条件有着良好的表现，但是由于飞行器飞行全部依赖旋翼的旋转，耗能比较高，不能够实现长距离飞行。而且旋翼飞行器的叶片与周围物体容易发生碰撞，成为它的致命缺陷，同时叶片的高速旋转带来的噪声，导致它不适合隐蔽式飞行。

为了实现更加有效和灵活的飞行，飞行器的仿生学研究成为很多研究者的焦点，其中包括以下几种理念：形态仿生、意象仿生、人体仿生、肌理仿生。在设计中引入仿生学，对提高飞行器的各项性能指标有着重大的意义。观察昆虫和鸟类，可以发现飞行生物的翅翼在形状、结构和运动模式上存在着多样性，在生物进化的过程中，每一种生物都会基于自身形状的大小而采用特定的翅翼，以达到特殊的运动模式，生物进化的本身就是优化的过程[2]。

仿生学原理进一步提高了飞行器的飞行、降落过程的稳定性、流畅度，而且利用肌理仿生设计飞行器的外壳，不仅降低了飞行过程中的阻力，飞行器的速度也得到了很大的提升，所以仿生飞行器必定会成为飞行器研究的一个趋势。本设计采用仿生学原理，将弹跳和飞行结合起来，能够实现快速起飞、降落，具有高度的灵活性和机动性，在复杂的地形可以进行越障和飞行，而且独特的仿生外形让其隐蔽性更强，这也使得在军事方面有很大的意义，可以执行隐秘侦察的任务，同时在民用方面可以实现勘察地形、环境监测等功能[3]。

2　设计思路

从模仿昆虫在自然界生态系统中的运动入手。比如像蚂蚱、螳螂、飞蜥等动物都拥有很强的翻越障碍物的能力，经过分析研究，蚂蚱拥有很好的弹跳能力，在腾空后展开翅膀飞行，轻松实现静止到飞行的快速转换，飞蜥也能通过跳跃和滑翔在丛林中自由穿梭，躲避障碍物和捕食者。它们有一个共同的运动特点：能快速地从地面或者树梢上的静止状态通过跳跃的方式腾空然后实现飞行状态的转换。正是利用动物们的这个特点，通过机构替换完成弹跳和空中飞行的两个动作，实现很好的丛林越障能力[4-5]。

3 设计方案

实现的功能为间歇式蓄能弹跳和空中展翅飞行。主要实现的动作分为五步：调整仰角、弹簧蓄能、弹射起飞、空中展翅飞行和平稳着陆。为实现以上功能，对机体重量、弹射机构、展翼机构等重要部件进行了计算和设计，以期达到最佳飞行效果[6-8]。

机翼布局采取了折叠式机翼，模拟飞蜥的软翼，使其减小起飞阻力，得到很好的动力学性能，机头和机身采取了战机的尖体流线型机头以及飞行昆虫的流线型机身，在减小空气阻力的条件下增加自身强度。弹射机构布置在机身腹部，最大限度地减小了机身的体型[9-11]。

3.1 壳体材料

为减小质量提高强度，该飞行器上下壳体采用碳纤材料作骨架，使用蒙皮为表面材料。上壳体布置光伏板，以供执行任务时补充电量。碳纤骨架质量测算如图1所示。

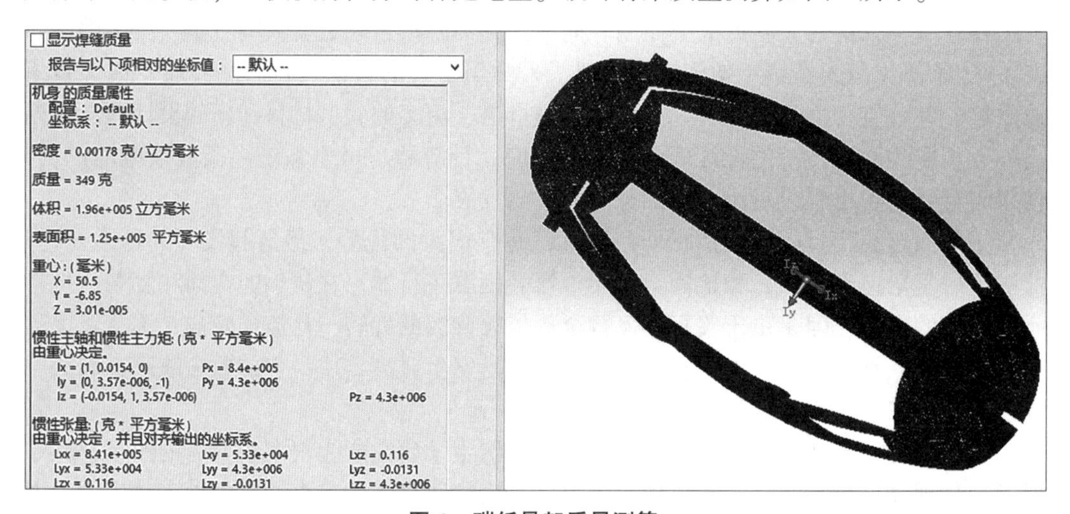

图1 碳纤骨架质量测算

3.2 弹射机构

弹射装置以弹簧为主要蓄能装置，以碳纤导杆作为弹射杆，导弹推动地面在反作用力下使机体向斜上方弹射。对于弹簧选型采用保守计算的方式，即使用牛顿定律和能量守恒定理选取弹簧，计算流程如表1所示。

表1 参数计算表

预计总体质量 1 000 g
起飞时初速度 9 m/s
弹射高度 2 m
弹簧材料（弹簧钢）G 80 000 MPa

续表

弹簧劲度系数 $k=\frac{Gd^4}{8nD^3}$
式中：G——剪切弹性模量（MPa）；G 值大小为：钢丝 80 000 MPa，不锈钢 72 000 MPa； d——线径（mm）； n——有效圈数； D——中心直径（mm）； k——弹簧系数（$N\cdot mm^{-1}$）

由于起飞过程为收翼状态，无须计算机翼阻力，最后计算选取丝径为 2 mm、直径为 18 mm、长度为 150 mm 的四根弹簧可满足弹射要求。动力装置采取直流 12 V 电机，蓄能部分采用螺杆螺母副（M8）中的螺母压缩弹簧，因所需扭力较大，采用齿轮减速装置。

3.3 展翼机构

展翼机构采取了电机牵引收缩、卡榫快速释放的装置，展翼机构布置在机身中部，使机翼能够达到最大限度的收缩。伞翼如图 2 所示，局部铰链如图 3 所示。

图 2 伞翼图

图 3 局部铰链

3.4 流场仿真

为测试该飞行器的飞行性能，以及展翼和收翼时的空气阻力，对模型进行了空气动力学分析，展翼流场应力云图如图 4 所示，收翼流场应力云图如图 5 所示，最后通过对比可验证收翼时所受阻力明显小于展翼阻力。

4 结构组成

仿生弹跳飞行器由机身、仰角调整机构、弹跳机构、机翼收折机构、着陆机构、太阳能电池蓄能机构组成[12-14]，如图 6 所示。

（1）机身：机体外形模仿昆虫外形设计，壳体呈流线型，符合空气动力学的设计理念，能减少空气阻力。

（2）仰角调整机构：该机构模拟昆虫的足部，根据飞行器所处的环境可使机体与地面成不同倾角进行弹射，以便于成功越过障碍。

（3）弹跳机构：由电机、弹簧、丝杠、螺母、卡榫和套筒组成，其中电机作为主要动力元件，弹簧作为主要蓄能部件。

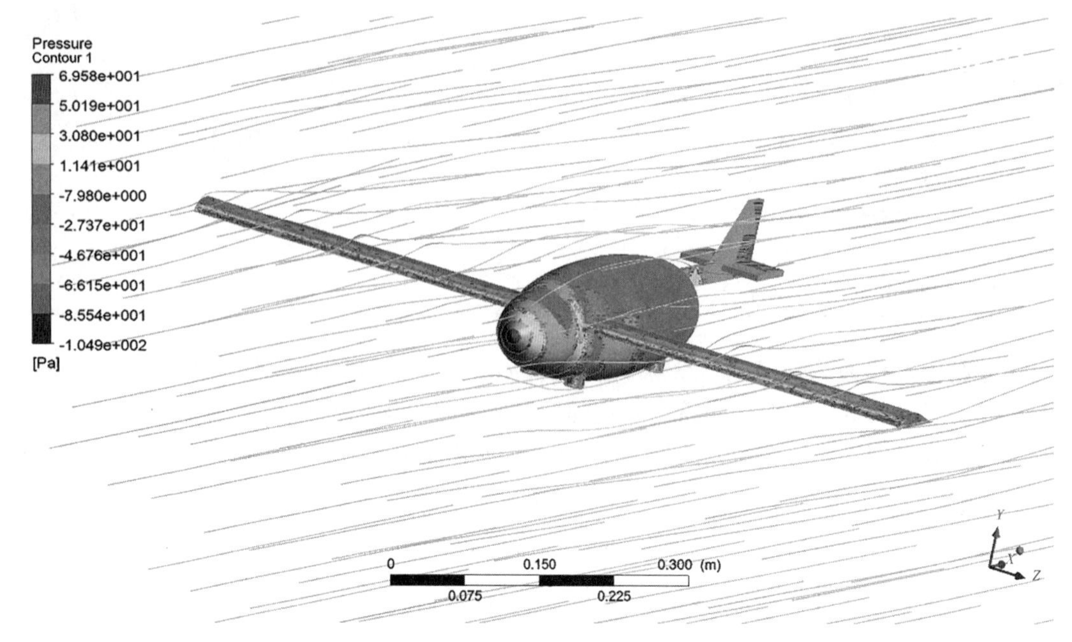

图4 展翼流场应力云图

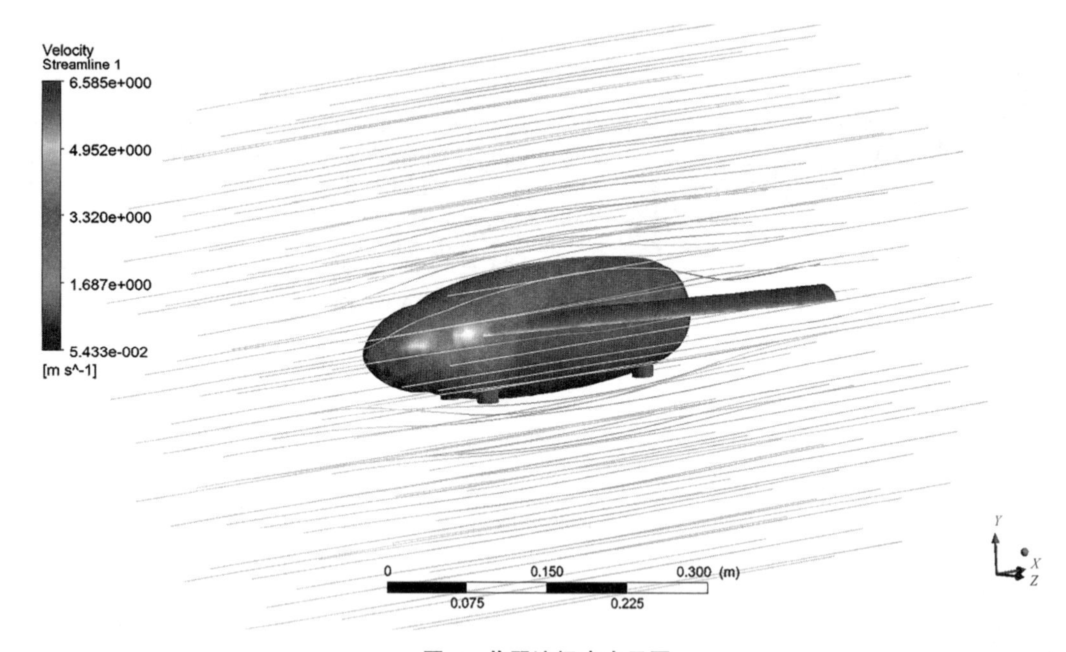

图5 收翼流场应力云图

（4）机翼收折机构：受雨伞收折原理获得启发，由电机、导杆、压缩弹簧、伞翼等组成，可以实现快速展开和收合的动作。伞翼机构具有可靠性强，动作灵敏的特点。

（5）着陆机构：考虑到飞行器的飞行环境，着陆机构采用了昆虫腿的结构，有很好的复杂地形适应性和减震性。

（6）太阳能电池蓄能机构：该机构附着于机身顶部，在野外和复杂地形执行任务时，可以通过太阳能板自行补充能量，为执行长期任务提供保障。

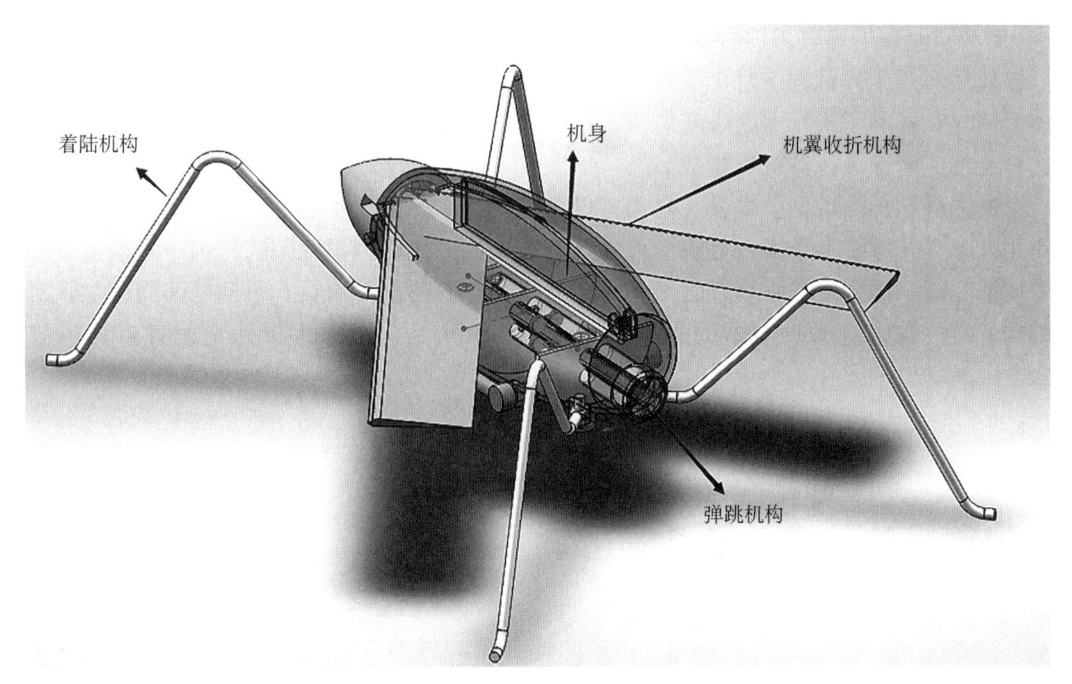

图 6 仿生弹跳飞行器结构组成

5 创新点

5.1 创新点一：飞行器自弹跳机构

该弹跳机构可多次蓄能弹跳，为飞行器弹射起飞提供动力，可在多种复杂地形（如沙地、崎岖路面，甚至是障碍物较多的复杂环境）弹射起飞，使展翼飞行器无须助跑便可起飞，对于节约跑道修建成本具有重大意义。

该弹射机构主要由一个电机，丝杆螺母以及弹簧和弹射导杆组成，电机与丝杆通过固定件连接，当电机转动时带动丝杆旋转，同时装配在丝杆上的螺母会向前移动，弹簧被压缩，卡榫挡住导杆，直至螺母移动至卡榫处，卡榫释放弹射导杆，实现其他运动方式不能越过的障碍。弹射机构如图 7 所示。

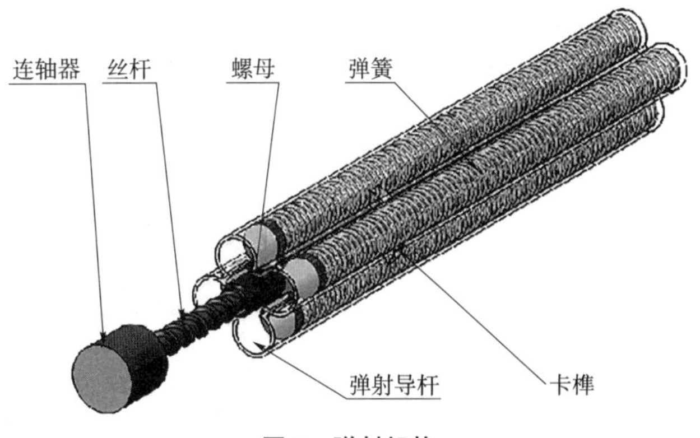

图 7 弹射机构

5.2 创新点二：机翼收折机构

该机构实现了弹跳起飞时机翼收缩，减小了弹跳起飞时机翼产生的阻力进而减小了起飞的能量消耗和提高了飞行器的隐蔽能力。该机构采用了长柄雨伞的开合原理，将长柄伞的弹簧连杆机构应于该飞行器机翼收放。

伞的主体结构由伞柄、伞骨、伞面三部分组成。伞柄是雨伞的主心骨，对雨伞整体起支持作用。伞骨支撑整个伞面，负责伞面的开合。伞面则起着挡雨遮阳的作用。伞柄上有一根强力压缩弹簧，雨伞正是依靠它强大的弹力将伞面撑开的。雨伞具有伞柄呈四周放射状对称的结构，沿一对伞骨画出雨伞的纵剖面图，如图8所示，图中字母标记的各点均由铰链连接。

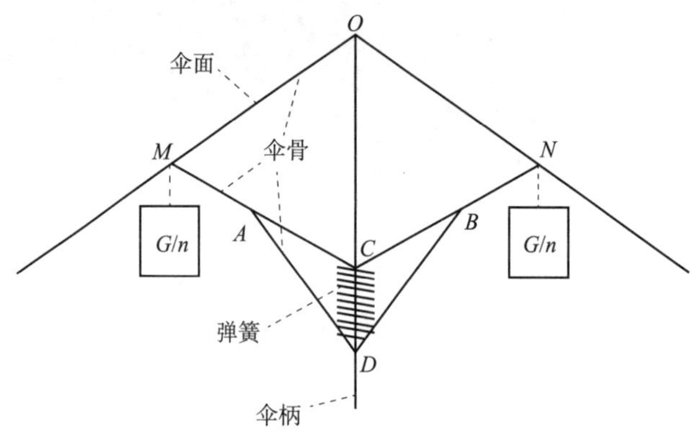

图8 雨伞纵剖面图

该收翼装置的连杆机构如同图9所示机构，将光杆伞柄改为长柄，骨架加装柔性材料，图9中拉环与牵引机构（图10）的钢丝绳连接，需要展翼时，电机首先释放钢丝绳，然后触发长柄上的释放锁扣，机翼在压缩弹簧的作用下迅速展开；需要收翼时电机翻转，带动钢丝拉环回到初始位置，完成收翼。

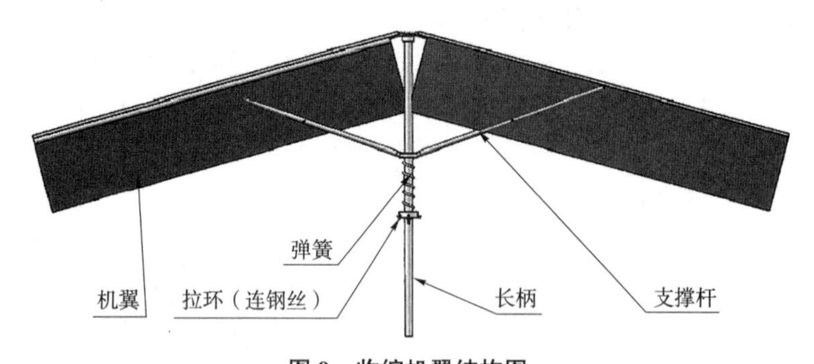

图9 收缩机翼结构图

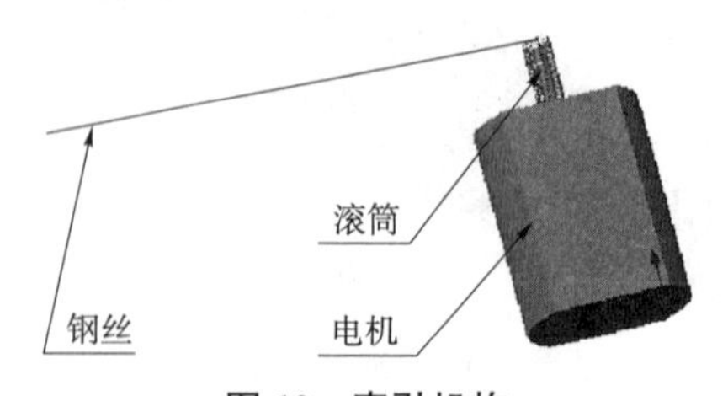

图10 牵引机构

5.3 创新点三：仿生支架

该机构由电机和四个仿昆虫腿部的支架构成，用于飞行器在地面做短距离移动以及使飞行器滑行后稳定降落于地面。起飞时，四足沿轴线转动，配合调整支架改变与地面的倾角；降落时，四足改变位置，以便于飞行器平稳降落。仿生支架如图 11 所示。图 12 为预备弹射时仿生支架的位置。

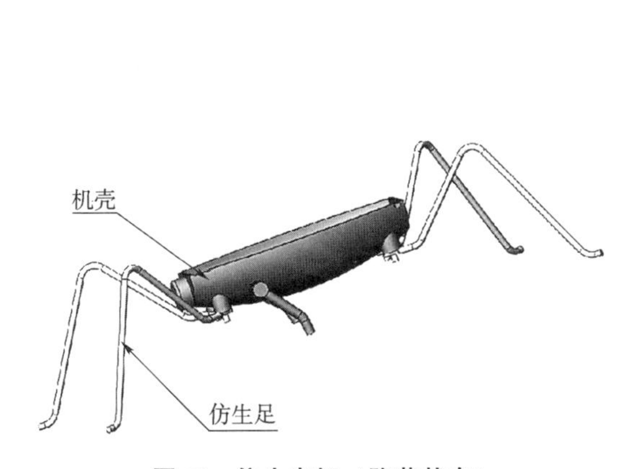

图 11　仿生支架（降落状态）

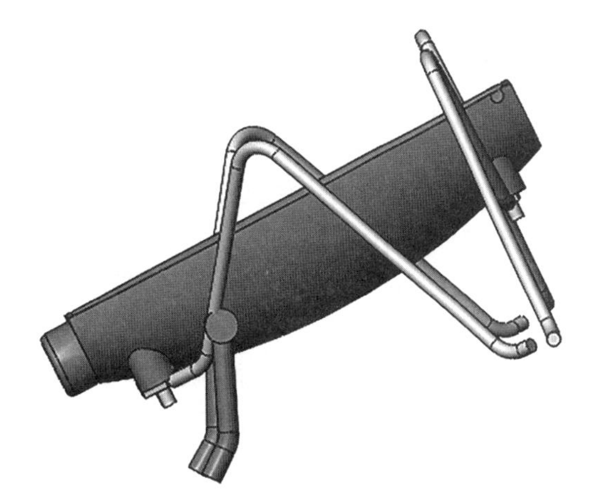

图 12　预备弹射时仿生支架的位置

5.4 创新点四：装有光伏板的流线型上机壳

采用流线型机壳可减少飞行器飞行时的阻力，加装光伏板可使飞行器在荒野执行任务时获得电能补给，无须返回充电，提高执行任务的效率。装有光伏板的上机壳如图 13 所示。

图 13　装有光伏板的上机壳

6　结语

目前市面上的飞行器琳琅满目，功能繁多，但还没有仿昆虫弹跳起飞的飞行器。弹跳起飞具有耗能少、腾空响应时间短等特点。与普通固定翼飞行器相比，该弹跳仿生飞行器不用另外为飞行器设计建设起飞跑道；与普通的四旋翼飞行器相比，该弹跳仿生飞行器耗能小、腾空响应时间短、蓄能强、越障能力显著，并且具有很好的隐蔽性，能适应复杂地形的越障飞行，可以执行军事侦察、森林消防预警、复杂环境资源勘探和长时间野外续航任务。

参考文献

[1] 夏鑫宇，肖君如. 智能无人飞行器的发展现状及趋势 [J]. 石河子科技，2021,

255（1）：17-18.

［2］沈海军，余翼. 形态仿生飞行器研制进展及关键技术［J］. 航空工程进展，2021，12（3）：9-19. DOI：10. 16615/j. cnki. 1674-8190. 2021. 03. 02.

［3］刘进轩. 飞行器造型仿生设计及其应用［D］. 南昌：南昌航空大学，2021. DOI：10. 27233/d. cnki. gnchc. 2021. 000539.

［4］刘仲成. 仿生螳螂六足机器人设计与调试［J］. 科学技术创新，2018（13）：142-143.

［5］王铠迪，陈岁繁，唐威，等. 一种仿蝗虫弹跳机器人的设计与制作［J/OL］. 中国机械工程：1-9.［2023-07-09］. http://kns.cnki.net/kcms/detail/42.1294.TH.20230608.1637.004.html.

［6］马运前，孔德义. 一种微型弹跳机器人的设计［J］. 机械传动，2022，46（3）：81-86. DOI：10. 16578/j. issn. 1004. 2539. 2022. 03. 013.

［7］秦楠，徐翰乔. 跳跃机器人弹跳机构的设计［J］. 机械制造，2020，58（10）：12-14.

［8］顾萍萍. 仿蝗虫弹跳机器人结构优化及起跳阶段运动学仿真［D］. 杭州：浙江理工大学，2021. DOI：10. 27786/d. cnki. gzjlg. 2021. 000232.

［9］王欣，邹光明，周世凡，等. 仿蝗虫机器人的弹跳腿结构设计与优化［J］. 机械设计与制造，2019（S1）：126-130. DOI：10. 19356/j. cnki. 1001-3997. 2019. S1. 030.

［10］王欣. 仿蝗虫弹跳机器人的设计及动态性能分析［D］. 武汉：武汉科技大学，2019.

［11］王昕彤，孙磊，王孝辉，等. 一种弹跳机器人结构设计与运动分析［J］. 科技与创新，2018（21）：21-25. DOI：10. 15913/j. cnki. kjycx. 2018. 21. 021.

［12］莫小娟，葛文杰，任逸飞，等. 基于起跳稳定性的仿蝗虫八杆跳跃机器人设计［J］. 机械工程学报，2023，59（5）：41-52.

［13］马维良. 仿蛙跳跃机器人的空中姿态稳定控制系统研究［D］. 哈尔滨：哈尔滨工业大学，2022. DOI：10. 27061/d. cnki. ghgdu. 2022. 001458.

［14］成威. 蚱蜢仿生机器人腿部结构优化及落地稳定性分析［D］. 长沙：湖南工业大学，2021. DOI：10. 27730/d. cnki. ghngy. 2021. 000181.

第二篇　教学研究

车工实训项目式教学改革探索

梁　菁　孙雁兵
太原理工大学

摘　要：车工实训是工科类本科生必修的实训项目，通过项目式教学的教学改革，以项目为载体、任务为驱动，突出学生主体地位，提高学生的实践能力，通过实践融会贯通理论知识，实现学生实践能力与理论知识的一体化。

关键词：普通车床　教学实训　项目式教学　教学改革

引言

工程实训课程是高校工科类本科生必修的课程之一，普通车床实训教学作为其中一个实训项目，在培养学生工程方面的实践能力、动手能力、创造能力和分析解决问题的能力起到了重要的作用[1]。

在车工实训课初期，学生对实训车间新环境、车床实体机械，以及不同于理论课的实操新学习方式充满新鲜感，兴趣浓厚；但是经过一段时间的学习后，身体累，加上新鲜感消退，学习效果就开始减弱，失去了对技能训练的兴趣。所以选择一种合适的教学方法，提高学生兴趣，使学生能更好地掌握车床操作十分有必要。

1　项目式教学

项目式教学就是以项目为载体、任务为驱动，突出学生主体地位、提高学生的实践能力，实现学生实践能力与理论知识一体化的教学方式。项目式教学的实施过程是以学生为中心，学生要充分参与教学的全过程，融“教、学、做”为一体[2]。

项目式教学是基于工作过程的完整的行动模式。在项目设计时除了要考虑难度适中，还要充分调动学生的学习积极性。兴趣是最好的老师，车工实训教学以激发学生学习兴趣为出发点，有意识地创造学习情景，激发学生的求知欲望[3]。

项目式教学的指导思想就是将项目交给学生去完成，从项目的选择、图纸的制作、方案的设计、工艺步骤的思考、车床实施制作都由学生完成，最后成品交付。而教师在整个过程中起到引导、指导、保证安全的作用。目的是让学生通过实践融会贯通理论知识[4]。

2　学情分析

根据教学经验来分析，主要有以下几个问题影响学习效果。首先是全天（8 课时/天）都要站立在车床边操作，身体吃不消，腰酸腿疼身体累；车床操作稍有不慎，就会造成重大危险，神经紧绷，心累；车削工件时，常有高温铁屑飞出，造成恐惧心理与真实烧伤，疼痛；车削过程中经常蹭得一手油，一手脏，产生厌烦心理；教师数量紧张，一位教师一般分配 8 至 13 名学生，在刚开始教学，为保证学生安全，开的车床数量少，而每台车床只能由一名学生操作，就会导致其他学生无所事事，难免有小动作，或是交谈与车工实训无关的话题；同时也是由于学生多，互相拥挤，无法细致观看教师操作车床，导致学生自己操作时细节丢失，操作错误……这些都将导致学生学习效果大幅度下降。

而且每位学生的接受能力和动手能力存在较大差距，有的学生稍加指导就能完成得很好，有的学生练上一天也进步甚微。此时，教师必须针对不同学生因材施教，在规定的时间内，采用不同数量、不同难度等级的项目供学生选择，制定不同的教学目标，进行分层级项目式教学，分项目进行指导[5]。

3 基础项目和进阶项目

理论基础知识较好，动手能力和领悟能力较强的学生，在完成基础项目后，可认领两到三个进阶项目，在掌握基本知识的基础上进行提高式锻炼，提高专业认同感，激发其进取心。

理论知识掌握比较好，但动手能力一般，需要通过增加训练时间来提高自己的基础能力的学生，在完成基础项目后，可认领一个进阶项目，独立完成制作，巩固所学知识。

理论基础知识较差，动手能力也一般的学生，在制定学习内容时可适当降低技能训练的难度，以达到基本课程标准要求的目标，故只完成基础项目即可[6]。

通过学生自选基础项目和进阶项目的教学方法，避免了教师在教育过程中眉毛胡子一把抓，优秀的学生没有练好，一般的学生也没有多大进步，最后导致整个班级都没有学好这门课程[7]。

此外，教师在进行项目式教学时，学生选择好项目也不是就固定不变，不能更改了。有的学生可能在操作的过程中突然就开窍了，对车床的控制感大幅增加；或者在观看别的同学操作的过程中提升了兴趣，自己也想制作同款，愿意多花时间制作，也是可以对项目进行及时增改的。教师应根据学习时间的推移，对学生以及项目进行及时调整，通过项目式教学，在班内逐渐形成一种你追我赶的良好学习风气。

4 具体实现方式

4.1 线上学习

普通车床实训课程对学生掌握基础的要求较高，需要学生在有限的时间内了解、掌握相关知识内容，以便在实训操作中不出差错。传统教学方式需利用大量教学时间为学生夯实基础，留给实际操作车床的时间较少，教学进展缓慢，甚至有学生产生抵抗学习的逆反心理。而微课的应用，在打破传统教学桎梏的前提下为学生营造轻松、丰富的学习环境，促进学生对车工实训学习的兴趣，是提高实训教学效果的有效方式。

微课主要针对普通车床实训教学中关键性的知识点进行讲解，一般为 3~8 分钟，主要采取视频教学方式，上传至网站，学生在线观看。观看后，学生完成自测与课前作业，到实训车间开始实训前，已掌握基本的车工知识。

线上微课的通用内容有车床的简介与安全、工件的安装方式、车刀的类型与用途、刻度盘以及刻度手柄的使用、基本车削加工（包括外圆加工、端面加工、台阶轴加工、外圆沟槽加工、外圆锥加工、内孔加工、外螺纹加工等）等常规项目。

4.2 线下实操

项目式教学强调的是线上和线下学习的有机结合，要求学生通过课前线上学习微课视频、完成课前自测与课前作业，到实训车间开始实训时，已掌握基本的车工知识；实训时，教师通过随堂提问，逐步引导学生掌握实操技能，达到熟练使用车床加工制作的能力。

学习内容包括车床的启停、工件的装夹拆卸、车刀的更换、车外圆、车端面、车锥面、车内孔、车螺纹等的具体操作。

4.3 项目设计

学生在熟练掌握基本车削操作后，可自选项目，用CAD软件或者手工画出图纸，写出加工工艺卡片，最后在车床上制作加工出产品，利用项目来促进学生将理论和实操融会贯通，形成创新意识。

学生通过选择项目，运用所学到的车工知识和技能，将产品制造加工出来。在此过程中，教师要积极帮助学生解决设计中遇到的问题，并帮助学生改进设计思路，完善作品的创新性。这样的创新设计，使学生的学习兴趣和热情被最大限度地激发，从被动学习变为主动学习，主动融合运用已学到的知识，创造性地设计产品，形成一生受用的创新思维和能力。

项目式成品类型举例如表1所示。

表1 项目式成品类型举例

基础项目				
序号	项目名称	实际类型	所用到的知识	所用刀具
1	阶梯轴	阶梯类	车端面、车外圆、切断	外圆车刀、切断刀、弯头车刀
进阶项目				
序号	项目名称	实际类型	所用到的知识	所用刀具
1	宝塔镇河妖	宝塔类	车端面、车外圆、切断、车锥面、车圆弧、(滚花)	外圆车刀、切断刀、弯头车刀、(滚花刀)
2	福禄双全	葫芦类 球类	车外圆、车圆弧、切断	外圆车刀、切断刀
3	敬未来　未来可期	酒杯类	车外圆、车内孔 车圆弧、切断	外圆车刀、切断刀、钻孔刀
4	旋风小陀螺	陀螺类	车端面、车外圆、切断、车锥面、车圆弧、(滚花)	外圆车刀、切断刀、弯头车刀、(滚花刀)
5	采蘑菇的小姑娘	蘑菇类	车外圆、车圆弧、切断	外圆车刀、切断刀
6	少时凌云志 追梦赤子心	子弹类	车外圆、车锥面、切断	外圆车刀、切断刀

4.4 项目考核评价

项目课程的考核区别于传统结果式的考核方式，它是基于工作过程的综合性考核。根据不同的项目、不同的教学对象，制定不同的考核办法，综合有效地反映学生对理论和实践的掌握情况。

以“宝塔镇河妖”项目为例：用到的基本车削操作有车端面、车外圆、切断、车锥面、车圆弧，还可以设计部分滚花。首先教师检查设计图纸，看图纸上尺寸、公差是否合理；检查工艺制作卡片，看工艺步骤是否合理有序，衔接是否正确；在实际制作中，检查学生各项基本操作是否正确，是否正确换刀，是否按图纸加工等；最后学生进行反思，反思在操作过程中是否有顺序错误、刀具错误、和设计图纸不一致、表面粗糙度或公差不一致等问题，形成反思报告。

在教学过程中，对学生进行多层次、多角度打分，最终形成学生的综合成绩。

5 结语

车工实训教学是高校工科专业的必修课程，它在培养学生的动手能力和综合能力提升方面起到举足轻重的作用，为了提高车工实训课程的教学质量，车工教师们应与时俱进地改进教学方法、创新教学过程。项目式教学，提高了学生学习车工的兴趣，使他们对机械加工专业的认可度也有了较大的提高。同时项目式教学方法是一种与时俱进的教学方法，它应随着教学对象的不同、教学目标的不同而随时变化，故作为车工基础实训的教学工作者，我们应在教学中继续不断完善这种方法，充分发挥教师的主导作用，引导学生由被动听课变成主动学习，充分发挥自身的积极作用，使学生在循序渐进的经验积累过程中，主动参与学习，提升学习深度，提高学习兴趣。

项目式教学方法，给学生形成比学赶超的学习气氛，提高学生的动手操作能力，真正做到了让学生主动参与学习过程，实现了以“教”为中心向以“学”为中心的教学模式转变，学生的学习主动性得到加强，最终实现自我价值与能力的提升。

参考文献

［1］李光提，宋月鹏，王征，等. 本科生普通车床实训教学方法浅议［J］. 实验室科学，2018，21（1）：161-163+167.

［2］刘宝君. 机械专业车工实训项目化教学模式探索［J］. 中国新通信，2017，19（2）：129.

［3］王琳琳. 中职普通车工实训课程项目化教学的实践探索［J］. 时代汽车，2021（8）：55-56.

［4］王焱. 项目教学法在中职数控车工实训教学中的应用策略［J］. 内燃机与配件，2021（6）：241-242. DOI：10. 19475/j. cnki. issn1674-957x. 2021. 06. 116.

［5］毕晓丹. 车工分层次实训教学探讨［J］. 南方农机，2019，50（21）：226.

［6］郭军利. 中职隐性分层教学法在数控车工实训中的应用［J］. 内燃机与配件，2020（14）：239-240. DOI：10. 19475/j. cnki. issn1674-957x. 2020. 14. 114.

［7］朱澄. 车工实训项目分层教学的探索与实践［J］. 科学大众（科学教育），2017（11）：97. DOI：10. 16728/j. cnki. kxdz. 2017. 11. 092.

对机械类专业一流本科课程建设的几点思考
——以江汉大学“互换性原理与测量技术”课程的建设为例

朱文艺
江汉大学

摘　要：从对两批次国家级一流本科课程的统计数据，以及湖北省机械类专业国家级一流本科课程的统计数据分析出发，指出了湖北省机械类专业一流本科课程建设的现状和问题，分析了今后机械类专业课程建设的重点和方向。分别从机械类一流本科课程建设的总基调和总要求、课程的科学定位与教学设计、课程建设的历史积累、课程的特色与创新等方面进行了思考，并结合江汉大学线上线下混合式国家级一流本科课程“互换性原理与测量技术”的建设与教学实践做了举例说明，对机械类专业课程建设有一定的推动作用，也有一定的现实指导意义。

关键词：一流本科课程　互换性原理与测量技术　课程建设　新工科

引言

课程是人才培养的核心要素，课程质量直接决定了人才培养质量。2019 年，教育部明确提出了一流本科课程建设的“双万计划”，即用三年左右的时间，建成万门左右国家级和万门左右省级一流本科课程[1]。截至目前，教育部已经完成了两批次国家级一流本科课程的评审，共评出了 10 867 门课程，对比“双万计划”中的目标数，各类国家级一流本科课程的获批数均未达成目标，具体数据如表 1 所示。从表中的差额数据分析，课程总差额为 5 663 门，这与各批次的获评数相当，表明国家级一流本科课程的建设申报工作还未结束。从不同类型课程的差额来看，线上线下混合式课程的差额最多，为 3 331 门，其次是线上课程，为 1 032 门，而线下课程的差额仅为 461 门，虚拟仿真实验课程仅为 300 门，社会实践课程虽然有 509 门，但其定位与机械类专业课程不匹配。因此，今后机械类国家级一流本科课程建设申报的重点应设定为线上线下混合式及线上这两类课程。

表 1　各类国家级一流本科课程的获批数、目标数及差额统计表

类型		线上课程	线下课程	线上线下混合式课程	虚拟仿真实验教学课程	社会实践课程	总数
获批数	首批	1 873	1463	868	728	184	5 116
	第二批	1 095	2 076	1 801	472	307	5 751
	总额	2 968	3 539	2 669	1 200	491	10 867
目标数		4 000	4 000	6 000	1 500	1 000	16 500
差额		1 032	461	3 331	300	509	5 633

再来看机械类专业国家级一流本科课程，为了分析简便，仅关注湖北省各高校的获批数，具体数据如表2所示。从表2中不难看出，获批的只有线上、线下及线上线下混合式三类课程，总数分别为2、11和10门，数量不多，且第二批相对于首批数量更少，这反映了湖北省各高校机械类专业教师在建设和申报国家级一流本科课程方面的积极性不高、重视程度不够、建设力度不大，这与湖北省机械学科和专业的建设成就与地位不匹配。目前，湖北省第三批省级一流本科课程已启动申报工作，各高校机械类专业应抓紧时间、抓住机会，紧紧围绕一流本科课程建设的“双万计划”，对机械类专业课程的建设进行深入思考，厘清相关问题，明晰建设思路，有效提升课程建设质量，以打造出更多的省级或国家级一流本科课程。

表2 湖北省高校机械类国家级一流本科课程获批数量统计表

类型		线上课程	线下课程	线上线下混合式课程	虚拟仿真实验教学课程	社会实践课程	总数
获批数	首批	1	7	6	0	0	14
	第二批	1	4	4	0	0	9
	总额	2	11	10	0	0	23

下面将结合江汉大学“互换性原理与测量技术”课程的建设与教学实践，对机械类专业一流本科课程建设中的一些问题进行深入思考和分析。该课程是面向机械类专业开设的一门专业基础课程，它以“机械精度”为主题，内容主要包括机械的尺寸公差、几何公差，以及表面粗糙度的基本理论和方法，该课程分别于2021年、2023年入选省级、国家级一流本科课程。

1 把握机械类课程建设的总基调、主旋律和总要求

课程建设的前提是把握住当前课程建设的总基调、主旋律和总要求，否则，课程建设有可能走弯路。此外，机械类专业课程建设应把握住机械学科与专业的特点，结合机械行业和技术的发展潮流和趋势，否则，建成的课程有可能与学科专业的发展要求不符，课程内容与时代脱节。

从宏观角度看，《教育部关于一流本科课程建设的实施意见》是指导课程建设的纲领性文件，应全面阅读、深刻理解、深入分析、严格遵循。其中明确指出了要将“确立学生中心、产出导向、持续改进”作为课程建设的理念；将“两性一度”作为评判一流课程的标准，即应提升课程的高阶性，突出课程的创新性，增加课程的挑战度。强调了要以目标为导向加强课程建设；强调了要科学评价，要以激发学生的学习动力和专业志趣为目标，要提升课程学习的广度、深度和挑战度；强调了要推动课程思政的理念形成广泛共识，构建全员全程全方位育人大格局，这一点在《高等学校课程思政建设指导纲要》中做了进一步深化，其中明确指出，所有课程都承担好育人责任，守好一段渠、种好责任田，使各类课程与思政课程同向同行，将显性教育和隐性教育相统一，形成协同效应，构建全员全程全方位育人大格局[2]。在进行课程建设时，要将上述文件要点作为根本遵循。

其次，机械类课程建设还应充分结合新工科建设的背景，以及工程教育专业认证的相关政策及要求来展开。在新工科建设背景下，传统的机械类专业应主动适应机械产业发展趋势，主动服务制造强国战略，进行全要素改造升级，将学科专业发展前沿成果、最新要求融入人才培养方案和教学过程中[3]。课程建设应着眼于解决当前我国机械类专业在课程建设中存在的问题，应注重课程交融性、综合化、项目化、挑战性、应用性和实践性[4]。在工

程教育专业认证背景下，机械类专业课程建设应突出三大理念，即“学生中心”“成果导向”和“持续改进”，这与一流本科课程建设的理念是一致的。

江汉大学互换性原理与测量技术课程在建设中，梳理了课程教学改革中要解决的四个重点问题：一是课程涉及的标准多，理论性强，晦涩难懂，学生容易厌学、弃学；二是学生综合运用相关课程知识解决工程中机械精度问题的意识和能力不足；三是在进行机械设计时，学生对机械精度设计普遍不太重视，解决复杂机械精度问题的能力不足；四是课程思政元素挖掘的深度和广度不够，融入生硬。通过问题梳理，课程教学团队达成了建设共识，在后续的课程建设中，再将一流本科课程的各种建设理念融入课程的教学设计，拓宽课程建设思路。

2 对课程进行科学定位和教学设计

课程建设应结合相关的环境和条件，以及课程在专业人才培养中的地位和作用等进行科学定位，主要任务是要明确建设类型，确定课程目标。对于机械类专业课程建设，应将线上线下混合式课程作为重点建设类型，其次是线上或线下课程。对于课程目标，应结合机械类专业人才培养体系，按照工程教育专业认证的规律和要求，通过课程目标的合理设定，实现对专业毕业要求的有效支撑。

江汉大学互换性原理与测量技术课程采用线上线下混合式教学，确定的课程目标是：①总目标：围绕课程的“机械精度”主题，着力培育具有“精益求精”的新时代工匠精神的工程专业技术人才；②知识目标：通过学习机械尺寸及几何精度、表面粗糙度等知识，学生能理解机械精度相关的基本概念，掌握分析与解决机械精度相关问题的基本理论和方法；③技能目标：使学生在机械精度相关问题面前做到“四能”，即“能”识读，“能”标注，“能”设计，“能”检测，为解决学习和工作中机械设计制造的精度问题夯实基础；④素质目标：学生理解、认同并践行新时代工匠精神、新发展理念、科学的世界观和方法论。

课程建设理念和课程目标要通过合理的教学设计去实现，因此，课程建设成功与否的关键在于教学设计。在教学设计中，要始终坚持“以学生为中心、成果导向（OBE）和持续改进”的教学设计理念，体现“两性一度”的课程建设标准。要以提升教学效果为目的创新教学方法，教学不只是知识传递，要更注重能力素质培养，要强化现代信息技术与教育教学深度融合，要解决好教与学模式创新的问题，以及创新性、批判性思维培养的问题，强化师生互动、生生互动。因此，在教学设计中应合理采用翻转教学、BOPPPS 等先进教学模式或方法。

江汉大学互换性原理与测量技术课程总学时为 36，其中理论教学和实验教学学时分别为 28 和 8，线上和线下教学学时分别为 10 和 26。在进行混合式教学设计时，课程教学团队结合课程不同的知识模块，考虑线上线下教学的特点，并保证具有良好的可操作性，对 36 个学时进行了合理穿插分配，具体分配方案如图 1 所示。

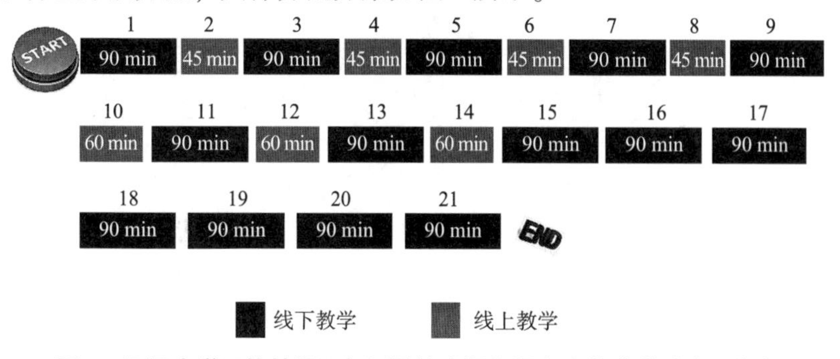

图 1 江汉大学互换性原理与测量技术课程混合式教学学时分配方案

课程教学团队通过建设在线课程，对课程知识体系进行了重构，从两个维度（线上、线下；课前、课中、课后）对混合式教学流程进行了精心设计，通过线上看学习视频、课后测验等，完成一般概念和基本知识的学习，夯实基础；通过线下的课堂研讨、归纳总结，以及线上的在线讨论，实现对课程重点和难点知识的突破和超越；通过课后的在线作业或拓展训练来进行检验、强化与提升。课程完整教学流程如图 2 所示，在该教学流程中，教师的角色是导演、编剧，学生是主角，突出了“以学生为中心”的教学理念，采用了翻转教学模式，调动了学生的学习积极性，提升了教学效果。

角色	线上				课堂		
教师	发布公告（推送预习课件）	进度督促；分析学习数据；总结提炼问题			总结知识点；指出问题；引发讨论	发布研讨主题	发放课堂练习、小测
学生	预习	观看视频	完成测验	在线研讨	思考问题、自由讨论、发言	小组研讨、代表发言或辩论	练习、小测

角色	课堂	线上		线上或线下		课堂	线上
教师	对本次课进行归纳、总结	推送在线作业	抽查并确认分数	准备下一次课	……	发布机械精度综合训练项目	督促进度、进行在线答疑
学生	补充完善学习笔记	完成并提交	在线作业互评	复习、预习		小组研讨、代表发言或辩论	完成综合训练项目并提交

角色	线上或线下	线上		
教师	答疑	发布期终考试试卷	公布在线试卷答案及成绩	试卷讲评
学生	复习	在线测试	学生查阅、申诉	

图 2 江汉大学互换性原理与测量技术课程混合式教学流程

课程教学团队以学习目标导向，在摸清学情的基础上，明确学习内容，创设学习情境，合理选取学习资源，设计并采用任务链或问题链来驱动、引导并督促，形成有效的学习活动过程，如图 3 所示。在此教学设计中，“目标导向”“持续改进”的教学理念得以体现。

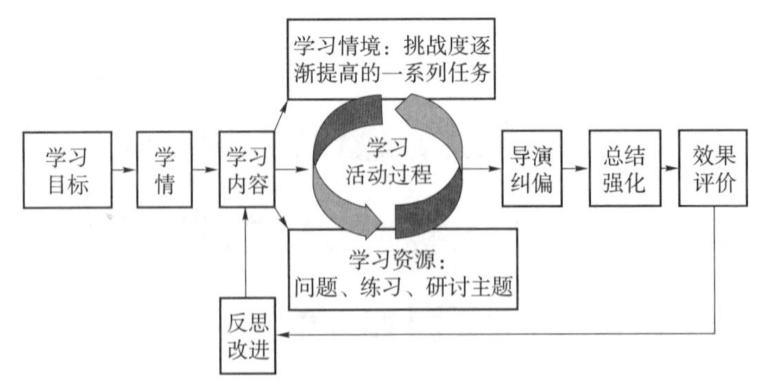

图 3 江汉大学互换性原理与测量技术课程目标导向教学设计

3 其他相关问题的思考

机械类专业一流本科课程的建设是一个系统工程，涉及的问题很多，同时，它也是一个动态过程，不断有新问题产生，有必要结合江汉大学互换性原理与测量技术课程再探讨几个问题。

（1）课程建设不能急功近利，也并非一日之功。江汉大学互换性原理与测量技术课程的建设经历了10年时间，做了大量的教学研究和改革，包括课程课堂教学方法改革、在线课程建设、学生在线学习行为研究、课程教学创新、课程思政示范课程建设等，取得了一定的基础性研究成果，这为一流本科课程建设奠定了良好的基础。不仅如此，课程还本着持续改进的理念，继续推动课程建设不断迈向深水区。当前，课程教学团队正在着重思考课程实验教学改革的问题。因此，课程建设永远在路上，课程建设要早思考、早行动、早积累。

（2）课程的特色与创新问题。该问题是一流本科课程申报时必须面对的问题，没有特色和创新的课程，很难与一流本科课程画等号。课程的特色与创新，要通过教学实践做出来，更要学会提炼和总结。

江汉大学互换性原理与测量技术课程教学团队总结的课程特色有：①课程建设做到了“三结合”（应用型本科院校的办学目标、专业人才培养目标及毕业要求与学生实际情况相结合），使本课程非常适用于应用型本科院校相关专业学生的混合式教学；②课程思政定位（“精益求精”为特征的新时代工匠精神、新发展理念、科学的世界观和方法论）与课程主题（机械精度）一脉相承、交相融合，形成了一个不可分割的有机体。

提炼出的课程创新点有：①教学内容创新。结合课程内容，建立相关课程之间的联系，为学生建立起了大课程观，训练了综合运用所学课程知识解决复杂问题的能力；通过设置综合训练项目，打通课程章节壁垒，提升学生综合运用所学知识解决工程实际问题的能力；将课程思政与线上线下教学有机融合，实现了教书育人的线上线下同频共振，润物无声。②课程考评创新。提出了将在线课程考核评价体系与工程教育专业认证结合起来，改进现有网络课程平台的教学考核评价体系。③教学方法和手段创新。提出了目标成果导向教学法，学生学习前明确要达成的目标、要获得的成果，学习驱动力更强、效果更好；同时创新教学手段，如主观作业互评法，促进了二次学习，考后试卷分析竞猜分数，将学习延伸到了结课之后。课程的特色与创新点不在于多少，应在于独特，在于人无我有，在于其有效性。

4 结语

通过对机械类一流本科课程建设若干问题的思考，并结合江汉大学互换性原理与测量技术课程建设来说明，在一定程度上厘清课程的建设思路，为机械专业同行建设一流本科课程提供一些有益的参考。

参考文献

［1］教育部关于一流本科课程建设的实施意见：教高〔2019〕8号［A/OL］.（2019-10-30）［2022-01-12］. http://www.moe.gov.cn/srcsite/A08/s7056/201910/t20191031_

406269.html.

[2] 教育部. 高等学校课程思政建设指导纲要 [EB/OL]. http://www.moe.gov.cn/srcsite/A08/s7056/202006/t20200603_462437.html.

[3] 教育部. 普通高等教育学科专业设置调整优化改革方案 [EB/OL]. http://www.moe.gov.cn/srcsite/A08/s7056/202304/t20230404_1054230.html.

[4] 林健. 新工科专业课程体系改革和课程建设 [J]. 高等工程教育研究，2020 (1): 1-13+24.

高校数控车床操作与实践教学实施项目教学的探讨

陈　燕　杨　静
武汉东湖学院

摘　要：项目教学法以企业生产中典型案例串联一系列知识点作为一个课题，该法通过教师引导、学生自主负责实施，以培养学生自主学习能力为主要目标。采用这种教学方法，不仅可以有机地结合理论知识和实践教学，将其充分展现于教学过程中，而且还能够充分发掘学生的创造潜能，培养团队合作精神，并提高学生针对实际问题提出和解决问题的能力。灵活采用合理的策略解决在实施过程中可能会遇到的一些难处。

关键词：项目教学　数控车床　实践教学

引言

数控加工技术是一门将理论知识与实践紧密结合的课程，也是数控专业的必修课程之一。在之前的授课过程中，理论知识讲解时间较长，而实践时间较短，甚至不安排实践内容，导致理论与实践严重脱节，学校培养出的学生难以满足现代制造业企业对技能型人才的需求。众所周知，高校是培养满足企业需求高技能型人才的摇篮，但是，现实中的大部分大学生对学习缺乏主动性、积极性，之前累积的基础知识也严重不足，每个大学老师都关心的问题是：如何能挖掘他们的潜力，怎样的教学模式对大学生学习知识有效。学生对事物产生兴趣才能吸引他们学习，通过操作练习提高他们的操作能力，达到培养的目的。本文探讨了一种新型的项目教学方法[1]，采用企业典型案例将理论知识与实践有机结合，从深层次激发学生学习本专业知识的积极性和主动性，提高自身知识储备量。本文结合机械专业必修的数控加工技术中车床操作与编程教学，探讨了项目教学法在实际教学过程中的实施步骤、可能遇到的困难及其有效的解决策略。

1　项目教学法的定义

项目教学法是一种引用企业生产中典型案例为载体，以培养大学生自主学习为目的的教学方法。换句话说，在授课教师的指导下，学生通过分组合作，每组同心协力，能够认真、独立地完成一个项目课题。每组学生通过该项目学习可以熟练地了解并掌握整个过程中每一个环节的基本要求和方法，每位学生都参与到该项目学习中，积极参与可以在一定层面上极大程度地提高学生的热情与提升自主学习能力。项目教学法最显著的特点是[2]：“以项目为主线、教师为主导、学生为主体，协同合作为导向”，从结构层面上彻底打破了传统的授课模式“教师讲，学生听”。该教学方法通常包括五个步骤：明确项目任务、制订目的计划、决策、执行过程、综合评价体系。在整个授课过程中，教师的角色是引导者，而学生是学习的主体，突出师生讨论过程，强调学习过程高于结果。这种以任务为驱动的教学方法，让师生处于边教、边学、边做状态，每组学生通过共同协作完成项目所要求的教学目标和任务，充分融合了理论教学、实践教学、生产和技术服务。

2 项目教学法在实际学习中的应用

2.1 确定项目任务

起初的项目可由授课教师提出，之后的项目可要求由学生经过共同讨论后提出。项目的好坏直接影响实施的过程和效果，一般要求师生上课前需精心准备和策划设计符合现代学情的项目。因此在确定项目时应综合思考以下两点：

首先，在项目选取方面要以教学内容为基础。项目的设计是前提，需要确保涉及知识点完全符合教学大纲。教师应尽力将大纲中所需掌握的知识点由浅至深地融入各个项目中，同时培养学生的想象力，让他们能够将所学的知识很好地应用于实际问题的解决，并提高自主创新的能力。

其次，设计出的项目的难易程度要着重控制，不能过难或过简，需要因地制宜，根据目前学生的实际水平来确定，确保能激发学生的学习兴趣。也要考虑教师本身的情况，不易超出教师的自身能力。

最后，设计出的项目对企业实际生产具有一定的指导实用价值。例如国际象棋、小酒杯、自行车等。

2.2 制订计划

依据班级人数实际情况和学校实训场地现实情况，按每组 4~6 人将学生分成若干小组，每组选派一名小组长，建议教师根据平时学习成绩或者平时表现将优、中、差生搭配，每个小组实力相当可以培养小组每位成员之间的合作精神，以至于不会感觉自卑而放弃合作学习机会。选出来的小组长对每个成员进行考核量化分工，每个小组根据项目设计要求自主地制订一个工作计划。

2.3 决策

在明确计划后，学生开始进行加工方案的决策。每个小组可提出几个工艺方案进行比较，组员之间先讨论工艺的合理性，然后小组长记录意见，最后统一方案，形成小组的统一方案。每个小组制定好自己的加工工艺后，教师组织进行评价。各小组对自己的工艺方案进行陈述，其他组和教师进行评价并提出修改建议，这样每个小组能制定具有自己特色的加工方案。

2.4 项目实施

项目实施过程是指根据自身定制的加工方案进行数控机床的操作，但为了保证学生的安全，活动必须在教师的指导下才能进行。在实施过程中教师应采用不同的教学方法针对学生在操作中遇到的问题进行具体分析，引导学生学会自己找到解决问题的方法，这些都需要教师提前做好充足的准备。每组学生设想的方案各不相同，这会导致在实施过程中可能遇到问题，遇到问题教师不能一味地帮忙去解决，而是应采用合适的措施引导学生去独立思考解决问题的方法。

在实施项目的过程中，学生由于存在实践经验不足或者知识欠缺而不敢尝试操作，此时，教师应该鼓励学生大胆尝试，让学生明确自己的角色，即成为主导者，他们需要通过自己的努力来观察和思考当前的实际情况。每个小组的成员需要进行技术交流和经验交流，以解决实践中出现的问题。在这个过程中，学生们互相学习、提高、质疑、矫正错误，并共同探索完成任务的不同正确方法。每个任务完成后，每个小组的成员根据实验项目所需掌握的要点进行自我评估和阶段考核。最后，教师会对学生完成的模块项目进行阶段考核并点评。每个小组都完成阶段考核后，教师会针对考核过程中发现的共性问题进行详细讲解和答疑，使学生认识到自身存在的不足，并督促他们及时纠正错误。在各方面考核之后，对表现突出的项目小组进行表扬，以进一步巩固和激发学生的学习兴趣，促使他们在下一次表现得更好。每个小组在阶段性评价总结的基础上，找到自己理论上的不足，并根据教师的提示和组员的帮助，进一步明晰项目完成的最佳思考方法和正确的操作技巧，争取每次都能高质量地完成项目任务。

2.5 检查总结和评价

零件加工完后，各组成员首先对自己的加工成品进行质量检测，然后每个小组进行自评，再进行各小组之间的互评得出结果，通过综合对比查看哪一组加工产品更加符合加工要求，且加工精度质量较高。每个小组总结自己在操作中遇到的问题，对自己的方案进行反思，这样学生就能深刻体会到加工工艺的制定对零件质量的影响，最终学生共同确定最优的工艺方案。指导教师在总结和评价项目阶段之前，首先制作一张适合的分析表和根据实践经验制作项目评价表，然后发放给每组成员，在上面填写加工过程中的注意事项。根据评价表，综合考虑项目完成情况和成员在学习过程中的表现，进行过程评价和结果评价。评价并不是为了排名或给出分数和名次，而是要找出学生在项目实践中存在的问题和不足之处，并及时提出具体的改进和修改建议，让每个成员在下一个项目中表现更加出色，团队合作更加协调。

3 项目教学面临的问题

3.1 项目选择问题

目前机械专业的教材存在一些问题，如形式单一、实践性差、可操作性不强，在实践教学过程中教授的理论知识严重脱离生产实际。想要改变这种局面，首要的挑战是如何进行课程建设，开发适用于当前大学生学习的项目教学的教材。结合企业的人才需求和学校的实际情况，开发针对性的本校教材也是关键所在。在项目的准备上，指导教师更加需要多费脑力和心思，设计出来的内容既要有趣味性，也要符合现在生产的要求，具有较强的实用性；但是还不能一意孤行，需结合高校机械专业学生的真实学习水平，难易程度要适中。

3.2 师资问题

实施项目教学对教师的理论和实践知识水平都有很高的要求，教师的教学方法也需灵活多变，适应性强。在教学过程中，教师要学会转换角色，由原先的“授”角色很快地转为现在的“导”角色，由原先的“执行”角色快速地转为“督导”角色，走进学生的内心，深知他们的所求，创设教学情境。

3.3 设备问题

每年的项目建设都需要解决设备问题，实践性强的数控加工技术需要充足的实训设备，才能保证学生能够进行独立的操作实践，从而提高教学效果。对于现代化数控加工技术的教学，仅有理论知识是远远不够的，必须通过实践操作才能够得到良好的教学效果。因此，学校需要增加设备投入，增加每个学生的独立操作机会，提高教学效果。如果设备数量不足，教学效果将不尽如人意。

4 问题解决的原则与策略

实施项目教学我们应遵循以下原则策略：

（1）理论与实践相结合的原则。想要让学生通过实训达到真正的学以致用，必须确保让学生先由感性认识上升到理性认识，再将理性认识灵活运用到实际生产过程中。因此教师在课前准备上一定要充分做好准备，选项目的时候要考虑到学生的兴趣和项目的实践性因素。

（2）因材施教原则[3]。学生的差异性较大，学习方法与习惯也各不相同，这种情况下需要教师从学生的实际出发. 根据学生之间的差异性，因材施教，采用针对不同学生的教学方法，促使每个学生都能得到充分的发展。

（3）循序渐进原则。按照学生的认知规律，教学内容的安排要由易到难。

（4）激励性原则。从高中毕业直接来到高职学校的学生普遍存在学习习惯不良的现象，特别是针对一些对理论知识的学习根本没兴趣，但对实践操作兴趣较浓的学生，需在平时的教学过程中有点进步就及时表扬；还可以设计一些他们感兴趣的生产实物，如通过生产制作国际象棋、葡萄酒杯、火炮等工艺品，充分提高学生感兴趣的程度，让学生自己在项目制作过程中很大程度地体验到成功感，以此激起学习的欲望。

我校学生学习动力较差，如何吸引他们的兴趣来驱动项目的完成并在项目进行过程当中进行引导？教师最需关注的是如何开发他们的学习能力与合作能力，每个小组成员是否真正融入项目的开发、计划、过程，并提出自己的宝贵想法，即使想法是错误的，教师也应当积极鼓励。面对在实际教学过程中可能产生的问题，教师要灵活运用教学模式，探索不同的方法来营造良好的教学情境，在每次课堂上形成热烈的学习氛围。本文针对在实际教学过程中可能会产生的问题提出一些教学策略：

（1）如果遇到学习不积极的学生，在任务的分配上应该积极考量，对于基础太差的也不可一下子要求过高，遵循由易到难的教学原则进行引导。对于基础较好的学生，应该引导他们来承担重任，并积极带动差生，善于分工，分工合理。

（2）“哑巴学生”的问题在课堂较常见，在本项目实行过程中应引导学生发现问题，而且要培养他们敢于提问的心理，提高面对突发情况冷静解决问题的能力，从而形成由教师引导，学生自主学习的好氛围。

（3）充分发挥每位成员的优势，应严格预防小组成员之间没有密切合作，比如有的闲死，有的累死的不容乐观的现象，应更加花时间重视培养小组成员之间的合作精神，更需培养小组与小组之间相互帮助促进的合作精神。只有重视学生的学习热情培养、学习能力开发、学习习惯养成，项目教学法在高校课堂上才不会冷场，才能更好地把实践操作和理论完美结合，实现真正的理实一体化。

5 结语

总的来说，采用项目教学法来教授机械专业大学生数控加工技术，为他们提供了更加有效的学习环境，也提高了他们对专业知识学习的兴趣。这样的教学方法不仅使学生掌握了数控车床技术，而且在日常学习中也锻炼了他们与同学沟通的能力，这对他们未来的学习和工作都有益处。教师在整个教学过程中扮演了主导角色，展示了现代高校教育“以能力为本，以学生为主”的价值取向[4]，大大提高了课堂教学的质量和效果。当然，项目教学法目前仍在探索和实践阶段，以便找到最适合和最有用的项目教学方法，在实施过程中不可避免地会产生一些问题。问题我们无法避免，但是可以尽自己最大的力量来解决。教师应该重视项目教学法在现代高校教育中所起的切实作用，努力充实自己，提高自身的教学能力，多方位保证课堂的教学质量。

参考文献

[1] 黄卫. 数控技术应用专业教学法［M］. 北京：高等教育出版社，2012.

[2] 张超英，罗学科. 数控加工综合实训［M］. 北京：化学工业出版社，2003.

[3] 杨伟. 项目教学法在《数控车床操作与编程》教学中的应用［J］. 科技创新导报，2009（14）：150.

[4] 陈媛. 基于深度学习的化学项目式教学实践研究［J］. 甘肃教育，2023，721（5）：86-89.

工程教育专业认证背景下单片机原理及应用课程的教学改革研究

汪　佩　张　弛　张成俊　乔　桥
武汉纺织大学机械工程与自动化学院

摘　要：为提升高等院校工科专业的教学质量，培养出高质量的应用型人才，高等院校正陆续推进高等教育专业认证。基于工程认证“以学生为中心”“以成果为导向”“持续改进”的三大核心理念，针对“单片机原理及应用”这一理论性、应用性和实践性很强的课程，采取理论教学混合式、实践训练项目式、课程考核多元式和课程建设改进式的思路是实施课程教学改革的关键。

关键词：工程教育　专业认证　教学改革

1　工程教育专业认证及其必要性

工程教育专业认证是国际通行的工程教育质量保障制度，其核心是要确认工科专业毕业生达到行业认可的既定教育质量标准[1]。这种外部评估体制不仅有利于规范专业教育的各个环节以提升教学质量，而且能提高学生今后就业的综合竞争力，同时为中国人才走向世界提供了国际统一的通行证。工程教育专业认证遵循三大基本理念：以学生为中心（Student Centering，SC）、以成果为导向（Outcome-Based Education，OBE）、持续改进（Continuous Quality Improvement，CQI）[2]。专业课程的体系设置和教学实施等都将围绕上述核心任务展开。

随着我国经济社会快速发展，特别是产业的升级与转型，企业对高素质工程人才的需求与日俱增。作为定位于培养适应社会产业发展应用型人才的地方高校，推进工程教育专业认证更有必要性。一方面，工程认证的核心理念恰能助推人才培养目标的实现；另一方面，工程认证可提高其在以专业为导向的新型高招制度下的招生竞争力。

2　传统模式下单片机课程的教学现状

“单片机原理及应用”是机械类、自动化类等多专业普遍开设的一门专业基础课程，具有理论性、应用性和实践性都很强的特点，对学生专业能力的培养有着举足轻重的地位。然而，目前大多数高校对此课程的教学常采用传统模式，教学效果常表现不佳，普遍存在以下问题：

（1）学生学习积极性低、难度大。单片机的传统教学一般按先理论后实践的方式进行。由于传统教学以“教”为中心，因此在单片机课堂中，教师会集中教授大量的抽象概念和语言指令，而学生则被动接收知识，无法直观地认知单片机的运行原理及过程，故往往感到枯燥乏味，难以消化理解。

（2）学生实践、动手能力不足。由于传统教学中“学”与“练”环节分离，因此学生在上完理论课后，常不知如何结合单片机知识处理实际控制问题。此外，大部分实践主要以课内试验为主，利用实验室体积较大、数量有限的实验台以小组为单位进行指定实验，这样虽能在一定程度上使学生熟悉单片机的使用，但难以训练学生硬件设计和实际动手的能力，并且也无法激发学生的创新意识[3]。

从以上现状可以看出：传统单片机课程教学培养出的学生在自主分析问题、解决问题、综合应用以及创新思维方面可能较为薄弱，不能满足企业对工程实践型人才的需要。

3 单片机课程教学改革思路

基于工程教育专业认证的三大基本理念，我们针对单片机原理及应用课程提出了以下教学改革思路：

3.1 理论教学混合式

工程认证强调“以学生为中心”，即需大力激发学生在学习过程中的积极性、主动性与参与性。为实现这一目标，我们采用了线上线下混合式模式进行单片机课程的理论教学。课前，教师先提前录制理论知识点讲解视频，要求学生通过超星课程在线平台的“学习通”APP在规定时间节点内观看授课内容，完成自测习题，并且将所遇疑难问题在在线平台的讨论区留言，进行生生互动讨论。课中，教师首先以总结的方式对学习内容进行梳理，然后根据课前线上平台的反馈信息，精讲学生自学阶段存在的问题，通过随机提问检验学生的掌握程度，以帮助学生融会贯通。课后，教师再次通过线上平台发布课后练习，测评学生学习效果，并且还推送拓展学习资源，如合适的书籍、慕课或视频，以帮助学生巩固知识、强化理解。

3.2 实践训练项目式

工程认证的另一理念是“以成果为导向”，它强调基于用人单位的需求，培养学生的专业应用能力。因此，就单片机课程而言，其教学目标不仅仅是向学生传授单片机理论知识，更重要的是培养学生利用课程知识完成简单机电产品控制系统设计的能力。项目是工程实践的载体，因此我们以项目式方法展开单片机课程的实践教学。项目式教学以学生为主体，以教师为导引，采用“做中学”的方式，在学生完成项目的过程中进行理论知识的渗透与实施，同时锻炼学生对技能自主深化、解决问题以及团队协助的能力，从而达到工程教学专业认证培养目标[4]。项目式教学的核心在于项目的选择，教师从项目的实际工程实用性、与所学内容深度的匹配性、可操作性、工作量等方面考虑，同时兼顾新颖性、创新性的要求，以激发学生的研究兴趣。例如，我们针对单片机课程的不同学习阶段，既拟定了如“简易交通信号灯系统设计”等小型项目以考查学生对单片机定时器/计数器知识的掌握程度，又布置了如“数字实时时钟的设计与制作”等综合项目以考查学生对单片机定时、计数、显示、接口等知识的综合应用能力。学生可以根据自己的兴趣、爱好，自主从给定项目库中选择题目。在项目开展的过程中，学生通过查阅资料、制定方案、硬件设计、软件编程、调试等过程，不仅复习巩固了基础知识，而且还锻炼了实践动手能力。

3.3 课程考核多元式

传统单片机课程的考核大多采用期末考试的总结性评价方式，只注重学生对知识的掌握程度而忽视了学习的过程性并且难以反映学生的综合能力，显然不符合工程认证“以成果为导向”的教育理念。因此，我们构建了多元化的单片机课程评价方式，针对专业工程认证的指标要求，从“知识”“能力”“素养”三个方面重构课程评价体系。首先，“知识”的考核通过课前自测习题、课后作业练习和期末考试三种途径进行，并分配适当的分值比例。其次，“能力”的考核则以单片机实践项目为依据；实践项目的考核分为设计报告、硬件原理图、软件流程图、编写的程序及实际调试性能及分析等多个科目，并制定具体的考核要求和细则，据此科学、合理地评价学生实践成绩。最后，“素养”的考核主要以学生在完成项目后的答辩表现为依据；答辩包括学生自述、教师提问两个环节；通过答辩，教师综合评价学生相关理论知识的掌握情况、课程设计完成情况以及思维创新能力，并针对不完善之处给出修改建议，帮助学生进一步提高。

3.4 课程建设改进式

“持续改进”是工程教育专业认证的第三个基本理念，其思想体现在“改进”与“持续”两个方面。在“改进”之前，首先应基于课程考核结果进行课程目标达成度分析；根据不同课程目标的达成度值大小，确定不同教学要求的满足情况，据此发现存在的问题和薄弱环节，并提出改进措施，在下一执行周期落实。此外，针对“持续”要求，在分析达成度时，还要关注与上一轮相比的实际改进效果；若达成度值明显增大，则应继续保持措施并适当强化；若达成度值有所下降，则应反思分析问题原因并重新制定改进方法。

4 结语

在工程教育专业认证的背景下，针对“单片机原理及应用”这一理论性、应用性和实践性很强的课程，我们采取理论教学混合式、实践训练项目式、课程考核多元式和课程建设改进式的教学改革思路，将更有利于实现“以学生为中心”“以成果为导向”“持续改进”的工程教育理念，提高专业教学质量，培养出高素质应用型的合格工程人才。

参考文献

[1] 李宁宁. 论高校教学管理工作改革新思路——基于工程教育专业认证背景 [J]. 技术与市场，2020，27（2）：47-48.

[2] 舒丹丹. 基于工程教育专业认证理念的应用型人才培养体系建设研究 [D]. 大庆：东北石油大学，2019.

[3] 张乐乐，徐刚，梅秀庄，等. “讲课与实验相融合”的单片机原理及应用课程教学改革与实践 [J]. 高教学刊，2020（36）：154-157.

[4] 刘玉芹，佘道明. “新工科”背景下应用型课程教学方法改革初探——以“单片机原理及应用”课程为例 [J]. 轻工科技，2022，38（5）：153-155+191.

机械工况检测与故障诊断课程建设的探索与实践[①]

王　东　唐令波　袁子厚

武汉纺织大学

摘　要：机械工况检测与故障诊断课程是工科机械类研究生重要的一门技术专业课程，具有内容多、实用性强等特点。其精品课程建设是一项综合系统工程，主要包括教学队伍建设、教学内容建设、教材建设、实验室建设以及课程考核方法和手段建设。为实现优质教学资源共享，本文对该课程体系建设过程中的几个主要环节进行了分析和实践探索。

关键词：研究生　课程建设　教材　教学方法

引言

武汉纺织大学机械学院硕士研究生的主干专业课“机械工况检测与故障诊断”，是一门以常用机械设备部件为研究对象，研究其工作振动特征、信号特点、动力学性能及常见故障机理、分析方法以及一些机械设备维护的专业课程。为了更好地践行“新工科”的教学改革，发挥专业课程在其中的作用，进一步推动学院硕士研究生人才培养工作，结合我们的专业课教学及精品课程建设，谈一些体会和思考。

1　教学团队建设

机械工况检测与故障诊断课程教学目的及要求：使学生掌握工程测试系统的动态特性和机械故障诊断学的基本理论、基本知识和基本技能，并具有机械系统动态测试、机械故障分析和诊断的能力。

精品课程的建设与“名师”培养、师资队伍建设要有机结合起来。教师是课程教学的建设者，也是提高教学质量的关键影响因素。打造、拥有一支优秀、高水准的教师队伍是研究生教学的关键所在，也是课程建设的重要目的之一，通过课程建设逐步形成一支结构合理、人员稳定、教学水平高、教学效果好的教师团队。

目前，本课程教学团队共有 3 名成员，其中教授 2 名、高级实验师 1 名。课程建设的示范作用，带动了学科的整体发展和师资水平的提高，激发了教师团队重视研究生教学、参与教学、自觉提高教学水平的积极性。建设期间，教学团队承担了校级研究生教研课题 4 项（已结题 3 项），发表教研论文 7 篇。

---

①　基金项目：武汉纺织大学研究生精品课程（202201048）；“纺织之光”中国纺织工业联合会高教改革项目（2021BKJGLX437）。

2 课程教材建设

在精品课程及其课程体系建设的过程中，教材建设尤为重要，必须综合考虑教材当中知识点的衔接与过渡。

由于我们主要培养应用型人才，经过反复比较，我们选择《机械设备故障诊断技术》（华中科技大学出版社）和《机械故障诊断技术》（机械工业出版社）作为教材[1][2]，这两本教材深入浅出，将深奥的理论讲解得通俗易懂。与此同时，为部分同学申报博士生需要，增强理论功底，选用偏重理论知识分析的《机械故障诊断学》（机械工业出版社）作为辅助加深教材，如图1所示。

图1 课程教材建设

3 教学内容及方法建设

教学内容建设改进的思路：一是教学内容体现先进性。课程与教学内容要体现社会和市场的前沿问题，要了解行业需求、职业需求和岗位需求。二是课程教学资源多元化。建立起企业、学校、教师、研究生相结合的平台，满足企业用人需求、教师教学需求、研究生实践技术需求，改进传统的学科体系，构建以工程应用为导向的课程体系[3][4]。

我们通过与武钢公司、武汉昊海立德科技公司、上海朴渡科技公司等企业的合作，更近距离地接触市场，掌握市场状况，及时调整教学知识，使课程与教学内容体现现代性和发展性。目前，已实践探索的内容如下：

3.1 针对机械专业背景的启发式案例教学

由于这是一门实用性很强的专业课程，既有较强的理论知识，又与工程和生产实践密切联系，为了让研究生明白机械设备故障诊断技术的原理，投入大量课时讲解现代工厂企业的机械设备工况问题的资料调研思路、设备测试过程以及分析整改方法，特别是专业教师在那些工厂企业做技术服务活动的报告案例。例如，轧钢机减速箱故障诊断、板式止回阀异音频谱分析、能源动力厂大型风机叶片转子故障诊断以及纺织厂纺织机械动态监测与控制（如：纺织装备布线方式Zigbee技术的远程动态监测与控制系统，以及纺织机械凸轮轴温度的实时监控）等，部分案例如图2所示。

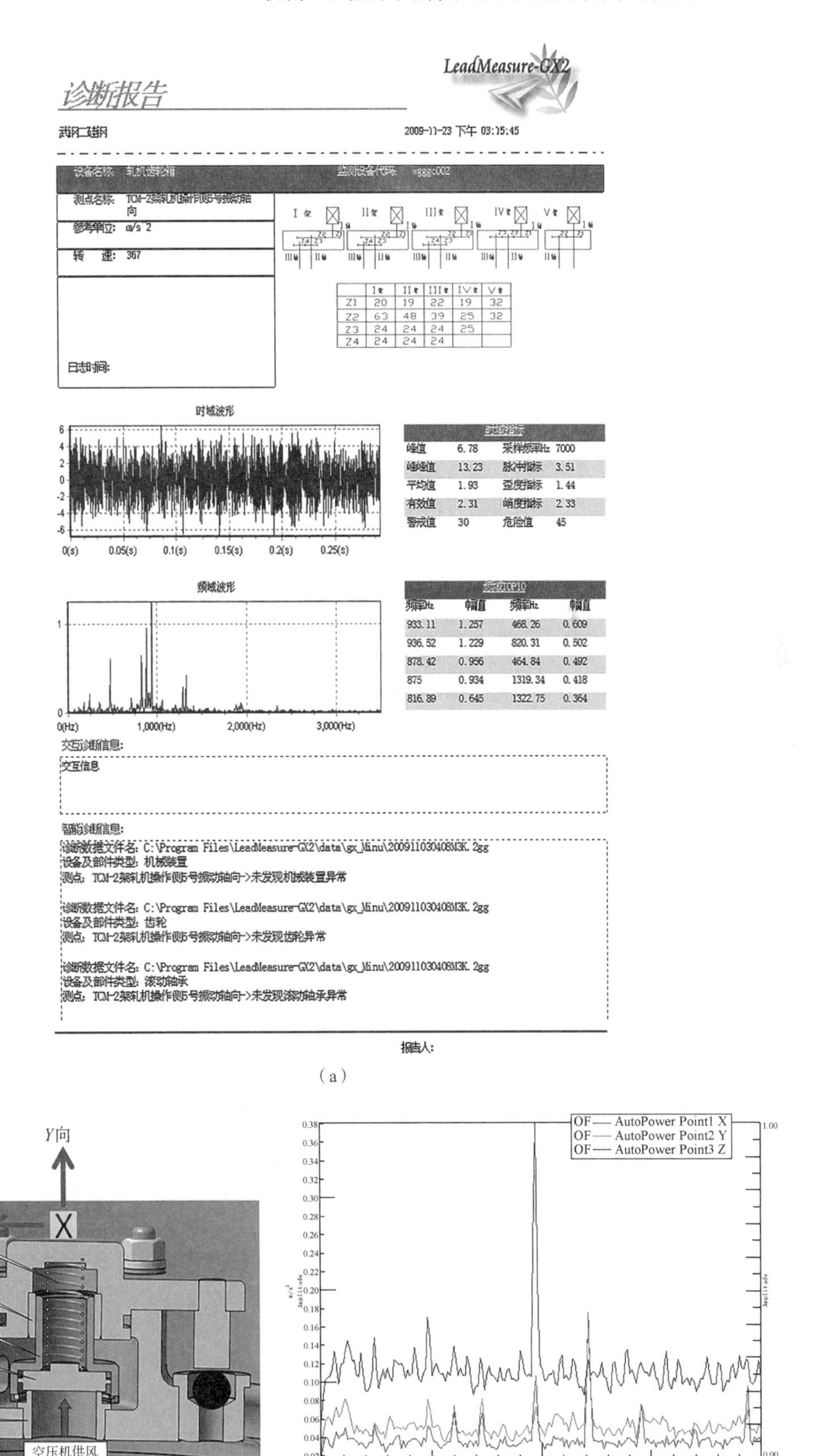

图 2　案例教学内容建设

(a) 轧机齿轮传动故障诊断频谱分析；(b) 板式止回阀剖面图及其异音频谱分析

3.2 思政教育理念融入课程的教学中

在机械工况检测与故障诊断课程讲授过程中，引导学生正确看待和处理个人与社会的关系，把自身的梦想与社会发展结合，通过介绍中国学者在设备故障诊断技术方面的卓越贡献，培养研究生爱国热情、民族自豪感，从而达到思想理念的升华[5][6]，如表1所示。

表1 课程主要内容及“课程思政”融入点

章节	课程内容	“课程思政”融入点
1	机械振动及信号分析	基于理论及实践的因果关系，阐明理论与实践的辩证统一关系
2	旋转机械故障诊断	在讲授转子不平衡、轴弯曲及不对中故障诊断时，介绍某石化车间重大机械设备故障的处理过程，强调社会主义集中力量办大事的制度优势
3	大型齿轮箱及滚动轴承故障诊断	结合其故障诊断及处理技术，说明核心技术不能依赖外国的等靠要思想，强调独立自主、自力更生的重要性
4	液压系统设备故障诊断	结合液压技术的发展历史，以讲故事的形式，讲老一代优秀的科技工作者，如浙江大学前校长路甬祥教授，不断开展液压新技术的研发。在此基础上，宣扬“坚定信念、实事求是、永创新路”的科学精神
5	电动机设备故障诊断	介绍我国著名的电机工程专家及教育家章名涛院士，全身心地致力于电机的发展和建设工作，他提出并实施了很多富有前瞻性的举措，对我国电机工程技术的发展做出了极大的贡献。以此，树立“治学严谨，为人清正”的风范
6	武钢轧钢总厂卷取机故障诊断案例	结合武钢“一米七”轧机工程的建设与发展，讲述老一代武钢工程技术人员，如何在困难中坚定信念，数十年来不断地开发新品种新设备并成功推广应用，宣扬“艰苦奋斗、无私奉献”的主人翁精神

4 课程考核方法建设

机械工况检测与故障诊断课程是学位课，采用笔试。为了兼顾理论与实践、考试与平时学习，将学生解决实际问题以及创新能力纳入考核范围，全方面、立体对每一个学生进行考核，给出公平、公证的考核结果，促进学生提高学习兴趣，我们将期末的成绩评定确定为：卷面笔试+课程论文+平时表现（上课到课情况、作业交流讨论情况）。

其中课程论文是，同学们结合课堂教学及案例资料收集，以某机械电气设备（如纺织、冶金、化工、矿山机电设备等）为例，自拟题目论述其工况性能与故障诊断。要求每位研究生论文内容不能重复，按照科技论文格式进行写作，论述条理清晰，图表符合科技论文规范，这为将来的研究生学位论文写作打下坚实的基础，实践表明效果良好。图3所示是部分研究生的课程论文。

5 实验室建设

实验平台承担着计划内的教学任务，为学生提供基础性和综合性实验。

选用通用型诊断仪器[7]。例如，各种机械式压力表和容积式椭圆齿轮流量计是液压系统常用的仪表，接入方便、操作简单、显示直观、计量准确，便于携带，且仪表本身的故障少、价格低，压力携带着最多的系统状态信息。

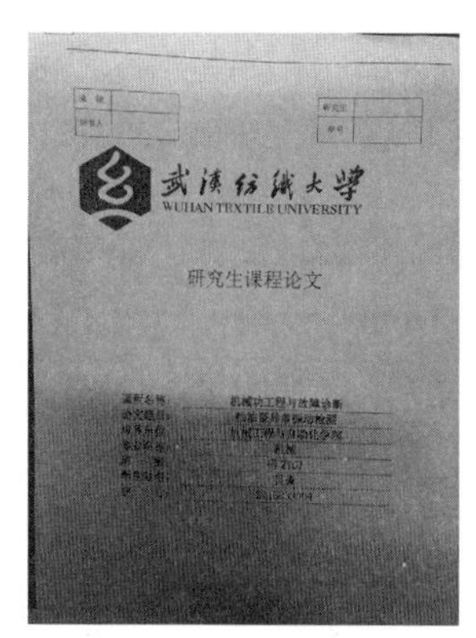
武溪纺織大學
WUHAN TEXTILE UNIVERSITY
研究生课程论文

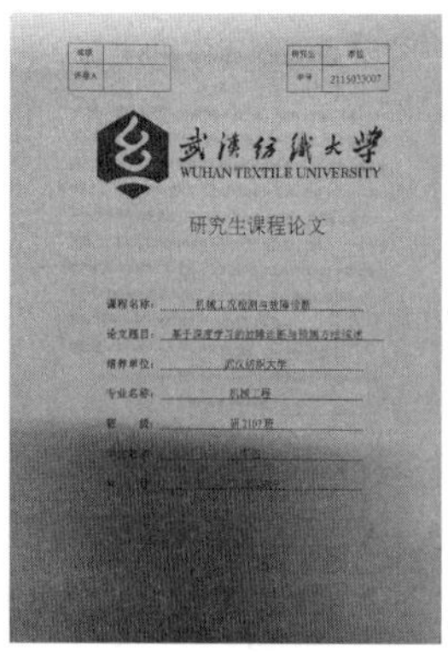
武溪纺織大學
WUHAN TEXTILE UNIVERSITY
研究生课程论文

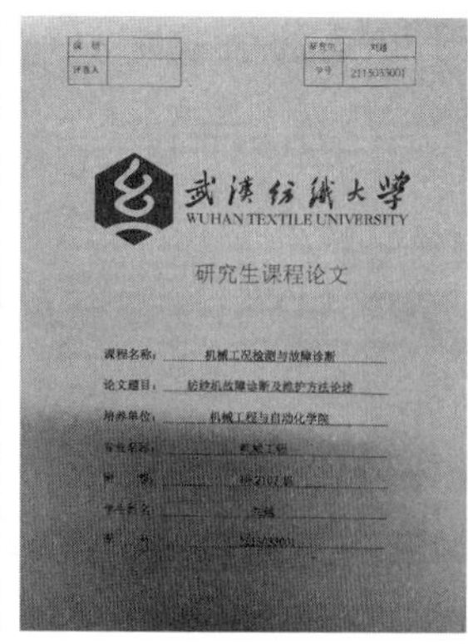
武溪纺織大學
WUHAN TEXTILE UNIVERSITY
研究生课程论文

图 3 课程论文

必要时安置数字压力表。如图 4 所示的纳百川仪表厂生产的高性能单片机为测控核心的数字压力表，精度高稳定性好。采用检测仪器，可以检测出液压系统两个主要工作参数压力和流量以及系统温度、泵组功率、振动、噪声、转矩和转速等重要辅助参数是否正常。

另外，在学校有关部门配合下，实验室拟添置频谱分析仪器（图 5)、超声波探伤故障诊断仪器（图 6)、超声波应力检测仪（图 7）等。

图 4 液压故障诊断仪器

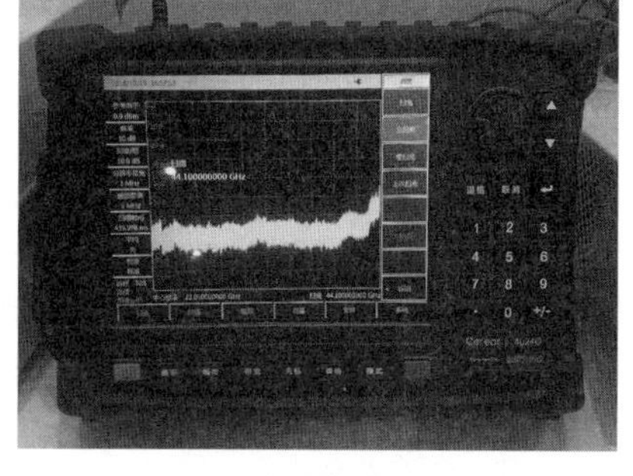

图 5 频谱分析仪

图 6 超声波探伤故障诊断仪器

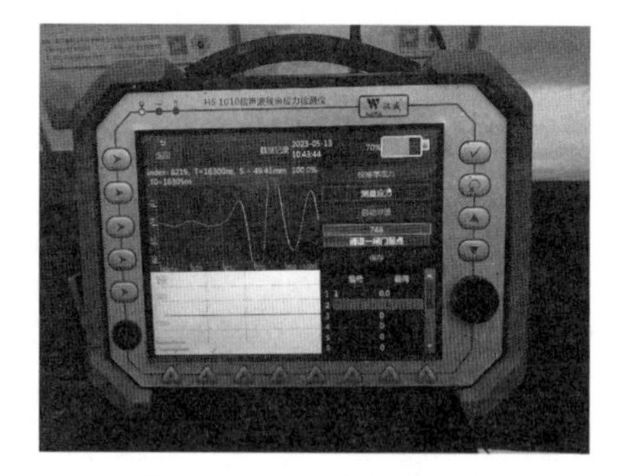

图 7 超声波应力检测仪

6 结语

精品课程建设不是一蹴而就的，需要不断引进新思想、新思路，锐意进取，方能将精品课程建设好，充分为教学服务。

“机械工况检测与故障诊断”是一门实践性很强的课程，通过教学实践的探索，我们认为只要不断改进教学方法、丰富教学手段，注重实践能力的培养，加强理论与实践的联系，激发学生的学习兴趣，就可以取得良好的教学效果，提高学生掌握机械设备故障诊断的能力。

参考文献

[1] 王全先. 机械设备故障诊断技术 [M]. 北京：机械工业出版社，2014.

[2] 张键. 机械故障诊断技术 [M]. 北京：机械工业出版社，2014.

[3] 吴扬. 单片机原理及应用课程教学改革探讨 [C]//中国自动化教育论文集. 北京：机械工业出版社，2007：480-482.

[3] 姜艳林，王海英. "智能控制" 精品课程建设的实践与体会 [C]//中国自动化教育论文集. 北京：机械工业出版社，2007：484-486.

[5] 杨艳芹，李颂战，汪胜祥. 大数据时代工科院校实践教学中思政课程的嵌入 [C]//课程思政研究论文集. 武汉：武汉出版社，2020：233-235.

[6] 张涛. 非思政课程中思想教育的探索与思考 [J]. 教育现代化，2018 (7)：29-31.

[7] 陆全龙. 液压系统故障诊断与维修 [M]. 武汉：华中科技大学出版社，2016.

基于新发展理念的工科专业“教学做合一”课程思政体系探析①

禹 诚②
武汉城市职业学院

摘 要：当前，随着我国经济社会发展的新形势，工科专业的人才培养需要与时俱进。面对新时代我国经济社会发展的新形势，工科专业教育需要紧密结合五个方面，进一步提高培养质量和水平。本文旨在探讨如何将新发展理念融入工科专业课程的思政体系，实现教学做合一，为工科专业人才培养做出贡献。

关键词：新发展理念 工科专业 教学做合一 课程思政

引言

中共中央和国务院发布了《关于加强和改进新形势下高校思想政治工作的意见》，因此，推行以课程思政为目标的教学改革，既是对“教书育人”的教学本质的回归，也是对党领导下高等教育培养人才、如何培养人才和为谁培养人才等根本性问题的回应。如何借鉴改革开放以来我国在高校思想政治教育建设方面的经验，根据各地区各高校实际情况，推动课程思政建设不断前进，充分利用课程思政建设这一渠道和机会，坚决贯彻落实习近平总书记关于立德树人的总要求，把思想政治工作贯穿教育教学全过程，实现全程育人、全方位育人显得尤为重要[1-3]。在新时代背景下，面对不断变化的复杂国际形势，大学生群体的思想政治水平和应对各种不确定性风险的能力，对新时代高校思想政治教育工作具有重要的参考意义。新发展理念深刻揭示了实现更高质量、更有效率、更加公平、更可持续发展的必由之路，是关系我国发展全局的一场深刻变革。基于新发展理念的课程思政将促成高校发展新格局，是提升高校人才培养政治性和学理性、价值性和知识性、理论性和实践性相统一的必然逻辑。要从课程内容中融入新发展理念、从教学方法的全方位革新、从教育渠道线上线下拓展、从实践教学的深度体验、从制度个性化保障上下功夫，不断增强课程思政的针对性和实效性，进而构建课程创新和创新课程协同发力的教学体系，厚植我国创新型国家建设的人才优势[4-7]。

1 新发展理念与工科专业课程建设的关联性

创新驱动。新发展理念强调创新是引领发展的第一动力。工科专业课程建设应注重培养

① 基金项目：2022 年湖北省教育厅社会科学研究——教育改革发展专项“基于新发展理念的工科专业”教学做合一“课程思政实践研究”（项目编号：75）；2022 年湖北省高校省级教学研究项目“基于新发展理念的课程思政体系研究——以产品创新设计与开发课程为例”（项目编号：2022589）；2021 年武汉市市属高校教学研究项目“基于智能制造视域下工作过程系统化融合课程培养模式研究与实践”（项目编号：2021115）。

② 禹诚（1972—），女，教授，主要研究方向为职业教育装备制造类专业教学及其“三教”改革。

学生的创新能力和创新意识，鼓励学生进行科研与创新实践，为国家发展提供技术支持和人才保障。

协同发展。新发展理念强调协调发展，实现区域和行业间的平衡发展。工科专业课程建设需要加强跨学科、跨领域的交叉合作。促进工程技术与其他领域的融合，形成更具竞争力的产业链。

绿色发展。新发展理念倡导绿色低碳、循环发展，强调环境保护与经济发展的协同。工科专业课程建设应加强对可持续发展和环境保护的教育，培养具备绿色发展意识的工程师，推动产业发展方式的转变。

开放发展。新发展理念主张开放包容、互利共赢，提倡国际合作与交流。工科专业课程建设应扩大国际视野，加强与国际高校和研究机构的合作与交流，提高工程师的国际竞争力。

共享发展。新发展理念强调共享发展，实现全体人民共享发展成果。工科专业课程建设应关注社会责任和公共利益，培养具备服务社会能力的工程师，为社会进步和人民福祉做出贡献。

综上所述，新发展理念与工科专业课程建设具有紧密的关联性。将新发展理念融入工科专业课程建设，有助于培养具有创新精神、协同意识、绿色发展理念、国际视野和社会责任感的优秀工程师，为国家发展和社会进步贡献力量。

2 新发展理念与课程思政理念的关联性

价值引领。新发展理念强调发展的正确价值观和导向，而课程思政理念关注学生的世界观、人生观和价值观培养。将新发展理念融入课程思政教育，有助于引导学生树立正确的发展观，为国家和社会发展做出贡献。

立德树人。新发展理念强调全面发展，人的全面发展是最本质的。课程思政理念关注学生德智体美劳全面发展，将新发展理念融入课程思政教育，有助于培养具备创新精神、协同意识、绿色发展理念、国际视野和社会责任感的优秀人才。

教育创新。新发展理念倡导创新驱动，教育也需要不断创新。课程思政理念强调将思政教育融入各学科课程中，实现教育教学的创新和突破。通过课程思政教育，将新发展理念与学科知识相结合，提升学生的综合素质。

整体协调。新发展理念强调协同发展，课程思政理念也要求在教育教学过程中实现整体协调。将新发展理念融入课程思政教育，有助于打破学科壁垒，促进各学科间的交流与合作，实现教育教学的协同发展。

社会责任。新发展理念强调共享发展，注重全体人民共享发展成果。课程思政理念关注学生的社会责任感培养，将新发展理念融入课程思政教育，有助于培养具备服务社会能力的人才，为实现共享发展做出贡献。

总之，新发展理念与课程思政理念具有紧密的关联性。将新发展理念融入课程思政教育，有助于培养具备正确价值观、创新精神、协同意识、绿色发展理念、国际视野和社会责任感的优秀人才，为国家发展和社会进步贡献力量。

教育整合。将新发展理念与课程思政教育相结合，促进课程体系的整合与优化，强化理论教学与实践教学的结合，提高教育教学质量。

优化教学内容。在课程设置和教学内容中，体现新发展理念的要求，关注学生的全面发展，重视培养学生的创新精神、协同意识、绿色发展理念、国际视野和社会责任感。

强化教师队伍建设。选拔和培养一批具有深厚专业功底、新发展理念认识和课程思政教育能力的教师，为实现新发展理念与课程思政教育的融合提供有力保障。

创新教学方法。采用多样化的教学方法，如案例教学、互动讨论、角色扮演等，激发学生的学习兴趣，帮助他们理解和掌握新发展理念以及课程思政理论知识。

加强实践环节。通过社会实践、实习、实训等方式，帮助学生认识社会，增强新发展理念的实践运用能力，培养具备良好职业道德和社会责任感的人才。

营造良好校园文化。加强校园文化建设，营造尊重知识、尊重人才、强调新发展理念和课程思政教育的良好氛围，培养学生的爱国主义精神和家国情怀。

通过以上探讨，我们可以认识到新发展理念与课程思政理念的紧密关联性。将新发展理念融入课程思政教育，有助于培养具备正确价值观、创新精神、协同意识、绿色发展理念、国际视野和社会责任感的优秀人才，为国家发展和社会进步贡献力量。

3 “做学教合一”教学模式与课程思政课程观的相关性

整体目标一致性。学教合一教学模式强调在课程中实现教学目标的全面融合与高度统一，而课程思政则旨在培养学生的思想道德素质和政治觉悟，两者都致力于实现学生的全面发展，提高学生的思想觉悟和实践能力。

教学内容融合性。学教合一教学模式要求将教育教学内容与学生的实际生活、学习和工作紧密结合；而课程思政则要求在专业课程中渗透思想政治教育内容，形成课程与思政的内在联系。融合教学内容，可以使学生在学习专业知识的同时，增强思想道德修养，提高政治觉悟。

互动性与实践性。学教合一教学模式强调教师与学生之间的双向互动，激发学生的学习兴趣和主动性；而课程思政则要求教师运用多种教学方法，如案例分析、实践体验等，激发学生的思考，使学生在实践中体会和领悟思想政治教育的真谛。这种互动性和实践性有利于提高课程思政的教育效果。

评价方式多样性。学教合一教学模式提倡多元化评价，注重学生的过程性发展和综合素质评价；而课程思政同样需要运用多种评价方式，包括学生的思想表现、实践能力、学术成果等多个方面，全面评价学生在思想政治教育方面的成长和发展。

总之，学教合一教学模式与课程思政课程观之间存在密切的相关性，二者相互促进，共同为培养具有良好思想道德素质、政治觉悟和实践能力的人才提供支持。

4 新发展理念的工科专业“教学做合一”课程思政建设路径

在新发展理念下，工科专业的课程思政建设是一项重要任务，旨在培养具有创新精神、社会责任感和全球视野的工程技术人才。要实现“教学做合一”，需要将思政教育与工程实践紧密结合，注重课程的整合、创新及实践性。具体来说，可以从以下几个方面着手：

确立教学目标和理念。明确培养工程技术人才的核心价值观和新时代发展要求，确立德智体美劳全面发展的教育理念，将思想政治教育融入课程体系，培养具有社会责任感、创新精神和全球视野的工程人才。

整合课程资源。将思政教育与工程技术课程有机结合，梳理课程内容，加强理论联系实际，增设涉及社会、文化、经济、环境等多维度问题的案例分析，注重培养学生的思考能力。

创新教学方法。采用情境式、任务驱动式、项目式等多元化教学方法，以解决实际问题为导向，提高学生的实践能力和创新能力。同时，鼓励学生主动参与教学过程，发挥他们的积极性和创造性。

建立实践平台。依托工程实践基地、实验室和企业合作，搭建多元化的实践平台，让学生在实际工程项目中实践、学习，增强他们的实际操作能力和团队协作能力。

加强师资队伍建设。培养一支具有高素质、专业背景和思政教育能力的师资队伍，提高教师的教育教学能力和研究能力，为课程思政建设提供坚实的人才支持。

评价与反馈机制。建立完善的课程评价与反馈机制，对教学过程和教学成果进行全面、细致的评估，及时调整教学策略，促进课程思政建设不断完善。

加强跨学科交流与合作。鼓励工程专业与其他学科领域的交流与合作，打破学科界限，丰富课程内容，培养学生的综合素质和跨学科能力。

增强国际合作与交流。借鉴国际先进的教育理念和实践经验，加强与国际知名学府和企业的合作与交流，提高工程教育的国际水平，培养具有国际竞争力的工程技术人才。

关注学生个性化发展。因材施教，关注学生的个性化需求和发展，提供多样化的学习资源和实践机会，激发学生的学习兴趣和潜能。

注重德育引领。将德育教育贯穿于课程教学、实践活动和日常管理中，培养学生的社会责任感、道德素养和人文精神。

深化教育教学改革。持续关注教育教学改革的最新动态和成果，以数据为依据，不断优化教学策略和方法，提高课程思政建设的质量和效果。

通过上述措施，基于新发展理念的工科专业课程思政建设将更好地融合教学与实践，培养出更多具有全面发展能力、创新精神和国际视野的工程技术人才。为了实现这一目标，教育部门、学校和企业还需加强合作与交流，共同推动课程思政建设的发展和完善。

5 结语

在新发展理念指导下，创新“教学做合一”实践教学应用，开展工科专业课程思政教学改革研究，有利于拓宽课程研究的学术视野。新发展理念的工科专业“教学做合一”课程思政实践研究是实现新发展理念课程观的有效途径，是有关课程研究的重要课题，同时也有利于丰富和创新“教学做合一”教学方法。因此，本研究尝试基于新发展理念的工科专业“教学做合一”课程思政实践研究，对于丰富高校课程思政建设相关理论研究，乃至高校思想政治教育建设和“三教”改革的落实都具有重要的理论意义，有一定的学术指导价值。

课程思政的贯彻落实需要通过专业教师与思政教师团结协作来实现，对二者协同育人的实现路径研究，有利于提高各门课程的育人效果，弥补长久以来思政教师“孤军奋战”的缺憾，促进培养合格的社会主义事业的建设者和接班人，培育出一批又一批德才兼备，又红又专的时代新人，实现立德树人的根本任务，助力实现中华民族伟大复兴的中国梦。

参考文献

[1] 冷尔唯，陈敬炜，鄂加强，等. 工科类专业课程思政中落实新发展理念的探索与实践——以发动机电子控制课程为例 [J]. 高教学刊，2023，9（4）：161-164+168.

[2] 陈凯江，马立杰，周云龙，等. 新发展理念引领下道路工程类课程教学改革研究 [J]. 华北理工大学学报（社会科学版），2022，22（2）：135-139.

[3] 赵伟. 陶行知“教学做合一”思想对新时代劳动教育的启示 [J]. 东北师大学报(哲学社会科学版), 2021, 313 (5): 157-164.

[4] 蒲清平, 雷洪鸣, 王馨瑶. 新发展阶段、新发展理念、新发展格局视域下新工科建设的三重逻辑 [J]. 重庆大学学报 (社会科学版), 2021, 27 (4): 160-170.

[5] 肖永刚. “教学做合一”思想在中职《模拟电子技术》课程教学中的应用 [J]. 职业技术教育, 2016, 37 (29): 36-39.

[6] 王东群. “教学做合一”在中职数学教学中的实践与探索 [J]. 中国职业技术教育, 2014, 543 (35): 64-68.

[7] 袁咏平. 基于教学做合一的人才培养方案研究 [J]. 教育与职业, 2013, 781 (33): 176-177.

智能制造专业学科竞赛与课程整合：一种以赛促教、产学结合培养模式的探讨

张　弛　李红军　张成俊　杜利珍

武汉纺织大学机械工程与自动化学院

摘　要：随着全球制造业的转型升级，智能制造作为现代制造业的核心，对高质量人才的需求日益增长。然而，传统的高校教育模式难以使学生完全具备符合当今社会企业要求的能力和素质。本文分析国内外智能制造课程与课外竞赛整合的成功案例，并提炼出了一些关键要素和策略，通过三年的不断试验和实践，提出了一种以赛促教、产学结合的智能制造专业培养模式。本文内容是对智能制造专业学生培养模式改革的一次探索，同时，也为智能制造教育改革提供了有益的理论指导和实践借鉴。

关键词：智能制造专业　学科竞赛　课程整合　以赛促教　专业培养模式

1　智能制造专业教育现状与挑战

智能制造，作为制造业升级的关键驱动力，已经成为全球关注的焦点。随着制造业向智能化、高端化的转变，智能制造人才的培养成为高校教育的重要任务[1]。智能制造专业作为国内大部分高校的“新兴专业”，在其教学过程中，仍面临着一些现实挑战。

1.1　教育模式滞后

传统的教育模式往往偏重理论教学，缺乏实践环节，导致学生实践能力与创新思维难以得到充分培养。此外，以教师为中心的教学模式，容易导致学生学习积极性不高，难以激发学生的主动学习欲望。

1.2　课程体系不完整

当前的智能制造课程体系尚未形成完整、系统的知识体系，部分课程设置过于狭窄或过于宽泛，难以满足产业发展的多元化需求。此外，部分课程内容与实际生产环境脱节，导致学生在实际工作中难以运用所学知识。

1.3　实践教学资源不足

尽管越来越多的高校开始注重智能制造实践教学，但实践教学资源仍然不足，部分实验室设备陈旧，难以满足智能制造技术发展的需求。同时，企业与高校的合作尚未深入，学生实习实践机会有限[2]。

1.4　团队合作与跨学科交流不足

智能制造涉及多个学科领域，需要学生具备跨学科的知识和技能，然而当前的教育环境往往强调单一学科的学习，导致学生在团队合作与跨学科交流方面能力不足。

1.5　教师队伍建设亟待加强

随着智能制造技术的不断发展，教师面临着知识更新的压力。部分教师的专业水平和教

学能力难以跟上行业发展的步伐，影响了教育质量。此外，教师在实践教学和课外竞赛指导方面的经验也有待提高。

面对这些挑战，高校应该从实践教育教学角度出发，体现智能制造专业的前沿性，培养学生的动手能力和创新思维，应提出一种新的智能制造专业培养模式，为学生全面有效地提供创造学习实践环境和条件。

2 以赛促教、产学结合理论在课程整合中的实践

随着制造业向智能化、高端化的转变，智能制造人才的培养已成为高校教育的重要任务。在传统的教学模式下，课程往往偏重理论教学，缺乏实践环节，导致学生实践能力与创新思维难以得到充分培养。

因此，越来越多的高校开始尝试将以赛促教、产学结合理论应用于智能制造专业课程和竞赛整合中的教育模式，以此提高教育质量，为智能制造行业培养出更具实践能力、创新精神和团队协作能力的人才，但这种教学模式还需要通过实践来进一步探索和完善[3]。

2.1 实践1——课程整合：将学科竞赛融入课程

学校将学科竞赛内容融入智能制造专业的课程学习中是实现以赛促教、产学结合理论的有效途径，重视“实践”“创新”的课程内容，为学生后续参加比赛和未来参加工作打下良好基础，具体方法如下：

2.1.1 以竞赛为导向，设置实践性课程

在课程设置中，将学科竞赛作为导向，设置相关实践性课程，鼓励学生在课程中进行实践性的学习和探索，培养学生的实践能力和创新精神[4]。例如，在智能制造专业的课程设置中，可以设置基础实验课、项目课、综合设计等实践性课程，鼓励学生在课程中探索新技术、新方法。

2.1.2 设立课外学习小组

通过高年级学生带低年级学生建立课外学习小组的形式，在组内分享学习经验、探讨问题、相互促进，提高学习效果。高年级学生带低年级学生组成小组参加学科竞赛，实现知识和技能的传承和沉淀的同时，也提高了学生的团队协作能力。

2.1.3 学生自编实验指导书

在参加学科竞赛的过程中，学生可以自主编写与竞赛题目相关的实验指导书，根据比赛内容迭代和优化实验方案，并在实验中获得实践经验和自主创新能力的提高。

通过将学科竞赛融入课程，可以有效地提高学生的学习积极性，激发学生的创新思维和实践能力，为学生未来的发展打下夯实基础。

2.2 实践2——以赛促教：参加高水平学科竞赛

参加高水平学科竞赛是以赛促教、产学结合理论在智能制造专业培养模式下的关键一步，这不仅是提升学生学科水平的有效手段，还能够促进智能制造专业学生的综合能力和团队协作能力，进而达到“以赛促教”的目的。

首先，教师要引导学生尽量参加教育部认定的A类高水平学科竞赛，例如“互联网+”大学生创新创业大赛、“西门子杯”中国智能制造挑战赛、中国大学生机械工程创新创意大赛、中国高校智能机器人创意大赛、中国大学生智能设计竞赛等，这些高含金量、高水平的学科竞赛吸引了全国各地的高校参加，与其他高校同台竞技，不仅有助于提升学生的整体水平，也让学生拓展了视野，认清了自身水平，进而激发学生的主动学习积极性[5]。

例如，中国高校智能机器人创意大赛是一项涉及多个学科领域的竞赛，包括计算机、电子、机械等学科，要求参赛队伍在规定题目范围内自主设计机器人的同时，还要按时完成该类机器人规定的技术动作或任务。参赛考生在竞赛过程中不断学习多学科领域内容并总结、优化，最后应用知识进行实践。

“以赛促教”的教学模式可以更好地帮助学生掌握知识和技能，进一步提升学生的实践能力和创新能力。

2.3 实践 3——产学结合：与校外公司展开合作

在各高校智能制造专业的培养计划中，与校外企业的合作可以为学生提供更多实践机会和实践经验，提高学生的综合素质和实践能力，同时也可以促进学校与企业之间的深度合作，为学生的职业规划和未来的发展提供有力支持。实践方式如下：

2.3.1 实验室、实训基地合作

学校可以与校外企业合作，建立实验室、实训基地、科研中心，以此为学生提供更多的实践机会和实践经验。通过与校外企业的合作，学校可以更好地了解行业的实际需求，同时也可以为企业提供人才支持，合作共赢。

2.3.2 产学研合作项目

学校可以与校外企业合作，开展产学研合作项目，共同研究智能制造相关的技术和问题，并为企业提供技术支持。通过产学研合作项目，学生可以更好地了解实际应用场景和需求，同时也可以获得更多实践经验。

2.3.3 职业导师制度

学校可以引入职业导师制度，邀请校外企业的专业人才担任职业导师，为学生提供职业发展和规划方面的指导和建议。通过职业导师制度，学生可以更好地了解行业发展趋势和实际需求，同时也可以获得更多职业发展和规划方面的指导和建议[6]。

与校外企业的合作是智能制造专业培养中产学结合的重要组成部分，也是实现以赛促教、产学结合理论的有效途径之一。与校外企业的合作，可以为学生提供更多的实践机会和实践经验，同时也可以为企业提供人才支持和技术支持，促进学校与企业之间的深度合作，为我国智能制造人才的培养提供有力支持。

3 以赛促教、产学结合理论在课程整合中的教学模式

经过不断试验和实践，本文提出了一种以赛促教、产学结合的智能制造培养教学模式，该模式的主体架构如图 1 所示。

首先，在课程设计阶段，教师需将课外竞赛内容融入课程体系，确保理论教学与实践环节紧密结合。例如：将学科竞赛的实际问题纳入课程教学，让学生在掌握基本知识的同时，能够针对实际问题进行分析和解决，使课程设置更具针对性和实用性。

其次，在教学过程中，教师应积极引导学生参与课外竞赛项目，鼓励团队合作与跨学科交流。通过参与竞赛项目，学生可以在课外学科竞赛中运用课堂所学知识，培养团队协作能力、问题解决能力和创新能力[7]。

再次，在产学研结合方面，高校应与企业开展合作，共建培训基地和研究中心，让教师和学生能够更好地了解和应对企业技术需求。这样，学生在学习中既能了解实际生产环境的技术要求，又能掌握企业最新的技术动态，将学习成果转化为实际应用，为我国智能制造行业贡献力量。

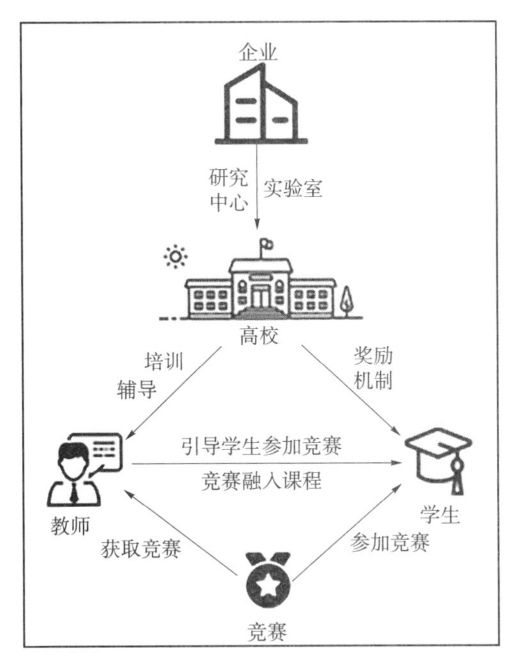

图 1 智能制造培养教学模式

从次，在评价体系方面，高校应将学生在课外竞赛中的表现纳入综合评价体系，以激励学生积极参与课外竞赛。例如，可以将竞赛成绩作为学生课程成绩的一部分，或者将竞赛获奖情况纳入学生的奖学金评定、实习推荐等方面。通过这种方式，学生将更加重视课外竞赛，从而使学生积极主动地去参加课外竞赛。

最后，在教师队伍建设方面，高校应加强对教师的培训和指导，使其能够更好地应用以赛促教理念，推动智能制造课程整合。具体来说：高校可以组织教师参加专业培训、研讨会等活动，学习国内外先进的教学理念和方法，提高教师的教学水平和竞赛指导能力。

4 结语

智能制造技术作为现代制造业的核心，是全国乃至全球制造业转型升级的关键技术。本文通过对现如今中国高校的智能制造专业培养模式存在的问题进行分析，提出了一种以赛促教、产学结合的智能制造专业培养模式。在该模式下，教师将课程安排与学科竞赛内容相结合，鼓励学生参加学科竞赛，在学科竞赛中提高学生自身的实践能力、创新精神和团队协作能力。高校通过对学生竞赛情况进行评估并适当奖励，以此提高学生学习和比赛的积极性，从而达成良性循环，源源不断地为国家智能制造行业提供优质人才。目前，在国内各大高校，这种智能制造专业的培养模式还处于初期试验阶段，如何将这种模式更好、更有效地普及各个高校智能制造专业的教学中，还需要进一步研究和实践。

参考文献

[1] 郝丽娜，杨建宇，林君哲，等. 智能制造专业教育中数字化能力培养的研究与实践[J]. 教育教学论坛，2023（9）：96-99.

[2] 陈元凯，刘魏晋. 基于智能制造挑战赛的高职院校工业控制网络课程教学改革［J］. 科技创新导报，2020，17（27）：202-204. DOI：10. 16660/j. cnki. 1674-098X. 2005-9

711-4743.

[3] 何利华，倪敬."智能制造"背景下新工科人才的跨学科培养方法探索 [J]. 科技风，2021 (10)：5-6. DOI：10. 19392/j. cnki. 1671-7341. 202110003.

[4] 李秋明，宋昕，刘志刚，等. 依托智能制造挑战赛培养大学生工程实践创新能力 [J]. 实验室研究与探索，2018，37 (11)：190-193. DOI：10. 3969/j. issn. 1006-7167. 2018. 11. 048.

[5] 郝刚，陈淑花，冯少华. 校企协同创新机器人焊接实训基地建设与运营模式探讨 [J]. 装备制造技术，2021 (12)：239-241，245. DOI：10. 3969/j. issn. 1672-545X. 2021. 12. 061.

[6] 唐茂. 基于学科竞赛的大学生机械创新设计能力培养的方法探讨 [J]. 中国设备工程，2020 (21)：226-227. DOI：10. 3969/j. issn. 1671-0711. 2020. 21. 123.

[7] 于晓慧，张国福，赵悦. 面向智能制造的机械工程专业人才培养 [J]. 无线互联科技，2020，17 (1)：98-99. DOI：10. 3969/j. issn. 1672-6944. 2020. 01. 045.

材料力学三种教学方式教学质量模糊分析[①]

袁子厚[②] 赵梓港
武汉纺织大学机械学院

摘　要：新型冠状病毒肺炎疫情暴发后，在 2020.3—2020.7 开展了网络教学，在 2020.9—2022.12 开展线上、线下结合的混合式教学，但这两种教学方式的教学效果评价成果稀少。本文将材料力学网络教学、混合式教学的教学情况与以前完全的课堂教学进行了量化比较。在研究过程中，尽可能地删除主观成分，合理确定因素集、评判集，组织学生在网络上打分得出单因素评判情况，建构了模糊综合评判模型以及改进的模型，运用模糊数学理论分析三种教学形式的教学质量，克服了教学质量评价工作中的主观随意性，分析结果可供教学管理者、教师参考。

关键词：网上授课　混合式教学　评价指标　模糊数学理论

引言

2020 年 2 月新型冠状病毒肺炎疫情蔓延，大学生不能回武汉上学。为落实教育部关于“停学不停课、学习不延期”的要求[1-2]，我校大多数老师在 2020.3—2020.7 开展了网络教学。

笔者承担了本科生材料力学的教学任务。材料力学是重要的专业基础课，对学生后续专业课的学习影响很大，老师一定要教好，学生一定要学好。突如其来的疫情打破了传统教学模式，笔者根据疫情期间的现实需要，积极开展网络教学。根据本课程教学和学习的特点，开课前做了以下工作：收集 MOOC、超星平台、爱课程等平台的网络课程资料；及时补充购买摄像头、话筒、手机支架等直播设备，在大量的测试使用后，采用腾讯课堂为直播授课主要方式，结合播放 MOOC 视频；建立 QQ 教学班级群。将教学实施计划、教学课件、教学要求发到群里，在 QQ 群里布置作业、答疑。

学生在 2020 年 9 月到校后，笔者开展了混合式教学。网上教学、混合式教学被新型冠状病毒肺炎疫情推上了风口浪尖，一些教学工作者开展了相关研究[3-5]。网上教学、混合式教学、以前的课堂教学三种教学方式教学质量的比较是全社会普遍关注的问题，然而研究成果很少。本文用模糊数学理论对这三种教学方式的教学质量进行量化分析。

1　确定评估指标及权重

教学评估是根据一定的教学目标和标准，对实际进行着的教学活动中教师的行为以及由此产生的教学效果的评估，它是教学过程的重要组成部分[6]。近年来，国内外的学者都非

① 本文系武汉纺织大学研究生教学改革与研究项目资助。
② 袁子厚（1966.5—），男，汉族，湖北鄂州人，教授、博士、系主任，主要研究方向为教学评价。

常重视研究教学评估的问题，研究主要侧重课堂教学[7]。本文研究涉及线上授课的教学情况，采用学生评教的模式。

教学质量评估指标体系是教学质量评估中所收集信息和反馈资料的有效性和优劣的参照系[8]。

教学评估指标体系众多，没有统一标准，核心内容大同小异[9-11]。笔者通过查阅大量文献、资料，根据我校实际情况，结合对学生的调查，仔细斟酌出一套评价指标（表1）。其中的二级指标为：①教学态度好，责任心强；②口头表达能力强；③板书能力强；④能因材施教，注重能力培养；⑤课外作业布置得适宜；⑥学生学习本课程的兴趣和收获大；⑦为人师表，能严格要求学生；⑧教学内容新颖；⑨教学内容联系实际；⑩教学内容难度、深度适宜。这些二级指标满足异向性、直接可测性、可比性、可接受性、完备性和独立性等优良特性。

表1　评估指标

一级指标	教学内容	教学效果	教学方法	教学思想	教学环节
二级指标	8、9、10	6	2、3、4	1、7	5

表1中教学质量评估指标教学内容、教学效果、教学方法、教学思想、教学环节的权重确定为0.369，0.349，0.152，0.072，0.058[12]。

2　运用模糊数学理论分析课堂教学、网上授课、混合式的教学情况

模糊数学是运用相应的数学方法对某些模糊现象进行科学有效的处理，得出确定的结果。而教学质量的高低本身就是一个模糊事件，所以本文运用模糊数学方法开展研究、评价。

2.1　建立模糊分析的数学模型的步骤：

第一步，确定因素集 $U=(u_1,u_2,\cdots,u_n)$。

第二步，确定评判集 $V=(v_1,v_2,\cdots,v_m)$。

第三步，进行单因素评判。

$\underset{\sim}{f}:U\to F(V),u_i\to(r_{i1},r_{i2},\cdots,r_{im})\in F(V)$，以 $u_i\to(r_{i1},r_{i2},\cdots,r_{in})(i=1,2,\cdots,n)$ 为行构造一个模糊矩阵[13]，得到唯一确定模糊关系 $\underset{\sim}{R}_f=\begin{bmatrix} r_{11} & r_{12} & \cdots & r_{1m} \\ r_{21} & r_{22} & \cdots & r_{1m} \\ \cdots & \cdots & \cdots & \cdots \\ r_{n1} & r_{n2} & \cdots & r_{nm} \end{bmatrix}$。

第四步，综合评判。

当权重 $A=(a_1,a_2,\cdots,a_n)$ 时，采用 max-min 合成运算，即用模型 $M(\Lambda,V)$[13]计算，得到综合评判 $\underset{\sim}{B}=A\circ R=A\circ R=(a_1,a_2,\cdots,a_n)\circ\begin{bmatrix} r_{11} & r_{12} & \cdots & r_{1m} \\ r_{21} & r_{22} & \cdots & r_{2m} \\ \cdots & \cdots & \cdots & \cdots \\ r_{n1} & r_{n2} & \cdots & r_{nm} \end{bmatrix}=(b_1,b_2,\cdots,b_m)$，$b_j=\overset{n}{\underset{i=1}{V}}(a_i\Lambda r_{ij})$，$j=1,2,\cdots,m$

2.2 实际教学情况分析

现针对某一名教师在材料力学教学中采用课堂教学、网上授课、混合式的教学质量进行统计分析。

（1）确定因素集 U=（教学内容，教学效果，教学方法，教学思想，教学环节）。

（2）确定评判集 V=（优，良，中，及格）。

（3）进行单因素评判。一名老师组织自己上课的两个班级学生，在同一时间进行网络评价，可得下面单因素评判情况。

采用课堂教学时：

教学内容 $u_1\to$（0.40，0.50，0.10，0），教学效果 $u_2\to$（0.60，0.40，0，0），教学方式 $u_3\to$（0.60，0.40，0，0），教学思想 $u_4\to$（0.60，0.40，0，0），教学环节 $u_5\to$（0.40，0.30，0.20，0.10）。

采用网上授课时：

教学内容 $u_1'\to$（0.50，0.40，0.10，0），教学效果 $u_2'\to$（0.30，0.60，0.10，0），教学方式 $u_3'\to$（0.30，0.60，0.10，0），教学思想 $u_4'\to$（0.45，0.45，0.10，0），教学环节 $u_5'\to$（0.20，0.30，0.40，0.10）。

采用混合式教学时：

教学内容 $u_1''\to$（0.60，0.40，0，0），教学效果 $u_2''\to$（0.55，0.45，0，0），教学方式 $u_3''\to$（0.60，0.40，0，0），教学思想 $u_4''\to$（0.55，0.45，0，0），教学环节 $u_5''\to$（0.35，0.35，0.20，0.10）。

（4）综合评判。

采用课堂教学时：

$$(0.369, 0.349, 0.152, 0.072, 0.058)\circ\begin{pmatrix}0.40 & 0.50 & 0.10 & 0\\ 0.60 & 0.40 & 0 & 0\\ 0.60 & 0.40 & 0 & 0\\ 0.60 & 0.40 & 0 & 0\\ 0.40 & 0.30 & 0.20 & 0.10\end{pmatrix}$$

$$=(0.369, 0.369, 0.10, 0.058)$$

采用网上授课时：

$$(0.369, 0.349, 0.152, 0.072, 0.058)\circ\begin{pmatrix}0.50 & 0.40 & 0.10 & 0\\ 0.30 & 0.60 & 0.10 & 0\\ 0.30 & 0.60 & 0.10 & 0\\ 0.45 & 0.45 & 0.10 & 0\\ 0.20 & 0.30 & 0.40 & 0.10\end{pmatrix}$$

$$=(0.369, 0.369, 0.100, 0.058)$$

采用混合式教学时：

$$(0.369, 0.349, 0.152, 0.072, 0.058)\circ\begin{pmatrix}0.60 & 0.40 & 0 & 0\\ 0.55 & 0.45 & 0 & 0\\ 0.60 & 0.40 & 0 & 0\\ 0.55 & 0.45 & 0 & 0\\ 0.35 & 0.35 & 0.20 & 0.10\end{pmatrix}$$

$$=(0.369, 0.369, 0.072, 0.058)$$

将三个计算结果汇总，如图 1 所示。

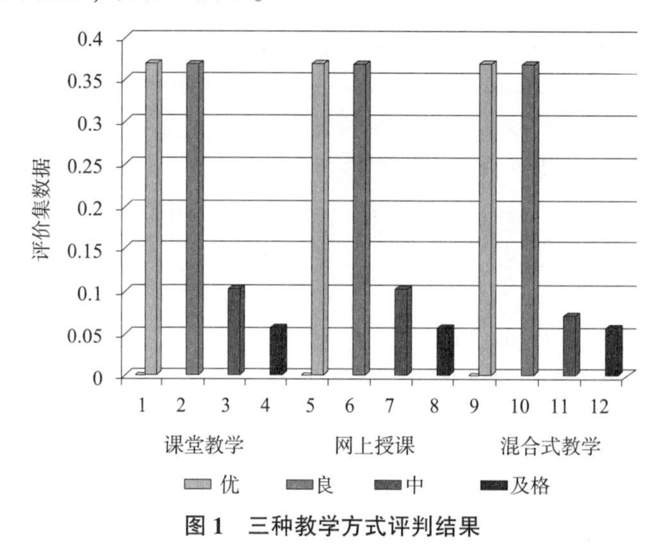

图 1 三种教学方式评判结果

由图 1 可知，结果出现超模糊现象，无法区分 U 中哪一项的隶属度更高，无法运用模糊理论判断教学情况。

3 改进模型[14]

3.1 匹配矩阵的构成

（1）求矩阵 $\boldsymbol{R}$ 列向量之和构成的向量 $\boldsymbol{C}$：

$$\boldsymbol{C}=[1,1,\cdots,1]\times\begin{bmatrix} r_{11} & r_{12} & \cdots & r_{1m} \\ r_{21} & r_{22} & \cdots & r_{2m} \\ \cdots & \cdots & \cdots & \cdots \\ r_{n1} & r_{n2} & \cdots & r_{nm} \end{bmatrix}$$

$$=[c_1,c_2,\cdots,c_m],c_i=r_{1i}+r_{2i}+\cdots+r_{ni}(i=1,2,\cdots,m),$$

（2）求向量 $\boldsymbol{C}$ 每个元素的倒数构成的向量 $\boldsymbol{D}$：

$$\boldsymbol{D}=\left[\frac{1}{c_1},\frac{1}{c_2},\cdots,\frac{1}{c_m}\right]$$

（3）构成 $n\times m$ 匹配矩阵 $\boldsymbol{K}$：

$$\boldsymbol{K}=\boldsymbol{I}^T\times\boldsymbol{D}=\begin{bmatrix} 1 \\ 1 \\ \vdots \\ 1 \end{bmatrix}\times\left[\frac{1}{c_1},\frac{1}{c_2},\cdots,\frac{1}{c_m}\right]=\begin{bmatrix} \frac{1}{c_1} & \frac{1}{c_2} & \cdots & \frac{1}{c_m} \\ \frac{1}{c_1} & \frac{1}{c_2} & \cdots & \frac{1}{c_m} \\ \cdots & \cdots & \cdots & \cdots \\ \frac{1}{c_1} & \frac{1}{c_2} & \cdots & \frac{1}{c_m} \end{bmatrix}$$

（4）对矩阵 $\boldsymbol{R}$ 进行归一化修正，修正后的矩阵记为 $\boldsymbol{R}^*$。修正方法为：将矩阵 $\boldsymbol{K}$ 与矩阵 $\boldsymbol{R}$ 的对应元素相乘。

$$R^* = \begin{bmatrix} \frac{r_{11}}{c_1} & \frac{r_{12}}{c_2} & \cdots & \frac{r_{1m}}{c_m} \\ \frac{r_{21}}{c_1} & \frac{r_{22}}{c_2} & \cdots & \frac{r_{2m}}{c_m} \\ \cdots & \cdots & \cdots & \cdots \\ \frac{r_{n1}}{c_1} & \frac{r_{n2}}{c_2} & \cdots & \frac{r_{nm}}{c_m} \end{bmatrix} = \begin{bmatrix} r_{11}^* & r_{12}^* & \cdots & r_{1m}^* \\ r_{21}^* & r_{22}^* & \cdots & r_{2m}^* \\ \cdots & \cdots & \cdots & \cdots \\ r_{n1}^* & r_{n2}^* & \cdots & r_{nm}^* \end{bmatrix}$$

（5）对（1）中公式进行模糊变换：

$$\boldsymbol{B}^* = A \circ \boldsymbol{R}^* = (a_1, a_2, \cdots, a_n) \circ \begin{bmatrix} r_{11}^* & r_{12}^* & \cdots & r_{1m}^* \\ r_{21}^* & r_{22}^* & \cdots & r_{2m}^* \\ \cdots & \cdots & \cdots & \cdots \\ r_{n1}^* & r_{n2}^* & \cdots & r_{nm}^* \end{bmatrix}$$

$$= (b_1^*, b_2^*, \cdots, b_m^*), \quad b_j^* = \overset{n}{\underset{i=1}{V}} (a_i \Lambda r_{ij}^*), \quad j = 1, 2, \cdots, m$$

3.2 还原变换

这里求出了矩阵变换的结果 $\boldsymbol{B}^*$，是失真的，不能用于最终评判依据，需要对其进行还原变换，还原变换向量就是向量 $\boldsymbol{C}$，即由矩阵 $\boldsymbol{R}$ 的列向量之和构成的向量。具体的还原变换方法如下：将向量 $\boldsymbol{C}$ 和矩阵 $\boldsymbol{B}^*$ 的对应元素相乘可得到向量 $\boldsymbol{B}=[b_1, b_2, \cdots, b_m]$，$\boldsymbol{B}$ 即为最终综合评判结果向量。b_j表示评判对象的对应评判集中第 j 个等级的隶属度，按模糊数学中最大隶属度原则，取与 $b_j(j=1,2,\cdots,m)$ 中最大者相对应的评判等级为评判结论。

3.3 运用改进的模糊方法对比分析课堂教学、网上授课、混合式的教学情况

（1）当采用课堂教学时，矩阵 $\boldsymbol{R}$ 列向量之和构成的向量 $\boldsymbol{C}$：

$$\boldsymbol{C} = (0.40+0.60+0.60+0.60+0.40, 0.50+0.40+0.40+0.40+0.30, 0.10+0+0+0+0.20, 0+0+0+0+0.10) = (2.60, 2.00, 0.30, 0.10)$$

$$\boldsymbol{B}^* = (0.369, 0.349, 0.152, 0.072, 0.058) \circ \begin{pmatrix} 0.154 & 0.250 & 0.333 & 0 \\ 0.231 & 0.200 & 0 & 0 \\ 0.231 & 0.200 & 0 & 0 \\ 0.231 & 0.200 & 0 & 0 \\ 0.154 & 0.150 & 0.667 & 1.00 \end{pmatrix}$$

$$= (0.231, 0.250, 0.333, 0.058)$$

还原得 $\boldsymbol{B} = (0.231 \times 2.60, 0.250 \times 2.00, 0.333 \times 0.30, 0.058 \times 0.10)$

$$= (0.601, 0.500, 0.100, 0.006)$$

按模糊数学中最大隶属原则，此教师课堂教学的教学质量为“优”。

（2）当采用网上授课时，矩阵 $\boldsymbol{R}$ 列向量之和构成的向量 $\boldsymbol{C}$：

$$\boldsymbol{C} = (0.50+0.30+0.30+0.45+0.20, 0.40+0.60+0.60+0.45+0.30, 0.10+0.10+0.10+0.10+0.40, 0+0+0+0+0.10) = (1.75, 2.35, 0.80, 0.10)$$

$$\boldsymbol{B}^{*}=(0.369,0.349,0.152,0.072,0.058)\circ\begin{pmatrix}0.286 & 0.170 & 0.125 & 0\\ 0.171 & 0.255 & 0.125 & 0\\ 0.171 & 0.255 & 0.125 & 0\\ 0.257 & 0.191 & 0.125 & 0\\ 0.114 & 0.128 & 0.500 & 1\end{pmatrix}$$

$$=(0.286,0.255,0.125,0.058)$$

还原得 $\boldsymbol{B}=(0.286\times1.75,0.255\times2.35,0.125\times0.80,0.058\times0.10)$

$$=(0.501,0.599,0.100,0.006)$$

按模糊数学中最大隶属原则，此教师网上授课的教学质量为“良”。

（3）当采用混合式教学时，矩阵 $\boldsymbol{R}$ 列向量之和构成的向量 $\boldsymbol{C}$：

$$\boldsymbol{C}=(0.60+0.55+0.60+0.55+0.35,0.40+0.45+0.40+0.45+0.35,\\ 0+0+0+0+0.20,0+0+0+0+0.10)=(2.65,2.05,0.20,0.10)$$

$$\boldsymbol{B}^{*}=(0.369,0.349,0.152,0.072,0.058)\circ\begin{pmatrix}0.226 & 0.195 & 0 & 0\\ 0.208 & 0.220 & 0 & 0\\ 0.226 & 0.195 & 0 & 0\\ 0.208 & 0.220 & 0 & 0\\ 0.132 & 0.171 & 1.00 & 1.00\end{pmatrix}$$

$$=(0.226,0.220,0.058,0.058)$$

还原得 $\boldsymbol{B}=(0.226\times2.65,0.220\times2.05,0.058\times0.20,0.058\times0.10)$

$$=(0.599,0.451,0.012,0.006)$$

按模糊数学中最大隶属原则，此教师混合式的教学质量为“优”。

将三个计算结果汇总，如图2所示。

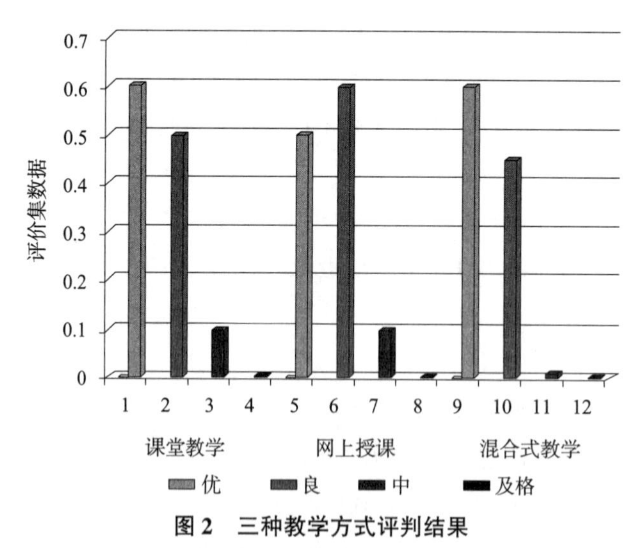

图2 三种教学方式评判结果

计算结果分析：①学生习惯于传统课堂学习，所以课堂教学、混合式教学的教学质量好于单纯网上授课；②单纯的网上授课，隔着冰冷的屏幕虽可以拉近师生物理距离，却增加了二者间的心理距离，同时网上教学平台的稳定性影响其教学质量。

4 结语

采用线上、线下教学各有优势，课堂教学互动较多、便于启发式教育、教学方法多样、作业批阅讲解更方便，而网上授课可用更多的优秀的教学资源、教学内容丰富。本文运用模糊数学的方法对三种教学方式的教学质量进行评价，得到如下结论：

（1）任课教师组织学生运用网络方法对因素集进行评判，真实可靠，操作性强，是获取原始评判数据有效方法；

（2）运用模糊数学评价教学质量时常常出现超模糊现象，可以通过改进模型的方法顺利进行评价；

（3）运用两个班级的统计数据计算发现：单纯的网上授课评价为良好，课堂教学、混合式教学评价为优秀，说明混合式教学值得推广。

参考文献

［1］教育部：关于 2020 年春节学期延期开学的通知［EB/OL］.（2020-01-27）https://www.gov.cn/zhengce/zhengceku/2020-01/28/content_5472571.htm1.

［2］教育部：利用网络平台，“停课不停学”［EB/OL］.（2020-01-29）http://www.moe.gov.cn/jyb_xwfb/gzdt_gzdt/s5987/202001/t20200129_416993.html.

［3］陈春梅，陈鹏. 疫情期间高校在线教学有效性探究［J］. 黑龙江高教研究，2021（6）：150-160.

［4］胡小平，谢作栩. 疫情下高校在线教学的优势与挑战探析［J］. 中国高教研究，2020（4）：18-22+58.

［5］李利，高燕红. 促进深度学习的高校混合式教学设计研究［J］. 黑龙江高教研究，2021（5）：148-153.

［6］谷琳. 基于灰色关联分析和神经网络的多媒体教学质量评估［J］. 现代电子技术，2020：43（9）：183-186.

［7］付星. 高等院校课堂教学质量评估指标体系实证研究［J］. 高教探索，2014（4）：108-111.

［8］蒋林浩，陈洪捷，黄俊平. 人文、艺术和社会学科评估指标体系研究——基于对大学教师的调查［J］. 华南师范大学学报（社会科学版）. 2019（2）：52-61.

［9］蔡红梅，许晓东. 高校课堂教学质量评价指标体系的构建［J］. 高等工程教育研究，2014（3）：177-180.

［10］张炜，邓勇新，辛越优，等. 多元分类视角的高等工程教育评价指标体系构建及其应用——以 97 所“双一流”建设高校为样本［J］. 中国高教研究，2021（2）：10-15.

［11］倪庚，陈俊生，秦宇彤，等. 基于全面质量管理理论的本科教学质量监控工作评价指标体系的构建［J］. 教育理论与实践，2019，39（33）：15-16.

［12］袁子厚，石先军. 高等数学教学中启发式教学意义的模糊分析［J］. 大学数学，2005（5）：7-11.

［13］李希灿. 模糊数学方法及应用［M］. 北京：化学工业出版社，2017.

［14］周穗华，张小兵. 模糊综合评估模型的改进［J］. 武汉理工大学学报（信息与管理工程版），2003（5）：305-308.

热处理工程实训教学的实践及改革

车雨衡
太原理工大学工程训练中心

摘　要：热处理是一种金属热加工工艺，主要是将金属在固态下进行加热、保温和冷却，使金属获得所需的组织和性能，主要涉及材料的施工工艺、技术和方法。要让学生在较短的时间里学会制定正确的热处理工艺，了解工艺生产的过程，了解最新的生产技术和施工工艺，教师就必须学会改变已有的教学思路，同时结合实际的教学内容，探索一种新的教学方法，以实观更好的教学效果。

关键词：金属热处理实验　教学改革　教学实践

引言

热处理是将金属在固态下进行加热、保温和冷却的方式，是一种金属热加工的工艺，主要是使金属获得所需的组织和性能，是关于材料的施工工艺、技术和方法。要让学生在较短的时间里学会制定正确的热处理工艺，了解工艺生产的过程，了解最新的生产技术和施工工艺，需要在一些传统实训内容中开拓创新，以理论联系实际的方式，引导学生自主探索。

1　热处理实训课程特点

1.1　理论性强

热处理是机械制造的重要工艺，与其他加工工艺相比，热处理不会改变工件的形状和尺寸，它主要是通过金属内部的显微组织的变化，或者改变工件表面的化学成分，达到我们需要的性能。想要学会热处理需要学习很多的理论知识，比如金属材料学、金属固态相变原理、热处理技术理论、化学热处理原理等。

1.2　抽象性强

热处理课程的理论主要是研究金属内的金相组织逐渐转变的过程，对于金属内部的金相组织在微观方面是如何变化的，我们只能想象原子是如何扩散的，金相组织的结构模型是什么构建的，珠光体如何转变成奥氏体，贝氏体相变发展，共析钢和过共析钢有什么组织结构等，太多抽象的东西。

1.3　综合性强

热处理实训课程涵盖了许多的专业基础知识，涉及物理、化学、金属材料学等知识，综合性很强。

1.4　实践性强

热处理实训课程的内容是：热处理工艺制定以及几个热处理工艺的实际操作，同实际生产过程密切相关。钢铁整体热处理大致有退火、正火、淬火和回火四种基本工艺。只有通过实际操作，用实践诠释理论，学生才会更好地掌握该课程内容，取得较好的教学效果。热处理实训是专业实践课，是大学实理论联系实际、应用和巩固所学专业知识的一个重要环节。

2 热处理实训课程中存在的问题

2.1 教学模式陈旧

目前，热处理实训课程采取的是传统的教学模式，即“老师讲、学生听”。整个教学过程围绕教师，教师传授、灌输，学生被动接受，教学手段单一、老旧，课堂上只有教师讲授，在一定程度上忽略了学生在教学活动中的参与度，限制了学生潜能的充分发挥，而热处理是操作性很强的实践课程，因此传统的教学模式不适合实际需求。

2.2 教学内容繁杂，学时有限

热处理教学内容主要依据教材制定，而目前的教材内容枯燥且理论性强。另外，课程的学时有限，只能讲述相关理论及主要的热处理工艺方式，没有时间讲述如何将理论应用于具体生产过程。

2.3 理论与实践脱节

热处理实训课程的特点是实践性强，只有通过现场实际操作，学生才能更好地掌握金属热处理的“四把火”。只凭借脑子的思考、琢磨是不能完成实际工作的；而实际操作又需要理论知识的引导，在没有熟练掌握热处理相关理论的情况下进行实操，学生只是感性认识，没有理性判断，不能将所学习的理论知识很好地与实践相结合。

3 热处理实训课程教学改革措施

3.1 注意课程脉络设置，善于归纳总结

“工艺—组织—性能”是热处理实训课程的主线，建立它们之间的相互联系，找出内在的具体规律，是热处理教学的重点[1]。金属热处理工艺包括退火、正火、淬火和回火，不同的热处理工艺得到的组织不同。重视课程脉络，阐述不同的加热温度、保温时间、冷却方式的不同，组织内部产生的变化不同，金属的性能不同。

3.2 搞好新课导入，培养学习兴趣

在教学中，必须培养学生善于思考的好习惯。要求教师要善于提出问题，学生在认真思考后，教师再进行讲解才会取得更好的效果。兴趣才是最好的老师，好教师要学会如何激发学生的学习兴趣。教师如果不注意调动学生的学习积极性，学生不愿学、不能坚持学，或学而不得法，那么即使教师的本领很高明，收效也将是很微小的。一般学生学习的主动性如何，取决于他们学习动机的正确程度。学生一旦认识到这门学科非学好不可，他就会专心听讲，认真看书，注意教师所提问题，开展积极的思维活动，并逐渐培养起学习的兴趣爱好。相反，如果学生认为这门学科学不学无所谓，甚至怀有厌恶心理，学习处于被动、应付状态，那么教学的效果就不可能好。

3.3 引入实例教学，理论联系实际

热处理课程有实践性、综合性强的特点，教师在教学时可以加入一些相关的实例来进行讲解，既可以帮助学生理解教学内容，还能提高学生的理论联系实际能力。比如：找一个代表性的工程实例进行全面讲解，如齿轮轴的热处理工艺，先试着分析齿轮轴在什么环境工

作，具体要有怎样的力学性能，应该选取哪种材质的钢材进行加工，最后根据力学性能要求进行热处理就可以达到需要的力学性能。通过实例分析，让学生的理论知识应用于实际生产。

3.4 运用多媒体、Flash 教学手段，化抽象为具体

现在多媒体设备每年都在发展，多媒体教学已经广泛地应用于教育的相关领域，现代化教育的发展与创新越来越离不开多媒体设备。多媒体教学有很多优点，如现场感受强、形象直观、播放速度快、信息量大、效率高等，让一些难以理解的、抽象概念变成了实际的、具体的画面，会更好地激发学生的学习兴趣，拓展了学生的想象空间，高效提升了实践教学的效果，加深学生知识理解能力。运用多媒体教学设备观看图片、视频、音频等资料，让学生可以更直观、更立体地理解、掌握知识，加深记忆，提高教学质量与效果[2]。比如：在讲金属结晶、凝固时的反应时，因为金属晶体是一个比较抽象的空间结构，单凭想象学生很难想象出形成晶体的具体过程，理解起来有难度，这部分知识既是教学的重点，也是难点。教师可以借助多媒体教学设备进行辅助教学，让学生观看金属由液态变固态时组织的变化规律，更加直观地了解与掌握此项知识内容，提高学习效果[3]。再比如，在金属结晶的过程中微小的晶核是如何排列的？运用 Flash 动画演示将抽象的微观运动变为宏观的、可视的，有助于学生对扩散运动过程的理解。此外准备实物模型、挂图等教具，能使学生获得感性认识，把抽象的概念具体化、实物化，便于理解。多媒体教学最大的特点就是可以把图像、动画、声音等信息直观地展现出来，而钢材热处理时的内部变化不能采用实物直接教学，通过计算机构建三维模型，运用动态模拟变化过程，会让课程变得轻松、有趣，学生也更容易理解[4]。

同时传统教学模式也有其优点，不能完全放弃：教师与学生之间相互沟通互动，教师可以更加灵活地调整上课的内容和教学速度。两种教学模式相互配合，相辅相成，调动教师学生两方的积极性，提高学生的综合素质，达到优良的教学效果。

3.5 加强实践教学环节，所学为所用

实践教学，是巩固理论知识、加深理论认识的有效途径，是培养具有创新意识的高素质工程技术人员的重要环节，是理论联系实际、培养学生掌握科学方法和提高动手能力的重要平台，有利于学生素养的提高和正确价值观的形成[5]。热处理课程的实践环节相对较为薄弱，在校内的实践活动只有教师安排的热处理实验，以前的教学形式有实验方法比较单一、学生动手操作实验较少等问题，不利于学生创新能力的培养。适当地增加一些设计性、综合性的实验，比如，教师给出实际的工程要求，教学内容与实践生产操作技术相结合，使教师的教学内容更加丰富，有利于调动学生的学习兴趣，才能够让学生在学习中逐渐掌握金属材料化学属性、结构组织、机械性能等之间的关系，夯实理论知识，提高学生实践技能水平，让学生在潜移默化中逐渐理解金属材料知识之间的关联性[6]。例如教师在讲解金属材料力学性能时，应该将教学内容与课题实验相结合，让学生充分了解材料的强度、硬度、塑性、韧性等基础属性，使学生了解金属材料的衡量指标和衡量的方法等。学生在教师的指导下理解齿轮的主要性能，进一步掌握金属材料力学性能[7]。当然现在单单只依靠学校内部的实践教学活动是远远不够的，建议学校与社会企业建立长期的合作关系。学生参与到实际工程中，灵活运用所学的知识，激发学习的热情和工作潜能，为以后工作实践打下坚实的基础。

3.6 改革考核方式，实行多元化测评

热处理实训的考核是课程教学的重要组成部分，目的是：检查和评定学生对基本的理论

知识和基本技能是否熟练掌握，能不能灵活运用能力[8]。监督和帮助学生认真细致地复习、巩固所学知识及技能，达到教学目标要求，另外还要培养学生学会运用热处理的基本原理能够分析和解决一些实际问题。所以应该放弃一些传统的考核方法，运用多层次、多元化考核方式。平时成绩考核学生上课时学习态度；实际操作考查学生的动手能力和操作技能；作业训练根据热处理课程术语概念多、内容涉及广、抽象不易理解的特点，要求学生不断总结归纳，经常进行训练，加深理解和记忆，巩固所学知识；课堂讨论让学生对讨论的主题充分发表意见，培养独立思考、分析和解决问题的能力。改变考核方式可以调动学生学习的积极性，提高学生的综合运用能力和创新能力[9]。

4 结语

根据热处理实训课程的特点，针对热处理实训课程存在的一些问题，提出几点改进措施，目的是提高学生的综合素质，让学生掌握热处理在实际生产过程中的相关知识，毕业后能够很快转变角色，在岗位上得心应手地工作，可以更好地适应目前社会的发展，成为实用型人才[10]。

总之，在热处理实训教学改革中，不仅要重视讲解理论知识，更要重视理论联系实际，在今后的实践教学中坚持以人为本，不断深入地改进教学手段，充实和完善课程体系，提高教学质量，培养可以勤于思考问题，具有扎实的理论基础、较强的实践能力和创新能力的综合实用型人才。

参考文献

[1] 李伟. 浅谈《金属材料与热处理》教学技巧 [J]. 读与写（上旬刊），2017（3）：3-15.

[2] 蔡英.《金属材料与热处理》教学改革刍议 [J]. 山东工业技术，2017（13）：248.

[3] 管爱琴.《金属材料与热处理》课程项目化教学探索 [J]. 才智，2018（31）：74-75.

[4] 徐晓华，罗文军. 工程材料与热处理课程改革探索 [J]. 桂林航天工业高等专科学校学报，2009（3）：376-378.

[5] 刘俊玲，董艳秋，刘伟. 土木工程施工课程教学改革与实践 [J] 黑龙江教育，2011.（2）：36-37.

[6] 钟有为. 教师与大学生创新能力 [J]. 安徽科技，2005（6）：54-56.

[7] 俞加玉. 浅谈新课改下教师角色的转变 [J]. 教育与人才，2008（7）：87-88.

[8] 仵海东. 金属学及热处理课程教学的改革实践 [J]. 中国冶金教育，2009（4）：30-32.

[9] 劳动和社会保障部教材办公室. 金属材料与热处理 [M]. 4 版. 北京：中国劳动社会保障出版社，2015.

[10] 胡志豪. 金属材料热处理教学实践探讨 [J]. 实验实训，2005（7）：13.

数控技术课程教学改革实施效果分析与改进措施[①]

陈 伟 肖小峰 江 维 张 弛 李红军
武汉纺织大学机械工程与自动化学院、工业电雷管智能装配湖北省工程研究中心

摘 要：我校根据工程教育认证标准要求，建立了基于理论学习—仿真模拟—实验验证多位一体数控技术课程教学方法，提出基于目标导向的课程考核办法，取得了较好的教学效果。与此同时在教学改革实施过程中也出现了一些新的现象及问题，本文结合新的教学现状进行详细的分析总结，并对教学内容进行阶段性修正与改进，以期进一步提升教学质量。

关键词：数控技术 教学改革 效果分析 改进措施

1 教学现状分析

1.1 在理论基础教学环节

我校开设数控技术这门课程一般处于大四阶段，学生面临找工作、考研等诸多现实问题，无法完全静下心来学习；另外，为数不少的学生将这门课程简单地看作是机械加工制造，认为这就是下工厂做普通技工的工作，对自己将来就业毫无益处，于是在此环节就出现了较为严重的思想分化，这也从客观上增加了理论教学的难度。

1.2 在仿真模拟阶段

到了模拟仿真环节，由于讲授内容大多是独立于数控技术课程内容，以软件操作为主，学生需要一定的时间去适应 CAD/CAM 仿真软件，造成学生对于毛坯、刀具、进给量等参数设置还是一知半解，只能按照例子依葫芦画瓢照抄编写，完全不能独立操作，与课程目标中“使用恰当熟练运用计算机软件进行辅助技术进行建模，预测与仿真”的目标相差甚远。同时随着仿真软件学习的深入，理论环节中出现的数控加工指令在实际的仿真模拟生成 G 代码的过程中有变化，由于学生对加工工艺的认识不足，造成代码难以看懂，增加了后期在实验验证阶段的难度。

1.3 在实验验证阶段

在实验验证阶段，结合我校实际情况，采用实践环节 1（PPCNC 便携式机床与实践）和环节 2（工业级数控机床实操）相结合的方式。在实践环节 1 中，由于是单人单机单组操作，加之操作较为简便，在仿真模拟阶段生成好的 G 代码直接调用即可，学生只需要对好刀，正确装夹工件，一般都能顺利完成该实践内容。但是无论是仿真模拟，还是实践环节 1 的内容，都是为最终的真机实操做准备，上述两种教学方式从本质上来说都只是一个课程认知过渡阶段，因为只有真正实操学生才能真正理解如何对刀，什么是刀补，工件坐标系与机床坐标系有何不同，这些都是任何仿真模拟所替代不了的。恰恰在这个环节，由于机床台套数有限，学生在实践环节 2 阶段以组队方式进行操作，所以会出现一人会操作、全组都过

---

① 基金项目：2023 年武汉纺织大学生创新创业训练计划项目。

关的情况，无法真正地将数控加工理念以及课程目标贯彻下去。

2 改进措施

2.1 教学计划及内容改进

为解决上述教学过程中出现的问题，现将教学计划进行持续改进，如表1所示。针对在基础理论教学阶段出现的学生灵魂之问“我为什么要学这门课，我学了不就是普通技工做的事情吗”，课程将在基础理论课程结束后增设一个实习环节1，此环节主要是到华中数控股份有限公司等相关公司去参观学习，了解数控技术发展历程，也可以与企业的研发、结构、机械等工程师面对面交流，解答学生疑惑的同时也可为学生就业提供一个指导意见，更重要的是为接下来本课程提供一些新的学习动力。

表1 改进前后教学进度与计划表

课程目标	认证后教学课时	教学效果反馈后修改	阶段性改进课时
预学习	—	4学时	4学时
理论基础	24学时	12学时	12学时
实习环节1	—	—	4学时
虚拟仿真	12学时	12学时	8学时
实践环节1	12学时	12学时	8学时
实习环节2	—	—	4学时
实践环节2	—	12学时	8学时
进阶环节	—	—	8学时
阶段复习	—	4学时	4学时
总计学时数	48学时	教学48学时 自主学习8学时	新增实习环节8课时 进阶环节8课时

进入仿真模拟阶段时，由于是学习CAD/CAM仿真软件，课程将由原来的12学时缩减至8学时，同时将实践环节1放在仿真阶段结合实训内容同时授课，进行上述改变的原因主要有以下几个原因：

（1）本环节的初始目的是希望学生能够认识机械加工工艺，但是从实际情况来看，完全理解和吃透CAD/CAM仿真软件12学时远远不够，而且两环节在授课内容上有重复。

（2）由于采用单机单人操作，制作的零件属于“私人定制”，所以不存在“吃大锅饭”的情况；而且从教学效果来看，学生对于这种小机床制作的实践十分感兴趣，能有效激发学生学习的积极性。

（3）从本课程的本质上来说，前面的理论学习和仿真模拟的学习都是为最终的机床实操打基础，适量压缩本阶段的课时数，可为实践环节2留下足够的时间。

最后进入实践操作环节前增设一个实习环节2，这个实习环节2主要是去有机加工艺的公司参观交流，让学生实际感受到底什么是数控加工，如何编排加工工艺，如何装夹工件，如何正确使用机床，一切以展现真实场景为目的，如受场地、安全等限制，可以联系企业做在线交流，直接在线展示真实零件的加工过程。这样不仅能让学生真正地认识数控技术这门课的意义，为接下来的实操打基础，同时根据学生兴趣因材施教，有意向从事此方面工作的学生进入进阶环节，本环节的目的是使部分学生通过深入的学习训练，初步具备从事本行业的专业技能。

2.2 课程大纲改进

在课程目标1中，增加认识课程内容的重要性，让学生迅速融入课程学习；新增课程目标5，根据所学知识，具备从事本专业方向或行业的技术技能和专业素养。

2.3 考核办法改进

根据上节中的改进措施，对本课程的课程目标评价表做了如下修改，如表2所示。理论环节评分占比25%；增加的实习环节1评分占比5%，主要以论文报告的形成呈现，要求认识数控技术，了解国内外差距，分析有何方法缩小这些差距；缩减虚拟仿真和实践环节1的分值，由改进前的评分占比45%缩减至35%，主要原因是内容有重复；增加的实习环节2，评分占比5%，主要以不同模型为目标，编写加工工艺，生成G代码；最后在实践环节2的基础上增加进阶环节，根据前面考核成绩等综合表现，学生自愿进入这一环节，此环节不作为必修环节。

表2 改进前后课程目标评价标准表

考核环节	改进前分值	课程目标				改进后分值	课程目标				
		1	2	3	4		1	2	3	4	5
理论环节	30	30	—	—	—	25	25	—	—	—	—
实习环节1	0	—	—	—	—	5	5	—	—	—	—
虚拟仿真环节	20	—	20	—	—	15	—	15	—	—	—
实践环节1	25	—	10	10	5	20	—	5	10	5	—
实习环节2	0	—	—	—	—	5	—	—	—	—	5
实践环节2	25	—		10	15	25	—	—	10	10	5
进阶环节	0	—	—	—	—	5	—	—	—	—	5
合计	100	30	30	20	20	100	30	20	20	15	15

3 结语

教学改革的成效不是一蹴而就的，改革或者改进的内容也不是十全十美的，都是在教学过程中不断地探索发现，改进，实践。特别是本专业的专业必修课，因为时代在变，学生的思想在变，需要将目标和结果有效统一起来，持续分析和改进教学方式方法，把培养学生能力和素养作为首要目标，这样才能实现教学相长，相互促进。

参考文献

［1］陈伟，张弛，李巧敏，等. 工程认证背景下数控技术课程多位一体教学方法改革与实践［C］//湖北省机电工程学会. 2022机电创新与产教融合新思考论文集.

［2］陈伟，江维，李巧敏，等. 基于目标导向的数控技术课程教学内容与考核办法改革［C］//湖北省机电工程学会. 2022机电创新与产教融合新思考论文集.

BOPPPS 模型在机械制造基础课程教学中的应用[①]

唐翠勇[②]　刘　娟　林伟青　赵芳伟　陈学永
福建农林大学机电工程学院

摘　要：针对机械制造基础课程教学中存在的问题和不足，本文结合 BOPPPS 模型的基本要素和内涵，坚持以工程教育认证提倡“以学生为中心、以产出为导向、持续改进”的核心理念，对该课程教学方式设计进行了探索与实践。以六点定位原理为例，从课程导入、课程目标、前测、参与式学习、后测和总结六个方面探讨了 BOPPPS 模型在课程教学中应用的可行性和有效性，提升课程教学质量。

关键词：BOPPPS 模型　机械制造基础课程　教学质量

引言

机械制造基础是机类、近机类专业重要的技术基础课、理论课和必修课，是教育部机械基础课程教指委确定的三门机械基础课程之一。课程内容包含热成型工艺基础和机械加工工艺基础两部分，主要介绍零件的各种成型及加工方法的基本原理和工艺特点、零件的结构工艺性以及机械加工工艺过程的基础知识、机械制造新技术及新工艺。本课程注重基本理论的深入学习，初步建立现代制造工程和生产工艺过程的概念，强调培养运用基础理论知识解决生产实际工程问题的能力，培养工程素养及创新意识。由于本课程所涉及的知识面广，综合性和实践性较强，学生在学习时感觉内容庞杂，难以理解。这些问题阻碍了学生对课程知识的认识和理解，阻碍了学生学习能力的提高，阻碍了教师教学活动的正常进行，进而阻碍了课程目标的达成。

目前我校机械设计制造及其自动化专业正在参与工程教育专业认证，为符合认证规范要求，设置以下课程目标：①掌握机械零件常见加工方法的基本原理、工艺特点、加工装备以及安全技术要求，具有选择零件加工路线方案的初步能力。②能根据零件结构特征进行工艺性分析，制定出合理的毛坯和零件的加工工艺规程，并能够用图纸或报告予以呈现。③掌握现代精密加工和特种加工等新技术的工艺特点和发展方向，了解机械加工生产率与经济性关系。3 个课程目标分别对应 3 个毕业要求分指标点：①指标点 4-2：能够根据机械工程领域复杂工程问题的特征，选择研究路线，设计合理的实验方案。②指标点 3-2：能够针对特定需求，完成机械零、部件的设计；能够进行系统或工艺流程设计及方案优选，在设计中体现创新意识，并能够用图纸和设计报告等形式，呈现设计成果。③指标点 11-1：掌握机械领域的工程项目中涉及的管理与经济决策方法；了解机械领域中工程及产品全周期、全流程的

---

① 本文系福建农林大学本科教育教学改革研究一般项目（111418154）和校级重点教改项目（111422135）的研究成果。

② 唐翠勇（1981—），男，湖南邵阳人，福建农林大学机电工程学院副教授，博士，主要从事工程教育方向的研究。

成本构成，理解其中涉及的工程管理与经济决策问题。为更好地达成本课程的课程目标及毕业要求分指标点，改变现有教学过程中面临的问题，如：①课堂讲授内容多课时少，只有50课时。②学生规模较大，每班可达80余人，学生参与互动机会少。③教学过程以理论讲述为主，缺少实践环节。④教学模式主要是填鸭式教学，未从学生的角度进行教学设计，缺乏对教学效果的及时反馈。⑤教学效果欠佳，难以提高学生思考问题的主动性和解决复杂工程问题的能力。本论文基于BOPPPS模型对课程进行教学设计，满足工程教育专业认证对课堂教学改革的要求。

1 BOPPPS模型简介及在课程教学具体应用

BOPPPS模型是加拿大广泛推行的教师技能培训体系ISW的理论基础，该模型强调以学生为中心的教学理念，对课堂教学过程进行模块化分解，将知识点教学过程划分为Bridge in（导入）、Learning Objective（课程目标）、Pre-Test（前测）、Participatory Learning（参与式学习）、Post-Assessment（后测）和Summary（总结）6个环节，简称BOPPPS[1-2]。该模型是一种有效果、有效率、有效益的且能够促进学生积极参与课堂学习的教学模式。课程教学是落实毕业要求的载体，通过课程内容、教学方法、课程评价等全方位的创新与实践，促使学生毕业时达到毕业能力要求。为此本课程基于BOPPPS模型对教学进行创新设计。在实施过程中坚持教学过程模块化，导入部分主要是通过挑选有针对性的机械制造工程案例的微视频、动画、虚拟仿真、热点话题、经典习题，激发学生的学习动机。课程目标部分开宗明义指出本次课程教学的学习目标，该目标与课程目标和毕业要求分指标点的关系，激发学生学习动力，提高学习兴趣。前测部分主要起到摸底的作用，有助于了解学生的知识储备、学习兴趣和学习能力，进而有助于教师调整教学内容的深度和教学进度。参与式学习要求教师主动创设学习环境，促使学生主动学习，积极参与教学活动。后测环节目的是了解学生的学习效果，通过测试或提问方式来掌握学生是否达成课程目标。总结环节是进一步对课堂内容进行总结，帮助学生厘清知识点脉络，并预告下堂课的讲课内容[3]。

该模型与工程教育认证所提倡“以学生为中心、以结果/产出为导向的教学设计、持续改进的质量保障机制”三条核心理念完全一致。该模型最大的优势在于教学过程坚持清晰的课程目标，坚持以学生为主体，充分强调学生的主动参与性。在教学过程中教师及时对教学过程所反馈的信息进行分析反思，做到持续改进，解决了传统课堂上学生很难获取运用工程知识分析问题、解决问题，以及团队合作、沟通、终身学习等这些能力的问题[4]。因此该模型的实施对提高课堂有效教学质量和培养学生解决复杂工程问题的能力具有一定的促进意义。

2 基于BOPPPS教学模型的六点定位原理教学设计与实践

2.1 六点定位原理内容简介

在机械加工过程中，若要确定工件的正确位置就必须限制该方向的自由度，若要使工件在空间处于相对不变的正确位置，就必须由六个相应的支承点来限制工件的六个自由度，称为工件的六点定位原理[5]。教学内容主要是六点定位原理、定位方法和定位元件，为合理选择定位元件和设计定位夹具打下基础。

2.2 传统教学模式实施过程

传统的教学模式是先复习基准面和支承面等概念，然后由教师主讲六点定位原理的基本概念，如何正确布置支承点。接下来讲解不同的定位方法如完全定位、不完全定位、过定位、欠定位的基本概念和特点，最后简要介绍常见的定位元件。传统的教学模式教师只负责理论知识讲解，缺少师生互动环节，学生缺少主动思考，难以将所学知识转化为解决复杂工程问题的能力。

2.3 基于 BOPPPS 模型的教学设计与实践

（1）导入：以微视频形式呈现工件不正确定位导致工件加工失败的工程案例，并精心设计开场白，即工件若在机床中未正确定位，则工件未能加工出正确的形状，那么工件定位原理是什么？如何正确定位？怎样实现正确定位？通过微视频以三个设问导入，让学生明白为什么要学习这些知识，对于解决实际问题有什么帮助，激发学生学习六点定位原理的兴趣。

（2）课程目标：课程目标设计要体现以学生为中心，以产出为导向的工程教育理念，依据是毕业要求分指标点。为此我们明确告知学生本部分内容的课程目标为：①要求学生理解六点定位原理，能对工件加工时做出正确自由度分析，选择合适的定位方法。②能掌握机床夹具设计原理和方法，能够针对特定零件结构和加工需求，完成夹具的创新设计及方案优选。

（3）前测：采用课堂提问的方法检测学生对重要前序知识点的掌握情况，通过前测结果的反馈，及时判断学生掌握程度，调整授课节奏。为此我们将夹具简介内容作为前测，课堂提问工件安装时定位、夹紧有什么区别，定位基准如何选择。

（4）参与式学习：以学生为中心多形式开展互动参与式教学，提高学生的学习积极性。为此我们采取以下措施：①在讲解完六点定位原理基本概念后，设置提问环节，“用正确分布的六个支承点限制六个自由度，如果我不按照六点定位简图分布支承点能否做到限制六个自由度呢？”②开展小组讨论调动学生的积极性，活跃课堂气氛。在讲解完全定位、不完全定位、过定位、欠定位概念后，强调学生采取何种定位方法取决于工件的加工要求，分析必须要限制的自由度，这样才能确定定位方案和设计定位夹具。为此例举若干个零件工序简图，将学生分成若干个小组，让学生进行自由度分析并派代表陈述分析结果。③现代教学手段的应用可以将课堂教学生动化、清晰化和丰富化，有利于活跃学生的思维。为此在讲解常见的定位元件时我们设置适当的动画，辅助学生理解定位元件如何限制工件的自由度。④经典案例讨论可以加深学生对所学知识内容的理解，是理论联系实际的重要方式，是培养学生将所学知识转化为解决复杂工程问题能力的重要途径。为此各挑选一个不完全定位和过定位的经典案例进行讲解，精心设置若干问题进行讨论，提升学生参与式学习效果。

（5）后测：在完成课堂主体教学内容后，结合课程目标及时开展后测工作。后测采用现代教学工具“雨课堂”的模式进行实时测试，为此发布一道有关轴承盖的定位简图测试题，要求学生判断是何种定位方式，定位元件能否保证加工要求，若不能该如何改进，检验学生对知识点的掌握情况和学习效果。

（6）总结：快速梳理课堂重点内容，总结分析自由度的方法，总结过定位和欠定位两种现象在加工过程中是否被允许，对学生学习过程中出现的问题进行强调，启发学生如何利用六点定位原理合理设计定位夹具，优化工艺流程，提高生产效率。最后布置课后作业，推荐线上教学资源巩固所学知识点。同时教师也要总结和反思，做到持续改进。

3 结语

新工科建设和工程教育认证都要求本科教学从传统的“以内容为本”向“以学生为本”

转变，BOPPPS模型强调学生参与式学习、基于产出的课程目标和后测总结等持续改进环节，它的应用为推进我国新工科以及人才培养模式改革起到了积极作用。笔者在机械制造基础课程教学过程中，基于BOPPPS模型做了初步的应用和探索。教学实践结果表明，该模型的应用相对传统的教学过程取得了较为理想的教学效果，极大地调动学生参与课堂的积极性和主动性，学生解决复杂工程问题的能力得到了提升。

参考文献

[1] 张建勋，朱琳. 基于BOPPPS模型的有效课堂教学设计 [J]. 教法与学法，2016，37 (11)：25-28.

[2] 曹丹平，印兴耀. 加拿大BOPPPS教学模式及其对高等教育改革的启示 [J]. 实验室研究与探索，2016，35 (2)：196-200.

[3] 王丹琴，王珲，谢威，等. 基于BOPPPS模型的表面工程教学探索 [J]. 高等教育研究学报，2019，42 (4)：99-104.

[4] 彭玉青，侯向丹，李智，等. 工程教育认证背景下基于BOPPPS模型的C语言课程教学改革 [J]. 高校论坛，2019，(32)：5-6.

[5] 郭万川，梅碧舟. 六点定位原理及其应用 [J]. 现代制造技术，2011，34 (3)：49-52.

工程教育专业认证背景下的机械设计创新教学方法探讨[①]

马琳伟[②]　郑小涛
武汉工程大学机电工程学院

摘　要：机械设计课程内容成熟且相对传统，但教学思想、教学方法、教学手段和教学内容应历久弥新，与时俱进，适应"新工科"建设对传统机械类专业升级改造的迫切要求。针对一线教学实践中的切实痛点，提出以互联网技术为辅助，以提升兴趣为根本，通过先行组织内容构建达标的新知识学习的初始认知水平，实施有限合作的案例式对分教学，并强调能力多样化考核的创新教学方法。该教学方法满足工程需要的机械设计能力培养目标，在价值引领下和内驱力的推动下，使学生能够达成工程教育专业认证所要求的知识能力和素养目标。

关键词：机械设计　教学创新　先导学习　教学方法

引言

工程教育认证的三大理念"学生中心""产出导向"和"持续改进"，分别从人才培养的核心点、教学设计的出发点、培养质量的保证点，对工程学科的教育教学进行了科学引导，已成为许多国家教育改革的主流理念[1-2]。人才培养目标的达成需要以课程目标的达成为基础，专业核心课程则对培养目标达成起到高支撑作用。机械设计作为机械专业的核心课程，是本科生从基础理论课程学习过渡到研究机械工程技术问题的桥梁，培养学生具备为实际工程需要设计机械装置的能力。

课程教学需要在秉持工程教育认证核心理念的基础上，一方面需要围绕年轻人的思维习惯和行为习惯，在课程中融入更多现代元素，实现对传统课程的"时尚化"改造，激发学生的求知兴趣；同时，在课程中需要坚持知识传授与价值引领相统一，引导学生主动求知，从而使"学生中心"的理念得以落实。另一方面要响应时代需求，围绕国家及行业发展战略，紧密联系当前国家重大工程需求中的工程机械设计，为工程的创新应用构筑知识和能力基础，从而使"产出导向"的理念化为切实的行为。因此，机械设计创新教学需要在理论指导下，以符合时代特色的教学理念的引导下，科学整合教学手段和教学工具，规划符合新时代学生学习习惯的教学行为和课堂活动，从而实现全面教育的培养目标达成。

1　机械设计教学的现实痛点

机械专业课程的特点是教学内容更新慢，课程知识体系与工程实际结合不够紧密；教学

---

① 基金项目：湖北省高等教育教学改革研究项目（2020492）。

② 马琳伟，武汉工程大学，副教授，研究方向为机械类学科基础课教学研究、机械工程专业创新教学研究及机电工程项目管理本科学研究与实践。

可视化差，授课方式灵活性不够，不能充分调动学生积极性；教学过程重理论而轻实践，抽象性较强，实践教学环节薄弱；考核方式过于单一，强调对理论知识的掌握程度，忽略对工程素质和创新能力的培养[3]。由于上述特点，机械设计课程在现实教学中存在学生的学习主动性不足、有效投入时间变少、考试为纲现象突出等痛点。

2 机械设计创新教学的思路

机械设计创新教学的基本思路是：秉持工程教育认证“学生中心、产出导向、持续改进”的理念，以提升主动性为根本，以能力培养为核心，以“互联网+”为手段，以多元评价考核为依据，通过科学的教学设计和切实的实施方法，在有限的课程学时和学生有效投入时间内，以较高效率达成课程目标。

工程教育专业认证的三个核心理念符合教育新质量观[4]，能够满足当代工程教育人才培养的新需求，强化了工程技术与人文、社会、法律以及环境等相融合的全人培养[5]。

以提升主动性为根本体现了马克思主义哲学的内因决定论。以能力培养为核心，强调对人才培养质量的认定是要评价其是否具备与个人发展和社会发展相适应的能力等，如新工科核心通识能力模型中的工科思维能力、工科推理能力、终身学习能力、工程态度能力等[6]。以“互联网+”为手段，强调要紧跟时代发展，主动利用科技发展成果，通过先进的工具和多样化的手段来辅助教学，将互联网思维、环境与技术等创新成果与教学思维、教学各要素、教学关系、教学结构与过程互相渗透、深度融合与双向超越[7]。以多元评价为依据，以能力为导向，建立能够考查学生综合素质能力的多元评价机制，重点考查学生是否具备个人持续自我提高的能力以及与社会发展相融合的能力。

基于上述思路进行机械设计创新教学，通过教学过程的科学设计和实施方案的可执行化，将思路融入教学设计，通过教学环节的有机配合，使抽象的思路物化为具体的执行流程，依靠教学活动的连续推进，使学生的综合能力得以萌生、锻炼、提高并养成。

3 机械设计创新教学的理论支持

机械设计创新教学的基本思路的提出，是以马克思主义哲学指导下的生态后现代主义世界观[8]和先行组织者策略为理论基础，从剖析人的思维动机、情感驱动、行为策略等方面为创新教学的举措提供有价值的指导。

马克思主义哲学指导下的后生态主义世界观以多元论为基础构建教学生态，关注思维的驱动力和能力培养的可持续性，从生态、技术、社会和精神等四个维度构建了理想的生态社会模型，而本科生的教育系统也是一个小型的社会生态系统，教师、学生等均是生态构成中不可或缺的部分，从而使教学认识从二元论转向多元论和整体认识论，体现了对学生、教学、知识、师生关系、学习、评估等要素认识的整体性，推动和谐的教学新生态的构建[9]。

先行组织者策略是应对学习要求提高情景下有效投入时间有限的实用策略，可为学生的学习构筑较统一的认知水平，保证课程高阶能力培养的全面达成。在教学过程中，受教者的先备知识高低对教学方法有效性会产生一定的影响，呈现出因先备知识水平高低而导致的学习差异。先行组织者策略可以起到课程导入的作用[10-12]。通过科学和精心的先行组织者材料设计，引导学生在已有知识的基础上，建立对学习内容的映射，使学生对将学习的内容快速构建起一定的认知水平。

4 机械设计创新教学的方法概要

机械设计创新教学方法的核心要点如下：

（1）宏大工程背景下的“课程思政”教育，培养课程兴趣以提升学习主动性。在科学世界观和价值观的引导下，激发学生主动刻苦学习，在思考中求知，在实践中解决问题。在智造强国的宏大背景下，通过具体的行业叙事以及“课程思政”教育对学生进行正确导向培养，使学生具备自我奋斗的思想方法、基本意识，以及自我激励下的持之以恒。

（2）先行组织者的自主差异化学习，知识前置以确保较一致认知水平。通过对“先行组织”的线上课程资源的提前自主学习，一方面能够将有限的面授课时用于重点、难点和核心问题的教学；另一方面可以使不同水平的学生在面授教学时具备较为一致的知识储备水平。

（3）情景布设式对分课堂案例教学，将知识、能力、素养三维培养相结合。针对教学内容，构建并布设具有典型特征的情景，将知识和能力的培养蕴含在情景之中，通过强调学生能动性的对分教学方式，让学生通过启发性思维、引导性讨论，达成有意义的学习目的。

（4）分阶段多样化的综合考核手段，全方位评价学习成效并持续改进。在新的教学理念和方法的指导下，要更加注重对生成性过程的考核，要在信息化教学手段的辅助下，真实地记录学习过程，并对能力生成进行阶段性和过程性评价。在评价中，要充分利用大数据的优势，从多角度分析，揭示学习过程和培养目标达成路径的多元性，从而真正实现对培养效果的相对准确评价，并从中发现不足之处，再不断地改进完善。

5 机械设计创新教学的实施

基于所提出的创新教学方法，在机械设计课程的教学实践中形成可操作的教学组织、教学内容安排、教学活动安排以及教学评价实施等规则。

5.1 以扩大的课程组为课程教学单位，实现对课程大纲和教学设计的深度优化

为了提高课程的专业和行业背景深度，使课程内容尽可能生动，并能够最大限度地激发学生的学习兴趣，对课程组的组织要在主讲教师的基础上引入行业专家、企业导师等方面的人员，对传统的课程组进行延伸扩大。扩大化的课程组基于交流机制共同制定课程的教学大纲、教学内容、典型的课程案例、相应的能力训练等，并不断改进。

5.2 以线上线下互补构建教学资源，基于先行组织者策略合理安排教学内容

针对教学内容按照先行组织内容、面授解析内容、讨论学习内容等三项组织教学。先行组织内容是课程中较为传统的固化性知识；面授解析内容是涉及分析、计算等内容，需要通过面授、指导和专项练习来促进对该类知识的掌握和相关能力的培养；讨论学习内容是针对具体案例，应用相关规则完成对案例的剖析，并对其进行适度拓展，达成对知识关联性的强化，以及发现问题、讨论问题、推进问题和处理问题的综合能力。

5.3 以问题为导向进行教学活动安排，实现知识、能力和素养的三维培养

创新教学的主要教学活动包括先行内容自学、情景布设、问题引入、互动讨论、有限合作学习、设计拓展、学习评测和开放型作业等。其中，有限合作学习和开放型作业可根据教学内容作为可选项灵活布置。其他各项教学活动属于课程教学活动中的规定动作，务必在精心策划下按序执行。

5.4 以立体式的教学评价为手段，实现对学生能力达成的客观准确评估

立体式的教学评价在由时间、评价方、评价标的所构成的立体空间展开。在教学的不同阶段进行有针对性的评价。教学评价的结果是进行教学持续改进的重要参考依据。在教学评价的实施中，对引入学生的评价需要慎重且需要有一定的策略。在教学实践中会发现学生的评价中会经常性出现一致给予高分的情形，因此，对待学生的评价成绩按照一定的规则进行等效处理后使用。比如，限定各档成绩名额，按照学生自评成绩排序给定相应档次的成绩，并约定无差别给分成绩无效。这在一定程度上可以避免学生一致互相给高分的情况。

6 结语

通过上述理论研究和教学实践，秉持工程教育认证“学生中心、产出导向、持续改进”的理念，以提升主动性为根本，以能力培养为核心，以“互联网+”为手段，以多元评价考核为依据，构建创新教学方法，不仅能有效提升机械设计课程的教学效果，同时能达成工程教育专业认证培养要求，使学生掌握机械设计基本理论和知识（知识要求），具有机械设计知识的应用能力和计算机辅助设计及制图技能（能力要求），具有设计机械系统、部件和过程的能力，并在工程实践中融会贯通知识和强化技能（工程要求）。

参考文献

[1] 林健. 工程教育认证与工程教育改革和发展 [J]. 高等工程教育研究，2015（2）：10-19.

[2] 王石，王玉杰，钟文，等. 工程教育认证背景下采矿工程专业毕业实习教学改革探索 [J]. 高教学刊，2021（11）：84-87.

[3] 赵倩，孙首群，钱炜，等. 工程教育专业认证背景下机械专业课程教学改革 [J]. 科教导刊，2018（8）：45-46.

[4] 教育部学校规划建设发展中心. 从工程教育专业认证反思，我们应该坚持和强化什么？[EB/OL].（2017-08-17）[2021-07-21]. www.csdp.edu.cn/article/2857.html.

[5] 蔡映辉，丁飞己. 从能力培养到全面发展——新工科通识教育课程体系建设与实施路径研究 [J]. 中国高教研究，2019（10）：75-82.

[6] 张广君. “互联网+教学”的融合与超越 [J]. 教育研究，2016，37（6）：12-14.

[7] 李爽，林君芬. “互联网+教学”：教学范式的结构化变革 [J]. 中国电化教育，2018（10）：31-39.

[8] 姜合峰，刘珍，王川龙. 有意义学习理论用于数学课堂导入的条件与策略 [J]. 教学与管理，2018（7）：96-97.

[9] 何克抗，吴娟. 信息技术与课程整合的教学模式研究之二——“传递—接受”教学模式 [J]. 现代教育技术，2008（8）：8-13.

[10] 吴文胜，盛群力. 有效利用时间的教学策略 [J]. 当代教育论坛，2004（12）：39-44.

[11] 蔡家麟. 基于“先行组织者”策略的排队论教学模式研究 [J]. 上海高教研究，1997（8）：53-55.

[12] 闫婷婷. 基于奥苏贝尔认知同化理论的微积分教学策略 [J]. 教育现代化，2019，6（50）：122-123.

协作机器人物料分拣教学实验平台开发

吴 飞 袁 来 周靖杰
武汉理工大学机电工程学院

摘 要：本文从实际工业领域出发，将传送带物料分拣问题提炼出五项实验内容：相机标定、点位示教、视觉识别、I/O 控制、系统控制。由此开发了一款基于视觉测量算法，对传送带上物料进行识别抓取，分拣到指定区域的机器人实验平台，并在前端界面中采用引导式编程，具有良好的交互性。该系统可提升学生对编程的兴趣，帮助学生建立机器人系统理论知识和实践应用框架，巩固机器人学和传感器技术相关课程学习成果，提高学生的工程实践能力和科研创新能力。

关键词：物料分拣 视觉测量 引导式编程 工程实践

引言

进入新时代以来，新技术、新产业、新业态、新模式的形成和发展为诸多社会领域带来了巨大变革，也为机器人教学发展带来了一系列挑战。当下机器人教育的体系、模式与内容愈发难以调和，忽视了对学生的实际工程技术能力的培养[1]。所以需要开发与实际工况相符的教学实验平台，供学生理解并接触到工业界的需求。李明枫[2]等人设计了基于机器视觉的机器人智能分拣实验平台，对于学生深刻掌握机器视觉和机器人控制技术，培养新工科背景的复合型人才有着十分显著的教学效果。马少华[3]等人搭建了智能物料搬运机器人教学实验平台，可直观展示产品加工过程中机器人搬运物料的工作过程，有助于加深学生对机器人结构原理、电路架构、控制流程的理解。

协作机器人物料分拣教学实验平台，整套系统基于 Python 语言，在 Opencv 视觉库、JAKA 机器人二次开发库下完成设计。利用 OpenCV 找出方框轮廓并进行透视变换；运用 HSV 模型阈值分割识别出传送带上物料的颜色，通过像素矩形拟合求出中心点坐标[4]。再对物块的偏角进行测量，测量算法由图像灰度处理、高斯平滑、边缘检测、直线检测、坐标提取与直线过滤和偏角测量计算六部分组成[5]。根据机器人逆运动学通过初始给定的机器人末端执行器位姿来求解到达抓取位置需要的各个关节角度[6]，再通过点位示教功能，预先设定轨迹点，控制机器人完成分拣任务。最后通过跨平台 GUI 程序开发的工具包 PyQt，利用 QtDesigner 设计程序界面，采用引导式编程，帮助学生独立地将程序写出。在实训过程中进行讲解和示范，使学生理论联系实际，达到“学中做”和“做中学”的效果。本实验系统，可以培养学生的创新思维和实践能力，激发学生的创新意识。

1 物料视觉分拣实验原理

实验系统硬件平台构成如图 1 所示，主要由上位机、电控柜、JAKA 六轴协作机器人、皮带输送机、相机等组成。首先通过 I/O 口控制，将红、黄、蓝三色物料通过气缸从上料点推出。推出后，气缸末端接近传感器会检测气缸是否推到位，并控制其缩回。皮带末端传感器检测是否有物料在等待分拣，若没有物料，则控制皮带输送电机转动上料。若有物料则控制皮带输送电机停止，等待机械臂到物料上方拾取物料。机械臂会对物料进行拍照识别，识别其颜色、中心点坐标、偏转角度。根据上述信息，系统先将相机坐标系通过手眼标定矩阵转换至机械臂基坐标系下，再根据偏转角度控制机器人末端夹爪旋转对应角度进行夹取。夹取完成后根据识别到的颜色信息，分配指定的物料放置点并计数，根据数量按照规律依次排布在放置平台中。

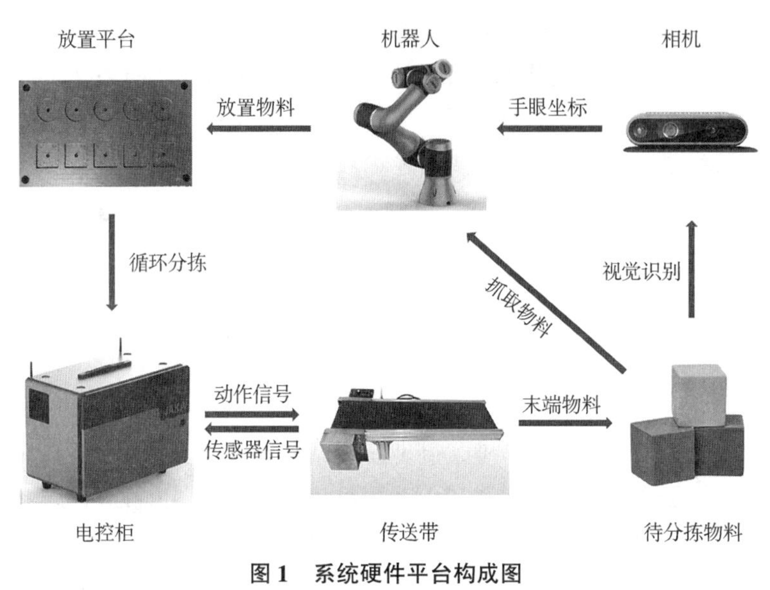

图 1　系统硬件平台构成图

2　实验教学系统能说明

根据实验功能原理和实验环节需求，利用 Python 编程，开发协作机器人物料分拣实验教学系统，该系统功能可分为五大模块：参数标定、点位示教、视觉识别、I/O 控制、系统控制。图 2 所示为软件架构图。

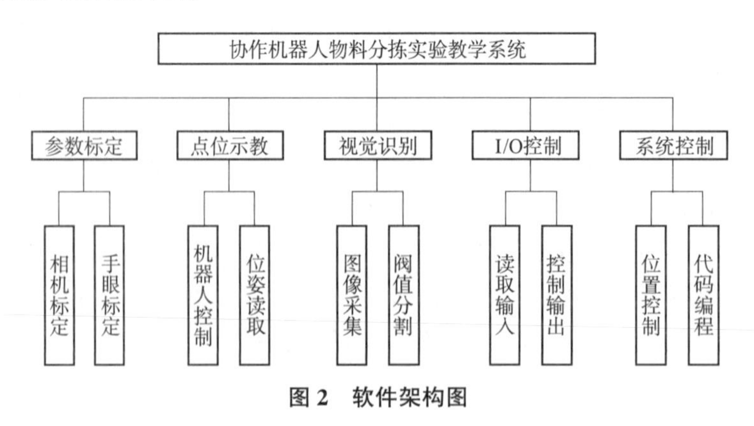

图 2　软件架构图

2.1 参数标定模块

参数标定模块主要用于求解系统标定参数，软件界面如图3所示，标定参数是最终获取末端工具坐标系在机器人基坐标下位姿坐标的基础。学生可自主完成相机标定和手眼标定实验，从而增加对机器人抓取系统中各坐标系之间位姿关系的理解。

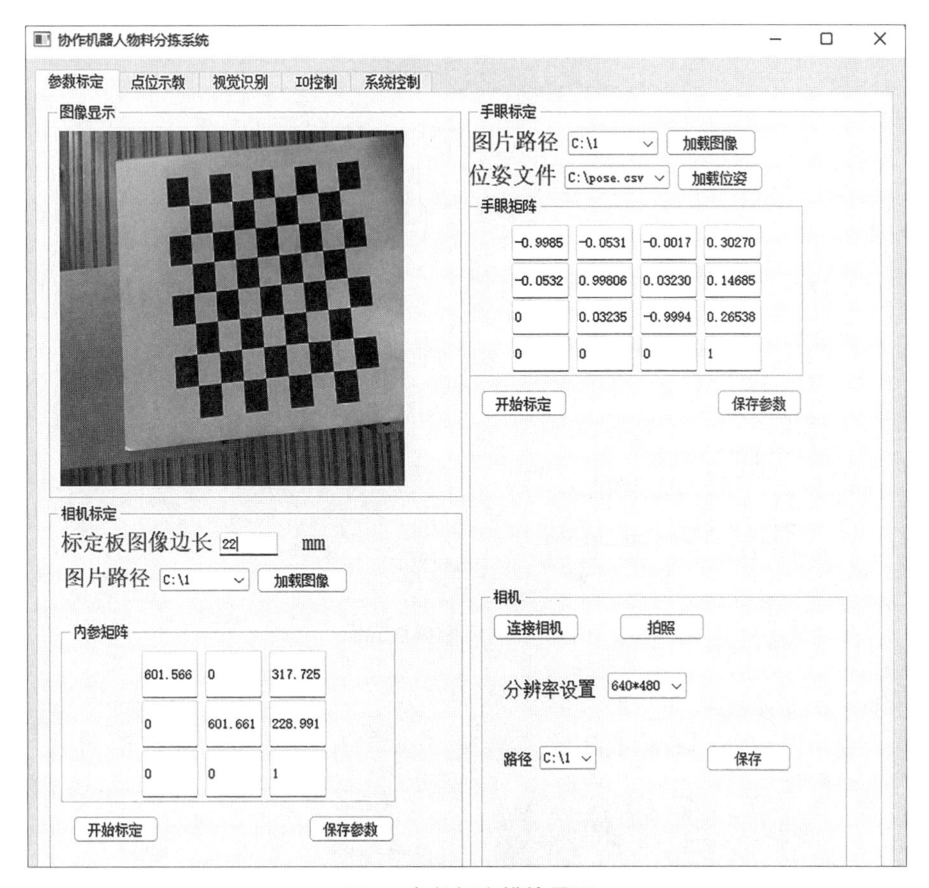

图3 参数标定模块界面

2.2 点位示教模块

点位示教模块可实现对机械臂的控制，其软件界面如图4所示，该模块主要功能为移动机械臂，读取机械臂位姿。通过该模块，学生可手动操作机械臂运动，读取机械臂位姿，也可编写代码控制机械臂；且能够直观地观察机械臂运动，了解认识机械臂运动原理及方式。

2.3 视觉识别模块

视觉识别模块可实现抓取场景中待抓取工件的视觉识别，其软件界面如图5所示，该模块主要功能为识别定位工件。学生通过该模块可完成对工件视觉识别及定位，且能够直观地观察到图像处理的效果及亲自动手对图像进行处理。

2.4 I/O控制模块

I/O控制模块可实现实验平台中一些执行元器件的控制，其软件界面如图6所示，该模块的主要功能为实现I/O口读取与赋值。学生通过该模块可动手完成电路接线，通过编写代码对端口进行控制，直观认识端口读写原理。

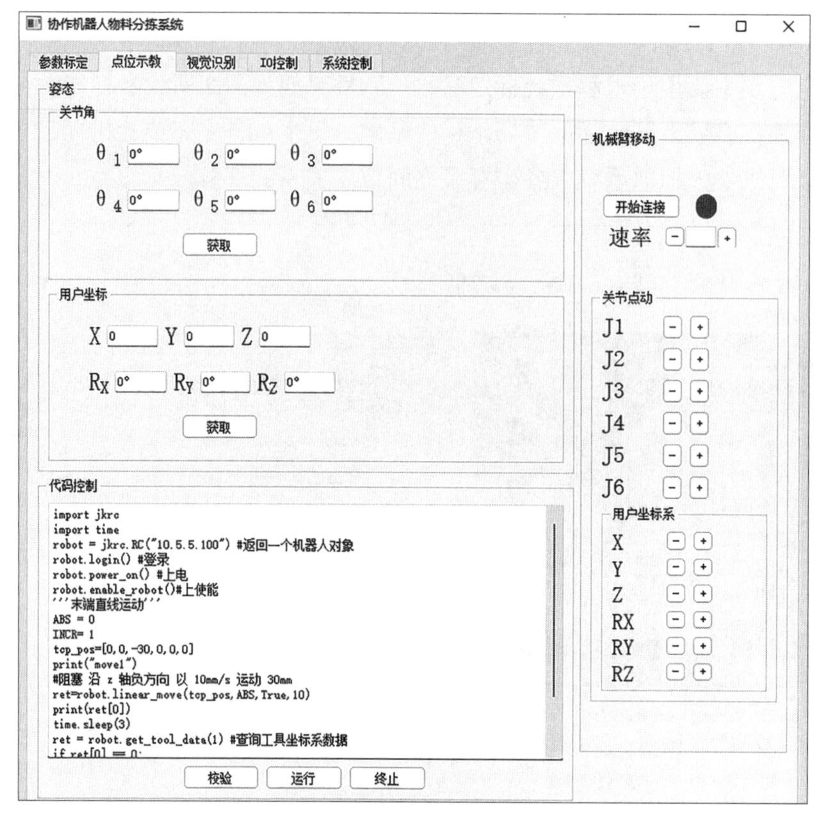

图4 点位示教模块界面

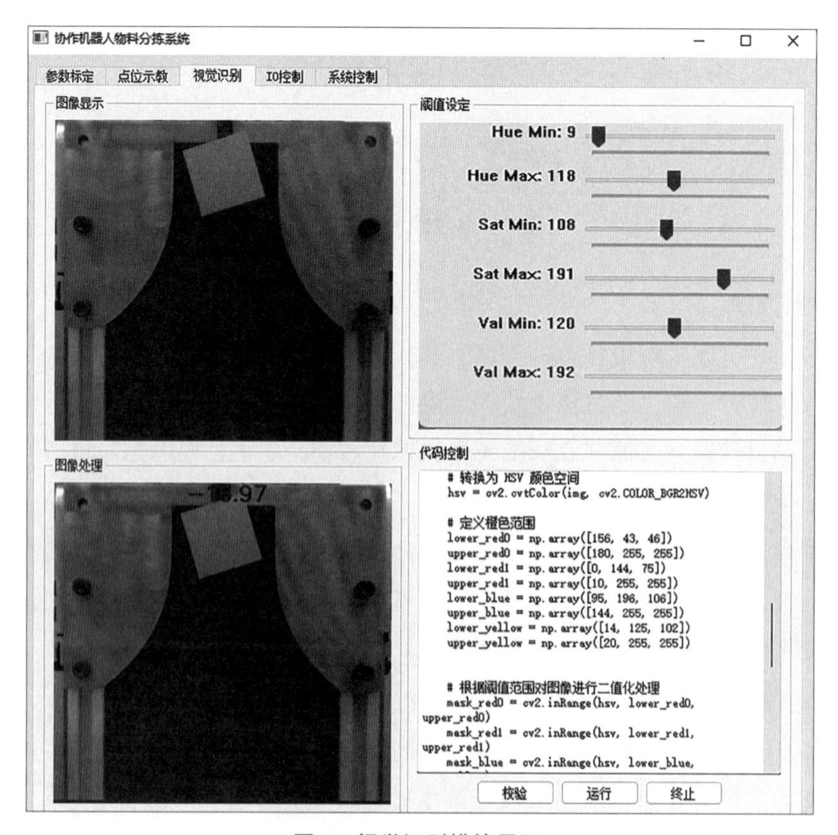

图5 视觉识别模块界面

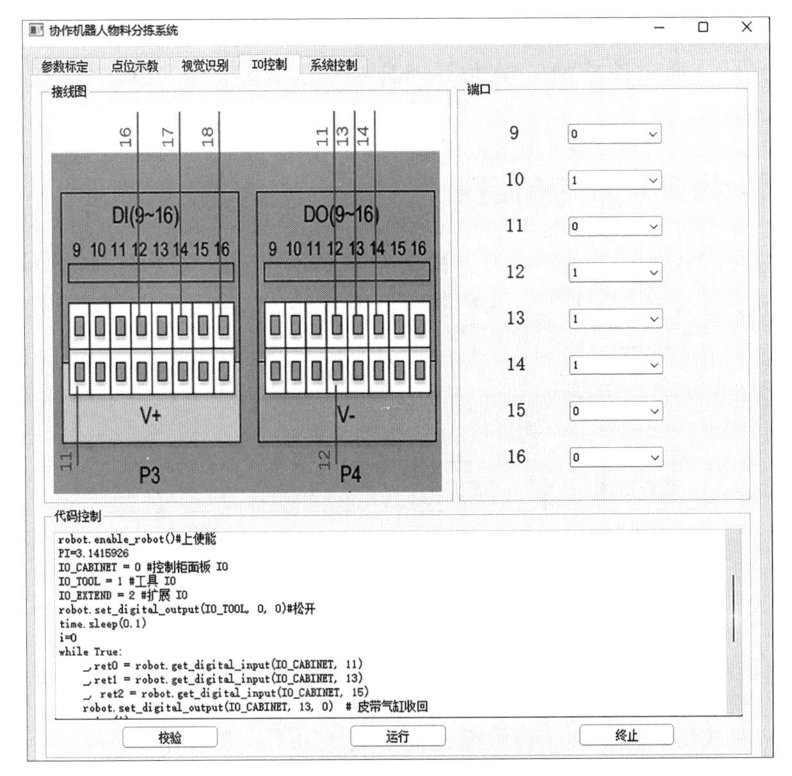

图 6 I/O 控制模块

2.5 系统控制模块

系统控制模块可实现对以上各模块的整合，设计出整体实验，其软件界面如图 7 所示，

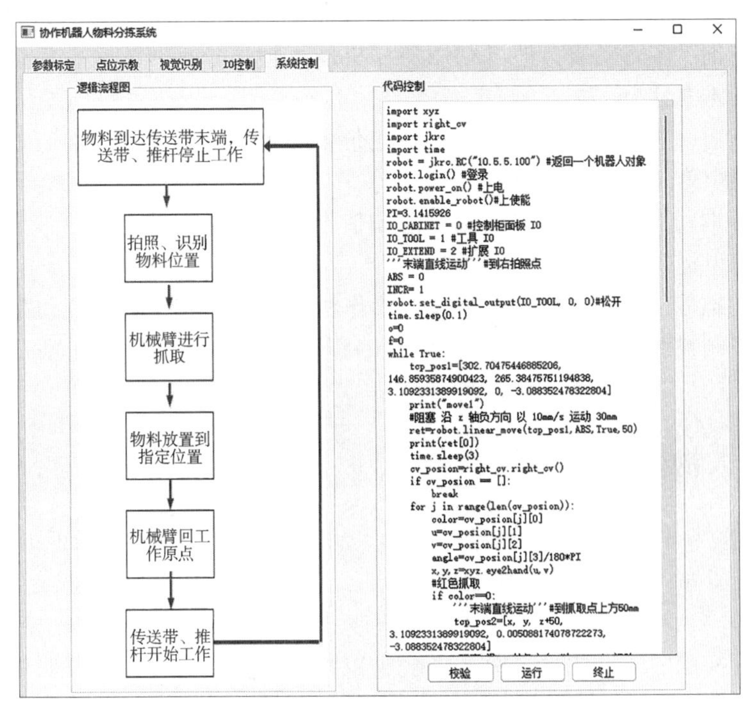

图 7 系统控制模块界面

该模块的主要功能为编写整体实验控制代码并运行实验。学生可根据实验逻辑流程图完成代码编写并运行代码，通过该模块，学生可提升对本次实验的认识理解且提高自己的编程能力。

3 协作机器人物料分拣实验流程

该系统形成了参数标定、点位示教、视觉识别、I/O 控制、系统控制机器人抓取实验验证等逐步递进的实验过程。图 8 所示为协作机器人物料分拣系统的工作流程图。

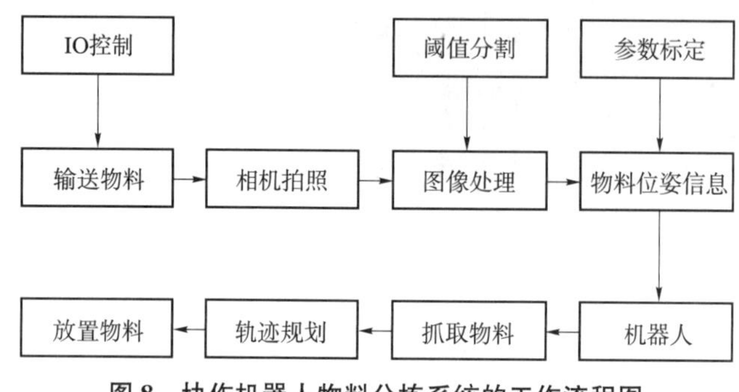

图 8 协作机器人物料分拣系统的工作流程图

在正式上机完成机器人识别与抓取前，需要完成以下准备工作：

（1）参数标定。利用相机完成相机标定和手眼标定（“眼在手上”）。固定相机位置，移动标定板位置进行拍照，完成相机标定，求解相机内参；固定标定板位置，移动相机进行拍照，并记录此时机械臂末端位姿，完成手眼标定，求解手眼矩阵。

（2）阈值分割。根据现场光线条件调节 HSV 范围，将三类颜色依次分割，并作为参数保存在视觉处理算法中。

（3）电路接线。根据实验平台元器件的对应的端口信息，手动完成系统电路接线工作。

当学生的准备工作完成后，即可利用协作机器人物料分拣实验平台完成实验验证，如图 9 所示。其具体内容为：

（1）参数求解。将已拍好的照片和相对应位姿导入实验教学系统，查看求解得到相机内参矩阵和手眼矩阵。

（2）特征提取与图像分割。将调整好的阈值在实验教学系统上进行设定，查看物料中心点与偏转角度识别效果。

（3）机器人抓取。利用点位示教模块，操作机械臂到指定工件放置位置并记录该位置信息，在系统控制模块上进行整体实验代码编程，运行程序，驱动机器人进行物料分拣工作。

4 协作机器人物料分拣实验效果

协作机器人物料分拣实验目的在于培养学生的动手能力、拓展知识面和视野、培养创新精神和解决问题能力、提高团队合作能力等，有助于学生日后的成长和职业发展，具体表现在以下几点：

（1）机械臂实验台可以让学生深入了解机械臂的构造和原理，了解机械臂在工业制造中的应用。掌握机械臂的基本原理，如运动解析、坐标转换、速度规划等。

（2）通过实践操作机械臂，学生可以掌握机械臂的控制方法、编程技术和机器人运动

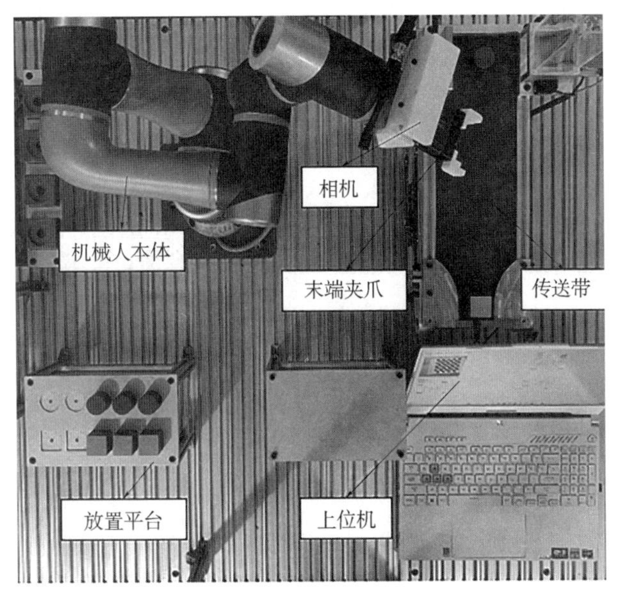

图 9　实验平台布局

规划。能够让学生真正地体验到机械臂的灵活性和操作效率，增强工程实践能力。

（3）机械臂实验台可以培养学生的团队协作和创新意识。在团队中学生完成机械臂的程序设计、调试和调优，从而提高学生的团队协作能力，提高学生自主思考的能力。

（4）学生通过机械臂实验台的学习，可以提高自我学习能力和解决问题的能力。通过实践，学生可以掌握寻找解决方案、分析问题、识别问题的能力，并能够做出正确的决策。

5　结语

学生在使用配套软件时，会依次经过相机标定、点位示教、视觉识别、I/O 控制、系统控制五个步骤。通过相机标定，学生可以了解到各个坐标系转换原理和光学方面的知识。软件会引导学生操作，并导出手眼矩阵。通过点位示教，学生了解机器人单轴控制、笛卡儿坐标系控制，从而了解机器人运动原理。通过点位记录、点位回放，学生了解工业中最常用的示教操作，掌握机器人二次开发函数指令。通过视觉识别，学生掌握传统图像处理技术，认识到传统方法的优缺点。通过 I/O 控制，学生掌握基础的电气知识，掌握线缆接线、I/O 口分配、读取与赋值。最后学生需要理解整个控制系统逻辑，在系统控制模块的引导下编写主控制代码，将前四个内容串联起来，完成物料分拣任务。该系统可提升学生对编程的兴趣，帮助学生建立机器人系统理论知识和实践应用框架，巩固机器人学和传感器技术相关课程学习成果，提高学生的工程实践能力和科研创新能力。

参考文献

［1］张辉，李智勇，钟杭，等.“智能机器人技术”课程教学改革实践［J］. 电气电子教学学报，2023，45（1）：4-6.

［2］李明枫，贺晓莹，陆佳琪，等. 基于机器视觉的机器人智能分拣实验平台开发［J］. 实验技术与管理，2019，36（4）：87-91. DOI：10. 16791/j. cnki. sjg. 2019. 04. 021.

［3］马少华，马建民，刘振东，等. 智能物料搬运机器人教学实验平台设计与开发［J］. 实验技术与管理，2021，38（3）：120-125. DOI：10. 16791/j. cnki. sjg. 2021. 03. 025.

[4] 吴佳鸿，胡雪菲，郭俊豪，等. 基于 jetson_nano 平台及机械臂的智能颜色分拣机 [J]. 电子制作，2023，31 (2)：34-36+25. DOI：10. 16589/j. cnki. cn11-3571/tn. 2023. 02. 011.

[5] 赵礼刚，刘聪，胥平卒，等. 基于 OpenCV 的金刚石锯丝偏角的测量方法 [J]. 工具技术，2021，55 (4)：105-109.

[6] 程浩田，祝锡晶，冯昕宇，等. 6R 工业机器人几何求逆优化算法及仿真分析 [J]. 组合机床与自动化加工技术，2021，566 (4)：75-79. DOI：10. 13462/j. cnki. mmtamt. 2021. 04. 018.

学科交叉融合模式下的线上线下混合式教学模式在“电工技术”实验课程中的应用①

汤　曼　陈爱菊　胡梦月　韩谷静　刘　侃
武汉纺织大学电子与电气工程学院

摘　要：在信息时代，电工电子技术的创新和发展对社会经济的发展和人民生活水平的提高具有重要意义。作为一门非电类专业工科学生的基础必修课，学习和掌握电工技术可提高学生的个人综合素质和就业竞争力，为未来的发展打下良好基础。本文针对目前电工技术实验课程的教学现状进行了分析，针对该课程面向的学生群体提出了以专业为导向的学科交叉融合模式下的线上线下混合式教学模式，希望能为提高电工技术课堂效率和教学质量提供有效参考。

关键词：电工技术　线上线下混合　教学模式　学科交叉融合　实验课程

引言

习总书记在考察清华大学时指出，“重大原始创新成果往往萌发于深厚的基础研究，产生于学科交叉领域”。“电工技术”课程作为一门面向非电类专业工科学生的基础必修课，是培养不同专业的理工科学生去探索知识、综合应用知识的重要平台，也是培养“知识、能力、品格”协调发展的高素质应用型创新人才的重要环节[1]。

在学科交叉融合的发展背景下，线上线下混合式教学模式显得越来越重要，具有现实意义和研究价值。特别是在“电工技术”这门课程的实验教学环节，采用此种教学模式可以在很多方面起到积极作用。本文以我校电工技术实验课程为例，分析了现有实验教学模式中存在的问题，并针对该课程面向的学生群体以及新形势下实验教学的要求，提出了学科交叉融合模式下的线上线下混合式教学模式，从而在实验教学内容和教学形式上对传统实验教学模式进行新的探索和优化。

1　电工技术课程的实验教学现状分析

1.1　教学内容枯燥

在我校的教学培养方案中，电工技术实验课程属于课内实验。这种实验课程在设置上更注重理论课程的知识点目标达成，因此实验内容主要以验证性实验为主，内容较为枯燥、操作简单机械；加上设备和技术的限制，实验创新内容较少，导致对各专业的针对性不强。这种单一的教学方式难以激发学生的学习热情和动手能力，使他们感到学习过程单调乏味。

其次，实验设备和实验环境的限制也是导致课程教学内容枯燥的原因之一。由于预算限

---

① 基金项目：2022 年度武汉纺织大学校级教研项目。

制或设备缺乏更新，实验室的实验设备过时，一些新的教学手段难以实施，学生只能对简单的电路原理进行模拟和近似，这使得他们无法真正理解电工技术的实际运用。

综上所述，电工技术实验课程教学内容存在着枯燥乏味的现状，教学方式缺乏趣味性和实用性，导致了学生学习兴趣的丧失。为了改善这一情况，需要探索更加生动有趣的教学方法，增加实践机会，提供实际案例和实验设备的更新，以激发学生对电工技术的兴趣，并将所学知识应用到实际工作中去。

1.2 教学形式陈旧

目前，我校的电工实验课程的授课还是以教师为主，学生参与思考和设计的环节较少，使得学生参与实践的热情得不到发挥，学生的学习兴趣无法充分调动，这是影响实验教学质量的主要因素。在传统的实验课程中，教师要用大量的时间讲解实验内容、设备的使用方法、实验操作规范等知识点，因此学生只能在有限的时间内完成一些验证性实验，对实验原理和实验内容的认识不深刻。

另外，学生的能力各有参差，学习效果也不尽相同。在有限的实验时间，能力强的学生很快便能完成实验，但是能力稍弱的学生难以完成实验，达不到实验教学的效果。因此，在电工实验课堂上，应组织多种教学形式，增加新鲜元素，以满足个性化教学的需求，做到真正的“因材施教”。

1.3 考核手段单一

现有的课程评估方式主要采取“课堂表现+实验报告”的手段，而学生的课堂表现主要依靠实验结果，学生实验数据的真实性和其在实验过程中的思考与知识应用能力无法考核，导致学生失去探究问题和创新的能力，学生的自主学习能力和创新能力无法得到锻炼。这种单一的考核手段很难全面涵盖所有重点内容进行综合评价，可能会忽略学生在某些方面的表现和短板，导致学生成绩不够准确。

不仅如此，针对不同的课程要求，每位学生都有其擅长或者偏好的方面，往往通过多维度的考核方式才能最终反映出他们的真正优势。过度依赖单一形式的考核，可能会将学生天赋或特长忽视，造成资源浪费。因此，多元化的考核方式在本课程中应有必要的应用。

2 课程教学改革措施

2.1 以专业需求为导向——促进学生全面发展

科技发展和工业化水平不断提高，对于技术人才的需求也越来越高。为了满足这种要求，课程需从传统的理论教学向面向专业需求的个性化教学转变，将学科专业知识、实践掌握和各种技能技巧的培养有机结合起来，逐步建立紧密联系专业的课程体系。这种以专业需求为导向进行电工技术实验课程改革，能实现教育与就业的无缝连接，促进学生职业能力的提高，适应社会对电工技术人才的需求，同时也能够促进教育与产业对接，推动社会与学校协同发展。

另外，电工技术课程是学生开展专业课，进行创新学习、学科竞赛的基础。首先，电工技术实验课程采取实践操作方式，涵盖了多个领域，如机械、电子、计算机、化学、医学等，通过让学生亲自动手完成电工实验等操作环节，进一步增强了学生的动手能力，培养了其操作实践技能。其次，电工技术实验课程为学生发挥其优势打好基础，同时也帮助学生更好地应对和参加各类学科竞赛，拓宽了他们积累及应用相关电工技术知识的广度。可见，将电工技术实验课程融入学生的专业需求，对于学生开展专业课学习和参加学科竞赛都非常有益，能够让学生充分发挥出个人优势、提高综合素质和职业素养，进而更好地适应市场需求及长期的职业发展。

2.2 线上线下混合式教学模式——提高课堂效率

正如高等教育的学习应该不仅仅集中于课堂，电工技术实验课程的学习也不应该仅仅局限于实验室。在信息化教学手段日益发展的今天，采用线上线下混合式教学可以提升教学效果和质量，符合高等教育教学改革的大趋势。例如，电工技术的实验课程中需要学习常用仪器的使用，如信号发生器、示波器、万用表等，这需要教师在课堂上花费大量的时间进行讲解，过程费时且枯燥。通过线上线下相互补充和融合，在知识传授、思维拓展、能力培养等方面都能够更加全面和深入地开展，从而让学生真正掌握电工技术的核心要素和应用方法。不仅如此，线上线下混合式教学打破了时空限制，使传统线下的实验教学更易于进行、更具实用性和趣味性。例如，在线上平台上可以使用虚拟仿真器材进行模拟实验，让学生直观地感受电气设备和系统工作原理；而在线下实验室中则可以进行基础性和综合性实验，强化学生动手能力和团队协作意识。

同时，线上线下混合式教学模式也有利于减小学生的个体化差异。因为线上线下混合式教学可以提高课程的灵活性和适应性，让学生更加自主地选择学习时间和方式。教师可以在线上设置网络教学平台，结合生动的动画、视频等手段，对实验的具体内容、步骤以及数据分析过程进行讲解，学生可以通过反复观看的方式不断巩固和复习。设置一些针对实验技术和操作注意事项的练习，这种方式灵活地满足了现代学生个性化需求，也能够有效提升学生的积极性和参与度。

2.3 培养自主思考能力——推动综合性、设计型实验

采用线上线下混合式教学可以提升教学效果和质量，符合高等教育教学改革的大趋势。在此基础上，针对不同层次的学生，教师可以将实验内容分为两部分，包括基础实验部分和综合拓展实验部分。基础实验部分还是在理论课的基础上进行一些验证性实验，帮助学生更好地理解理论课中的知识点；而综合拓展实验部分主要供能力较强、具有创新思维的学生选做，鼓励他们自主思考、自行查阅资料后完成。教师要通过拔高成绩、引导学生参与相关竞赛等方式，鼓励学生团结协作，自主创新，结合硬件实物或仿真模拟来搭建电路实现实验目标，以循序渐进的方式帮助学生完成，并在最终成绩上给予一定的奖励。

2.4 优化考核形式——采用多维度的评价考核标准

线上线下混合式教学模式不仅能够改进电工技术实验课程中考试的形式，同时也为平时学习的作用和意义注入了新的活力。利用线上教学平台，教师可以结合学生的实践和解题能力，设置多样的考核方式来评估学生不同方面的能力水平，使学生通过多维度考核找到自身擅长的领域。比如，在课前可以发布一些课前测试，来考察学生的预习情况；而在课程中间，教师可以通过学生在基础实验部分和综合拓展实验部分的实际表现和课堂互动情况来进行考核；最后，在课后通过学生实验报告中对数据和实验结果的分析，来判断学生归纳和内化理论知识的能力。这样，教师可以分别对学生在课前、课中和课后这些环节进行跟踪，公平客观地记录学生整个学习过程，以此来反映学生的学习情况和教学效果。

这种多维度的考核形式更加全面，不仅能保证学生成绩的客观性，教师也能时刻通过反馈的数据对教学效果进行评判和优化。对实验课程进行多维度的考核，有助于提高学生的实践能力、控制学生的学习进度、激发学生的学习积极性，在教学中达到理想的效果。同时，

这种多维度的考核形式，也更符合总体的实际运用环境，并且对学生职业素养与价值观长期的培养具有重要的意义。

3 结语

电工技术实验课程是面向非电类工科专业的一门基础课程，通过与各专业的应用需求有机结合、增加信息化教学手段、丰富实验内容、优化考核形式等一系列措施，可以显著提高学习效果，让不同专业的学生对此类课程产生兴趣。借助专业导向，使不同专业的学生有针对性地进行基础课程的学习，解决了学生兴趣匮乏、主动性不足的问题；借助线上教学手段，为学生提供了预习和巩固复习的平台，解决了课堂课时有限、枯燥难懂的问题；通过丰富课程考核形式，保证了学生学习过程的质量，让学生变被动学习为主动探索，有了更充分的内化知识的能力。

综上所述，线上线下混合式教学可以使电工技术课程实验教学环节更加多元化、普及化和实用化。它不仅带给学生更加灵活的学习方式，同时还能提升教学效果与质量，引导学生积极参与科研和竞赛。十年树木，百年树人，教学改革要在长期实践中充分发挥科技手段，不断针对特定的环境调整和优化教学过程，保证每个学生在课堂上学有所获，为社会培养高素质、全面综合性人才。

参考文献

[1] 付晖. 信息化时代下电工电子技术的发展研究 [J]. 科技风，2022（1）：56-58.

[2] 许海英，蒋林，彭名华，等. “电工电子技术”课程线上线下混合教学模式改革 [J]. 教育教学论坛，2021（28）：56-59.

[3] 唐宏伟，刘新波，伍灵芝，等. “电工电子技术”课程网络教学模式探索 [J]. 科技与创新，2022（8）：10-12.

[4] 赖春露，姚统，刘芳. 疫情背景下基于混合式教学的电工电子类实验教学改革 [J]. 山东农业工程学院学报，2021，38（5）：27-31.

[5] 张薇薇，戢小亮，徐静萍. 基于 OBE 理念的电工电子实验教学研究 [J]. 教育教学论坛，2022，12（4）：130-132.

[6] 车路平，姜洪伟，王少泫. 电工电子实验课程体系与教学模式的改革创新思考分析 [J]. 中国设备工程，2022（1）：252-253.

[7] 陈钰玮. “教学做合一”思想在电工电子专业教学中的应用 [J]. 中国设备工程，2021（3）：185-186.

职业教育产教融合动力机制及优化策略研究①

明平象②
武汉城市职业学院

摘　要：职业教育产教融合是实现职业教育与产业发展有机结合的重要路径。本文基于协同理论，探讨了职业教育产教融合的动力机制，并提出了优化策略。通过研究发现，职业教育产教融合的动力主要包括需求驱动力、资源驱动力和政策驱动力。在此基础上，提出了优化策略，包括建立多层次合作机制、构建协同共享平台和加强政策引导等。本研究对于推动职业教育产教融合的发展具有一定的理论和实践意义。

关键词：职业教育　产教融合　动力

引言

职业教育产教融合是当前职业教育改革和产业升级的重要措施之一[1]。然而，实现职业教育与产业需求的有效对接并非易事，需要建立有效的动力机制和优化策略[2-3]。本文基于协同理论，探讨职业教育产教融合的动力机制及优化策略，旨在提供有益的理论和实践参考。

1　协同理论与职业教育产教融合

协同理论认为，通过不同组织间的合作与协调，可以实现资源共享、优势互补，提高整体绩效。职业教育产教融合可以视为一种协同关系，学校、企业和政府等各方可以通过协同合作实现资源的整合与共享，促进职业教育培养的质量与效益[4-5]。

协同理论在职业教育产教融合中起着重要的作用。协同理论认为，通过不同组织间的合作与协调，可以实现资源共享、优势互补，提高整体绩效。在职业教育产教融合中，学校、企业和政府等各方可以通过协同合作实现资源的整合与共享，从而促进职业教育培养的质量与效益[6-8]。

首先，协同理论强调不同组织之间的合作。在职业教育产教融合中，学校与企业之间的合作至关重要。学校可以通过与企业建立合作关系，了解产业发展的需求和趋势，根据企业需求调整教育教学内容和方法，提高学生的就业竞争力。同时，企业可以提供实践实习场所和工作机会，让学生接触真实的工作环境，提升他们的实践能力和技能。

其次，协同理论注重资源的共享与互补。职业教育产教融合需要各方共享资源，包括教育资源、企业资源和政府资源等。学校可以提供教育教学资源，如教材、教师和教学设施

---

① 基金项目：湖北省教育科学规划课题“基于协同理论的职业教育产教融合动力机制及优化策略研究”（2020GB196）。

② 明平象（1971—），男，湖北黄石人，副教授，研究方向为职业教育。

等；企业可以提供实践实习场所、技术设备和实际工作机会；政府可以提供政策支持和投入资金等：通过资源的共享和互补，可以提高职业教育的质量和学生的就业竞争力。

最后，协同理论强调合作的创新性和创造性。职业教育产教融合需要学校、企业和政府等各方共同合作，不仅仅是简单的资源共享，还要通过合作创新来适应产业发展的变化。合作创新。可以包括共同开发教育项目、共同研究解决产业问题、共同开展技术创新等。合作创新可以为职业教育培养提供更加符合实际需求的解决方案，提高学生的实践能力和创新能力。

总之，协同理论为职业教育产教融合提供了理论基础和指导原则，通过建立合作关系、共享资源和合作创新，促进学校、企业和政府之间的协同作业和互动，推动职业教育与产业发展的有机结合。在实践中，可以采取以下措施来应用协同理论促进职业教育产教融合：

一是建立联合培养机制。学校与企业可以建立联合培养机制，共同制订培养计划，共享教育资源和师资，实现学校教育和企业实践的有机衔接。学生在校期间可以进行实习和实训，接触真实的工作环境，增强实践能力。

二是创建协同平台。建立信息化平台和资源共享平台，为学校、企业和政府之间的沟通与合作提供便利，通过平台共享职业教育的教材、课程和案例资源，促进教学内容与实际需求的对接，提高教育质量。

三是强化师资培训。职业教育师资是职业教育产教融合的重要环节。学校和企业可以联合开展师资培训，提升教师的实践能力和行业背景，使其能够更好地理解产业需求，并将其应用于教学实践中。

四是加强政策支持。政府在职业教育产教融合中起到重要的引导和推动作用，政府可以出台相关政策和法规，提供财政支持和奖励措施，鼓励学校和企业参与产教融合，为合作提供制度保障。

五是开展产学研合作、学校、企业和科研机构可以开展产学研合作，共同开展科研项目和技术创新，解决产业发展中的难题，通过产学研合作将前沿的科研成果应用于职业教育实践中，提高教学的质量和水平。

在实际应用中，需要充分发挥协同理论的指导作用，促进各方的共同合作和协同创新。同时，还需要建立长期稳定的合作机制，加强信息交流与共享，不断优化职业教育产教融合的模式和效果。

2 职业教育产教融合动力机制

2.1 需求驱动力

职业教育产教融合应以产业需求为导向，通过市场调研、企业需求分析等手段，了解产业发展的需求趋势和技能要求，为教育培训提供有针对性的指导和支持。

（1）产业需求。产业需求是职业教育产教融合的核心动力。学校应该密切关注产业发展趋势和技能需求，通过市场调研、企业需求分析等方式，了解产业的用人需求和技术要求。根据这些需求，调整课程设置、教学方法和实践环节，以确保学生毕业后具备符合产业要求的技能和知识。

（2）市场需求。学校通过市场调研和行业需求分析，了解各个行业的用工需求、技能要求和就业趋势，以此为依据来调整课程设置和教学内容。

（3）企业需求。学校与企业建立紧密联系，了解企业的技能需求和岗位要求，根据企业提供的反馈和需求调整教学计划，确保培养出与市场需求相匹配的人才。

2.2 资源驱动力

职业教育产教融合需要各方共享资源，包括教育资源、企业资源和政府资源等。学校可以提供教育教学资源，企业可以提供实践实践场所和实际工作机会，政府可以提供政策支持和投入资金等。资源驱动力是职业教育产教融合的重要基础，通过资源的共享和互补提高职业教育的质量和学生的就业竞争力。

资源共享与整合是职业教育产教融合的重要动力。学校、企业和政府等各方可以共享各自的资源，包括教育教学资源、实践实训场所、实际工作机会、研究设施和经费支持等。通过资源的共享与整合提高教育培训的质量和效益，同时降低各方的成本和风险。

（1）教育资源共享。学校与企业共享教育资源，如教材、教师和教学设施，以提供实践教学和职业技能培训。

（2）实践场所共享。学校与企业合作，共享企业的实践场所和实际工作机会，让学生在真实工作环境中进行实习和实训，增强实践能力。

（3）政府资金支持。政府提供资金支持，用于职业教育产教融合项目的建设和运行，促进资源的整合与共享。

2.3 政策驱动力

政府在职业教育产教融合中扮演着重要角色，应制定相关政策和规划，提供政策引导和激励措施，推动学校和企业积极参与职业教育产教融合。政策驱动力能够为产教融合提供制度保障和推动力[9-10]。

政府在职业教育产教融合中扮演着重要角色，政策引导和支持是推动产教融合的重要动力。政府应制定相关政策和规划，提供激励措施和资金支持，鼓励学校与企业开展合作，推动产业需求与教育培养的有效对接。政府还可以提供政策指导和监管，确保产教融合的顺利进行。

（1）政策引导。政府制定相关政策和法规，鼓励学校与企业开展合作，促进产教融合。政府还提供激励措施，如奖励措施和税收优惠，以鼓励各方参与职业教育产教融合。

（2）政策支持。政府提供政策指导和支持，制定职业教育发展规划和标准，推动教育培训与产业发展的有效对接。

2.4 创新驱动力

创新能力是职业教育产教融合的重要动力。学校、企业和政府等各方应鼓励创新意识和创新实践，通过合作创新解决产业发展中的问题和挑战；可以开展联合研究项目、技术创新活动和实践案例研究等，促进教育培养与产业创新的有机结合。

（1）合作创新。学校与企业合作开展创新项目，解决产业发展中的难题，共同研发新技术、新产品和新服务，推动产学研结合。

（2）教学创新。学校通过职业教育产教融合，创新教学方法和内容，注重培养学生的实践能力和创新思维，提升学生的综合素质和竞争力。

2.5 文化驱动力

（1）共同价值观。学校、企业和政府之间共同构建职业教育产教融合的共同价值观，形成良好的合作氛围和文化认同，促进各方协同合作。

（2）跨界合作。鼓励不同行业、不同领域之间的合作，促进跨界交流和知识融合，推动创新和职业教育的发展。

2.6 知识更新驱动力

（1）职业导师制度。引入职业导师，将实际从业者纳入教学过程，使学生能够及时了解行业最新动态和趋势，掌握最新的知识和技能。

（2）终身学习观念。鼓励学生、教师和企业员工保持终身学习的观念，不断更新知识和技能，适应产业发展的变化和需求。

职业教育产教融合的动力机制是一个复杂的系统，学校、企业和政府等各方需要共同努力，协同合作，通过需求驱动力、资源驱动力、政策驱动力、创新驱动力、文化驱动力和知识更新驱动力的相互作用，实现产教融合的目标，培养适应产业发展需求的高素质人才。

3 优化策略

3.1 建立多层次合作机制

职业教育产教融合需要建立多层次的合作机制，包括学校与企业的合作、跨区域合作、跨行业合作等，通过建立合作机制，促进资源共享和合作创新，提升职业教育的适应性和针对性。

（1）学校与企业合作。学校与企业建立长期稳定的合作关系，促进教育培训与实际工作的紧密结合。建立校企合作的联席会议或委员会，定期讨论合作计划和项目，共同制定合作目标和实施方案。

（2）跨区域合作。学校与企业进行跨区域合作、跨行业合作，促进优质资源的整合与共享，拓宽学生的就业机会和发展空间。

（3）跨学科合作。学校不同学科之间进行合作，构建跨学科的教育培养模式，培养具备综合能力和跨界思维的人才。

3.2 构建协同共享平台

构建协同共享平台是优化职业教育产教融合的重要举措。建立信息化平台和资源共享平台，实现信息的共享和交流，促进学校、企业和政府之间的协同作业和合作发展。

（1）建立信息化平台。建设职业教育产教融合的信息化平台，实现信息的共享和交流。学校、企业和政府可以在平台上发布资源信息、需求信息，促进资源的对接和共享。

（2）构建资源共享平台。建立资源共享平台，包括教材共享、教师培训共享、实践场所共享等。学校和企业可以在平台上分享教学资源和实践场所，提高资源的利用效率。

（3）强化合作创新平台。建立合作创新平台，学校、企业和科研机构之间开展合作研究、技术创新等活动，促进产学研结合。

3.3 加强政策引导

政府应加强政策引导，制定有针对性的政策和规划，激励学校和企业参与职业教育产教融合，提供财政支持和奖励措施，营造良好的政策环境和氛围。

（1）制定支持政策。政府应制定支持职业教育产教融合的相关政策和法规，提供财政支持和激励措施，鼓励学校和企业参与合作，推动产教融合的发展。

（2）完善评价机制。政府建立评价机制，对职业教育产教融合的合作项目进行评估和认证，鼓励和奖励优秀的合作项目和合作机构，推动产教融合的质量提升。

（3）加强监管和指导。政府加强监管和指导，确保职业教育产教融合的合作项目符合相关法规和标准。政府部门可以组织评估和督导，提供政策咨询和支持，引导各方合作按照规定的目标和要求进行。

3.4 加强师资培训

（1）提供教师培训。为职业教育的教师提供相关培训，包括行业知识、职业技能、教学方法等方面的培训，提高教师的专业素养和能力。

（2）职业导师制度。建立职业导师制度，邀请业界专家和从业人员参与教学过程，为学生提供实践指导和职业规划建议，增强学生的实践能力和行业适应能力。

3.5 增强合作创新能力

（1）鼓励合作创新项目。学校和企业开展合作创新项目，共同研发新技术、新产品和解决方案，促进教育培训与产业创新的有机结合。

（2）设立创新基金。政府和企业可以合作设立创新基金，为合作创新项目提供资金支持，推动创新成果的转化和应用。

3.6 建立良好的沟通与协调机制

（1）定期沟通会议。学校、企业和政府可以定期举行沟通会议，分享合作经验和成果，解决合作过程中的问题和难题。

（2）专人协调与管理。设立专门的职能部门或机构负责职业教育产教融合的协调与管理，推动各方的合作顺利进行。

综上所述，基于协同理论的职业教育产教融合动力优化策略包括建立多层次合作机制、构建协同共享平台、加强政策引导、加强师资培训、增强合作创新能力和建立良好的沟通与协调机制，这些策略将有助于提高产教融合的效能和质量，促进职业教育与产业发展的有机结合。

4 结语

本文基于协同理论，探讨了职业教育产教融合的动力机制及优化策略。需求驱动力、资源驱动力和政策驱动力是实现职业教育产教融合的重要动力。建立多层次合作机制、构建协同共享平台和加强政策引导是优化职业教育产教融合的有效策略。本研究对于推动职业教育产教融合的发展具有重要的理论和实践意义，可以为相关政策制定和实施提供参考和指导。

参考文献

[1] 景晓宁，徐永金. 我国职业教育产教融合机制研究综述［J］. 岳阳职业技术学院学报，2023，38（1）：13-18.

[2] 刘林山. 职业教育深化产教融合机制建设——基于布迪厄社会实践理论的视角［J］. 成人教育，2022，42（8）：73-79.

[3] 司一凡. 高质量发展视域下高职教育产教融合协同机制研究［D］. 呼和浩特：内蒙古师范大学，2022.

[4] 王敬杰，杜云英. 新时期产教深度融合：背景、意蕴和路径［J］. 职业技术教育，

2022，43（10）：34-40.

［5］朱文艳，邓勇，王骁，等. 高职院校产教融合机制探索与实践［J］. 科技风，2022，483（7）：43-45.

［6］王鹏莉. 工程人才培养产教融合动力机制研究［D］. 上海：华东理工大学，2022.

［7］张伟肖. 职业教育产教融合动力机制研究［D］. 石家庄：河北师范大学，2020.

［8］翟志华. 我国职业教育产教融合的路径优化［J］. 辽宁高职学报，2019，21（10）：30-34.

［9］翟志华. 职业教育产教融合的路径优化［J］. 安徽商贸职业技术学院学报（社会科学版），2019，18（2）：52-55.

［10］刘晶晶. 基于协同理论的高职教育产教融合机制及优化策略研究［D］. 武汉：华中师范大学，2019.

工业机器人课程理论与实践一体化教学改革方法

王 婷
太原理工大学

摘 要：随着工业智能化的发展，工业机器人的应用日益广泛，国家对工业机器人领域技能人才的需求更为迫切。当前很多院校的工业机器人课程理论与实际脱节，导致学生实践操作能力不足。为了适应行业的需求，本文提出了一种应用于工科专业本科学生工业机器人课程的教学改革方案：搭建工业机器人实训教学基地，在教学中采用理论知识学习与手动操作相结合的教学模式，提高学生的实践能力和技能水平；通过线上线下混合的教学方式，学生可以进行工业机器人课程资源的扩展；鼓励学生运用所学知识参加相关竞赛，加强对理论知识的理解和应用。本研究为工科专业本科学生工业机器人课程的教学改革提供了一种有效的教学模式。

关键词：工业机器人　课程教学改革　实训教学基地　实践能力

引言

随着工业智能化的快速发展，工业机器人作为一种现代化的智能制造设备，已经广泛应用于各个领域，为企业提供了高效、精确和安全的生产方式。随着智能制造的快速发展，我国的工业机器人领域快速发展，但专业人才匮乏[1]。本科教育在培养工业机器人领域的专业人才方面扮演着重要角色，通过课程可以帮助学生掌握工业机器人的基本知识和技能，以满足行业对人才的需求。然而，传统的工业机器人课程教学存在一些问题，很多院校的课程还停留在理论教学、仿真教学阶段，缺乏实践操作环节，理论知识与实际应用脱节[2]，需要进行改革和更新。因此，本文提出了一种基于理论知识学习与手动操作相结合的教学模式，以及线上线下混合的教学方式，旨在提高学生的实践能力和技能水平。

1　工业机器人课程发展现状

目前本科教学中工业机器人课程的教学内容主要以理论知识为主，实践操作环节中所需的教学资源和设备场地面临很大限制，无法满足学生的学习需求和教学要求，导致实践操作环节被严重压缩[3]。一方面，教学设备的更新和维护需要投入大量的资金和人力，给学校和教育机构带来一定的负担。另一方面，部分学校和教育机构可能缺乏必备的教学资源和实验场地，影响了本科教学的质量和效果。本科教学需要更加注重实践环节，通过实践操作来加强学生的动手能力和解决问题的能力。

工业机器人课程的传统教学方法缺乏与时俱进的教学方法和工具，已无法满足新时代下的教学需求。传统的灌输式教学模式较为死板，扩展资料不够充分和灵活，难以满足学生的学习要求，不利于激发学生的学习兴趣，应该转变教学理念，充分尊重学生的教学主体地位，培养学生独立学习的能力[4]。因此，有必要引入更加灵活和多样化的教学方式，如线上线下融合教学、课外教学等，以提供更好的学习体验和教学效果。

工业机器人在本科教学环节面临的挑战和问题需要学校重视并解决，学校可以通过注重实践操作环节、引入创新的教学方式和利用合理的教学资源等方式，提高本科教育中工业机器人课程的教学效果和质量。同时，学校和教育机构也应该加强与企业和行业的合作，搭建实践基地和平台，为学生提供更多的实践机会和工作实践经验，以培养更符合行业需求的高素质人才。工程训练中心是我国高等教育开展工程教育的实践基础平台，是工程教育必不可少的重要组成部分[5]。太原理工大学工程训练中心是教育部综合类首批 11 家国家级实验教学示范中心之一，中心基于学生发展需要，投入大量资金和精力搭建了工业机器人实训教学基地，可以满足本校工科学生的实践操作需求。

2 教学模式

2.1 理论知识学习

在工业机器人课程的教学中，理论知识学习是基础和起点，学生需要了解工业机器人的基本工作原理、结构与工作方式等。在线下教学中，教师可以通过讲授课程、讲解示范和提问答疑等方式，运用任务驱动法、小组合作探究讨论法、启发式教学法、头脑风暴法等多种教学方法相融合的形式开展课堂教学，增强师生互动，提升教学效果，不断进行教学方法与形式上的革新，帮助学生掌握相关理论知识[6]。同时，学生也需要参考相关文献和教材，进行自主学习和深入研究。

以上几种教学方法在各类教学过程中运用广泛。通过给学生分组布置任务，形成以学生为主体、教师为主导的课堂教学过程，不仅提高了学生创新性解决问题的能力，也让同学之间形成团结互助、互相分享的学习习惯，培养了学生的团队合作精神。同时，教师适时地对教学过程加以启发和引导，培养学生独立思考的能力。

2.2 手动操作

理论知识学习只是提供了学生掌握工业机器人技术的基础。为了加强学生的实践能力和技能水平，本课程将手动操作作为教学的重要环节。通过实践操作，学生可以亲自操控工业机器人，了解其运行原理以及操作流程等。此外，手动操作还可以提高学生的动手能力和解决问题的能力。

中心共引进了 7 台工业机器人地面工作站系统供学生学习，在进行完理论教学后，按照分组进行实践操作，7 台实训设备保证了班上每个学生都有充足的时间上手操作。工程训练中心搭建的工业机器人实训教学基地如图 1 所示。通过工作站系统，学生可以完成喷釉、打磨、焊接、码垛、搬运、循迹、绘图、涂胶、装配等功能的操作，也可以自主编程，扩展机器人的更多应用功能。

2.3 课外教学

除了课堂上的学习内容，学生还可以通过线上资源学习。通过慕课、超星等在线学习平台，学生可以根据自己的学习进度灵活学习，参加线上讲座、实验和小组讨论等活动，同时，学生也可以通过网络平台进行学习评估和答疑。教师还可以通过网络平台为学生提供更加多样化和灵活的教学资源，如课件、教学视频，进一步拓展知识面和技能。此外，鼓励学生利用所学知识参加学科竞赛、创新创业项目等，提高其综合能力和创新实践能力。

图 1 工业机器人实训教学基地

3 教学改革

在教学改革中，教师和学生的角色也发生了一定的转变。教师不再是传统意义上的知识传授者，他们更多的是起到引导者和辅导者的作用。他们可以根据学生的兴趣、需求和学习情况，为学生提供有针对性的指导和建议。同时，学生也需要积极主动地参与到课程学习中，主动探索和思考问题，将学到的知识应用到实践中。这种互动式的教学模式可以激发学生的学习兴趣和创新能力，培养他们的自主学习和问题解决能力。

4 结语

工业机器人课程的教学改革不仅仅是对传统教学模式的改进，更是对于人才培养目标的重新思考。理论知识学习与手动操作相结合的教学模式，可以有效地提高学生对理论知识的理解和运用能力，更好地培养学生的能力素质，更快地适应快速发展的智能制造时代的需求。

工科专业本科学生工业机器人课程教学改革是一项长期而艰巨的任务，需要教育部门、教师以及学生的共同努力。教育部门应该积极支持和推广这种教学模式，提供相应的教学资源和培训支持。教师需要不断提升自身的教学能力和业务水平，为学生提供更优质的教学服务。学生则需要主动参与到课程学习中，积极探索和实践，提高自身的实践能力和创新能力。

参考文献

[1] 王静. “1+X” 证书制度下的工业机器人课程教学改革研究 [J]. 造纸装备及材料，2022，51 (1)：229-231+234.

[2] 周锋. 经济时代 “工业机器人” 教学方法的探索与研究 [J]. 科技与创新，2022，201 (9)：130-131+138.

[3] 高攀，邹胤，汤超，等. 虚实结合的工业机器人实训教学平台和方法 [J]. 机电工程技术，2022，51 (9)：116-121.

[4] 同 [2].

[5] 李昕，詹必胜. 面向新工科的工程训练中心建设与发展 [J]. 实验室研究与探索，2019，38 (7)：249-251+261.

[6] 陈丽娟. 高职 “工业机器人系统建模” 课程思政建设的教学研究与实践 [J]. 现代职业教育，2021 (38)：150-151.

第三篇　人才培养

产教融合背景下实施企业新型学徒制的研究与思考[①]

——以天门职业学院为例

薛明霞[②]　叶青青　汪继兵

天门职业学院

摘　要：企业新型学徒制是一种新型的职业教育模式。本文以天门职业学院为例，围绕产教融合，构建了校企协同培养人才的模式，对企业新型学徒制培训过程中遇到的困难进行了分析，提出了相应的解决策略和建议举措，为高质有效地实施企业新型学徒制提供了参考价值。

关键词：职业教育　产教融合　企业新型学徒制

1　产教融合战略背景下的企业新型学徒制

习近平总书记在党的二十大报告中强调，“统筹职业教育、高等教育、继续教育协同创新，推进职普融通、产教融合、科教融汇，优化职业教育类型定位”，这是新时代新征程上深化现代职业教育体系建设改革的三个重大战略举措。《关于深化现代职业教育体系建设改革的意见》提出，建设市域产教联合体和行业产教融合共同体的制度设计，将职业教育与行业进步、产业转型、区域发展捆绑在一起，充分发挥各自优势，创新良性互动机制，破解人才培养供给侧与产业需求侧匹配度不高等问题。产教融合是现代职业教育的基本特征，也是最大优势，更是改革的难点与重点。

企业新型学徒制是一种新型的职业教育模式，是国家技能人才培养模式的重大创新。2018 年，人力资源社会保障部、财政部为贯彻落实党的十九大精神，结合我国的职业教育现状和国家经济发展对知识型、技能型、创新型劳动大军的需要，提出了《关于全面推行企业新型学徒制的意见》，向各类企业全面推行新型学徒制的职业教育，面向企业员工开展岗前培训、岗位培训和继续教育，建设技术创新中心，解决企业在发展中遇到的技能人才和职业素养不适应高质量发展的困境，为地方企业转型升级、高质量发展提供稳定的人力资源和技术支撑。

2　开展企业新型学徒制工作的实践

2022 年，天门职业学院走访了全市 30 多家重点企业，通过实地调查研究和与企业共议，率先在全市 10 多家企业开展了企业新型学徒制培训工作。

2.1　建立了三方联动工作机制

企业新型学徒制构建了政府引导、企业为主、学校配合的三方联动机制。2020 年，天

---

① 基金项目：2021 年湖北省职业技术教育学会科学研究课题（项目编号：ZJZA202115）。

② 薛明霞（1962—），女，副教授，研究方向为职业教育。

门市人社局联合财政局颁发了天人社培〔2020〕1号文件，制定了《天门市企业新型学徒制实施方案》，明确了培训对象、培训目标、投入机制，提出了学徒待遇、导师待遇、企业投入、培训补贴等资金方面的扶持政策。企业和院校是培训的“双主体”，企业提出培训要达到的目的和要求，院校根据企业的需求，“向员工问诊，为企业把脉”，专业分析和研究，与企业共同制定培训方案和确定培训内容。在三方联动中，政府、企业、学校在实施新型学徒制培训中各自担起了不同的责任，政府为企业实施新型学徒制培训保驾护航，校企深度融合，架构出了企业新型学徒制培训的框架。

2.2 构建了企业新型学徒制培养模式

坚持以企业实际需求为主，共同制定人才培养方案和培训模式，在课程体系、师资队伍、教学模式、评价体系上，架构起了企业学校双主体的培训框架，准确有效地为企业服务，保证培训人员技能水平和职业素养双提升。

2.2.1 共同制定人才培养方案

人才培养方案制定的过程，是企业根据自身的发展和对人才的要求提出需求，然后院校对企业把脉问诊，进行专业分析研究。最后双方共同商议制定人才培养方案，将企业的需求转化为人才培养目标。

2.2.2 共同建设培训课程体系

校企双方共同研究“定制式”的培训课程体系，确定教学内容、教学组织形式和教学时长。在企业新型学徒制培训的实践中，天门职业学院通过座谈30多家重点企业，了解到企业职工类型多以普工为主，技工占企业职工比例偏低，企业需要的是对本企业员工在企业文化、企业管理制度、工作流程、安全操作规范方面进行培训，提高员工的职业素养。所以课程体系重点放在职业素养的培训方面，将培训内容确定为五个模块：综合职业素养（特别是工匠精神）、企业文化和精神（本企业的创业史）、企业管理制度、工作流程、安全操作规范等；对以技工为主的企业，课程体系重点放在专业技能水平的提高方面，将培训内容划为八个模块：综合职业素养（特别是工匠精神）、专业基础理论、岗位基本技能、技能师徒培训、技能等级认定、新技术、新知识、安全生产。

2.2.3 共同建设师资队伍

企业新型学徒制师资队伍由企业导师和学校教师共同组成，双方均有各自的优点，但也存在一定的局限性。企业导师教学经验不足，缺乏教学方法，而学校教师缺少生产一线的实践经验。两者共同组成师资团队，在教学过程中相互学习、取长补短、共同提高，共同建设经验丰富技能过硬的师资队伍。

2.2.4 创新教学模式

企业的从业人员，学习时具备一定的自律能力和自控能力，但很难保证有充裕的时间统一学习。在企业进行培训时，天门职业学院根据学员的实际情况，采取灵活的教学模式，如：

（1）采取“线上+线下”弹性方式开展教学活动，加强痕迹管理。学习的内容和进度即时监管，重在学习效果的管控。

（2）灵活安排学习时间，实行弹性学习制。根据企业生产任务，灵活安排学习时间。做到见缝插针。如由于货物周转不畅、订单任务减少等引起的生产任务不足时，可多安排学习时间；一旦生产任务紧迫，工人满负荷工作时，教学活动适当放缓。

（3）实行学分制管理。鼓励和支持学徒利用业余时间分段完成学业学分。

（4）充分利用网络搭建各种学习平台，采用“课堂、现场、互联网+”的新型教学形式组织教学。师生随时互动，教师及时答疑解惑，降低学习的难度，提高学员的学习兴趣。

2.2.5 共建新的评价体系

企业新型学徒制培训的评价体系参考职业标准，由企业和学校共同制定，考核形式灵活多样，我们采用了赛考结合、过程评价、技能岗位评价等方式对学员进行考核，使评价体系贴近企业对技能人才的考核标准。

2.3 深化产教融合，做强校企合作

企业新型学徒制的实施，解决了以往培训中课程内容与企业岗位需求不对接、培训方案缺少可操作性、学员的培养质量与企业培养标准不符合等诸多问题。

2.3.1 提升培训的实效性和可操作性

企业是培训的主体之一，企业全方位地参与培训内容的确定、培训过程、培训考核，能保证学员能力培养与企业岗位能力无缝对接，提升培训的实效性和可操作性。

2.3.2 做强校企合作，实现双方共赢

校企双方通过共享和互补优势资源，推进职业教育高质量发展。天门职业学院在调查走访中了解到，金兴达企业希望通过企业新型学徒制的培训，整体提高从业人员的信息化水平，利用网络和电子终端产品进行全方位信息化管理，提高管理的时效性。天门职业学院机械专业的学生，一直在寻找专业对口的生产企业，希望能直接参与生产一线的实习。校企双方深度合作，共享双方优势资源，实现双方共赢，做强校企合作。

3 实施企业新型学徒制的思考

3.1 主要问题

3.1.1 中小微企业生存压力增大致使新型学徒制培训举步维坚

天门市 343 家规上企业，不少是中小微企业。这些企业承受风险能力差，特别是目前受行业性质、资金周转不畅、疫情及生产经营环境等因素影响，经营状况变差，面临的生存压力增大，企业无暇顾及新型学徒制的培训工作。

3.1.2 部分企业对新型学徒制培训积极性不高

天门市企业大多招用的是普工，技工占企业职工比例很低，且企业职工流动性比较大。企业经营者缺乏长远发展规划，急功近利思想严重，对职工素质要求也不高，导致新型学徒制培训需求不旺盛。在 343 家规上企业中，目前有新型学徒制培训意向的企业仅 37 家，占规上企业总数的 11%左右。

3.1.3 企业开展新型学徒制培训存在一定的工学矛盾

企业是生产场所，主要任务是通过生产获得产品利润的最大化，生产始终占据第一位，而且企业生产经营活动具有一定的时效性和连续性，员工在参加新型学徒制培训活动时，不时地与企业生产活动发生冲突，影响企业的生产组织和管理，凸显出工学矛盾问题。

3.2 建议与措施

3.2.1 强化政府引导作用，强力推进企业转型升级和现代化高质量发展

政府要用“壮士断腕”的决心积极引导，强力推进产业转型升级，淘汰落后、简单劳动的低端产业，发展战略性新兴产业，改变天门落后的工业结构和脆弱的生存环境。企业要有“刮骨疗伤”的勇气承受转型升级中遇到的各种困难，抓住机遇，涅槃重生，借助实施企业新型学徒制的职业教育，提升员工的职业素养和企业核心竞争力，助力企业现代化高质量发展。

3.2.2 建立稳定有效的三方联动工作机制，保证沟通渠道畅通、信息共享

政府需设立负责培训的专职机构，制定长期的新型学徒制培训规划，加强与市人社局、市经信局等相关市直部门的联系，加大企业开展新型学徒制培训的补贴力度，对培训对象、种类、标准、期限等方面给予政策方面的支持，增加财政资金投入力度和使用效益，整合各项培训补贴资金，简化补贴申领条件程序，规范培训补助资金管理，在保障资金安全和效益的同时，充分激发企业开展新型学徒制培训的积极性。政府还要引导企业制定长远发展规划，放大格局，放宽眼界，摒弃唯利而为、急功近利的落后经营观念。

企业要建立继续教育基金和突出技能价值激励的薪酬制度，拓宽技能人才发展空间，让员工参加学徒制培训有动力，学习期间待遇有保障。企业借助新型学徒制的培训，不断提升整体形象。

3.2.3 完善培训体系，增强培训操作的实效性和实际性

立足于企业、学校“双主体”角色，整合企业、学校教育教学资源，深度开展校企合作，产教融合；完善新型学徒制的培训体系和管理制度，规范培训管理、简化培训流程、确保培训质量。同时，培训过程中注重原则性的引导和指导，根据企业生产实际灵活安排培训时间、培训内容以及培训形式和模式，进一步减少工学矛盾，增强培训的实际性、实效性和针对性。通过校企优势互补，培养“双师型”教师队伍，提高教师教学水平。探索建立适合不同工种、不同人群的在线学习制度，做到线上有理论，线下有实训。

参考文献

[1] 王晗. 企业新型学徒制发展模式［J］. 人力资源，2022（2）：20-21.

[2] 刘玲. 企业新型学徒制技能人才培养——以国有机械制造类企业为例［J］. 人才资源开发，2022（7）：93-94.

[3] 吴朝安，胡继亮. 农村劳动力外出现状及影响报告——以湖北省天门市为例［J］. 湖北社会科学，2011（12）：66-70.

[4] 中商产业研究院. 2022 年天门市产业布局及产业招商地图分析［EB/OL］.（2022-05-13）［2022-06-10］.https://cj.sina.com.cn/articles/view/1245286342/4a398fc6027016a77.

[5] 陈子季. 制定新一轮高职“双高计划”遴选方案和中职“双优计划”实施意见［EB/OL］. 职教百科，2022-12-27.

高职学生职业生涯规划的现状与对策①

王　琪②　袁　博　熊燕帆
武汉城市职业学院机电工程学院

摘　要：职业生涯规划对于高职学生有十分重要的意义，它能够激发学生潜能、提高学习效率、增强竞争力、实现自我。本文以高职学生职业生涯规划的意义与现状作为切入点，就怎样优化职业生涯规划的现状进行了思考，希望可以帮助高职学生更好地进行职业生涯规划。

关键词：高职学生　职业生涯规划

引言

随着社会的发展，高职教育显得越来越重要了。其中，高职学生的职业生涯规划对高职教育有十分重要意义，它跟高职学生的就业率、就业质量有关，还跟高职院校的人才培养有关。高职学生有效地进行职业生涯规划，可以让他们认识自我、完善自我，能够提升他们的就业质量。但是目前国内的职业生涯规划还不是特别完善，存在一些问题，需要大家共同去探讨并解决。

1　职业生涯规划的含义

职业生涯规划：个人与组织结合，在对自己职业生涯的主、客观条件进行测定、分析、总结基础之上，然后根据自己的兴趣、爱好、能力、特点等进行综合的分析与权衡，结合时代的特点，根据自己的职业倾向，来确定最佳的职业奋斗目标，并为实现这一目标而确定行动方向、行动时间和行动方案。

高职院校学生职业生涯规划教育：为了提高学生的综合素质与创业、择业的竞争力，学校制定相应的培养方案指导学生在进行个人剖析，全面且客观地认识主、客观因素的基础之上，进行个人的定位，并设立个人的职业生涯发展目标，选择实现设定目标的职业[1]。

2　职业生涯规划的意义

职业生涯规划对于高职的学生有着十分重要的意义，大致有以下几点：

（1）职业生涯规划可以激发学生的潜能。没有做好职业生涯规划的人，学习会没有侧重点，精力会被分散，且缺乏斗志。职业生涯规划可以帮助学生集中精力，为了可以实现个人的职业目标尽最大可能地发挥个人的潜能。虽然人人都有无限的潜力，但不是人人都可以

---

① 基金项目：湖北省中华职教社（HBZJ2022241）、湖北省教育厅人文社会科学研究指导性项目“高校网络舆情分析与引导机制研究”（2018666）。

② 王琪（1987—），男，湖北孝感人，硕士，工程师，主要从事机电专业方面的研究。

让其发挥得最好，只有善于激发个人的潜能，才会为了个人的目标去努力地学习，使自己的能力得到提高[2]。

（2）职业生涯规划能够提升学生的学习效率。详细的职业生涯规划能够大大提高学生学习的目的性，让学生能够按照计划安排学习，把长期目标与近期目标很好地结合，并不断地进行调整，从而提高自己的学习效率。

（3）职业生涯规划可以增强学生就业的信心与竞争力。职业生涯规划能帮助学生进行全面的自我分析，从而了解自己的特点，认识自己，正确地评估自己的优势与不足。学生分析自己的优缺点之后，能够树立正确的职业发展目标，这样可以让学生有目的地安排学习、调整自己与社会的关系，不停地来提升个人的综合素质，增强就业的信心与竞争力。

（4）职业生涯规划能帮助学生明确人生目标，实现自我。不同的职业生涯规划会让学生有不同的未来，尽早进行职业生涯规划是学生自我价值实现的最有效途径。学生最后都要踏入社会，只有找到最适合个人职业，才能充分发挥个人潜能，实现自我价值。职业生涯规划可以帮助学生确定个人的奋斗目标，指引学生走向成功，更好地实现自我价值[2]。

3 高职学生职业生涯规划存在的不足

虽然目前绝大部分高职院校都开了职业生涯规划课程，但是依然还有一些不足的地方，值得大家思考与优化。

3.1 学生没有树立良好的职业观念

（1）一些学生不明白高职院校的培养目标，存在自卑与失落感。高职教育与本科教育有着同等重要的地位，大学教育既要给社会培养研究型的人才，也要给社会的建设、生产等一线工作培养高级技术应用型的人才，高职院校就承担着这份使命。由于受到长期固化思想的影响，一些学生不明白高职院校的培养目标，觉得自己高考没考好，没能进入自己理想中的学校，将来从事蓝领的工作，所以会有很大的自卑与失落感，进一步就会影响到对自己所学专业的规划、兴趣[3]。

（2）一些学生思想松散、没有目标与规划。一些高职学生对大学学习的理解是片面的，认为摆脱了忙碌的高三生活，该让自己放松一下，思想长期处在松散的状态，无法专心学习。实际上，第一学期是学生的转变期，应认真考察自己与专业、职业素质之间的差距之后，来做好自己的职业规划。一些学生开始就没有目标，不知道自己以后会干什么、该做什么，整天漫无目的地生活着。一些学生虽然对自己有了一个初步的规划，但是认为具体的职业规划可以等待毕业再做。

（3）职业生涯规划目标不切实际。高职生大部分在20岁左右，考进学校的分数不是很高，一些学生对自己的要求是能找个工作就可以了，对工作的质量、最后做什么工作没有过多的考虑，但是想找一份工作环境好、收入也高的工作，给自己的定位脱离了实际情况。

3.2 没有认真对待职业规划课程

现在大部分高职院校都有职业生涯规划课程，课程包括自我测评、职业分析、职业定位、计划实施等内容，教师都会让学生写职业生涯规划的设计或者作业。经过一系列的学习与锻炼，学生应该对自己有一个好的职业规划，但是一些学生完成作业之后就把计划都忘了，缺少一份恒心，同时学校也没有进一步地跟踪。

3.3 缺少专业的教师队伍

大学生的职业规划教育是个庞大的工程，需要具有职业发展、心理咨询、人才测评和良好沟通能力的教师。现在，很多高职院校并没有专职的职业规划教师，而是由辅导员或者管理人员代课，这些人员专业基础薄弱。

3.4 职业生涯规划体系不够健全

与西方发达国家比较，我国职业规划教育起步晚，虽然现在大部分高校已有职业规划课程，但仅仅是入学时的职业规划讲座、毕业前的就业指导报告会，还缺少大量的中间环节，没有形成“理念导入—职业测评—个性咨询—生涯辅导”的完整体系，相应的指导工作也只是浅层次的教学，与个性化、科学化的职业规划还是有很大差距的[1]。

3.5 职业规划没有实现全过程、全员的辅导

职业规划教育是一个庞大的系统体系，需要长时间的跟踪与辅导。现在很多高职学校在新生开学举办讲座、老生就业时举办就业指导报告会，这是一个严重的错误，从而导致职业规划不全面，没有真正实现职业规划教育的长久性、持续性。授课的往往也只有上职业生涯规划课的教师，没有发动其他教师做相关的显性或者隐性的职业规划教育。

4 职业生涯规划的对策

为了给学生一个更好的职业生涯规划教育，针对以上现状，笔者经过思考与学习，提出了一些对策。

4.1 培养学生的良好职业观念

4.1.1 高学历不等于高的职业能力

一些高职学生认为有高的学历就等于有高的职业能力。获得高的学历是提升能力的途径之一，但有高的学历不等于有高的能力，特别是不能与高的职业能力画等号。学“历”与职业能“力”的内在含义是不同的，学历主要指的是学习的经历，而职业能力主要指的是工作的技能[4]。

4.1.2 要有较强的职业生涯规划意识

职业生涯规划对高职学生是有重要意义的，所以高职学生一定要有非常强的职业生涯规划意识。只有有了职业规划意识，高职学生才能把职业规划进行实践，才能在职业机会面前有充分的准备。

4.1.3 最好的职业是最适合自己的职业

经济压力日益增大，一些高职学生又缺乏对自身、社会的了解，于是认为当前社会热门、赚钱的职业就一定是最好的职业。实际上，对个人来说，最好的职业应与自己的职业爱好、能力倾向吻合，即是最适合自己的职业。

4.2 开展职业测试，提升学生职业生涯规划的科学性

学校能够通过人格测试、职业倾向能力测试等方法，来帮助学生进一步认识自我，并更好地进行自我定位，这不仅可以让学生深入地了解自己的兴趣爱好、性格气质、能力倾向等，还认识到了个人的职业价值观、诊断了自己职业生涯发展的成熟状况，进而学生能够根据这个结果来规划自己的职业生涯目标（包括短期、中期、长期的目标），给自己的将来找一个最合适的岗位。

4.3 加强职业生涯规划师资队伍建设

职业生涯规划具有很强的专业性，在讲授时，专业人员会运用到心理学、经济学、管理学等相关知识，并且结合学生的条件，来帮助他们做职业选择，进一步规划职业生涯。所以

要创建一支专业化的职业生涯规划师资队伍，可以引进从事职业生涯规划的国内外人才来充实师资队伍，同时可以通过培训对相关工作者的能力进行提升。

4.4 健全职业生涯规划体系

（1）可以创建校内的职业生涯规划网站，引导学生根据自己的职业生涯规划需要，利用网络资源。可以在校内网站上面提供毕业生的职业生涯规划的成功案例，可以提供职业生涯的测试工具，还可以链接到其他的职业生涯网站。

（2）给高职学生一个职业生涯规划的咨询平台。职业生涯咨询平台能够给学生关于专业指点、学业指导、职业发展咨询等方面的帮助，还能够帮助学生明确自己的发展方向、制定自己短期、长期的发展目标。

（3）重视职业生涯规划的校园文化建设。可以开展职业生涯规划网页的设计竞赛。可以组织以职业生涯规划为主题的演讲比赛、知识大赛、技能竞赛等，以此来建设职业生涯规划的校园文化。

（4）引导并加强学生的社会实践活动。学校开展社会实践活动，学生在认识社会的时候，就会对自己学习的专业和以后可能从事的职业有比较清晰而且感性的认识。通过一些比较专业的、有针对性的参观、实践，在一定程度上，高职学生会接受自己以后从事的工作，进一步也会明确自己努力的方向。所以，学校要大力建设相关专业的实习基地，并多组织相关专业的学生到对应岗位上锻炼。

4.5 职业生涯规划应全过程实施、全员参与

为了帮助学生选择成才目标，增强就业能力，更好地发展自己，职业生涯规划应全过程实施、全员参与，但是每个阶段每个人的侧重点不一样。

大一时，首先要让学生脑袋里有职业生涯规划意识，多参加职业生涯规划活动，来充分认识自我；其次要让学生对本专业的培养目标与就业方向加深认识，让学生初步认识以后要从事的职业，为以后的职业目标做铺垫；最后要让学生确立自己初步的职业目标，制定相应的实施计划。

大二时，首先要让学生进一步地学习专业课，知道学习本专业以后可以从事什么工作；其次要让学生知道自己的专业与职业发展的关系，知道职业发展需要具备什么样的专业能力，可以给以后的学习做准备；最后要让学生通过两年的大学生活，进一步地认识自己、了解社会，优化自己的职业规划，调整自己的措施。

大三时，首先要让学生自己选择几个感兴趣的职业比较分析，看哪种职业最适合自己；其次要让学生进一步知道所选职业要具备的知识与能力，要利用假期去感受工作的环境，找到自己职业能力与社会所需能力的差距；最后要让学生提高自己的适应力，通过实习来适应职业环境，提升自己的沟通能力[5]。

最终让学生找到适合自己的工作岗位。学生通过多种方式了解职业信息，向就业指导教师请教相关的知识；通过求职招聘的培训，了解求职技巧与就业政策；多参加各种招聘会，做好面试的准备。

职业生涯规划不仅需要全过程实施，最好能全员参与。职业生涯规划不仅需要职业规划教师的更多参与，还需要管理人员和专业课教师的帮助，尽可能把学生家长与班干部也发动起来，全方位地帮助学生做好职业规划。

5 结语

总之，职业生涯规划是一项系统工程，它应该包含在教育的整个过程中，且全员参与。

一个成功的职业生涯规划需要学生在深入的自我认识之后，时刻注意环境的变化，来调整自己的步伐。在快速发展的时代，人们需要时刻评估自己的职业生涯规划，不断调整个人的目标，才能早日实现人生的目标。

参考文献

[1] 章丽. 高职生职业生涯规划教育现状与对策 [J]. 出国与就业，2010 (13)：25-26.

[2] 李忠岘. 高职生职业生涯规划的意义与实施 [J]. 河南职业技术师范学院学报，2008 (5)：54-56.

[3] 黄昭彦，王琳娜. 班主任做好高职新生职业生涯规划指导研究 [J]. 教育与职业，2010 (17)：81-82.

[4] 张伟东，沈莉萍. 高职学生职业生涯规划初探 [J]. 浙江教育学院学报，2008 (1)：41-44.

[5] 杨海燕. 高职学生职业生涯规划探析 [J]. 中国成人教育，2010 (11)：83-84.

基于学科竞赛的新工科应用型创新人才培养模式研究[①]

郭　旻[②]　袁　理　田裕康　汪　晶　王　闵
武汉纺织大学电子与电气工程学院

摘　要：本文针对武汉纺织大学电子信息工程专业人才培养中存在的问题，在国家一流专业建设和工程认证的背景下，以学科竞赛为抓手，完善电子信息类专业人才培养方案，构建课程体系，建设实践教学体系和教学平台，推动课内教学与课外竞赛有机结合和“双师型”教学团队的建设，以加快工程教育改革创新进程，为电子类专业新工科建设提供新的思路。

关键词：电子信息工程专业　工程认证　学科竞赛　产学合作

引言

随着“产业信息化”强国战略的实施，我国对高素质创新人才，尤其是电子信息类应用型人才的需求极为迫切[1]。当前，我校电子信息工程专业已获得中国工程教育专业认证申请受理，并成为国家一流专业建设点，我们需要按照国家一流专业和工程教育认证工作的要求，着力推进专业自评自建工作，将工程教育认证理念在教育教学全过程落实落地，切实推动专业人才培养质量持续提升。

随着教育体制改革的深入以及社会教育需求的多样化发展，人才培养模式问题逐渐成为中国高等教育的重要议题。研究发现，学生参加学科竞赛与大学生创新项目，可以开阔视野，拓展知识结构[2]。竞赛和大创项目训练，引发学生对现实问题的更多观察和思考，以发现问题、分析问题、解决问题、形成问题为导向，激发学生深入学习和探究，显著地提高了学生的学习主动性，培养了学生的创新创业思维，人才培养质量得到了显著的提升[3]。

当前地方院校电子信息类人才培养环节与企业人才需求难以耦合，导致人才供给与需求失配，应用型人才的供给侧改革势在必行。主要问题体现在：教育理念与产业需求欠耦合，学生创新实践与行业关键技术欠耦合，实践教学仪器与企业研发仪器欠耦合，实践教学基地与行业研发基地欠耦合，师资队伍与行业研发团队欠耦合。我校以学科竞赛为牵引，完善电子信息类人才培养方案，重构课程体系，建设实践教学平台，推动“双师型”团队建设，以赛促学，以赛促教，从高校人才培养和行业人才培养的关键环节出发构建新工科应用型创新人才育人模式，该研究为电子信息工程专业新工科建设提供新的思路。

1　构建“学科交叉、赛教融合、产学相接、复合创新”应用型创新人才培养理念

当前学科竞赛多为行业企业赞助，赛题均带有工程性质，且为行业热点、痛点问题，研

---

① 本文系 2021 年武汉纺织大学教研项目“基于学科竞赛的电类专业高素质创新人才培养模式研究（2021JY009）”的研究成果。

② 郭旻，男，汉族，湖北武汉人，硕士，讲师，武汉纺织大学电子与电气工程学院，研究方向为智能仪器仪表。

究发现，学生通过参加学科竞赛与大学生创新项目，可以开阔视野，拓展知识结构。竞赛和大创项目训练引发学生对现实问题的更多观察和思考，以发现问题、分析问题、解决问题、形成问题为导向，激发学生深入地学习和探究，显著地提高了学生的学习主动性，培养了学生的创新创业思维，人才培养质量得到了显著的提升。

学院在制定电子信息工程专业新版培养方案时，充分分析全国普通高校大学生竞赛排行榜内竞赛项目，研究与电子信息专业相关的各类国家级赛事，把竞赛对标相应的课程，采取课程负责人制。教师以学科竞赛和大学生创新项目为引导，以开放性思维方式鼓励学生深入挖掘创新项目和学科竞赛后继成果，引导其设计开发具有实用价值的产品，增强创新创业思维能力。同时，引入导师制，引导学生参与教师科研团队课题，激发学生的科研兴趣。

在专业选修板块中新增电子设计竞赛、数学建模与仿真等与学科竞赛相关的课程，根据大学生电子设计竞赛与全国大学生数学建模竞赛内容制定课程大纲，夯实理论基础。在制定实践教学板块方案时，学院将每一门实践课程都对应一项国家级赛事，课程负责人需要针对相应的学科竞赛内容制定实践课程大纲（表 1）。培养方案做到了每学期都有实践课程，并且都有对应的学科竞赛，引导学生在大学四年每人参加 1~2 项学科竞赛。

表 1　实践教学板块

类别	课程名称	性质	学分	周数	学期	对应学科竞赛
基本技能与训练	程序设计项目实践	必修	2	2	1	“蓝桥杯”程序设计大赛
	电子设计入门	必修	2	2	1	中国大学生计算机设计大赛
	电子线路制图	必修	2	2	2	“蓝桥杯”EDA 设计与开发大赛
专业能力与设计	工程实践与创新 I	必修	2	2	3	“蓝桥杯”单片机设计与开发大赛
	电子技术课程设计	必修	2	2	4	全国大学生电子设计竞赛
	工程实践与创新 II	必修	2	2	4	“蓝桥杯”嵌入式设计与开发大赛、全国大学生移动通信 5G 技术大赛
	电子工艺实习	必修	2	2	4	全国集成电路创新创业大赛、中国大学生智能设计竞赛
	系统综合设计 I	必修	2	2	5	全国大学生智能汽车竞赛、全国物联网创新应用大赛
	系统综合设计 II	必修	4	4 W	6	全国大学生嵌入式芯片与系统设计竞赛、全国大学生 FPGA 创新设计大赛
	生产实习	必修	2	2	6	全国大学生工程训练综合能力竞赛、全国大学生生物电子创新设计大赛
综合应用	毕业实习	必修	2	2	7	“挑战杯”中国大学生创业计划竞赛
	企业实践	必修	2	2	7	中国“互联网+”大学生创新创业大赛、溢达全国创意大赛
小计			40.5	46		

根据人才培养目标和专业培养规格的定位，围绕理论与实践两条主线组织教学，注重学生实践能力和创新能力的培养，将学科竞赛知识结构层次划分成基本理论层次、基本技能层

次、专业知识扩展层次和专业技能拓展层次。根据电子信息工程专业特点，学院建设了三个课程群：电路设计课程群、嵌入式技术课程群、信号处理课程群。每个课程群负责相应的理论课程和实践课程建设，以及相关竞赛的培训指导工作。

电路设计课程群建设电路分析、模拟电子技术、数字电路与逻辑设计、电子设计入门、电子线路仿真、电子线路制图、工程实践与科技创新、电子技术课程设计、电子工艺实习等课程，主要指导"蓝桥杯"全国软件和信息技术专业人才大赛、全国大学生电子设计竞赛与全国集成电路创新创业大赛；嵌入式技术课程群建设程序设计基础、数据结构与算法、单片机原理及应用、程序设计项目实践、系统综合设计等课程，主要指导中国大学生计算机设计大赛、全国大学生电子设计竞赛、全国大学生嵌入式芯片与系统设计竞赛；信号处理课程群建设信号与系统、数字信号处理、通信原理、计算机网络、移动通信等课程，主要指导全国大学生移动通信5G技术大赛。实践课程内容要求选题来自各类竞赛题目的简化与分解，针对复杂工程问题，体现系统性或综合性，涵盖分析、设计、实现或验证等必要过程，运用先进的教学方法、考核方法，作品具备可展示性。

2 建立"学科、赛教、产教"深度耦合的创新创业教育模式

学院以科技竞赛为支点对接企业研发需求，积极探索创新创业教育新模式。针对原来学生创新竞赛由少数精英学生参与，缺乏由易到难的引导培养方法，传统创新竞赛培养环节孤立，难以真正符合行业新技术探索的需求等问题，推行大众精英培养模式，从整体上构建了学校、院系、兴趣小组三个层次、全方位的学生课外科技竞赛体系。制定了《大学生学科竞赛组织与管理办法》等一系列管理制度和激励办法，不断完善学科竞赛体制机制，推动学科竞赛培训过程体系化、内容普及化、作品成果化。每年通过"电信杯"校赛，联合企业共同出题，解决行业需求，提升学生学习兴趣。以企资创，校企双赢，企业赞助校赛，由行业企业抽象简化行业技术问题为赛题，学院教师指导学生给出设计方案，完成赛题指标，若能满足企业需求，后期可以开发电子产品，申请专利，发表论文，形成闭环。

从人才培养体系整体出发，以课程实验为基础，鼓励大一的学生加入各类专业兴趣社团，譬如电子协会，为提升工程实践能力打下基础。大二和大三的学生以学科竞赛和创新创业训练为核心进入创新实验中心，大四的学生以产学研基地为平台开展毕业论文、专利、论文等实践活动。以课程设计、实训、生产实习为延伸，以毕业实习、毕业设计为拓展，逐步构建了以学科竞赛为核心的"理论教学—实验—学科竞赛—实训—实习"一体化应用型人才实验实训教学体系。

3 打造"竞赛化、产业化、模块化、口袋化"的产学复用实践平台

结合参加各类学科竞赛多年的积累，学院与企业共同开发产学复用口袋实践平台，类似于电子积木，采用模块化的架构，各个模块之间相互独立，组合灵活，方便携带。每个模块对应相应的课程和竞赛，可重构、支持二次开发。实践平台打破了传统实验室的时空限制，从而能够有效提高学生学习的趣味性，降低学习门槛，提高动手实践能力、理论与实践结合能力，强化其探索精神与创新意识。

应用CDIO创新与实践系统的项目管理系统，将设定的实践项目分解成构思、设计、实现、运作四个部分，学生根据项目进度，依次将每个阶段的任务完成情况以附件形式上传至系统；在"项目案例"中，公司工程师或者任课教师可以根据CDIO流程创建、编辑项目，

创建学生可以选择学习的项目案例库；在“项目参考资料”中，由“CDIO 工具包”“项目资料库”“在线课程”三个功能模块组成，可以将 CDIO 相关学习资料以及在线课程上传至系统并分享给学生学习；在“项目交流中心”中，学生可以将学习中的问题以消息形式留言，公司工程师或者任课教师在看到后可以第一时间回复，进行一对一交流，确保每一个学生的问题能够得到及时答复。

4 共建校企联合协同创新实验室（基地）

把企业研发资源搬到学校，为我所用。校企合作培养，工程项目驱动，布置任务，让学生体验实际项目研发的流程。充分发挥学院拥有的湖北省电工电子实验教学示范中心、湖北省工程研究中心等省级学科平台优势，建立了多个院级创新实践基地，实行本科生导师制和全方位的实验室开放制度，引导学生早进实验室、增强专业动能，并将感兴趣的学科竞赛题目转变为科研项目。与国内 20 多家知名企业共建共享专业、课程、师资、科研平台，构建立体化实践教学体系，实现育人与科技创新同频共振、就业与企业发展互利双赢，校企协同提升人才培养质量。

学院还建设了武汉盛帆电子省级示范实习实训基地和湖北省无纺布智能网络在线监测技术联合创新中心两个省级实践创新平台。建设了十余个校企联合实验室和产学研人才培养基地，分别与 ARM 中国、美国国家仪器有限公司、华清远见教育集团、立创 EDA 成立联合实验室和实习基地，与浙江禾川科技股份有限公司、武汉爱眼帮科技有限公司等成立了产学研基地；与我校团委共建了“武汉纺织大学电子设计协会”，依托政产学研用创新人才培养平台，创办“电信杯”电子设计大赛、电子工程技能比赛等多项大学生创新竞赛活动。

5 以学科竞赛指导为契机，推动“双师型”师资队伍建设

一是推行学业导师制。专业教师需要指导学生参与科研项目和学科竞赛，这要求教师在教学实施过程中对教学方法、教学内容、教学模式进行深入探究，更加注重对学生创新思维、创新意识和实践动手能力的培养。我校制定激励机制，引导教师积极推进课外学科竞赛工作，通过选派教师担任企业科技副总深入企业，了解行业痛点；同时整合资源，聘请具有丰富工程经验的企业导师，组建搭配合理的专业指导团队，指导学生学科竞赛、创新创业、职业生涯规划等，提升学生工程实践能力和就业创业能力的同时，结合激励机制形成长期、稳定的教师培养团队机制。

二是立足培养。学科竞赛的目的与宗旨，要求指导教师以培养学生的工程能力和素质为最终目标。教师在参与竞赛指导实践的过程中，不断积累工程经验，吸收前沿知识和技术，对申报教科研项目、提高教科研能力大有裨益。同时，教学与科研相辅相成，相互促进，又为学科竞赛深化应用型人才培养提供了重要的外延支撑和保证。学院以学科竞赛指导为契机，有效提高了师资队伍的应用能力素质，推动了师资队伍建设。

6 结语

近 5 年来，每年学院学生积极参加各类学科比赛，获奖达 300 人次，获奖率达 29.8%。电信学子在各类学科竞赛中获得省级以上奖项 200 余项，其中国家级奖项 30 项，获得了中国“互联网+”大学生创新创业大赛和“挑战杯”全国大学生创业计划竞赛湖北省银奖、溢

达全国创意大赛全国特等奖、全国大学生电子设计大赛全国一等奖，全国大学生智能汽车大赛国家一等奖。获批国家级大学生实践创新训练计划项目 4 项，省级大学生实践创新训练计划项目 15 项。电子信息类专业毕业生深得用人单位好评，研究生录取率达 32.8%，就业率长期稳定在 97%以上。近年来，基于学科竞赛的新工科应用型创新人才培养模式的运行经历及丰硕成果，证实了该培养模式的有效性，表明了其有一定的推广价值。

参考文献

[1] 曾永西，蔡植善，袁放成. 电子信息类课程教学的项目与竞赛双驱模式 [J]. 福建电脑，2019 (6)：154-156.

[2] 张庭亮，胡宽，申静轩. 以竞赛与项目为驱动的电子信息工程专业创新创业型人才培养模式探索 [J]. 江苏科技信息，2018 (12)：78-80.

[3] 郭旻. 基于口袋实验室的电子类专业实践教学改革与研究 [J]. 科教导刊，2017 (13)：48-49.

[4] 王冠军，周勇，江海峰，等. 电子信息类专业基于工程认知的实践模式探索与构建 [J]. 软件导刊 (教育技术)，2019 (11)：57-58.

[5] 李稳国，邓亚琦，张林成，等. 学科竞赛+创新项目驱动下的应用型创新人才培养模式探讨 [J]. 大学教育，2022 (9)：216-218.

[6] 吴琎. 基于学科竞赛的电子信息工程专业应用型人才培养探讨 [J]. 计算机产品与流通，2020 (5)：111.

[7] 郭旻. 电子类专业新工科产学合作协同育人模式研究 [J]. 科教导刊，2020 (19)：34-35.

[8] 蒋峰. 新工科背景下电子信息工程专业人才培养模式的构建与实施 [J]. 轻工科教，2022 (2)：135-137.

机电创新与产教融合新思考

张　杰
武汉东湖学院机电工程学院

摘　要：随着创新意识的不断深入，政策的大力宣传的重视。学校在遵循机电类专业发展规律的前提下，大力推进产教融合制度，用多元的教育手段实现企业与学生的良性互动，培养学生的动手能力以及创新意识，确保人才发展的稳定。本文通过分析机电创新融入产教融合的定位及机电创新教育过程中存在的人才培养理念缺乏更新和培养模式缺乏创新的不足，提出学校可以提供硬件的支持、进行教学模式的变更以及实施“赛教”融通，促进机电创新融入产教融合的实践路径。

关键词：产教融合　机电创新　校企合作

引言

我国机械制造业正处于高质量发展的时代，机电行业正趋于人工智能化，行业急需创新与实践能力相结合的技能型人才。专业发展离不开人才的培养，人才的培养依托于教育。高校各专业的教育作为我国教育体系的重要组成部分，是将知识转化为生产力的重要中转站，是培养多样化技能人才的必经之路，是促进就业与市场有效衔接的有力保障。高等院校产教融合方式的推进与学生未来职业的发展息息相关，与院校的前途命运紧密相连，更与国家的未来发展休戚与共。

1　机电创新融入产教融合的定位

产教融合是新时期促进职业教育高质量发展的关键所在，我国经济发展需要更多的高素质技术技能人才。作为制造强国，机电专业的教育要更加关注与产业的对接，从而提升劳动力的整体素质和技术技能人才的技能掌握程度。“产教融合”是我国高等职业教育发展的核心主题词，关系职业学校和学生的生存发展，关乎企业进一步的台阶提升。机电创新融入产教融合，不断进行校企合作的交流，使得机电专业教育和行业结构调整得到不断创新。

1.1　深化产教融合有利于机电专业教育的进一步优化和改革

党的十九大明确提出，到 2035 年，把我国建成社会主义现代化强国。百年大计，教育为先，现代化强国战略的关键步骤是教育现代化。随着《国家职业教育改革实施方案》的出台，职业教育的重要性被提高到“没有职业教育现代化就没有教育现代化”的位置。当前我国机电行业劳动者人数颇多，但具备创新与实践能力的技能型人才却有所欠缺。因此，深化产教融合的同时提高学生的创新能力，加快推进机电专业教育改革，解决创新型机电技能型人才短缺，有利于机电专业教育的进一步优化和改革。

1.2　深化产教融合有利于满足机电行业结构调整的需求

随着人工智能等技术的发展，人们的生活生产方式也发生了巨大的改变，机电行业中的创新也在不断推进行业的进步，机电行业结构的调整需要更多的综合性人才。为了培养学生的创新思维和技能，武汉东湖学院依托自己的工程创新实践中心，让学生进行实践操作，与此同时和相应的企业进行校企合作，实现了以培养机电专业创新型人才为目标，积极探索以项目为载体、以任务为驱动、新工科学科交叉融合的教学新形式和新方法，致力于探索开放式实践教学平台建设的新思路。深化产教融合，可以让学生借助各类项目展开研究和开发，提高学生的实践创新等能力，从而满足机电行业结构调整的需求。

2 机电创新人才培养中的不足

2.1 人才培养理念缺乏更新

师者，传道授业解惑者。高等教育学校的教师，作为大学生踏入社会前的最后一任老师，其自身的教育理念对学生影响颇深。虽然高校一直秉持以学生为主体展开培养的理念，但是依旧存在部分教师，将学生的主体性进行了改变，以填鸭式的教学方式进行理论知识的教学。机电类专业课程中虽然有实践课程，但因实践任务内容跟实际生产项目相关度不大，因此学生只以完成任务为目标，注意专项技能的学习，只知道按照图纸装配、接线、操作，按部就班地熟练自己所学的技能，而没有思考整个系统中各个环节知识的联系，使得学习知识迁移能力差，只知局部而不知整体，弱化了系统思维。高校教师应该从自身更新对人才培养的理念，使学生能更好地去面对自己将来的岗位工作。

2.2 人才培养模式缺乏创新

随着高等职业教育的快速发展，高校招生人数的不断增加，以实践为主的学科专业扩张更快，例如机电专业的学生。近几年，高考制度的改革，使得生源的组织结构变化非常大，考生的来源不再局限于普通型高考学生，而是增加了技能型高考学生，因此原本的人才培养模式不再适用于学生。

为了匹配生源的变化，国家多次发布政策文件，对政府、学校、企业参与产教融合、校企合作的主要任务和职责进行说明，鼓励学校与企业深入开展产教融合；但缺乏具体的可操作的行动指南，对校企双方参与校企合作的约束不足，校企双方权责不够明晰、利益分配机制模糊，致使校企双方在合作过程中困难重重，无法形成长期有效的合作机制，因此人才培养模式也难以进行创新。

3 深化产教融合推进机电创新的实践路径

习近平总书记曾强调，“职业教育前途广阔、大有可为，要优化职业教育类型定位，深化产教融合、校企合作，增强职业教育适应性”。职业教育适应性的提升成为新时期我国职业教育发展的重要任务之一，理工类高校的机电专业更应该通过产教深度融合，结合产业链和岗位群的需求，为我国经济社会发展培养更多技术技能人才、能工巧匠和大国工匠。机电专业学生的培训主要是从“产教合作”到“产教融合”，学校通过提供硬件的支持、教学模式的变更以及实施“赛教”融通，促进机电创新融入产教融合，推动人才培养理念、教学模式和人才培养模式创新。

3.1 学校硬件的支持

武汉东湖学院机电工程学院响应国家号召，积极参与产教融合的教学模式，与武汉市多家企业进行深度的交流与互动，学校为企业提供优质生源，企业为学校提供实习平台，秉持学校、学生、企业三方共赢的理念，积极推广产教育人的模式，对学校的未来发展起到了很好的推进作用，也使学生的发展更进一步，能更好地适应社会的要求。

武汉东湖学院机电工程学院所管辖的工程创新实践中心，设有智能制造实验实训中心，工程训练中心、无人机实验室。智能制造实验实训中心，占地面积约为 600 m^2，融合智能生产线实训区域、工业机器人集成实训区域、共建专业教学成果展示区域、工业设计实训室等教学区。实训室以“中国制造 2025”为主题，结合了智能制造和数字化的元素，将真实的企业环境搬到教学课堂。工程训练中心拥有数控铣床、数控加工中心等机械设备，能够让学生能感受产教融合的真实性。

3.2 学校教学模式的变更

为了能让机电专业的学生更好地适应将来的工作岗位，高校应该依托产教融合，引进各类实际生产项目，进行整体思维教学。教师引导学生形成从整体到局部，透过现象看本质，知道各个环节的联系与来由，总结设计思路与创新金点子的思想和观念。

在教学过程中，导入视频、动画、案例，让学生对综合类项目展开分析与讨论。学生通过项目参与机电生产过程的设计、生产、试验，明确学习和掌握的知识点，锻炼能力。与此同时，高校教师要关注学生思维方式的培养，特别是创新思维，通过在课堂上进行头脑风暴等方法，让学生发挥自己的想象进行创新，教师从学生的主导者变成引导者。将创新思维介入项目中，使程式化的学习转变为多元化的学习模式，“死”理论转变为“活”技能，并获得创新能力的培养。学生借助学校的工业设计实训室，通过计算机辅助软件绘图以及 3D 打印等方式，对机电专业相关内容展开研究，从而实现机电的设计与创新。

3.3 实施“赛教”融通，促进机电创新融入产教融合

参与技能竞赛，可以检验职业院校人才培养方案与企业岗位能力的匹配程度，展现职业院校专业教学成效和人才培养成果。借鉴技能大赛先进的竞赛理念、技能标准和评测方法，整合优化教学资源，促进专业课程改革实施。参照竞赛试题设计实训任务，对照竞赛技术标准设计课程标准，依据竞赛的评测方法改革课程评价模式，积累获奖院校的成功经验改进教学方法，通过“赛教”融通，让竞赛的优质资源不再只是服务于参赛选手，而是惠及所有学生。

武汉东湖学院每年会根据国家级、省级、校级等比赛，组织学生从学院开始进行层层选拔。依据专业特点，机电工程学院教师通过有效引导，组织学生参加全国大学生机械创新设计大赛、中国大学生机械工程创新创意大赛等，给每个学生提供公平的参与技能竞赛活动的机会，创造合作、竞争、拼搏的学习氛围，用竞争促进教学，提升技能人才培养质量。与此同时，学生获得竞赛相应的级别，既可获得相应的奖励，还可以置换相应的学分，提高了学生参与技能竞赛的积极性和成就感。如期举行相应专业的大赛，以进一步提升学生的专业技能为目标，使其日后更好地适应企业的需求。

4 结语

产教融合是新时期促进职业教育高质量发展的关键所在，经济的发展离不开技术的提高。部分企业对产教融合、校企合作的认知停留在为学生解决就业问题上，产教融合广度、深度的不足，致使人才培养与用人单位需求脱节。因此，机电类专业的教育要关注与产业的对接，培养具有机电专业知识、实践能力、创新能力和职业生涯可持续发展能力的复合型技术技能人才。

参考文献

[1] 孟琳，董洪涛，侯捷，等. 面向下肢康复的柔性外骨骼机器人进展研究 [J]. 仪器仪表学报，2021，42 (4)：12.

[2] 周涛. 校企协同创新创业人才培养模式的研究与实践 [J]. 装备制造技术，2018 (8)：233-235.

[3] 汪丽. 机电一体化技术的现状及发展趋势 [J] . 山东工业技术，2017 (2)：192.

[4] 关于印发深化产教融合加快推进职业教育高质量发展行动计划 (2020—2022) 的通知 [Z] . 徐州市人民政府公报，2019 (12)：22-32.

[5] 郭洪武. 我国机电行业发展现状及问题分析 [J] . 机电产品开发与创新，2013，26 (1)：31-32.

[6] 郭建如. 产教融合推进职业教育发展——《国务院办公厅关于深化产教融合的若干意见》解读 [J] . 江苏教育，2018 (36)：23-27.

[7] 李爱萍，罗凤. 依托职教集团深化产教融合的办学模式研究与实践——以湖北汽车服务职业教育集团为例 [J]. 湖北工业职业技术学院学报，2017 (3)：9-12.

[8] 王志明，戴素江，戴欣平，等. 职业院校工程创新人才培养策略研究 [J]. 高等工程教育研究，2017 (5)：197-200.

机电行业产学研合作中的人才培养策略与实践

胡梦月　汤　曼
武汉纺织大学电子与电气工程学院

摘　要：随着机电行业的发展和技术的进步，企业对于高素质、具有创新能力的人才需求越来越大，而高校与企业之间的脱节问题导致培养的人才往往难以满足企业的发展需求。本文分析了机电行业的人才需求，在此基础上探讨了产学研训赛五位一体的人才培养模式以及人才培养的评价与质量保障体系。企业与高校应该充分合作，通过不断优化人才培养方案，为机电行业培养出更多的高素质人才，为行业的可持续发展做出贡献。

关键词：机电行业　人才培养　产学研

引言

机电行业是我国经济发展的重要组成部分，但近年来面临着一系列困难和挑战。传统机电行业的竞争已经进入低谷期，其发展越来越依赖于技术创新和产业升级。为了适应市场需求和行业发展趋势，机电行业需要加快产业转型升级。我国高等院校在机电制造领域积累了大量的科研成果，但是这些成果往往不能很好地转化为实际的生产力，高校科研成果与产业发展之间存在着一定的脱节问题，造成了资源的浪费，同时也制约了产业的发展。

此外，随着机电行业的发展和技术的进步，企业对于高素质、具有创新能力的人才需求越来越大，然而由于机电行业与高校科研之间存在脱节的问题，导致高校培养的人才往往与产业发展的需求不相符合，难以满足行业的需求。因此，企业和高校应该在人才培养方面加强合作，共同推动机电行业的发展，例如通过共建实验室、制订课程计划、实施“双师型”教学、开展校企合作等。

总之，人才培养是机电行业产学研合作的重要目标和基础。加强人才培养，不仅可以为机电企业提供科研技术支持和人才资源，同时也可以将企业需求和科学研究相结合，推动科技成果转化和产业发展，实现企业、高校的优势互补，共同推动机电行业的转型升级和可持续发展。

1　机电行业人才需求分析

机电行业作为国民经济的支柱产业之一，对人才的需求具有数量需求与结构性需求并重的特点，行业缺少高层次人才，产业转型对人才需求提出了新的要求。基础研究人才是科技创新的重要基石，对于促进机电行业技术创新和产业升级起到至关重要的作用。技术研发人才是机电行业人才结构的另一个重要组成部分，是推动机电行业技术创新和产业升级的主力军。

此外，机电行业的技术和产业结构的调整和转型，对人才结构也提出了新的要求。在传统的机械制造领域，基础研究人才和技术研发人才仍然是非常重要的，而在新的技术领域，如智能制造、工业互联网等，对具备跨学科背景和工程实践经验的复合型高层次人才的需求也越来越大。例如，在机电一体化、机器人、新能源汽车等新兴领域，技术人才不但需要掌握电子、信息、材料等多学科知识，同时还需要掌握机械设计制造等基础技能。因此，机电行业需要更多具备交叉学科背景和全面技能的人才。

总之，机电行业对人才的需求是多元化和差异化的，同时也不断地发生变化。因此，高校应该通过产学研合作，紧密地跟进机电行业的发展动态，及时调整人才培养的方向和模式，以满足机电行业对各类人才的需求。

2 机电行业人才培养模式探讨

基于上文的分析，我们需要探索高校与企业双主体育人、专家与名师双导师教学、研发与教学双岗位互融、实训与生产双项目训练、课程与职业双标准互通的“产学研训赛”五位一体人才培养模式[1]，摸索一条可实践的道路。

2.1 产学研训赛模式下的人才培养特点和优势

产学研训赛模式是指产业界、高校和科研机构之间建立紧密的合作关系，联合进行综合性人才培养，并且将生产实训与竞赛结合的人才培养模式。这种模式下的人才培养具有以下几个特点和优势：

首先，紧密结合产业需求，能够提高培养质量和效果。通过高校和科研机构与企业深度合作，学生可以在实际工作中掌握知识和技能，提高实践能力，同时也能更好地了解行业现状和企业需求，进一步提高人才培养的质量和效果。

其次，能够培养多层次、复合型人才。随着机电行业的快速发展，人才需求不再仅仅局限于单一的技术岗位，而是需要具备多元化的能力和素质，如技术创新、市场营销、管理等。产学研训赛模式将教学、科研和实践相结合，可以为学生提供更加多样化的学习体验，培养学生的综合素质和创新能力。

最后，可以使学生入职后更快上手。新入职的应届毕业生在正式上岗之前需要经过大量的岗前培训，产学研训赛模式使学生能够在真实的产业环境中进行实践，更快地适应实际工作。

2.2 行业院校联合培养模式的实践与经验

在实践中，行业院校联合培养模式已经取得了一定的成果和经验，其中一些成功案例可以为产学研训赛人才培养模式提供借鉴和参考[2]。

由沈阳航空航天大学与沈阳飞机制造有限公司联合开展的“沈阳航空航天大学航空器设计制造”专业人才培养模式[3]，可以作为机械设计、制造等机电行业人才培养的典型案例。该专业在课程设置、实习实训、毕业设计等方面根据飞机制造企业的需求进行了有针对性的改革，加强了学科间的交叉融合，培养了多层次、复合型的航空器设计制造人才。

由湖北汽车工业学院电气与信息工程学院与东风汽车公司共同建设的电子信息专业，也是行业院校联合培养的成功实践。该专业在人才培养方案、课程设置、实习实训等方面进行了调整，充分考虑了汽车行业对电子工程领域人才的需求。以校企共建的国家级、省部级实习实训基地为支撑，校企联合制定人才培养方案，共同参与人才培养与考核的协同育人模式；专业教师长期与企业开展产学研合作，通过产教融合、科教融合和赛教融合，将工程实践贯穿学生培养全过程，融合人工智能、大数据等新一代信息技术，构建了多学科交叉的新工科人才培养模式，为我国汽车工业培养了大批高水平电子信息工程技术人才[4]。

行业院校联合培养模式还可以借助产业联盟和研究院等平台，开展产学研一体化的合作，推动产业技术创新和人才培养。例如，湖南工程机械产业学院联盟是由三一职院等省内16所本科、高职院校代表以及20家行业企业联合发起的，旨在促进湖南工程机械行业和产业技术创新。产业联盟采用“产学研一体化、联合培养、优势互补”的模式，通过联合开发产业课题、共同建设实训基地等方式，实现了高校科研成果与产业应用的融合。

总之，随着机电行业不断发展和变革，高校需要不断地探索和创新人才培养模式，以适应机电行业不断变化的需求和挑战。

2.3 人才培养的策略与方法

2.3.1 制定符合行业需求的人才培养方案

机电行业需要各种技能和专业知识的人才，因此，在制定培养方案时，需要考虑到这些技能和知识的不同领域和级别。针对本院校的定位，与相对应的支柱产业或者行业领域的相关企业进行合作，制定符合企业需求的培养目标，并根据培养目标设置相应的毕业要求，包括技术指标以及非技术指标等。

针对每个毕业要求设置相应的课程，其中特别要注重实践课程的设置，行业企业可以与高校合作，共同开展实践性培训。而理论课程也可以针对相应的实训项目设置相应的内容。确定好课程体系之后要分别制定每门课程的教学大纲，确定课程目标以及考核方式，依据课程目标制定课程内容。考核方式特别需要注意加强过程性考核方式，如课题展示、专题讨论、阶段性学习测验、大作业等。

2.3.2 行业院校开展跨学科的人才培养方案

行业人才培养方案应该注重跨学科教育，促进不同学科领域之间的交叉和融合。例如，重庆邮电大学自动化学院开设了“智能电网信息工程”本科专业，融合了电力系统、电子信息、通信工程等多个学科领域的知识，培养具备跨学科能力的电气工程人才。

此外，行业院校还应该重视实践教育和创新创业教育。可以采取多种形式的实践教学，如实验课、设计课、实习和毕业设计等，提高学生的实践能力和创新能力。同时，也应该开设创新创业教育课程，帮助学生掌握创新创业的知识和技能，培养创新创业精神，将“挑战杯”、大学生创新创业大赛等赛事融入课程中。

2.3.3 企业与高校合作的模式和机制

（1）制定职业技能鉴定标准。企业可以结合行业的实际情况，制定职业技能鉴定标准，将其纳入职业培训中。这有助于培养具备实际技能的人才，同时也有利于保障职业培训的质量。

（2）开展校企合作。行业企业可以与高校合作，共同开展实践性培训，如实习、实训等。通过与企业的实际合作，学生可以更好地了解电气工程行业的实际情况，提高实际应用能力，从而培养出更适应市场的人才。

（3）实施轮岗制度。轮岗制度是一种比较常见的企业实践性培训方案。通过轮岗，学生可以更好地了解行业的各个领域和职业角色，从而更好地理解自己所学的知识和技能的实际应用。

（4）以赛带训。虽然全国大学生电子设计大赛之类的竞赛也可以促进学生的实践能力，但是所覆盖的学生较少。企业可以和高校合作组织具有特色的竞赛，并且将竞赛融入课程中，使学生能够在完成课程的同时参加竞赛，且针对性地提高企业所需要的能力。

综上所述，机电行业人才培养需要从专业化和综合性两个方面出发，发挥行业院校的优势和特色，推进产学研训赛合作，推进创新创业教育和跨学科教育的发展。这些策略和方法既有针对性又具有实践性，将有助于机电行业的人才培养工作更好地适应产业发展需求。

3 机电行业人才培养的评价与质量保障

3.1 人才培养质量的评价体系

为了保证人才培养的质量，需要建立相应的评价体系和指标，并且不断改进和优化。首先，职业能力标准是评价人才是否达到一定职业水平的重要依据，对于机电行业人才培养来说尤为重要。制定职业能力标准需要充分考虑行业的发展趋势和需求，同时要与时俱进，不断更新和完善标准。职业能力标准的制定需要广泛征求行业内专家和企业的意见，保证标准的科学性和实用性。

其次，评价人才培养质量需要考虑到产学研训赛合作的特点和优势。评价指标需要具有可操作性和实用性，能够反映人才在产业实践中的能力和表现。评价人才培养质量的指标包括实习表现、技能操作能力、项目实践、论文撰写等。

此外，教育部门还采取了一系列措施来监管和评估高等教育机构的人才培养质量。例如，每年发布的《中国高等教育质量报告》就对各个高等教育机构的人才培养情况进行了全面评估和排名，同时还制定了一系列人才培养质量评价指标和评估标准，如毕业生就业率、考研率、留学率、社会声誉等。教育部门还加强了对高等教育机构的日常监管，对违规操作和不符合教育要求的高等教育机构进行处罚和整顿，保证了人才培养质量的稳步提升。

3.2 质量保障机制的建立和实施

质量保障机制的建立和实施是保证机电行业人才培养质量的重要措施。以下将从制度建设、师资队伍建设和教学管理、开放式教育和在线教育三个方面进行探讨。

3.2.1 实施人才培养质量保障制度

建立和实施一套完整的人才培养质量保障制度是保障机电行业人才培养质量的关键。制度中应包括教育目标、教学计划、教学评估、质量监控、质量评估等方面，以确保培养出的学生能够胜任职业要求，并与产业实践紧密结合。

3.2.2 加强师资队伍建设和教学管理

师资队伍的素质和教学管理水平是保障机电行业人才培养质量的重要因素[5]。机电行业教师需要具备一定的工程实践经验和教学能力，以便更好地进行产学研训赛合作，培养实用型人才。

3.2.3 政府和企业在人才培养中的作用

政府需要加大对高校和科研机构的资金投入与政策支持，以推动机电行业人才培养的发展。此外，政府还需要加强人才培养规划和战略的制定与实施，从宏观上引导人才培养方向。

4 结语

本文探讨了机电行业人才培养的现状、问题和未来发展方向，强调了产学研合作在人才培养中的重要性和必要性。同时，本文指出了机电行业人才培养对产业转型升级和发展的重要贡献。在此基础上，本文探讨了机电行业领域的人才培养模式，并指出了人才培养的评价与质量保障。总之，机电行业人才培养的质量和效果对于产业转型升级和可持续发展至关重要。通过加强产学研合作，优化人才培养方案，提高培养质量和效果，机电行业能够培养出更多适应市场需求和产业发展的高素质人才。

参考文献

[1] 陆晓燕. 体育高等职业教育“产、学、研、训、赛”五环相扣人才培养模式理论与实践探索——以湖南体育职业学院为例 [J]. 教育教学论坛，2016，286 (48)：241-243.

[2] 李怀珍，武俐，袁军伟. 新工科背景下地方高校创新创业人才培育体系探索——以河南理工大学为例 [J]. 大学教育，2021，137 (11)：22-24.

[3] 王志坚，王明海，张景强，等. 产教融合、虚实结合培养航空特色机械类应用型人才改革与实践 [J]. 现代商贸工业，2021，42 (25)：72-73.

[4] 丁光惠，陈凌云，简炜，等. 大学生职业能力培养模式探索 [J]. 中国电力教育，2014，330 (35)：66-67.

[5] 周文玲，刘安静. 对高职机电专业教师素质与能力的思考 [J]. 科教导刊 (上旬刊)，2020，415 (19)：81-82.

基于产教研用创新创业项目平台的机电行业技能型人才教学方法研究[①]

张　铁　张浩瀚　洪　芳
武汉纺织大学电子与电气工程学院
武汉邮电科学研究院
烽火科技集团有限公司

摘　要：在“互联网学院+”时代，基于云服务和大数据分析，围绕知识、能力、品格协调发展的人才培养目标，坚持特色发展，谋求服务社会，坚持以培养“应用+创新”型人才为目的，以学科专业建设为龙头，以适应市场为先导的指导思想。以教育部《关于进一步加强普通高等学校教学工作的若干意见》和《普通高等学校本科专业教学合格评估方案》为依据，将本科教学评价体系与学生创新能力培养相融合，将会对高校办学工作有极大的促进，并且对改革成果有较大的巩固。

关键词：产教研用　创新创业训练计划项目　教学研究　人才培养

引言

秉承崇真尚美的校训，坚持自强不息的奋斗精神、求真务实的科学精神、开拓创新的发展精神和彰显特色的执着精神，如何进一步更新教育观念，从严治教，强化教学管理，建立起教学工作高效有序的运行机制，培养能主动适应社会主义市场经济发展需要的通信技术人才，提高教学质量和教学管理水平，创建有影响、有特色的品牌专业和学科，是当下我国高校需要深入思考和研究的。

1　面向 IT 市场需求定位，科学规划专业发展

在“互联网+”时代，基于云服务和大数据分析，围绕知识、能力、品格协调发展的人才培养目标，学院坚持特色发展，谋求服务社会，坚持以培养“应用+创新”型人才为目的，明确“以本科教育为基础，以学科专业建设为龙头，以适应市场为先导”的办学思想；始终坚持育人为本的理念，精心搭建校园文化建设、社会实践、科技创新和大学生心理健康教育等育人平台，努力提高学生思想道德素质、文化修养、业务能力和身心健康，以形成“厚基础、宽口径、高能力”的人才培养特色。

在教学实践环节，学院以实验室模拟电子线路实验室、数字电路实验室、微机原理与接口实验室、通信原理实验室、高频电路实验室、单片机实验室、EDA 实验室、通信实训平台、微电子实验室、光电子实验室、传感器实验室等实验室或平台为基础，在基本满足本科教学需要的同时，应加强实习、实训环节的教学，加大对外联系，建立一批实习、实训基地，用于提高学生实际动手能力和创新能力。

---

① 项目资助：湖北省大学生创新创业项目“基于互联网+的纺织服装 O2O 自助平台设计”；校级研究生教研项目。

遵循培养综合型人才的方向，把握基础与专业等方面的关系，注重实践能力与创新能力的培养，体现本科教育的基础性和阶段性；坚持按照培养“知识面宽、基础扎实、能力强、素质高”的综合人才的原则，使教学计划真正具有科学性、规范性和创新性，并紧跟当今通信技术发展的趋势[1-2]；坚持统一要求和发展个性相结合的原则，调动学生的学习积极性，充分挖掘其创造潜能。从以下几个方面定位培养目标：

（1）学生通过实践性项目环节的训练具备较强的实际动手开发能力；掌握一定的本专业相关领域基本理论，了解本学科前沿及发展趋势；掌握通信系统的分析和设计基本方法，具有分析与解决工程实际问题的能力。

（2）培养全面的，从事实际工作、底层硬件和软件开发的综合素质人才。

（3）培养德智体美劳方面得到发展，具有扎实基础理论、知识面宽、具有创新精神、能适应通信技术发展需要、能从事通信系统结构设计和优化的应用型人才（图1）。

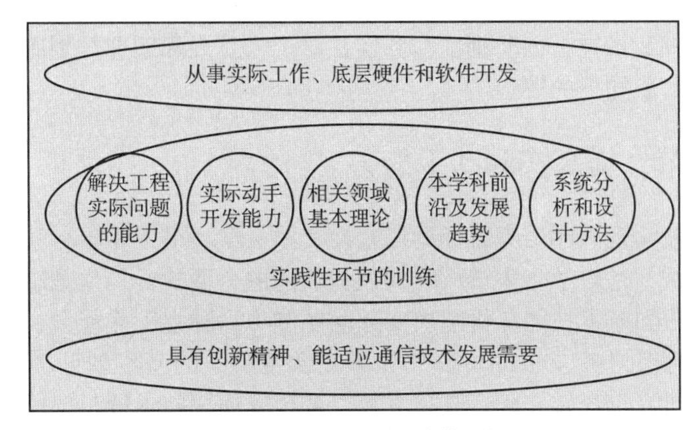

图1 技能型人才的培养目标

2 以教学为中心，加强教学管理

（1）积极开展教学管理及改革的研究。鼓励和支持教学管理人员撰写论文、参加学术会议，积极开展教学及管理研究。

（2）积极开展教学管理及改革的实践。进一步完善和改革教学管理体制，明确院、教研室管理职责，强化职能。改善教学管理手段，加快教学管理的信息化建设。为了加强对教学质量的管理，积极开展课程评估、学生评教、教学督导等，使得教学管理工作更趋科学、规范。

（3）加强课堂教学管理。根据学院人才培养目标，参照教育部提出的课程教学基本要求和学院教学计划的要求，组织编写各课程教学大纲。各任课教师按教学大纲要求，认真钻研教材，撰写教案和讲课提纲，保证课堂教学质量目标的实现。

（4）严格大创项目管理。把好大学生创新创业训练计划项目质量关，认真做好项目质量分析，以利于进一步改进和提高专业教学工作。

3 创新项目训练教案与辅助材料的选用

在已有学科发展规划的基础上，把握本专业的研究方向，确定教材，深入研究。通过教学实践摸索、总结经验，合理调整学科发展方向，优化培养方案，努力做好项目定位的调整。在培训教材与辅导材料的配备方面，需要遵循适用性原则，先进性原则、科学性原则、多样性原则，主要选用高水平、高质量的全国优秀规划本科教材和教学参考书，选用的教材大都是高等教育、清华大学、人民邮电、水利水电等出版社的优秀教材，特别选用一批面向

21 世纪的辅导教材。

4 提高学生的综合素质，促进人才全面发展

针对通信专业培养目标，以课程改革为基础，进行必要的课程整合，打破学科之间的界限，以强化设计开发能力为宗旨；更新教学内容，改革教学方法、教学手段。充分利用良好的实验实训基地条件，设置实践教学内容，强化应用能力的培养。

通信技术专业的学生学习毛泽东思想和中国特色社会主义理论体系概况、思想道德修养与法律基础、计算机基础，具有良好的思想品德、职业道德，文字表达能力和扎实的自然科学基础知识。以此为发展根基，学习高数、大学物理、电路、模电、数电、微机、C 语言、单片机等课程，以便具有获取专业知识的能力；学习移动通信、光纤通信、程控交换、宽带接入网、现代通信网等课程，获取现代通信网领域的专业知识，打下扎实的专业基础；学习大学生职业发展与就业指导、创业理论与务实，对个人发展和职业规划有初步认识；深入掌握专业英语，增加获取知识的渠道。

5 注重实训环节，提高实际动手能力

实训环节是高校实现人才培养目标的综合性实践教学环节，是本科学生开始从事科学研究和工程设计的尝试，是对学生大学所学知识和技能的全面检验，也是培养学生运用所学的基本理论、基本知识和基本技能分析解决实际问题能力、独立工作能力、增强创新意识的重要途径。通过实训环节进一步巩固、扩大和深化学生所学的基本理论、基本知识和基本技能，提高学生调查研究、查阅文献、收集资料以及正确使用技术资料、标准、手册等工具书的能力，理解分析、制定设计（试验）方案的能力，实验研究能力，计算机软、硬件开发及调试能力[3-4]。

通过制订工作计划，加大管理力度，严格评定，加强实训环节质量监控。实行指导教师负责制，严格管理、规范操作、加强指导，严格遵照答辩程序。提高实训环节质量的关键步骤如图 2 所示。

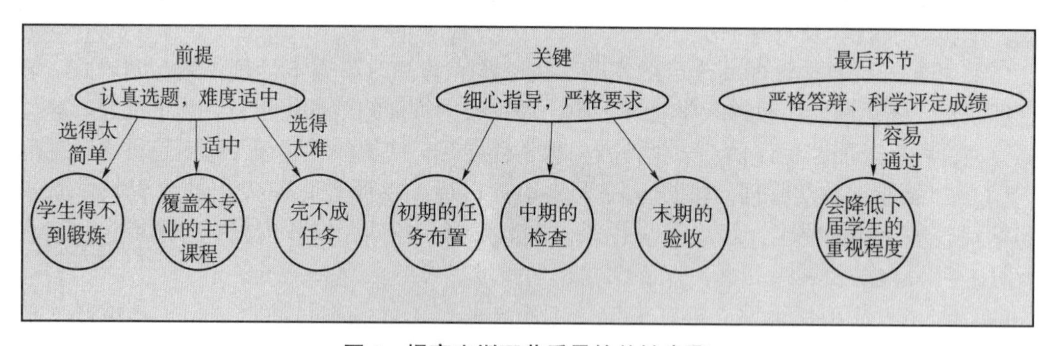

图 2 提高实训环节质量的关键步骤

5.1 前提——认真选题

实训项目课题的选择是否合适，直接影响着实训课题的质量。如果题目选得太简单，没有新意，激发不起学生的兴趣，学生得不到锻炼。如果题目选得太大、太难，不仅时间不允许，而且学生无从下手，产生畏难情绪，最终完不成任务，学生将失去信心和兴趣。因此题目应该紧密结合本专业的培养目标及教学要求，最好覆盖本专业的主干课程、专业基础课程、专业课程等，另外还应有一定的工程、生产方面的知识，使学生在实训的过程中，对学

过的知识和技能能够结合实际综合分析和灵活运用，题目难度要适中。

5.2 关键——细心指导、严格要求、严格管理

细心指导、严格要求对提高实训质量起着关键性的作用。项目任务书下达后，指导老师要逐步指导学生进入状态。整个指导过程可分为初期的任务布置、中期的检查和末期的验收三个阶段。初期要求学生结合选题进行文献资料和查阅；收集与设计课题有关的数据、图表等资料；了解国内外有关的先进的技术及发展趋势，特别注意查阅外文资料；调查了解与课题有关的设计过程及所有技术；调查了解与设计课题有关环节中存在的问题与不足之处，解决这些问题的初步设想；提出课题的总体规划及要求，并根据课题要求提出设计方案及方案论证。

5.3 重要手段——严格答辩要求、科学评定成绩

成绩评定是本环节的最后一个步骤，是对学生工作的整体评价和全面检查设计质量的重要手段，是对报告进行审定的依据，是一项极其严肃的工作，具有很强的导向性。此环节工作的好坏不仅对本届设计成绩产生直接的影响，也给今后的设计工作带来一定的影响，如果设计成绩偏高或答辩过于容易通过，会降低下一届学生对设计的重视程度，给今后的设计工作带来一定的负面影响。

6 发展思想道德建设

学生的思想道德建设是学生管理工作的中心之一。学生管理工作的基本思路就是教育学生要切实做到坚持学习科学文化知识和加强思想道德修养相统一，坚持书本知识与实践相结合，坚持自身价值的实现与祖国人民利益相统一，树立远大的理想和发扬艰苦奋斗精神。在新生入学之初，把好入学教育关，教育学生要爱党、爱国、爱校、爱系、爱专业、爱班，广泛开展思想品德教育，发扬团员、党员的先锋模范作用。

另外，始终坚持以爱心教育品德内涵“爱他人、爱学习、爱学校、爱祖国”为目标，安排各项实践活动。除了课堂学习，还要引导学生积极开展一系列有益健康的活动，如演讲比赛、公益劳动和丰富多彩的活动等，既为学生提供了展现自我的舞台，又丰富了学生的课外生活，陶冶情操。

参考文献

[1] 肖春燕. 课程教学改革的研究 [J]. 电气电子教学学报，2010 (2)：29-31.

[2] 张新平. 论案例教学及其在教育管理课程中的运用 [J]. 课程·教材·教法，2002 (10)：56-61.

[3] 郭宝增，王培光. 电气信息学科教学改革的研究与实践 [J]. 高等理科教育，2004 (5)：73-76.

[4] 皮连升. 教学设计——心理学的理论与技术 [M]. 北京：高等教育出版社，2001：228.

基于智能制造创新人才培养体系的学习思考模式

许剑桥[①]
武汉东湖学院

摘　要：本文旨在深入研究“中国智能制造2025计划”中国智能制造的发展历程，及其所带来的挑战，并以此为基础，构建一套完善的智能制造创新人才培训体系，以期为“中国智能制造2025计划”中国智能制造产业带来更多的可持续性和竞争力。本文旨在探索一种基于产教融合的人才培养体系，以满足不同行业的需求，并且以其独特的思维和学习模式，帮助企业实现智能化的发展，从而构筑一个拥有多元化知识和技术的综合体系，以此来支撑企业的发展，并且成为全国各地大专院校智能化发展的典范。

关键词：智能制造　创新人才　培养体系　学习思考模式

引言

2015年5月8日，《中国制造2025》发表，引起国内外各界的重视。“工业4.0”将重点放在创新驱动、质量第一、绿色发展、结构优化、人才导向等方面，“工业发展与信息化深入结合”，智慧制造业则将重点实施规划，旨在构建一个具备竞争力的现代化产业体系。中国制造业掀起了转型升级的改革热潮。

1　中国智能制造发展背景

1.1　中国的现代化建设目标

新工程和现代产业发展背景下的智能制造转型升级，是中国从制造强国向制造强国转型的必由之路。中国“十三五规划”“十四五规划”“中国制造2025规划”，指引着中国未来的制造业的发展方向。

1.2　智能制造

当前，中国正在进行深刻的经济变革，智能制造则是推动这场变革的核心力量。它旨在利用信息、计算、控制、传输、存储、分析、检测、管理、决策、协调、协同，以及“设计—制造—创新”，搭建起具有高度可靠性、可操作性的智慧化制造系统。因此，我们应该加强对机械工程的课程设置，以推动跨领域的学习，培养具备多元化能力的学习者，以期能够更好地适应未来的工业化趋势，并且能够更好地推动制造业的变革。

---

① 许剑桥（1994— ），男，甘肃省武威市人，助教，硕士研究生，主要研究方向为电力系统预测、智慧能源。

2 智能制造产业对创新人才的需求

2.1 智能制造产业规模

随着新兴技术的进步，工业 4.0 已成为推动中国制造业快速转型的重要动力。但是，当前中国的技术水平仍有待提高，尤其是对技术和管理的支持。许多地方的技术和管理水平仍有待提高，导致当前的技术和管理水平无法适应快节奏的市场竞争。

2.2 智能制造

随着科技的进步，制造业也越来越接近于自主创新，这使得人才培养的方法也变得越来越多元。尽管这种变革带来了许多好处，但是对于当前的大学机电类专业，我们的教育仍然要偏重提高学生的实践能力，特别是对于那些需要具备多种专业知识的学生，比如机械工程设计、电子产品工程技术、以及电气传动等。为满足企业对高素质技术型人才的需求，学校应当积极探索 3D 数字建模、电气系统集成、液压/气动传动、工业互联网、工业软件以及其他技术领域的最前沿技术，并且深入研究企业的运营管理、技术发展趋势以及企业的发展战略，以期达到将培训目的转化为就业机会的最佳效果。创新能力对于构筑一个具有竞争优势的产品生产体系至关重要，但目前，我们仍未充分发挥其作为构筑一个创新型产品生产体系的关键作用。因此，应该加大对文创产品、日常消费品以及其他重大产品的研发投入，以提升产品的创新性与竞争优势。在智能制造领域，由于缺乏有效的实验和实践培训，导致课程的设置、授课模式和考核标准都偏向于过时。随着科技的发展，学生的创新思维、实际操作技巧以及综合素质都需要大幅提升，因此，我们必须重视实验和实践培训，满足当前智能制造领域的需求，并且在教育、服务等方面都要进行全方位的改革，以期培育出拥有良好的创新精神和应用技术的优秀人才。

2.3 创新人才的需求

培养创新人才是我国实现制造大国向制造强国转变的重要支撑和保障，也是“中国制造 2025”国家发展战略目标。鉴于“中国制造 2025”的广泛推广，以及智能制造技术的飞速进步，中国的高校正在努力探索新的教育方法，以满足这一新兴技术所面临的挑战。一些论文明确提出了新一轮工业革命对中国制造业人才专业知识和技能的需求。“中国制造 2025”提出了实现制造强国的五大基本原则：创新引领、质量至上、绿色发展、结构调整以及人才引领。在这里着重探讨如何培养具有创新精神和实践能力的制造业人才，以满足社会对高素质人才的需求。

3 智能制造创新人才培养存在的问题

3.1 培养观念单一

随着科技的进步，传统的实践教学已经不能满足当今智能制造的需求，因此，我们必须采取措施来提升学生的工程实践能力，使他们能够更好地适应当今的技术发展，从而更好地满足社会对智能制造的创新能力的要求。新兴技术打破了传统的工业流程和工艺，改变了工程技术和生产模式。尽管近年来，高校的工科课程已经逐渐接近行业的需求，但仍有许多地方需要改进。例如，在学习过程中应该加强对复杂工科问题的理解，并且要注重培养学生的研究性学习和探索性思维。尽管假期实习和社会研究等活动被纳入了专业人才培养计划，但由于时间、条件和环境的不同程度限制，理论和实践无法完美融合。尽管高校也邀请行业专家和一线工作人员为学生授课，但学生只能在课堂上听实际的业务处理，实践能力无法提高。

3.2 培养体系只注重理论

随着现代工程技术的不断进步，机械专业的传统教学模式已经不再满足当今复杂的工程需求，需要更加灵活的、具有针对性的、更具有挑战性的、更具有前瞻性的、更具有可持续性的、更具有可操作性的特点。“教师、课堂、教材”的传统授课模式已经无法满足当今社会对全面发展的要求，无法促进知识、技能与品质的共同提升。

3.3 培养模式落后

首先，智能制造需要不断探索新的知识，并培养学生的创新思维。其次，人才培养应该重视实践，让学生在实际工作中提高能力，并培养他们的问题分析能力。随着智能制造技术的飞速发展，各种技术和产品也在不断演进，因此，学生必须具备持续学习的能力，以便更好地适应智能制造的挑战，并且能够有效地利用这些技术和产品，从而获得更高的职业技能。在中国高等教育从精英教育向大众教育发展的阶段，学生成绩管理、教师教研管理、绩效评价、师生后勤管理等日常问题在高校普遍存在。例如，目前只有一些高校鼓励学生和教师通过网络提交和更正某些课程的作业。由此可见，人才培养和评价机制的不完善是智能制造时代中国高等教育创新人才培养的障碍。

4 智能制造创新人才培养的思考学习模式

4.1 创新人才培养的思考模式

为满足各类智能制造领域的开发需要，在“通识教育与个性化培养相结合”的思想指导下，我们构筑起一套完整的、具有可操作性的、涵盖各种技术领域的教学体系，以满足当前社会的实际要求，并且大力实施教学改革。通过将“智能制造”与“认知学习+智能制造专业的强化学习+交叉集成的智能制造学习”有效地融入各种不同的专业，包括机械设备工程技术、建筑材料、造船、能源、电子、制造业过程、计算机技术、人工智能和自动化，我们将为学生提供一个全新的视角，让他们从多个领域中获取知识，更好地掌握技术，提升他们的创新思维，拓宽视野，提升他们的综合素质，从而更好地满足当今市场的需求，为未来的成长打下扎实的根基。引入先进的信息化管理体系，让学生深入了解智能制造的核心理念、最先进的技术，并以此为指导，努力培育出具有综合性、多元性、创新性的优秀人才。

为了培养学生正确的创新创业价值观，我们应该让他们在追求实效的同时，也要勇于挑战自我，敢于质疑，并且积极地利用各种媒体资源和信息手段，弘扬“知行合一”，勇于探索和实践，以期获得更多的成功。以“学习激发创造力、实践探索、创新发展、成功实现梦想”为宗旨，将创新创业精神在学生的学习生涯中深入渗透[11]。

4.2 创新人才培养的学习模式

随着信息技术的飞速发展，智能制造已经从传统的单一型转向更加复杂的综合型，它不仅包括数据处理、信息传输、人员培训、物流配送、系统维护、资源配置、信息安全、可靠的供应链管理，而且包括各种专业领域的知识，如机械、工业工程、自动化、电子、仪器仪表、物流、信息系统。在这个时代，智能制造已经成为一种新兴的、以技术为驱动力的产业。智能制造的设计、建设和运营必须以多样化的人才为基础，因此，“智能建模”强调了人才在智能制造中的重要性，并且认为培养高素质的人才是至关重要的。然而，传统的工程教育过于科学，将工程教育与智能制造工程本身割裂开来。尽管传统的以科学研究为核心的教育模式可以帮助学生更好地理解、掌握各种知识，但是，如果不重视多学科的交叉实践，就很可能无法让他们具备跨领域的知识、技术、创新精神，从而无法应对当今日益复杂的智能制造业。通过综合实践教育，我们可以将不同的学科、理念、方式以及技术有机地联系起来，以建立一个完整、宽泛的知识体系，帮助学生发展出具有跨界、跨领域的创新思考与应用能力，以满足社会对优秀的工程与技术专家的需求。为了满足当今社会的发展需求，我们必须建立起一个全方位的、融汇各学科、具有综合性的智能制造创新型人才培养体系，鼓励学生自主学习、勇于尝试、勇于探索，在未来的人工智能时代，拥抱变革，精通智能制造的核心流程，具备运用最先进的信息技术来满足高精尖设备的生产的全方位素质。

经过四年的大学学习和培训，每个学生都必须具备出色的实践技能，这是合格毕业生的基本要求。笔者认为，项目培训是提高学生实践能力的最有效途径，项目培训应是大学四年专业学习的主要内容。机械设计、制造和自动化专业有多种形式的项目，包括专业课程实验项目、专业课程实践培训项目、课程设计项目、毕业设计项目、大学生创新创业项目、智能制造应用技术技能竞赛项目、“挑战杯”全国大学生系列科技学术竞赛项目、全国机械创新与设计竞赛项目、世界机器人竞赛项目等。在导师的指导下，通过参加这些项目培训，学生可以将从专业课程中学到的基本知识和技能充分应用到项目培训中，不仅在专业知识的学习中理论联系实际，而且实现了理论和实践的创新[12]。

5 结语

“中国制造 2025”的战略指引我们，把智能制造的技术要求融入应用性的工业设计课堂中，以此来促进产品的可持续性、可操作性、可扩散性，从而为“中国制造 2025”的战略规划奠定坚实的基础。此外，引导学生参加更多的实际操作，不仅可以激发他们的创新思维，也可以让他们更好地理解产品的特性，从而更好地满足“中国制造 2025”的要求。通过构建一个完善的产教融合体系，以及采取一系列的技术和管理措施，我们可以更好地帮助企业实现智能化的发展，同时也可以更好地满足社会对于技术和管理的需求，从而使得智能制造的发展更加可持续，并且可以成为一个典范，引领整个社会的发展。

参考文献

[1] 付红，徐田柏. 智能制造时代中国高等教育创新人才培养模式［J］. 平顶山学院学报，2018，33（3）：95-98.

[2] 潘斯宁，胡沐芳，罗士君，等. 新工科背景下地方高校智能制造专业群人才培养模式研究［J］. 决策探索（中），2021（5）：75-76.

[3] 吴雁，张珂，郑刚，等.“产教融合，同心致远”——智能制造研究生创新人才培养模式探索与实践［J］. 大学教育，2021（5）：157-159.

[4] 任明，姜锐，周晨，等. 机电类专业创新创业人才培养的探索和实践［J］. 教育教学论坛，2020（40）：209-211.

[5] 韩秀荣，李建春，沈巧云. 基于“智能制造”的创新创业人才培养模式研究——以宁波职业技术学院为例［J］. 中国高新区，2018（5）：52-53.

[6] 黄天杨，韩卫国，钟光明，等. 基于智能制造装备设计实践的工业设计创新人才培养探索［J］. 装备制造技术，2022（8）：192-194+223.

[7] 王书亭，谢远龙，尹周平，等. 面向新工科的智能制造创新人才培养体系构建与实践［J］. 高等工程教育研究，2022（5）：12-18.

[8] 左庆峰. 新工科背景下机械设计制造及其自动化专业“三位一体”创新人才培养

方案改革探析［J］. 贺州学院学报，2018，34（4）：148-152.

［9］顾复，唐任仲，顾新建. 新一轮工业革命中制造业人才培养方法的探讨［J］. 高教学刊，2018（23）：1-4+7. DOI：10. 19980/j. cn23-1593/g4. 2018. 23. 001.

［10］阎群，李擎，李希胜，等. 依托智能制造挑战赛 探索创新人才培养模式［J］. 实验技术与管理，2020，37（4）：20-23. DOI：10. 16791/j. cnki. sjg. 2020. 04. 006.

［11］周兰菊，曹晔. 智能制造背景下高职制造业创新人才培养实践与探索［J］. 职教论坛，2016（22）：64-68.

［12］杨超，方群霞. 智能制造背景下机电类专业创新人才培养模式研究［J］. 数字通信世界，2021（4）：269-270.

［13］刘长青，李迎光，郝小忠. 智能制造领域创新型国际化人才培养探索与实践——以智能制造国际联合实验室为例［J］. 工业和信息化教育，2019（6）：5-8.

科研项目驱动下的机械工程硕士生卓越工程师培养体系构建研究[①]

江　维[②]　李红军　薛　勇　陈　伟
武汉纺织大学机械工程与自动化学院

摘　要：机械工程是各大工科高校开设的一个传统专业。随着社会发展和科技进步，机械工程专业硕士生按照传统培养模式已不能满足当前社会对于高水平、高素质人才的需求。通过分析当前机械工程专业硕士生培养过程中存在的问题，本文提出了一种科研项目驱动下的机械工程硕士生卓越工程师培养体系构建方法，通过教师科研项目培养学生发现、分析、解决问题的能力，同时锻炼学生的实际工程实践能力，最终实现学生卓越工程师培养的目标。本文是机械工程硕士生培养模式改革的一次新探索，同时，也可为相关专业人才培养和课程教学模式革新起到先导和推动作用。

关键词：科研项目　机械工程　硕士生　卓越工程师　体系构建

引言

近年来回归工程和实践，培养高素质、创新型工程科技人才受到世界范围的高度重视，其国内外研究主要集中在以下几个方面[1-2]，其一，卓越工程师培养模式的研究。国外的工程教育主要有以美国为代表的“通才型”培养模式和德国、法国、俄罗斯等国家强调的“专才型”培养模式。在我国，传统的人才培养模式是一种专业教育，只注重专业知识的传授而不注重人才的培养，大多本科院校机械类专业都没有创新型卓越人才培养的目标。其二，回归工程的 CDIO 工程教育模式的研究[3-4]。从 2000 年起，麻省理工学院和瑞典皇家工学院等四所大学经过四年的探索研究，创立了 CDIO 工程教育理念，倡导工程教育应当从科学向工程回归。我国也有相关学者针对我国在人才培养计划上不同程度地存在着重理论、轻实践，重灌输、轻自学，培养人才与社会外部人才需求不适应的问题，研究了 CDIO 教育理念对我国实施卓越工程师教育培养计划的借鉴和启示。其三，面向卓越工程师培养的教学改革的研究[5-6]。卓越工程师的核心是创新能力，为配合学校的卓越工程师培养计划，国内有相关专家展开了面向卓越工程师培养的教学改革的研究，主要包括课程体系的改革、创新型教学形式的实践、创新型教材的编制以及创新型教学的保证措施等方面。

通过分析当前高等教育和研究生教育的现状可知，卓越工程师队伍建设是我国人才强国战略的重要组成部分，也是我国应对全球挑战、赢得国际竞争优势的重要骨干力量，但当前，我国距离工程师强国还有一定差距。高校作为卓越工程师培养的主阵地，存在课程设计和课程内容等与产业发展前沿脱节、师资实践经验不足、教学资源落后于技术发展、产教研

---

① 基金项目：2023 年武汉纺织大学研究生教学研究项目（202301002）；2021 年度“纺织之光”教学改革研究项目（2021BKJGXL438）。

② 江维（1983—），博士研究生，研究方向为自动控制技术。

融合不高等问题，工科教师“重科研轻教学”“重论文轻实践”现象普遍存在，特别是对于机械工程类专业硕士生来说，实践动手能力的要求更高，培养机械工程专业硕士生卓越工程师势在必行。基于此，本文提出了一种以科研项目为驱动的机械工程硕士生卓越工程师培养体系构建方法，首先分析了当前机械工程类研究生教育存在的问题，然后提出了工科类研究生卓越工程师培养模式构建方法。本文的研究对于工科类卓越工程师教育新模式的培养具有重要理论意义与实际应用价值，而且对同类专业具有较好的推广应用前景。

1 机械工程专业卓越工程师体系架构

对以教师科研项目为驱动的机械工程卓越工程师培养模式的四个方面分别进行研究与分析：首先明确面向机械工程专业的卓越工程师培养模式的本质内涵，树立以科研项目为依托的人才培养理念；其次，改革卓越工程师培养模式下人才培养方案、课程体系、教学方法和教学管理方式，突出学生实践应用能力、思维开创性和创新性的培养；另外，通过对以教师科研项目为依托的卓越工程师培养模式的研究，探索校企联合培养人才的新机制，并结合我校机械工程学科特点研究机械工程卓越工程师的人才培养标准和评价指标体系，切实提高学生的创新实践能力。具体实施方案和方法如图 1 所示。

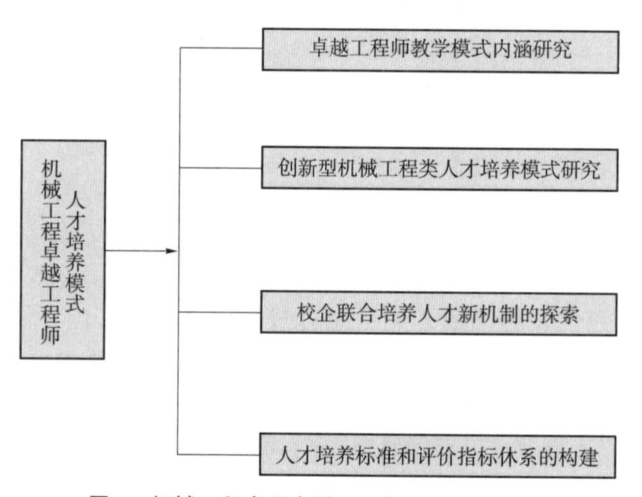

图 1 机械工程专业卓越工程师构建体系结构

2 科研项目驱动的机械工程硕士生卓越工程师培养体系构建方法

2.1 面向机械工程专业的卓越工程师培养模式的内涵

通过对卓越工程师培养模式本质内涵的研究，改革和创新机械工程教育人才培养模式，强调以“工程实际为背景，以工程技术为主线”的教育培养理念，让学生从传统的以“理论学习为主”转变为“理论学习和生产实践并举”；强调“以项目为依托”的实践过程，着力提升学生的工程素质，着力培养学生的工程实践能力、工程设计能力和工程创新能力，从制度上保障机械工程创新型卓越工程师培养目标的实现。

2.2 卓越工程师培养模式下的人才培养方案教学管理方式

将卓越工程师的人才培养纳入机械工程类学生的培养目标中，按照卓越工程师培养本质内涵，进行卓越工程师培养理念下的创新型机械工程类人才培养模式的研究，针对卓越工程师人才的培养在知识、能力和素质等方面的特殊需求，通过相应人才培养方案、课程体系、创新型教学和教材、创新型教学管理的改革，改变原来机械工程类学生培养过程中"重培养学生的专业理论基础，对学生的实践能力培养不足"等问题，让学生不仅熟练掌握专业基础理论知识，还能提升实践应用能力，思维具有开创性和创新性。

2.3 以教师科研项目为驱动的卓越工程师培养模式

按照卓越工程师的培养目标，针对目前学校机械工程专业人才培养模式下存在的定位模糊、个性教学缺乏、实践性教育缺失等现状，改革围绕专业而进行的封闭式实践教学，建立适应创新型卓越工程师人才培养的开放式实践教学模式，并以教师的科研项目为驱动设计创新实践教学项目，拓宽学生参加工程实践的边界；另外，整合课程实践与项目实践，将创新与课程、创新与科研、创新与社团相结合，让学生接受从理论创新到技术创新的系统训练，提升学生综合运用多学科知识、各种技术手段和现代工具解决工程实际问题的综合素质。

2.4 以教师项目为驱动的校企联合培养人才新机制

针对机械工程教育缺乏行业引导和支持，企业缺乏参与高校人才培养过程的积极性等现状，创立以教师科研项目为桥梁的校企联合培养人才新机制。对专业课程教学与科研项目实施的关系定位及影响学生综合素质的基础因素进行探讨，并结合我校机械工程学科特点研究机械工程卓越工程师的人才培养标准和评价指标体系，构建以提高学生勇于探索的创新精神和善于解决问题的实践能力为目标的卓越工程师培养模式。

2.5 机械工程卓越工程师培养模式下的科研团队组建

卓越工程师培养计划的推进模式是自上而下的，是国家对普通本科层次以上的高校人才培养的一种要求。目前，我国高校的机械工程类人才的培养还是以科学教育为主，由于学术评价体系着重强调高水平论文，许多新进校的高学历青年教师对学术理论研究有更高热情，工程实践经验则相当缺乏，在综合性实践指导中难以胜任；中年教师骨干忙于学科建设，长年从事理论教学的老教师与现代工程实践脱节。上述因素造成实践教学师资队伍不足。因此，在卓越工程师培养模式下，如何根据各个学年层次学生专业知识的组成以及综合素质的不同，合理组建科研团队，并在实际教学中实施基础理论与项目实践相结合的教学方法，突出学生在工程实践中的主体地位，充分调动学生的学习积极性、主动性和创造性，是机械工程卓越工程师培养模式下面临的主要问题。

3 结语

通过分析当前工科类特别是机械工程专业硕士生在培养过程中存在的一些问题，本文提出了科研项目驱动下的机械工程硕士生卓越工程师培养体系的构建方法，以及卓越工程师人才培养方案和教学管理方式。和传统方法相比，利用教师科研项目实现研究生卓越工程师培养符合当前对于高素质人才培养要求。

参考文献

[1] 杨卫，王孙禺，吴小林，等. 改革工科研究生教育着力培养卓越工程师 [J]. 学位与研究生教育，2023，362 (1)：1-15.

[2] 华佳捷. 法国工程师教育对我国卓越工程师终身可持续发展的培养启示 [J]. 常州信息职业技术学院学报，2023，22（1）：63-66.

[3] 牛虎利，樊金玲，闫海鹏. 新时代机械类专业应用型人才培养模式研究 [J]. 科技风，2023，516（4）：35-37.

[4] 林健，耿乐乐. 现代产业学院建设：培养新时代卓越工程师和促进产业发展的新途径 [J]. 高等工程教育研究，2023，198（1）：6-13.

[5] 石素君，赵修臣，李红，等. 面向卓越工程师人才培养的校企协同育人实践教学改革与探索 [J]. 实验科学与技术，2022，20（6）：98-102.

[6] 哈尔滨工业大学卓越工程师学院校企协同育人机制介绍 [J]. 思想教育研究，2022，341（11）：20-25.

农林工科类应用型专业示范群新型人才培养模式的探索与实践[①]

陈学永[②]　吴东昇　唐翠勇　郑巧莺　李西兵　林伟青

福建农林大学

摘　要：本文从专业群建设的初衷和理念出发，介绍专业群建设与人才培养中存在的主要教学问题，针对相关教学问题提出解决此类问题的方法、途径，并介绍了在专业群建设中所取得的资源建设和人才培养成效，为相关应用型专业群建设与人才培养提供思路。

关键词：农林工科　应用型专业群　人才培养模式　探索与实践

应用型专业群建设是为了适应社会经济发展需求，特别是产业链发展需求而提出来的一种人才培养模式，满足以全产业链的人才需求为导向构建人才培养体系。针对政府“十二五”“十三五”规划确定的汽车产业为支柱产业、智能农业装备是重点发展产业，将产业人才需求与本校传统特色优势相结合，提出现代制造装备应用型专业群建设思路。专业群提出以车辆工程、农业机械化及其自动化专业为依托，以机械设计制造及其自动化专业、电气工程及其自动化专业、电子科学与技术专业为支撑的服务汽车和智能农业装备全产业链的应用型专业群。专业群侧重研究传统教育对学生创新与实践能力的培养与社会需求脱节的问题，培养过程与用人需求脱节的问题，重点落实教育链、人才链与产业链、创新链有机衔接，全面深化产教融合、校企合作协同育人成效、机电产教融合与科技创新，以多层次、全产业大学生校外实践基地为基础，以人才创新能力培养为目标，面向产业链实施人才培养体系。在培养方案制定、资源建设和人才培养过程中充分融入科研育人、产教协同育人和创新实践育人理念，构建面向社会、面向产业的人才培养体系，实现专业群人才创新实践能力和服务社会能力双提升。

1　教学问题的提出

（1）专业建设与区域经济社会发展需求脱节，与学校的人才培养目标定位脱节问题，是学校过去长期封闭式培养人才、因人设课、因师资设专业导致的。

（2）人才培养内容与条件与企业生产实际需求脱节问题，是对企业需求调研不足、专业人才培养的资源建设不够、培养方案的制定没有与社会需求融合导致的。[1]

（3）学生创新能力培养与学科建设、科学研究脱节，创新能力培养的抓手和载体不明等问题，是过去学科建设与专业建设分离、科学研究与人才培养脱节，创新能力培养缺少抓手导致的。

---

① 本文系福建省本科教学改革项目“机械制造装备及其自动化应用型专业群的建设”的研究成果。

② 陈学永（1970—），男，福建永定人，博士，福建农林大学机电工程学院教授、博导，主要从事工程教育的研究。

2 主要举措与成效

2.1 以培养方案制定为抓手，解决培养什么人和怎样培养人的问题

专业群按照工程认证理念修改人才培养方案，分析区域经济发展定位和趋势，将社会需求和学校人才培养目标定位充分融合，确定培养什么人的问题[2]。按照人才能力培养依靠课程建设的逻辑，革新教学内容与手段，落实课程目标和人才能力要求达成评价机制，解决怎样培养人的命题。专业群先后推动机械、车辆、电科专业参与工程认证。机械专业通过了教育部工程教育专业认证。专业群所有专业按照工程教育专业认证规范要求制定了培养目标和培养方案。

2.2 基于产业链构建多层次校内外实践基地，实施协同产与学、协同育与用，解决产学研脱节问题

以汽车制造和农产品生产与加工全产业链为背景，构建多层次校外大学生实践基地，开展实践教学、企业参观、项目研发、产品试制等实践活动。

团队建立以东南汽车为代表的产前 12 个实践基地，以福大自动化科技有限公司为代表的产中 30 个实践基地，以福建省福京汽车贸易有限公司、平安保险公司等为代表的产后 8 个实践基地，实现产业链“产前、产中、产后”全覆盖的实践基地群，有“深度”地构建丰富的校外实践资源[3]。

同时，为促进教育链、人才链与产业链、创新链有机衔接，全面深化产教融合、校企合作协同育人成效、机电产教融合与科技创新，团队先后与福建上润、北控清洁能源、福建博瑞斯恩、福州吉阳聚光新能源、福建高驰门控科技、山东万和科技、福建博科新能源、福建捷泰工业科技、东莞博科、广东惠州成泰、东南汽车、良正机械等企业合作，从奖学金、横向课题、校外实践基地创新实践、就业等形式，在“广度”上提供多样的校外实践选择。

组建以行业企业专家为主体的专业群专业建设咨询委员会，引进企业选修课 3 门，企业开设讲座 80 余场，企业专家参与线上金课 2 门，学生入驻校外实践基地实习实践、毕业设计共计 680 多人次。

2.3 学科引领、思政协同、校企合作，引派并举，构建多层次创新育人新模式，解决融合难问题

构建“导师带研究生、研究生指导本科生”的传帮带机制，本科生以纵、横向科研项目、产学研项目为研究平台，在参与项目过程中有效提升专业素质，形成“教学促进科研、科研反哺教学”双循环的人才培养新模式。把企业人才和项目引进来，把师生派到企业一线，形成创新联合体，突破产业链“卡脖子”技术，助推产业发展。专业群紧紧围绕“对接产业发展、深化产教融合、加强科技创新、提升人才培养质量”的整体思路，通过纵向、横向科研项目及产学研项目带动学生参与科技创新、社会服务和技能竞赛，创新人才培养模式。通过产学研机制，团队全方位孵化和支撑了国家级“专精特新”小巨人企业厦门亿芯源半导体科技公司的基础研究、企业研发体系建设和行业人才培养。全面突破1~25 Gbps 跨阻放大器芯片“卡脖子”技术，实现直接销售总额 2 亿元，为下游模块企业新增产值超 10 亿元。其中，25 Gbps 高速跨阻放大器芯片先后获得第十五届中国芯“芯火”新锐产品称号（该年度我省仅 4 款芯片获得奖励）、国家重点研发计划 2020 年度重大科技成果奖和第七届中国国际“互联网+”大学生创新创业大赛全国银奖。近 5 年，横向项目经费累计超过 500 万元。学生发表论文 29 篇，获授权发明专利 4 项、实用专利 54 项。

2.4 科研育人多措并举见成效

2.4.1 依托校内实验室+校外实践基地，开展科研实践

建设校内外实践基地，吸纳本科生、研究生进基地，实施科研育人：①在校内建设30吨55 ℃太阳能热水系统校内实践基地，供机械、电科、电气专业的学生实习实践，每年接待学生约300人次；②以建瓯市森林病虫害防治检疫站的“松枯死木无人机监测”项目为依托，培养相关硕士3人，发表5篇科研学术文章，获授权发明专利4项，培养无人机正式飞手10人（本科生3人），指导本科生参与无人机主题的省级大学生工程综合能力竞赛，获特等奖；③受福建捷泰工业科技股份有限公司委托开发适用于中国的垂直式循环立体车库，研究生6人、本科生22人参与此项目。另外，还有智慧工厂系统软件开发项目等，累计培养本科生超1 000人次，研究生20多人。

2.4.2 科研育人，构建“导师带研究生、研究生指导本科生”的传帮带机制

以各类科研和教学团队为依托，以项目为载体，吸纳研究生、本科生参与，提升学生实践能力。近年来，团队指导研究生开展基础研究及其应用工作，研究生带领本科生开展毕业论文设计并参与项目研发。本科生以纵横向科研项目、产学研项目为研究平台，在参与项目过程中不仅仅提升专业素质，还起着传帮带的作用。老师带学生、博士指导硕士、硕士指导本科生开展一系列创新创业活动，研究生利用项目带领本科生进行一系列教学活动，双向提高育人效果。

近5年，研究生指导100多名本科生直接参与上述项目，获得30多项竞赛奖。

2.4.3 人才培养，形成“教学促进科研、科研反哺教学”的双循环

在本科教学过程中以实际项目为毕业论文平台，引导学生在实践中成长。近年来以项目为驱动的毕业论文有：《基于SURF算法的图像拼接研究》《基于Arduino的温室大棚温湿度及二氧化碳浓度监测系统设计》《自动逐日系统》《面包自动和面机》《小型播种机》《条沟肥机》《水肥一体供给电控系统》等，每年推出60多个实践创新题目供学生选择。

开设综合性、设计性和创新型实践，并将实践内容与生产实际和教师的科研项目研究相结合，创新实践教学体系。近年来，学生以科研项目为内容参加学科竞赛和创新创业大赛获得不错成绩。

2.4.4 依托科研项目，开展科研思政教育，提升家国情怀

挖掘项目的思政元素，培养学生的家国情怀。利用太阳能项目，开展“红色之旅”教育。深入建瓯吉阳老区调研农村合作社和太阳能综合利用技术应用的可能性，深入龙岩长汀童坊镇龙坊村，调研太阳能光热、光伏综合利用应用于农产品、农业经济作物烘干技术的可行性，将太阳能的应用推广至革命老区。在开展项目过程中，学生感受革命老区的红色文化，学习革命先烈坚定的信念和顽强的革命意志，传承红色精神，学生认识到立足于和平年代，利用专业知识也能为社会添砖加瓦，增强对国家、民族的自信心和自豪感，能够自觉爱党、爱国，敬业修德、奉献社会。

3 专业群建设与人才培养的主要成果

3.1 专业群教师团队主要成果

主持和参与国家级科研立项6项、省厅级5项，主持横向课题16项，获得大量科研经费，团队科研实力不断提升；积极探索新型人才培养模式，教学成果丰硕，近5年来，获省级教学成果奖一等奖、二等奖各1项，国家级社会实践一流课程1门，省级金课5门，主持

省部级教改项目 12 项，发表教改论文 5 篇，编写教材 3 本，获授权专利 7 项、软件著作权 1 项。

3.2 人才培养成效

在工程教育专业认证思想的指导下，企业与行业专家参与修订培养方案，对专业群 2012 级至 2016 级 2 000 多名学生实施了新的人才培养模式，培养了社会认可度高的复合应用型人才。

（1）进入校企合作基地实习实践的学生 5 年累计 672 人次。近 3 年毕业的学生服务产业链企业占毕业人数的 30%。

（2）2015—2020 年专业群学生获得国家级竞赛奖项 80 多项、省部级竞赛奖项 100 多项；获批各类创新创业训练项目 70 多项。其中，2017 年获“互联网+”国家级银奖一项、省赛银奖和铜奖各一项；获全国大学生“挑战杯”大赛二等奖，获全国大学生课外电子作品设计大赛一等奖 1 项、二等奖 2 项；2018 年获“创青春”全国大学生创业大赛金奖 1 项；2020 年获“互联网+生命周期评价”全国特等奖 1 项。

（3）合作企业资助举办学科竞赛（大学生校外实践基地资助并冠名的“机电杯”福大自动化工程设计师和工程规划师竞赛），企业冠名举办学科竞赛（“龙净杯”福建省大学生机械创新大赛、“东方红杯”智能农业装备设计竞赛等），校企共同指导学生参与竞赛（“创青春”大学生创业大赛），共同指导创新创业训练项目，成绩斐然。

（4）科研育人方面：2014 年以来，学生以导师项目为依托，本科生以第一作者累计发表或录用学术论文 33 篇；以学生为第一发明人授权的专利近 100 项，其中发明专利 12 项，同时获软件著作权 1 项。

（5）形成稳定的东南汽车系列品牌讲座[4]：通过和东南汽车共建产学研大学生校外实践基地，推动校企合作走深走实，采取走出去、引进来的模式，与东南汽车人力资源部、汽车研究中心协商引进 30 多门讲座课程，每周定时定点发布讲座内容和报名人数。近 3 年来，受益学生超过 3 000 人次；

3.3 办学质量得到社会认可

充分利用校企双方优势资源，共同制定实践课程，使学生在学习期间就得到专业技能、职业道德、企业文化、团队协作等方面的培养，提高毕业生胜任企业岗位工作的能力。机械专业为区域经济社会发展输送了 4 000 多名毕业生；农机人才分布在福建省各级农机管理、推广部门和农业装备生产制造企业；车辆人才分布在福建省汽车产业链的各环节，成为骨干力量。2017—2021 年学生就业情况如表 1 所示。

表 1 2017—2021 年学生就业情况

年份	就业情况	
	就业率	签约率
2017	98.3%	82%
2018	98.5%	82.5%
2019	98.7%	83%
2020	83.41%	79.83%
2021	90.54%	81.7%

4 结语

通过分析社会需求和学校人才培养之间存在的问题，凝练专业群建设需要解决的问题，重新制定培养方案；基于产业链构建多层次校内外实践基地，实施协同产与学、协同育与用；学科引领、思政协同、校企合作、引派并举，构建多层次创新育人新模式。科研育人，多措并举，取得了面向产业、面向社会需求的人才培养成效，复合应用型人才的培养与输出得到社会高度认可，对相关应用型专业群的建设与人才培养具有很好的借鉴作用。

参考文献

[1] 张得元，张瑞玲. 校企协同育人模式存在的问题分析 [J]. 山西农经，2017 (21)：133.

[2] 林健. 工程教育认证与工程教育改革和发展 [J]. 高等工程教育研究，2015 (2)：10-19.

[3] 陈学永，陈鸿，等. 大学生校外实践基地建设条件的研究与实施 [J]. 中国校外教育，2020，(12)：2-4.

[4] 陈学永，徐建全，等. 一种校企协同育人的创新案例设计与实施 [J]. 科学导刊，2019 (12)：18-19.

新工科背景下高级应用型焊接专业人才培养模式探究①

王金凤　刘　峰　王海林

湖北汽车工业学院材料科学与工程学院

摘　要：传统焊接技术专业课程系统主要包括冶金材料类、机械结构类、电源类和工艺类课程，随着智能化的发展，传统焊接专业难以适应工业现代化需求。新工科背景下的焊接专业在传统焊接技术的基础上融入“智能制造、云计算、人工智能和焊接机器人”等新技术，是一门集材料学、机械学、电工电子学、工程力学、自动控制技术、计算机技术等学科内容的综合性、交叉性专业，并具有突出的实践性。本文在传统焊接技术培养体系的基础上探讨了新工科建设，结合我校办学特色以及企业急需的应用型焊接人才，明确我校焊接技术与工程专业培养人才分类；校企合作建设“双师型”教学团队，参照工程教育认证，制定校企共育的焊接专业人才培养方案及课程体系。

关键词：新工科　焊接专业　培养目标　教学体系

引言

2017 年以来，教育部积极推进新工科建设，形成了“复旦共识”“天大行动”以及“北京指南”[1]，并发布了《关于开展新工科研究与实践的通知》和《关于推进新工科研究与实践项目的通知》[2]，全力探索形成领跑全球工程教育的中国模式、中国经验，助力高等教育强国建设。2018 年，教育部办公厅发布了《高等学校人工智能创新行动计划》，要求推进“新工科”建设[3]。自此，全国高校开始积极推进新工科方面的建设工作。

所谓“新工科专业”，是指以互联网和工业智能为核心，包括大数据、云计算、人工智能、区块链、虚拟现实、智能科学与技术等相关工科的专业，是将智能制造、云计算、人工智能、机器人等用于传统工科专业升级改造[4-5]的专业。未来新兴产业和新经济需要的是实践能力强、创新能力强、具备国际竞争力的高素质复合型新工科人才。焊接专业是在传统焊接技术基础上融入智能制造、云计算、人工智能和焊接机器人等新技术的专业[6]，是一门集材料学、机械学、电工电子学、工程力学、自动控制技术、计算机技术等学科内容的综合性、交叉性专业，并具有突出的实践性。因此，在传统焊接专业人才培养体系的基础上探讨新工科建设，结合企业急需的应用型焊接人才，制定校企共育的焊接专业人才培养方案及课程体系，将“智能制造、云计算、人工智能和焊接机器人”等内容有机融入相应的课程中，培养造就一大批创新型卓越工程科技人才，适应未来新经济和新兴产业需要的实践能力强、创新能力强、具备国际竞争力的高素质复合型新工科人才，既是当务之急，也是长远之策。

---

① 基金项目：2018 年教育部第二批产学合作协同育人项目“‘VR+焊接’协同创新中心建设”（201802284033）；2019 年湖北汽车工业学院教研项目“新工科背景下的焊接技术与工程专业教学体系改革”（JY2019004）。

1 我校焊接类新工科背景下应用型人才培养整体目标的确定

高等工程教育通常培养三类人才：一类是具备深厚的专业理论基础，可以完成创新性科学研究，推动科技发展的科学研究型人才；一类是糅合了学术与技能、工程与技术，运用工程理论和技术手段去实现工程目标的人才；还有一类是具备一定的工程技术基础，从事法律、经济、管理等其他方面工作的工科毕业生。

我校焊接技术与工程专业的培养方案是：培养具备焊接技术与工程相关的基础理论、专业技术及管理知识，具有社会责任感、职业道德和人文素养，一定的自主学习能力、创新精神和实践能力，毕业后能在汽车及相关行业从事焊接工程的结构设计、工艺设计与评定、焊接装备、焊接材料、焊接自动控制等方面的科学研究与技术开发、产品设计以及生产和管理等方面工作的应用型人才。

围绕“中国制造2025”“互联网+”，通过对行业企业需求进行调研，我校了解到未来经济和新技术发展所需要的是实践能力强、创新能力强、具备国际竞争力的高素质复合型新工科人才。基于我校实际情况，我校确定了焊接类专业培养人才以第二类为主，第一类和第三类为辅，适应现代工程教育，做到秉承“回归工程”的教育理念。这也就意味着新工科背景下，学校要克服以往工程教育“科学化”的不足，给予工程实践更多关注，注重学生的工程实践训练，尤其强调培养学生发现问题和解决实际问题的能力，树立学生终身教育观念，适应新时代发展。

根据以上思路，我校明确了焊接技术与工程本科专业人才培养目标，通过调研，确立了以培养汽车行业人才为特色的焊接类专业本科学生培养模式，确定了符合我校培养应用型人才定位的专业发展方向。

2 构建模块化新工科人才的课程体系

我校是以汽车命名的本科院校，学校的主要特色与汽车设计、制造、服务等密切相关，因此合理构建新工科应用型人才培养模式、人才培养体系及人才培养方案，明确专业人才培养目标与培养规格，结合汽车行业岗位、任务、专业课程对应关系等是我们构建模块化课程体系的基础。

结合新工科专业，将智能制造、云计算、人工智能等新技术融入传统工科专业，我们在原有课程体系的基础上，将“智能制造、云计算和焊接机器人”进行有机融合，搭建具有新工科特色的理实一体化多模块教学体系。通过跟踪汽车产业发展、汽车材料新技术、人才市场和本专业毕业生动态，我们了解到目前汽车产业对机器人选型、编程、焊接运动轨迹、焊接工艺等技术合理匹配的综合型人才需求较多，且对于焊接数值模拟、焊接结构设计、焊接变形预测、焊接裂纹防止等方面的技术人才需求也在增加。因此在新一届培养方案的制定过程中，我们就考虑了这些需求，如在焊接专业课程中加入了焊接数值模拟课程，并且将原有的检测技术与控制工程课程调整为焊接自动控制课程，以更适应焊接专业新工科人才培养的课程体系，并且针对焊接专业及材料成型、控制工程焊接方向的学生开放了焊接机器人实验室，学生在业余时间可以到实验室进行实地学习。

3 校企合作，构建项目驱动的工程教育培养新模式

工程教育不仅要教会学生有关工程的基本原理，还需要较好的人文社会科学素质和较强

的组织管理能力，强调国际视野、社会责任和团队合作等企业管理精神。因此借助“学校—企业”的深度合作，让学生尽快真正接触到真实的工程项目。项目驱动法认为，学生学习的动力来源于实际生产需求，即解决实际问题的需要，项目驱动教学的特色在于激发学生学习主动性，吸引学生进入学习情境，教师的职责则是为学生提供适当的情境，也就是实际工程应用问题。通过教师的引导，学生在这种情境下主动思考，运用所学理论知识结合工程应用，最终师生协同解决实际问题，达到教学目的。这种教学方式必须依赖于大量的企业实践和具体的实际案例作支撑，设计合理的课程体系，实施项目驱动教学，从而培养学生解决复杂工程问题的能力。我们探索了满足学生学习的三个阶段任务：一是“基础知识”学习，强调学生掌握运用于材料工程的基础知识；二是“专业知识”学习，使学生了解相应的焊接方向的专业知识；三是“知识运用”，即学生运用理论知识解决焊接工业生产中的实际问题。三个阶段相辅相成，逐步培养掌握焊接结构与工艺设计、设备运用、焊接质量检控等专业核心能力，具有创新创业意识和团队协作精神的复合型人才。

以焊接结构教学中的某个项目驱动为例，在焊接结构教学过程中，有一章的内容是“焊接结构脆性断裂”，在上课过程中，要求学生对脆性断裂的特征、脆性断裂产生的原因、脆性断裂的影响因素和脆性断裂的预防措施等方面进行讲述和讨论学习。为了加深学生对所学知识的掌握程度，在学习本章之前，要求学生查阅相关资料，提示学生可以以压力容器为例去学习“焊接结构脆性断裂”，从了解压力容器的使用条件、制造过程、检验方法等入手，结合压力容器的使用环境，根据教材中讲述的脆性断裂特征，分析其是否存在脆性断裂的风险，根据分析获得的设计和制造标准，提出预防脆性断裂的措施。该项目要求学生自己组建团队，分工协作，并在后续的“焊接工艺工装课程设计”中进行结构设计、焊接方法设计、焊接检验设计以及实现该压力容器制造的焊接工装设计，在“焊接综合实践”课程中采用缩小比例方法做出实际的容器，完整实现了理论学习—知识应用—付诸实践的全过程。该项目驱动法既加深了学生对理论知识的掌握，又提高了学生的学习兴趣，使得理论与实践有了完美的结合。

4 校企深度合作的实践教学平台搭建

新工科人才培养的核心是实现学校和企业的深度合作，构建校企深度合作的实践教学平台进行人才培养。实践教学平台需要与专业相关的企业开展合作，双方以“相互合作、互利互惠，共同发展”的理念为基础，共同建立对双方都有利的合作平台。比如在学校建立实验教学中心，该中心可供学生和企业人员进行相关培训，并利用先进的实验设备为企业提供实验和检测服务；在校外建设实践教学基地，可供学生进行各种类型的实习。

我校背靠东风汽车有限公司，通过与东风汽车有限公司和地方企业研发部门的科研合作，建立了良好的合作关系，在十堰地区建立了100多家校外教学实习实践基地，主要包括四个层次：第一层次是面向大一新生的认知实习基地，该基地对学生提供的是一种认知教育，主要是让学生对生产企业有基本的感性认识；第二层次是低年级学生的工程认识实习基地，学生在实习过程中需要进入该基地的车间，学校聘请企业工程技术人员对工厂布置、产品生产流程、产品生产工艺、生产装备等进行较深入的介绍；第三层次是面向高年级学生的专业实习基地，学生深入公司内部，有专门的企业工程师指导，跟随工程师做一些与结构设计、工艺设计、质量监控、车间管理等相关的工作，该阶段是培养工程师的主要环节；第四个层次是面向毕业班学生的毕业设计实习基地，该基地为学生提供的是某一具体产品的深入加工、制造过程中的主要问题研究。通过多层次的实践环节，有效提高学生的动手能力和工程能力，并通过企业的具体项目实践培养学生的初步创新能力。

焊接技术与工程专业主要与东风专用零部件有限公司、东风华神汽车有限公司等开展产学研合作，依托汽车轻量化材料及连接技术湖北省工程研究中心和先期建立的产学研合作基础，进一步拓宽校企合作的途径和内容，将产业人才的工程素质和创新能力教育落到实处。

5 双向合作，“双师型”教师团队建设

产业人才的培养，单靠学校的师资绝对不可能实现人才的培养目标，唯有通过校企资源的融合，校方教师和企业专家结合才可能造就一支高水平的教师队伍，满足产业人才培养需求。在焊接技术与工程专业的人才培养模式中，我校主要通过以下几种方式培养校企融合的师资队伍：其一，增加教师进企业参观实习的机会，与企业合作开发教师培训教材、课程和远程培训资料，全面提升师资水平；其二，邀请相关企业专家入校指导工作，不定期就企业管理、工程技术、人文素养等方面做专题讲座；其三，校企合作为学生提供企业实习机会，邀请企业技术人员现场指导学生解决实际工程问题，让学生将所学理论知识应用于实际生产当中，培养学生动手解决问题的能力。

在这种校企协同育人模式下，课程建设的目标、教学方法等将会很大程度建立在企业的实际生产需求上，这样不仅可以利用企业的优势资源，扩大实践教学的场所，提高学生的实践动手能力，同时也为企业培养了高素质技能型人才。

6 建立 OBE 闭环质量评价和持续机制

基于 OBE 理念，以工程教育认证标准和规范为基础，完善培养目标、毕业要求、课程体系、教学目标和考核环节，构建由学生、教师、用人单位、毕业校友组成的内外结合的教学质量评价机制，提升教学质量，实现可持续发展的人才培养新生态。

为合理评价培养质量，监督促进本科教学质量提升，参照工程教育专业认证的要求，我校制定了由用人单位、毕业生、企业行业专家、学校教师、在校生等不同利益主体共同参与的人才培养质量评价体系，建立培养目标、毕业要求达成度和课程目标达成情况评价机制、毕业生跟踪走访调查机制，对人才培养质量进行评价，并对评价结果进行分析，提出改进措施，持续提升培养质量。

7 结语

（1）根据新工科工程教育的目标，我校通过调研、校企联合等方式制定了焊接技术与工程专业的人才培养方案，提出适合新工科背景下校本特色的高级应用型焊接人才培养的目标和定位，明确了我校焊接技术与工程专业人才培养分类。

（2）学校加强与企业的紧密联合，形成战略合作伙伴关系，建立校企资源共享，产学研合作的长效机制，使企业成为学生实践和工程培训的长期稳定的教学基地，通过校企合作，建设了“双师型”教学团队。

（3）根据产业人才培养要求，参照工程教育专业认证，我校制定了由用人单位、毕业生、企业行业专家、学校教师、在校生等不同利益主体共同参与的人才培养质量评价体系。

参考文献

[1] 吴岩. 新工科：高等工程教育的未来：对高等教育未来的战略思考 [J]. 高等工程

教育研究，2018（6）：1-3.

[2] 余杨，李焱，段庆昊. 新工科理念下船舶与海洋工程卓越人才培养体系研究 [J]. 天津大学学报（社会科学版），2020，22（6）：519-523.

[3] 钟登华. 新工科建设的内涵与行动 [J]. 高等工程教育研究，2017（3）：1-6.

[4] “新工科”建设行动路线“天大行动” [J]. 高等工程教育研究，2017（2）：24-25.

[5] 林健. 面向未来的中国新工科建设 [J]. 清华大学教育研究，2017，38（2）：26-35.

[6] 谢芋江，黄本生，周培山，等. 新工科背景下焊接专业人才培养模式探索 [J]. 西部素质教育，2018，4（20）：189+198.

依托“五育融合精英班”提升新时代工科大学生创新创业能力研究

——以武汉纺织大学铁人班为例

方 林 王 娟 肖 锦 周 曦

武汉纺织大学机械工程与自动化学院

摘 要：铁人班于2005年创办，通过遴选优秀学生组班，着重培养非智力因素，强调立大志、练身体、拼毅力、能动手、善合作。新“铁人”育人模式基于德智体美劳五育融合教育理念，结合卓越工程师计划，旨在培养“铁的信仰、铁的身体、铁的意志、铁的纪律、铁的本领”的新工科精英，赋予新时代五育融合新的内涵。基于学科专业特色，铁人班创新创业能力提升显得尤为重要。传统的创新创业教育更多的是理论教学，学生在课堂学习的理论知识在实践中用处不大，而“五育融合精英班”的出现将会打破这一僵局。为落实国家创新驱动发展战略，进一步深化创新创业教育改革，武汉纺织大学铁人班高度关注创新创业动手实践，强调创新创业过程中的系统学习能力，依托创业孵化苗圃机智过人工作室开展学习实践。因此，“五育融合精英班”相对于传统创新创业教育，是一种大胆且合理的改革发展，是对大学生创新创业精英化培养的补充完善，此举将有效助力新时代工科大学生创新创业能力培养提升。

关键词：创新创业 五育融合精英班 铁人班

引言

在大力推动创新创业（简称“双创”）的背景下，各级政府对大学生创新创业给予了高度关注。2021年9月，国务院办公厅出台了《国务院办公厅关于进一步支持大学生创新创业的指导意见》（国办发〔2021〕35号）；2020年7月，国务院办公厅出台了《关于提升大众创业万众创新示范基地带动作用 进一步促改革稳就业强动能的实施意见》（国办发〔2020〕26号）；2019年7月，人力资源和社会保障部、教育部、公安部、财政部、中国人民银行联合印发了《关于做好当前形势下高校毕业生就业创业工作的通知》（人社部发〔2019〕72号）；2019年7月，教育部印发《关于〈国家级大学生创新创业训练计划管理办法〉的通知》（教高函〔2019〕13号）。各级政府部门高度重视大学生创新创业工作，工作推进形式多元有效，在此背景下，越来越多的大学生倾向于以创新创业来实现自身的高质量就业。由于缺乏专门的平台和相应的知识储备，这些大学生往往很难找到创业突破口，这就需要有针对性地对该群体开展有效的双创教育培训[1]。本文尝试按照以点及面的原则，依托“五育融合精英班”来集中进行创新创业理论、实践教学，为新时代工科大学生创业创业能力提升提供一定的思路。

1 “铁人班”的内涵与意义

“铁人班”于2005年创办，通过遴选优秀学生组班，着重培养非智力因素，强调立大志、练身体、拼毅力、能动手、善合作。秉承“干净、励志、合作、坚持”的班训，围绕“五育”打造“五铁”育人模式：以德为先，着力推进课程思政，树立“铁的信仰”；以智固本，创新人才培养模式，铸就“铁的本领”；以体贵恒，健全身心健康，锻造“铁的身体”；崇美尚真，构建美育体系，锤炼“铁的意志”；以劳重实，赋予全新劳动教育内涵，打造“铁的纪律”。基于学科专业特色，铁人班创新创业能力培养显得尤为重要。以“学为创、创中学、边创边学”为理念，运用“创业知识嵌入创业实践”的培养形式，依托机智过人工作室开展学习实践，牢牢抓住全面提高人才创新能力这个核心点，致力于培养既有家国情怀又有工程创新实践的复合型专业人才，引领高校大学生在适宜的阶段突进创新创业阵地，惠及更多高校大学生。

铁人班旨在将“具有强烈自我提升意愿”且“适合创新创业”汇聚在一起，以实现德智体美劳五方面融合发展、着重突出发展创新创业能力为目标，打造未来优秀校友的集中地。铁人班聚集的是各个年级追求上进的学生群体，从低年级的层层选拔突出重围到高年级的一生一策，给每一名同学予以针对性的就业、创业、升学指导，实现加入铁人班初期定下的目标。在此期间，铁人班从始至终致力于大学生创新创业能力的培养，引导学生在“双创”方面从无到有，从有到强，为社会输送培养创新型实践工科人才。

铁人班会帮助有想法的同学解决两方面问题：其一，通过组建由行业专家与专业骨干教师互补的师资团队，学院与校友企业共同提供满足不同层次需要的实践基地，并由行业专家辅之相应的实践指导，整合学院优势创业资源，梳理专业特色优势学科竞赛及创业项目，主动提供适合铁人班学生的基础竞赛、专业竞赛、创业比赛、就业项目，鼓励指导学生找准自身定位科学完成组队，使团队力量、资源最大限度发挥出来，深入参与推敲斟酌相关比赛和项目。其二，指导班级同学合理利用学院既有的创业平台资源开展创业经营项目，深入企业参与乃至主导运营管理。铁人班的创新创业教学内容务必要按照真实创业的体验实践活动来展开，以终为始，在运营企业的过程中，边做边学创业理论，而不是“先学理论后实操”的固有传统教学方式。铁人班创新创业教育打破传统教学理念和方法，以学生真正有所获为目的，能使学生学以致用。

随着各级政府大力支持大学生创新创业，高校越发重视该板块，以创新推动学科竞赛进而助力学校综合发展，以创业助推高质量就业进而实现学校的社会认可度，双创氛围愈发浓厚。在此过程中也不乏一批又一批的跃跃欲试的创业意愿强烈的学生，抑或是正在实操创业运营公司的和创业遇阻失败的学生，铁人班的出现，能够将以上几类同学归集到一起，利用学院优势双创资源压实培养创新型人才的责任和义务，在日常双创教育中使学生能够及时获取新时代大学生创新创业的前沿动态，更为有意义的是，可以一生一策因材施教、循序善诱地提供全面系统的双创教育，进而有效提高新时代工科大学生创新创业能力[2]。同时，培养拥有国际化视野，具有创新精神和创业意识，系统掌握互联网+机械产业的专业知识和理论，具备相应领域的专业技能，具有较强的社会适应能力，拥有敏锐的洞察力、出色的团体意识、出众的执行力，理论功底深、专业技能精、组织能力强、人格品质优的高素质创新创业人才。

2 铁人班双创教学内容

2.1 铁人班的双创理论教学

理论教学围绕“组建团队—寻求创业机遇—整合双创资源—营造实操氛围—创办企业—有序运营企业”的中心逻辑开设双创课程，行业专家和创新创业指导老师担任课程教师，经老师们验证，该教学逻辑符合企业创办规律，与运营公司的实际需要高度吻合，有利于高效指导铁人班学生投身创业实践。创建团队是首要环节，还必须高度重视创业队伍的科学性，教学内容可以开设“双创队伍的选拔和管理”专题课程，课程主要教授学生如何发现身边志同道合的创业合伙人，同时引导学生重视如何使团队成员消除壁垒，实现短时间内的有效沟通和长效机制，提高团队的交流互动，减少沟通成本。合适的合伙人能主动去化解处理团队创建过程中的主要矛盾和问题，并有效解决难题。针对寻找创业机遇，铁人班开设“主动出击，寻找优质创业项目的奥秘”这类专题课程，该类课程主要聚焦如何发现商机、研判商机、定义商机、抓住商机，争取做到不错失好商机；针对整合双创资源，开设“政策与资金的认知和使用”等专项课程，主要给学生提供筹措资金的思路，引导学生自主学习各级政府部门的双创支持政策，解决掉启动资金这一大创业拦路虎，在此过程也能使学生更加理性对待成本支出；针对营造实操氛围，开设模拟运营虚拟企业的课程，使每一位参与创业的同学有模拟试错的机会，找到企业资金管理和营销策略的核心逻辑，更好地为实操服务；对于创办企业，开设“企业创建的要素”等课程，教授学生创办公司的基本流程和所需硬件软件，提前为正式运营做足相应准备；最后到正式运营企业，继续开设“企业运营我来说”等互动课程，实时交流分享运营初期所遇问题和好经验好做法，及时复盘总结，为公司良性运转做足功课。经过“组建团队—寻求创业机遇—整合双创资源—营造实操氛围—创办企业—有序运营企业”等系列课程，铁人班学生能基本掌握较为全面的双创理论并将其运用到实践中。其间，还可以邀请成功创业校友进校做专题讲座，为新时代工科大学生创新创业注入动力信心。

2.2 铁人班的双创实践教学

为切实提高铁人班创新创业成功率，在以上理论教学的基础上还同时开展实践教学指导。为保证实践教学的有效开展，为每个学生创业团队配备 2 名指导老师，其中一名主要提供企业管理指导，另外一名提供业务技术创新类指导，共同对该企业资金运营进行综合指导。管理类指导老师对学生上课教学内容和出勤负责，制定合理的制度引导要求学生高质量地完成每一堂专题课程，解决课程相关难题。技术类指导老师主要解决学生实践课程关于创新创业方面凸显的问题。学院办公室、实验室、学工办支持配合双创团队，提供必要的服务，营造浓厚的双创氛围。除了教学团队配备到位，铁人班的双创管理制度也同等重要。实施并严格执行创业学分制度，学生创业能申请替代学分，同时为鼓励学生创业设置专门荣誉奖项，在常规评优评先时向创业类奖项倾斜。另外，多次承办“挑战杯”“互联网+”等创新创业大赛院赛，吸引更多学生了解创新创业；开设培训、比赛、实践等多种形式的课堂，激发学生参与创业的热情和兴趣，分梯段逐步建立新时代工科学生创新创业培训体系。

3 铁人班“双创”教学方法

对于理论教学，以引导启发式教学为主，用较为生动的理论案例带动学生主动积极思考，要求课堂中有较多互动，增加理论知识的趣味性。一般来说，双创班采用每班不超过20人的小班教学，根据创业类型和学生性格特征进行分组。教师将实际案例融入课堂中，通过讲述、剖析，让学生更能直接地理解每个重要知识点，关键之处还加强互动辩论，最大限度激发学生的思辨能力，加深学习效果，更好学透理论知识点，促使学生成为课堂的主导者。与此同时，课程还走进学生一站式服务社区，在寝室也能学习创新创业理论知识[3]。针对实践教学，要做到时间空间上的相互配合。首先，要保证能随时随地一对一解答疑惑，两位指导老师能从不同角度予以指导意见，利用微信、腾讯会议等平台，实现指导老师无处不在、学生无时不学、团队紧密相连的双创教学状态；其次，必要时还需要请行业专家、外校导师，联合本校创新创业学院开展专家会诊，集中力量重点解决学生创业期间急难愁盼的问题，让学生感受到组织的关注和重视，自然而然会提高自身要求，从而实现教学质量跃升，学生能真正学到干货。

4 铁人班双创制度保障

制度保障的基础来源于学校和学院的大力支持和高度重视，学院历来重视学科专业建设。新时代工科机械专业强调动手实践能力，专业相关的创业项目丰富，学院把创新创业工作一直视作重中之重，把鼓励和支持大学生创新创业列为每年工作的核心板块，针对有强烈创业意愿的同学，学院坚决落实好学校制定的激励政策，如：参加创业实践可以进行学分替换，以创业时间长短来替换相应数量的学分，也可以创新创业实践直接顶替合适的课程，获取学分。自媒体时代，合理利用两微一端为双创学生提供宣传空间和产品展示平台，逐步营造人人知晓创业、人人懂得创业的氛围。同时，根据学生创办公司的经营情况和员工的自我评价来判定该团队创新创业能力，以先进荣誉称号和奖学金的形式对经营状况好的学生进行肯定褒奖，对于公司规模大、运转良好、社会影响较大的同学可以推荐保研、留学、申请更多政策资金支持，以此类方法激励更多学生投身创新创业，实实在在为这个群体谋福利。

好的创业团队离不开指导老师的有效帮助，这就需要出台激励教师的制度，更好调动指导老师的积极性。“00 后”学生大多乐于评价老师教学内容，可以采用对管理类指导老师的实时评价来统计每次上课的效果，综合考虑指导老师的课时、内容、质量，予以指导老师一定的奖惩，最直接的方式就是奖金和荣誉称号。同时，采取末位淘汰制，直接淘汰综合评价较低的老师，动态调整指导老师队伍，激发教师全力付出，只为确保教学质量[4]。

针对创业实践指导教师，为确保实践指导发挥应有效果，可采取指导老师负责制，创办的企业经营效益好坏、存在时间长短等核心指标与实践指导老师高度关联，出台“师生共同创业制”，将责任压到实处，切实体现实践导师的能力水平，真正帮助学生顺利创业、科学经营，师生在制度的指导约束下全身心投入创新创业[5]。另外，制定合理的股份分配制度，教师企业可吸纳学生参与创业经营，反过来，学生创办的公司也可邀请教师入股，更进一步地获取教师的支持帮助。师生互惠互利，共同创业，更能培养学生的团队协作意识，增强探索和学习新知识的能力。

5 结语

新时代工科大学生有着鲜明的特点，面对双创大潮，学校需牢牢掌握学生及团队属性，精准差异化定位创新创业群体，立足五育融合发展的大背景，成立精英班，在精英班的理论学习、实践指导、制度保障等方面下足功夫，以“组建团队—寻求创业机遇—整合双创资源—营造实操氛围—创办企业—有序运营企业”为核心逻辑，重点培养双创实践能力，助力更多新时代工科大学生突破困难、找准定位、成功创业。因此，本文铁人班模式是传统双创教育的有益补充，对高校探索、拓展更科学的创新创业体系起到一定参考作用。

参考文献

[1] 张冰，白华. “高校创新创业教育”概念之辨［J］. 高教探索，2014（3），48-52.

[2] 苏屹. 理工科院校双创教育培养体系现状及成因研究［J］. 高教学刊，2023，9（7），62-65.

[3] 赵伟，张克勤. “一站式”学生社区综合管理模式下高校双创教育研究［J］. 学校党建与思想教育，2023（3），87-89.

[4] 麦靖雯，赵昊楠. 以创业班为载体的创业人才培养研究［J］. 科技创业月刊，2019，32（8），141-142.

[5] 袁艳平，刘莉. 融入专业培养的“双创”教育体系的构建与完善［J］. 就业与保障，2022（11）.

基于创新人才培养的工业机器人实训教学设计

李金爽
太原理工大学工程训练中心

摘　要：为了培养出具备创新型和应用型素质的卓越工程师，提高本科教育水平和人才培养质量，本文提出了构建工程认知训练、基础工程训练、综合创新训练、创新创业实践训练四位一体的工业机器人工程训练实训教学平台，以提高学生的创新能力和综合工程素养，培养学生的学习兴趣，为高校工程训练实践创新教学建设提供参考模式。

关键词：工程训练　工业机器人　创新人才　实训教学

引言

《关于加快建设发展新工科实施卓越工程师教育培养计划 2.0 的意见》提出，“树立工程教育新理念，优化人才培养全过程”[1]。随着“中国制造 2025”“工业 4.0”的推行与实施，制造业对工程技术人才提出了更高的要求，即具有较强的创新意识与创新能力、过硬的工程实践能力、分析解决复杂工程问题的能力[2]。工程训练作为工科院校实践教学环节的重要部分，在培养大学生工程实践能力发挥着重要作用，因此建设培养创新型人才的实训教学平台具有重要意义。

新形势下，高校的工程训练课程体系也在不断改革与创新。为了培养学生的“大工程”意识，工程训练已从原有的实践教学模块如普通车削加工、钳工、铣削加工、铸造、焊接等逐渐拓展为数控加工、3D 打印、激光加工、工业机器人等先进的实践教学模块，增加了新材料、新工艺、新技术的实践教学内容，注重多学科的交叉融合，在空间和时间上实现了实训教学资源的全开放，满足了学生的自主创新要求。

1　工业机器人实训教学平台

工业机器人实训教学平台以本科生工程实践及创新能力提升为目标，与社会发展形势相适应，通过设计以综合、创新、实践为特点的实践教学方案，拓宽学生对智能制造的认知。建设面向不同院系、不同年级的开放实验室，充分利用自身优势，打造以培养工程实践能力和创新能力为目的的实践教学体系。

1.1　实验室硬件建设

作为工程训练中心的重要组成部分，工业机器人实训教学平台是面向全校本科生实践教学、工程素质教育以及科技创新活动的实践创新教学平台。工业机器人实训教学平台不仅是本校工程教育专业认证的重要条件配置之一，也是《卓越工程师教育培养计划》顺利贯彻实施的重要条件和基本保障[3]，同时承担科研与学生科技大赛活动。

近些年来，国家、地方、学校对工程训练中心建设的重视程度和经费投入力度都有显著提升，有力促进了工程训练的硬件发展和内涵建设。我校工业机器人实验室目前拥有 7 个工业机器人地面工作站，2 台拆装机器人，建设以“自动化+数字化”为核心，与现代制造系统相匹配的集成智能喷涂、打磨、焊接、搬运、码垛等一体化的实践教学平台。实验室的建设主要结合当前制造发展新模式，给予学生对加工系统的认知和更加真实的工程背景。

1.2 教学模式

在工业机器人实践教学过程中，采用从易到难、循序渐进的教学思路，将教学内容分为基础理论、基本操作、创新训练。其中，基础理论主要借助于教师教授及视频课程，通过对工业机器人的定义、发展历程、分类、机械结构、工作原理等知识点的讲解，让学生了解工业机器人并具备最基本的相关知识；在基本操作过程中，通过指导教师的引导和演示，学生了解工业机器人操作的基本方法，并通过实际操作去体验并掌握这一过程，在此基础上操作机器人完成基本技能训练任务；在创新训练阶段，通过提出问题、引入工程项目、针对学科竞赛命题、激发学生兴趣，自主创新、学以致用，建立起学生分析问题的能力和对未知领域知识的探索兴趣。

2 构建培养创新人才的实训教学体系

构建阶段化、递进式创新人才的实训教学体系结构，构建工程认知训练、基础工程训练、综合创新训练、创新创业实践训练四位一体的教学体系，在内容、层次上逐层上升，培养学生对知识的灵活驾驭能力。

工程认知训练：主要体现为认知层面的通识学习，指导教师主要采取现场讲授、参观、演示的教学形式，旨在让学生初步建立概念，激发学生参与工程实践的兴趣。

基础工程训练：指导教师主要采取实操教学与学生动手实践相结合的教学组织形式，加强学生对实训教学内容的理解，培养动手操作能力。

综合创新训练：以竞赛为目标的训练模式，结合实训教学，以学科竞赛为拓展方式，组织本科生、研究生参加排行榜赛事，包括全国三维数字化创新设计大赛、全国大学生工程实践与创新能力大赛、中国大学生机械工程创新创意大赛、中国高校智能机器人创意大赛等，“以赛促学、以赛促教”，使学生在工程能力、意识、素质、创新等方面得到提升。

创新创业实践训练：以创新创业项目为目标，培养和提高学生的实践能力、创新思维和创新创业能力[4]。

3 教学特色

3.1 延伸课堂，与实际工业生产线零距离

打破课堂讲授的单一教学模式，将课堂搬到自动化生产线上，通过视频学习中国自主品牌长安汽车全自动高效钣金冲压、焊接、喷涂、装配生产线，带领学生近距离观察了解工业机器人在自动化生产线上的应用，由生产设备中机器人的机械结构、系统组成，延伸拓展到实际生产中工业机器人的工作原理、现场编程，从具体应用出发，让学生真切地体验到知识的实际应用，然后再深入讲解分析，使得知识更为具象，更易于理解。同时，通过知识在实际工业情境中的应用，帮助学生建立知识与生活的联系[5]。

3.2 加强校企合作协同育人

为培养新时代产业发展所需要的人才，通过校企合作强强联合，共建共享高校的教学、实训、科研资源和企业的生产性实习、技术研发资源，打造产教资源融合新基地，双方共建

探索新形势下实训教学体系，服务工程训练实践教学和科研。

3.3 将劳动教育、思政教育融入实训课程

组织学生在劳动教育思政教育实训基地生产劳动，强化学生的劳动意识和劳动能力，使学生对劳动精神和劳动价值有更加深刻的理解和认识，将“双创”教育、“工匠精神”教育、马克思主义劳动观等融入实训教学，促进学生认识和理解劳动的深刻内涵，培养学生正确的劳动价值观。同时挖掘课程思政元素，介绍我国特定领域受制于国外的卡脖子现象，弘扬爱国精神，激发学生的爱国情、强国志、报国行。

4 结语

工业机器人实训基地为全校学生提供教学实训使用，作为工程训练中心主要基地之一，每年开设实验课约580学时，每年接受约5 000名学生进行机器人创新实践，逐步建设成各类大学生课外学科竞赛、创新创业活动的交流推广平台，营造创新创业文化氛围。今后将继续不断完善教学理念、教学体系、教师育人能力，提高学生的创新实践能力和综合工程素养，培养出具备创新型和应用型素质的卓越工程师，从而提高本科教育水平和人才培养质量。

参考文献

[1] 教育部，工业和信息化部. 中国工程院关于加快建设发展新工科实施卓越工程师教育培养计划2.0的意见 [J]. 中华人民共和国教育部公报，2018 (10)：13-15.

[2] 马雁，刘恩专. 中国制造2025视野下技术技能人才培养的思考 [J]. 天津职业院校联合学报，2016 (3)：72-75.

[3] 付铁，郑艺，丁洪生，等. 材料成型技术实践教学平台的建设与思考 [J]. 实验技术与管理，2017，34 (7)：166-168.

[4] 杨洋，李金良，刘思含，等. 基于创新人才培养的工程训练智能制造实践教学平台的研究与实践 [J]. 中国现代教育装备，2023，409 (9)：50-52.

[5] 刘改霞，刘能锋，陈如香，等. 机器视觉在工程训练课程中的教学实践 [J]. 中国设备工程，2022，512 (23)：253-255.

新工科背景下数字孪生技术在工程实践教学中的应用
——以智能分拣为例

韩嘉宇　张　良　任杰宇
太原理工大学

摘　要：在如火如荼的“双创”潮流引领下，高校担负起创新创业人才培育的重任，发挥着双创空间[1]建设的主体作用。从双创空间的构成要素及影响因素出发，搭建融入创新创业实践教学的实训场所、构建创新创业实践教学课程体系、培育具有专业素养的创新创业主体显得尤为重要。

关键词：实践教学　创新创业　智能制造　双创空间

引言

随着我国经济社会对高科技人才的迫切需求，高校作为科技资源、人才资源、社会资源的交叉域和融合点，理所应当地成为科技创新的圣地，责无旁贷地承担起科技及创新人才培养的重担。

为适应新时代国家和区域经济社会发展对高等教育人才培养的需求，深化教育教学改革，进一步推进我校“双一流”建设，创建一流本科，促进学校向高水平国际化创新型大学发展，我校进行了2019版本科人才培养方案的修订工作，除了全面优化课程设置，注重实践能力培养，特别提出将强化创新创业教育纳入培养方案。

随着智能时代的到来，数字孪生技术从一个纯工业应用领域的概念，被逐渐应用到了教育领域，并逐步成为智能教育新生态系统的手段之一[2]。

本文以数字孪生创新实训基地为基础，融入创新理论与创新方法，针对不同专业学生展开不同层次创新实践教学，借助产学合作、协同育人的措施，分专业培育不同角色的创新创业教育人才，尝试建设具有理工类高校特色的众创空间[3]。

1　数字孪生创新实训基地构建

1.1　建设背景

近年来，各高校以“服务地方经济建设”为办学宗旨，以大学生创新创业项目为驱动，以大学生课外学科赛事为载体，已初步形成了多层次、立体化的创新创业教育长效机制。目前，太原理工大学共开展实施“大学生创新创业训练计划”项目542项。推出了大学生科技竞赛排行体系，每年拿出100万元用于科技竞赛活动和基地建设。建成24个大学生课外科技实践和创新活动基地，组织学生开展和参加了80余项全国高端科技学术竞赛活动。学校机器人、数学建模等多个学术科技团队在各项赛事中表现突出，摘金夺银、频创佳绩。

在各项比赛和工程实践教学中，将数字孪生技术[4]应用其中会给备赛和实训教学带来不一样的体验，因此构建完善、合理的数字孪生技术课程教育体系是当务之急，开发完备的创新创业课程体系，布局多学科、多专业创新创业方法应用是当前亟待解决的问题[9]。

1.2 建设方案

1.2.1 硬件建设方案

想要建设领先的智能制造技术集成实训基地，必须秉持工业和教育双轮驱动的发展理念[5]，采取工业应用、教育应用、创新人才培养三位一体的实施方案，以智能制造、人工智能、数字孪生核心技术为基础，构建一系列接近工业实际应用且学生参与性较强的高水平实训项目，使学生能真正掌握所学知识，提升专业的建设水平和自主创新能力，并将它们更好、更快地融入社会创新实践中去[6]。

智能制造机器人创新实训基地硬件配置依据当前高校应用型技能实训基地和教学资源需求状况[7]，综合当前数字孪生实训课程教学特点和创新创业型人才培养思路[8]，并结合智能装备工业现场实际应用情境，设计成为开放式教学创新基地，尝试解决智能制造发展和产业转型升级所产生的应用型、创新型技能人才严重空缺的问题。实训基地以数字孪生技术为核心，包含机器人技术、机电一体化技术、PLC 控制技术、传感器技术、电机驱动及控制技术、机器视觉技术、计算机网络通信等技术，灵活配置多种实训功能模块，涵盖视觉检测、PLC 编程、人机界面设计、电气系统设计、智能分拣等内容，实现颜色、形状识别、智能分拣、虚实交叉等实训功能，解决实训项目单一、不易操作、创新性不强等问题，强调动手，强化学生对数字孪生等智能装备原理、结构的认知，培养学生创新性设计、安装、编程、调试、维修、运行和管理数字孪生等智能装备的综合性技能。

整个实训基地采用开放式布局，控制系统防护可视化，保证教学实训安全，最大限度让学生直观了解数字孪生及控制系统内部结构，强化学生对关键技术的理解掌握。

1.2.2 课程体系建设

（1）面向的专业：机器人工程、机械电子工程、电气工程及其自动化、自动化、电子科学与技术、电子信息工程、物联网工程、软件工程、数据科学与大数据技术等理工类专业。

（2）学时数：8 学时。

（3）重点问题：熟悉数字孪生的概念及如何将物理实体和虚拟设备相联系，理解数字孪生设备每一个操作步骤的内容及意义。

（4）教学规划：首先进行安全教育和思政教育，其次讲解数字孪生的理论及物理实体的组成，然后讲解和演示数字孪生实训操作步骤，最后学生自己进行实训操作和思考练习。

（5）资源建设情况：目前实验室有一台博科 OBE 的数字孪生二维平台，学校也在规划建设数字孪生实训基地。

（6）教学内容：数字孪生的理论及应用、数字孪生物理实体的组成及软硬件介绍、数字孪生设备的实训操作（图 1）。

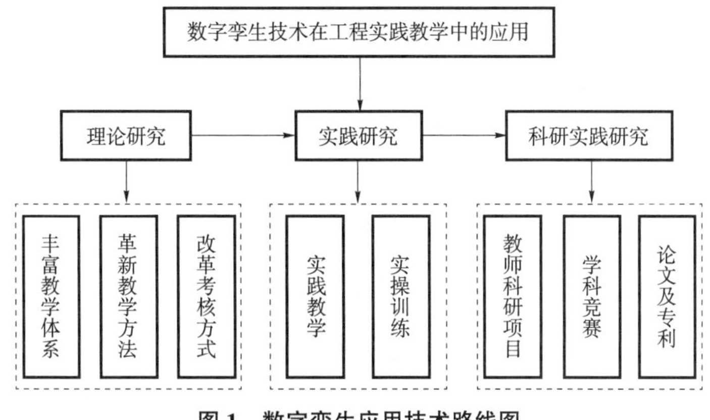

图 1　数字孪生应用技术路线图

（7）课程教学手段：讲授法、演示法、比较法、练习法。

（8）课程教学评价：①通过对教材的深入讲解，取得了良好的教学效果。将各种教学方法结合起来，使学生更深入地掌握知识。教学内容突出，教学目的明确，教学方法新颖独特，能调动学生的兴趣。教师重视互动，课堂学习气氛轻松愉快，真正达到了教学目标和要求。②教学内容涵盖广泛，让学生可以接触到现代科技，结合现有知识，理解数字孪生在工业制造中的应用及意义。③工作环境布置妥当，设备、仪器、材料准备齐全。④学生明确实训目的、规定，知识、心理准备充足。⑤实训项目任务书（指导书）、手册等资料规范，齐全。⑥实训整体目的明确，符合专业方向与培养目的；可操作性强；实训项目内容比较详细。⑦组织（分组）有序，时间分配合适，学生训练的密度和强度合理。⑧学生自觉遵守实训室纪律和要求，训练操作井然有序。⑨教师现场指导到位，有良好的安全措施。⑩教师在书面知识的基础上进行教学，进一步拓展了教学知识的深度和广度，扩大了学生的知识面，培养了学生多角度思考的能力。⑪在教学过程中，教师教的内容可以吸引学生的注意，从一个点的知识到一系列的多个知识要点，并寻求从广度到深度，用提问的方式，让学生深入思考问题，形成教师和学生之间的互动关系。

1.2.3　产学合作培育创新沃土

在实训基地规划与课程方案设计基础上，从创建基于实践教学的众创空间角度出发，联合企业进一步完善创新创业理论体系和实施路径，优化人才培养全过程。为此，联合深圳博科系统科技有限公司申请产学合作项目，打造数字孪生实训基地。

除此之外，构建完善、合理的创新创业人才培养体系必须要有先进的理论支撑，培养高水平的创新创业教师队伍，将创新创业课程融入专业课程体系，布局多学科、多专业创新创业方法。为此，联合北京亿维讯同创科技有限公司开展基于 TRIZ 理论与创新方法的创新创业教育改革（图 2），课堂上不再单单传授专业知识，而是更多地融入创新方法，打造一种新型课堂模式。

新型课堂面向不同专业的学生开展融入 TRIZ 通识创新理论、创新方法的专业课程教学，引导学生了解创造发明的内在规律和原理，培养学生运用创新理论与创新方法穿透事物矛盾的思维习惯，启发学生理解创新理论与创新方法在本专业、本领域的应用。

2020年北京亿维讯同创科技有限公司

教育部产学合作协同育人项目申请书

项目名称：基于TRIZ理论与创新方法的创新创业教育改革

负 责 人：李卫国

联系电话：13503508858

工作邮箱：13503508858@163.com

学校名称：太原理工大学

通信地址：山西省太原市万柏林区新矿院路18号

申请时间：2020年11月

二〇二〇年六月制

图2 TRIZ理论与创新方法的创新创业教育改革

2 结语

在以前的创新创业活动开展进程中，专业教师往往是借助黑板向学生传授知识，但是这样单一的教学模式导致学生较为被动，学生的学习效果非常不好。单一的教学模式无法让学生全面理解知识点，也直接限制了学生想象力、创造力的提升，而且老旧单一的教学模式还会导致学生对专业知识和技术的学习兴趣不高等，这些都会影响实训教学的效果。在数字孪生技术的支持下，打破传统教学模式的弊端，给学生提供相对完整的知识体系，强化专业教学环节，促学生愿意主动配合教师参与各种教学活动，而且虚拟仿真实验也可以通过三维立体模型以及动态的教学视频，给学生带来更为丰富的知识，从而激起学生的学习兴趣，让学生与教师积极互动，逐步提升学生的实践效果。将数字孪生技术应用到工程实践中可以使教学实训多样化，在人才培育过程中，原有的实训教学会因为实验器材以及技术的限制，导致学生实训效果不高，这种问题在数字孪生实训过程中得到了解决，学生可以依照教师的讲解内容进行实训模拟，在虚拟世界中锻炼自身对知识和技能的理解，在此进程中，教师对学生的实训进行有效的指导，对于不确定的内容及时纠正，逐步提升虚拟仿真实验的落实效果。在实训活动中，虚拟现实在其中的高效应用能够给学生提供不一样的实训场景，让学生按照自己的思维模式以及学习习惯合理地选择实训场景，从而有利于掌握专业技能。

创新创业教育是培育符合“新工科”要求人才的必经之路，本着推进专业融合、专业互补原则，通过搭建智能制造数字孪生仿真单元等模块[8]，虚实结合推动学生动手实践能力的培养。仿真与实践、理论与动手等各环节的加持，赋予学生参与科技竞赛的活力与自信，借助竞赛检验学习效果，凭借新型学习方式取得优良成绩，形成虚拟+实践教学与科技竞赛、创新创业相得益彰的良性循环。大力培育和引进虚拟仿真实验教学的师资队伍，要求教师自身既能掌握虚拟仿真技术又能融合实践教学，交叉互补打通虚拟仿真与实践教学的通道，创新实践人才培养方式[9]，突破传统理论教学枯燥、脱离实际的顽疾。

参考文献

[1] 高嵩. 大连理工大学众创空间的构建与运行研究 [D]. 大连：大连理工大学，2018.

[2] 石菲. 制造业创新加速推进制造强国 [J]. 中国信息化，2021 (2)：22-23.

[3] 南方日报评论员. 为建设世界科技强国作出更大贡献 [N]. 南方日报，2021-11-04 (A04).

[4] 吴俊君，陈海初，张清华，等. 基于数字孪生技术的智能制造实训教学模式研究 [J]. 工业和信息化教育：2022 (2)：72-76.

[5] 李海峰，王炜. 数字孪生驱动的协同探究混合教学模式 [J]. 高等工程教育研究，2021 (5)：201-207.

[6] 褚乐阳，陈卫东，谭悦. 虚实共生：数字孪生技术及教育应用前瞻 [J]. 远程教育杂志，2019 (5)：3-12.

[7] 沈黎勇，齐书宇，费兰兰. 高校产教融合背景下人才培育困境化解：基于 MIT 工程人才培养模式研究 [J]. 高等工程教育研究，2021 (6)：146-151.

[8] 樊留群，丁凯，刘广杰. 智能制造中的数字孪生技术 [J]. 制造技术与机床，2019 (7)：61-66.

[9] 杨秋玲，唐小洁，黄高雨. 应用型高校创新创业实践类课程教学改革研究 [J]. 高教学刊，2020 (18)：46-50.

第四篇　产品技术

轻型货车 EQ1061 鼓式制动器刚度分析及优化

梁　宏　张文震　冷俊强　常治禄
湖北华阳汽车制动器股份有限公司

摘　要：在完成领从蹄鼓式制动器理论计算的前提下，对各零件结构进行了详细设计并创建了三维模型，而后建立了有限元分析模型，并针对整车满载制动工况进行仿真分析，得到制动过程中各零件的应力、应变、刚度，最后根据分析结果对相关零部件提出了优化方案。

关键词：鼓式制动器　有限元　刚度分析　优化

引言

同盘式制动器相比，鼓式制动器结构紧凑，制造工艺较简单，维修、保养比较方便，且同等使用条件下其制动蹄的使用寿命比盘式制动器要长，所以综合考量经济性和制动效果，目前鼓式制动器仍广泛应用在载重货车和大中型客车等一些多轴车辆上[1]。在制动过程中，制动器产生的大量热量导致高温，引起零件的刚度改变，在刹车时的变形可能会突破弹性极限而进入塑性变形阶段，最后甚至会突破强度极限而引起断裂，这是当前各类鼓式制动器普遍存在的不足[2]。本文以轻型货车 EQ1061 的前轮鼓式制动器为研究对象，先对鼓式制动器进行结构设计，然后根据有限元分析得到应力、应变分布及相关部件的刚度，并提出可行的优化方案来弥补上述不足。

1　设计计算

1.1　整车参数

东风 EQ1061 轻型货车的前轮制动器是一种以 S 形渐开线凸轮促动的内张式领从蹄鼓式制动器，与其设计计算有关的整车参数如表 1 所示。

表 1　整车参数

载荷	质量/kg	质心高度/mm	质心到前轴的距离/mm	质心到后轴的距离/mm	轴距/mm	车轮半径/m
空载	3 180	580	1 760	2 040	3 800	0. 393
满载	6 365	900	2 698	1 102	3 800	0. 393

1.2　鼓式制动器主要参数

领从蹄鼓式制动器在制动过程中，凸轮轴转动促使两边的领蹄、从蹄分别向外张开，蹄上的摩擦衬片与转动中的制动鼓内壁摩擦，从而达到制动的目的。制动器的主要参数如表 2 所示。

表 2 鼓式制动器主要参数

符号	参数	数值
D	制动鼓内径/mm	320
D_h	制动鼓壁厚/mm	14.5
F	摩擦衬片包角/(°)	110
β_0	摩擦衬片起始角度/(°)	35
f	摩擦衬片和制动鼓间的摩擦因数	0.3
h	摩擦衬片厚度/mm	16
b	摩擦衬片宽度/m	100

1.3 地面对车轮的法向反作用力

汽车总的地面制动力 F_{B1} 与前后轴的地面制动力 F_{B1}、F_{B2} 的关系为：$F_B=F_{B1}+F_{B2}$（图 1）。

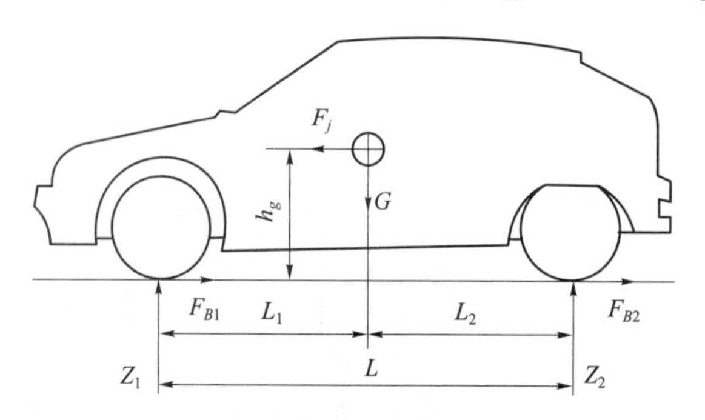

图 1 汽车整体受力分析图

根据汽车制动时的整车受力分析，考虑到制动时的轴荷转移，可求得地面对前、后轴车轮的法向反力 F_{z1}，F_{z2} 为[3]：

$$F_{z1}=\frac{G}{L}\left(L_2+\frac{h_g}{g}\frac{d_u}{d_t}\right)$$

$$F_{z2}=\frac{G}{L}\left(L_1+\frac{h_g}{g}\frac{d_u}{d_t}\right)$$

式中：G——整车满载重力；

L——轴距；

L_1——质心离前轴距离；

L_2——质心离后轴距离；

h_g——质心高度；

g——重力加速度，取 $g=9.8\ \mathrm{m/s^2}$。

则地面对前、后轴车轮的法向反力 $F_{z1}=25\,476$ N，$F_{z2}=36\,900.92$ N。

1.4 前后轴制动力

在附着系数 $\varphi_0=0.5$ 的道路行驶时，车辆前后轴上的车轮同时停止转动并在地上滑动的条件是[3]：

$$F_B=F_{f1}+F_{f2}=F_{B1}+F_{B2}=\varphi G$$

$$\frac{F_{B1}}{F_{B2}}=\frac{L_2+\varphi h_g}{L_1-\varphi h_g}$$

式中：F_{f1}——前轴车轮制动器产生的制动力，$F_{f1}=F_{B1}=\varphi F_{z1}$；

F_{f2}——后轴车轮制动器产生的制动力，$F_{f2}=F_{B2}=\varphi F_{z2}$。

则前轴车轮地面制动力 $F_{B1}=12\ 733.8$ N；后轴车轮地面制动力 $F_{B2}=18\ 454.7$ N。

1.5 制动器最大制动力矩

前后轴上最大的制动力矩[4]：

$$T_{f1\max}=\frac{G}{L}(L_2+\varphi h_g)\varphi r_e$$

$$T_{f2\max}=\frac{1-\beta}{\beta}\mathrm{T}_{f1\max}$$

而单独一个前轮、后轮上制动器的最大制动力矩为前轴、后轴上制动力矩的 1/2：

$$T_{f1\max}=\frac{T_{f1\max}}{2}=2\ 503.02\ (\mathrm{N\cdot m})$$

$$T_{f2\max}=\frac{T_{f2\max}}{2}=3\ 631.85\ (\mathrm{N\cdot m})$$

1.6 制动蹄片上的制动力矩和两蹄张开力

如图 2 所示，对于一个自由度的领蹄所产生的制动力矩，计算公式如下：

$$T_{\mu1}=f_{F_1}\rho_1$$

式中：F_1——领蹄的法向合力；

ρ_1——摩擦力 f_{F_1} 的作用半径。

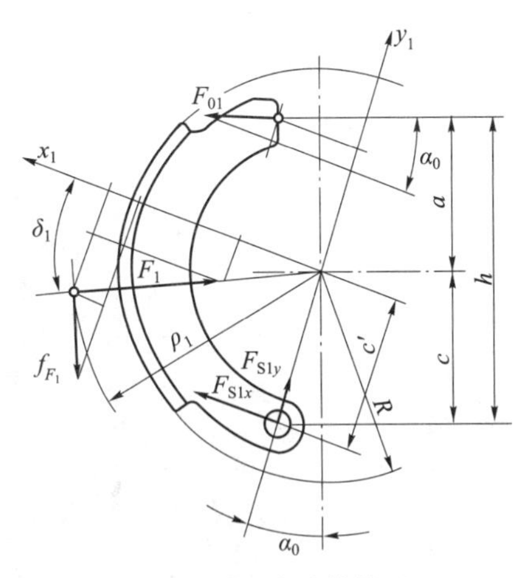

图 2 张开力计算简图

F_1 与张开力 F_{01} 之间的对应关系[4]：

$$F_1=hF_{01}/[c'(\cos\delta_1+f\sin\delta_1)-f\rho_1]$$

对于领蹄可用下式表示：

$$T_{\mu1}=\frac{F_{01}hf\rho_1}{c'(\cos\delta_1+f\sin\delta_1)-f\rho_1}=F_{01}B_1$$

对于从蹄可类似地表示为：

$$T_{\mu 2}=\frac{F_{02}hf\rho_2}{c'(\cos\delta_2-f\sin\delta_2)+f\rho_2}=F_{02}B_2$$

其中：

$$\delta_1=\tan^{-1}\frac{F_{1x}}{F_{1y}}=\tan^{-1}\frac{\cos 2\alpha'-\cos 2\alpha''}{2\beta-\sin 2\alpha''+\sin 2\alpha'}$$

$$\rho_1=\frac{4R(\cos\alpha'-\cos\alpha'')}{\sqrt{(\cos 2\alpha'-\cos 2\alpha'')^2+(2\beta-\sin 2\alpha''+\sin 2\alpha')^2}}$$

已知摩擦片终止角 $\alpha''=135.07°$，摩擦片起始角 $\alpha'=25.07°$，$\beta=\alpha'-\alpha''=110°$，$h=227$ mm，$f=0.3$，$c'=145$ mm，则 $\delta1=\delta2=6.5°$，$\rho_1=\rho_2=183$ mm。

回代上述相关公式，解得：$B_1=132.4$ mm，$B_2=64.2$ mm。

本文研究的领从蹄制动器，可近似认为两个蹄上的摩擦力矩相等，制动鼓上的制动力矩等于两蹄上衬片的总摩擦力矩之和，即：

$$T_\mu=T_{\mu 1}+T_{\mu 2}=F_{01}B_1+F_{02}B_2$$

由于本制动器促动采用的是 S 形渐开线凸轮，所以作用在领蹄和从蹄上的张开力分别为（按其最大制动力矩的极端情况来计算）[5]：

$$\text{领蹄}:F_{01}=0.5T_\mu/B_1=9.452(\text{kN})$$

$$\text{从蹄}:F_{02}=0.5T_\mu/B_2=19.50(\text{kN})$$

至此，为后续有限元分析提供了数据基础。

2 有限元分析模型的建立

2.1 建立并导入三维模型

在 solidworks 软件中完成该鼓式制动器的三维建模，然后将模型导入 Hypermesh 软件中进行前处理操作，去除如零件倒角、圆角等对制动器本身特性影响不大但又会使网格复杂化的因素，以减轻后续几何清理难度（图 3）。

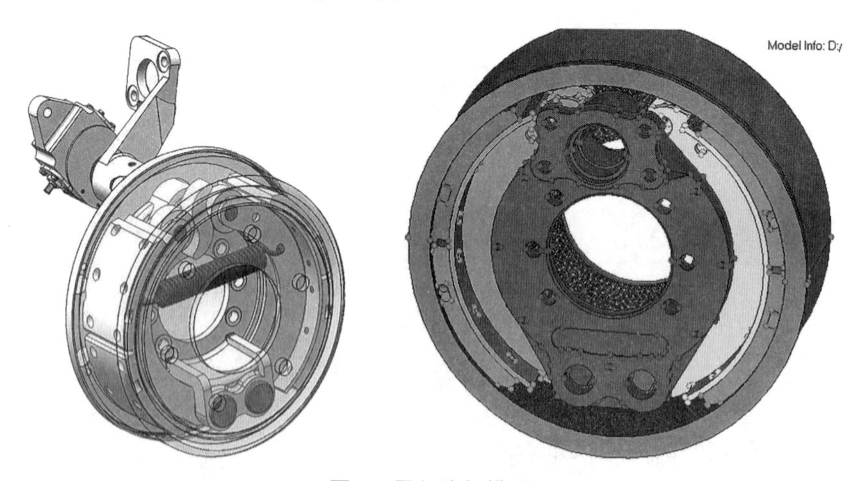

图 3 导入分析模型

2.2 网格划分和材料、属性的添加

在 Hypermesh 中针对各零件的工作特性，共划分了边长为 5 mm 的三角形 2D 网格 91 162 个，在此基础上划分了 3D 网格 187 748 个。

如表 3 所示，对制动器各零部件添加相应的材料属性。

表 3 制动器材料参数

部件	材料	密度/($kg \cdot m^{-3}$)	弹性模量/MPa	泊松比
制动蹄	Q235B	7 830	2. 10e5	0. 274
凸轮轴	45 钢	7 890	2. 09e5	0. 269
摩擦衬片	石棉	1 560	2. 19e3	0. 252
其余部件	QT450-10	7 000	1. 73e5	0. 3

2. 3 创建约束与连接

考虑到制动器实际安装时是由底板上的螺栓孔与轴壳间通过螺栓紧固在一起的，所以对底盘上 6 个螺栓孔以孔中心为基准添加刚性约束，限制其 6 个自由度（图 4）。

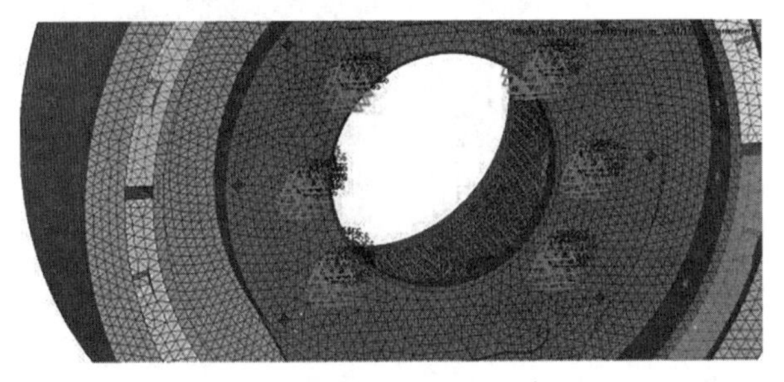

图 4 约束位置

为了使分析结果更真实、准确，在简化的制动器有限元模型中需要在制动蹄与摩擦衬片、摩擦衬片与制动鼓内壁间建立接触对，用来传递载荷，如图 5 和图 6 所示。

图 5 制动蹄—摩擦衬片接触对

图 6 制动蹄—摩擦衬片接触对

在制动蹄和制动底盘的连接处理上，先分别对制动蹄转轴销孔、底盘销孔内的单元各建立一个刚性中心点，然后以两刚性中心点所在的直线为转轴建立二者间的转动副，如图 7 和图 8 所示。

2. 4 施加载荷并提交计算

所分析的工况为车在平直路面上的紧急制动情况，此时的载荷为上文计算所得的两蹄张开力，作用点在两蹄滚子中心，方向沿各蹄张开方向（图9）。

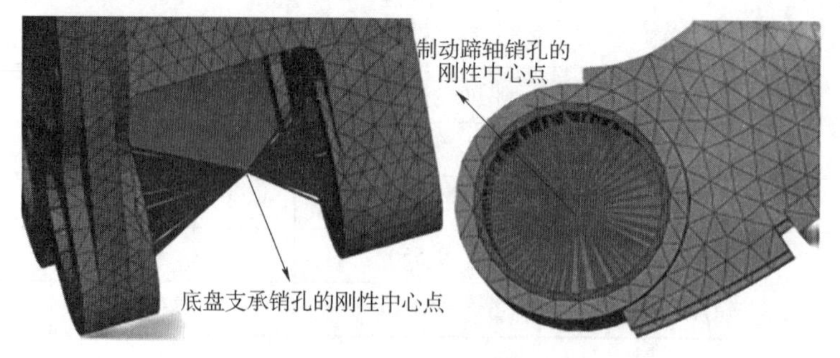

图7 刚性中心点的建立

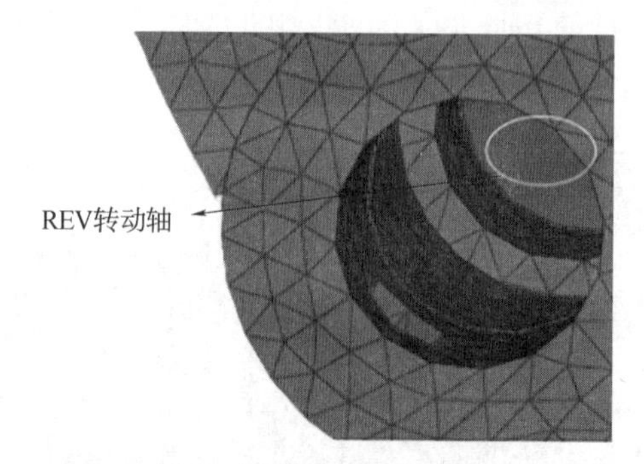

图8 刚性中心点的建立

图9 两蹄促动力的施加

3 分析计算结果

3.1 制动器总体

在所分析的工况下，其应力、应变分布如图10和图11所示，在领蹄和从蹄上施加各自所需的张开力，可以看到制动器的最大等效应力为1 152 MPa，制动器上的应力集中在两蹄上靠近转轴附近区域。整个制动器的最大应变值为4.288 mm，相对来讲变形主要体现在蹄和摩擦衬片上。而且变形主要体现在制动蹄和摩擦衬片上，其余部分的应力、应变总体分布比较均匀。

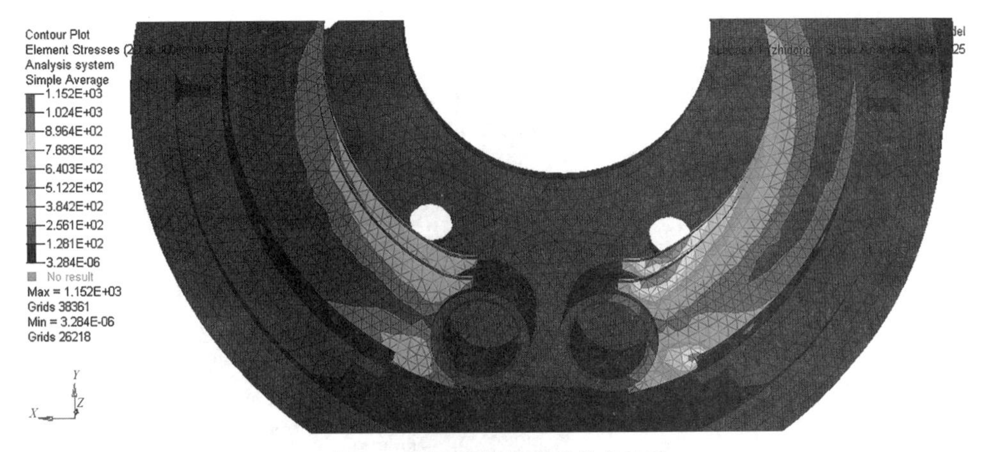

图 10　制动器总体应力分布云图

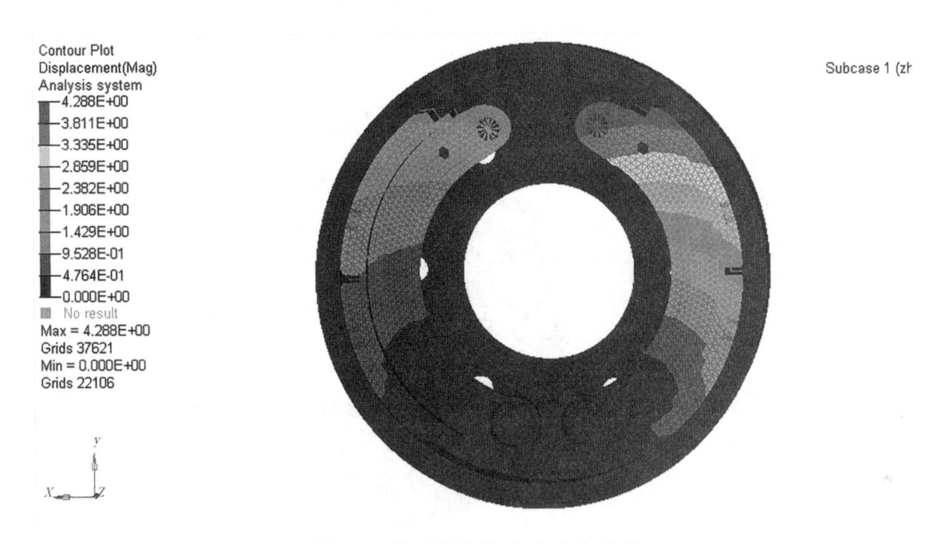

图 11　制动器总体应变分布云图

3.2　制动鼓

制动鼓的应力、应变分布如图 12 和图 13 所示，制动鼓上的应力主要体现在与其两蹄摩擦衬片接触的圆周内壁上，其中螺栓孔处发生了应力集中，而在从蹄上靠近载荷施加端的变形相对最大。由于鼓在制动力的作用下会发生扭转变形，现对其扭转刚度进行计算。

$$kt=\frac{FL}{\theta}$$

$$\theta=\arctan\left(\frac{Z_1-Z_2}{B}\right)$$

式中：kt——扭转刚度；

F——加载力；

L——左右测点距离；

θ——左右测点之间的相对扭转角；

Z_1——左测点 Z 向位移；

Z_2——右测点 Z 向位移；

B——加载点之间的距离。

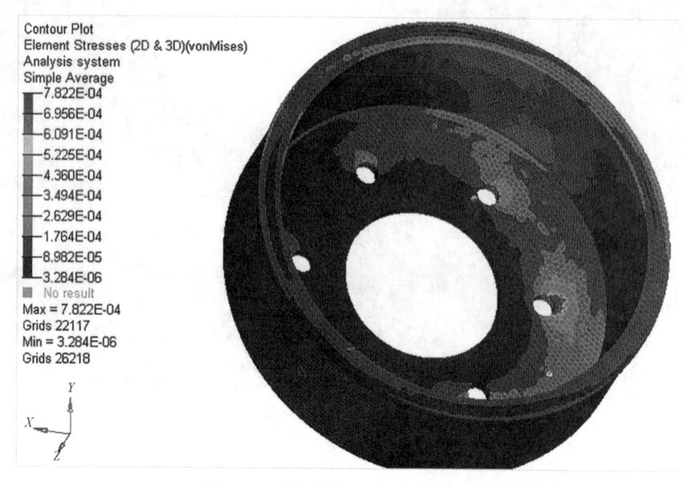

图12　制动鼓应力分布云图

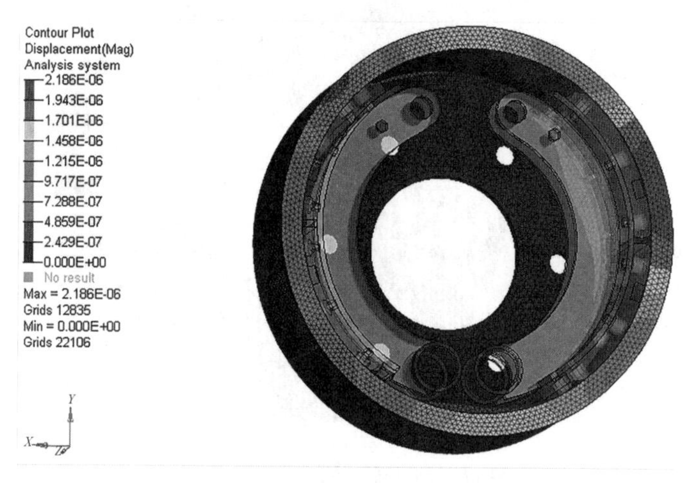

图13　制动鼓应变分布云图

在本制动工况下，据上式算得鼓的扭转刚度达到了11 500 N · m/°，达到了刚度标准，但为了提升制动器性能，还有进一步优化空间。

3.3　制动蹄

在该工况下，如图14所示，两蹄都产生了很大的应力，领蹄和从蹄上的应力分布部位大致相同，都集中在蹄肋板和转轴连接处，而制动过程中领、从蹄的制动力矩相等，从而使从蹄受到的促动力大，导致从蹄上的应力比领蹄大，最大值达到了1 152 Mpa。

如图15所示，领蹄上的应变量比从蹄要小，而两蹄应变都从促动力的施力端逐渐向下至转轴处呈片层状减小，其中从蹄上端的应变量最大为4.268 mm，说明其整体的变形量较大，在后续优化中要考虑采取何种措施降低从蹄上的变形，以提高其刚度。

由于制动时在张开力的作用下衬片与鼓摩擦，而蹄另一端与销轴连接，此时蹄会发生弯曲变形，所以计算其弯曲刚度值。

从蹄的弯曲刚度计算公式：

$$kb=\frac{\Sigma F}{\delta_{z\max}}=\frac{19\ 500\ \text{N}}{4.268\ \text{mm}}=4\ 568.9\ \text{N}\cdot\text{mm}^{-1}$$

图 14　制动蹄应力分布云图

式中：F——所有制动工况载荷；

δ_{zmax}——从蹄 X 轴向上的最大挠度。

技术要求所给制动蹄的弯曲刚度最低应达到 4 000 N/mm，所以此蹄虽达到了设计标准，但为了进一步提升制动器的制动效力和其工作稳定性，还应对其结构进行优化。

图 15　制动蹄应变分布云图

4　优化设计

4.1　制动鼓优化方案

结合图 12 和图 13 不难分析到，在制动鼓上产生的应力和应变相对该材料的属性来说都良好，对鼓的影响较小。于是，我们考虑对鼓进行轻量设计，即在不影响其使用寿命和工作要求的基础上，减少制造该鼓的材料同时减轻其重量。如图 16 所示，优化表现在少量地削减鼓壁的厚度（原来壁厚 14.5 mm，现在壁厚 10 mm），另增设均布在鼓外圆上的加强筋，成框架式地保障其结构的强度，不仅能够抵御变形，而且还能提升其整体刚度，同时增大了与空气的接触，让热量更容易散发。另将与轮辋紧固的螺栓孔沿鼓径向适当外移，以增大力臂来缓解制动时螺栓孔内的应力集中现象。

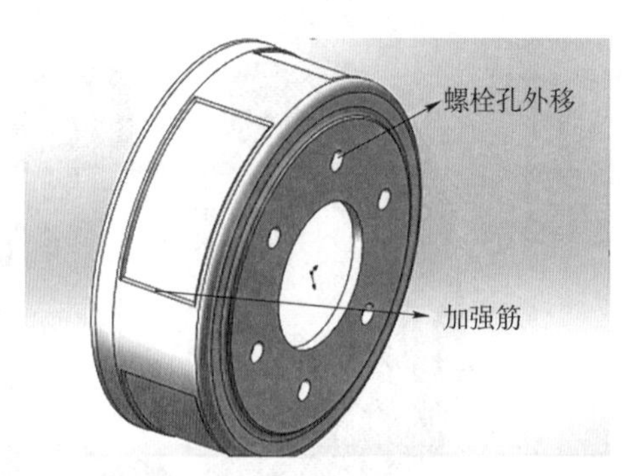

图 16　制动鼓优化后的三维图

4.2　制动蹄优化方案

结合图 14 和图 15，从制动蹄的应力和应变中可以发现，在整个蹄的圆周上都相应有着很大的应力和变形。如图 17 所示，为了减轻外沿上的变形，提升整体结构的刚度，可沿圆周在冲焊蹄的外沿筋板和翼缘间焊接 6 个三角形的加强筋板，让蹄面上的力更好地传递到筋板以及与筋板相连的摩擦衬片上。

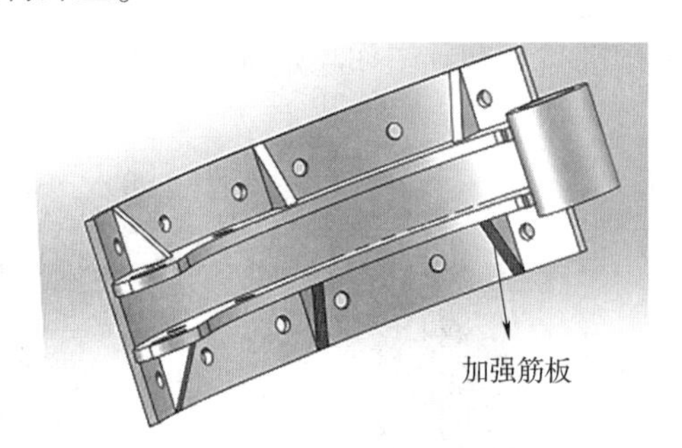

图 17　制动蹄优化后的三维图

5　结语

本文完成了轻型货车 EQ1061 前轮鼓式制动器的理论设计计算，建立了制动器的三维模型，并通过 Hyperworks 软件完成了鼓式制动器的有限元分析，对车辆平路直线行驶紧急制动的工况条件下各零部件的应力、应变结果进行分析，由零件上的变形情况校核相关部件的刚度，并根据最后分析的结果对制动蹄、制动鼓分别提出了优化方案，以进一步提升该制动器的制动性能。

参考文献

[1] 冯文涛. 鼓式制动器效能因数计算模型的研究 [J]. 农业与技术，2005 (2)：189-191.

[2] 叶清风. 基于有限元方法的重卡鼓式制动器改进 [D]. 合肥：安徽理工大学，2020.

[3] 赵晨. 鼓式制动器参数化设计及仿真分析 [D]. 武汉：武汉理工大学，2014.

[4] 罗永革，冯樱，等. 汽车设计 [M]. 北京：机械工业出版社，2011：231-259.

[5] 王丰元，马明星，邹旭东，等. 汽车设计课程设计指导书 [M]. 北京：中国电力出版社，2009：253-284.

三菱伺服/DDK伺服压机及基恩士视觉系统在发动机锁片压装机上的应用

雷　光　石　勇　程振轩
东风专用设备科技有限公司

摘　要：本文详细论述了三菱伺服、DDK伺服压机及基恩士视觉系统在国内某发动机装配线锁片压装机上的应用。利用三菱J3伺服系统，实现了该移载装置的升降，行走高速运动和精确定位的功能，达到了锁片的抓取及自动移载功能和快速生产节拍要求；通过DDK伺服压机进行压装位移及压装力的双重控制，实现压装深度的精确控制；通过基恩士视觉快速判断及检测锁片是否漏装或错装，从而使产品质量得到了大幅提升。从硬件设置、硬件组态以及软件编程都作了比较详细的介绍。

关键词：移载机　伺服电机　视觉　DDK伺服压机　节拍　定位模块　伺服放大器

引言

汽车制造业是典型的多工种、多工艺、多物料的大规模生产过程。同时随着汽车行业之间竞争的日益激烈，各生产厂家都普遍面临着提高生产效率、降低生产成本、提高生产管理水平等种种压力。在大多数汽车制造厂家，发动机生产线逐渐朝着高自动化、高智能化的方向发展，许多拧紧、检测单机设备，如自动拧紧机、曲轴回转力检测机、止推间隙检测机、气门间隙检测机等大多采用全自动方式，真正实现了无人化操作，大大地提升了产品的品质。但在发动机的物流输送设备方面还存在许多需要改善的地方，特别是锁片、导向杆及油封压装，大多数厂家还采用人工作业方式。

1　问题的提出

在现今汽车制造厂生产线上，特别是发动机装配，传统的锁片装配往往采用人工的方式，这种方式主要存在以下几个缺点和不足：

（1）生产节拍不能得到满足。在该工位的操作工，除了需要人工进行条码扫描等工作，还需要实现锁片的准备及手动压装，而在手动压装过程中存在着熟练程度不一而导致压装效率及质量问题。

（2）压装过程没有数据记录，导致后期出现问题很难追溯。

（3）压装完成后没有自动化的压装手段，全依靠人工压装机检查，存在压装力及压装深度不一致情况，同时存在漏压错压的情况，对产品质量会产生较大的影响。

2　需求

（1）生产过程中的压装、锁片有无及缺失检测需要全自动，不需要人工干预。

（2）压装全过程需要实时记录数据，方便后期质量追溯。

（3）采用*X/Y*方向伺服实现24个压装位置的快速精确定位。压装过程采用DDK伺服压力机，压装过程可控。

3 项目简介

该项目主要用于国内某发动机装配线上锁片自动压装及检测设备。该设备采用全自动控制方式，能实现发动机锁片的自动抓取、检测、自动压装。该设备主要由主线举升定位装置、锁片定位工装、*X/Y*方向伺服定位装置、*Z*轴伺服压装装置、视觉检测装置共5部分组成。电气核心部分采用三菱Q系列可编程控制器Q03UCPU，采用三菱QD75MH系列定位模块和J3-A系列伺服放大器进行升降、行走定位控制。生产节拍要求达到240 s。

4 工艺过程介绍

步骤1：当前单机工位无托盘，并且单机处于原位状态，单机前一工位停止器打开，载有工件的托盘进入单机工位，读写头自动读取机种信息，根据机种信息自动选择6U/6W的压装工艺和视觉传感器判断程序；

步骤2：人工将放有气门锁片弹簧座合件的锁片安装辅具放置到辅具安装台上；

步骤3：待上述工作完成后，按下设备操作箱面板上的循环启动按钮，设备进入自动运行状态。

自动完成的步骤如下：

线体举升气缸下降—6U/6W定位气缸上升—支撑托盘—托盘水平检测正常—图像检测装置检测锁块是否在位及有无漏装，若漏装则设备停止并报警和指示漏装锁片的位置，补装或更换锁块—设备重新启动—检测完毕后视觉检测装置回原位—压头自动抓取锁片—锁片压装机构的伺服电机移动到各个气门杆相应的位置进行锁片锁片压装—压装位移检测与判断—压头压装24个锁片—压装完毕压头退回并将最终的压入结果压力值和位移值写入ID芯片中—定位气缸下降—线体举升气缸上升—上升到位—单机给线体工作完成信号—停止器打开—工件输送至下工位—止挡重新上升，到位开关再次检测到到位之后进行下一次循环。

压装完成之后，在操作箱上设有综合压装OK和综合NG的指示灯，并在触摸屏上显示对应各个气门杆的锁块压装情况，压装OK的指示灯为绿色，NG的为红色。

最终检测及压装结果显示界面如图1所示。

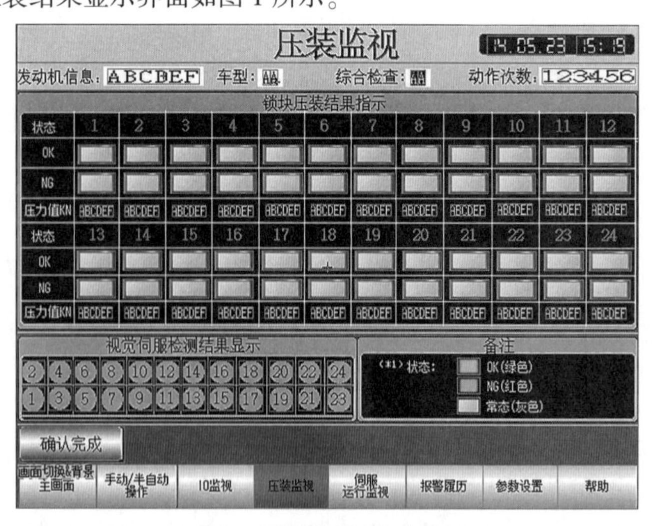

图1 压装结果显示界面

5 问题的解决

针对上述出现的缺点和不足，设计一种全自动的锁片检测、抓取、移载及压装装置，该装置主要实现以下几个功能。

(1) 采用举升定位装置，实现锁片夹具及缸盖的精确定位。

(2) *X/Y* 行走机构采用伺服定位装置，实现水平方向的精确定位。

(3) 压装机构采用 DDK 伺服压力机，实现压装的力矩压装深度的精确控制。

(4) 设置视觉检测机构，实现锁片缺失及破损检测。

综上所述，解决方案示意图如图 2 所示。

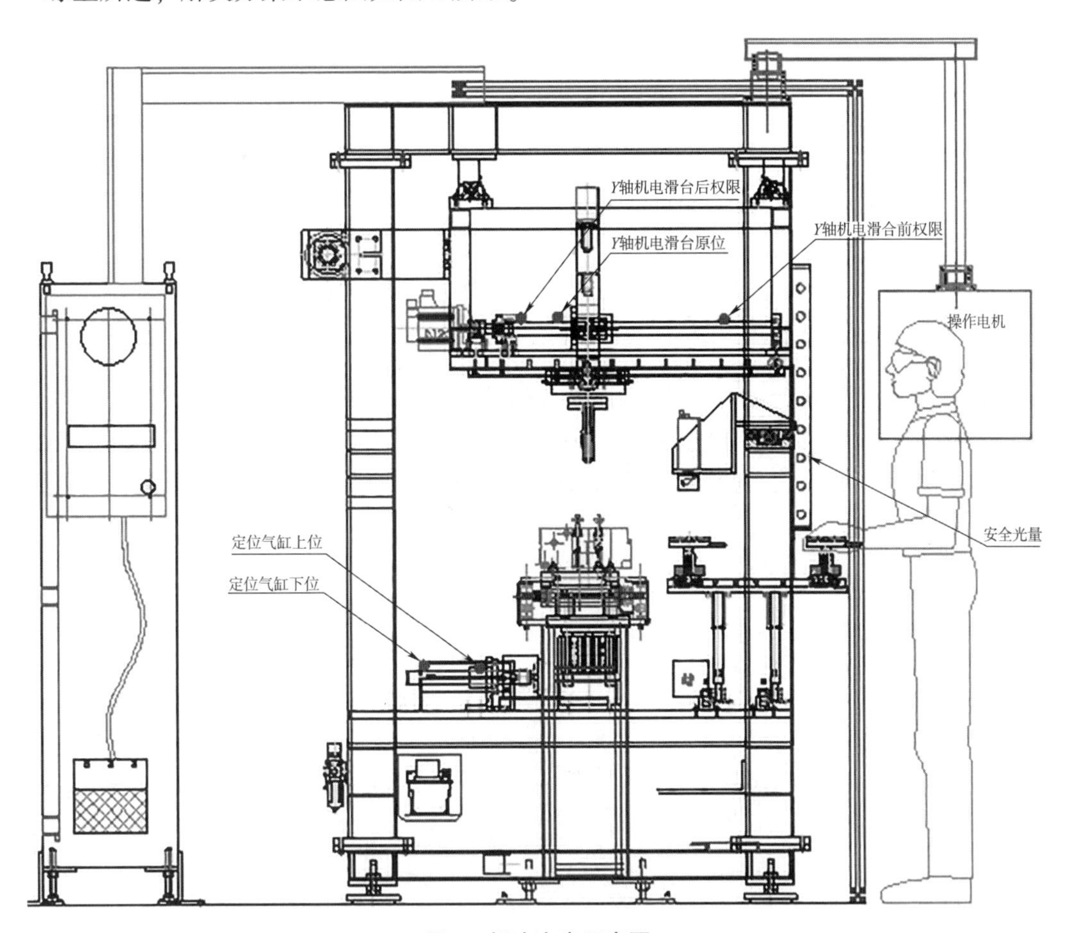

图 2　解决方案示意图

6 伺服系统硬件配置及接线

一套完整的伺服系统主要由定位模块、伺服放大器、伺服电机以及一些辅助连接电缆组成。在该系统中，选用三菱 QD75MH 定位模块，MR-J3-A 系列伺服放大控制器，HF-SP 系列伺服电机，其硬件配置清单如表 1 所示。

表 1 硬件配置清单

名称	型号	规格	数量
定位模块	QD75MH	单轴差动驱动器输出系统	1 件
伺服电机	HF-SP121BJK	额定输出 1.2 kW；带电磁制动和油封、键槽	1 件
伺服电机	HF-SP152BJK	额定输出 1.5 kW；带电磁制动和油封、键槽	1 件
伺服放大器	MR-J3-200A	输入电源 AC380 V、交流 50 Hz	2 件
电机电源接头	MR-PWCNS5	—	2 件
电机电磁制动接头	MR-BKCNS1	—	2 件
编码器电缆	MR-J3ENSCBL10M-L10	10 m	1 件
编码器电缆	MR-J3ENSCBL20M-L20	20 m	1 件
电池	MR-J3BAT	—	2 件
伺服压机	DDK	10 kN	1 件
视觉传感器	IV300		2 件

在该系统中，采用绝对位置系统，并且伺服电机都带有机械电磁制动装置，防止停电时位置信号丢失以及升降装置掉落，这样只要在初次构建伺服系统时，进行一次原点回归就可以了，避免停电时需要重新进行原点回归的动作过程。该伺服系统硬件接线图如图 3 所示。

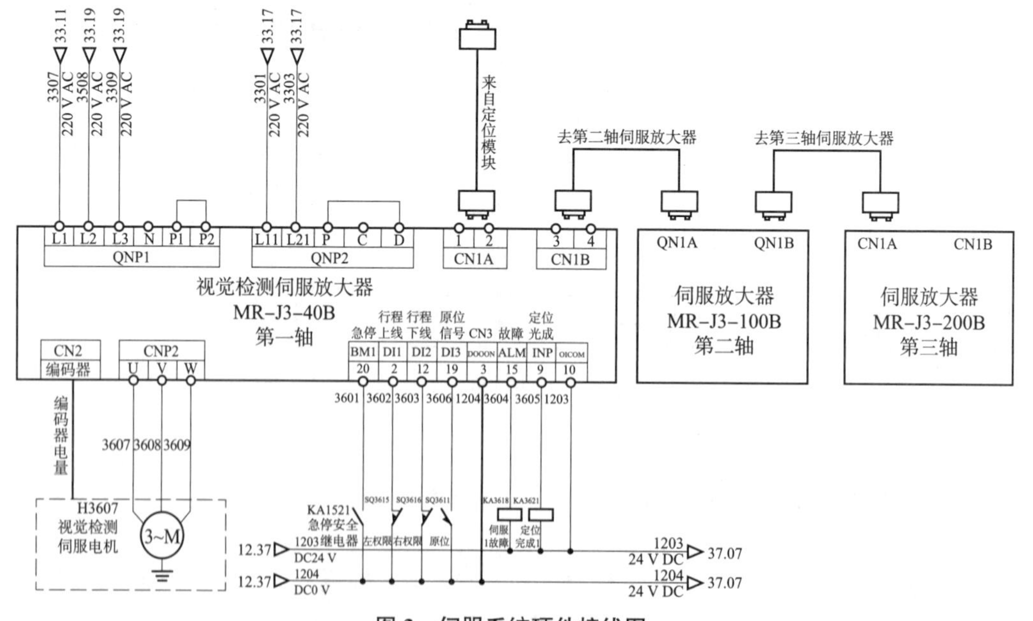

图 3 伺服系统硬件接线图

7 伺服放大器及定位模块参数设置

想要伺服系统正常工作，必须对伺服放大器及定位模块相关参数进行正确的设置和调整。由于伺服放大器和定位模块需设置的参数较多，故本文只对其中几个最主要的参数进行说明。

伺服放大器需要设置的参数如图 4 所示。

项目	轴1	轴2	轴3	轴4
⊟ 伺服放大器系列	设置伺服放大器系列。			
伺服系列	1:MR-J3-B	1:MR-J3-B	1:MR-J3-B	1:MR-J3-B
⊟ 基本设置参数	此参数中进行基本的设置。			
⊟ 控制模式	设置控制模式。			
控制配置选择	0	0	0	0
⊟ 再生选项	设置再生选项。			
再生选项选择	00h:7Kw以下放大器中不使用选项	00h:7Kw以下放大器中不使用选项	00h:7Kw以下放大器中不使用选项	00h:7Kw以下放大器中不使用选项
⊟ 绝对位置检测系统	设置绝对位置检测系统。			
绝对位置检测系统选择	1:启用	1:启用	1:启用	1:启用
⊟ 功能选择A-1	设置伺服放大器的强制停止输入。			
强制停止输入选择	1:禁用（不使用强制停止输入）	1:禁用（不使用强制停止输入）	1:禁用（不使用强制停止输入）	1:禁用（不使用强制停止输入）
⊟ 自动调谐模式	设置自动调谐模式中推定的项目。			
增益调整模式设置	1:自动调谐模式1	1:自动调谐模式1	1:自动调谐模式1	1:自动调谐模式1
自动调谐响应性	12:37.0Hz	12:37.0Hz	12:37.0Hz	12:37.0Hz
到位范围	100 pulse	100 pulse	100 pulse	100 pulse
旋转方向选择（移动方向选择）	0:定位地址增加时CCW方向	0:定位地址增加时CCW方向	1:定位地址增加时CW方向	0:定位地址增加时CCW方向
检测器输出脉冲	4000 pulse/rev	4000 pulse/rev	4000 pulse/rev	4000 pulse/rev
检测器输出脉冲2	0	0	0	0
⊟ 增益·滤波器设置参数	手动调整增益时，使用该参数。			

图 4 伺服放大器需要设置的参数

定位模块参数需要通过专门的软件进行设置，主要有单位（mm、inch、pulse、degree）、每转脉冲数、每转行程、加减速时间等参数设置，在这里就不一一详述了。

8 视觉检测方案

视觉检测装置由两个视觉传感器和一个伺服滑台组成，视觉传感器主要用于锁片有无缺失的判断（图 5），而伺服滑台主要用于视觉传感器检测位置的定位，一共需要定位 12 个位置，每个传感器各自工作 12 次。

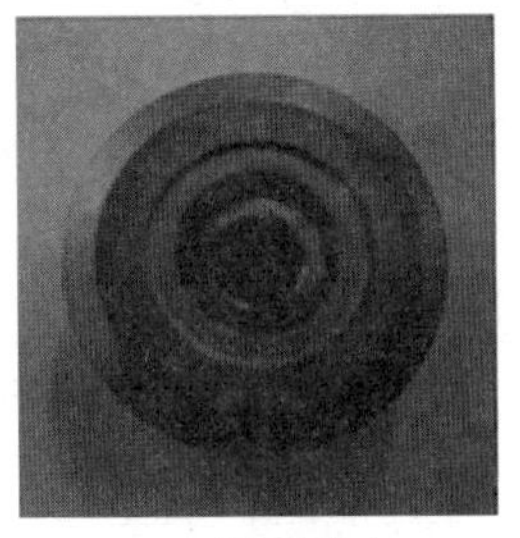

正确装配状态

锁片漏装状态

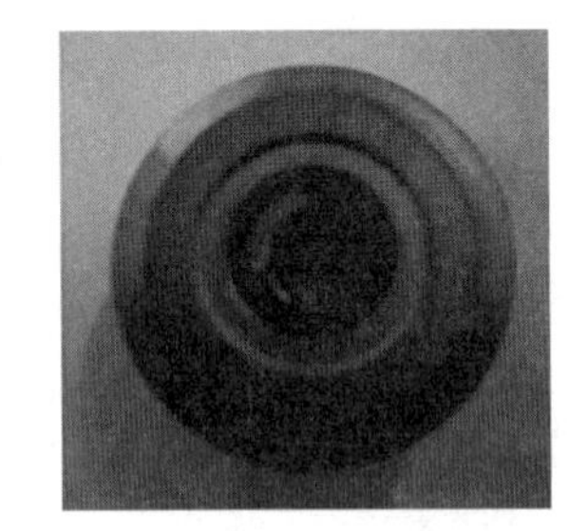

锁片脱落一个的状态

图 5 视觉传感器判断锁片有无缺失

通过视觉系统调试软件进入系统设置界面，将相关参数设置完成。建立连接之后，通过调试软件拍摄一张标准合格的锁片图片，出现图 6 界面，单击“将 Live 图片注册为主控”，后续拍摄的图像与主控图像对比，一致即为“OK”，不一致即为“NG”。

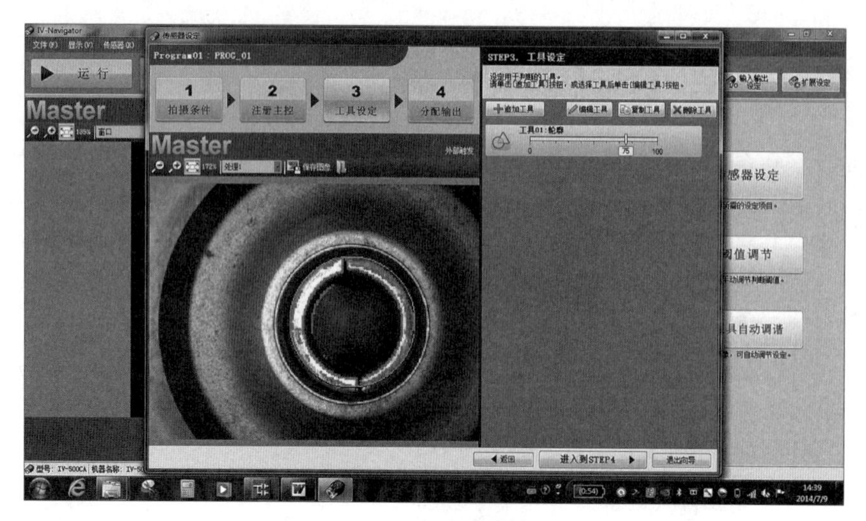

图 6 锁片拍摄图片

9 伺服压装简介

压装装置由 DDK 伺服压力机、三爪气缸和压头组成，DDK 伺服压机主要用于控制压装的压力和位移，三爪气缸主要用于固定 6 U 或 6 W 压头，压头主要用于锁片的抓取和和压装功能。三爪气缸由带锁紧功能的气缸组成，当突然断气时，压头也能紧紧地抓在卡爪上，防止压头掉落。

如图 7 所示，每一列代表一套参数，如果要修改压入深度值，只需要修改“Target Distance”（注：单位是 mm），如果该值超过上下限值，则需要修改上下限值的大小，确保“Target Distance”在上下限值之间。

修改压力值，该压力值用于监控压装过程中，压力是否在合理范围（图 8）。

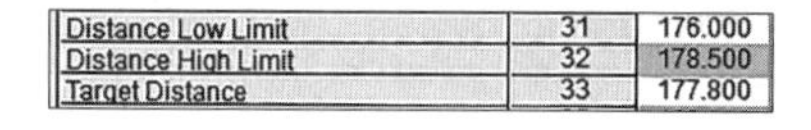

Distance Low Limit	31	176.000
Distance High Limit	32	178.500
Target Distance	33	177.800

图 7 参数设置

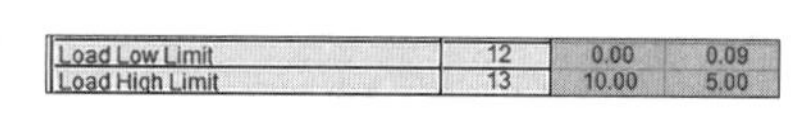

Load Low Limit	12	0.00	0.09
Load High Limit	13	10.00	5.00

图 8 压力值范围

压装过程中可以实时监控压装位移曲线（图 9）并保存，便于后期对压装情况做数据追溯分析。

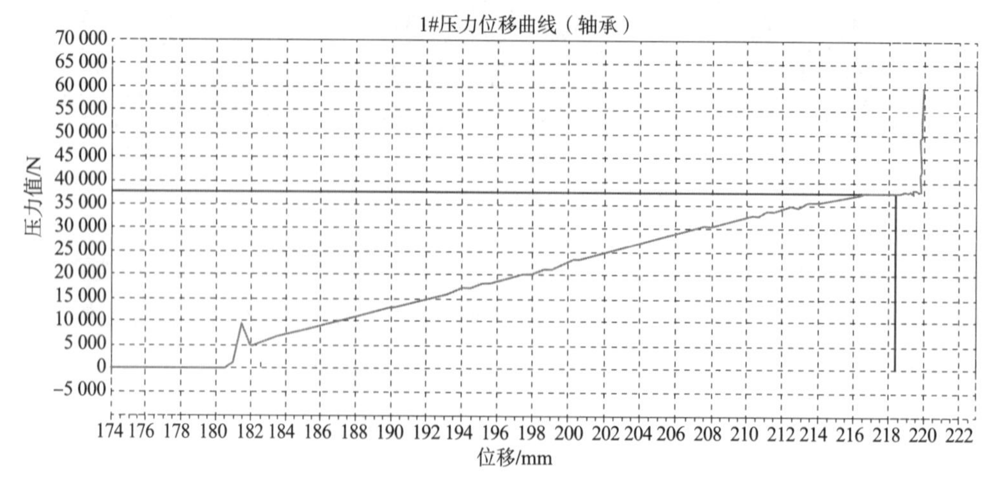

图 9 压装位移曲线图

10 伺服系统软件编程

在该系统中，PLC 伺服控制程序主要由初始化程序、绝对位置获取程序、定位数据设置程序、点动运行程序、定位启动运行程序、原点回归程序、伺服电机停止运行程序、伺服定位模块故障复位程序等八个程序段组成。

其中在绝对位置获取程序中，如果发生伺服开启信号 OFF、紧急停止或发生报警，主电路从 OFF 到 ON 的过程都必须进行一次绝对位置获取程序，否则的话就可能发生误动作。绝对位置传送程序必须严格遵守如图 10 所示时序图。

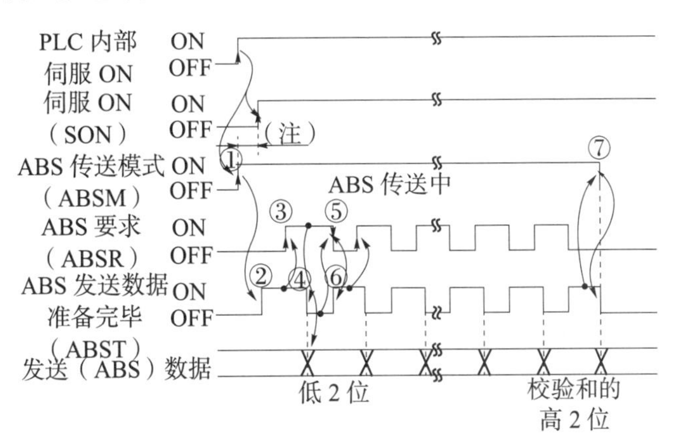

图 10 绝对位置传送时序图

注：ABS 传送模式（ABSM）ON 后，如果在 1 s 内伺服开启（SON）没有置 ON，就会发生 SON 超时警告（AL. EA），但对传送没有影响。（AL. EA）在伺服开启（SON）ON 后自动解除。

X/*Y* 轴的伺服位置通过触摸屏可以修改设定（图 11），方便工作人员日常维护。

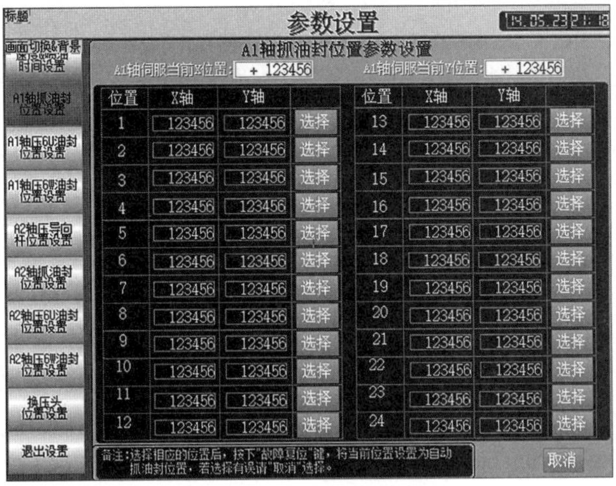

图 11 伺服位置设置界面

11 调试过程中故障及解决方法

（1）现象：伺服电机不能按指定的位置进行定位。

解决方法：伺服放大器电子齿轮参数和定位模块单位、每转脉冲数和每转行程数值设置不正确，更正后故障排除。

（2）现象：伺服放大器出现过载。

解决方法：调整丝杠安装；检查电机抱闸线，发现该线松动，重新接线后故障排除。

（3）现象：伺服放大器出现绝对位置获取超时报警。

解决方法：检查伺服放大器的绝对位置数据线，发现“ABS0”，ABS 发送数据位 0 数据线松动，重新焊接；检查 PLC 程序，发现绝对位置获取程序时序有误，更正后故障排除。

（4）现象：在系统开机运行时，有时会发生升降电机滑落现象。

解决方法：检查程序，发现在伺服开启的条件中未串入电磁内锁互锁信号，修改程序后故障排除。

（5）现象：伺服电机噪声大。

解决方法：在自动调谐无效的前提下，修正“PA09”自动调谐响应参数值。

12 项目难点和创新点

（1）节拍需要达到 240 s。

由于该套装置动作复杂，1 台发动机有 24 个锁片压装，同时互锁条件较多，所以节拍问题是个很大的难点，也是该项目的成败所在，经过现场调试优化后，将很多动作进行重叠控制。

（2）缸盖、托盘的定位及水平检测的实现。

该项目中，压装装置要能准确和安全地工作，托盘和缸体的位置就必须保证，否则就会发生压装基准位置不对，从而导致压装质量不合格甚至设备损坏。在该装置中，缸体水平检测采用两对对射式光电开关来实现，其原理是将该两对开关水平交叉检测缸体的上表面，当缸体发生倾斜时，其中任意一个开关就会发号，系统就会报警并停止运行。托盘水平检测同理，同样设置两对对射式光电开关，在托盘的前后两个位置进行检测，当托盘发生倾斜时，其中任意一个开关就会发号，系统就会报警并停止运行，同时为了保证缸盖的停车位置，设置了插销定位机构，确保缸盖停车位置的一致性。

（3）6U/6 W 机型混线生产，通过工位设置 RFID 来判断识别机型，从而实现压装参数的自动切换，同时压装完成后将压装位移、压装力等数据写入 ID 卡，用于数据追溯存储。

（4）压装机构采用 DDK 伺服压机，可以精确控制压装位移、压装力，同时可以实时监控压力位移曲线，直观地展现压装过程，大幅提升压装质量及效率。

（5）生产过程中的压装、锁片有无及缺失检测实现全自动，不需要人工干预。

13 结语

该项目锁片自动压装及检测设备自调试完毕后，使用至今未出现重大停产故障。*X/Y* 行走伺服系统正常，压装机构工作正常，压装精度及合格率达到 99.5%以上，行走机构与其他设备动作互锁完整，设备安全得到有力的保护，整个设备节拍控制在 240 s，极大地提高了柴油机锁片压装及检测的自动化程度。

参考文献

[1] 三菱电机. J3 伺服放大器技术资料集 [Z]. 2011.

[2] 三菱电机. Q 系列定位模块（详细篇）[Z]. 2005.

[3] 三菱电机. MELSECNET/Q 系列编程手册 [Z]. 2002.

数字孪生技术在纺织装备智能运维中的应用[①]

张　涛[②]

武汉城市职业学院

摘　要：数字孪生是一种将物理实体与数字模型相结合的创新技术，为纺织装备的智能运维提供了助力。本论文旨在探讨数字孪生在纺织装备智能运维中的应用，通过数字孪生的应用，纺织企业可以实现生产过程优化，提高生产效率和产品质量。数字孪生还可以帮助纺织企业实现智能运维，减少停机时间和生产损失。

关键词：数字孪生　纺织装备　智能运维

引言

在现代制造业中，数字化技术的快速发展为企业带来了巨大的机遇和挑战。纺织行业作为制造业的重要组成部分，其装备的稳定运行对生产效率和产品质量至关重要。然而，由于纺织设备的复杂性和长期运行，故障和停机时间成为制约生产效率和成本控制的重要因素。传统的运维方法通常依赖于定期维护和事后故障排查，存在人力成本高、效率低下且无法及时发现异常，以及故障诊断和维修周期长等问题[1]。为了提高纺织装备的可靠性、降低运维成本和提升生产效率，智能运维技术逐渐引起了广泛关注。

纺织装备智能运维技术具有显著优势，通过实时监测装备状态、提前预警故障并进行精准维修，可以大幅度降低停机时间和维修成本，提高生产效率和产品质量。此外，智能运维技术还可以帮助企业实现设备状态数据的远程收集与分析，为制造优化和预测性维护提供支持，是提高纺织行业竞争力和可持续发展的重要手段[2]。数字孪生作为一种新兴的技术，在纺织装备领域的智能运维中展现出巨大的潜力。

1　纺织装备智能运维

纺织装备智能运维是利用先进的信息技术，如物联网、大数据、人工智能和数字孪生等，对纺织设备进行实时监控、故障预测和优化操作，从而提高设备的运行效率和可靠性、延长设备的使用寿命、减少停机时间，以及提高产品质量和生产效率。

传统的装备运维往往依赖于定期的维护计划和人工巡检，存在诸多不足之处，如无法及时发现故障、无法预测设备故障、停机时间长等。

智能运维技术在纺织行业具有广泛的应用前景。首先，它可以提高纺织装备的可靠性。通过实时监测和诊断装备状态，智能运维系统能够及时发现故障和异常，预测潜在的故障，

---

① 基金项目：湖北省教育厅科研计划项目（B2020427）；武汉市市属高校产学研研究项目（CXY202219）；武汉城市职业学院科研创新团队建设计划资助项目（2020whcvcTD02）。

② 张涛（1985—），女，硕士，讲师，主要研究方向：职业教育、机电一体化。

并提供相应的维修建议。这有助于减少装备故障的发生，提高装备的稳定性和可用性。

其次，智能运维技术可以降低纺织装备的维修成本。传统的维修往往是基于固定的维修计划或故障发生后的紧急维修，这可能导致不必要的维修和停机时间。而智能运维系统可以通过实时数据分析和故障预测，实现精细化的维修计划和预防性维护，从而降低维修成本，减少停机时间，并提高装备的可维护性。

此外，智能运维技术还能够提升纺织装备的生产效率。通过实时监测关键指标和运行参数，智能运维系统可以帮助优化生产过程，提高设备利用率和生产能力[3]。它可以提供准确的数据分析和预测，帮助制订有效的生产计划和调度策略，实现生产过程的精细化管理，进而提高生产效率和产品质量。

纺织装备的智能运维对于企业的生产效率和竞争力至关重要。随着技术的进步，纺织装备智能运维的成本正在逐渐降低，越来越多的纺织企业开始采用这种新技术，以提高其竞争力[4]。

2 数字孪生与纺织装备智能运维

2.1 数字孪生技术概述

数字孪生是一种将物理实体与数字模型相结合的技术。它通过创建一个虚拟的、与实际装备相对应的数字孪生模型，实时反映装备的状态、性能和运行情况。数字孪生模型通过与实际装备进行数据交互，可以提供全面的运行信息和分析，实现对装备的智能监测、控制和优化[5]。

数字孪生模型由两个关键部分构成：物理实体和数字实体。物理实体是指实际的设备，包括机器、传感器和其他相关设备。数字实体是指与物理实体相对应的虚拟模型，它通过数据采集、模拟和分析技术来模拟和预测装备的行为和性能。

数字孪生技术主要包括以下三个方面：一是建模技术，即建立物理实体的数字模型。根据具体应用场景选择相应的建模方法和建模工具；根据所需分析问题选择相应的建模方法；根据对建模对象及目标对象的分析选择相应的建模工具。二是仿真技术，即对物理实体进行动态实时仿真。通过虚拟仿真手段建立产品或生产线的虚拟模型，对产品或生产线运行过程中可能出现的各种情况进行预测和分析，并根据结果进行优化；通过数字孪生模型、传感器等设备对产品或生产线运行过程中出现的各种情况进行动态实时仿真。三是优化技术，即结合实际情况对数字孪生模型进行分析优化。通过数据采集和算法分析等手段获得与产品或生产线运行状态相匹配的数据，结合具体问题和约束条件对数字孪生模型进行实时动态优化，以达到提高产品或生产线运行效率、降低能耗等目的[6]。数字孪生技术在纺织行业的应用，主要是通过构建纺织数字孪生模型，实现对产品或生产线运行状态的实时监测、预测和优化，从而提高产品质量和生产效率，降低能源消耗。

2.2 基于数字孪生的智能运维优势

数字孪生在纺织装备的智能运维中可以实现预测性维护和优化、实时监测和故障诊断、远程操作和远程支持、数据共享和协同优化等。

2.2.1 预测性维护和优化

数字孪生在纺织装备智能运维中可以实现预测性维护的功能。通过监测装备的实时数据与数字孪生模型进行比对和分析，可以预测装备的故障和问题。这使得运维人员可以提前采取维护措施，避免设备故障导致的停机和生产损失。预测性维护还可以优化维修计划，通过分析设备的工作负荷、磨损程度和维修历史，可以制订更精确的维护计划，减少计划外停机时间，提高设备可用性和生产效率。

此外，通过与数字孪生模型的交互，纺织装备的性能可以得到优化。数字孪生模型可以分析装备的工作参数和运行情况，并提供改进建议。运维人员可以根据模型的建议，调整装备的参数和操作，以提高装备的性能和效率。

2.2.2 实时监测和故障诊断

数字孪生技术通过智能传感器和数据采集设备，可以实时监测纺织装备的运行状态和性能指标。将这些数据与数字孪生模型进行关联，可以实现对装备运行过程的实时仿真和预测。当检测到装备的异常或故障时，数字孪生模型可以及时发出警报，提供故障诊断和根本原因分析，帮助运维人员快速定位问题所在并采取相应的维修措施，减少停机时间和生产损失。

数字孪生技术在纺织装备中还可以实现能源效率的优化。通过实时监测和分析装备的能耗数据，数字孪生模型可以识别能耗异常和浪费，并提供相应的优化措施。这可以帮助纺织企业降低能源消耗，节约生产成本，并减少对环境的影响。

2.2.3 远程操作和远程支持

结合智能运维和数字孪生技术，可以实现对纺织装备的远程操作和远程支持。运维人员可以通过远程监控系统实时查看设备状态，进行设备调整和参数配置。同时，数字孪生模型可以提供远程支持和虚拟培训，帮助操作人员解决问题和提高操作技能，降低设备操作风险和人员培训成本。

2.2.4 数据共享和协同优化

智能运维和数字孪生技术的融合可以实现纺织装备数据的共享和协同优化。不同装备之间的数据可以共享到数字孪生平台，实现装备之间的协同工作和优化决策。例如，通过数字孪生模型的协同仿真，可以优化整个生产线的运行效率，避免设备之间的瓶颈和冲突，提高整体生产能力和效益。

3 纺织装备智能运维系统平台

3.1 纺织装备智能运维系统平台架构

纺织装备智能运维系统平台需要一个可扩展、模块化的架构，以便适应不同类型的设备和应用场景。纺织装备智能运维系统平台架构如下：

（1）数据采集层：该层负责收集设备上的传感器数据和环境数据。数据采集设备，如传感器、数据采集器等，将数据实时传输至平台。

（2）数据存储与处理层：这一层负责存储和处理收集到的数据。可以采用云端或本地的数据库进行数据存储，同时，对数据进行预处理。

（3）数字孪生模型层：在这一层创建设备的数字孪生，包括物理模型和数据模型。数字孪生是实际设备在数字空间中的虚拟表现，可以实时反映设备的状态和性能。

（4）分析与优化层：这一层包括数据分析和优化算法。通过运用机器学习、深度学习和其他 AI 技术，对收集到的数据进行分析，以预测设备的故障、寿命和性能。根据分析结果，为运维人员提供优化设备操作的建议。

（5）可视化与报告层：这一层为用户提供友好的界面，展示设备的实时状态、预测结果和优化建议。同时，生成定期报告，帮助运维人员了解设备的运行状况和趋势。

（6）接口与集成层：该层提供接口以便将智能运维系统与现有的生产管理系统、设备管理系统等进行集成。通过集成，可以实现更高级别的自动化和优化。

（7）安全与管理层：这一层负责系统的安全和管理，包括数据安全、设备安全和用户管理等功能。确保数据的完整性和隐私，以及设备和系统的安全稳定运行。

3.2 纺织装备智能运维系统平台功能

基于数字孪生的纺织装备智能运维平台能够提供实时监测、故障诊断、优化维护计划、节能效率提升、智能化决策支持以及培训和知识管理等功能，帮助企业提高设备的可靠性、效率和生产能力。

首先，数字孪生平台能够实时监测纺织装备的运行状态，通过传感器和数据采集系统获取实时数据。这些数据可以用于预测设备故障、性能下降或停机的可能性，使运维人员能够及早采取预防性维护措施[7]。其次，数字孪生平台可以分析和识别纺织装备可能存在的故障和问题。运维人员可以通过平台远程访问设备，并获得准确的故障诊断结果和支持建议，从而能够更快地解决问题，降低停机时间。再次，通过数字孪生技术，平台可以分析历史数据和设备性能模型，优化维护计划和保养周期。这有助于提高设备的可靠性和可用性，减少计划外停机时间，并最大限度地延长设备的寿命。此外，数字孪生平台可以对设备运行过程进行实时监控和分析，识别出能耗高的环节和潜在的效率改进点，通过优化操作参数和设备配置，可以降低能源消耗，提高生产效率。另外，基于数字孪生的平台可以为运维人员提供智能化的决策支持。平台可以分析大量的数据，提供有关设备运行状态、维护建议和优化方案的实时反馈，这使得运维人员能够做出更准确、快速和有效的决策。最后，数字孪生平台还可以模拟设备的操作和运行过程，提供虚拟培训环境[8]。这有助于新员工的培训和知识传承，并提高操作人员的技能水平。

3.3 纺织装备智能运维平台发展趋势

基于数字孪生的纺织装备智能运维平台在未来的发展中可能呈现以下趋势：

（1）深度学习与人工智能的应用：随着深度学习和人工智能技术的不断发展，纺织装备智能运维平台将更加注重数据分析和模式识别能力的提升。通过使用更复杂的算法和模型，平台可以更准确地预测设备故障和优化运维策略。

（2）边缘计算与物联网的整合：边缘计算和物联网技术的进步将使得纺织装备智能运维平台更加智能和高效。设备上的传感器和数据采集设备可以直接将数据传输到平台，实现实时监测和分析。这将减少对云服务器的依赖，提高响应速度和数据安全性。

（3）跨平台和云端协同：未来的纺织装备智能运维平台可能会实现跨平台和云端协同工作。不同的设备和系统可以通过平台进行数据交换和共享，实现跨设备的综合监测和维护。同时，云端协同可以实现多地点的数据集中管理和远程支持，提高运维效率。

（4）虚拟现实（VR）和增强现实（AR）的应用：虚拟现实和增强现实技术有望在纺织装备智能运维平台中得到应用。通过使用VR和AR技术，运维人员可以在虚拟环境中模拟设备操作和维护过程，提供更直观、沉浸式的培训和支持。

基于数字孪生的纺织装备智能运维平台在未来将继续发展，注重深度学习和人工智能的应用、边缘计算与物联网的整合、跨平台和云端协同、VR和AR的应用等方面的进展，以实现更智能、高效和可靠的纺织装备运维管理。

4 结语

本论文主要聚焦于数字孪生在纺织装备中的应用和智能运维的重要性。通过对数字孪生的概述、对纺织装备智能运维的重要性以及数字孪生在纺织装备中的应用进行分析和探讨，得出以下结论：数字孪生是一种基于虚拟模型的技术，可以通过与实际装备的交互来实现智能运维和优化。纺织装备的智能运维对于提高生产效率、减少故障和停机时间、提升产品质量具有重要意义。

总的来说，纺织装备智能运维与数字孪生技术的融合可以实现对装备全生命周期的智能化管理和优化，提高装备的可靠性、运行效率和产品质量，降低维修成本和能耗，并推动纺织行业的数字化转型和智能化发展。

参考文献

[1] 梅顺齐，胡贵攀，王建伟，等. 纺织智能制造及其装备若干关键技术的探讨［J］. 纺织学报，2017，38（10）：166-171.

[2] 葛勇，赵光艺. 基于数字孪生的智能制造技术应用研究［J］. 现代制造技术与装备，2021，296（7）：189-191.

[3] 郑小虎，张洁. 数字孪生技术在纺织智能工厂中的应用探索［J］. 纺织导报，2019，904（3）：37-41.

[4] 严惠. 基于数字孪生的 FMS 运维监控系统设计与研究［J］. 制造业自动化，2021，43（10）：122-126.

[5] 杨尚文，周中元，陆凌云. 数字孪生概念与应用［J］. 指挥信息系统与技术，2021，12（5）：38-42.

[6] 陈川，陈岳飞，曾麟，等. 数字孪生在智能制造领域的应用及研究进展［J］. 计量科学与技术，2020，556（12）：20-25.

[7] 高士根，周敏，郑伟，等. 基于数字孪生的高端装备智能运维研究现状与展望［J］. 计算机集成制造系统，2022，28（7）：1953-1965.

[8] 杨晔. 基于数字孪生的工程培训模式构建与应用［J］. 实验技术与管理，2022，39（4）：236-241.

新能源乘用车总装机运系统的技术运用及研究

陈虎　李平平　王梦耘
东风专用设备科技有限公司

摘　要：总装机械运输设备在新能源乘用车生产过程中起着非常关键的作用，决定了车身装配的生产效率高低及品质的好坏。本文针对新能源汽车与传统燃油汽车的工艺差别，结合新能源汽车生产工艺装配及输送要求，研究探讨新能源汽车总装机运系统的技术运用，将有助于更好地指导总装生产线的设计和实施。

关键词：机运系统　新能源汽车　总装工艺　总装输送　摩擦线　自行小车输送

引言

2023年上海车展迎来百余款全球首发车型集体亮相。其中，新能源汽车是这届车展的绝对主角，这也符合车展“拥抱汽车行业新时代”的主题。随着“电动化、智能化”时代的到来，为了争夺新能源市场的份额，各国纷纷推出燃油车的停售政策，以及推动新能源汽车的发展，这也成为汽车制造商们的共同目标，各大汽车公司纷纷采取行动，努力推动这一进程。这场新能源转型的浪潮已经进入了白热化阶段，各大汽车公司均发力推进电动车的研发及产线的平台化与模块化。

汽车总装配是汽车制造过程四大工艺中最后一个步骤，负责将车身所有的部品完成装配、调整及检测工作。从福特汽车在1913年开发出世界上第一条汽车组装生产线开始，各种机械运输技术被广泛应用于汽车总装领域。然而，由于各种机械运输技术的特点不同，选择合适的自动化机械运输技术对于提高生产效率和降低生产成本至关重要。本文旨在深入探讨新能源汽车总装机械运输技术的特性，并分析其在实际应用中的可行性。

1　新能源汽车和燃油汽车的总装工艺对比

汽车总装是将汽车的各个零部件在总装车间按装配工艺进行合理的组装并最终形成完整汽车产品的过程。

燃油汽车总装工艺主要包括内装、底盘装配、外装、检测、淋雨、路试、入库、返修等环节（图1）。总装主线采用的机运设备通常包括车身存储线、内饰滑板线、底盘线、底盘合装线、最终线、完成线、淋雨线、终检线等，总装辅线采用的机运设备通常包括车门输送线、轮胎输送线、座椅输送线、保险杠输送线、仪表输送线、前悬分装线、后悬分装线。

新能源汽车和燃油汽车在总装工艺上有很大的相似性，同时也有一定的区别(图2)。

1.1　电机装配和发动机装配

与燃油汽车相比，新能源汽车最大区别在于电机替代了燃油发动机。新能源汽车可以布置电动机的分装线，相比变速箱和发动机，电动机的体积较小并且装配起来比较快捷方便，所以新能源汽车电动机的装配线只占有很小的车间位置。对于同时进行传统汽车和新能源汽

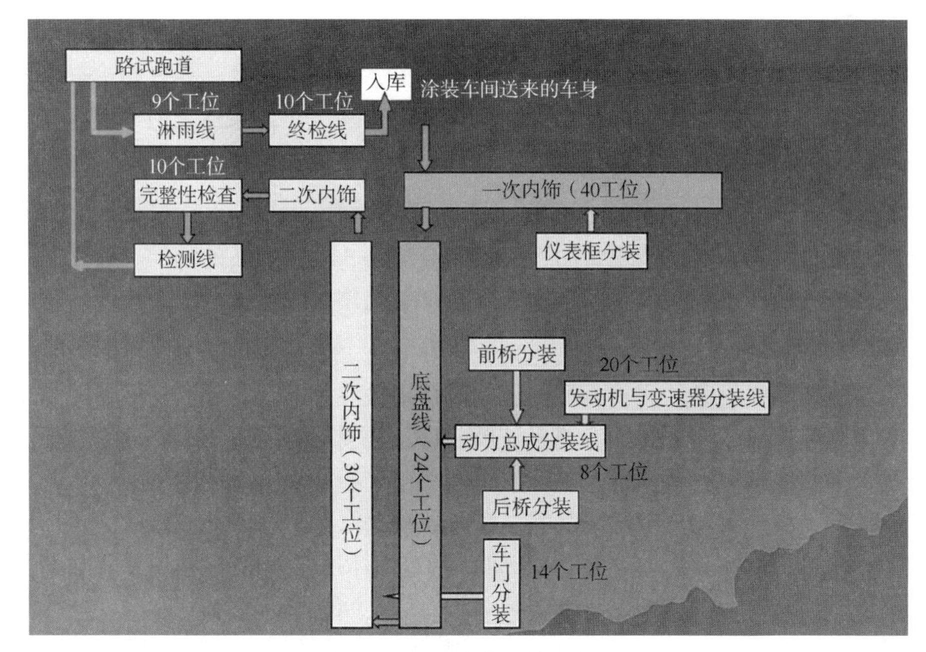

图 1　燃油汽车总装工艺

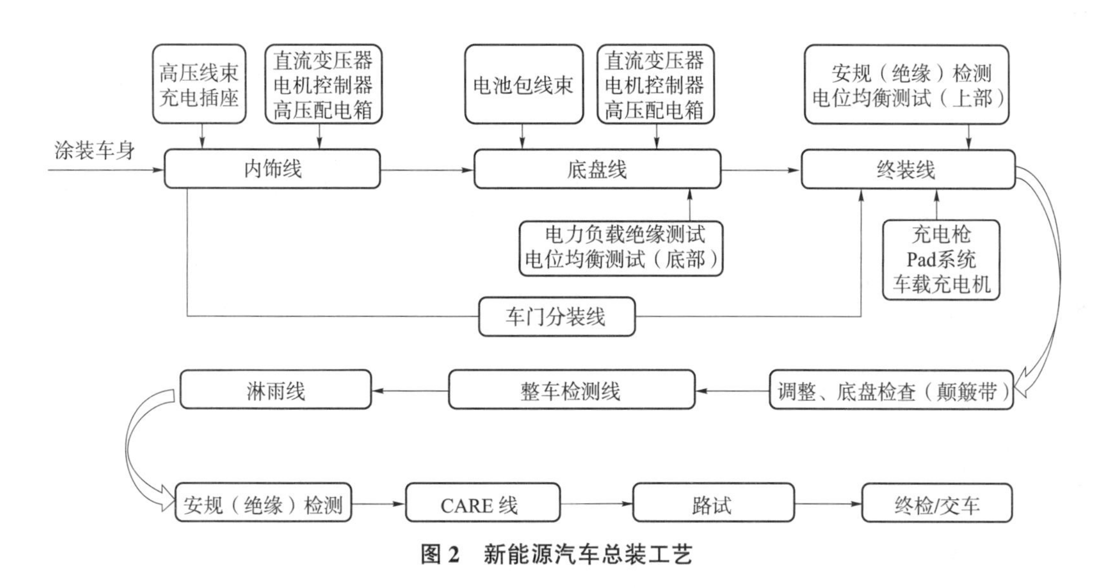

图 2　新能源汽车总装工艺

车装配生产的企业，可以在燃油汽车装配基础之上，添加一条电机装配线，可以提高装配效率和资源利用率。

1.2　底盘线

新能源汽车与燃油汽车在底盘线的装配工艺上几乎没有区别，均需要将车身抬升至一定的高度，在车身下方完成相关部品的安装，这种抬升的方式可以通过摩擦线、EMS 升降吊具等技术实现。

新能源汽车相比燃油汽车的底盘结构存在一定的变化，它们最显著的区别在于：前者没有发动机、燃油箱、排气管等，但增加了电池包。这些变化减少了一些新能源汽车在底部装配工位，降低了底盘线装配的工作量。

1.3 整车检测线

在整车检测方面，不管新能源汽车还是燃油汽车，为确保安全，在开始检查之前，都需要先完成装配和调试，以确保它们符合标准。针对纯电动汽车，由于它们不带汽车油箱，所以，它们的汽车油缸就不再需要添加汽油，燃油加注工位被快速充电桩所取代。

1.4 最终线

在汽车制造过程中，最终线通常用于提供油液加注、外饰部品的装配。新能源汽车与燃油汽车在最终线的使用上区别较小。常用的机运设备类型有金属板链、滑板线、树脂板链。

1.5 车身转挂系统

除了关注汽车主线设备的样式，我们还应该特别关注汽车车身的通过性，因为在车身进行转载时会面临许多挑战。比如，车身从PBS线转载内饰线，内饰线转载底盘线，底盘线转载最终线，最终线转载完成线等。

PBS线转内饰线的转换是较为简单的，它无须涉及汽车下部的部件组合，而且只需要确保转换的部分位置相对应。然而，鉴于新能源汽车的结构特征，底盘转接最终线时，车身底部部品等零件都已完成装配工作，除考虑车身尺寸的不同所带来的转挂问题外，还需考虑底部部品如电池包、前后悬尺寸不同所带来的局限性，从某种程度上说增加了车身装配的难度，是车身通过性的重点核查内容。

1.6 工艺设备

新能源汽车与燃油汽车的制造方式相比，其制造过程中的技术难度更高。为此，新能源汽车的制造车间必须拥有先进的技术，并且能够满足汽车生产过程中的各种特殊需求。例如，新能源汽车的制造车间必须拥有先进的充电桩、高精度的绝缘检测仪器、高效率的充放电系统以及各种特殊的绝缘材料。新能源汽车的充放电检测设施起着至关重要的作用，它可以准确地监控和评估新能源汽车的电池组，从而确保它们安全可靠。它的功能不仅仅局限于检查电流、电压、工况，还可以确保它们的所有特征都能够满足质量标准。

2 总装机运系统的选取

2.1 适用原则

总装产线机运系统的选取应当与企业的产品特性、生产规模、工艺方案相吻合，使其能发挥其最大效能。随着科学技术的发展，目前中国已经建立起一个多元化的汽车市场，既有传统的汽车，也有新兴的汽车。这种市场的特点是，汽车的生产方法各不相同，但都可以满足人们的需求。所以，在制订生产计划时，必须考虑到这些不同的生产方法，并进行相应的调整。一般来说，纯电动汽车的结构相对比较简单，因此最佳的制造策略应该是单独建立制造工厂。而增程式混合动力汽车以及插电式混合动力汽车的结构比燃油汽车要复杂得多，因此，在节省成本的前提下，它们适宜和燃油汽车混线制造。通过对新能源汽车的结构进行研究，我们可以更好地理解在混合制造模式中，如何进行机运设备的选取。

2.2 设备选型

为了提高生产效率，总装车间采用了模块化的工艺流程，将各种汽车零部件分别放置在不同的工序段，以满足工艺需求。通常，汽车总装主线包括车身存储线、内饰线、底盘线、合装线、最终线和OK线等，辅线主要包括车门线、轮胎线、座椅线、保险杠线、前悬分装线、后悬分装线。对于不同的线体，由于工艺等方面的需求不同，对机运设备的形式也有所区别。

目前，在新能源汽车总装机运系统常用的设备形式有辊床线、摩擦线、电动单轨 EMS 输送系统、滑板线、金属板链线、树脂板链线、滚筒线、倍速链、AGV（自动导引小车）等。经过对主流汽车制造商的深入调研，我们发现新能源汽车的总装设备大多呈现出表 1 中的设备形式。

表 1　总装机运系统设备选型

	机运系统名称	可选输送设备形式
总装主线	PBS 线	滚床线、摩擦线
	内饰线	金属板链线、滑板线、AGV
	底盘线	摩擦线、EMS 升降吊具
	最终线	板链线、滑板线、AGV
	OK 线	钢板链线、塑料板链、环形滑板线
	淋雨线	不锈钢板链、塑料板链
	报交线	钢板链、塑料板链
总装辅线	车门线	摩擦线、EMS、车门线
	仪表线	辊道线、摩擦线吊具、AGV
	合装线	升降辊床、升降滑板、AGV
	座椅线	辊道线、倍速链、塑料模组板带
	前副车架分装线	铝合金辊道线
	动力总成分装线	铝合金辊道线
	后副车架分装线	铝合金辊道线
	车轮输送线	滚筒线、塑料模组带

2.2.1　滚床线

滚床线包括滚床、滑橇、移行机、旋转台、提升机、橇体堆拆垛机以及其他有关机械设备（图 3）。它的工作原理是通过使用一种特定的机械元素，如滚轮、皮带、链条，使驱动装置带动滚轮，滚轮和滑橇底面的摩擦力来传递动力和驱动滑橇运行，从而实现输送设备的自动化运行。

图 3　滚床线

滚床线具有极强的扩展性，线体布置灵活多变，可根据车间具体的位置调整线路走向，运行平稳、噪声低，设备接近性好、方便维修保养。滚床线常用于漆后车身存储与输送，也用于电池包输送、车门线输送等。

2.2.2 滑板线

滑板线是一种复杂的机械结构，由滑板、摩擦驱动、轨道系统、旋转台、升降机等组成，它们通过摩擦力的作用，将动力传输到滑板上，从而实现滑板前行。

滑板线的类型各异，有普通型和升降型（图 4 和图 5）。

图 4 普通滑板

图 5 升降滑板

滑板线的布局可以按照形状划分为矩形和环形两种。

滑板线具有出色的运行性能，其噪声低、无污染、设备可靠性高、易于维护和保养，而且节能效果显著。与普通滑板相比，升降滑板更容易操作，人机工程学性能更佳。这种线体主要用于内饰线、最终线和合装线。近年来，随着电动升降滑板更好的人工作业性，更多的车企开始使用电动升降滑板来替代传统的普通滑板，以满足不同的工艺高度要求。此外，底盘合装和电池包合装也可以使用升降滑板来完成。

2.2.3 摩擦线

摩擦线由摩擦驱动、轨道系统、小车组、吊具、道岔以及升降机等组成，它们通过相互作用的摩擦力，将动力传输到小车组，从而实现机械设备的运动。

根据承载能力的区别，可分为轻型摩擦线和重型摩擦线（图 6 和图 7）。相较于传统的积放输送链，摩擦线具有更低的噪声、更少的污染以及更高的节能效果，因此在底盘线、车门线、仪表线、动力总成分装线和转运线等线体上得到了非常广泛的应用。但由于摩擦驱动、道岔、停止器等设备都被安装在空中，维修接近性不高，因此维护起来可能会比较困难。

图 6 重型摩擦线（底盘线）

图 7 轻型摩擦线（车门线）

2.2.4 自行小车输送线（EMS）

EMS 输送线是一种高效、安全、环保的物流设备，其基本原理是利用小车内置的电动机，通过滑触取电的方式，以及先进的智能化控制技术，实现小车高效、安全的移动。此外，根据承载能力和结构样式不同，分为轻载、重载、普通、带升降的 EMS 输送线，以满足各种物流需求（图 8 和图 9）。使用 EMS 输送系统，可以轻松地调整物料的运输高度，提高效率。然而，这种技术的结构相对较为繁杂，因而它的故障率相对偏高，同时造价也比摩擦线高。所以，在可以使用 EMS 输送线的情况下，通常会选择使用摩擦线替代。不过，目前这种技术越来越多地开始推广使用。

图 8　重载带升降 EMS 线

图 9　轻载 EMS 线（车门线）

2.2.5　板链输送系统

板链输送系统主要由驱动装置、张紧装置、机架及盖板系统、输送链板等组成。根据材质的不同，它可分为金属板链线和塑料板链线（图 10 和图 11）。板链输送系统具有结构紧凑、运行平稳的优点，对不同车型的兼容能力强、柔性好，但由于主要设备一般都布置在地坑中，其维修接近性稍差。

相比钢板链，塑料板链具有免维护、静音的优势。目前塑料板链的使用越来越广泛，主要用于最终线、OK 线、淋雨线和报交线等。

图 10　金属板链

图 11　塑料板链

2.2.6　AGV 输送系统

AGV 输送系统是指装备电磁或光学导航系统，能够沿规定路线行驶的无人驾驶车辆（图 12）。主要由 AGV 车体、台车、通信系统、导航定位系统和充电站等组成，主要依靠 AGV 背负或牵引台车运行。根据驱动形式不同，该系统可分为舵轮驱动、差速驱动等；根据运动方式不同，该系统可分为单向 AGV、双向 AGV 和全向 AGV 等；根据导引方式不同，可分为磁条导引、色带导引、电磁导引、激光导引和二维码导引等。AGV 输送系统具有系统组成简单、建造及改造方便、运行安静、无污染和柔性高等优点，但由于其成本较高，除个别企业在内饰线、最终线采用外，目前仍然主要应用于分装线及车间内物流配送。

图12 AGV输送系统

2.2.7 积放辊道输送系统

积放辊道输送系统是一种高效的托盘输送线，通过电机驱动辊道，辊道依靠摩擦力推动托盘，实现部品的输送。

积放辊道线体主要应用于动力总成、前后副车架、电机的分装作业，采用铝合金骨架样式（图13）。通常采用上下双层辊道输送系统，可在上层进行分装作业，下层用来返回空托盘，有效节省空间。

2.2.8 倍速链输送系统

使用倍速链，可以大幅提高工件的运输效率（图14）。这种方法与传统的辊道输送系统相似，都需要托盘来承载物料，但倍速链具有更高的传递速度，因此它更适合快速运输工件，如座椅和仪表、保险杠。目前，倍速链输送线常用于座椅、仪表、保险杠从物流运输卡车卸货到主线线边的输送。

图13 铝合金积放辊道线

图14 倍速链（前后保险杠线）

3 结语

汽车总装是汽车制造的重要组成部分，它不仅可以减轻工人的负担，提升生产效率，还可以有效地降低成本，实现更高的产出。因此，研究各种机械运输技术，深入了解其优势和局限性，并结合新能源汽车的工艺装配要求，将有助于更好地指导总装生产线的设计和实施。

参考文献

[1] 郑德权. 汽车总装工艺 [M]. 北京：机械工业出版社，2017.

[2]《运输机械设计选用手册》编辑委员会. 运输机械设计选用手册 [M]. 北京：化学工业出版社，1999.

[3] 景平利. 电动汽车总装技术 [M]. 北京：机械工业出版社，2017.

[4] 张庆庚. 汽车总装同步工程 [M]. 北京：机械工业出版社，2023.

[5] 李秋艳，范家春. 汽车总装 [M]. 北京：机械工业出版社，2015.

商用车周盘式制动器产业化现状及对策

——对我市某企业周盘式制动器产业化调研分析

周松兵[①]

湖北十堰职业技术（集团）学校

摘　要：现有汽车制动系统常用的鼓式制动器或钳盘式制动器在车辆实际使用中因发热导致制动效能降低，容易产生安全隐患。新型结构的周盘式制动器在结构上解决了上述缺点，但在推广过程中无法实现产业化，究其原因，存在制动器类型的界定、产品结构的复杂程度及后期维修服务等方面的影响因素。本文拟从产品的界定、零部件的制造、后期维修服务等方面进行研究分析，寻找产业化的对策。

关键词：周盘式制动器　产业化现状　分析及对策

引言

制动器是重型卡车制动系统的重要组成部分，担负着整车安全的重要作用。整车制动系统要求作为制动执行装置的制动器要有足够的强度和刚度，同时也需要制动器具有较好的稳定性和平顺性，可以减少制动反应时间，缩短制动距离，提高整车制动性能以保证整车的主动安全性能。目前，国内重型卡车的制动器主要有鼓式制动和盘式制动两类，而且大多采用刚度较大的铸造蹄铁和内外径同心的摩擦片，使得制动器刚度过大，摩擦片和制动鼓贴合不良，造成摩擦片磨损不均匀，整车制动时制动稳定性和平顺性较差。制动蹄的固定采用悬臂式结构，在制动时刚度不足，影响制动力矩输出的稳定性。

针对现有的载重汽车、载客汽车普遍使用鼓式制动或盘式制动，虽经多次改进其制动性能已趋完善，但在负荷较重以及下长坡减速或紧急制动的情况下，因摩擦导致发热快、散热慢，降低了制动效能，尤其是大巴车、重型卡车在制动过程中需要通过淋水装置降温，轮毂温度剧降导致的变形以及淋水装置的质量无法保证等影响制动效果，成为车辆行驶中的重大安全隐患。

针对这一缺陷，我市某民营企业结合商用车制动系统的要求，通过技术创新，国内首创周盘式制动器。它主要是通过鼓式内胀和轮式外抱制动结构相结合，实现制动器内胀和外抱同步制动，具有惯量件轻油耗低、内外双圆柱刹车摩擦面积大、导风散热快发热少、双重制

---

① 周松兵（1971年—），男，湖北十堰职业技术（集团）学校高级讲师，研究方向为技术创新管理、教育教学管理。

动安全系数高、性能优于同类产品等优点，是集鼓式制动器和盘式制动器的优点于一体的新型制动器（图 1）。

图 1　周盘式制动器结构分解图

1　产品特点

1.1　优点

（1）采用内外制动，制动效果好，可以同时制动和单一制动，而且在一个失去制动效果后另一个可以短时间使用（图 2）。

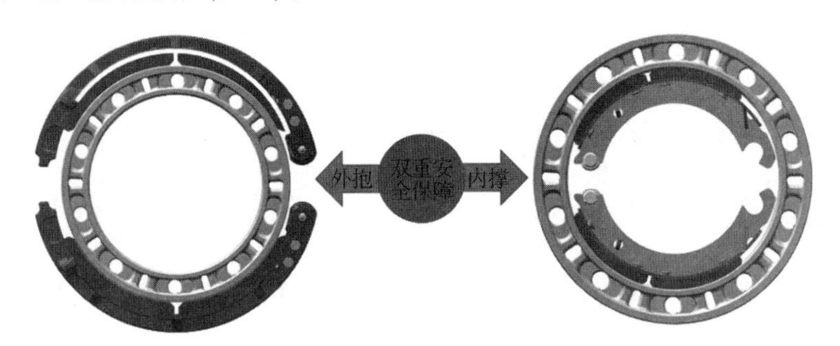

图 2　周盘式制动器工作原理图

（2）利用行驶中的自然风给制动系统和钢圈同时散热，避免轮胎过热，将制动力平均分配在两个制动面上，发热减少一半（图 3）。

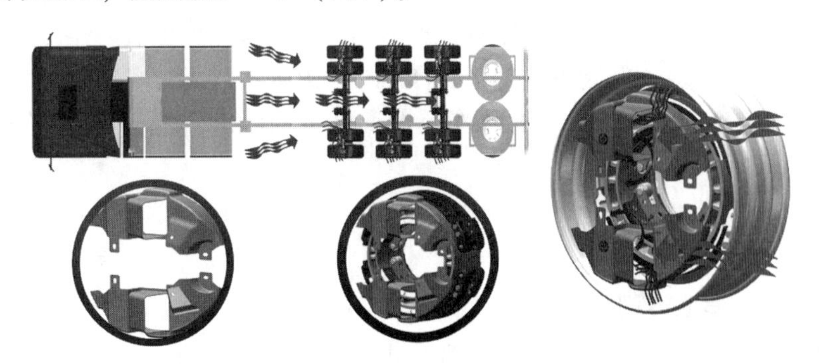

图 3　周盘式制动器散热原理

（3）制动盘周向结构，规避盘式结构发热变形，保证制动稳定性。

（4）拥有盘式制动器的双向夹紧制动和制动盘通风两项特征，更加安全可靠。

1.2 缺点

（1）周盘式制动器是外抱蹄式制动器和内胀蹄式制动器的综合体，内外同步制动难于实现，对产品加工精度和装配精度要求高。

（2）周盘式制动器是两种结构的综合体，结构烦琐，重量大，制造成本高。

（3）周盘式制动器的密封性差，对使用工况要求高，适应性差（难以适应恶劣工况）。

（4）周盘式制动系统不符合现今制动系统发展潮流。汽车行驶的速度越来越快，对制动系统的要求越来越高，仅仅简单的盘式刹车和 ABS 已经不能满足要求，现代汽车制动控制技术正朝着电子制动控制方向发展。全电制动控制因其巨大的优越性，将取代以液压为主的传统制动控制系统。

2 产品性能

该产品相关技术先后获得国家发明专利、中国好技术、湖北省科学技术发明奖等荣誉，引起了国内外汽车行业的广泛关注。同时该产品委托国家汽车零部件检验监督中心（襄阳），对周盘式制动器与盘式制动器做了性能对比试验，对比试验结果表明：周盘式制动器各项性能均优于盘式制动器。该产品先后通过中汽研汽车检验中心（武汉）有限公司的“垂直弯曲刚度、垂直弯曲静强度、垂直弯曲疲劳寿命”、国家汽车质量监督检验中心（襄阳）“制动器总成性能”“挂车制动装置及性能”（装车后）检验，属于合格产品。

2019 年，该企业向交通运输部公路科学研究院和中国交通运输协会物流技术装备专业委员会提交了检验结果，通过对比试验结果以及综合研究分析，认定周盘式制动器性能参数符合盘式制动器技术标准，属于“GB 7258 新技术、新装置、新结构”范畴。

3 产业化制约原因

虽然周盘式制动器在技术创新方面取得了一定的认可，但是其市场化普及应用依然困难重重。主要原因有：

3.1 法规认可与产品界定制约

GB 7258—2017《机动车运行安全技术条件》要求，“危险货物运输货车的前轮和车长大于 9 m 的其他客车的前轮，以及危险货物运输半挂车、三轴的栏板式和仓栅式半挂车的所有车轮，应装备盘式制动器”；JT/T 1094—2016《营运客车安全技术条件》4.3.2 提出“营运客车所有车轮应安装盘式制动器”；JT/T 1178.1—2018《营运货车安全技术条件》5.9 提出“总质量大于或等于 12 000 kg 且最高车速大于 90 km/h 的载货汽车，所有转向车轮应安装盘式制动器”。

目前周盘式制动器产品处于盘式制动和鼓式制动的界定阶段，尚未获得国家相关部门的认定资质，难以获得市场认可。

3.2 结构复杂与制造成本制约

周盘式制动器是外抱蹄式制动器和内胀蹄式制动器两种结构的综合体，采取双面制动，通过大摩擦面积来实现大制动力，也正是由于采用此机构，提高了制动器的成本，与鼓式、盘式制动器相比没有价格优势。周盘式制动器内外制动难于实现同步，对加工精度要求高；其结构烦琐，制动器重量大，增加了制造成本；由于密封性差，对使用工况要求高，难以适应恶劣工况条件；经过分析，同样型号的商用车采用周盘式制动器，其采购成本价要比其他制动器高 2 000 元/根。

所以周盘式制动器在价格上不占优势，而且结构相对复杂，结构复杂可能会带来可靠性不足，需要进行进一步的装车路试，检验是否能适应各种不同工况，这些制约了产品的推广。

3.3 与制动器主流发展趋势不够吻合

目前汽车制动系统技术已经相对成熟，在保障安全的前提下，客户更倾向于制动控制技术，传统汽车制动系统和电子化技术的结合，将是未来汽车制动系统的发展趋势。未来汽车电子制动控制系统将是与其他汽车电子系统，如汽车电子悬架系统、汽车主动式方向摆动稳定系统、电子导航系统、无人驾驶系统等融为一体的综合汽车电子控制系统，并将逐渐代替常规的控制系统，实现车辆控制的智能化。周盘式制动系统属于制动器执行机构的改进，其工作原理是让周制动盘（制动鼓）内外表面都参与摩擦，充分利用了制动鼓的内外表面，同时提升了散热效果，提高了制动效能。该产品属于传统制动器执行机构的范畴，没有过多地解决制动控制现状，不太符合制动系统的发展潮流。

4 调研分析

通过调研分析，受访专家十分认可“周盘式制动器”项目的技术创新，认为该产品集普通盘式制动器和鼓式制动器优点于一体，具有双制动系统双重制动保障、制动面积大、受力均匀、多用途导风防尘罩提高散热能力、制动灵敏、使用成本低等优点，提升了制动效果，保证行车安全，能适应我国公路特点。

同时也指出了“周盘式制动器”项目产业化存在的问题：

（1）产品目前还在产品类别界定阶段，用户对产品认可度不高，无法进行推广；

（2）结构相对复杂，制造和维修成本高，在价格上不具备优势；

（3）因结构相对复杂，可能对车辆的可靠性有影响，需要进行可靠性检验；

（4）配件目前不通用，用户售后无法保障。

5 后期对策

（1）结合产品的相关检测报告数据分析，该项目的产品性能优于传统制动器，建议后期依托行业协会组织国内技术专家对该项目进行专题研讨论证，界定该项目的归属范畴，争取国家政策的支持，力争将新产品纳入相关行业规范标准，获得市场准入许可。

（2）继续依托第三方机构，协助完成产品的可靠性等分析，加快推进产品类型的界定，有利于推进产品进入市场。

（3）继续加大与国内大型整车厂的合作，完成该产品的各种路试，获取路试实验数据，再组织专家进行分析，进一步推进技术创新，提高产品的技术含量，降低生产和维修成本。同时加大市场推广应用的力度，让更多的整车生产企业和用户认可产品、接受产品、使用产品，从而提高市场份额。

（4）可以在推动“周盘式制动器”项目产业化研发的同时，集中力量对零部件进行技术创新，尽可能采用通用的零部件，扩大零部件的通用性，有利于推进项目产业化。

第五篇　校企合作

“一站式”学生服务社区促进校企合作的研究

徐智航
武汉纺织大学机械工程与自动化学院

摘　要：近年来，在高校实施“一站式”学生社区综合管理模式改革的背景下，各地高等院校持续强化“以生为本”的治校理念，服务学生工作质量进一步加强，服务学生工作进一步精细化。在此背景下，“一站式”学生社区对学生就业工作，尤其是校企合作产生巨大影响。在当今社会校企合作至关重要，校企合作，即学校与社会企业形成“双赢”的合作模式，在遵循平等互利的原则下，将学校学生的理论经验与社会企业实践相结合。在原有的模式中，学校主要负责教育教学，培训学生以掌握专业理论知识，给学生提供实习实践机会；企业则为学生提供实践技能机会，将理论知识落地实施。高校推进“一站式”学生社区，构建招聘、就业、培训等平台，构建校企合作新机制，打破传统校企合作模式，为校企合作增添新的内涵，提供新可能，为校企合作指引新方向，激发专业新动能，赋能精准帮扶助力就业工作。

关键词：“一站式”学生服务社区　校企合作　育人模式　就业工作

引言

高校在实施“一站式”学生社区综合管理模式改革的背景下，对校企合作提出更高要求。传统校企合作停留在学校提供学生，企业提供实习基地。高校推进“一站式”学生社区则给校企合作带来新的可能。

1　传统校企合作发展模式

校企合作旨在创建一种学校与企业相互合作的共赢形式，其目的在于提升学生教育教学质量、提升学生社会实践能力、为企业精准培养专精型人才，以及促进学校和企业之间的资源和信息共享，从而实现互惠互利。校企合作模式多种多样，世界不同国家经过多年的尝试和发展，已经建立了一些成熟的校企合作模式，如美国的“合作教育”、德国的“双重制”、英国的“三明治模式”等，这些成熟的校企合作模式对中国的校企合作具有一定的借鉴意义。在国内，校企合作有以下几种主要模式：

1.1　定向教育模式

定向教育模式，是指在学生考取高校后与企业签署协议，规定学业结束后的工作单位，在教学培养期间，由高校和企业共同培育学生的人才培养模式。学校为企业提供相应配套的专业技能培训和实习课程，课程的培训和考试内容来自企业需求。这种模式的优越性在于，学生在教学培养期间，学习到的内容与工作内容紧密相连，学生在学校期间即可达到企业相关要求，在毕业后第一时间即可参与实际工作，无须进行岗位专业培训。这一模式大大降低了学校的培养成本，以及企业的人力资源成本。

1.2 共研项目模式

共研项目模式，是指企业经过课题或项目等形式与学校共同研发项目，学校遴选高水平教师组织高年级学生实现项目研发的人才培养模式。这种模式的优点是，通过项目的磨炼，学生能独立自主承担项目，在项目开发过程中解决困难，习得解决问题的能力。除此之外，学生还会获得一定的经济报酬，在金钱的鼓励下学生会更加全身心投入理论学习或实习实践，从而产生良性循环，同时，企业通过项目外包产生额外效益。

1.3 企校共育模式

企校共育模式，是指学校将企业引入学校，企业提供实习基地、设备和原材料，参与学校教学计划的制订，并指派专业人员参与学校专业教学的人才培养模式。企业获得人才，学生获得技能，学校获得发展；从而达到校企"优势互补、资源共享、互利共赢、共同发展"。

各高等院校重视校企合作，明白这是学校提升办学质量、培育高素质人才的重要途径。学校可以利用企业的一部分生产车间或实习实践场地，企业可以在学校实施"理论学习"和"职业培训"。这类形式不仅可以缓解企业场所空间有限的不足，还可以解决学校实习和培训设备欠缺的问题，真正实现企业和学校之间的资源共享，产生产学研相结合的双赢效益。

2 校企合作发展现状及其原因

目前校企合作的层次和深度参差不齐，究其原因主要表现在以下几方面：

2.1 校企合作深度与广度不足

校企合作深度是指双方在合作方式和实质上的配合程度，其中包括校企双方的合作形式、合作频率、合作项目的难易度等。目前，在校企合作过程中，企业与学校之间缺乏深度融合和有机融合，相互需求不够明确。校企合作仅限于专业课程实习，主要停留在企业为学生解决实习问题的浅层次，学生在企业进行实习实践，企业为学生提供实习就业平台。校企合作的广度是指校企合作涉及的限度和范畴，进一步说就是合作项目的多少、专业容纳范围、合作企业的分类等。目前，校企合作存在合作企业数目少、合作企业性质单调、专业覆盖面不足等问题，校企合作对市场配置教育资源没有发挥决定性作用。

2.2 校企合作的持续性不强

校企合作的可持续性是指动机问题，包括校企合作的持续时间、校企合作的频率以及校企合作的内部动机。目前，校企合作产生的经济效益不足，对企业缺乏吸引力，企业从与学校之间的合作中获利不多，影响了校企合作的可持续性。

2.3 校企合作的有效性不高

校企合作的有效性是指它所带来的有效性，包括参与各方的满意度以及它给各方带来的利益。当前，学校与企业对校企合作的满意度普遍不高，在校企合作期间取得的经济效益也不够显著。一方面，学生在企业实习期间的权益得不到保障。如果确实存在问题，企业没有派出责任人进行解决，学生自身利益受到损害，企业自身的需求得不到满足，还要承担学生实习的琐碎责任，导致投入和产出的不确定性；另一方面，尽管就业率不低，但学生就业质量令人担忧。学校的人才培养仍需进一步改革，校企合作期间学校的就业率和质量仍有很大提升空间。此外，企业提供资源针对性不强。受地域、专业、培养过程、学历层次等多方便因素影响，各高校毕业生就业去向、就业行业不尽相同。合作企业的资源、岗位、覆盖面往往不够全面，与高校毕业生就业意愿和实际需求大相径庭。

2.4 校企合作缺乏统一受监管的平台

校企合作机制的完善是保证校企合作长期稳定运行的稳定器，为校企之间的良好合作提供了稳定的运行环境。但在实际操作过程中，校企合作协同发展的法律法规不健全，缺乏规范的指导和约束，对多元主体行为的约束不够严格。主体的责任和权利不明确，也没有明确的划分，协同创新机制也不完善，评价机制也没有形成明确的体系，最终流于形式。缺乏有效的合作机制也将影响校企合作的效率，唯有建立健全有效的合作机制，才能确保校企合作的有效和性可持续运行。

3 "一站式"服务学生社区创新机制对校企合作的必要性及价值分析

建设"一站式"服务学生社区创新机制，是班级建制管理方式改革的客观需要。教育部在《高校"一站式"学生社区综合管理模式建设工作综述》中明确指出：传统的班级建制管理方式受到越来越多的挑战，学生社区日渐成为学生交流互动最经常最稳定的场所，成为课堂之外的重要教育阵地。在此背景下，2019 年，教育部推进"一站式"学生社区综合管理模式建设工作，成为中国特色社会主义大学治理体系下学生管理模式改革的重要抓手和实现途径。

3.1 "一站式"服务学生社区有助于明确校企合作目的

"一站式"服务学生社区旨在提升学生服务的工作质量，将高校育人力量和资源整体下沉到学生社区，用最温暖的关爱陪伴学生健康成长。企业在校企共育过程中可以提供心理导师、科技导师、就业导师，他们面对面对学生进行思想引导、学业辅导、心理疏导、就业指导，高效解决学生面临的困难困惑，让学生们享受"点对点精细化"服务。在校企合作的过程中，企业能外包科研项目、收获大量实习生参与企业劳动，同时也能直接参与培育企业所需的人才，节约企业培训资本和人力资源资本。通过"一站式"服务学生社区，学校和企业可以明确各自的合作目标，在合作过程中不断对目标进行动态更新和调整。

3.2 "一站式"服务学生社区有助于推动校企多元化合作

"一站式"服务学生社区可以推动学校与企业多元化的合作模式，包括科研合作、技术转移、社会服务、实习实践课程合作、就业推荐等多方面合作。"一站式"服务学生社区为校企合作提供合作平台、合作场地，以"一站式"服务学生社区为基础，学校开展"访企拓岗促就业"等活动，促进学校与企业进一步合作；同时学校和企业可以共同开展企业公开课、企业家课堂、行业高端学术会议、创业就业大赛等活动，共同探讨和推广更多创新解决方案。

3.3 "一站式"服务学生社区有助于加强校企沟通和信任建立

"一站式"服务学生社区提供校企见面合作场地以及配套设施。因为服务对象不同、工作环境不同、目的目标不同导致学校与企业存在差异，这些差异会直接影响到合作的成果。因此，在合作过程中，学校和企业要加强沟通，增强理解，营造互相信任的氛围，从而实现互利共赢的良好事态。

3.4 “一站式”服务学生社区有助于加强评估与监督

校企合作是一项长期工程，需要双方持续跟踪、评估和监督。校企可以共同制订合作计划，设定明确的目标和评价指标，及时发现和解决问题，确保合作顺利进行。

学校为学生社区提供“一站式”服务，优化学校内部治理结构，规范校企合作管理和运作，增强教育实效，创新校企合作模式。学生社区“一站式”服务邀请政府工作人员、企业员工、学校教师、学生和家长等利益相关方共同确定校企合作的形式和内容，监督校企合作的运作，评价校企合作的结果，形成依法管理、民主协商的管理方式，确保校企合作规范有序运作。企业在追求效率的基础上，要密切配合学校的实际工作，深化合作程度，推动校企合作高质量发展。

4 “一站式”学生社区校企合作平台构建路径及展望

4.1 以“一站式”学生社区为基础，搭建“市场双选服务平台”

推动人才培养与区域发展对接。工作站聚焦创新城市发展战略和产业发展需求，定期开展社会需求与人才培养质量调研，建立社会需求与人才供给的联动机制，引导推动人才培养供给侧改革，优化调整专业设置与人才培养规模，推动校园招聘实现品牌化。开展招聘会、双选会、游学、云上招聘等活动；学生社区可以与企业集团合作，实现校企招聘向“产、学、研”校企合作、职前教育合作、实习见习合作转变，共建联合培养基地、就业基地、实习基地，创新人才培养模式和就业创业模式，为区域经济社会发展提供高质量人才。

4.2 以“一站式”学生社区为基础，搭建“校企联合培养平台”

以“一站式”学生社区为基础，打造“双导师”师资团队，提升学生就业创业整体技能。以“一站式”学生社区为培训基地，打造校内外“双导师”制度。坚持以校内导师为主，并从社会各界聘请企业高管、创业精英作为企业合作导师，为毕业生班级做好就业创业技能指导，选配行业企业能手和优秀管理人才作为兼职教师和校外职业发展导师，对毕业生进行就业创业指导，夯实毕业生就业创业技能。教学主体由企业和学校共同组成，企业教师与校内教师共同授课，课程教学既注重学校教学内容的广度，又注重企业岗位职业能力需要的深度，使学生能快速进行从学生到学徒的角色转换。

4.3 以“一站式”学生社区为基础，搭建“就业网络平台”

以“一站式”学生社区为基础构建的“一站式”就业工作网络平台是一个广泛的“网络平台”，相较于普通的就业信息网站，它更像一个包括就业信息网络、管理信息系统、在线即时通讯工具、移动通信等在内的综合系统。学校利用就业信息网站发布相关信息，利用就业管理系统完成各种信息传输、统计和分析任务。通过就业工作网络平台，大学生可以方便地进行职业规划，学习就业政策和程序，搜索实习就业信息，办理就业手续，在线咨询（图1）。

高校推进“一站式”学生社区为校企合作增添新的内涵，提供新可能；为校企合作指引新方向，激发专业新动能，赋能精准帮扶助力就业工作。“一站式服务”机构期望达到的效果：

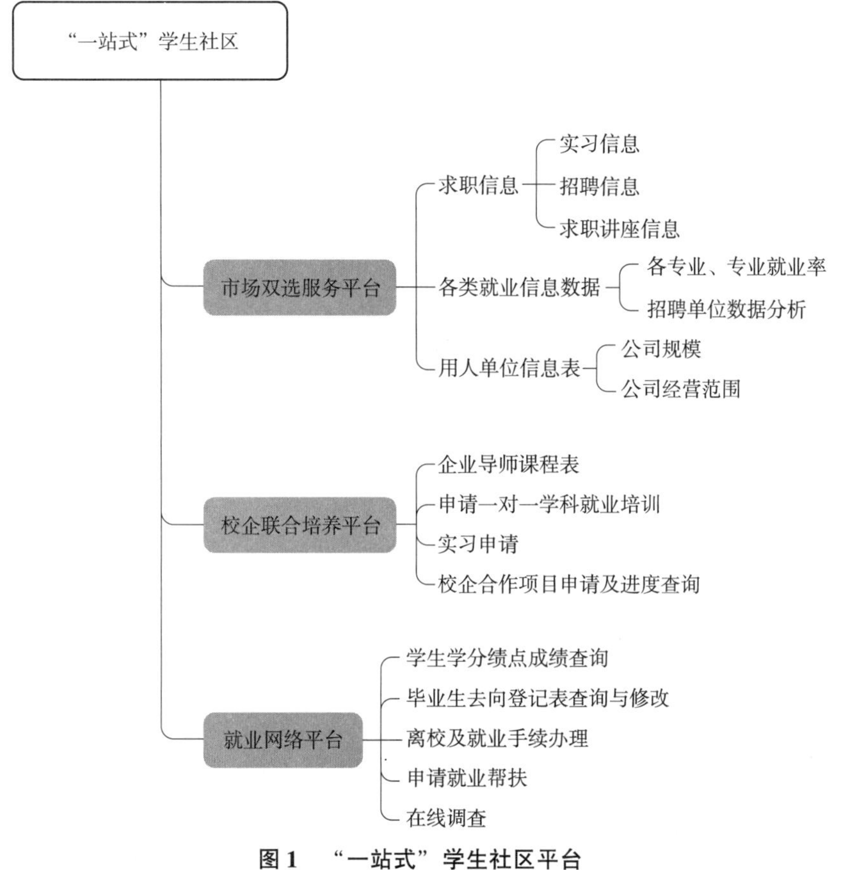

图 1 "一站式"学生社区平台

(1)"一站式"学生社区创新校企协同教育的方式方法，充分发挥企业主体的重要作用。推动校企共建校外生产培训基地、技术服务和产品开发中心、技能大师工作室、创业教育实践平台，切实增强学校实践教学能力和学生就业创业能力。

(2)"一站式"学生社区提高大学生就业服务的效率和便利性，整合社会资源，帮助应届毕业生解决就业难问题，切实维护大学生的合法权益。由于服务机构的专业性和规模效益，大学生就业的一系列准备工作可以进行整合性处理，有针对性的服务可以降低盲目选择增加的就业成本，同时最大限度地降低大学生就业风险，从而降低风险成本。创新的服务模式在一定程度上缓解了就业信息有限的就业环境问题，为寻找新的市场机会和填补市场空白提供了机会。

(3)"一站式"学生社区为学生提供政策性便利，大学生就业服务与国家相关大学生就业政策一致，可获得政府部门支持和政策优惠。这种"一站式服务"组织是自负盈亏的法人实体，可以提高服务质量，克服传统政府人事部门在职服务的局限性。

5 结语

综上所述，高校推进"一站式"学生社区对于校企合作有着重要的作用，通过"一站式"学生社区构建招聘、就业、培训等平台，构建校企合作新机制，打破传统校企合作模式。利用"一站式"学生社区提升校企合作效率，为学校学生提供更多学习及就业机会，为企业带来更多经济效益，最终实现"双赢"。

参考文献

[1] 张丽娜，黄羽婷. 协同创新视角下校企合作体系构建研究 [J]. 企业改革与管理，2023 (2)：174-176.

[2] 教育部. 用最温暖的关爱陪伴学生成长——高校“一站式”学生社区综合管理模式建设工作综述 [EB/OL]. (2023-01-29). http://www.moe.gov.cn/jyb_xwfb/gzdt_gzdt/s5987/202301/t20230129_1040665.html.

[3] 董欲晓，张念军，李建军. 谈高校“一站式”就业工作网络平台构建 [J]. 中国成人教育，2013 (9)：52-54.

[4] 教育部关于深化职业教育教学改革全面提高人才培养质量的若干意见. [EB/OL]. (2015-07-29) http://www.moe.gov.cn/srcsite/A07/moe_953/201508/t20150817_200583.html? from=singlemessage&isappinstalled=0.

五维一体、四阶递进，校企协同赋能襄阳都市圈智造高质量发展

——以襄阳汽车职业技术学院为例

孙　莉

襄阳汽车职业技术学院

摘　要：为有效解决襄阳都市圈智能制造产业转型升级中人才需求和技术服务的问题，襄阳汽车职业技术学院以国家《职业教育改革实施方案》为指导，以省级智能制造与装备高水平专业群建设为契机，搭建校企协同育人平台，坚持实施产教融合战略，深化校企合作、协同育人，探索创新“五维一体、四阶递进、多元成才”的育人模式和培养路径，经过近三年的运行，在人才培养、技术服务等方面取得了一定的成效。

关键词：五维一体　四阶递进　赋能　智造产业　高质量发展

1　实施背景

随着传统制造向智能制造转型升级，制造业朝着绿色化、数字化、智能化方向发展，企业对职业院校的人才培养规格提出了更新更高的要求。怎样培养符合企业需求，能支撑制造业转型升级的新技能人才，成为职业院校亟须解决的问题。鉴于此，教育部、人社部等相关部门出台了一系列文件和政策，鼓励推动职业院校与企业牵手，深化产教融合、校企合作、协同育人，提高人才培养质量。

襄阳地处汉江流域中心，是湖北唯一的国家级产教融合试点城市，智能制造是襄阳支柱产业之一，襄阳汽车职业技术学院身为地方高校，赋能产业转型升级责无旁贷。在湖北省“双高计划”建设的背景下，襄阳汽车职业技术学院以校企合作为“双高”建设的基石，通过搭建校企协同育人平台，深化产教融合，实施“五维一体、四阶递进”育人模式，从人才培养、技能培训、技术服务、创新创业等五个方面落地生根，切实服务地方经济发展，赋能襄阳都市圈智造产业高质量发展。

2　实施路径与方法

2.1　政校企携手，共搭协同育人平台，共建责权利运行机制

一是在与襄阳市高新区、枣阳市政府等“校地”合作基础上，与中航精机、湖北精金共建模具产业学院，园区和企业定期进专业问诊学生、进课堂问诊教学，校地、校企同堂指导专业建设和人才培养，形成政府园区指导、产业学院主导、专业具体实施的育人平台；二是制定双方共担课程的《专业人才培养方案教学活动进程表》《校企合作岗位职责说明书》《教学、育人、实习就业管理制度》《企业教师管理制度》《校外实训基地学员管理制度》等管理机制，构建利益共同体，形成资源共建、利益共享机制；三是以现代学徒制、订单班

为载体，建立校内校企院、校外园企校的学业考核多元评价体系，实施校企人才共育、过程共管，确保人才培养规格贴合岗位用人标准。

2.2 校企深融，共创“五维一体”育人模式

对接《中国制造2025湖北行动纲要》《“襄十随神”都市圈城市群一体化发展三年行动方案（2021—2023）》要求，襄阳汽车职业技术学院聚焦襄阳智能制造产业链发展，以智能制造与装备高水平专业群建设为契机，携手湖北宇清科技集团有限公司、襄阳中车电机技术有限公司等本地知名企业，共建校企协同育人平台，以生产性的实训基地为支撑，以岗位互通的师资队伍为保障，创新集“人才培养、技术服务、技能培训、技能鉴定、创新创业”五个维度于一体的人才培养模式，多维度提升专业建设内涵，提升人才培养质量（图1）。

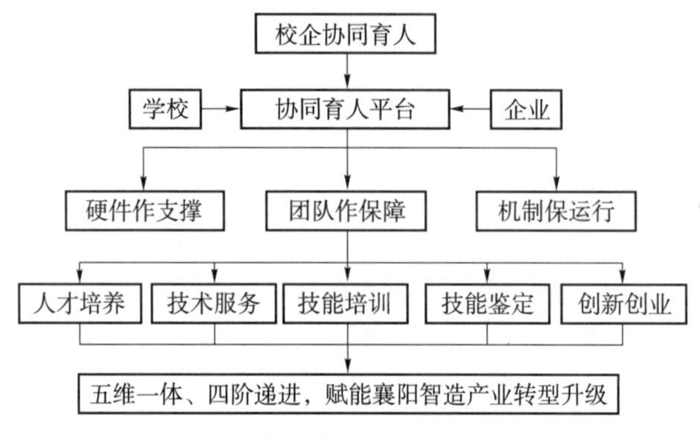

图1 协同育人平台建设框架

2.3 校企共商，构建“多元成才”育人体系

学校以落实立德树人为根本任务，从满足学生的多元成长需求出发，努力打破各种育人要素的固有边界，与企业共商人才培养方案，共同重构课程体系，共同建设教学资源，共同实施技术服务和创新创业教育，探索核心岗位能力、技能考证、大赛、创新创业等多元成才的培养目标和对应的培养途径，构建了“多元成才”育人体系，推动育人实践由“学科导向”向“学生导向”转变，由“单线育人”向“协同育人”聚合，由“产学分离”向“产教融合”演进，为每个学生拓展精彩成长的无限可能（图2）。

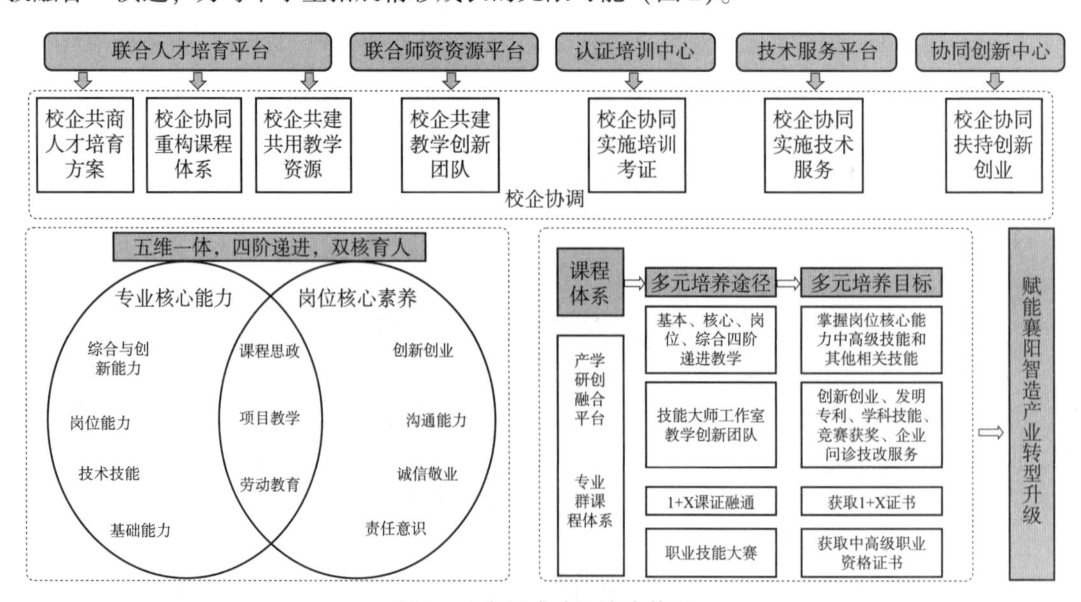

图2 “多元成才”育人体系

2.4 具体做法

2.4.1 共建“实训室和工厂一体化”的生产性实训基地

一是对接智能制造产业，岗位核心能力，与中航精机、湖北精金等企业合作，共建“岗课赛证创”融通的校内外实训基地。在合作企业建立校外实训基地，从设备、功能、培养模块等方面对校内基地内容进行整合延伸，实现用真实生产案例培养学生典型工作岗位职业能力的功能。二是充分发挥实训基地的综合育人功能，提升学生的实践能力。校内实训基地重点开展理实一体化课程教学，同时满足本专业实训、证书考培、技能竞赛等需求；校外实训基地“双元”教学，用真实生产案例实施岗位核心能力培养，完成对接岗位的最后一公里实战培训，学生在实际生产中学习，实现“实训基地与工厂一体化”，达到“岗课赛证创融通”。三是共建行业职工培训基地、教师企业实践流动站、“双师型”教师企业培训基地，提升校内外实训基地的社会服务功能（图 3）。

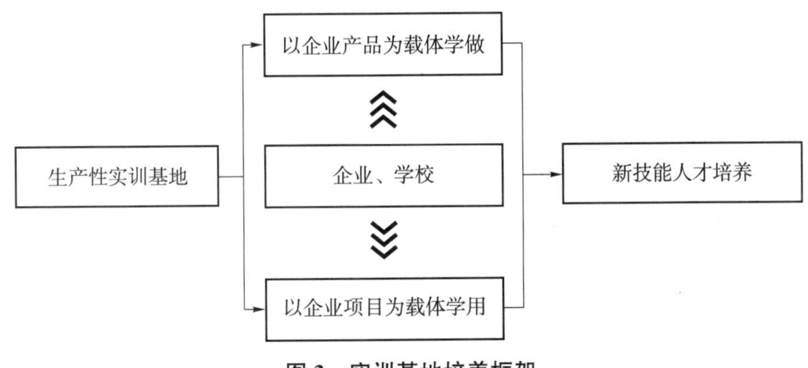

图 3 实训基地培养框架

2.4.2 共建“教师与工程师岗位互通一体化”的教学团队

实施校企双导师管理，制定校内导师和企业导师的选拔、培养与考核标准。有计划选送专任教师到企业接受培训、挂职工作和实践锻炼。一是强化教师实践能力培养，打造“讲师+工程师”的模块化教学创新团队。依托“双师型”教师培养培训基地、产教融合实训基地等，选派教师到企业顶岗实践，参与企业生产、技术研发工作，熟悉工作岗位工作规范和流程，准确把握产业对人才综合能力的需求，培养教师的“工程师”素质能力，强化教师对校内模块的教学能力。二是加强企业兼职教师的引进培养，打造“工程师+讲师”的兼职教师团队。通过引进能工巧匠、产业导师、建立大师工作室等优化教师队伍结构，共同开展模块化教学，技术研发、教师培训、技能大赛等活动，提升企业工程师的教师素养，同时提升学校教师的技术服务能力。

2.4.3 开发“教材与生产资料一体化”的教学资源

全面调研，开发基于本地制造企业转型升级过程的绿色化、智能化、数字化的专业课程标准、教学标准、专业标准、教材、技术技能标准及岗位规范。一是贴合企业需求，对接真实生产过程，利用中航精机、湖北精金、东风日产等企业真实生产案例共建线下培训资源。二是深入分析智能制造工作岗位核心能力和职业素养要求，重构课程教学模块，对接本校智能制造专业群课程思政矩阵，分阶段分课程融入课程思政，形成“教材与生产资料一体化”的教学资源。三是在所有核心能力模块教学案例全部采用真实生产案例的基础上，双元开发《冷冲压工艺与模具设计》等国家职业教育规划教材、《数控编程与加工技术》等活页式教材。四是结合在线培训资源、教学资源，以“公差配合与测量技术”省级在线精品开放课程建设为切入点，充分融入新技术、新工艺、新标准、新材料和企业典型案例，同步带动

“UG数控编程”等17门自主课程、在线精品开放课程建设，形成具有企业特色的智能制造与装备专业群教学资源库。

2.4.4 创新“教学与生产一体化”的教学方法

依托“实训室工厂一体化”实训基地，“双元”教学团队承接企业科研、技术改造、实际生产项目，以真实生产案例辅助教学。教师以项目为教学内容，学生以产品为学习成果，在岗位中学习，实现教学与生产一体化。一是在校内“岗课证赛创融通”实训基地，“双元”教学团队用真实生产案例的教学资料指导学生进行基础模块训练，校企同堂考核学习效果。二是把班级建在企业，五育并举，实行班组式、员工式管理，用双元教材进行核心能力综合模块实战训练，教师在生产中教学，学生在岗位中学习，校企共同评价学生职业素养、工匠精神、独立完成产品的过程和质量。三是坚持将德育教育和工匠精神贯穿育人全过程，有步骤地将职业能力训练和职业素质养成融入技能培育过程，践行我校“敬业、兼修、致用、实干”的校训。

3 应用成效

3.1 平台共建，形成“双主体育人”运行新机制

通过紧贴区域产业，校企共同建立了“双主体”育人平台，共商多元培养目标，共定特色培养方案，共担教育教学任务，共建教改管理制度、质量管控制度，共评技能学习、人才培养质量，共同开发教学资源，共享人力物力资源，形成了“双主体育人”运行机制(图4)。

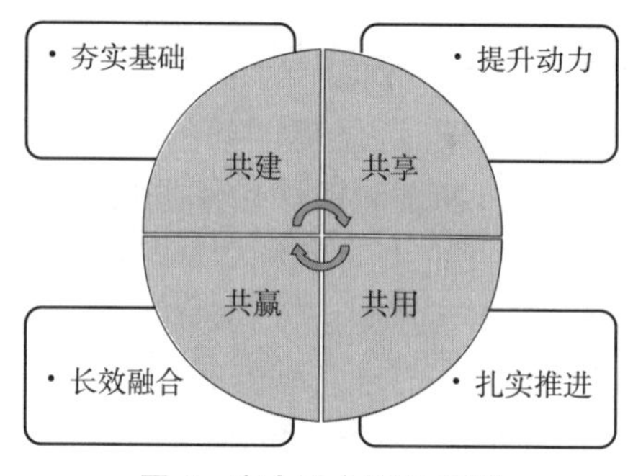

图4 育人平台运行机制

3.2 职能共履，创新“五维一体、四阶递进”实施新路径

基于“双主体育人”平台，针对本地智能制造产业转型升级中企业对人才能力的具体需求，从“人才培养、技术服务、技能培训、技能鉴定、创新创业”五个维度找准切入点，校企一体推进，探索创新了从基础技能、核心技能、岗位技能，到综合技能的“五维一体、四阶递进”人才培养实施路径，让各年级各层级学生都能对照目标，找准方法，有的放矢(图5)。

3.3 五维一体，赋能襄阳都市圈智造产业提质增效

通过校企深入合作和建设发展，襄阳汽车职业技术学院在人才培养、技术服务、社会培训、技能鉴定、创新创业五个维度为襄阳智能制造产业提质增效作出了显著贡献。

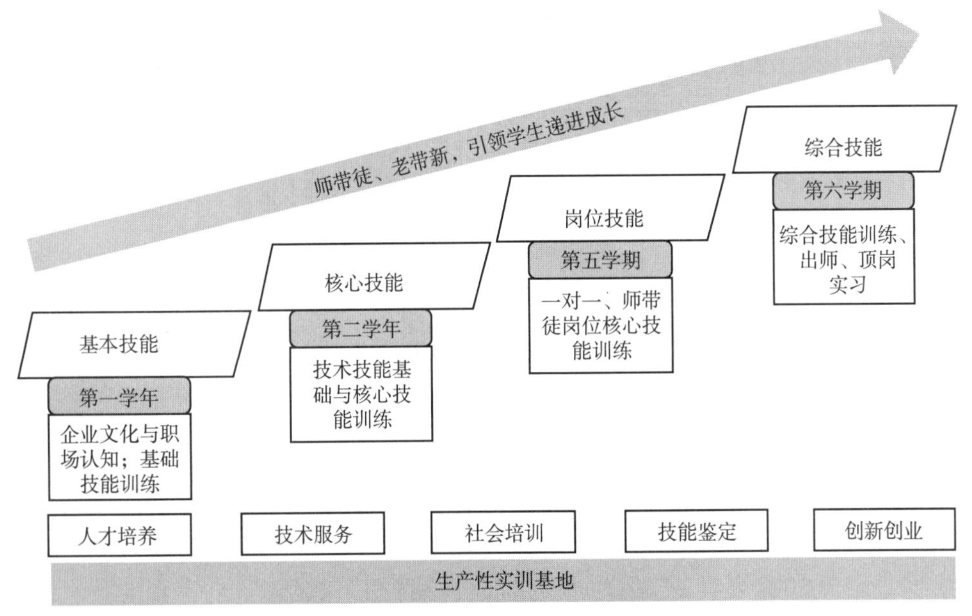

图 5 “五维一体、四阶递进”实施路径

3.3.1 共建优质专业资源，实现了人才精准培养

（1）紧密对接本地企业高质量发展人才需求，精准开设机电一体化技术、工业机器人技术等专业，2020 年建成了省级模具设计与制造特色专业，2021 年获批省级智能制造与装备高水平专业群建设项目。

（2）校企共同培养企业急需的专业人才，开展订单式、现代学徒制人才培养，实现新技能人才的持续培养与供给：校企共同制订华工正源非标自动化、金鹰重工轨道交通装备、万州电气控制等现代学徒班培养方案，重构课程体系，将企业真实生产项目或典型生产案例引入校园，创设真实职业环境，共同实施培养过程，近三年共开设现代学徒制班 12 期，培养企业急需技能人才 380 余人，50%学生成长为现场工程师，2023 年获批教育部供需对接就业育人建设项目。

（3）共建教学资源。“双元”教学团队紧密贴合企业用人需求，共同制定了 9 门核心课程标准，建成 17 门教学资源库课程。与中航精机等企业联合开发《冷冲压工艺与模具设计》《电气控制与 PLC》等 3 本双元教材，所用案例均由企业真实生产案例转化而来（表 1），3 本教材均被评为“十四五”职业教育国家规划教材。

表 1 部分生产性教学案例

序号	项目名称	截图	案例所属公司名称
1	汽车发动机膨胀水箱设计		东风汽车（武汉）研发院
2	航空叶轮方程式精确建模		航宇救生装备公司航空叶轮精确建模

续表

序号	项目名称	截图	案例所属公司名称
3	E180项目车载导航一体机显示屏及主机总成结构设计		江铃汽车新能源集团E180项目
4	五菱汽车保险杠加工编程		湖北精金模具科技有限公司

（4）打造“双导师”教师教学创新团队。对接制造产业工作岗位，分批次选派优秀教师去企业挂职实践，全程参与企业设计、制造、管理工作，校企双方对实践过程予以考核。近3年，共计培养20余名具备实际生产能力的“双师型”教师、4名“湖北技术能手”、5名“襄阳市五一劳动奖章”获得者。

引进大国工匠2名、产业导师1人、企业技术骨干10名，组建核心课程“双元”专兼职教师团队，企业骨干在团队占比50%以上，校企共同制定了课程标准等教学文件，全程参与专业建设工作，协同推进智能制造与装备专业群的建设和发展。

3.3.2 共建企校创新中心，实现了优质技术服务

依托智能制造与装备专业群产教融合基地，学校与企业共建协同创新中心，参与产线智能化改造，参与企业的技术革新。学校分别与湖北楚云机电工程有限公司、襄阳龙思达智控技术有限公司、湖北赞丰机器人技术有限公司合作，获批襄阳市楚云机电、襄阳工业机器人、襄阳市基于数字孪生的汽车轮毂柔性制造高端装备3个企校联合创新中心，依托中心，打造“校内外资源充分融通，跨专业深度创新融合”的创新团队，为本地智能装备制造、精细化工产业、产品智能加工行业提供解决方案，为地区经济社会发展提供智力支撑。三年来，参与企业技术问诊100余项，参与技改25项，为企业创收1 000余万元。

3.3.3 服务员工培训考证，形成了人才培养高地

校企联合开展“精准式”岗前、岗中员工培训，根据本地制造企业产业链、生产岗位特征描述、岗位要求的知识水平和技能等级，共同制定培训标准、培训内容，服务一线人员技能提升。利用学校的各类技术技能鉴定资源，近三年承担电工、模具工、铣工等共计200 000余人日培训及鉴定工作，2021年、2022年，学校被授予湖北省高技能人才培养基地、湖北省产业工人培养基地。

3.3.4 引导学生创新创业，实现了多元成长出彩

学校以满足地方发展为目标，加强人才培养质量，促进地方经济发展。通过校地企合作，加强学校同地方政府部门、企事业单位的横向合作与互动，形成长久校企合作机制。学生在双主体育人机制下强化核心能力，开拓创新创业，取得了显著成效。近三年，90%学生考取1+X职业技能等级证书，学生获取专利10项（图6），参加“机械创新”“挑战杯”“互联网+”创新创业大赛，获得国赛一等奖9项、二等奖15项、三等奖21项，省赛一等奖6项、二等奖18项、三等奖32项（图7和图8）。学生在校利用专业优势创业，开设公司5个，获得营收200余万元（图9）。

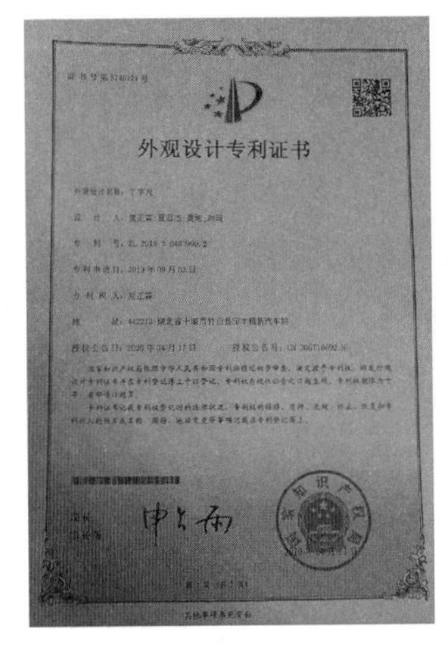

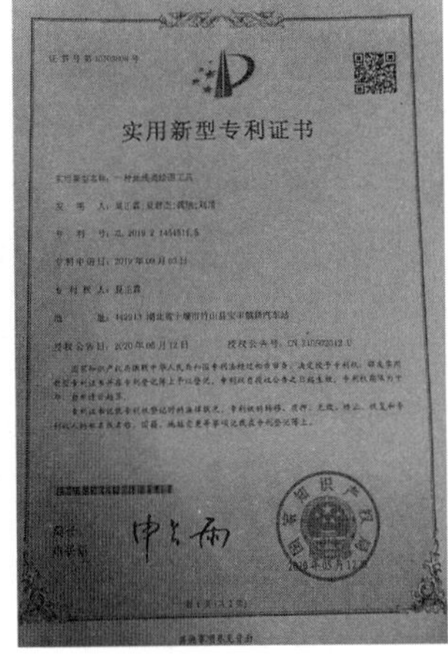

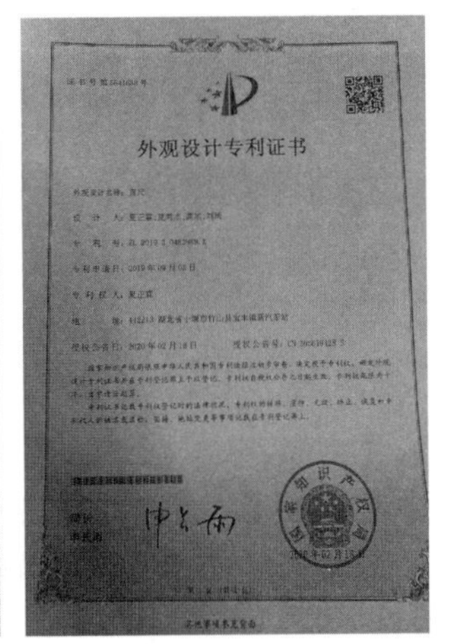

图 6　部分学生专利证书

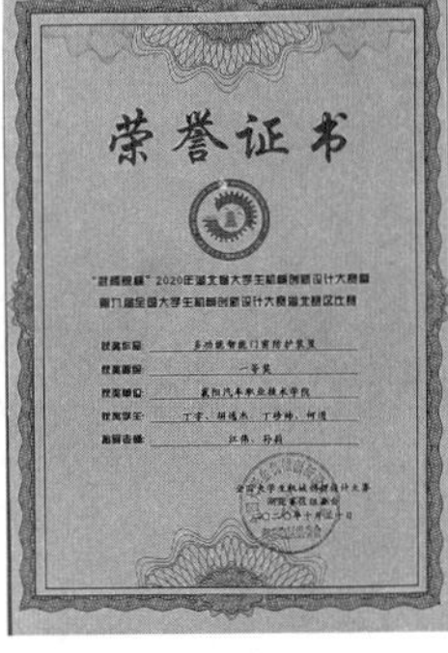

图 7　全国大学生机械创新大赛部分获奖证书

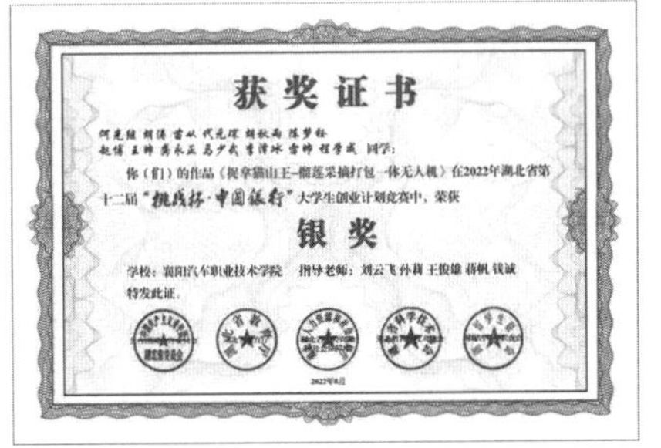

图 8　“挑战杯”大学生创业计划竞赛部分获奖证书

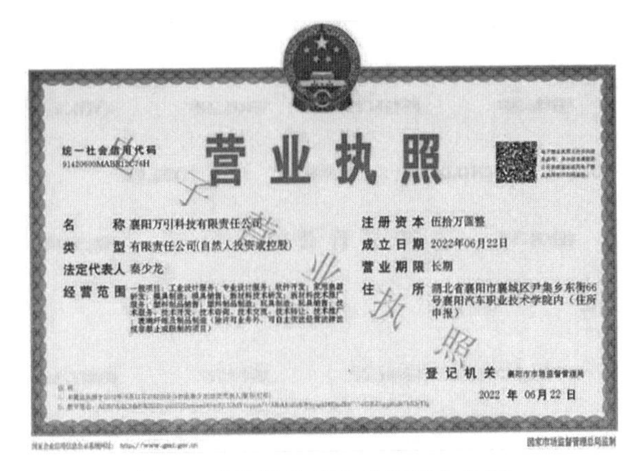

图 9　部分学生创业公司营业执照

4 经验总结

4.1 理念相通是校企合作的基础

校企双方基于自身情况找准合作目标，主动迈出第一步，双向奔赴。只有理念相通、文化相融才有更多的共同语言，才可能组建真正的共同体，使双元育人变成现实。

4.2 产教融合是协同育人的核心

以人才培养为核心，校企双方从技术融合、资源融合、人员融合等方面着手，形成校企协同长效育人模式，打造人才培养高地；校企双方针对产业链、人才链和创新链需求，从利益融合、制度融合、文化融合等方面深化产教融合，建立校企合作长效运行机制。

4.3 四链衔接是提质赋能的关键

学校推动教育链、人才链与产业链、创新链有机衔接，与地方企业、龙头企业合作共赢、与城市发展同频共振。学校坚守“为襄阳都市圈经济社会发展培养高素质技术技能人才”的初心，将产教融合、校企合作确定为基本办学理念，围绕襄阳“144”产业集群，立足智造产业转型升级，不断深化产教融合、校企合作，探索具有襄汽特色的“五维一体、四阶递进”育人模式，持续推进职业教育高质量发展。

如今，襄阳汽车职业技术学院正加速推进省级高水平专业群建设，成为学校高质量发展、助力襄阳产业转型升级的新引擎，为襄阳汉江流域中心城市建设、襄阳都市圈经济发展提供更有力的技能人才和技术服务支撑。

参考文献

[1] 项目驱动 构建多学科工程实践与双创教育综合平台——南京工程学院机电综合工程中心.

[2] 张俊强. 乡村振兴视域下高职院校服务乡村发展的理路探析——以常德职业技术学院为例 [J]. 柳州职业技术学院学报，2023，23 (1)：1-5.

[3] 伍瑞君. 新时期职业教育服务地方经济发展研究 [J]. 老字号品牌营销，2022 (16)：91-93.

第六篇　创新教育

“传感器与检测技术”课程研究与课程思政设计

杜妍彦
武昌首义学院机电与自动化学院

摘　要：聚焦普通高校工科专业类课程“传感器与检测技术”的课程教学内容，在充分总结课程特点的基础上，通过调整教学内容、问题导入、课堂联系实际生活和发展学生自主学习能力等手段，创新地拓展了课程设计思路。同时，将“传感器与检测技术”课程设计与课程思政相结合，统筹融合知识点和价值观，不断努力完成立德树人的根本任务。

关键词：传感器与检测技术　教学方法　课程思政

引言

随着近年来大量无人化、智能化项目的研究与落地，各种灵巧、精准、实用、可靠和安全的传感器产品和相关检测技术开始不断地涌现在当代社会的发展进程中。从语音控制的智能音箱到人手一部的智能手机，从大型港口的集装箱无人装卸塔吊到智慧工厂流水线上的工业机器人，从智能辅助驾驶汽车的视觉摄像头到天宫空间站上的组合机械臂，传感器及相关检测技术已经深深地烙印在现代化生活的骨子里，引领了潮流文化的发展，带动了科技生产力的进步，突破了人类劳动力的束缚，是实现人民美好幸福生活和国家社会主义现代化的重要技术基础。在此背景下，普通高校的“传感器与检测技术”课程教学，既要做到课堂联系生活、实践检验理论，又要做到课程承载思政、教学融合时事，这样才能推进教书育人的和谐统一，实现课程教学与时事思政的双相奔赴[1]。

1　课程特点

“传感器与检测技术”是电气工程及其自动化、电子信息工程、机械设计制造及自动化、机械电子工程等专业的一门专业必修课程。

这门课程的主要特点为：

（1）课程涉及内容较为繁杂，综合性极强。该课程集光、机 、电、算于一体，以高等数学、概率论与数理统计、大学物理、模拟电子电路、数字与逻辑电路、电路分析、信号与系统、自动控制原理等课程为基础，涉及电磁学、光学、材料学等学科。这就要求学生具备较强的数理基础和多学科知识背景。

（2）各章节教学内容之间相对独立。各类传感器的结构、工作原理、特性、测量电路、应用也有很大的差异，缺乏连续性和系统性，学生在学习的过程中很难做到触类旁通。

（3）应用领域广。传感器的应用场合十分广泛，大至国防军事、航空航天、石油勘测、数控机床，小至家用电器，都应用了各式各样的传感器。

综上，传感器在国民经济各部门中具有极为重要的意义，而内容繁杂的课程和传统的教学方式难以吸引学生。

为了适应国民经济建设对传感器方面人才的需求，使专业培养人才始终满足当前和未来产业发展形势，改革教学方法，提升课堂趣味性，提高课程教学质量迫在眉睫。

2 调整教学内容

应当确立课程以传感器的原理、特性、测量电路、应用为主线，一方面能够让学生在新课程开始前就对主要教学内容有整体上的认识和映像，另一方面通过对课程重点内容和概念的合理有序、逐渐深入的讲解，能够帮助学生掌握信息加工、归纳和总结等方面的学习和思维方法，也有利于培养学生的综合素质和能力。

通常课程中对特性和测量原理投入了过多的时间和精力，尤其是较多的复杂数学处理及电路原理公式推导，而专业的培养目标主要是应用型人才为主，所以课堂中的教学内容应有所侧重[2]。应当主要围绕传感器的实际应用来展开讲解，尽量摒弃对异常复杂的数学公式进行详细推导，可以使用生动形象的语言、图片或视频来进行处理。而对于公式推导这一部分内容可以作为课外拓展，让感兴趣的同学自行推导或者与教师私下沟通交流。

3 问题导入

纵观近现代教育史大量的理论和实践，其中一个几乎被所有教育学家认可的结论是，激发学生的兴趣是教学开始阶段的最好手段之一，只有大部分学生开始对课程产生一定的兴趣，教师才能游刃有余地展开教学内容，引导学生遍览课程中大量的知识点，达成教学活动的基本目标。作为课程导入的三种基本方法之一，问题导入法是快速聚焦学生注意力和激发学生兴趣的最有效方式。在日常教学活动中，往往一个新鲜的问题就能够引导学生迅速进入思考状态，在暖场的同时还可以拉进教师和学生的距离，营造良好而生动的课堂氛围。

因此，在“传感器与检测技术”课程设计过程中，以时下最流行和最新鲜的事物为出发点，精心设计一系列层层递进的好问题，就成为教学过程的重要一环。比如，从时下最热门的智能驾驶技术出发，可以先向学生提问“如果买车的话是否考虑带有智能驾驶技术的车辆”，接着引导学生思考“智能驾驶技术是通过什么手段实现智能感知的”，最后激发学生思考“智能驾驶车辆中有哪些传感器与检测技术”，这样就自然而然地切入了教学轨道中，学生则会带着兴趣学习传感器与相关检测技术的知识，实现教师良好教学效果与学生深度知识掌握程的和谐共赢。

同时，问题导入的流程也至关重要，原则是在尽量放松的情况下对学生进行提问交流，而不是自问自答。可以借鉴时下热门脱口秀的思路，随机抽取前排学生进行趣味互动，自然而不失亲切、灵活而不失目的，这样还能够快速聚焦大家的目光，达到意想不到的效果。

4 课堂联系生活实际

课程理论讲解缺乏实际的例子可以被认为是一种教师对学生单向抽象的交流形式。如果仅仅是干巴巴地讲解理论知识，那么学生很容易产生抵触和畏难的情绪，课程内容和教师都很难走进学生心里，长此以往，学生对课程丧失兴趣，对教师产生距离。在讲解课程绪论时，可以先让学生感受课程与生活之间的距离：以智能手机为例，小小的一台手机中的传感器多达十几个，包括视觉传感器、光线传感器、距离传感器、重力传感器、加速度传感器、磁场传感器、角速度传感器、定位传感器、气压传感器等各类传感器。每个传感器的功能和性能都会影响到人们使用各种手机应用时的体验，比如，依赖摄像头（视觉传感器）像素的视频通话软件，依赖陀螺仪（角速度传感器）测速的VR体感软件，还有依赖GPS（定位传感器）定位的实时导航软件等，都是大量手机用户常常使用的热门软件。从这些和人们生活息息相关的具体实物出发，有利于培养学生的思维拓展能力，让学生认识到课程内容不只是课本上冷冰冰的文字和公式，更是现实生活中人们赖以生活的实用技术。一方面让学生对知识充满敬畏，另一方面激发学生探索实践的好奇心，达到课堂教学与生活实际的深度交融，实现"寓教于实"的目的。

5 发展学生的自主学习能力

5.1 充分利用信息化工具

古人说："授人以鱼，不如授人以渔。"教学的目的不是简简单单地向学生传授课堂知识，而是要教给学生自主学习的本领。要想让学生能够主动地学习知识，必须要教会学生正确的学习方法，培养学生正确的思维方式，掌握学习方法能够提升自主学习的实效性，促进其自主发展。我们不仅要让学生学会学习，而且要鼓励学生学会探索，发展学生的学习能力，让学生自主地学习。

教师要向学生传授可供思考的知识，帮助学生在认知领域里学会发散思维，避免死记硬背。学生只有掌握了正确的学习方法，才可以大大提高思维能力、想象能力和发现问题、解决问题的能力。鼓励学生学会灵活运用多种手段来获取知识，培养学生提升自学能力要比在其头脑中堆砌大量专业理论知识更重要[3]。只有让学生掌握了正确的学习方法和思维方法，才能在以后的学习和工作中不断吸收新知识、提出新思路、迎接新挑战。在教学手段上，充分利用信息化工具，建设"开放式"课堂。当下大学生很少有不上淘宝进行购物的、不用哔哩哔哩看视频的，那么针对学生的兴趣爱好和生活方式，可以进行适当的引导。传感器本身是产品，在淘宝等购物网站上很容易通过搜索浏览到传感器的产品宣传页，这时就可以迅速获得产品的详细信息；而哔哩哔哩也不只是娱乐视频平台，还有不少博主分享关于传感器结构与原理的直观演示、讲解视频。

以电容式传感器为例，在淘宝页面上搜索关键词电容式接近开关，点开产品详情，从详情页上我们可以很清楚地看到，该品牌接近开关的原理、参数、适用对象、适用场景、接线方式。同样，在哔哩哔哩等视频网站上也能轻易查到电容式接近开关的工作原理及应用动画演示视频。这种直观的形式，对学生学习该传感器的工作原理、实验操作、实际应用和选型是有很大帮助的。学生在查阅资料的过程中，不仅掌握了获取信息的多种手段，还提升了自身的学习能力。

对学生进行分组，鼓励他们课后灵活运用多种手段去查阅所学相关的传感器资料并形成PPT，课上用5分钟的时间进行分享与交流，并且以生生互评和教师评价的融合方式进行考核进一步激励学生。

5.2 培养学生归纳总结、分析概括、综合比较的能力

学习完一类传感器后，要求学生围绕课程主线进行归纳整理。传感器的原理是什么？它有什么样的特性？它的灵敏度、非线性误差如何？我们是如何通过测量电路去改善它的特性的？电容式传感器的应用是什么？可以用于测量哪一些参数呢？对于不同种类的传感器又要求学生能够形成对比。例如电容式接近开关、电感式接近开关同样可以感知运动部件是否到位，但应用对象却是不同的，电感式接近开关只适用于金属，而电容式接近开关不仅适用于金属，还适用于玻璃、塑料、木头等非金属，导致这种差异的原因是工作原理不同，以此来

引导学生，培养学生归纳总结、分析概括、综合比较的能力。

6 课程承载思政

党的十八大报告指出："立德树人是教育的根本任务"。长期以来教师习惯的课堂讲授教学法用于课程思政教学会存在情感和价值的单向传递问题，学生参与度不高，难以引起学生的情感共鸣。

课程围绕立德树人的根本任务，参照专业人才培养方案和课程教学大纲的要求，进行课程内容体系的优化，集价值观和知识点于一体，使课程内容能充分展示本课程的核心领域知识和逻辑关系，以前沿技术提升课程内涵，体现学科发展方向。

6.1 横向国情对比法

中国传感器的发展走过了一段极不平坦之路：从无到有，从有到全，全而不强。经过几代传感器人的努力，逐步缩小了与传感器先进国家之间的差距，但仍然面临着严峻的考验：国内高端传感器市场被国外传感器品牌长期垄断，导致国内企业在市场份额、利润等方面都失去了竞争优势。国内传感企业主要集中在封装、测试、集成等基础层面，而真正具备芯片设计核心能力的生产厂家极少；与此对应的是，较多领域传感器核心部件高端感测芯片依赖于进口：国内数字化转型过程中对MEMS传感器等智能化、微型化高端传感器需求非常旺盛，而此类传感器产品基本上被国外大厂所垄断，这就导致我国对国外企业依赖度相当大。重点行业越多高端领域传感器无法自给，那么对国外企业供应依赖度就越大，一旦发生制裁断供，就会影响国家安全发展。

因此，作为建设社会主义现代化和实现中华民族伟大复兴中国梦的当代大学生，更应该投身于我国目前发展高新智能传感器这一伟大浪潮中，承载属于这个时代的伟大使命。

6.2 家国情怀

"光纤之父"高锟先生作为华裔物理学家，始终没有忘记自己是中国人，在成为英国皇家学会院士时，骄傲地在会员册上写下了自己的中文名字。高锟先生除了是光纤技术的先驱者，为人类科技进步作出了划时代的贡献，还一生致力于科学教育事业，并且治学严谨，淡泊名利，心系香港教育科技事业的发展，为国家、为香港地区培养了大批优秀人才；他积极为香港科学技术规划献计献策，他曾经担任港事顾问，为香港回归祖国和回归后的繁荣稳定发展作出了积极贡献。

6.3 科学精神

高锟先生在20世纪60年代已提出光纤理论，但由于玻璃工艺限制，始终未能得到验证与实际应用，很多人认为是"天方夜谭""痴人说梦"，受到不少科学界人士的冷嘲热讽，甚至一度被称为"傻子"。然而，他并没有放弃，始终坚信自己的理论，游走于各大玻璃实验室，更持续不懈研究，终获得世人拜服的成就。高锟先生的一生，不为名，不为利，用羸弱的生命之光照亮了整个世界，他对人类进步事业发展的贡献远非名与利所能描述的。

在光纤传感器课程开始前，可以将高锟先生的事迹通过几分钟短视频纪录片的形式呈现给学生，一方面展示光纤发展历程，让学生感受科学家不畏质疑、百折不挠的钻研精神；另一方面激发学生的爱国热情，结合传感器领域"卡脖子"的技术难点，号召学生为实现中华民族伟大复兴中国梦而努力学习，为社会主义现代化建设奋斗终生。

7 结语

今天的经济和社会在不断发展，学生除了能够掌握当前的知识，还必须接受新事物和新思想，这样才能进一步拓宽视野，开阔学术视野，这也是大学应该培养的能力和素质。

作为高校工科类课程教师，创新拓展可行的课程设计思路，恰当选择合适的教学方法，是发挥教育艺术性的必由之路。同时，作为当代高校教师，应当紧紧跟随习近平总书记的指示，将思政教育融入课程设计中，在传授生动有趣的课程知识的同时，还应该引导学生树立符合社会主义使命的价值观，达到“既教书、又育人”的目的[4]。

参考文献

[1] 陆鹏，袁悦，李思汗. 高校工科类专业融合课程思政的实践与探索——以传感器与检测技术课程教学为例 [J]. 时代汽车，2023（9）：80-82.

[2] 李特. 传感器与检测技术课程的创新教学实践 [J]. 电子技术，2023，52（3）：100-101.

[3] 刘涛. 传感器与检测技术课程“以学生为中心”的教学方法改革探索 [J]. 黑龙江科学，2019，10（17）：14-17.

[4] 李美凤，贾伟伟. 高职专业课融入思政元素的教学探索——以“传感器与检测技术”课程为例 [J]. 安徽电子信息职业技术学院学报，2021，20（6）：51-54.

“智造中国”学生讲党课活动模式深化思政教育内涵[①]

——以武汉纺织大学机械工程与自动化学院为例

谢 超 刘 韦 周玉艳[②] 王 娟 梁祥云 孙 毅

武汉纺织大学

摘 要：随着时代的变化、社会的进步和文化的多元，出现了许多新情况、新问题，青年大学生肩负着时代的使命和历史的责任，高校如何将学生党建和思想政治教育有效结合，引领青年大学生的成长成才显得尤为重要。武汉纺织大学机械工程与自动化学院通过创新“智造中国”学生讲党课活动模式，实现“党建+专业”的协同融合式教育，从本专业人才培养的角度来思考如何加强和改进学生党建教育与思想政治教育，破解党建人才培养目标的难题，从课堂引领青春智慧、网络引领青春风尚、典型引领青春品格、实践引领青春担当四个维度来拓宽教育思路和路径，做到学史明理、学史增信、学史崇德、学史力行，培养又红又专、德才兼备、全面发展的中国特色社会主义合格建设者和可靠接班人。

关键词：智造中国 党建活动模式 党史教育

引言

随着全球化和改革开放的不断深入，社会思潮不断发生着新的变化，新一代青年大学生个人中心意识增强，面临社会价值的多元化，容易接受社会的新事物，青年大学生树立正确的理想信念和价值取向十分关键。青少年阶段是人生的“拔节孕穗期”，最需要精心引导和栽培，党中央高度重视大学生思想政治教育，要牢牢掌握党对高校的领导权，高等教育必须坚持社会主义方向，切实落实立德树人的根本任务。《普通高等学校学生党建工作标准》指出，构建以校、院党校为主体、基层组织专题学习为重点、网络学习教育为辅助、主题教育实践为支撑的多层次、多渠道的学生党员经常性学习教育体系[1]。我们要与时俱进地结合新时代发展的趋势和青年学生的特点，坚持党在意识形态领域的领导地位，加强和改进高校学生党建工作，创新教育活动模式，形成科学的学习教育体系，深化思想政治教育内涵，提升人才培养质量和水平。2021 年 2 月，习近平总书记在党史学习教育动员大会上的讲话上

---

① 基金项目：基于“五育融合”的新工科人才培养模式建构——以“铁人班”为例，湖北省高校学生工作精品项目辅导员工作精品（2020XGJPF3015）；面向新工科的“五育并举”人才培养体系研究——以新时代“铁人班”模式为例，武汉纺织大学教研项目立项（2020JY014）；“铁人班”红色育人模式实践与创新，武汉纺织大学第二批党建与思政工作研究课题。

② 谢超（1982—），男，湖北荆州人，武汉纺织大学机械工程与自动化学院辅导员，硕士、讲师，主要研究方向为大学生思想政治教育。刘韦（1984—），男，湖北武汉人，武汉纺织大学学校办公室副主任，硕士、讲师，主要研究方向为大学生思想政治教育。周玉艳（1984—），女，湖北武汉人，武汉纺织大学机械工程与自动化学院党委副书记，硕士、讲师，主要研究方向为大学生思想政治教育。

强调，全党开展党史学习教育，是党的政治生活中的一件大事，要提高思想站位，立足实际、守正创新，高标准高质量完成学习教育各项任务。2022 年 10 月 16 日，习近平总书记在党的二十大报告中指出，广大青年要坚定不移听党话、跟党走，怀抱梦想又脚踏实地，敢想敢为又善作善成，立志做有理想、敢担当、能吃苦、肯奋斗的新时代好青年，让青春在全面建设社会主义现代化国家的火热实践中绽放绚丽之花。历史是最好的教科书，在党百年华诞的重大时刻，在"两个一百年"奋斗目标历史交汇的关键节点，重点学习党史，同时学习新中国史、改革开放史、社会主义发展史，引导新时代的大学生以史鉴今、以史明志，坚持立德树人，真正做到以文化人、以德育人，帮助大学生形成科学的世界观、人生观和价值观，用党的科学理论来指导实践，更好地在推动社会发展的征程中为人民服务，培养德智体美劳全面发展的社会主义建设者和接班人。

武汉纺织大学机械与自动化学院切实坚持以习近平新时代中国特色社会主义思想为指导，建设学习型、服务型、创新型党组织，肩负起教育和管理学生党员的基本职能，守好意识形态"责任田"，进一步加强和改进大学生思想政治教育，让学生党建教育生动鲜活起来。学院注重学生思想引领和理想信念教育，坚持立德树人，坚持以学生为本，尊重学生的主体地位，创新基层党建工作，坚持科技自立自强和人才引领驱动，结合专业的视角于 2019 年开创了"智造中国"学生讲党课活动，创新党建活动模式，丰富、推进并落实学生党建工作的科学化、常态化、多样化、长效化，坚持知行合一、学以致用，引导学生立鸿鹄志，做奋斗者，做到学史明理、学史增信、学史崇德、学史力行，做到学党史、悟思想、办实事、开新局，推进党史学习教育走深走实，推动思想政治教育入脑入心，从学习教育活动中汲取不忘初心、牢记使命的前进力量和智慧，实现中华民族的伟大复兴。

1 "智造中国"学生讲党课活动的定位

当前高校党课教育是党组织通过授课形式来进行的，党课教育要结合大学生追求上进性、时代性、新颖性、情感性、自我性、时尚性等特点进一步提高教育的实效性，充分说明党的教育要切实遵循青年成长规律和教育发展规律[2]。机械与自动化学院"智造中国"学生讲党课活动作为第二课堂学生党建教育活动平台，坚持党建活动精品化和管理精细化，激发学生的兴趣和爱好，注重教育的参与性、针对性、多样性、实效性，以学生党员为工作主体开展讲党课主题教育实践活动，充分发挥学生党支部的战斗堡垒作用和党员的先锋模范作用。

"智造中国"学生讲党课活动通过课堂引领、网络引领、典型引领、实践引领等形式，引领新一代青年大学生做到学史明理、学史增信、学史崇德、学史力行，将党的理论成果与机械专业相关知识成果紧密结合，从华夏五千年机械发展史到天问一号着陆火星，结合时事热点展示机械专业领域里的中国智慧，打破学科专业壁垒，深入挖掘机械专业的思政元素，实现专业和思想政治教育同向而行，产生协同效应。

"智造中国"学生讲党课活动深入推进思想政治教育文化育人和实践育人，通过创新培养路径，注重内容凝练和多维协同育人，肩负起教育管理党员的基本职能，深入学习贯彻党的路线、方针和政策，立足学生实际和成长发展的需要，用良好的文化氛围和育人环境熏陶人、影响人、鼓舞人，坚持问题导向、目标导向和结果导向，做到学思践悟，优化党员形象，保持党员的先进性和纯洁性，实现学生全面发展的目标，培养担当民族复兴大任的合格建设者和可靠接班人。

2 “智造中国”学生讲党课活动实施路径

“智造中国”学生讲党课活动注重体验式学习和探究式学习，充分发挥学生自我教育、自我管理、自我服务的功能，让学生在实际体验和探究中提升认知、获得经验、训练技能、启迪智慧，实现“知识、能力、品格”三位一体的人才培养方向。“智造中国”学生讲党课活动从任务和问题开始，通过大学生思想政治教育工作队伍的引导和学生的努力，从而探究解决问题和完成任务的路径，并获得知识、坚定信念[3]。

2.1 课堂引领青春智慧，做到学史明理

开展“智造中国”学生党员讲党课课堂引领活动，丰富思想政治教育阵地，充分突出学生学习实践的主体地位，建设好微党课，开展好党史学习教育，做到学史明理，从党的百年奋斗史中感受真理的力量，明晰中国共产党为什么“能”，马克思主义为什么“行”，中国特色社会主义为什么“好”，坚持党的指导思想和行动指南，传播党的路线、方针、政策，将机械专业历史发展成就融入党的理论成果中，启迪青年一代的思想和智慧。

机械与自动化学院微党课由优秀党员在精简的时间内围绕思想政治教育主题对团员、入党积极分子、发展对象、党员开展宣讲教育、互动交流和知识竞赛活动等，微党课活动可借助 PPT、视频、趣味项目等形式灵活多样地开展党史学习教育活动，引导大家用科学的理论武装头脑，用机械专业的知识视角来解读历史发展的道理，树立正确的世界观、价值观和人生观，增强社会责任感和历史使命感，提升大家的综合素质。

2.2 网络引领青春风尚，做到学史增信

开展“智造中国”学生党员讲党课网络引领活动，打造网络思想政治教育阵地，牢牢掌握网络意识形态工作，做到学史增信，不断增强中国特色社会主义道路自信、理论自信、制度自信、文化自信，坚定青年一代的理想和信念。

要充分加强网络思想政治教育，切实推动网上党史学习教育入脑入心，营造百年建党伟业的浓厚氛围，充分发挥新媒体新闻舆论宣传的作用。机械与自动化学院通过 QQ、微信、微博、抖音等多样化新媒体平台发挥“互联网+党建”的优势，描绘铁人班成长足迹，开展共读《中国共产党简史》网络接力活动，展示红色学习实践系列动态等，通过党的理论学习和专业学习网络融通，因事而化、因时而进、因势而新，实现网络思想政治教育的话语权，建好用好管好网络阵地，坚持正面宣传，弘扬主旋律、正能量、好声音，营造网络空间清朗文明的青春风尚。

2.3 典型引领青春品格，做到学史崇德

开展“智造中国”学生党员讲党课典型引领活动，充分发挥榜样引领作用，做到学史崇德，崇尚对党忠诚的大德、为民造福的公德、严于律己的私德，厚植党的初心和使命，铸造青年一代的道德和品格。

机械与自动化学院指导和组织学生访谈老红军、老干部、老党员、抗疫工作者和一线建设者等，深入挖掘、学习和宣传典型人物的先进事迹和光辉历程，用好红色资源开展典型人

物的学习宣讲活动，落实和践行社会主义核心价值观，传达党的声音，弘扬校园文化，彰显先进形象。崇尚他们在党的百年奋斗历史征程中忠诚于党的信仰、党的组织和党的路线、方针、政策，在革命、建设和改革进程中维护广大劳动人民的根本利益，把个人追求和人生价值融入为党和人民事业的奋斗之中[4]。通过进行精神洗礼，弘扬优良传统，传承红色基因，锤炼道德品格，增强党性修养，真实了解与感悟党和国家事业取得的历史性成就，汲取不断奋发有为的力量，坚定跟党走中国特色社会主义道路的理想信念。

2.4 实践引领青春担当，做到学史力行

开展“智造中国”学生党员讲党课实践引领活动，将学史明理、学史增信、学史崇德的学习成果转化为实际行动和实际成效，坚持知行合一，做到学史力行，在锤炼党性上力行，在为民服务上力行，在推动发展上力行，增强青年一代的本领和担当。

机械与自动化学院深入开展大学生实践教育活动，引导广大学生在校内外实践中增知识、长才干、作贡献，增强责任感和使命感，组织以学生党员为主体的实践团队，结合机械专业发展方向，在实践中深入学习贯彻习近平新时代中国特色社会主义思想，深刻领会国家大政方针的丰富内涵和精神实质，切实为群众办实事，开展党员志愿服务岗、“党的百年足迹”寻访、“一带一路”建设、创新创业实践、“拓梦支教队”志愿服务等实践活动，引导学生奋勇投身新时代，接力建功中国梦。

3 “智造中国”学生讲党课活动成效

机械与自动化学院“智造中国”学生讲党课活动充分发挥了党组织的引领作用，是学生党建教育模式的有益探索和成功实践，成为学生党建工作特色文化活动。通过实现“党建+专业”的协同融合式教育，创新了思想政治教育的方式方法，深入落实党史学习教育任务，把马克思主义学习好、宣传好、贯彻好，深化党建人才培养的内涵，培育了学生的综合素质，形成可行性和可推广的典型，发挥了良好的辐射和示范作用。2020年，学院荣获学校先进基层党组织荣誉称号和学校宣传先进集体荣誉称号。

“智造中国”学生讲党课活动着眼于学生的自我教育、自我管理和自我服务，广大党团青年受到了“智造中国”学生讲党课活动的熏陶和洗礼，不断得到历练和成长，在思想、学习、工作和生活中发挥了先锋模范作用，多年的学生党建工作显现了较好的成效，深化了大学生思想政治教育的内涵。2022届本科学生饶灿灿同学参加雷神山医院建设的光荣事迹获得省委组织部、教育厅肯定，获得学校“抗疫先锋”等荣誉称号，2020届本科学生向鑫波等成功入选湖北省“青马工程”学员，2019级本科学生杨青松等荣获湖北省“长江学子”。在“挑战杯”全国大学生课外学术科技作品大赛、全国大学生先进成图技术与产品信息建模创新大赛、全国大学生金相技能大赛、中国大学生服务外包创新创业大赛、全国大学生数学建模竞赛等重大赛事中充分发挥党员的核心纽带作用，本科学生屡获佳绩，自2019年至2022年荣获国家专利36项，国家级奖153项。参加过“智造中国”学生讲党课活动的毕业生党员考取武汉大学、华中科技大学、厦门大学、重庆大学等高校研究生，在中船重工、中建三局、美的、格力电器等知名企业工作，综合素质得到了单位的高度认可和好评。

机械与自动化学院将着眼于时代的发展要求和学生的发展需要，贯彻党的教育方针，坚持为党育人、为国育才，实现全员、全方位、全过程育人，运用科学教育理念、教育目标、

教育内容、教育方法等进一步丰富和创新“智造中国”学生讲党课活动模式，探索党建人才培养的良好载体和平台，用专业的视角开展好学生讲党课活动，提升思想政治教育工作效能，提高人才培养的水平和质量。

参考文献

[1] 教育部. 中共教育部党组关于印发《普通高等学校学生党建工作标准》的通知. [EB/OL]. [2017-03-01]. http://www.moe.gov.cn/srcsite/A12/moe_1416/moe_1417/201703/t20170310_298978.html.

[2] 胡移山，等. 辽宁省青年大学生党课教育现状调查分析与对策 [J]. 现代教育管理，2010 (8)：102.

[3] 蔡金淋. 高校体验式党课教学的实践探索——以上海大学党校为例 [J] 高校辅导员学刊，2016 (10)：56.

[4] 郝永平，代江波. 在“学史崇德”中提升精神境界. [EB/OL]. [2001-03-29]. https://bjrbdzb.bjd.com.cn/bjrb/mobile/2021/20210329/20210329_009/content_2021032 9_009_1.htm#page8? digital:newspaperBjrb:AP6060d889e4b0b87b6751c7fa.

打造“四位一体”产业学院，构建政校行企“命运共同体”

钟昌清　杨彦伟　赫焕丽　夏红兵
咸宁职业技术学院

摘　要：“产教融合、校企合作”是我国职业教育的主要办学模式，咸宁职业技术学院始终秉持“把学校办到企业、把企业引进学校”的办学理念，积极推进与维达力实业（赤壁）有限公司的多方合作。围绕“职教20条”的中心思想[1]，通过创新探索，政府、学校、行业、企业共建“四位一体”的产业学院。产业学院成立以来，开办首批企业职工全日制大专班，创新人才培养模式，并设置合理有效的激励机制；实施分层技能培训，成功打造咸宁市示范性职工培训基地；建成咸宁市新产业实训基地；帮助多家微小企业进行技术改造、技术创新。搭建职业教育与行业、企业的合作模式，实现职业教育和区域产业协同发展，构建政校行企“命运共同体”。

关键词：产教融合　校企合作　产业学院　命运共同体

1　实施背景与关键问题

激烈的国际制造业竞争局势促使智能制造时代应运而生，制造业的智能化发展成为未来的重要趋势。制造业的转型与升级带来了企业生产技术和管理模式的更新变化，企业的人才需求也随之变化，作为制造业人才主要来源的高职院校，其人才培养模式也势必受到影响，传统的技术路线和岗位技能制约着智能制造的发展，制造业的转型升级难以为继。为此，企业和高职院校都需要不断地发展创新，将科技研究成果转化为生产力，为企业培养一批新型的高素质技工人才。

大部分高职院校产教融合的现状仍处于毕业生供求关系的浅层合作，企业参与专业建设与人才培养还不够深入，存在“两张皮”的现象，学校为企业提供的技术服务、员工培训等方面工作还需要进一步加强，在校企合作的有效性、深度衔接上还有较大的发展空间[2]。高职院校应加强与企业的深入合作，落实以就业为导向的办学目标，使高职院校培养目标与企业岗位标准“零距离”衔接。

2　主要做法

2.1　共建产业学院

维达力实业（赤壁）有限公司（以下简称维达力）成立后，赤壁市政府、经济和信息化局针对企业人才紧缺情况，与咸宁职业技术学院（以下简称咸阳职院）达成协议，向湖北省教育厅提出申请，由咸宁职院面向咸宁市制造行业单独招生，实行定向委托培养，对行业内从业人员和愿意在本地制造行业服务的人员进行学历提升，有效补充行业人才。

2018年9月，维达力与咸宁职院签订了全面合作协议，在联合办学、人才培养、技术培训、科技研发、社会服务、资源共享等方面进行全面合作（图1）。2019年1月，咸宁职院和维达力签订“政校行企”联合人才培养协议，共建“维达力产业学院”，招生专业为机电一体化技术、机械设计与制造、模具设计与制造、工业机器人技术。人才培养目标实现了五个对接：专业对接行业，课程对接职业标准，教学过程对接生产过程，职业资格证书对接企业岗位，职业教育对接技能培训。

学制为全日制专科三年，从2019年起每年招收200人，连续招生三年，共计600人，其中企业职工300人，应届毕业生300人。招生对象为户籍在湖北省，具有普通高中或中等职业学校学历，且符合当年湖北省高考报名条件，考生参加湖北省普通高考统一报名。生源组织和资格审查由赤壁市教育局、赤壁市经济和信息化局、赤壁市人力资源和社会保障局负责。

图1　签订校企全面合作协议

2.2　联合培养人才

为响应国家扩招一百万社会大学生政策，解决企业员工学历提升的需求，维达力产业学院于2019年3月开设了政校行企联合培养班，从2019年起每年招收100名企业职工，连续招生三年，共计300人。2019年政校行企联合培养班招收企业学员116名，2020年招收企业学员94名，2021年招收企业学员92名。

2.2.1　培养模式

由于政校行企联合培养班学员均是企业在职员工，学员具有授课时间只能集中晚上和周末、学习基础较差、学习时间偏少等的特点，为了解决这些难题，更好地开展教学，产业学院专门成立了针对政校行企联合培养班的专业指导委员会、教学团队、课程研发团队。通过问卷调查，学员面试、座谈等方式，将企业学员工作中必需的技能加入了课程体系和课程资源中，制定了合理的人才培养方案和教学执行计划，开发了一套针对企业技术岗位的课程资源。采用线上与线下结合的授课方式，线上教学时间为周一至周五19：00—21：00，教师除了按时完成线上教学任务，还要把每次上课的内容录制成视频供企业学员反复学习，定期完成线上考核；线下教学时间为周六和周日全天，采用“送教入企”方式，教师直接到学员所在企业授课，授课过程中采用“灵活考勤”“模块化教学”“任务式考核”等多种教学模式，使企业学员不会因为工作原因耽误学习，能够很好地完成学习任务。

2.2.2　激励机制

为进一步提高学习效果，产业学院设置了合理有效的激励机制：

（1）毕业证书成为升职加薪的重要条件。政校行企联合培养毕业证书成为员工升职加薪的重要条件，获取证书的员工在升职加薪方面享有优先权，大大提高了学员的学习积极性。

（2）学费补助。凡是参加政校行企联合培养班的学生，企业补助80%的学费，每年拿出专项经费对表现优异的学员给予奖励。

（3）奖学金制度。为了进一步激发政校行企学生的学习积极性，由维达力资助设立了企业奖学金，校企共同制定了奖学金评选工作方案，每年一次评比，大大激发了学生的学习积极性。

2.3 打造示范基地

在咸宁市政府的助推下，结合学校和企业需求，2020年由咸宁市政府投资1.4亿元，咸宁职院与维达力等企业共投入1亿元，共建新产业实训基地，学校提供2 500平方米生产车间，维达力捐赠价值达2 000万元的生产设备，建设“校中厂”。

为了更好解决企业职工技能提升问题，校企共建咸宁市示范性职工培训基地，针对不同层次企业职工开展每年8期的分层技能培训，主要分为“技术扫盲班”“初级工班”“中级工班”和“高级工班”，基层职员工参加“技术扫盲班”，小组长参加“初级工班”，生产组长参加“中级工班”，生产主管参加“高级工班”，本着“实用”“管用”和“缺什么补什么”的原则，分层次、分批次、分重点组织开展全员培训，每个培训班为2期，培训合格的学员颁发结业证书，助力员工队伍整体素质提升，如图2所示。

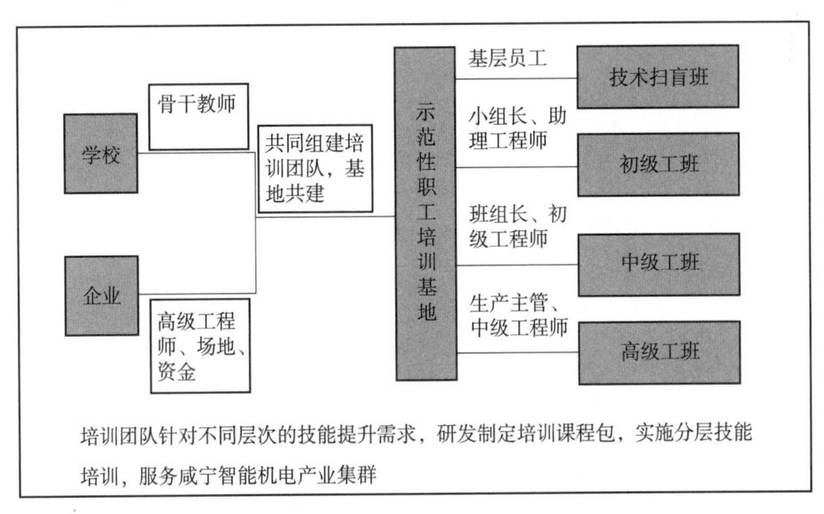

图2 示范性职工培训基地

2.4 共享科技成果

2019年3月，咸宁职院聘请天津大学黄战华教授为院长，在维达力产业学院下成立“鄂南先进技术研究院”，将咸宁职院教师组建团队进驻企业，帮助企业进行技术改造、技术创新。

2020年，咸宁职院和维达力签订“胶片（VT345）冲切机上下料设备系统优化”科研项目合作协议，由企业出资102万元，委托咸宁职院进行设备改造和优化，并将优化改造后的设备编写出一系列企业培训资源，包括活页式教材、课程资源库、学习考核评测系统、教具研发制作，应用于企业人才培养，大大提高了人才培养质量，推进了人才联合培养。

2020年9月，咸宁职院与维达力共建的“企校联合创新中心”获咸宁市科技局批准，为教师深入企业技术创新、提高专业能力和水平、提高教育教学质量提供了平台和保证。

3 特色与创新

3.1 构建命运共同体

学校加强与咸宁智能机电产业集群、代表性企业深度合作，打造政校行企“四位一体”的产业学院。通过“专业共建、教材共编、师资共享、基地共用、责任共担”，建成了以人才培养为重点，兼具员工培训、师资提升、实习实训、科技服务、创新创业功能的维达力产业学院，在实训基地、课程教学资源、人才培养标准和技术研发等方面政校行企深度融合。学校和企业发挥主体办学作用，行业发挥办学引导作用，政府发挥制度保障、资金支持，建立政校行企“命运共同体”[3]，通过政校行企联合培养、订单培养、新型学徒制班等多种模式培养智能机电行业紧缺人才，服务于咸宁智能机电产业集群，如图3所示。

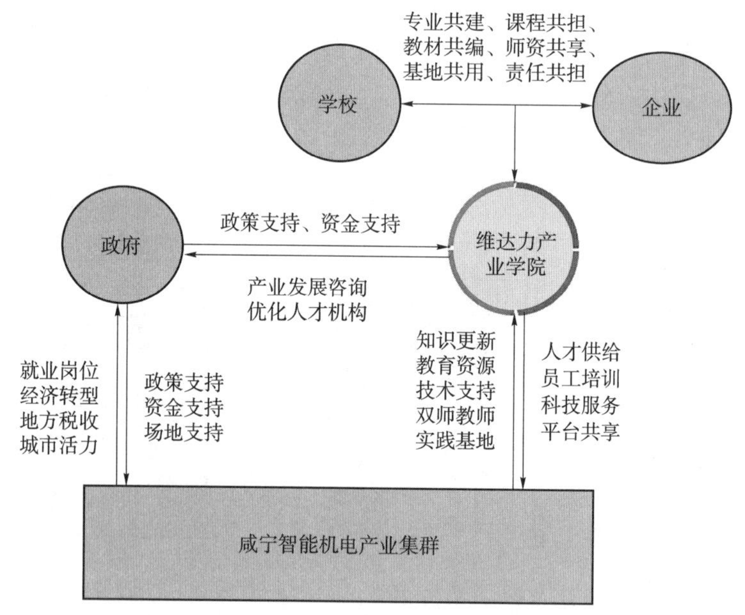

图3 维达力产业学院政校行企“命运共同体”

3.2 创建联动新体制

学校创新构建“两会一办”的办学管理体制，与政府相关部门、行业协会、企业联合组建“校企合作办学理事会”，推进教学共管、资源共享和就业共促。完善“专业教学指导委员会”，由行业企业专家代表担任企业专业带头人，指导专业建设，推进教学改革[4]。设立“校企合作办学管理办公室”，作为理事会的常设机构，统一管理合作办学行政事务；协调学校人事、国有资产等管理部门，统一管理校企合作中的人、财、物[5]。

3.3 落实一师双岗制

专职教师实施“一师双岗”（学校岗位、企业工作岗位）管理。每位专职教师每学年在学校岗位承担75%的教学工作量，另25%的工作量在企业岗位完成。企业岗位工作量包含带学生下企业（含校中企）实训实习、在企业授课培训员工、与企业合作研发项目、开展技术咨询服务、在企业顶岗实践等多个方面。

4 成效与推广

4.1 成效

4 年来，维达力产业学院逐渐发展完善，产生了良好的经济效益和社会影响。政府方面，提高了本地就业率，为发展本地经济留住了人才；学校方面，提高了专业就业对口率，毕业生对学校满意度大大提高，“一师双岗”打造了一支专业素质高、实践能力强的师资队伍；行业方面，四方共投，建设了咸宁公共实训基地，并制定了统一的人才培养标准，提高了行业的引领作用；企业方面，企业员工的技能、素质、工作热情都得到了很大提升，科技服务很好地解决了企业的技术难题。

依托维达力产业学院，建成了高度对接咸宁机电行业集群需求的新产业实训基地，校企共同研发教具 5 套，获得发明专利 5 项，制定 30 多门一体化课程标准，开发活页式教材、工作页 15 本，新增校企合作与产教融合方面具体制度 15 项。

2020 年，咸宁职院牵头的鄂南职业教育集团被确定为全国第一批示范性职业教育集团（联盟）培育单位（图 4）；咸宁职院入选“2020 全国职业院校产教融合 50 强”。维达力产业学院申报的“企校联合创新中心”已经获咸宁市科技局批准，申报的“新型学徒制试点”已经获赤壁市人社局批准。

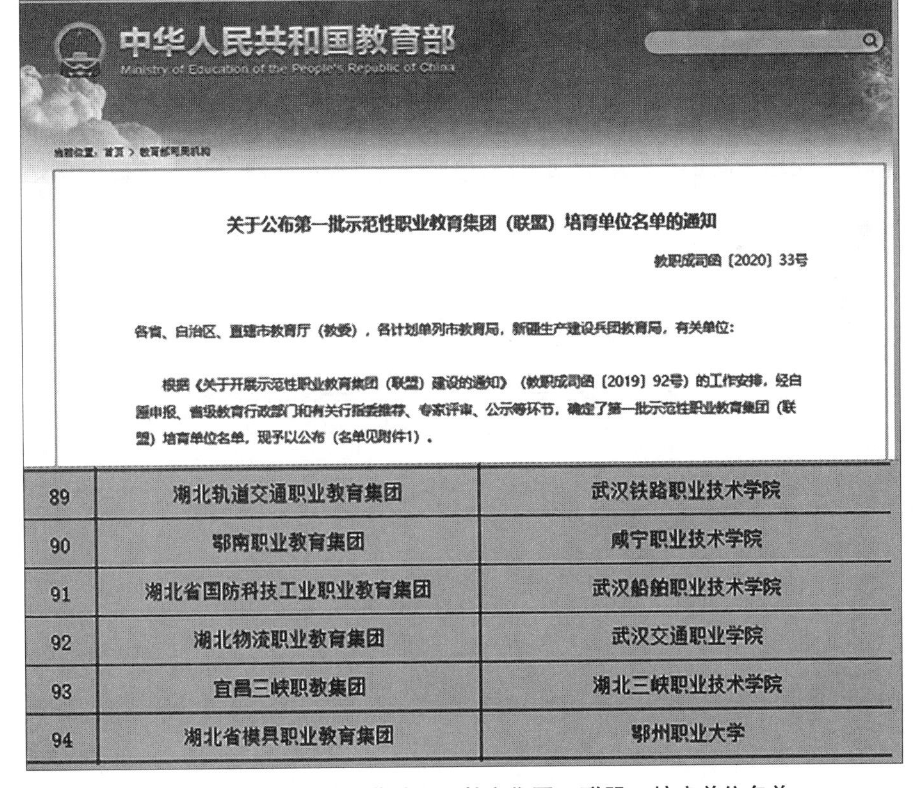
中华人民共和国教育部
Ministry of Education of the People's Republic of China

关于公布第一批示范性职业教育集团（联盟）培育单位名单的通知

教职成司函〔2020〕33号

各省、自治区、直辖市教育厅（教委），各计划单列市教育局，新疆生产建设兵团教育局，有关单位：

根据《关于开展示范性职业教育集团（联盟）建设的通知》（教职成司函〔2019〕92号）的工作安排，经自愿申报、省级教育行政部门和有关行指委推荐、专家评审、公示等环节，确定了第一批示范性职业教育集团（联盟）培育单位名单，现予以公布（名单见附件1）。

89	湖北轨道交通职业教育集团	武汉铁路职业技术学院
90	鄂南职业教育集团	咸宁职业技术学院
91	湖北省国防科技工业职业教育集团	武汉船舶职业技术学院
92	湖北物流职业教育集团	武汉交通职业学院
93	宜昌三峡职教集团	湖北三峡职业技术学院
94	湖北省模具职业教育集团	鄂州职业大学

图 4 教育部第一批示范性职业教育集团（联盟）培育单位名单

4.2 推广

维达力产业学院成立 4 年来，给企业与学校都带来了显著的效益，维达力产业学院的成功经验吸引了咸宁很多企业。结合学校和企业的实际情况，2021 年咸宁职院与人福药业成立了人福产业学院，2022 年咸宁职院与咸安高新区 8 家企业签订了员工技能提升协议，并已经在周末开展员工技能提升课程。由于师资、设施等有限，还有 40 多家企业正在在等待加入产业学院。

该案例从 2019 年的探索实施到 2022 年的逐渐成熟，中途经历了许多困难，也取得了不少成果，更多的是地方企业对学校的认可度逐年增加，越来越多的企业开始加入维达力产业学院中来，后期会有更多喜人的成绩。产业学院、政府、学校、行业、企业各司其职，四位一体，真正实现了政校行企命运共同体。该案例具有很好复制性和推广性，全国很多制造类的企业面临转型升级，人才结构的需求也发生了较大的变化，本案例能很好地解决这一难题。希望更多的学校和企业能从该案例中得到些许启发，为我国的制造业转型升级贡献绵薄之力。

参考文献

［1］国务院. 关于印发国家职业教育改革实施方案的通知［EB/OL］.（2019-01-24）［2021-04-04］. http://www. gov.cn/zhengce/content/2019-02/13/content_5365341 htm.

［2］MITCHELL R K，AGLE B R，WOOD，D J. Toward a Theory of Stakeholder Identification and Salience：Defining the Principle of Who and What Really Counts［J］Academy of Management Review，1997（22）：853-886.

［3］左崇良，胡刚. 校企合作双主体办学的治理结构与运行机制［J］. 职教论坛，2016（16）：50-56.

［4］徐国庆. 我国职业教育的特点优势与当前改革重点［J］. 当代职业教育，2023（1）：4-10.

［5］陈星. 应用型高校产教融合动力研究［D］. 重庆：西南大学，2017：128.

发挥班主任多种角色培养高职生“工匠精神”的实践探索

孙振勇[①]
襄阳汽车职业技术学院

摘　要：本文依据最新颁布的职业教育条例对“工匠精神”的论述，结合我校在“双高建设”和“提质培优”工作中，班主任充分利用自己的“多重身份”，带领学生教、科、研相结合，协同创新，以多种方式引导学生学习专业技术技能，培养学生的“工匠精神”等方面的做法以及取得的成效进行论述。

关键词：高职生　工匠精神　培养实践

引言

党的十九大报告提出，积极建设知识型、技能型、创新型劳动者队伍，积极弘扬劳模精神和工匠精神，积极营造劳动光荣的社会风尚和精益求精的敬业风气[1]。工匠精神蕴含着敬业、精益、专注、创新等内涵，高职院校作为培育应用型人才的重要基地，更需要通过班级自我管理、课外活动开展和创新创业活动等来培养学生的工匠精神，它不仅可以全方位提高我校学生的综合素质，提升高职院校服务经济社会发展的能力，还可以更好地为我市汽车产业提供高质量工匠，为智造强省贡献出自己的一份力量。

1　高职教育顶层设计更加重视学生工匠精神的培养

习近平总书记强调：“各级党委和政府要高度重视技能人才工作，大力弘扬劳模精神、劳动精神、工匠精神，激励更多劳动者特别是青年一代走技能成才、技能报国之路，培养更多高技能人才和大国工匠，为全面建设社会主义现代化国家提供有力人才保障[2]”。

自 2019 年国家发布了《国家职业教育改革实施方案》，标志着我国职业技术教育改革进入了一个新的阶段。2020 年《职业教育提质培优行动计划（2020—2023 年）》规划了职业教育高质量发展的宏图。2021 年 9 月，中共中央国务院办公厅出台了《关于推动现代职业教育高质量发展的意见》，进一步指明了高质量发展的具体措施。2022 年 5 月，新的《职业技术教育法》规范了职业技术教育发展的路径，促进了高等职业技术教育的蓬勃发展，肯定了高职院校是培养工匠精神的重要基地和源头教育。

---

① 孙振勇（1972—），男，湖北枣阳人，襄阳汽车职业技术学院智能制造学院工业机器人教研室主任，副教授。

2 培养高职生工匠精神，班主任角色重要且大有可为

2.1 创新班级管理方式，规划班级管理制度

创新班级管理方式，规划班级管理制度，建立和谐班集体是培养工匠精神的第一步。在授课过程中潜移默化、在班级管理中不拘一格，让学生成为课堂的主人，充分调动学生的学习积极性。日积月累，使工匠精神在不知不觉中进行内化，学生也会在工作中做到学以致用，不遗余力。为了深度挖掘学生潜能，我编写《名班主任工作室计划》，对班级制度也重新进行了规划，以“尖子生引领、集中交流、辐射带动、共同成长”为宗旨，在班级管理中建立了班干部轮值制度，既能让学生当家作主，又能锻炼学生自我管理能力和组织能力。学习新思想争做新青年，认真观看主题团课，增强学生的爱国、爱党、爱社会主义的意识。积极学习国家政策，努力打造一支品德高、素质高、专业化程度高的优秀班集体，并通过班干部的辐射引领，共同推进班集体所有成员的共同成长。

2.2 积极开展各种活动，创造良好的学习氛围

少年强则国家强，大学生是国家技术型人才主要来源人群[3]。大学生活丰富多彩，积极开展课外活动，不但可以引领学生提升办公软件使用能力，而且可以提高学生的文字写作水平。举办“多读书，读好书”活动，可以更好地提升学生的写作能力和综合素质。要充分挖掘学生的个人潜能，培养个性发展，造就出“一专多能”的复合型、实用型的专业技术人才，以迎接知识经济的挑战。为此我带领班级相继开展了“我为家乡代言”演讲比赛、“学习红色经典”PPT 大赛等特色课外活动，既抒发了学生的家国情怀，又提高了他们的写作能力和综合素质。同时与专业密切结合，开展了 PLC 学习小组、特种作业低压电工考试学习小组，并鼓励学生积极参加机械创新大赛等技能大赛，既提高了学生的学习效率也强化了学生的动手实操能力，学生在参与的过程中经历失败和挫折，才能练就锲而不舍的工匠精神。

2.3 创新班级宣传模式，凝聚班级正能量

宣传党和国家的方针政策，推进班级高质量健康发展，我和班委商量决定借助微信平台开通班级公众号，把班级中的优秀文章、好人好事、班级课外活动、学生获奖作业，通过“襄汽新能源 2005 班”班级公众号向外推送。“预则立，不预则废”，坚持是一个人成事的关键，态度决定一切。发挥工匠精神的精益求精，将各种所学知识用作创新的资源。班级公众号自活动开展以来，共发表文章 20 多篇，既锻炼了学生的文字能力，又宣传了班级的先进事迹，同时也凝聚了班级力量，得到了学院领导的肯定。

2.4 利用教研室主任优势，在教科研项目中锻炼学生

结合教科研项目锻炼学生，让学生在项目中历练成长。“提质培优”“双高建设”科研任务繁杂沉重，我作为教研室主任，不仅要做好教研室内部教师培养管理工作，还要完成规定的教学任务，同时还承担了我校省级项目“基于数字孪生技术湖北赟丰机器人教师企业实践流动站”。项目建设初期，需要大量的调研数据。2020 年寒假，连续两周每日凌晨时刻我还在带领班长王帅同学一起写项目申报书，写了改，改了写，一个申报书来来回回改了十多遍，有时凌晨两点还在打磨方案，填材料。经过两个多月的精雕细琢，我负责的“基于数字孪生技术湖北赟丰机器人教师实践交流站”在湖北省教育厅获批。通过做项目，学生不仅锻炼了意志，还养成了做事沉稳的工作方式和严谨细致的工作作风。“青出于蓝而胜于蓝”，如今的王帅同学又带领一批学生加入了学校机械创新大赛的备赛工作中，去迎接更大的挑战。

2.5 巧用资源优势，引导学生学习专业技术技能

活用资源，多方引导学生学专业、学技能。教、学、管一体化是我院强化教学质量的重要抓手。随着教学内容难度的不断提升，学生的学习积极性在不断降低，如何提高学生的学习兴趣成为眼前的难题。我利用电气专业教师的优势，组建了校内新能源汽车电控技术技能大师工作室，组织学生利用课余时间来工作室与老师们一起学习电气维修技术，积极钻研单片机编程技术和西门子 PLC 自动化控制技术。学生通过练习焊接技术，以开关电源为切入点，学习电气硬件知识，通过自动化编程技术学习软件知识。经过一年多的努力，不仅大大促进了学生学习专业技术的积极性，还在潜移默化中锻炼了学生的耐性和细心。我从事电气实践服务工作多年，深知电气工作持证上岗的严肃性和必要性，因此积极引导学生考取特种作业低压电工证，为以后就业打下基础，并将自己参加湖北省应急管理应急安全巡回督察的经历分享给学生，利用空闲时间对学生进行电工安全培训指导。言传身教、课证融通，大大提升了学生的学习积极性。

3 取得的成果与经验

3.1 取得的成果

一分耕耘一分收获，通过两年的努力，如今我所带的新能源 2005 班，团结和睦，学生通过参加各种技能大赛，不断提高自己的实践能力和专业能力。班级公众号发表文章 20 多篇，学生电工持证率达 98%，班级连续两次获学校优秀班集体，4 个学生参加湖北省机械创新大赛，其中 3 人获二等奖、一人获一等奖。同时我与学生一起完成了教师企业实践流动站项目，已在湖北省教育厅获批，我也连续两年被评为学院学生管理优秀班主任。

3.2 取得的经验

（1）作为班主任要将工匠精神教育内化于心外化于行。

（2）作为班主任要把工匠精神贯穿自身角色育人过程。

我相信，无论是现在还是将来，无论是学习还是实践，当工匠精神深入人心，无论是对国家还是个人都将是一笔巨大财富。我希望我的学生日后就像工匠一样，在千锤百炼中经过不断雕刻和打磨，最后呈现出一个完美的自己。同时我也将继续深钻教育行业，把培养学生的工匠精神作为教育的重要目标之一，使学生在日后的工作中可以做到脚踏实地、精益求精，引领新一届高职学生，传承匠心，向更高、更远的目标奋进！

参考文献

[1] 习近平. 青年兴则国家兴，青年强则国家强 [N]. 新京报，2013-05-05.

[2] 习近平. 大力弘扬劳模精神劳动精神工匠精神 [N]. 人民日报，2020-11-27.

[3] 张轮. 人才培养须蕴含工匠精神的教育 [N]. 工人日报，2016-05-04.

高职工业互联网专业产教融合建设思路探索①

熊燕帆②

武汉城市职业学院

摘　要：本文探讨了产教融合建设背景及存在的问题，分析了工业互联网人才需求。同时，文章也针对高职工业互联网专业产教融合建设提出了建设思路和具体实践方法，包括加强产业导向、创新产教融合校企合作新模式、构建“双师型”教师梯队师资队伍、优化课程设置、实现学生实践能力提升等方面，以期为高等职业教育工业互联网专业的产教融合建设提供参考。

关键词：工业互联网　产教融合　专业人才

1　产教融合建设背景

当前，由于第四次工业革命和全球产业变革的迅速发展，信息产业的数字化、网络化、智能化将成为第四次工业革命的关键。工业互联网是第四次工业革命的重要基础[1]，它将进行人、机、物的全面互动，全要素、整个价值链和产业链的全面联动，对全球所有的信息资源进行获取、传递、分析并形成智能反馈，并以此推动社会形成全新的生产制造和服务体系，进一步提升社会资源要素分配水平，进而激发其生产制造装备、信息和商品的整体能力，从而提高了社会生产效率，并创造了更多样的生产活动和服务方式。

当前，中国企业已经从理论发展进入了实际深耕过程的阶段，公司急需大量工业互联网方面人员，所以学校一定要培养对应于公司需求的复合型人才。而高职院校培养工业互联网领域人才必须要能跟进技术的发展，匹配企业岗位的需求，这就要求高职院校需要进行产教融合联合培养，实施高质量的职业技能培训，才能最终实现工业互联网专业的人才培养目标。

2　工业互联网人才需求分析

按照2016年12月由教育部、人力资源和社会保障部、工业和信息化部共同印发的《制造业人才发展规划指南》[2]，到2025年，中国新一代信息技术领域人才培养缺口将超过950万人。当前行业内普遍反映：“工业互联网最大的挑战不是技术，也不是资金，而是人才。”工业互联网人才的严重短缺是影响当前工业互联网科技发展的关键原因。

通过企业调研，我们了解到，不同类型工业互联网企业，其用人需求的侧重点是不一样的。

---

①　基金项目：湖北省中华职业教育社项目（HBZJ202224）；武汉市教育局高校教研项目（2021110）；湖北省教育厅科学研究计划指导性项目（B2020428）。

②　熊燕帆（1983—），女，工程师，研究方向：网络、工业互联网。

2.1 针对工业企业

工业企业，特别是中小企业，它们是企业网络赋能的主要获益者，借助企业的线上云，低成本获取了企业的生产控制、运营管理等业务，从而提高了公司效益。比如，在某基站的设备零部件生产公司，就利用“徐工汉云工业互联网云平台”实现了企业内部对多个数控机床的互联应用，并完成了设备开机率计算、机械设备利用率计算、生产能力统计、装备管理与运维等模块，将工业企业用人需求集中于系统的生产应用、系统的运营与管理等领域。

2.2 平台公司

企业类中的平台公司，其需求主要集中于平台系统的开发、服务管理、解决方案设计和系统实施等领域，而要求的技能人员也比较侧重于开发人才。2019 年，工业和信息化部评出了中国国内十个跨行业跨区域的工业互联平台[3]，其中包括海尔 COSMOplat 工业互联平台、树根互联 RootCloud 工业互联网平台、用友精智工业互联平台、浪潮云洲工业互联平台、华为 FusionPlant 工业互联平台、东方国信 CloudIIP 工业互联平台、航天云网 INDICS 工业互联平台、富士康 Fii Cloud 工业互联平台。

2.3 系统集成商

系统集成商为工业企业提供电气、软硬件、系统集成服务。其用人需求，除了传统的自动化工程师、设备安装调试工程师、项目实施经理，还有工业网络工程师、工业互联网系统集成工程师、工业互联网系统实施架构工程师、工业互联网系统安全架构师等[4]。

3 工业互联网专业产教融合建设存在的问题分析

3.1 对于产教融合认识不够

多数高校对产教融合的重要性和意义还不够认识，只是停留在理论层面，没有真正落到行动上[5]。产教融合不仅仅是简单地邀请企业家来学校讲课，或带学生去企业参观，其核心是教学内容、过程、方式的深度融合。这需要学校投入大量时间精力去理解企业的真实需求，并和企业共同设计人才培养方案和课程体系，这一认识还比较欠缺。

3.2 难以找到产教融合、校企合作共赢点

产教融合需要学校和企业密切配合，找到双方的最大共赢点，这需要双方投入时间和精力去深入了解对方，寻找合作的契合点[6]。然而，两者在人才培养机制、教学方式上存在差异，加之彼此不了解，导致难以找到共赢的结合点、一致的人才培养目标。这成为产教融合的障碍。

3.3 工业互联网相关“双师型”教师队伍建设不足

“双师型”教师既具有理论知识，又有实践经验，是产教融合的核心要素[7]。然而，目前大多数高校的教师来源于校内培养，缺乏企业实践经验，难以胜任产教融合所需要的“双师型”教师角色，这使得产教融合在教学环节无法真正落地。

3.4 产教融合经费不够

产教融合的开展需要投入大量的人力、物力来建立长期的校企合作机制，这需要投入相应的经费去支撑。然而，多数学校由于经费压力大，专业建设经费有限，导致难以提供足够的经费去持续推动产教融合的深入开展，这也是制约产教融合的重要因素之一[8]。

总之，产教融合是一个复杂的系统工程，其推进过程中面临认识不足、难以找到共赢

点、教师队伍不足以及经费不足等问题，这些问题的解决需要学校和企业共同努力，不断增进理解，寻求互利合作，投入资源，积极推进，才能真正实现产教深度融合。

4 工业互联网专业产教融合建设思路与实践

4.1 加强产业导向

高等职业教育应当加强对工业互联网行业的了解，深入了解行业需求。围绕行业需求，提供与行业实际需要相符的培训内容和方式，促进行业发展和升级，为行业培养适应性强的人才。深入了解行业动态和技术趋势，关注政策动向和产业发展趋势，把握行业技术发展方向和市场需求。针对产业热点，提出教学课程设置和内容的建议。充分利用产业资源，建立合作关系，加强校企合作，在课程设计和教学过程中更好地贴近行业实际需求。建立行业专业委员会等机构，聘请业内专家，开展课程改革和课程探讨等活动，使教学内容与行业发展紧密相连。强化实践教学环节，开展现代工业设备的培训和训练，加强学生的实践能力，将实验室建设成能够贴近工业实际的技能培训基地。

总之，产业导向是加强工业互联网行业发展的必然选择，学校应当从产业发展需要中去探究教育教学改革的可能路径，更好地服务于行业的发展和人才培养。

4.2 创新产教融合、校企合作新模式

校企合作是高等职业教育工业互联网专业产教融合建设的重要手段之一。通过校企合作，企业更为深刻地掌握产业的发展动向和市场需求，提高自身实际水平。同时，校企合作也可以提供实践机会和就业机会，为学生就业提供更多的可能性。

目前我校依托武汉工业物联网职教集团，建设有“工业物联网示范服务云平台”。该平台建设内容包含虚拟仿真中心、工业实时数据采集、技术咨询决策、资源共享、需求发布等。通过“工业物联网示范服务云平台”连接各企业和各大院校，校企坚持围绕“智能制造”和区域社会经济发展，坚持“政校行企”多方联动，本着“平等、合作、诚信、创新、共赢”原则，深入推进产教融合，在现代学徒制、1+X证书制度试点工作、“双师型”教学队伍建设等方面持续发力，进一步加强教育专业建设。

通过职教集团的引领作用，我校选取本地化典型企业进行深度校企合作，建设“1+1+M+N+X”模式智能制造产教综合体。1（软）指“工业物联网创新服务云平台”，1（硬）指“智能制造示范生产线”，M指多个“产业学院”，N指多个“协同创新中心”，X指围绕云大物移智，瞄准5G/AI/AR+IIOT产业链形成的多种应用。通过3~5年建设，建成融教学、生产、科研、创新、培训、取证、竞赛等一体，校企深度融合的产教融合实训基地。

4.3 构建“双师型”教师梯队师资队伍

构建合适的“双师型”教师梯队师资队伍是产教融合建设的重要保障。高等职业教育工业互联网专业需要具备行业实践经验和教育教学经验的师资队伍，以保证教学内容的实用性和前沿性[5]。在构建师资队伍时，学校应根据职业教育的特点，注重发掘师资队伍潜力，建设符合社会发展需要的师资队伍。

我校依托学校百年师范底蕴和智能制造类专业的前期积累，根据《中华人民共和国职业教育法》《职业教育“双师型”教师基本标准的文件精神》（试行），对接省制造业重点产业链中的工业互联网产业，梳理“双师型”教师内涵，组建培训专家团队，采用工匠示范、能手打样、专家授课、交流研讨、考察观摩、案例分享、拟岗实践、生产实践，技能强化、技能竞赛等N种培训形式，构建“双师型”教师培训体系（图1），全面提升“双师

型”教师“师德践行能力、教学实践能力、综合育人能力、自主发展能力、职业技能水平、社会服务能力”等6种职业能力。

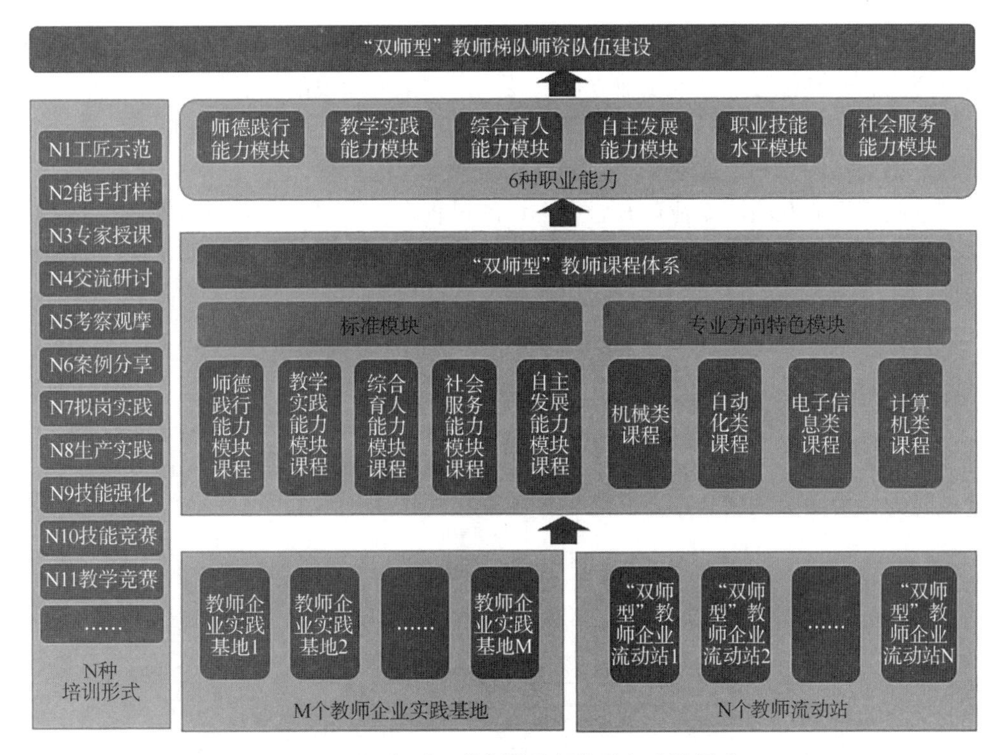

图1 “双师型”教师梯队师资队伍建设思路

4.4 优化课程设置

优化课程设置是产教融合建设的重要手段。学校需要根据产业发展，针对产业需要建立前沿的专业课程，增加实践性课程内容，培养学生的实际技能。根据市场需求，充分调研行业企业对于相关专业技能的需求，并将其转化为课程设置，使课程内容更加贴近实际需求。

突出实践教学，加强学生的实际操作能力培养。通过实践环节的设计和实验室建设，充分帮助学生掌握实际操作技能。引入前沿技术和现代教学手段，提高学校和教师的教学水平。例如，采用MOOC等线上课程，提供优质教育资源，为学生提供更多学习途径。

实行差异化课程设置，为学生提供更多选择机会，充分满足不同层次、不同倾向的学生需求。通过校企合作和产业奖学金等方式，促进学校和企业更紧密地联系，协同推进职业教育的改革和发展。

4.5 实现学生实践能力提升

实践能力是高等职业教育工业互联网专业的核心竞争力，实现学生实践能力提升是产教融合建设的重要目标。高等职业教育工业互联网专业可以通过定岗实习、项目实践、竞赛等形式，提升学生的实践能力和综合素质。目前我校采用的是项目化教学的方式，打通多门学科的知识形成一门课，融合成多个项目，通过项目化教学，让学生在学中做、做中学，全面提升学生的实践能手能力。

综上所述，高职工业互联网专业产教融合建设需要加强产业导向、创新产教融合校企合作新模式、构建“双师型”教师梯队师资队伍、优化课程设置、实现学生实践能力提升。

5 结语

高职工业互联网专业产教融合建设是一个前沿而又极富挑战的过程，需要学校、企业和政府多方协力，共同推进。高职工业互联网专业产教融合建设的核心是建立校企深度合作的机制，使得学校与生产、科研、管理等环节紧密结合在一起，实现“既育人，又育才”的有机统一，以满足国家和产业对于工业互联网技术人才的需要。

在推进高职工业互联网专业产教融合建设的过程中，需要多方参与，围绕产业和人才需求，注重培养学生的实际能力，并努力提高师资队伍水平。同时，还需要不断探索实践和创新工作模式，营造良好的环境，培养适应时代要求的优秀工业互联网人才。在产教融合建设中，学校需要主动拥抱市场，聚合不同的资源，提供优质教育培训服务，为产业转型升级和经济发展做出积极贡献。

在今后的工业互联网时代，高职工业互联网专业产教融合建设也会进一步加速，学校应不断提高实际应用水平，在校企互动中不断完善，进一步加强教师和学生的专业素质，提高实际操作能力，为国家发展和产业升级发挥更积极的作用。

参考文献

[1] 工业互联网产业联盟. 工业互联网体系架构（版本1.0）[R]. 2016.

[2] 中国工业互联网研究院. 工业互联网人才白皮书（2020）[R]. 2020.

[3] 工业互联网产业联盟. 工业互联网平台白皮书（2017）[R]. 2017.

[4] 工业互联网产业联盟. 工业互联网产业人才发展报告（2020—2021）[R]. 2021.

[5] 工业互联网助推产教融合体系研究 [J]. 中国信息化，2021（2）：96-98.

[6] 朱敏. 聚焦工业互联深化产教融合——常州信息职业技术学院高水平专业群建设实践 [J]. 江苏教育，2022（28）：27-34.

[7] 何小梅，余周武. 基于工业互联网的产教融合实训体系探讨 [J]. 科技创业月刊，2022，35（2）：129-132.

[8] 孙中婷. 企业参与校企合作产教融合的意愿研究 [D]. 洛阳：河南科技大学，2022. DOI：10. 27115/d. cnki. glygc. 2022. 000387.

工程教育认证背景下的“电力电子技术”课程教学改革①

张国琴　吴伟标　邹　敏②
武汉纺织大学电子与电气工程学院

摘　要：以电气工程及其自动化专业的电力电子技术课程为例，探讨在工程教育认证背景下进行教学改革。基于成果导向制定了电力电子技术课程教学目标；以教学目标为指导对教学内容进行重构并出版了适合电气工程及其自动化普通本科专业学生的教材；充分利用学习通平台，采用线上线下混合教学模式，释放线下教学时间和扩大课程容量；特别注重实践环节，仿真、验证性实验和实训项目三位一体，形成了虚实结合的电力电子实践教学体系。从教学效果看，这种以成果为导向，以学生为中心的教学改革既可以激发学生的学习兴趣，又可以提高学生创新能力。

关键词：电力电子技术　工程教育认证　教学改革

引言

2021 年我校电气工程及其自动化专业通过工程教育认证申请，工程教育专业认证的三个核心理念是：以学生为中心、成果导向、持续改进[1]。课程建设是人才培养的核心要素，课程的教学效果直接影响到学生毕业培养目标的实现，因此课程建设是工程教育专业认证的重要环节。如何把工程教育认证的核心理念作为课程建设的指导思想，有效贯彻于课程建设之中，具有非常重要的意义[2]。“电力电子技术”是电气工程及其自动化专业的重要核心课程，也是工程教育认证的重要课程，该课程具有理论性强、电路分析困难、波形复杂且对实践动手能力要求高的特点[3]，在工程教育认证核心理念的指导下，课程组从课程目标、教学内容、教学方法等方面对电力电子技术课程进行了改革探索，着重提高电气工程及其自动化专业学生的创新能力、实践能力和自主学习能力。

1　基于工程教育专业认证理念制定电力电子技术课程目标

新能源及电动汽车行业突飞猛进的发展，对电力电子技术方向人才的需求越来越多，“电力电子技术”这门课程在电气工程及其自动化课程体系中的地位越来越高。根据该课程在课程体系中的定位，并以成果为导向，确定通过本课程的学习学生应该达到下列课程目标要求：

课程目标 1：能够根据电力电子器件的基本特性和电路的基本知识来分析基本电力电子主电路（包括整流电路、逆变电路、斩波电路和交交变换电路）工作原理，建立有关电压、

① 武汉纺织大学教研项目（2021JY007）、纺织工业协会教研项目（2021BKJGLX412）。

② 张国琴（1977—），女，内蒙古通辽人，硕士，讲师，主要研究方向为电力电子与电力传动。

电流等的数学方程和模型，并进行求解。

课程目标 2：能够针对工业电气自动化系统及电力系统领域中涉及电能变换以及电机拖动系统的复杂工程问题，进行电力电子相关电路的设计及分析，根据系统数学模型和约束条件，进行性能分析和指标计算，获得有关系统运行特征、稳定性、经济性、复杂度等的识别与判定，并进行正确的表达。

课程目标 3：能够基于电力电子技术的基本原理，通过文献研究或相关方法，调研和分析系统包括运行控制、参数测定、功率测量等的解决方案，设计可行的实验方案。确定实验方案后，能够准确地构建实验系统，正确地进行调试和分析数据，并获取合理有效的结论。

在教学过程中，教学内容的设计、教学方法的采用及改革都紧紧围绕这三个课程目标来进行。

2 教材建设

随着电力电子技术的发展以及考虑到我校电气工程及其自动化学生的就业现实情况，课程教学团队根据多年教学经验，将电力电子课程的知识点进行重构，并主编了适合电气工程专业普通本科学生的《电力电子技术》教材，由华中科技大学出版社出版，教材的章节如表 1 所示。

表 1 《电力电子技术》的内容结构

序号	内容	序号	内容
第 1 章	绪论	第 6 章	交流-交流变换电路及仿真
第 2 章	电子元器件	第 7 章	软开关技术及仿真
第 3 章	逆变电路及仿真	第 8 章	电力电子电路的设计
第 4 章	直流-直流变换电路及仿真	第 9 章	电力电子实验
第 5 章	整流电路及仿真		

在教材中做了如下改进：

2.1 根据重要程度，重新安排电力电子四种基本变换电路的讲解顺序

很多教材关于电力电子主电路的讲述顺序为晶闸管可控整流电路、直流-直流变换电路、逆变电路和交流-交流变换电路。电力电子技术课程中这些变换电路的特点是独立的，相互之间没有很强的逻辑关系，实际中电力电子装置是这四种基本电路一种或几种的组合，改变这四种变换电路的讲解顺序不会对整个电力电子课程内容的掌握和理解有影响。考虑到学生参加电子竞赛所涉及的题目和毕业设计做开关电源和逆变电源等方向以及前些年毕业生的就业反馈，应用半控型器件的可控整流电路和交流-交流变换电路在实际装置中应用相对少一些，而应用全控型器件的逆变电路和直流-直流变换电路应用非常广泛，因此课程团队在编写的新教材中将主电路讲解的顺序调整为逆变电路、直流-直流变换电路、整流电路和交流-交流变换电路。经过这样的调整后，学生在学习完逆变电路和直流-直流变换电路后，就可以在实验室中进行一些项目的设计与实践。

2.2 搭建仿真模型并详细叙述仿真过程

电力电子的基本变换电路属于非线性电路，在分析时要用到分段线性分析的思想，一个

工作周期会有很多工作过程，分析起来复杂难懂，在理论讲解时由于课时的限制，不可能把所有的工作过程都讲解清楚，没讲到的过程，有的学生很难想象这其间的工作过程和波形形状。因此课程团队将教材中的主要电路都利用 MATLAB/SIMULINK 进行了仿真建模并在教材中详细讲述仿真分析方法，可以很好地帮助学生理解理论知识。

2.3 突出理论与实践相结合，增加典型的电力电子应用电路设计

从理论到电力电子装置的设计还有一定的距离，有些学校（如武汉大学）在课程体系中除了“电力电子技术”另外开设了“电力电子装置”这门课程，我校电气工程及其自动化专业没有开设电力电子装置课程，课程团队在新教材中增加了一章“电力电子电路设计”，精选了一些设计项目，如单相不间断逆变电源等。在这些设计项目中将电压电流采样、反馈、闭环控制和电力电子主电路中斩波、逆变有机地结合在一起，既能巩固理论知识的学习，又能培养学生实践设计的能力，为电子竞赛和毕业设计以及毕业后工作打下一个坚实的基础。

2.4 验证性实验内容更详尽具体

教材中第 9 章电力电子实验与实验教学相匹配，内容中增加了实验所用挂件的图片和详细的说明，学生在预习时就能熟悉所用挂件的结构和元器件，使得实验时更加顺利和有的放矢。

综上所述，课程团队结合我校电气工程及其自动化和自动化专业的实际情况，在课程团队主编的教材中对“电力电子技术”的课程内容和顺序进行了重构，在课程建设中，知识内容讲解也是按照教材的思路进行建设。

3 教学方法改革

明确了课程教学目标，并以内容重构的教材为依据，课程团队在教学方法上积极探索，坚持以学生为中心和持续改进的理念，进行了一系列的改革。

3.1 采用混合教学模式

传统的电力电子技术课堂讲授一般存在理论知识点多，课时不够、以教为主等问题。建立线上线下混合教学模式，可以将线上学习和线下学习相融合，释放一些线下课堂教学的时间，从而改变线下以教为主的教学方法，而是以学生为中心，更多采用讨论等学生深入参与的学习方法，帮助学生深入理解学习内容，构建知识体系，增强分析问题、解决问题的能力。

3.1.1 选择学习通线上平台

课程团队制作了足够的课件和录课视频等资料，上传至超星学习通平台，教师可以方便地进行任务布置、导入学生数据、导出学生在线学习数据和测试成绩等。

3.1.2 课程实施过程

课前：通过学习通发布学习任务，学生自主预习学习。

课中：课中分为线上课程和线下课程。线上课程时，教师通过 QQ 群积极引导学生按照要求完成线上课程的学习、线上测试以及作业等，同时在线回答相关问题；通过后台提供的学习数据分析报告，教师对线下课程内容进行设计优化，为线下课堂精准教学做铺垫。线下课程时，教师基于在线学习内容和学习的效果，根据不同的教学内容采用合适的教学方法组织课堂活动。

课后：进行知识点的总结，并通过作业使学生加强对知识点的理解与巩固。对于学生的

关于理论知识的疑问和仿真中出现的问题都可以通过QQ群进一步解答。积极鼓励学有余力的学生进行应用项目的设计与调试。

3.2 重视电力电子仿真实验

教材的每一章在理论讲解之后，都提供了本章重点电路的仿真模型和仿真过程，教师线上或线下的课堂上讲解完理论知识后，要求学生根据教材自学如何搭建仿真模型、参数设置与修改以及模型文件的调试与波形的观察。以单相全控桥式整流电路为例，负载类型包括电阻负载、阻感负载和反电动势负载，触发角从0°~180°，课堂上只能讲解典型触发角时的电路原理和波形，其他触发角度的原理和波形，学生就可以通过仿真来观察并辅助理解工作原理。检查仿真作业的方法是要求学生通过屏幕录制配语音讲解，讲述模型搭建过程以及波形演示。

3.3 增加电力电子技术实训教学环节

仿真实验可以灵活地设置仿真条件和范围，实验只需在电脑上进行，也没有时间限制。但仿真实验看到的都是一些符号或模块图形，进行的也是一些数学运算，不能完全代替真实实验。学生毕业后是需要进行真实电路设计的，因此实训教学环节必不可少。实训教学环节包括验证性实验和设计性实训项目两个方面，具体项目如表2所示。

表2 验证性实验和实训项目表

验证性实验		实训项目	
序号	实验名称	序号	
1	单相正弦波脉宽调制（SPWM）逆变电路	1	高效数控恒流源
2	直流斩波电路性能研究	2	双向DC-DC变换器
3	三相桥式全控整流及有源逆变电路	3	无线电能传输装置
4	锯齿波同步移相触发电路	4	24 V单相交流在线式不间断电源
5	相控式单相交流调压电路		

3.3.1 验证性实验

教材的第9章详细讲解了利用实验平台完成验证性实验项目的原理及测试过程。由于课时的限制，实验项目1、2、3是必做实验，实验4、5是选做实验。对于选做实验学生可以单独跟实验室老师预约，独立完成实验。

3.3.2 设计性实训项目

电力电子技术理论学习的最终目的是提高学生的实际设计调试电力电子电路的能力。为了实现这一能力目标，我们将实训项目设计分为三个阶段：第一阶段，在开始讲解第三章逆变电路时，就将学生分组，每组学生选择一个题目，学生根据教材中每个项目提供的设计方案、选用的器件，开始进行资料查找和原理的深入理解。第二阶段，课程团队教师与学生一起应对方案设计和调试中遇到的问题。第三阶段，对学生所做的实物进行测试与验收，并分小组进行答辩。三个阶段可以贯穿于电力电子的整个课程学习中，要求学生必须完成一个项目，同时学有余力的学生可以进行其他几个实训项目的设计与调试。由于教材中提供了完整的设计过程，包括原理框图、器件选择和理论计算、原理图以及调试方法，所以设计起来有据可查，不会觉得手足无措；同时根据教材中的设计过程，学生可以设计不同的方案，做到举一反三的目标。这些实训项目，不仅能提高学生的实践动手能力，同时为他们参加大学生电子竞赛打下坚实的基础。

4 结语

本文探讨在工程教育认证背景下电力电子技术的教学改革，制定以成果为导向的教学目标并对教学内容进行重构，加强逆变电路和直流-直流变换电路的讲解及训练，研究以学生为中心和持续改进的教学方法，特别重视实训环节的设计与管理，从而提高学生的兴趣和实践动手能力，进一步提高学生课程目标的达成度，在培养创新性人才的同时，也为创建电力电子一流课程奠定了坚实的基础。

参考文献

[1] 郭攀锋，粟世玮，赵胜会. 工程教育专业认证背景下电子技术基础课程教学改革［J］. 新课程研究（中旬刊），2017，453（10）：93-95.

[2] 龚立娇，张武其. 工程认证背景下的电力电子技术课程改革研究［J］. 教育现代化，2019，6（59）：51-53.

[3] 郑宽磊，刘海英，熊俊俏，等. 工程教育认证背景下电子技术课程教学改革与探索［J］. 电子元器件与信息技术，2021，5（12）：141-142. DOI：10. 19772/j. cnki. 2096-4455. 2021. 12. 063.

工业机器人技术专业群“岗、证、课、赛”融通的1+X试点教学改革实践①

陈淑玲　刘琳琳　王中林

武汉软件工程职业学院

摘　要：由工业机器人技术、数控技术、机械制造与自动化等专业组成的工业机器人技术专业群获批工业机器人应用编程、多轴数控加工、智能制造单元维护等1+X试点院校、考核点及管理中心，积极实施“学历证书+若干职业技能等级证书”制度试点工作，成立1+X工作小组，校企共建工业机器人技术专业群1+X技能培训中心。岗证对接，实现了学徒岗位核心技能与1+X证书职业技能标准的有机统一；课证融通，实现了专业核心课程教学与1+X职业技能证书培训的有机统一；赛证融合，实现了学生专业技能水平提升与教师教育教学能力提升的有机统一。

关键词：工业机器人技术　专业群　1+X试点　教学改革

1　工业机器人技术专业群1+X试点实施背景

武汉软件工程职业学院工业机器人技术专业自2018年8月开始教育部第三批现代学徒制试点，积极落实2019年2月国务院印发的《国家职业教育改革实施方案》提出的1+X证书制度试点工作，将工业机器人技术专业现代学徒制专业教学标准与工业机器人应用编程职业技能等级标准有效地对接，构建书证融通课程体系。2021年12月，我校工业机器人技术专业群获批湖北省高水平专业群，工业机器人应用编程职业技能等级证书在由工业机器人技术、机械制造与自动化、智能控制、机械设计与制造等六个专业组成的专业群中互选，借力1+X试点，推进“岗课赛证”综合育人，全面提高工业机器人技术专业群复合型技术技能人才的培养质量。

2　工业机器人技术专业群1+X试点的主要目标

工业机器人技术专业以“双高”专业群建设为契机，作为湖北省工业机器人应用编程省级管理中心、考核点、试点院校，与武汉华中数控股份有限公司校企共同成立工业机器人应用编程书证融通课程建设项目小组，面向工业机器人安装调试、编程应用工程师岗位校企共育现代学徒，共同开发书证融通课程资源，共同组织1+X证书相关的技能赛项，共同组织证书试点的基地建设、师生培训、考核评价等工作，提升专业群学生技术技能，实现专业群建设与1+X试点教学改革同步实施、学生培养目标与“X”职业技能证书的职业标准有机结合。

---

①　武汉软件工程职业学院智酷空间名班主任（辅导员）工作室成果（项目编号：2022GZS02）。

3 工业机器人技术专业群 1+X 试点的举措

3.1 多措并举，建立健全职业等级证书试点机制

机械工程学院成立 1+X 证书制度试点工作小组，成员由机械工程学院院长、教学副院长、教务科科长、教研室主任（书证融通负责人）、骨干教师等组成，负责学院 1+X 证书制度试点工作方案制定、组织与实施等，明确职责任务，确保课证融通教学改革、考证的培训及考核等试点工作顺利推进和正常运行，并建立完善考评机制，将试点建设任务纳入学院及个人目标考核范围，及时检查、督导、反馈、整改。

3.2 校企深度合作，共建工业机器人技术专业群 1+X 技能培训中心

为积极贯彻落实教育部等四部门印发的《关于在院校实施“学历证书+若干职业技能等级证书”制度试点方案》，在武汉华中数控股份有限公司的大力支持下，我校建成了武汉市智能制造公共实训平台 1+X 技能培训中心（图 1），其中工业机器人应用编程一体化创新实训平台 A 型、B 型共计 14 台套，可满足工业机器人应用编程职业技能等级证书的初级、中级、高级培训及考核。

(a)

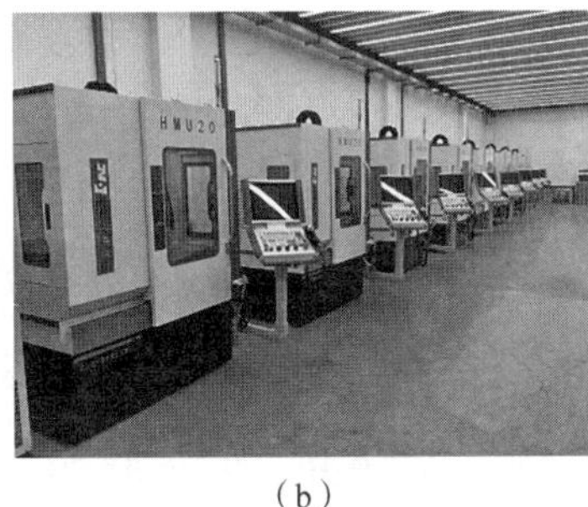

(b)

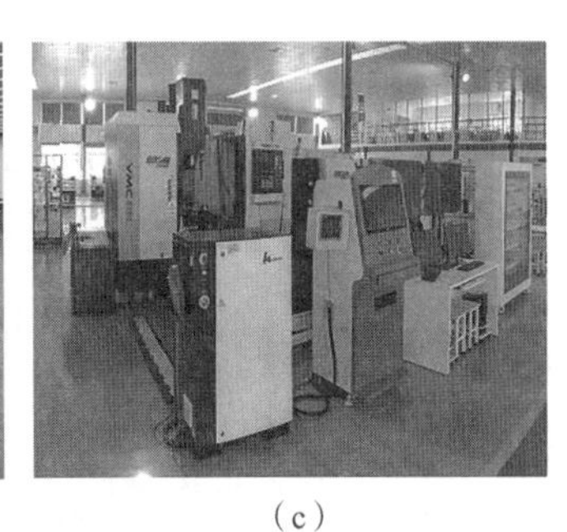

(c)

图 1 武汉市智能制造公共实训平台 1+X 技能培训中心

(a) 工业机器人 1+X 区；(b) 多轴加工 1+X 区；(c) 智能制造 1+X 区

3.3 岗证对接，实现了学徒岗位核心技能与 1+X 证书职业技能标准的有机统一

工业机器人技术专业在制订 2020 级现代学徒制人才培养方案时将工业机器人装配工程师、调试工程师、维修工程师等学徒岗位的培养目标，与工业机器人应用编程职业技能标准有机统一。通过对工业机器人技术学徒目标岗位进行梳理，引入工业机器人应用编程职业技能等级标准，归纳总结出学徒岗位知识与技能要求，实现 1+X 职业技能证书标准与专业课程标准的融合，达到课程升级与证书升级同步，将学历教育证书和职业技能证书融合，知识、技能等职业素质复合，建立我中有你、你中有我的“书证融通”生态系统，促进学徒培养与 1+X 试点之间相互协同、相互依存、相互促进的可持续发展（图 2）。

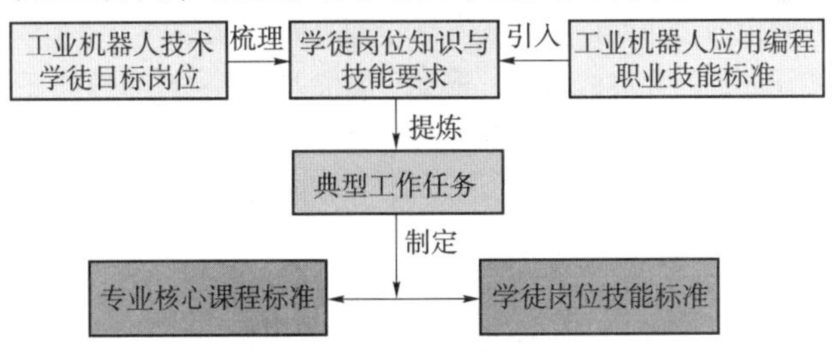

图 2 学徒岗与 1+X 证书对接的实施路径

3.4 课证融通，实现了专业核心课程教学与1+X职业技能证书培训的有机统一

工业机器人技术专业积极开展1+X试点“一师一课”课证融通教学改革。2020—2021学年第一学期陈淑玲老师依托本学期开展的工业机器人应用编程职业技能等级证书培训及考核，对“自动化产线安装与调试”开展了“一师一课”课证融通教学改革，学习情景设计如表1所示。

表1 “自动化产线安装与调试”课证融通教学改革学习情景设计

项目	任务描述	职业能力（知识、技能、态度）	课时
1. 工业机器人离线编程及验证	导入工业机器人、绘图笔工具和绘图模块，搭建工业机器人绘图工作站。将绘图笔工具手动导入并安装到工业机器人模型上，设置正确参数，创建离线操作。 运行程序，将绘图模型图案在绘图模块上绘出，验证离线编程程序功能	知识目标：掌握工业机器人离线编程的模型导入、系统布局、轨迹规划、仿真模拟。 能力目标：能够根据工作任务要求进行模型创建和导入；能够根据工作任务要求完成工作站系统布局。 态度目标：能与他人进行良好的沟通与协调，吃苦耐劳，积极承担具体工作，具有奉献精神和创新能力	10
2. 工业机器人视觉及应用	设置相机图像、特征匹配和N点标定参数，完成相机标定，制作减速器和输出法兰的特征模板，调试流程，将减速器和输出法兰工件正确放置到输送带末端，并用视觉软件获取工件位置、形状和角度数据	知识目标：视觉系统的调试。 能力目标：学会制作视觉识别模板，以及视觉标定的方法。 态度目标：能与他人进行良好的沟通与协调，吃苦耐劳，积极承担具体工作，在课余时间能对学过的知识进行扩展	14
3. 编写工业机器人程序，实现一套工业机器人关节部件的上料、输送、检测、装配和入库过程	1. 系统初始复位 2. 关节底座装配 3. 电机部件装配 4. 输出法兰上料 5. 输出法兰输送 6. 输出法兰检测 7. 输出法兰装配 8. 成品入库	知识目标：机器人示教编程、机器人与PLC的信号交互、工业机器人机械装配。 能力目标：学会机器人示教编程，掌握机器人与PLC的通信原理，实现一套工业机器人关节部件的上料、输送、检测、装配和入库过程。 态度目标：能与他人进行良好的沟通与协调，吃苦耐劳，积极承担具体工作，具有奉献精神和创新能力	20
4. 工业机器人应用编程1+X考证实操模拟考核	分小组，个人单机单设备，在实操考核规定的2小时内，完成实操考核测试题，包含离线编程、视觉应用、PLC及HMI任务、零部件的搬运及装配任务	知识目标：离线编程、视觉应用、PLC及HMI任务、零部件的搬运及装配任务的完成。 能力目标：对照考核评分表，在有限时间内高效率、圆满完成考核任务。 态度目标：吃苦耐劳，吃透痛点，具有自动控制设备的系统思维	8
总学时			52

3.4.1 理论基础知识线上强化

理论基础知识采取课下智慧职教训练、线上培训方式进行。对照评价组织公布的理论考核样题，逐一梳理考核技能要点，包括工业机器人分类、坐标系、编程指令、操作规范、安全常识等内容。借助智慧职教线上教学平台，设计了单选、多选、判断等800道题的线上题库，供学生课下反复巩固提高，并定时督促学生，通过模拟考核测试学习效果（图3）。

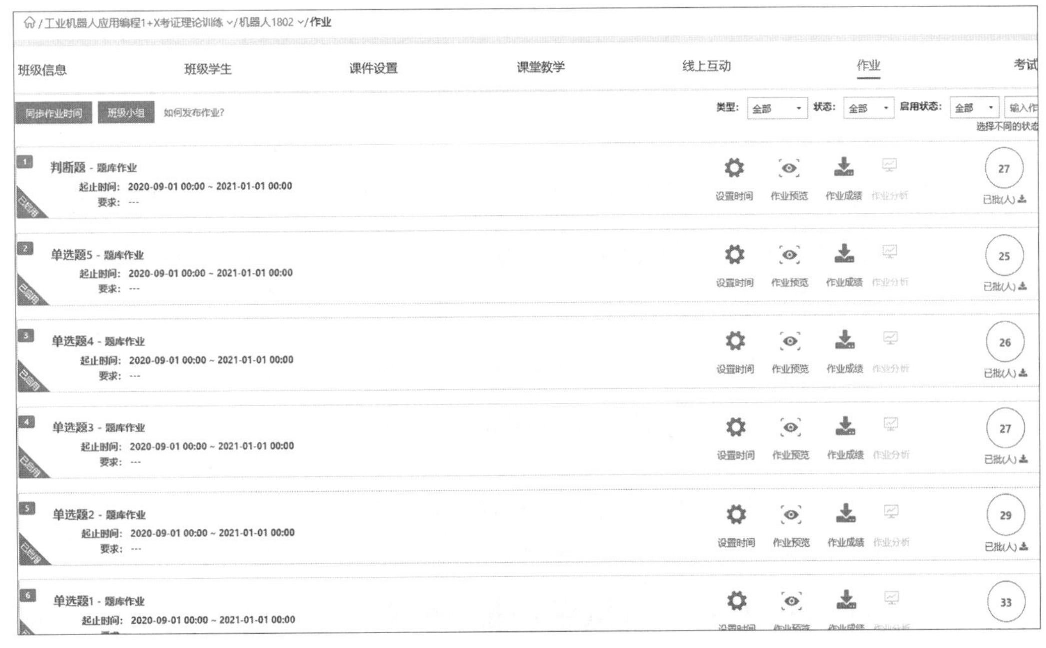

图3 线上理论题库训练情况

3.4.2 实操技能线下实战

将工业机器人应用编程“X”证书培训过程与教学改革过程统筹组织、同步实施。“X”证书培训和教学改革同步统筹安排教学内容、实践场所、组织形式、教学时间、安排师资，从而实现X证书培训与专业教学过程的一体化。“X”证书的职业技能考核与教学改革课程考试统筹安排，同步考试与评价。按照培训一批、考核一批的步伐，稳步开展教学、理论及实操考核，并严格按照证书考核的技能要点，每个技能要点，逐一逐项攻破，切实做到了课程内容与职业标准对接，课程考核与职业标准考核对接（图4）。

图4 机械工程学院1+X证书实操考核情况

3.4.3 课程考核全面评价

本课程的总评成绩，由平时考勤、日常任务考核等方面综合评定的平时成绩，再结合理论考试成绩、实操考试成绩组成，分别占比20%、40%、40%（图5）。其中，日常任务考核严格对照工业机器人应用编程职业等级证书（中级）的考核标准，组织小组实操测评，任务要点逐个攻破，让学生清清楚楚、明明白白知道自己的薄弱项和易错点，在后续训练中有针对性地强化提高。

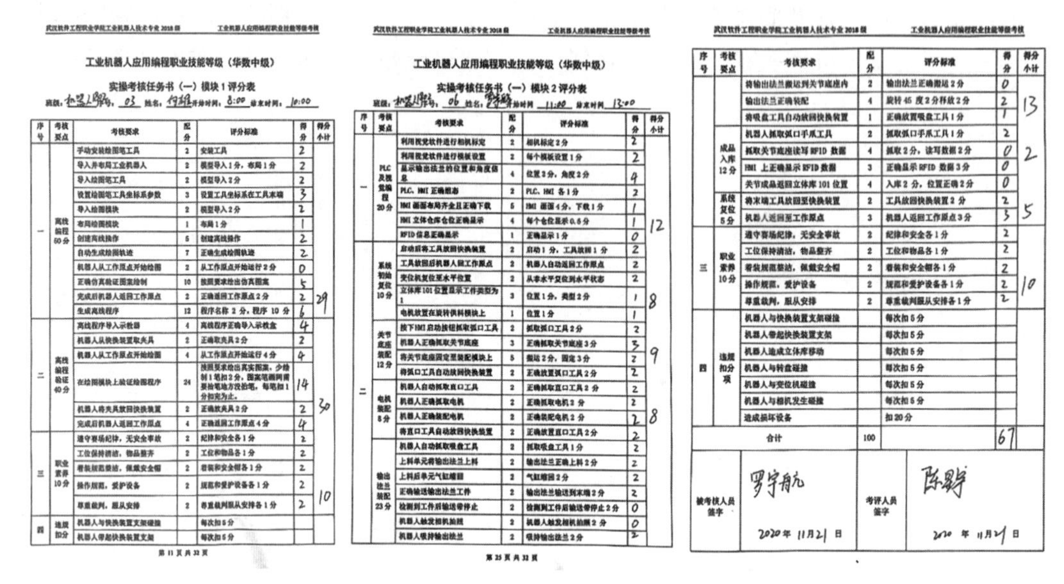

武汉软件工程职业学院工业机器人技术专业2018级　　工业机器人应用编程职业技能等级考核

工业机器人应用编程职业技能等级（华数中级）

实操考核任务书（一）模块1评分表

班级：机器人1802　序号：03　姓名：　开始时间：8:00　结束时间：10:00

序号	考核要点	考核要求	配分	评分标准	得分	得分小计
一	离线编程50分	手动安装绘图笔工具	2	安装工具	2	29
		导入并布局工业机器人	2	模型导入1分，布局1分	2	
		导入绘图笔工具	2	模型导入2分	2	
		设置绘图笔工具坐标系参数	3	设置工具坐标系在工具末端	3	
		导入绘图模块	2	模型导入2分	2	
		布局绘图模块	1	布局1分	1	
		创建离线操作	5	创建离线操作	2	
		自动生成绘图轨迹	7	正确生成绘图轨迹	2	
		机器人从工作原点开始绘图	2	从工作原点开始运行2分	0	
		正确仿真验证图案绘制	10	按照要求绘出仿真图案	5	
		完成后机器人返回工作原点	2	正确返回工作原点2分	2	
		生成离线程序	12	程序名称2分，程序10分	6	
二	离线编程验证40分	离线程序导入示教器	4	离线程序正确导入示教盒	4	30
		机器人从快换装置取夹具	2	正确取夹具2分	2	
		机器人从工作原点开始绘图	4	从工作原点开始运行4分	4	
		在绘图模块上验证绘图程序	24	按照要求绘出其实图案，少绘制1笔扣2分，图案笔画间需要抬笔地方没抬笔，每笔扣1分扣完为止。	14	
		机器人将夹具放回快换装置	2	正确放夹具2分	2	
		完成后机器人返回工作原点	4	正确返回工作原点4分	4	
三	职业素养10分	遵守赛场纪律，无安全事故	2	纪律和安全各1分	2	10
		工位保持清洁，物品整齐	2	工位和物品各1分	2	
		着装规范整洁，佩戴安全帽	2	着装和安全帽各1分	2	
		操作规范，爱护设备	2	规范和爱护设备各1分	2	
		尊重裁判，服从安排	2	尊重裁判服从安排各1分	2	
四	违规扣分	机器人与快换装置支架碰撞		每次扣5分		
		机器人带起快换装置支架		每次扣5分		

第11页共32页

武汉软件工程职业学院工业机器人技术专业2018级　　工业机器人应用编程职业技能等级考核

工业机器人应用编程职业技能等级（华数中级）

实操考核任务书（一）模块2评分表

班级：机器人1802　序号：06　姓名：　开始时间：11:00　结束时间：13:00

序号	考核要点	考核要求	配分	评分标准	得分	得分小计
一	PLC及视觉编程20分	利用视觉软件进行相机标定	2	相机标定2分	2	12
		利用视觉软件进行模板设置	2	每个模板设置1分	2	
		显示输出法兰的位置和角度信息	4	位置2分，角度2分	4	
		PLC、HMI正确组态	2	PLC、HMI各1分	2	
		HMI画面布局齐全且正确下载	5	HMI画面4分，下载1分	1	
		HMI立体仓库仓位正确显示	4	每个仓位显示0.5分	1	
		RFID信息正确显示	1	正确显示1分	0	
二	系统初始复位10分	启动后将工具放回快换装置	2	启动1分，工具放回1分	2	8
		工具放回后机器人回工作原点	2	机器人自动返回工作原点	2	
		变位机复位至水平位置	2	从非水平复位到水平状态	2	
		立体库101位置显示工件类型为1	3	位置1分，类型2分	1	
		电机放置在旋转供料模块上	1	位置1分	1	
	关节底座装配12分	按下HMI启动按钮抓取弧口工具	2	抓取弧口工具2分	2	9
		机器人正确抓取关节底座	3	正确抓取关节底座3分	3	
		将关节底座固定至装配模块上	5	搬运2分，固定3分	2	
		将弧口工具自动放回快换装置	2	正确放置弧口工具2分	2	
	电机装配8分	机器人自动抓取直口工具	2	正确抓取直口工具2分	2	8
		机器人正确抓取电机	2	正确抓取电机2分	2	
		机器人正确装配电机	2	正确装配电机2分	2	
		将直口工具自动放回快换装置	2	正确放置直口工具2分	2	
	输出法兰装配23分	机器人自动抓取吸盘工具	2	抓取吸盘工具1分	2	
		上料单元将输出法兰上料	2	输出法兰正确上料2分	2	
		上料后单元气缸缩回	2	气缸缩回2分	2	
		正确输送输出法兰工件	2	输出法兰输送到末端2分	2	
		检测到工件后输送带停止	2	检测到工件后输送带停止2分	0	
		机器人触发相机拍照	2	机器人触发相机拍照2分	0	
		机器人吸持输出法兰	2	吸持输出法兰2分	2	

第25页共32页

武汉软件工程职业学院工业机器人技术专业2018级　　工业机器人应用编程职业技能等级考核

序号	考核要点	考核要求	配分	评分标准	得分	得分小计
		将输出法兰搬运到关节底座内	2	输出法兰正确搬运2分	0	13
		输出法兰正确装配	4	旋转45度2分释放2分	2	
		将吸盘工具自动放回快换装置	1	正确放置吸盘工具1分	1	
	成品入库12分	机器人抓取弧口手爪工具	2	抓取弧口手爪工具1分	2	2
		抓取关节底座读写RFID数据	4	抓取2分，读写数据2分	0	
		HMI上正确显示RFID数据	3	正确显示RFID数据3分	0	
		关节成品返回立体库101位置	4	入库2分，位置正确2分	0	
	系统复位5分	将末端工具放回至快换装置	2	工具放回快换装置2分	2	5
		机器人返回至工作原点	3	机器人返回工作原点3分	3	
三	职业素养10分	遵守赛场纪律，无安全事故	2	纪律和安全各1分	2	10
		工位保持清洁，物品整齐	2	工位和物品各1分	2	
		着装规范整洁，佩戴安全帽	2	着装和安全帽各1分	2	
		操作规范，爱护设备	2	规范和爱护设备各1分	2	
		尊重裁判，服从安排	2	尊重裁判服从安排各1分	2	
四	违规扣分项	机器人与快换装置支架碰撞		每次扣5分		
		机器人带起快换装置支架		每次扣5分		
		机器人造成立体库移动		每次扣5分		
		机器人与转盘碰撞		每次扣5分		
		机器人与变位机碰撞		每次扣5分		
		机器人与相机发生碰撞		每次扣5分		
		造成损坏设备		扣20分		
合计			100		67	

被考核人员签字	罗宇航 2020年11月21日	考评人员签字	陈淑玲 2020年11月21日

图5　学生实操任务考核评价表

4　工业机器人技术专业群1+X试点的主要成果

4.1　线上线下结合，参加各类1+X培训提升教育教学水平

学院积极组织骨干教师参加证书试点相关的培训，全面提高教师对1+X证书制度、职业技能等级标准、证书教学、培训与考核要求的理解，提高教师把握技能教学、培训重难点的准确度，着力打造1+X试点的高水平教育教学团队。

积极组织教学团队参加工业机器人应用编程职业技能等级证书线上、线下师资培训，已完成中级证书线下培训8人、线上培训16人，考务管理人员线上培训6人；完成学生培训及考核119人，考证通过61人，通过率51.3%；面向社会群体培训及考核人数14人，考证通过11人，通过率78.6%。8名老师获得工业机器人应用编程职业技能等级中级证书，6位老师获考核师证书，5位老师获考务人员证书（图6）。新增“1+X”试点相关省级课题1项、市级课题2项、校级课题2项。

（a）

（b）

（c）

图6　工业机器人应用编程1+X证书

（a）考核师培训证书；（b）考务培训证书；（c）职业技能等级证书

4.2 赛证融合，实现了学生专业技能水平提升与教师教育教学能力提升的有机统一

2020年11月，由机械工业教育发展中心主办、工业机器人应用编程职业技能等级证书评价组织——北京赛育达科教有限责任公司承办了2020年度机械行业职业教育技能大赛工业机器人装调与应用技术竞赛，我校组织师生团队共同参赛，在专业竞赛中相互切磋、比拼技艺、共同成长，以1+X衔接专业竞赛为载体，实现了赛证融合、以赛促学、教学相长。最终在师生的共同努力下，取得优异成绩：我校涂浩、华滨老师获职工组一等奖（第1名），陈淑玲、陈星宇老师获职工组二等奖，工业机器人技术专业学生熊浩文、阳涛获学生组二等奖，两位一等奖的老师获颁工业机器人应用编程技能等级高级证书（图7和图8）。此次竞赛，全面检验了工业机器人技术专业开展1+X试点教学改革的质量及成效，实现了学生专业技能水平提升与教师教育教学能力提升的有机统一。

图7 师生共同在1+X试点衔接竞赛中喜获佳绩

图8 工业机器人应用编程1+X证书试点衔接竞赛获奖证书

4.3 “岗、证、课、赛”融通成效显著，获评全国试点“优秀管理中心”和“优秀试点院校”

2021年4月24日下午，教育部指定的第三方评价组织——北京赛育达科教有限责任公司在无锡职业技术学院举行了工业机器人应用编程1+X证书试点工作总结交流会暨表彰大会，我校因2020年试点工作组织得力、成绩突出，荣获全国试点“优秀管理中心”和“优秀试点院校”，是湖北省唯一获得此两项殊荣的职业院校，机械工程学院陈淑玲老师荣获“优秀工作者”称号（图9）。

截至目前，我校在工业机器人技术专业群2021届毕业生中开展1+X试点231人，持工业机器人应用编程等级证书的学生普遍更能引起用人单位的兴趣，部分优秀学生得到了中兴通讯、锐科激光、武汉华中数控等知名企业的一致青睐，专业群学生平均就业率也提高至94.62%。

（a） （b） （c）

图9　工业机器人应用编程1+X证书试点受表彰情况

（a）优秀考核管理中心证书；（b）优秀试点院校证书；（c）1+X证书试点先进工作者证书

5　工业机器人技术专业群1+X试点的体会与思考

工业机器人技术专业群结合教育部第三批现代学徒制试点工作，以1+X证书试点为契机，在人才培养模式、课程体系与教学内容、教学方法与手段等方面，通过“共建平台、共建课程、共育团队、共育学生”，积极探索了以“学徒岗、职业证、核心课、技能赛”为核心的岗课赛证融通的人才培养教学改革，实施岗证对接、课证融通、赛证融合的1+X教学改革创新举措，实现了专业教师到技术能手、学生到技能人才的转变，畅通了技术技能人才成长通道，提升了学生就业核心竞争力，为实现智能制造产业升级和制造强国战略目标提供坚实人才支撑。

基于 PDCA 质量循环教诊改运行机制研究[①]

——以武汉市石牌岭高级职业中学机电专业为例

张 珣

武汉市石牌岭高级职业中学

摘　要：中职学校的教学诊改，是学校管理机制的重大创新，对于促进中职学校进一步持续健康发展，有效提升中职学校核心竞争力具有重要意义。该文结合武汉市石牌岭高级职业中学教学诊改工作的有序推进，基于 PDCA 循环理念，以本校机电专业为探索方向，深入研究教学诊断与改进机制，以期有效推进该专业在教学工作上的改革，不断地提升技术技能人才的培养品质，形成长效的教学质量诊断与改进的机制，有效促进机电专业的长远发展。

关键词：PDCA 循环理念　机电专业　教诊改

引言

“诊断与改进”是职业教育领域的热门话题，教育部教职成厅〔2015〕2 号《关于建立职业院校教学工作诊断与改进制度的通知》及教职成司函〔2017〕56 号《关于全面推进职业院校教学工作诊断与改进制度建设的通知》等文指出，保证职业教育质量的主体是学校，促进职业院校强化质量意识，深化内涵建设，形成特色质量文化，涵盖学校、专业、课程、教师、学生五个层面，须建立起常态化的自我质量保证循环体系。在这五个层面中，教师和学生发展是核心，专业建设是重要载体，也是人才培养的关键点。

1　基于 PDCA 循环实施“教学诊断与改进”的基本概念

1.1　PDCA 循环的内涵

戴明博士在实践中总结并提出该循环，该循环也可称为“戴明循环”。最初企业质量管理中运用该理论。其核心思想是：在企业质量管理活动中，要把各项工作按照做出计划（Plan）、执行计划（Do）、检查实施（Check）、改进处理（Action）四个阶段实施。实践中，企业要把检查实施存在的问题，留待下一个循环中进行解决。人们通过不断地 实施 PDCA 循环，实现企业质量管理持续改进、不断优化。人们借助持续地实行 PDCA 循环，继而也能实现企业质量管理不断的优化和升级。根据其内涵来看，PDCA 循环理论作用在职业职院校的改进工作中，具备了很现实的指导作用。PDCA 循环的实现也分为四个阶段，细则方面则主要涉及八个步骤。其中 P 阶段主要涉及四个步骤：

---

① 本课题属于武汉市教育科学规划第六批教师个人课题“教诊改背景下中职机电专业运行机制研究”成果。

（1）分析当前情况，找到现存的质量问题，在此基础上具体思考如何解决该问题，是否可解决，或者与其他工作相结合，或者以最简单的方式解决问题等，同时还能达到预估的效果。

（2）找到形成问题的起因或者影响的元素。

（3）分析问题形成的关键因素。

（4）根据核心原因具体设定解决问题的方案。具体分析采取哪些措施，设定完善方案，预估实行效果，明确开始及结束执行的时间 D 阶段，是五个步骤。也就是根据已设计好的计划去认真地完成。C 阶段是对所实行的效能进行查，这是第六步。A 阶段主要包括执行第七、八步，具体指总结实施计划成功的经验，并整理出相应的标准，从而也能为后续进行对照巩固。第八步是将该次循环中未处理的问题以及所出现的问题过渡到下个工作循环进行处理。从其内涵看，PDCA 循环理论对职业学校实施“教学诊断与改进”工作具有重要的指导意义。职业学校人才培养质量、教育教学质量必然是动态的变化过程，需要常态化地“诊断”与“改进”，才能实现持续提高。

1.2 教学诊断与改进的基本内涵

教学诊断与改进又可以简化为“教诊改”，以专业诊改为切入点，围绕诊断点与监测指标，规范专业设置规格、教师队伍建设、课程体系重构、课堂教学改革、校企合作创新、质量成效监控等人才培养质量要素，整合专业资源、优化专业结构、夯实教学基础，提升人才培养质量内涵。在专业诊改过程中，融入 PDCA（Plan-Do- Check- Action）管理理念，在“计划 - 执行- 检查- 反馈”循环中，实现人才培养质量内涵持续提升。

2 PDCA 循环在专业教学诊断与改进工作中的应用

2.1 专业现状

武汉市石牌岭高级职业中学机电专业创办于 2009 年，学制为三年制，主要面向初中毕业生招生，每年约 100 人的招生规模，培养服务于武汉地方经济企业所需要的机电设备、智能制造设备及智能制造单元的安装、调试、运行、维护、管理及售后技术服务等工作的技术技能人才。经过多年的建设，课程体系、实训基地建设、校企合作取得了一些成绩，各项指标达到省级品牌专业标准，为湖北省省级重点中职专业，被认定为湖北省优质专业，在全市全省同类专业具备了一定的声誉与影响力。我们对我校机电专业建设情况开展了专项诊断与改进工作，深入了解专业建设中存在的问题，通过对问题的诊断提出改进措施，从而逐步地完善专业建设，提升机电专业人才培养的质量。人才培养方案的质量是人才培养的前提与保证，对人才培养方案进行诊断是专业诊断的首要工作。

2.2 建构专业诊改指标体系

2020 年，机电专业教研组依据诊改工作的目标和标准，以数据平台为基础，五大层面互相配合，多措并举，系统建立包括目标规划、标准制定、实施路径、保障条件、诊改机制在内的保障机制，保证诊改工作顺利实施。

以可持续发展为原则，建构专业诊改指标体系，具体涵盖三个方面：

其一，专业建设的目标设定。职业岗位群要求及中职学校培养定位共同决定了专业建设规划，并结合专业特色、区域产业发展需求确立专业培养目标。

其二，专业建设的执行阶段。专业质量基础能力体现在师资力量、实训条件和生均场地，专业建设的活力体现在课程目标，课程目标为建立突出职业精神和职业能力培养的课程标准，具备科学性、先进性、规范性与完备性。人才培养模式改革的创新力体现在教学资源方面，人才培养目标的达成和实现情况体现在社会服务方面。针对提前制订好的计划进行细分，之后就要落实到各个小环节。在实行中要采用先诊断后改进的方式，之后再循环进行。

其三，专业建设的检查阶段。检查计划是第六个步骤，这是检验实行效果的关键环节。在落实教学诊断和改进工作时，教学质量是不是符合预设的期许，是否按照规定落实各项计划等，这些都需要通过检查以判断是否实现。第七个步骤是对经验规范标准进行总结与归纳。专业建设紧跟产业行业人才培养需求，基于 OBE（成果导向教育）理念构建课程体系，进行课赛、课证、思政三融通，开设专业方向化课程，实现专业分流，提升专业培养市场响应速率，打造机电类优质专业地位，我校机电专业获批 1+X 证书制度试点。

其四，专业建设的行动阶段。专业诊改以学生为关注点，以专业质量为目标，建立专业质量标准与建设规范，对照目标链、标准链开展专业建设、教学实施，对教学过程质量、阶段质量和人才培养质量进行阶段性诊改，实现持续改进与不断提升专业质量的目的。基于专业诊改要素构建诊改体系，以岗位职责和部门工作清单为基础再造目标链和标准链体系，形成了专业规划路径具体、校企合作机制融通的特色内部质量保证体系。依据诊改工作的目标和标准，学校以数据平台为基础，五大层面互相配合，多措并举，系统建立包括目标规划、标准制定、实施路径、保障条件、诊改机制在内的保障机制，保证专业诊改工作顺利实施。采用“五纵五横一平台”的体系，其中“五纵”是指政策、质量、资源、服务和监督等五个系统，“五横”是指学校、专业、教师、学生、课程等五个方面，“一平台”是指校本数据平台，上述的 PDCA 循环是由两个循环构成“8”字形的循环系统。围绕机电专业“培养学生就业竞争力和发展潜力”的核心目标，制定具体质量标准、专业建设标准。建立和完善专业建设标准体系，由专业条件标准、专业运行标准和培养规格标准等组成，主要标准要素清晰，有迹可循。根据课程建设目标，建立和完善课程建设标准体系，由课程开发标准、教学设计标准、教学运行标准和课程管理标准等组成。师资队伍建设标准由合格教师标准、骨干教师标准、专业带头人标准、专家标准和保障标准等组成，做到了教师团队评价有标准，执行有路径。确定了目标链，标准链，逐步明确实施路径、科学高效保障机制，保障诊改工作实例实施。

3 处理阶段

根据湖北省《中等职业学校教学工作诊断项目参考表》的要求，五个层面都要建立“8”字形质量螺旋，且要求该螺旋具有科学性、可行性。在专业的教改工作中，针对完成情况，推行成功经验，标准化处理不足之处，以促进后续合规性地开展工作；针对失败的层面也需要实行反思，同时还要做总结，为规避再出现此类情况。

4 结语

通过建立专业诊改体系，将 PDCA 理念融入专业诊改工作，能有效促进专业建设内涵发展。持续 PDCA 诊改循环，实现专业质量内涵螺旋提升，专业核心竞争力持续增强，人才培养质量、专业办学水平进一步提升，建设具有行业水平、具有较高知名度的省内特色专业。

参考文献

[1] 万德年. 职业院校专业人才培养工作评估的设计 [J]. 襄阳职业技术学院学报, 2015 (4): 79-81.

[2] 汪建云. 培育“8字螺旋”夯实诊改基础 [N]. 中国教育报, 2017-11-07 (11).

[3] 韩瑞亭, 吴英, 张静高职院校专业层面诊断与改进研究 [J]. 湖北职业技术学院学报, 2019 (2): 4.

基于翻转课堂教学模式的高校机械类专业教学方法探讨

薛　君

襄阳汽车职业技术学院

摘　要：近年来，翻转课堂成为一种基于互联网技术的全新教学模式，它颠覆了传统的单向传授知识的教学方式。这种教学方式不仅得到了广泛应用，也为教育改革提供了有力推动。因此，在机械类专业教学中采用翻转课堂教学模式时，需要深入分析其应用不足之处，并设计出可行的措施，以提高教学质量和效率。不断加强教学效果，完善机械类专业教学体系，培育更多优秀人才，是我们不懈的追求。学校必须普及自主学习的理念，让学生掌握知识的钥匙，这一理念应贯穿整个教育实践过程，发挥学生自主学习的潜能，使教师和学生都更有获得感和成就感。

关键词：翻转课堂　教学模式　机械类专业

引言

伴随着时代脚步的前进和科技日新月异的进步，我们亟须培育出一批具备创新思维、勇于实践、自我驱动的高素质复合型人才，而这恰恰是高等职业教育必须承担的使命。为此，我们必须不断推动教学模式改革，以应对时代发展之需。颠覆传统的课堂形式，掌握时代的脉搏，翻转式的课堂模式是学校顺应时代潮流的一种全新教学模式。借助先进技术，在教育实践中我们不断探索，让翻转式的课堂教学更加高效、贴近学生，保障学生学习质量；同时，翻转式的课堂模式对于深化教学改革也有着非常积极的作用。

1　为什么要使用翻转课堂？

机械类专业中的专业课具有注重工程技术生产实践与工业理论紧密结合、综合性强的特点。我国目前有很多高校机械专业仍然采用传统教学方式，大量灌输式课堂，知识传授通过教师在课堂中的讲授来完成的，知识内化通过学生在课后作业来达成的；重视课程理论，轻视教学实践，不利于培养国际标准课程所需的实践能力，难以应对复杂工程技术难题。学生沉浸于被动的学习困境中，既缺少学习的动力，学习兴趣不高，又难以获得优质的教学资源。因此，为了保证学生能够更加高效学习和掌握知识，传统教育的课堂教学管理模式亟待改变。

翻转课堂模式主要是传统教学模式的基础上，将教师先授课、学生后学习的形式翻转过来，在课前引导学生通过观看视频、查阅资料等形式开展自主学习，然后再课上与教师共同探讨学习中遇到的各种问题[1]，进而确保学生在学习中深刻理解知识，使其真正融入学习中，保证知识的有效应用。该模式最先起源于美国的高中，旨在方便学生学习，提升自主学习和探究能力。

在实际教学中应用该模式，主要可以体现出以下几个方面的实际意义：首先，能够补充传统教学课堂，教师不再是主角，而是让学生自主探索学习的过程。课前，学生通过各种形式获取知识，扮演着自己的老师；针对实际情况展开学习，提高学习效果，同时锻炼学生自主学习能力。其次，该模式能够促进师生之间的互动，增强教师与学生之间的情感交流，培养积极向上的学习态度。再次，该模式能够激发学生学习兴趣，培养学生的创新思维能力以及动手操作能力，引导学生实现学以致用，开阔思维视野。最后，翻转课堂模式非常重视学生的差异性，通过问题导向的方法，学生能够在教师的引导下自主学习，实现对知识的深度探究和研究。同时，这种模式也有助于锻炼学生的意志力和提升学生创新思维，在现代教育中具有越来越重要的意义。当教师转变为指导者而非知识的简单传递者时，便有机会观察到学生之间的互动，了解到学生解决问题的思维方式；再通过多种方式，培养学生的团队协作能力，培养学生解决问题的思维能力。

2 翻转课堂的程序

在翻转式互动教学模式中，教师首先向学生分享知识要点，学生利用课余时间进行预习，并记录不懂的内容。预习中可以根据个人实际需求，通过下载相关的视频教学软件、教学过程视频及查阅相关资料等方式进行自学和提升。学习的时间和教学地点一般是不固定的，过程是灵活的，学生甚至可以多次重复学习他们非常感兴趣的一些重点和难点，对于基础部分知识内容学生可以适当快速学习，对于自己真正不懂的知识内容，学生之间可以通过使用在线教学问答或网上教学论坛等多种形式与在校师生之间进行互动交流。在互动式课堂教学中，教师主要起引导作用，学生主动成为课堂中的主角，通过与同学、老师的讨论、分析和互动，完成课堂练习和教学实践，实现了知识的基本内化和技能拓展[2]。整个过程教师主导，学生为主体，教师与学生之间形成良好的互动氛围，使得学生对知识的掌握更加牢固，提高课堂教学的成效。这种教学模式中，教师不仅仅是教学的引领者与组织者，还是与学生合作、参与活动的伙伴。教师要注意与学生进行平等交流，营造融洽的师生互动氛围，并激发起学生与学生的互动、学习个体与教学载体之间的互动。

在实际教学中，确保教学内容的科学和合理性，以更好地服务于教学工作，是非常重要的。翻转课堂多采用“三三六”的教学模式：第一个“三”代表翻转课堂具有“立体化、大容量、快节奏”三大特点；第二个“三”代表课堂教学分为“小组预习、解题、温习”三个不同的阶段；“六”代表教学环节分为“小组预习与学习测验、明确学习目标、参与式学习、发展与提高、练习巩固、评价总结”六个环节。教师把课堂的重点内容传递给学生，学生在课下进行深入探究，提前对知识的整体有一个初步了解，使学生能够更加个性化地学习，由被动接受变成主动探索学习。课中老师引导学生探讨在预习过程中所遇到的普遍难点。这样，不仅可以提高课堂教学的效率，更能够使学生深刻领会并掌握这些新知识。

3 如何进行翻转课堂以及应注意的问题

3.1 教师应当建立学生自学资源库

学生在进行中课前自主学习时，教师提供相应的学习资源库。比如机械制造技术基础课程除详细介绍制造的基本概念和工作原理外，还应特别注意及时收集实际工程生产实践视频，如各种热处理，包括淬火、正火、回火及砂石件铸造、特种零件铸造、锻造、冲压、焊接、车削、铣削、刨平、磨削等教学视频，将枯燥的教学知识点和教学过程变得更加生动活泼 、更加丰富多彩，并通过声音、音乐和图像等元素，激发学生对专业课程的学习热情和求知欲。

3.2 学生应当在课堂上内化知识

在教学过程中，教师应该注重引导学生解决实际问题的能力，通过提问和讨论的方式来实现。教师需要进行多种实时的方法指导、总结和归纳，以培养学生充分利用传统知识并具备创造性思想的能力。此外，教师需要注意在探索复杂的机械工程技术问题解决实践中考虑非传统技术要素，以促进学生系统性思维和知识综合运用能力的培养，并同时促进学生的自主创新能力的提升。

4 基于翻转课堂教学模式的机械类专业有效教学方法

4.1 创建小组学习模式

翻转课堂教学模式，将学生置于主体地位，学习过程由课上向课下转移。这就要求教师需要对学生的学习形式进行改变，通过小组学习的形式，引导学生共同构建知识，提高集体智慧，从而实现高效学习。因此，要想让学生充分发挥自己的学习优势，教师需根据学生的文化背景、学习特点等差异进行分组。分组的形式可以是教师指定或学生自由组合，以便达到最佳学习效果。小组内需要汇集不同意见的学生，选择出组长，其主要负责小组内各项活动的组织、各项成果的发表等工作[3]。为了确保小组学习的成功开展，教师与各小组必须建立平等的师生关系，同时，教师还需向学生详细介绍翻转课堂的教学模式，采用课下自主学习和课上师生交流的形式，让学生更加顺利地参与学习。教师应积极引导学生制订合理的学习计划，首先对教材内容进行细致的分析，将相互联系的知识点整合呈现，并系统性地制订学习计划，有序展开每个部分的学习，以确保学习达成实际效果。教师应当注意，课堂进展的主导因素在于学生的学习状态和学习成果。因此，教师需要积极改变教学理念，突出学生的主体地位，并且以学生的思维情况和学习进度为依据，制订相应的教学计划。教师应该以学为本，帮助学生构建自主学习知识的体系。

4.2 充分利用网络资源

在使用翻转课堂模式进行教学时，教师不能仅仅局限于挖掘教材的知识点，还需巧妙地结合网络资源，并借助网络技术和计算机技术的优势，以达到更好的教学效果。首先，教师先将相关的导学问题发布在教学平台，然后引导各个小组学生利用检索工具，在网络中查询对应的资料和文献，准确地回答导学问题。在这个过程中，教师组织学生开展 2~3 天的交流学习活动，促进学生互相启发，共同探讨课程内容。在学生充分、自主学习和思考的基础上，借助网络组织学生展开接下来的交流学习活动。其次，在实际的交流学习过程中，教师先引导学生阐述自己对导学问题的观点，所有学生阐述完成后，再展开进一步的沟通和交流，确定接下来需要解决的实际问题。最后，教师可以引导学生继续查找对应的资料，以协作式学习形式将问题解决。需要注意的是，虽然小组讨论是以学生为主体，但教师的正确引导同样至关重要，它确保学生的学习成果达到高质量和高效率。

4.3 “设疑探究”的教学模式

在翻转课堂教学中，“设疑探究”的教学模式是一种具体的教学形式。教师首先根据教学目标提出问题，即设疑；学生各小组进行交流、探究。教师再引导学生对问题进行更深入的探究，即再设疑、探究。解决这些问题后，教师还要引导学生提出问题，举一反三，完成“三疑三探”。这种教学模式，使学生发现学习规律，高效掌握知识，从而快速达到教学目的。学习知识的过程就像是解谜的过程，学生对新知识的认识和理解不够深刻、全面，需要在课堂上获得引导，来解决这些疑问。这种教学模式在现在的课程教学中得到了广泛的应用，它不仅能让学生积极地投入学习中去，同时也能满足学生个性化、差异性的学习需求，从而提高教学质量。

4.4 课后深化知识学习

学生自主学习并且在课上教师进行答疑后，即可进入课堂讨论环节，通过小组讨论、自由讨论、师生讨论等形式展开探讨，帮助学生巩固知识，真正解决在学习中遇到的各种问题。首先，教师可以先引导小组成员提出在学习中遇到的各种问题，并且要求其他学生思考探索答案，促进学生之间互相学习，有效拓展学生的学习视野[4]。其次，教师可以在学生课堂自由讨论的基础上，针对学生争论的重点内容、分歧问题，以理论知识为支撑，引导学生结合理论知识阐述自己的观点，以确保学生深刻领悟学习内容的全面性。最后，在学习评价方面，需要采用小组互评、教师评价两种方式相结合，以达到对学习过程和成果的客观评价，准确指出学习中存在的不足，为新一轮的自主学习提供有效参考。需要注意的是，不管是课余时间自主学习还是在教师指导下学习，都是一种思维上的碰撞和交流，只有教师与学生共同努力，才能完成整个学习过程，真正发挥出翻转课堂的作用。

5 结语

在这种翻转式的课堂教学模式下，立足“以学生为中心”的教学理念，课堂教学紧紧围绕学生展开。在教师提前分享教学内容后，学生在课下进行深入学习。课堂教学，乃是教师与学生共同参与、相互交流的过程，亦是思维碰撞、疑惑迎刃而解之境。课后，学生与教师分享学习经验。因此，高等职业教育需要引入这种教学模式，使学生真正掌握理论和实践知识，促进学生的全面发展。

在教育教学改革不断深入的背景下，翻转课堂作为一种全新的教学模式，有着非常明显的灵活性和高效性。将其应用在机械类专业的教学中，不仅能够保证学生更加深入地学习和掌握知识点，还可以获得更好的教学效果。在实际的教学中，教师需要积极地创建小组学习模式，充分应用网络资源、“设疑探究”的教学模式，同时注重课后深化学习，发挥出翻转课堂的最大效果，促使学生综合素质全面提升，为社会输送更多高质量人才。

参考文献

[1] 刘振兴，荣莉，李平，等. 基于评估思维的慕课与翻转课堂融合教学模式研究——以高职电子信息类专业课程为例 [J]. 科教文汇（中旬刊），2020（5）：114-115.

[2] 谷小丽. 高职《机械制造技术基础》课程教学方法的探讨 [J]. 中外交流，2019，26（32）：78.

[3] 吕卅. 基于“翻转课堂”的电子信息类专业外语课程教学模式探析 [J]. 中外企业家，2019（8）：162.

[4] 陈鸿，董征宇. 基于翻转课堂的高职电子信息类专业课程教学模式改革初探 [J]. 智富时代，2018（2）：248.

以赛促教助力芯片产业人才培养和实验室建设

江俊帮　姚育成　李　劲　曹　薇　王　娜
湖北工业大学理学院芯片产业学院

摘　要：本文探讨了学科竞赛在芯片产业人才培养和实验室建设中的作用与意义，分析了如何以赛促教，通过竞赛助力芯片产业人才培养。同时探索了以竞赛项目为导向的集成电路创新实验室建设以及芯片产业链的实验教学建设等提高实践教学成效的措施。

关键词：芯片产业　学科竞赛　人才培养　实验室建设

引言

芯片产业是一个高度技术密集的产业，需要大量高素质的人才支持。在教学中学科竞赛和实验室建设是人才培养中非常重要的组成部分，学科竞赛可以提高学生的实践能力和创造力，培养学生的团队协作和竞争意识。对于芯片产业而言，学科竞赛可以推动技术创新，吸引优秀人才参与产业发展，有利于提高产业的国际竞争力。同时，创新实验室也为芯片产业人才培养提供了一个实践平台，帮助学生将理论知识转化为实际操作能力的平台，可以提高学生的创新能力和解决问题的能力。实验室要与产业紧密结合，将产业需求纳入实验室的研究课题和课程之中，将学生培养成符合产业需求的人才[1]。因此，学科竞赛、人才培养、实验室建设是一个紧密联系的体系，需要不断加强相互联动，推动产业和人才的互相促进。

1　以赛促教，培养创新人才

1.1　承办竞赛，深度与企业接触

湖北工业大学自2019年建设芯片产业学院，成为国内首家创设芯片产业学院的高校之一。但由于集成电路EDA软件投入大、芯片流片费用高、工艺设备昂贵，学生实践教学无法覆盖全产业链等问题一直阻碍着专业前行的步伐。为解决芯片产业全产业链教学和人才培养，湖北工业大学微电子系的教师深入多家曾经举办过“全国大学生集成电路创新创业大赛”的企业进行调研，召开校企座谈会，多方位探讨企业的用人需求和特点，确立了以赛促教，通过竞赛来培养创新人才的方针。为了实践以赛促教的方针[2]，湖北工业大学芯片产业学院先后承办了2021年“工匠杯”技能大赛——湖北省集成电路开发及应用职业技能竞赛和“2022年大学生集成电路创新创业大赛”华中赛区决赛，在大赛中学生成绩优异，取得满意的教学效果和名次。

1.2　跟随企业项目，采用项目教学法

“第六届大学生集成电路创新创业大赛”大赛共分为7大赛道，20个杯赛，基本覆盖从设计到工艺生产和测试的芯片全产业链的所有环节。出题企业是将企业生产中实际问题作为赛题进行公布。同时赛题要求模仿企业中项目组模式，要求组建三人小组来解决实际生产中问题。这就要求指导教师改变教学理念，采取项目教学法[3]。项目式学习通常分为以下几

个步骤：团队组建、方案设计、实施过程 、结果展示。下面就以产业链创新赛道中的信诺达杯为例，介绍学生的项目式学习过程。

1.2.1 团队组建

北京信诺达作为集成电路测试的国内知名设备商，在本次大赛中的出题是：基于ST3020集成电路测试实训平台，完成TMS4256-12NL器件的自动化测试方案设计。在进行此款数字芯片测试之前，学生需要在短时间内完成团队组队和分工。三人小组，一人完成PCB接口板、采购器件卡座与辅材、接口板的制作；另一人针对该器件手册开发全套完整的测试程序，完成指定器件的自动化测试；最后一人负责测试报告的书写和答辩。三人明确各自分工，互相辅助。

1.2.2 方案设计

TMS4256-12NL是一款动态随机存取存储器芯片，测试需要根据芯片手册完成被测数字电路的直流特性和功能测试。直流特性包括连接性测试、输入漏电流、输出漏电流、输出高电平电压、输出低电平电压、电源电流（读电流、写电流、待机电流、刷新电流、页模式电流）等静态参数；功能测试又包括读模式和写模式测试。如输出高电平电压（VOH）的测试方案设计如下：

VOH表示的是当输出管脚状态为High时候的最小电压，通过此项测试可以测得当前状态下的芯片VCC到这个输出管脚的电阻大小。使用PMU单元对Q端口45管脚施加驱动电流，测量此时管脚上的电压值并与静态参数表中的数值比较，若测量电压大于标定的电压，则为通过，反之不通过。

Step1：设置DPS1电压大小为5 V和钳位电流为50 mA。

Step2：设置输入高电平最小值和低电平最大值为2.4 V和0.8 V。

Step3：设置输出高电平最小值和低电平最大值为2.4 V和0.4 V。

Step4：运行图形文件。设置写模式，行地址为00000000，列地址00000000，对这个存储单元写1，然后设置读模式读出这个单元的数值，D输出高电平。

Step5：设置PMU测试模式为加流测压。

Step6：测量11通道的电压，与输出最小电压与2.4 V比较，设备输出比较结果。

1.2.3 实施过程

根据测试方案连接被测芯片，同时编程测试程序和图形文件。输出高电平电压的测试程序和图形文件如下：

（1）VOH测试程序。

```
1. SET_DPS(1,4.5,V,50,MA);                  //使 VDD为最小最苛刻的条件
2. SET_INPUT_LEVEL(2.4,0.8);
3. SET_OUTPUT_LEVEL(2.4,0.4);
4. SET_PERIOD(500);
5. SET_TIMING (300,400,450);
6. RUN_PATTERN(1,1,2,0);  //运行图形文件:设置写模式,然后设置读模式读出这个单元的数值,D
输出高电平。
7. PMU_CONDITIONS(FIMV,5,MA,3,V);          //对被测输出管脚拉出 IOH 电流时,测 VOH
8. if(! PMU_MEASURE("45",15,"VOH",V,No_UpLimit,2.4))
9. BIN(2);
```

（2）VOH图形文件。

```
1. START_INDEX(1)             //VOH TEST
2. INC (000 X X X 1 1)        //待机
```

```
3. INC (000 X X X 0 1)          //写入行地址 0
4. INC (000 X X 0 0 0)          //写入列地址 0
5. INC (000 1 X 0 0 0)          //对(0,0)地址单元写 1
6. INC (000 X X X 1 1)
7. INC (000 X X X 0 1)
8. INC (000 X X 1 0 0)
9. INC (000 X H 1 0 0)          //读出(0,0)地址单元数据 1
10. INC (000 X H 1 0 0)
11. HALT (000 X H 1 0 0)
```

1.2.4 结果展示

测试结果会通过测试机（ST-3020）对各个参数进行结果展示，如连接性测试结果如图 1 所示，结果中包括测量参数名、测量值、测量结果、单位和测量阈值。根据芯片手册设置好测量阈值，当实际测量值在阈值中时，系统会判定测试结果为 PASS（P），反之为 F。

	测量参数名	测量值	测量结果	单位	测量阈值	
1	conjuction11	-1.350	P	V	-1.500	-0.200
2	conjuction12	-1.357	P	V	-1.500	-0.200
3	conjuction13	-1.325	P	V	-1.500	-0.200
4	conjuction14	-1.294	P	V	-1.500	-0.200
5	conjuction15	-1.322	P	V	-1.500	-0.200
6	conjuction16	-1.334	P	V	-1.500	-0.200
7	conjuction17	-1.353	P	V	-1.500	-0.200
8	conjuction18	-1.322	P	V	-1.500	-0.200
9	conjuction19	-1.316	P	V	-1.500	-0.200
10	conjuction144	-1.308	P	V	-1.500	-0.200
11	conjuction145	-0.316	P	V	-1.500	-0.200
12	conjuction146	-1.283	P	V	-1.500	-0.200
13	conjuction147	-1.316	P	V	-1.500	-0.200
14	conjuction148	-1.194	P	V	-1.500	-0.200

图 1　连接性测试结果

当完成所有的参数测量后，需要撰写测试报告（图 2），测试报告是对电路性能验证过

第六届

全国大学生集成电路创新创业大赛

报告类型*：设计报告

参赛杯赛*：信诺达杯

作品名称*：基于 ST3020 测试系统 TMS4256-12NL 器件测试方案

队伍编号*：CICC2503

团队名称*：烤盐队

目 录

1.赛题分析及测试原理……4
1.1 赛题要求……4
1.2 测试原理……4
1.2.1 存储器测试原理……4
1.2.2 ST3020 测试系统……4
1.3 设计难点……4
2.芯片概述……8
2.1 芯片介绍……8
2.2 引脚描述……8
2.3 芯片工作状描述……10
2.3.1 存储周期……10
2.3.2 刷新方式……11
3.功能测试……12
3.1 功能测试算法简介……12
3.2 功能测试……13
3.2.1 芯片写模式……13
3.2.2 芯片读模式……13
3.2.3 芯片业模式写……14
3.2.4 芯片业模式读……14
3.3 图形文件编写……15
4.直流参数测试……18
4.1 连接性测试……18
4.2 V_{OH} 测试……19
4.3 V_{OL} 测试……20
4.4 输入漏电流测试……21
4.4.1 输入高电平漏电流测试……22
4.4.2 输入低电平漏电流测试……23
4.5 输出漏电流测试……24
4.5.1 输出高电平漏电流测试……25
4.5.2 输出低电平漏电流测试……26
4.6 测量待机电流……27
4.7 测量芯片电源电流……29

2

图 2　TMS4256-12NL 测试报告

程的记录。在生产线上，芯片经过多个工序制造，终测是最后一个关键环节，确认产品的合格率。测试报告可以记录测试结果和过程，用于追踪电路的性能和质量，帮助芯片设计人员和质量检验人员了解电路的性能是否符合规格要求。

2 围绕竞赛，协同企业进行实验室建设

创新实验室是以竞赛为主的实践教学载体。实验室与企业合作，通过参与各种学科竞赛、技能竞赛、创新创业比赛等形式，培养学生的实践动手能力、协作能力和创造力。芯片产业的创新实验室建设是一个非常需要资金支持的项目，不仅需要购置各种高端设备，还需要大量投入人力资源和经费进行运营和维护。经过对芯片产业深入调研，教师们提出了“围绕竞赛，协同企业进行实验室建设”的建设方针。总的来说，实验室建设包括师生的能力提升、实验室硬件设施建设、培训课程设计三个方面。

2.1 师生的能力提升

教师们选择了众多企业加入的“大学生集成电路创新创业大赛”。根据实验室教师特长和学生的兴趣爱好联系了不同杯赛企业进行沟通，比如信诺达杯、曾益慧创杯、海云捷迅杯等杯赛企业，同企业展开了校企合作。合作企业为教师提供培训课程，提高教师在集成电路实验方面的技术和能力，确保他们能够很好地开展相应的实验教学工作和科研工作[4]。在学生能力培养方面，各个杯赛企业利用实际公司项目为学生提供同步案例和研究项目。同时大力培训参赛报名学生，实验室同企业开展了一系列的培训课程和活动，使学生了解竞赛的规则、技术要求和评判标准，熟悉竞赛所需要的软件和硬件设备，提高参赛学生的技术水平和综合能力。竞赛过程中，每周都会组织参赛学生进行团队讨论，加强优秀经验和技术的分享和学习，帮助所有学生能够增进相互之间的沟通和合作，共同推进实验室的发展和壮大。

2.2 实验室硬件设施建设

实验室基本配备齐了所需的竞赛设备，以便学生能够进行更加复杂和高水平的技术研发和创新。竞赛设备（图3和图4）可以通过学校支持获得，也可以通过与竞赛企业、产业合作等方式获得[5]。与竞赛企业和合作伙伴进行沟通和协作，可以为实验室提供更先进的技术设备和资源，同时也可以促进学生与企业进行深入合作，拓宽学生实践经验，提高学生的实践能力和应用能力，让学生更好地融入产业。除了竞赛设备，实验室和竞赛企业之间还展开了更加深入的合作，为实验室和学生提供更多更好的支持。比如，杯赛企业提供了关键工艺教学技术咨询和技术支持，为学生提供更实用的技术咨询和建议。

图3 曾益慧创杯竞赛设备

图 4 信诺达杯竞赛设备

2.3 培训课程设计

教师们也同企业工程师们一起制定了培训课程，针对不杯赛指定不同的培训课程（表 1），包括射频芯片设计、图像处理、AI 算法设计、FPGA 与 CNN 模型、ADC 设计、集成电路测试、半导体设备等课程。利用企业和教师各自的专业优势，提出了适合专业要求和竞赛需求的培训课程，这些课程涉及的领域广泛，技术要求高、综合性强。例如“FPGA 与 CNN 模型”这门课程主要讲述如何利用 FPGA 实现卷积神经网络模型（CNN），该课程涵盖了 FPGA 的基础知识和 CNN 模型的基本原理和实现方法。“AI 算法设计”是利用机器学习等技术进行人工智能算法的设计与开发，旨在解决实际应用场景下的问题，该课程涵盖了神经网络、深度学习、自然语言处理等人工智能技术的基础理论和应用技术。这些课程都是十分综合性的课程，这些课程的学习和掌握对于学生的专业水平提升和职业发展都会起到十分重要的作用。

表 1 赛事培训计划表

培训次数	培训课程	培训教师	所属杯赛	培训时长（学时）	学生数（预计）
第 1 次	射频芯片设计	陈本源	芯海杯	4	20
第 2 次	图像处理	江俊帮	景嘉微杯	6	30
第 3 次	AI 算法设计	李劲	飞腾杯	4	20
第 4 次	FPGA 与 CNN 模型	曹薇	海云捷迅	4	30
第 5 次	ADC 设计	姚育成	IEEE 杯	6	20
第 6 次	集成电路测试	江俊帮	信诺达杯	4	30
第 7 次	半导体设备	王娜	北方华创杯	6	40

3 结语

学科竞赛是人才培养的有效途径，竞赛中需要团队合作、技术创新以及实际问题的解决能力，这些都是创新人才培养所需要的。通过竞赛的锻炼，学生可以提高自己的实践能力和解决问题的能力，从而更好地适应将来的工作和科研任务。在参加科学竞赛的过程中，学生能够接触到前沿研究领域的问题，提高对本专业的认识和理解。通过学科竞赛的发起和组织，实验室可以引进先进的实验设备、提高师资水平和实验技能，从而提高实验室建设质量和实验课程的教学水平。因此，学科竞赛和创新实验室建设与人才培养确实是密不可分的，是相辅相成的。学科竞赛不仅能够展示学生的专业技能和综合素质，也可以促进实验室建设和人才培养的深入发展，同时先进的创新实验室和优秀的创新型人才才能在竞赛中获得优异的成绩。

参考文献

[1] 谢星，杨玲玲，孙海燕，等. 基于集成电路设计大赛的大学生创新能力培养模式[J]. 电子世界，2015，485（23）：40-41.

[2] 汪志明. 以赛促学，助力导航专业研究生创新人才培养[J]. 测绘地理信息，2022，47（S1）：29-30. DOI：10. 14188/j. 2095-6045. 2021172.

[3] 鞠家欣，张静，张晓波，等. 探索微电子专业实践教学新方法——以参加“北京大学生集成电路设计大赛”为例[J]. 电子世界，2016（24）：27+29. DOI：10. 19353/j. cnki. dzsj. 2016. 24. 010.

[4] 黄展云，陈晖，谢德英，等. 微电子工艺教学实验室建设的探索与实践[J]. 实验室科学，2021，24（6）：126-129.

[5] 刘冬. 高校集成电路测试实验室的建设与管理[J]. 中小企业管理与科技（中旬刊），2019（10）：79-80.

[6] 娄永乐，柴长春，樊永祥，等. 微电子专业实验室的建设与探索[J]. 实验室研究与探索，2020，39（3）：236-240.

面向产出的课程目标、毕业要求达成情况评价机制实践探索

——以机械设计制造及其自动化专业为例

万宇杰[①] 易建钢 张 良 方自强
江汉大学智能制造学院

摘 要：为了响应国家高等教育变革及人才培养与国际接轨的需求，通过对近年围绕专业工程认证中的人才培养方案要求的课程目标、毕业要求达成情况评价机制进行探索，并不断完善机制，逐步建立面向产出的课程目标、毕业要求达成情况评价机制，较好满足工程认证要求，保证了培养人才的质量。

关键词：面向产出 课程目标 毕业要求

引言

目前我国高等教育正朝国际化稳步前进，为进一步贯彻教育部《关于深化本科教育教学改革全面提高人才培养质量的意见》（教高函〔2019〕6号）、中国工程教育专业认证协会《工程教育认证标准解读及使用指南（2020版，试行）》（工认协〔2019〕41号）等文件精神，落实"学生中心、产出导向、持续改进"的教育教学理念，提高人才培养质量，保证各专业培养的学生能够达成毕业要求，符合社会和行业需求，以机械设计制造及其自动化专业开展实践探索。

1 课程目标和毕业要求达成情况评价机制建立过程

为全面贯彻工程教育认证理念，原江汉大学机电与建筑工程学院于2018年6月制定了《江汉大学机电与建筑工程学院课程目标和毕业要求达成情况评价实施办法（试行）》。2020年7月，学校整合包含原机电与建筑工程学院在内的相关工科学院资源，成立了智能制造学院，并以原"实施办法"为基础，修订了《江汉大学智能制造学院课程目标和毕业要求达成情况评价实施办法（试行）》（江智造〔2020〕2号）。

在学院组织下，本专业根据"课程目标和毕业要求达成情况评价实施办法"，对2018年秋季学期以后开设的院管课程进行了三轮课程目标达成情况评价，形成了《××课程考试/考核内容、方式合理性审核表》《××课程目标达成情况评价报告》等文档，并对2022届毕业生进行了毕业要求达成情况评价。

---

① 万宇杰（1969—），男，湖北孝感人，江汉大学智能制造学院副教授，主要研究方向为高等教育研究管理、数字化设计制造、互换性原理与测量技术。

2 课程目标达成情况评价机制

依据工程教育认证标准，建立了如图1所示的课程目标达成评价机制，明确了四级责任人（任课教师、课程负责人、专业负责人和学院教学指导委员会）的主要职责。

任课教师：根据课程教学大纲要求进行期末考试、平时作业、大作业、文献综述、课堂表现、课堂测验、实习报告、实验报告、实践报告、课程设计说明书、毕业设计图纸、说明书、答辩等考核，课程结束后按专业工程认证要求整理并提供评价数据和持续改进意见。

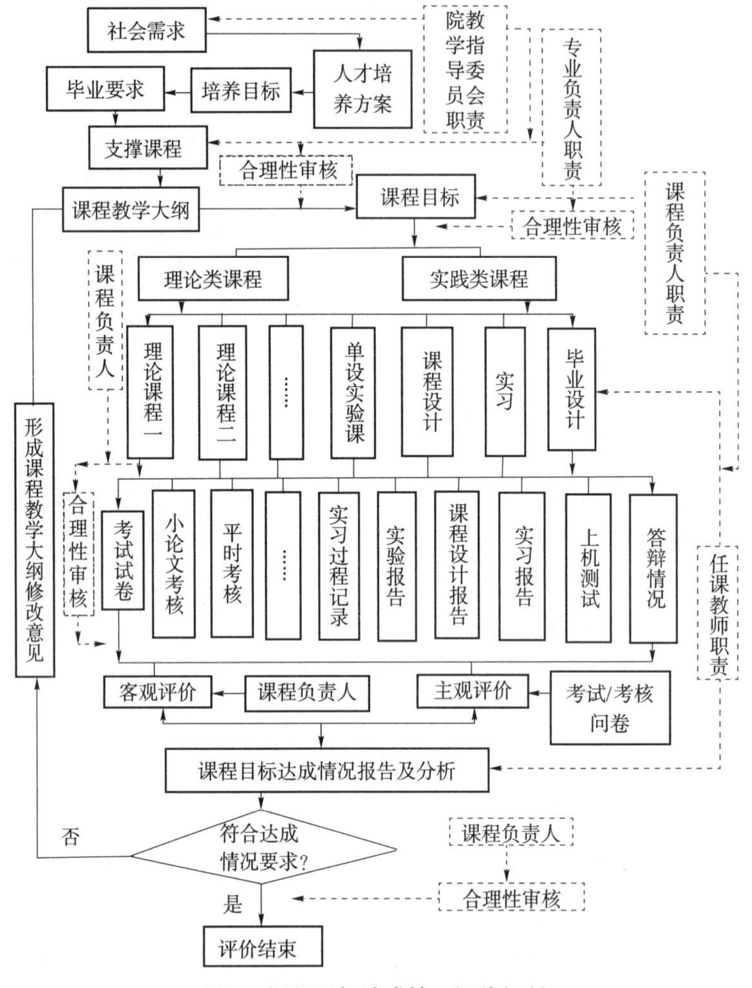

图1 课程目标达成情况评价机制

课程负责人：负责制定（修订）课程目标和课程教学大纲，审查课程考试/考核内容、方式的合理性，撰写课程目标达成情况分析和持续改进报告。

专业负责人：负责审核课程教学大纲，审核课程考试/考核内容、方式的合理性，以及审核课程目标达成情况分析和持续改进报告。

学院教学指导委员会：提出课程目标制定的原则和课程教学大纲的总体要求。审定专业核心课程目标达成情况评价报告，提出持续改进的总体方案。

课程目标达成情况评价机制的核心内容为：学院教学指导委员会对人才培养方案进行合

理性进行审核，专业负责人对支撑课程设置及课程大纲的合理性进行审核，课程负责人对课程目标、课程考试/考核方案、课程目标达成情况进行合理性进行审核，任课教师负责对课程大纲规定的教学内容进行具体落实及反馈。

课程目标达成情况评价对象和评价周期：评价对象为支撑毕业要求指标点的本专业全部课程，评价周期一般每学年 1 次。课程目标达成情况评价机制的制度性文件如表 1 所示。

表 1　课程目标达成情况评价机制的制度性文件

序号	文件名称	制定单位	制度建立时间	开始实施时间	运行周期	覆盖的课程类别	已评价的课程数量
1	《江汉大学人才培养质量达成情况评价管理办法（试行）》	教务处	2021 年 11 月	2022 年 1 月	1 年	专业必修课程（含毕业设计）、公共必修课程	454
2	《江汉大学机电与建筑工程学院课程目标和毕业要求达成情况评价实施办法（试行）》	机电与建筑工程学院	2018 年 6 月	2018 年 9 月	2 年	工程基础、专业基础、专业核心课程	36
3	《江汉大学智能制造学院课程目标和毕业要求达成情况评价实施办法（试行）》	智能制造学院	2020 年 7 月	2020 年 9 月	2 年	工程基础、专业基础、专业核心课程	40
4	《江汉大学本科毕业论文（设计）管理办法》	江汉大学	2017 年 11 月	2017 年 12 月	5 年	毕业设计	1

3　毕业要求达成情况评价机制

图 2 为毕业要求达成情况评价机制，该图明确了毕业要求评价工作责任机构为学院教学指导委员会，责任人为专业负责人。

专业负责人：组织研讨本专业毕业要求、评价分解指标点与课程支撑关系的合理性，确定各指标点支撑课程的权重值，制定和审查毕业要求的评价方法，收集毕业要求达成情况的评价数据，撰写评价报告，提出持续改进措施。

学院教学指导委员会：提出毕业要求及其指标点制定的原则和总体要求，审定毕业要求达成情况评价报告，提出持续改进的总体方案。

毕业要求达成情况评价机制的核心内容为：构建教学院长、专业负责人、课程负责人、任课教师四级教与学的信息链，形成任课教师、学生办、教务办等三方直联网络，在毕业要求支撑点与课程目标达成情况之间实现信息快速双向反馈，依毕业要求达成情况提出可执行的持续改进建议。

毕业要求达成情况评价对象和评价周期：评价对象为本专业毕业要求 12 条（覆盖工程教育认证中 12 条毕业要求内容），评价周期一般 2 年一次。

毕业要求达成情况评价机制的制度性文件如表 2 所示。

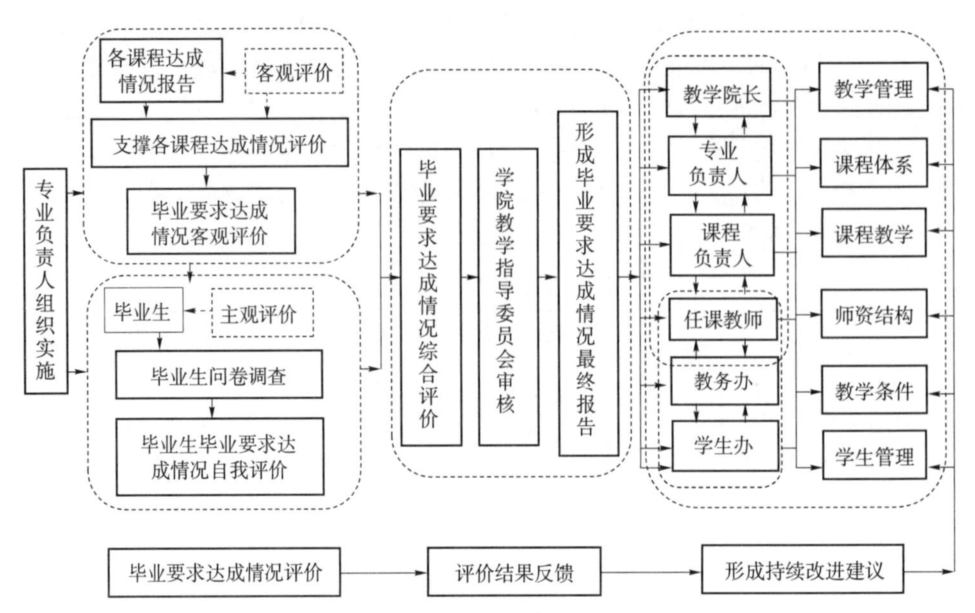

图2 毕业要求达成情况评价机制

表2 毕业要求达成情况评价机制的制度性文件

序号	文件名称	制定单位	制度建立时间	开始实施时间	运行周期	覆盖毕业生届别
1	《江汉大学人才培养质量达成情况评价管理办法（试行）》	江汉大学	2021年11月	2021年11月	1	2022
2	《江汉大学智能制造学院课程目标和毕业要求达成情况评价实施办法（试行）》	智能制造学院	2020年7月	2020年9月	1	2022
3	《江汉大学智能制造学院关于成立工程教育认证评价工作领导小组和印发本科专业人才培养目标合理性评价和修订暂行办法》等6个文件（江智造〔2020（2）〕）	智能制造学院	2020年7月	2020年9月	1	2022
4	《江汉大学智能制造学院学业导师考核暂行办法》	智能制造学院	2020年12月	2021年1月	1	2022

4 结语

本文对近年围绕专业工程认证中的人培方案要求的课程目标、毕业要求达成情况评价机制进行了全面探索，逐步建立了课程目标达成情况评价机制和毕业要求达成情况评价机制，经过近两年教学管理实践，建立了较完备的面向产出的课程目标、毕业要求达成情况评价机制，较好地满足人才培养的需要，从制度上保证了培养人才的质量。

参考文献

[1] 李志义，王泽武. 成果导向的课程教学设计 [J]. 高教发展与评估，2021 (3)：91-98.

[2] 李志义. 成果导向的教学设计 [J]. 高教发展与评估，2020 (3)：1-13.

模块化激光加工在工程实训中的应用

阴　杰

太原理工大学工程训练中心

摘　要：教育部提出“高阶性、创新性”教学原则，先进制造工艺对国家发展也至关重要，开展模块化激光加工实训有利于新工科背景下工程实践教学的发展。本文以太原理工大学工程训练中心建立的模块化激光加工实训课程为研究对象，阐述了该实训课程的主要内容和效果，使学生通过该技术了解先进制造的方法和手段，开阔眼界并提高动手能力，并取得了良好的教学效果，可为新工科实训课程改革提供参考。

关键词：先进制造　激光加工　工程训练　课程改革

引言

先进制造技术已成为各国抢占制造业高地的重要手段，对我国制造业发展有着举足轻重的作用，而激光加工技术是其典型代表。激光加工技术目前与计算机数控技术紧密结合，逐步成为工业自动化的关键技术。激光加工技术是利用高功率密度的激光束照射工件，使材料发生熔化或汽化进行穿孔，从而完成切割和焊接等的特种加工技术。

太原理工大学工程训练中心不断深化教育教学改革，加强师资队伍建设，提高学生的动手实践能力、就业竞争能力和创新创业能力，是学校最重要的学生实践教学基地和创新创业实训基地。在实践教学方面中心构建了五个层次的实训教学体系，即工业认知、基础实训、综合实训、创新创业实训、校企合作协同育人，涵盖化工、机械、材料、采矿等学科，对我校“应用型、复合型、创新型”人才培养发挥了重要作用，学生的工程实践理念和创新创业能力不断提升，得到了社会的广泛认可。太原理工大学工程训练中心依托现有的教学体系，借助互联网平台开设了激光加工实训课程，引导在校大学生自主创新设计并动手制作，为人才培养提供了平台。

1　实训课程现状

1.1　课程主要内容

太原理工大学工程训练中心主要在先进制造实训基地开展激光加工实训，该实训场地面积约 300 m^2。实训场地共有 10 台计算机并配套相关软件；5 台激光加工实训设备，包含金属激光切割机 1 台、非金属激光切割机 1 台、金属激光打标机 1 台、激光内雕机 1 台、激光焊接机 1 台，设备明细如表 1 所示。

表1 激光加工实训设备明细表

序号	名称	厂家	型号	数量
1	金属激光切割机	大族激光	DZ-PD5050-HLR700	1台
2	非金属激光切割机	正天激光	S40M	1台
3	金属激光打标机	金创激光	JC-GX20	1台
4	激光内雕机	华楚激光	HC-4015M	1台
5	激光焊接机	大族激光	DZ-WF800	1台

针对不同专业和年级学生，教学团队根据现有实训设备制定了相关课程实训体系，分为工业认知实训课程、工程训练实训课程和综合创新实训课程。工业认知实训面向全校非工科专业一、二年级学生，4个课时包含激光切割、激光打标、激光内雕、激光焊接各工艺的讲解和演示加工，参加实训的学生主要以参观为主，实训教师依次讲解各台设备的结构、工作原理及安全知识，并演示操作流程，最后进行产品的加工。工程训练实训面向全校工科专业一、二年级学生，8个课时包含激光切割、打标、内雕、焊接等工艺的结构、原理和安全知识，以学生动手实践为主，通过分组练习的方式使学生自主完成零件或工艺品的加工。综合创新实训无固定课时时长，面向机械类和近机类二、三年级学生，这些学生参加各类学科竞赛比较多，教学内容会通过单独培训，使学生深刻掌握各台设备的使用，并自主完成所需学科竞赛零件的加工，除此之外也加工一些工艺品和零件用作创新集市售卖，对学生创新创业活动进行技术指导，增加学生实现目的的技术手段。

1.2 课程现状存在的问题

激光加工实训课程开阔了学生的眼界和思维，提高了学生的动手能力，深受学生的喜爱，然而目前在该实训课程中也存在着以下方面的问题：

(1) 设备资源不充足，体现在设备种类和数量上的不足。例如我校缺少非金属激光打标机，每种设备数量只有一台，这样学生分组实操需要较大时间的排队等待，或不能保证每个学生都可以上手实操体验，也不能实现多种工艺混合进行加工的融合运用。

(2) 实训时长不足。受限于课程时长安排，要求在课程时间内学生完成对产品的设计及加工，对产品设计的时长要求较高，大多数学生没有充足的时间进行产品的设计，无法发挥自己的想象，甚至时间不足时学生只能采用现成的图纸进行剩余操作，减少了实操过程，或简化了加工内容。

(3) 实训内容、模式单一。目前所有实训的内容基本一致，针对不同学科和目的的学生，实训的内容应有所不同。

2 各模块实训内容

2.1 激光切割

激光切割是利用经聚焦的高功率密度激光束照射工件，使工件表面材料迅速熔化、汽化、烧蚀或达到燃点，同时借助与光束同轴的高速气流吹除熔融物质，从而将工件切开的技术。激光切割机的结构通常分为五个部分：操作控制台、电源柜、冷却部分、工作台和光学部分。切割软件 Laser cut 支持 AI、DXF、PLT 等图形数据格式，接受软件生成的国标 G 指令。

激光切割机的操作过程一般分为以下几个步骤：打开设备电源和控制器电源，并检查急停按钮，钥匙锁、按键锁；打开软件并进行回零，登录软件做好准备工作；绘制图纸，也可将软件绘制的图纸导入，调整图纸的大小尺寸，并优化加工路径；将板材放入设备中，运动到待切割的位置附近，进行调焦；对工件的位置进行定位并运用走边框功能检查切割位置；加工参数设置；打开风机，打开空压机，检查设备，并进行加工；加工后取出工件，打磨毛刺。

2.2 激光打标

激光打标是利用高能量密度的激光对工件进行局部照射，使其表层材料发生汽化或颜色变化的化学反应，从而留下永久性标记的一种打标方法。激光打标可以打出各种文字、符号和图案，字符大小可以从毫米到微米量级，对产品防伪有着重要意义。激光打标的特点是非接触式加工，可在任何异型表面进行标记，工件不会变形也不会产生内应力，适用于金属、塑料、玻璃、陶瓷、木材、皮革等材料。

激光打标机的操作过程一般分为以下几个步骤：打开设备电源和控制器电源；打开软件并设计或导入加工图纸；将工件放在工作平台内进行调焦；调焦后借助红外线激光进行工件的定位；调试好加工参数后开始加工。

2.3 激光内雕

激光内雕是指通过计算机制作三维模型，经过计算机运算处理后，生成三维图像，再利用激光技术通过振镜控制激光偏转，将两束激光从不同的角度射入透明物体内，准确地交汇在一点。由于两束激光在交点上发生干涉和抵消，其能量由光能转换为内能，放出大量热量，将该点熔化形成微小的空洞。在不同位置制造出大量微小的空洞后，这些空洞就形成了所需要的图案。

激光内雕机的操作过程一般分为以下几个步骤：打开设备电源和控制器电源；将模型文件导入点云转换文件中，编辑后转化为点云保存；将点云格式的文件转换为内雕机可以识别到的格式；打开加工软件，开始加工。

2.4 激光焊接

激光焊接是以高功率聚焦的激光束为热源，用激光束熔化材料来实现材料的连接，形成焊接接头的高精度、高效率焊接方法。近年来高功率、高质量光束激光器的发展，使得激光焊接成为工业应用关注的焦点。激光焊接主要用于焊接薄壁材料和低速焊接，过程属于热传导型，由于其独特的优点，激光焊接现已成功应用于微、小型零件的精密焊接。

激光焊接机的操作一般分为以下几个步骤：打开设备电源、控制器电源、气瓶阀门和水冷系统；设计加工路径并调整工件位置；设置加工参数，开始加工。

2.5 实训考评机制

参加工业认知实训的学生，主要任务是参观和认知，考评以课堂纪律和实训后的总结为主。参加工程训练实训的学生，则根据课堂纪律、实操过程、加工成品、实训报告、劳动环节进行整合打分。课堂纪律根据迟到、早退和课堂表现，例如上课走神、积极回答问题等进行加减分。实操过程主要根据学生在操作过程中是否按照流程进行、是否存在隐患和是否顺利完成实操进行评定。各个模块加工好成品后，对作品的完成度和布局及美观性打分。实训报告依据正确性和整洁度打分。劳动环节根据打扫卫生及劳动实行加分制度。太原理工大学工程训练中心从2022年起开展了劳动教育环节，并在工程训练中心内建设了劳动教育实训基地，每个实训工种都划分了劳动场地，方便学生开展户外劳动。

2.6 教学效果

参加综合创新实训的学生，在全国大学生工程训练综合能力竞赛上荣获省赛一、二、三等奖和国赛三等奖等成绩，在其他比赛中例如全国三维数字化创新设计大赛等也均获奖项。另外这批学生也运用不同的工艺动手加工出各种工艺品，在学校一年一度的创新创意集市上以成本价卖出很多产品，学生不仅丰富了自身的技能，创业热情也不断高涨。在工程训练实训中，每位学生都必须完成至少三种不同工艺的作品加工任务，也可以自己选择想要的素材进行加工，完成的作品学生自己保管，用作留念。学生的积极性很高，为了加工出自己想要的作品，他们认真听课，互相帮助互相学习，都能完成加工任务。例如，利用激光打标，在金属名片或实习的小锤子上刻字刻图，在水晶块中内雕想要的照片、模型和文本，在铁板、不锈钢板或者木板上切割工件或工艺品等。学生会自主提出并学习一些重要的知识点，培养了自主学习的能力，也培养了团队合作的能力和精神，学习效果非常好。

3 结语

激光加工是一种高科技、高精度、多功能、灵活、环保节能的加工方式，也是当今最具有发展前景的加工手段，这些特点和优势使得激光加工技术在工业生产领域有着非常广泛而深入的应用。随着教育现代化的发展，激光又走进学校，成为具有实践意义的教学设备。激光加工技术发展迅速，应用广，我们还需要与时俱进，不断进行课程的完善。

参考文献

[1] 宋春雨，高明. 多层次激光加工实训教学改革探索 [J]. 科技风，2023 (7): 83-85.

[2] 冯巧波，尹铁路，沈坤全. 俞雳激光加工在工程实训中的应用 [J]. 实验室研究与探究，2015，34 (4): 206-208+220.

[3] 霍亚光，刘海明，郭海军，等. 模块化激光加工实训的探索与实践 [J]. 实验科学与技术，2020，18 (4): 120-123+132.

[4] 戴明华，张红哲，姜英，等. 新工科背景下激光加工实训选修课的探索实践 [J]. 实验室科学，2020，23 (2): 164-167.

新工科背景下人工智能课程教学改革研究初探①

吴紫俊　孟凡贺　罗维平②
武汉纺织大学机械工程与自动化学院

摘　要：新工科背景下，培养多元化、创新型的卓越工程人才，已成为研究生课程改革的核心动力。结合武汉纺织大学的特色，针对人工智能课程的特点，提出研学一体、实践导向的教学改革措施和方案。紧跟人工智能技术的发展趋势，融合武汉纺织大学特色鲜明的一流大学办学目标，为传统的轻工纺织业、纺织机械设计等领域注入新的活力，结合人工智能探索特色鲜明的新教学方向。在新工科的“五新”要求下，发掘综合创新型人才的培养方法，更好地为纺织行业经济发展服务。

关键词：人工智能　新工科　教学改革　创新型人才

引言

我国力推“新工科”计划，根据时代要求提出“应对变化、塑造未来”的理念，注重协调共享，致力于培养出多元化、创新型的卓越工程人才，为未来的发展提供智力和支撑[1]。因此，以新工科为背景建设研究生的人工智能专业课程，不仅是规范化专业教育与专业人才培养过程，也是我国大学“双一流专业建设”的重要着力点，对我国在2030年成为全球人工智能创新中心的战略目标具有重要意义[2]。

人工智能课程具有理论深、实践性极强的特点，并且需要不断跟随人工智能理论和技术发展节奏，重点培养学生在人工智能的知识表示、推理、搜索、机器学习等原理与方法，使其具备在智能控制系统应用、开发或科研方面的初步能力。目前尽管国内一些高效成立了人工智能专业和研究院，但各省之间发展不平衡。

在武汉纺织大学刚刚开设人工智能课程的情况下，结合学校在纺织行业的产业布局和办学特色，结合轻工业、纺织机械设计领域积极探索人工智能课程的实施方法具有重要的意义[3]。

1　人工智能课程现状

研究生的人工智能课程是一门涵盖计算机、数学等多门课程深度融合的交叉学科，它不

---

①　湖北省高等学校教学研究项目（研究生项目）“基于纺织服装产业链的校企协同创新人才培养机制的研究与实践”（2020499）；教育部产学合作协同育人项目，“基于纺织服装产业链的机器人工程专业的教学内容和课程体系的建设与实践”（20200120）；武汉纺织大学研究生教研课题“新工科背景下人工智能理论与方法课程教学改革与实践探索”（202201013）；武汉纺织大学“课程思政”示范课项目（2022SZK001）；武汉纺织大学教学研究项目“工程图学网络资源平台设计实现”（20220100047）。

②　吴紫俊（1985—），男，湖北宜昌人，土家族，武汉纺织大学，副教授，博士研究生，研究方向为结构功能智能化设计；孟凡贺（1987—），男，山东济南人，汉族，武汉纺织大学，讲师，博士研究生，研究方向为图学理论及应用；罗维平（1967—），女，教授，研究方向为检测技术与智能控制、信号与信息处理，研究领域为先进技术工业制造。

仅要求学生具有较好的数学基础、逻辑思维能力及较高的编程能力，还要求教师具有宽广的知识面以及人工智能前沿技术的敏锐洞察力。课程中的神经网络、遗传算法等复杂算法以及知识、状态表示等抽象概念，让学生很容易产生畏难心理。影响学生的积极性的同时，也让教师得不到教学成果的反馈或者全是负面的反馈[4]。

另外，人工智能课程是研究生的选修课，研究生的科研方向不统一，学生也很难在课堂上找到适合自己科研方向的解决思路。因此，对于学生的研究和学习来说，人工智能课程缺乏提示创新元素，具体表现在以下两个方面：

第一，缺乏系统全面的课程体系。人工智能是一门独立的课程，但需要数学、计算机等多门课程支撑。研究生来自不同的学校、不同的专业，人工智能先导知识的积累各不相同，水平参差不齐，很难用统一的教学题材满足不同层次的学生需求。同时，学校机械学院还存在材料成型等一些传统的研究方向，这类学科需要大量的实际物理试验才能发现材料的性能，很难用人工智能的方式获得相应的材料。

第二，人工智能缺乏专业方向定位。学科交叉融合是人工智能课程的特色，同时也存在泛而不深的问题，学生很容易陷入对智能算法的笼统学习中，忽视了对自己研究方向和学校办学特色的指向性。另外，人工智能是最近几年才大力发展的新兴学科，学生也很容易对人工智能产生过高的期望，看重方法的计算结果而忽视了自己的研究领域，同时也忽视了人工智能作为解决问题的工具的本质[5]。

人工智能领域是一个新启快速发展的领域，其技术更新快且范围广。尽管国内许多高校有自动化等顶尖专业的建设成果，但对人工智能这门强综合性的专业建设，仍然缺乏成熟的经验。对教师如何教、怎么教人工智能课程，仍处于初步实践阶段[6]。这不仅是师资力量的建设问题，也是教学资源的进一步整合问题，主要表现在以下几个方面：

第一，缺乏对应师资。人工智能是科学发展的智慧结晶，学校为进一步适应社会需要，开设人工智能课程。目前，人工智能课程通常由各学院独立开设，纳入各个学院的学生培养方案，因此该课程还缺乏顶层设计，没有真正融入大学的教育体系中。另外，人工智能课程的多学科深度融合特性，可能需要跨专业、跨学院设计课程，单个学院必然难以解决人工智能所需要的具有多知识面的师资。

第二，理论与实践分离。人工智能课程需要对应的软件和硬件，软件可通过机器学习算法、神经网络算法等理论构建学生的认知体系[3]。然而，人工智能课程需要实践配合，离不开试验硬件支持。目前，学生通常利用机械手臂或智能小车来验证人工智能的算法。然而，人工智能算法如何写入硬件设备中、如何把算法理论公式变成程序融入智能算法中、如何通过算法的运行结果修正理论公式等问题，需要软件与硬件的密切配合[7]。

第三，缺乏实践土壤。目前高校设置的人工智能课程与企业所需要的产业人才结合松散，很难满足企业的需求。由于人工智能课程需要社会资源的配合，尤其是业务数据的支持，例如神经网络算法，需要海量的样例数据训练模型，然而样例数据通常是企业的核心数据，因此学校开设人工智能课程的所产生的成果很难匹配企业的实际需求[8]。人工智能课程的开设脱离企业实际需求，使得学生难以着眼于人工智能发展前沿，理论难于融合实践。

2 人工智能课程的“教”与“学”

人工智能是一门多学科融合的课程，教师在教的过程中不能只停留在概念、理念的普适性讲述，还需要融合人工智能的发展及应用，激发学生的学习兴趣，启发学生对人工智能的应用研究热情。同样研究生在学习的过程中，不能只停留在对方法、算法原理的理解上，还需要立足理论，结合已有的人工智能应用案例，开阔视野，积极探索人工智能的新的应用热点[9]。

2.1 人工智能课程的“教”

结合人工智能多学科融合、知识面涵盖广的特点，以及研究生的研究方向千差万别的实际情况，为了提高人工智能课程的教学效率和教学质量，可采用以下方式：

（1）分组教学。教师根据学生实际情况进行优劣生搭配分组，并设定组长。每个组安排一个简单项目，由组长负责项目实施全过程，包含设计方案讨论、具体技术问题的解答、组内事务分工协调等。整个教学过程，培养学生自我管理、独立思考、相互帮带、善于合作的能力。

（2）翻转课堂。将项目涉及的知识点、算法原理、解决方案等制作成 PPT 等，采用翻转课堂教学模式拓展学生的学习时空。同时激励学生以项目为起点，积极搜集整理相关知识点和科技前沿，为学生开阔眼界、提供新的研究思路提供基础，培养学生对人工智能更多思考的能力。

（3）成果展示。学生的研究方案不可避免存在局限，为了综合评价学生的研究成果，通过定期举行方案评估等展示活动，让学生之间互评。与此同时引导学生完善其设计方案，提升学生人工智能知识点的应用能力。

2.2 人工智能课程的“学”

人工智能课程的学，在于两个方面，一方面是学生的学习，另一方面是教师自身的提高。

针对学生的学习，掌握人工智能方法最快的方式是在实践中学习，结合实际应用案例可让学生快速掌握人工智能的遗传算法、神经网络模型等理论。然而，在实践中学习人工智能尽管可让学生快速入门，掌握人工智能的基本概念和基本方法，但作为研究生，需要结合人工智能课程中的方法理论解决现实中的问题，扩展人工智能的应用领域，丰富人工智能的基础理论和方法。因此基于实践学习人工智能可能不足以支撑研究生的研究工作，也意味着研究生的“学”不能只停留在人工智能的应用案例中，需要在学习中带有研究的思维和善于发现问题的眼光，及时捕捉人工智能方法与自己研究方向的可能结合点，发掘研究方向[10]。

同时，教师应关注人工智能的发展前沿，完善、更新自己的知识储备，立足于自己的知识结构和人工智能课程的培养方案，完善并丰富自己的教学素材，为学生眼界的提高、研究方向的启发提供必要的辅助。

2.3 人工智能的研学结合

人工智能是快速发展的领域，因此人工智能课程也需要适应其快速发展的特点。因此，课程需要教师与学生密切配合，基于教师的研究课题和方向，结合人工智能的发展方向和应用背景，立足于学校的纺织行业办学特色，为该课程分解多个小课题，让学生以小组的形式完成方案设计。

另外，课程需要与产业融合，不仅可以解决人工智能实践课的经费问题，还能提供教学研究素材。武汉纺织大学积极开展与纺织、烟草等企业的合作，建立数字化自动监测管控等项目，为研学结合提供了新的着力点。

3 人工智能的“教”与“学”评价

教学评价是检测教师教育成果与学生学习效果的重要方式。人工智能的实践性较强，简单的考试或课程报告很难体现教学的成果，因此有必要建立科学系统的人工智能课程评价标准，既要关注学生对理论知识概念的理解水平，也需要关注学生在教师指导下对人工智能知识点的应用能力。

在课程进行中，教师利用科研小项目引导学生，学生通过分组以讨论汇报的形式展现项目方案；当课程完成后，学生利用书面报告汇总整理时间思路，基本可完成学生对人工智能课程知识点的掌握和应用。另外，为了综合评价学生所给的方案，教师可与学院课程组中的一两个教师或企业工程师等组成评估小组，形成研学一体的评价标准。

然而，评价也需要关注教师的小项目设置难度，既需要考虑项目设置的难度，也需要考虑项目所涵盖知识点的广度和深度。由于大多数研究生的知识储备、所学专业有很大的不同，需要综合考虑学生分组人数、学生学习能力等因素。

4 结语

新工科背景下，为提高研究生人工智能课程的教学效果，笔者从人工智能跨学科融合特点出发，结合武汉纺织大学的办学特色与人工智能的发展前景，提出研学一体、实践导向的建设思路，从教师的“研”与学生的“学”两方面进行了人工智能课程建设的初步讨论，为更好推动地方高校的“双一流”建设，为学校的人工智能课程建设提供借鉴。

参考文献

[1] 教育部关于印发《高等学校人工智能创新行动计划》的通知［EB/OL］.［2018-04-11］. http://www.cac.gov.cn/2018-04/11/c_1122663790.htm.

[2] 张颖慧，刘洋，那顺乌力吉，等. “新工科”背景下人工智能专业建设与教学改革探索［J］. 工业和信息化教育，2021（8）：27-31.

[3] 贵向泉，高祯，李立，等. “新工科”背景下人工智能教学改革研究［J］. 教育教学论坛，2020，（15）：129-131.

[4] 赵静丽. “新工科”背景下人工智能课程教学改革探索［J］. 电脑知识与技术，2020（33）：111-112+127.

[5] 那振宇，吴迪，许爱德. 新工科背景下高校校内创新实践基地建设探索［J］. 黑龙江教育（理论与实践），2019（3）：3-4.

[6] 郭媛，敬世伟，魏连锁，等. “新工科”建设背景下地方高校产学合作协同育人模式的研究［J］. 高师理科学刊，2019，39（6）：85-88.

[7] 秦艳芳，卢金斌，齐芳娟，等. “新工科”背景下高校本科生导师制实施与成效研究［J］. 南方农机，2020，51（21）：159-160.

[8] 左青松，张彬，卢海山，等. 基于产教研融合的能源与动力工程专业实践教学改革思路［J］. 南方农机，2021，52（10）：121-122，125.

[9] 刘进，吕文晶. 人工智能时代应深化研究生课程的学科融合——基于对 MIT 新工程教育改革的借鉴［J］. 学位与研究生教育，2021（8）：40-45.

[10] 樊超，杨铁军，侯慧芳，等. 产教融合视域下人工智能专业课程体系探索与实践［J］. 河南工业大学学报（社会科学版），2022，38（1）：98-104.

五轴加工实训教学探索

李新杰
太原理工大学

摘　要：本文以椭球面加工为例，探讨五轴加工中心在实训教学中的应用。通过学习模型建立、工艺分析、数控编程等内容，学生理解和掌握基本的机械加工工艺过程，养成规范操作的良好习惯。

关键词：五轴加工　实训

引言

五轴加工中心是一种加工复杂曲面零件的机床。i5M8.4 五轴加工中心除三个移动的坐标轴 X、Y、Z 之外，还有两个旋转的坐标轴 A、C。A 轴是围绕 X 轴旋转的坐标轴，C 轴是围绕 Z 轴旋转的坐标轴。加工中心主轴在龙门框架结构上实现 X、Y、Z 三个坐标轴的运动，主轴沿竖直方向，转台实现 A 轴的摆动，圆形工作台实现 C 轴的回转运动[1]。

椭球面加工是复杂曲面加工的基础。三轴加工中心加工椭球面存在椭球面顶端刀具切削速度过小的问题，采用五轴加工中心可在转台和工作台的带动下，实现刀具外沿对椭球面的全面加工，保障了切削用量的一致性，从而获得表面质量更好的椭球面。

1　模型建立

椭球面属于二次曲面，可以考虑先在 xy 坐标平面上绘制椭圆，再通过围绕 x 轴的旋转来获得椭球面。加工采用的毛坯料是圆柱形棒料，在材料的一端铣削椭球面。数字模型的建立以 UG NX8.0 软件为例[2]。在软件窗口中单击“开始”命令，在下拉菜单中选择“建模”。单击菜单栏中的“文件”命令，在下拉菜单中选择“新建”命令，输入名称“tuoqiumian”，单击“确定”按钮，软件进入建模主界面。单击菜单栏中的“插入”命令，选择“任务环境中的草图”命令，在“创建草图”对话框中，单击“确定”按钮，系统自动选择 xy 平面。单击工具栏中的“圆”按钮，单击坐标系的原点，以原点为圆心出现一个圆，输入直径值，圆绘制完成。单击菜单栏中的“拉伸”按钮，在弹出的“拉伸”对话框中的“距离”方框中输入数值 40，单击“确定”按钮，圆柱形的毛坯就建立好了。

接着创建半椭球体。在菜单栏中单击“插入”按钮，在下拉菜单中选择“曲线”命令中的“椭圆”，弹出“点”对话框。单击圆柱体上表面的外圆，在弹出的“椭圆”对话框中输入“长半轴 18”“短半轴 9”“起始角 0”“终止角 180”等数值，单击“确定”按钮，完成椭圆的创建。单击菜单栏中的“插入”命令，在下拉菜单中选择“设计特征”命令中的“回转”，弹出“回转”对话框。选择绘制好的半椭圆曲线，单击“指定矢量”命令，选择“XC”轴，单击“指定点”命令，选择椭圆圆心，在“角度”方框中输入“0”和“180”，其余保持默认，单击“确定”按钮，完成半椭球曲面的创建。接着，将椭球面加厚，单击菜单中的“插入”命令，在下拉菜单中选择“偏置/缩放”命令中的“加厚”。单击创建好的椭球面，在“加厚”对话框中的“偏置 1”方框中输入数值，在“布尔”方框中选择“求和”，选择创建好的圆柱体，单击“确定”按钮，完成半椭球实体的创建。单击工具栏中的“边倒圆”命令，弹出“边倒圆”对话框。单击椭圆面与平面的交线，在“半径 1”方框中输入半径值“1”，单击“确定”按钮，完成圆角的创建。

2 工艺分析

选择圆柱体毛坯料，采用三爪卡盘将圆柱体底面安装在卡爪的台阶面上，卡爪夹紧圆柱面。加工坐标系的原点设在半椭球面的中心。刀具选择 D8 立铣刀和 D6R1 立铣刀。加工工序分为粗加工和精加工。粗加工采用型腔铣，使用 D8 立铣刀铣削多余材料，留下精加工余量。精加工采用可变轴曲面轮廓铣，使用 D6R1 立铣刀铣削掉精加工余量，获得半椭球面。

3 数控编程

完成模型创建后，单击工具栏中的“开始”按钮，在下拉菜单中选择“加工”命令。在弹出的“加工环境”对话框中选择“cam_general”和“mill_multi-axis”，单击“确定”按钮。单击左下角“导航器”工具条中的“几何视图”按钮，在左侧表格中双击“MCS”命令，在弹出的对话框中单击“指定 MCS”命令后面的“CSYS 对话框”按钮，在弹出的对话框中单击“指定方向”后面的“操控器”按钮，在“Z”后面的方框中输入圆柱体的高度值，使加工坐标系的原点建立在椭球的中心，单击“确定”按钮，返回“CSYS”对话框，再单击“确定”按钮，返回“Mill Orient”对话框。接着，在“安全距离”方框中输入高于短半轴 10 mm 的数值，单击“确定”按钮，完成加工坐标系的创建。

在左侧表格中，单击“MCS”命令前的“+”，出现“WORKPIECE”图标，双击“WORKPIECE”命令，在弹出的对话框中单击“指定部件”后面的“选择或编辑部件几何体”按钮，单击工具栏中的“类型过滤器”命令，在下拉菜单中选择“面”命令，在窗口中单击半椭球面、圆角和圆柱上表面，单击“确定”按钮，返回“铣削几何体”对话框。单击“指定毛坯”命令后面的“选择或编辑毛坯几何体”，在弹出的“毛坯几何体”对话框中单击“类型”方框里的下拉按钮，选择“包容圆柱体”，在“极限”命令的“ZM+”方框中输入“1”，单击“确定”按钮，返回“铣削几何体”对话框，单击“确定”按钮，完成铣削面和毛坯的创建。

在工具栏中单击“创建刀具”按钮，在弹出的对话框中单击“类型”下面的方框，选择“mill_contour”，在“名称”下面的方框中输入“D8”，单击“确定”按钮。在“(D) 直径”后面的方框中输入“8”，在“(L) 长度”后面的方框中输入“40”，在“(FL) 刀刃长度”后面的方框中输入“10”。单击“夹持器”选项卡，在“(LD) 下直径”“(L) 长度”和“(UD) 上直径”后面的方框中分别输入“35”“20”和“35”。单击“确定”按钮，完成刀具 D8 的创建。刀具 D6R1 的创建按照上述方法即可。

在工具栏中单击“创建工序”按钮，在弹出的对话框中单击“类型”下面的方框，选择“mill_contour”，在“工序子类型”中选择“CAVITY_MILL”，在“位置”中，程序、刀具、几何体和方法后面的方框中分别选择“PROGRAM”“D8（铣刀-5 参数）”“WORKPIECE”和“MILL_ROUGH”，单击“确定”按钮，进入“型腔铣”对话框，在“刀轨设置”中，将“平面直径百分比”设置为“70”，“最大距离”设置为“1 mm”。单击“切削层”后面的图标，在弹出的切削层对话框中，将“范围深度”设置为“10”，单击“确定”按钮，回到“型腔铣”对话框。单击“切削参数”后面的图标，弹出“切削参数”对话框，在“策略”选项卡中，将“在边上延伸”设置为“10 mm”，单击“余量”选项卡，将“部件侧面余量”设置为“0.5 mm”，“内公差”和“外公差”都设置为“0.03”，其余保持不变，单击“确定”按钮，返回“型腔铣”对话框。单击“非切削移动”后面的图标，弹出“非切削移动”对话框，在“进刀”选项卡中，将最小安全距离设置为“1 mm”，单击“起点/钻点”选项卡，将“重叠距离”设置为“0.2 mm”，其余保持不变，单击“确定”按钮，返回“型腔铣”对话框。单击“进给率和速度”后面的图标，弹出“进给率和速度”对话框。单击“主轴转速（rpm）”前面的小方框，在后面的方框中输入“3000”，在“切削”后面的方框中输入“400”，然后，单击“主轴转速（rpm）”最后面的图标，“表面速度（smm）”和“每齿进给量”就自动计算出来了。单击“进给率”中的“更多”，在“逼近”后面的方框中单击，选择“切削百分比”，然后在前面出现的方框中输入“300”。在“移刀”和“离开”中也选择“切削百分比”和输入“300”。单击“确定”按钮，返回“型腔铣”对话框。单击“生成”按钮，生成刀具路径。

在工具栏中单击“创建工序”按钮，在弹出的对话框中单击“类型”下面的方框，选择“mill_multi-axis”，在“工序子类型”中选择“可变轮廓铣”，在“位置”中，程序、刀具、几何体和方法后面的方框中分别选择“PROGRAM”“D6R1（铣刀-5 参数）”“WORKPIECE”和“MILL_FINISH”，单击“确定”按钮，进入“可变轮廓铣”对话框，单击“指定切削区域”后面的“选择或编辑切削区域几何体”按钮，选择椭球面，单击“确定”按钮，返回“可变轮廓铣”对话框。在“驱动方法”中的方框中单击选择“曲面”，在弹出的“曲面区域驱动方法”对话框中，单击“指定驱动几何体”后面的“选择或编辑驱动几何体”按钮，单击选择窗口中的椭球面，单击“确定”按钮，返回“曲面区域驱动方法”对话框。单击“材料反向”后面的按钮，改变材料的加工方向，使箭头方向朝外。单击“步距”后面的方框，选择“残余高度”，在“最大残余高度”后面的方框中输入“0.01”，单击“确定”按钮，返回“可变轮廓铣”对话框。在“投影矢量”下面的矢量方框中选择“垂直于驱动体”。单击“切削参数”后面的按钮，在弹出的对话框中单击“多刀路”选项卡，单击“多重深度切削”，“步进方法”选择“刀路”，“刀路数”方框中输入“2”。单击“刀轴控制”选项卡，在“最大刀轴更改”方框中输入“10”，在“最小刀轴更改”方框中输入“8”，单击“确定”按钮，返回“可变轮廓铣”对话框。单击“非切削移动”后面的按钮，在“进刀”选项卡中，单击“进刀类型”方框，选择“线性”，在“长度”方框中输入“80”，单击“确定”按钮，返回“可变轮廓铣”对话框。单击“进给率和速度”后面的按钮，单击“主轴转速（rpm）”前面的小方框，在后面的方框中输入“3 600”，在“切削”方框中输入“250”，然后单击“主轴转速（rpm）”最后面的小图标，单击“更多”，在“逼近”方框中选择“切削百分比”，然后在前面出现的方框中输入“300”。在“移刀”和“离开”中也选择“切削百分比”和输入“300”。单击“确定”按钮，返回“型腔铣”对话框。单击“生成”按钮，生成刀具路径。

在“工序导航器”命令中选中“PROGRAM”文件夹下面的两个工序文件，单击鼠标右键，选择“后处理”，在弹出的对话框中选择“MILL_5_AXIS”，单击“确定”按钮，生成数控程序文件。

4 结语

经过模型建立、工艺分析、数控编程等内容的学习和实践，学生能够初步掌握五轴加工的基础知识，具备基本的工程素养。

参考文献

[1] i5M8.4 智能多轴立式加工中心操作说明书 [R]. 沈阳：沈阳机床，2017.
[2] 汤振宁. UG 五轴数控编程实例详解 [M]. 北京：化学工业出版社，2013.

新工科背景下汽车智能制造产业学院建设路径探讨

——以湖北汽车工业学院为例①

龚青山　陈君宝　郭庆贺　周学良　周慧慧　郭永超

湖北汽车工业学院

摘　要：本文从政产学研用的实际出发探讨建立汽车智能制造产业学院，深化政校企合作模式，从组织架构、育人模式、质量保障等方面进行探索和实践。以湖北汽车工业学院汽车智能制造现代产业学院为例，介绍了学校现代产业的建设特色及方案。

关键词：汽车　智能制造　产业学院

引言

近年来，高校与用人单位协同育人已成为我国高校培养人才的重要途径。然而现有的协同育人模式主要是在企业建立实践教学基地，企业与高校之间没有建立由双方人员组成的专门机构，导致双方合作缺少组织化、制度化，对方的发展状况对本方几乎没有什么影响，所以合作双方是“貌合神离”。

湖北汽车工业学院位于商用车之都，是全国唯一一所以汽车命名、最具汽车特色的公办普通高等院校。学校始终围绕汽车产业构建学科特色，坚持服务地方经济和汽车产业、产学研创融合发展，与东风汽车公司、十堰市相关企业联合建立了 6 个院士（专家）工作站、70 个校企共建研发中心（企校联合创新中心）、6 个地方特色高端智库，与 140 多家企事业单位建立了长期产学研创合作关系。2020 年学校获批智能制造工程专业，整合现有实践教学基地，从政产学研用的实际出发探讨建立汽车智能制造产业学院，深化政校企合作模式，从组织架构、育人模式、质量保障等方面进行探索和实践。

1　组织运行架构

1.1　以汽车智能制造构建学科特色，培养应用型本硕汽车产业人才

“工业 4.0”及“中国制造 2025”对智能制造有了详细的规划，以高档数控机床及工业机器人为切入点，服务于十、襄、随、汉千里汽车走廊的汽车智能制造产业链。以“现代产业学院”建设为立足点，探索“出资主体多元化、服务对象产业化、运行机制市场化、治理结构法人化”的产业学院建设发展新路径；以实践顶岗促企业留人、以定向长期基础研究促企业掌握核心技术、以共建共享促资源利用最大化、以创新产品促产创融合，共同搭建校企联合创新平台；畅通校企联合双向成员共同制作培训教材及相关视频，建设教师培养

---

① 基金项目：教育部协同育人项目（220403177265250）；湖北汽车工业学院研究生质量工程项目（Y202006、Y202116）；中国学位与研究生教育学会项目（2020MSA256）。

培训基地，建立信息互通、人才共育、技术同创与资源共享的新机制；以立德树人为根本任务，以培养复合型、创新型汽车智能制造本硕应用研究型人才为目标，实现与汽车产业集群有效对接，打造集人才培养、技术研发、社会服务、创新创业等功能于一体的国内领先、特色显著、示范性现代产业学院。

1.2 以创新学院组织结构为先导，构建产业学院管理模式

通过与地方政府、合作企业共建产业学院，引入产业资本和校友捐赠，开展智能制造、物联网工程、自动化、新能源汽车新工科专业建设和人才培养。借鉴公司法人治理结构精华，初步形成资本所有权、重大决策权、办学管理权、监督权等适度分离与相互制衡的管理新模式，保障产业学院的决策民主性、管理科学性和监督有效性。

产业学院实行党委领导下的院长负责制，设立理事会和学术委员会，遵循理事会治院、专家治学、政校企深度合作原则。产业学院在学校党委的指导下设党政办公室、教务办公室、产教融合办公室和学生工作办公室等行政部门（图1）。其中，党政办公室负责综合协调学院党政工作和各科室之间的工作，统筹安排办公室各项工作；教务办公室负责学生人才培养方案的制订、教学计划的安排和日常教学管理工作；产教融合办公室负责与政府和企事业单位之间的沟通交流，统筹做好产教融合项目的建设、管理与推进，为院校教师和企业职工提供双向融通的挂职锻炼机会，制订师资培育计划，实现师资队伍“双师型”“实践型”建设；学生工作办公室负责学生就业、学生党建、班团建设、学生会和社团建设等学生管理服务工作。

通过学院组织管理体系构建为学校发展规划、专业发展、招生、人才培育等进行规划，为企业人员培养、协同创新提供保障。

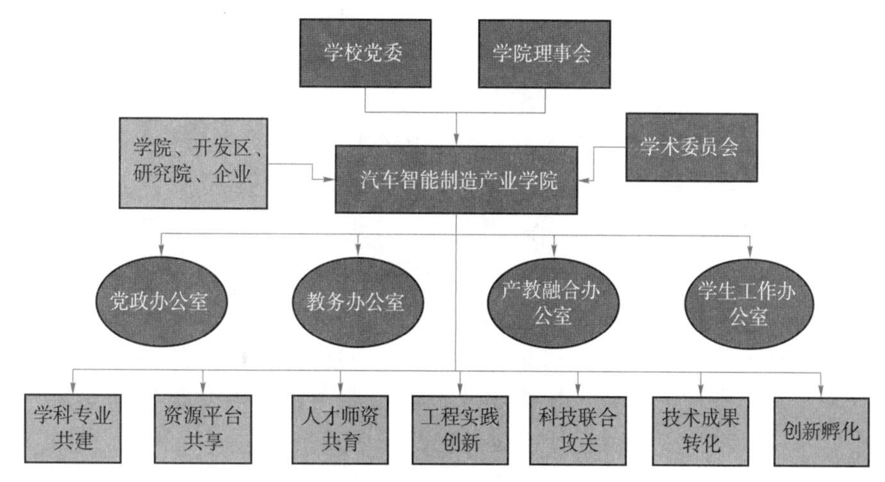

图1 产业学院组织运行架构

学院学术委员会由学校、合作企业、政府部门负责人等构成，主要职责是审议学院的工程教育改革方案、学术发展规划、人才培养方案、培养质量评价等。

产业学院与合作单位之间要建立常态化沟通联系机制，建立健全产业学院日常管理运营机构与运行机制。

1.3 以共建共治共享为核心，实现人才培养与产业集群联动发展

完善“政、企、校”多主体产教融合协同育人机制，共同推动“学科专业共建、资源平台共享、人才师资共育、工程实践创新、科技联合攻关、技术成果转化”等职能模式创新。

2 育人模式

2.1 校企共融全方位协同育人

围绕湖北省构建现代产业体系中关于智能制造产业的发展规划及湖北省汽车工业“十四五”发展规划中以“汉孝随襄十”汽车走廊产业带为支撑建立世界级万亿汽车产业群的战略目标，以培养复合型、创新型汽车智能制造行业工程应用人才为目标，从交叉融合、产学研合作和深度工程学习等途径，探索推进面向工业 4.0 升级的汽车智能制造产业相关工程应用人才培养模式改革。

实施“1+X+Y”人才培养模式，即学校“1 个本部+X 家基地+Y 家企业”的产学融合教育模式，在本部完成三学年的基础课程和部分专业课程学习，在 X 家基地继续以专业实训课程学习为主，引导学生在工程实践中完成知识更新与积累，提升学生对专业知识的认知度和兴趣，每学年安排学生在集中时间段在 Y 家企业岗位开展工程实习锻炼，深入工程实际，加深学生对所学专业在产业链中角色认知，引导学生从职业规划角度积极主动学习相关专业知识，提升工程应用能力。

产业学院从学科、产业、社会和人才成长等四个维度构建以学生为中心的工程学习共同体，尤其在校企深度融合方面制定了系列保障制度。

2.2 校政企多元融合学科交叉专业建设

2.2.1 瞄准产业需求明确人才培养目标和毕业要求

面向区域汽车智能制造产业布局，对接新工科卓越计划，以“学科交叉融合、产学研合作、深度工程学习”为途径，围绕汽车智能制造、绿色制造等专业学科建设，协同学校、政府、企业共同确定面向汽车智能制造的跨学科专业人才培养目标和毕业要求（智能制造工程、机械设计制造及自动化、工业工程、测控技术与仪器）。

2.2.2 共同构建“四群融合、三级协同”专业课程体系

基于学生知识认知逻辑，将理论学习与实践课程有机串联，构建基于学科群、专业群、产业群和孵化群四群交叉融合，深化学校、产业需求和企业三级协同的面向汽车智能制造产业的跨学科复合型、创新型工程应用课程体系。基于企业实习实训基地、校内实验实训平台和产业孵化平台，开展面向汽车智能制造产业的制造系统数字孪生、智能生产调度、大数据辅助系统运维和决策等技术需求的产教协同、学科交叉和项目化特色课程体系。另外，紧密对接产业，从优秀企业或行业聘请国内外顶尖科学家、科技领袖和企业家等作为兼职教授，开展汽车智能制造产业未来技术大讲坛和前沿技术系列讲座，培养学生对产业现状的关注度和技术兴趣，鼓励教师、工程师和学生针对产业瓶颈技术进行创新研究。

2.2.3 三级协同认证体系的教学质量评价

整合校、政、企三方优势，通过工程教育认证、行业技能鉴定及企业课程认证的协同认证体系，建立教学质量保障体系，强化教学过程管理，以教学质量监控和评价为手段，反馈评价结果形成闭环，促进专业人才培养质量持续改进。

产业学院着力专业群、产业群和学科群的协同融合，构建校政企多元合作、互利共赢的合作模式。在合作中遵循“目标协同、育人主体协同、育人过程协同、资源协同、创新协同”的原则，建立教育链与产业链融合，产业链与创新链融合，教育链与创新链融合的多学科交叉、创新及成果转化综合合作平台。

3 产学研服务平台及实践教学体系建设

面向汽车智能制造技术与智能装备，重点研究汽车制造装备的控制、驱动、监测和信息处理理论、方法和技术，注重控制理论在汽车生产自动化中的应用研究，实现生产过程智能化、精密化、绿色化，带动汽车智能制造产业的转型升级。

政府搭台，学校为纽带，企业参与的面向汽车智能制造产业体系的跨学科交叉融合、协同创新产业学院，是汽车智能制造产业新工科人才培养的重要基础，同时形成多种优势学科群和面向汽车智能制造产业技术前沿的综合产教联盟，立足湖北省汽车产业“十四五”规划，服务区域支柱产业经济，面向国内高校和企业提供人才培养的工程教育管理服务、科技攻关和成果转化的孵化平台，实现创新平台面向社会的优质服务和良好运行。

依托东风汽车公司，以国家级制造装备数字化分中心、国家级汽车产业实验实训教学示范中心、省级机械、电工电子和计算机等实验教学示范中心和企业实践基地为支撑，对接产业链需求建设校内实训基地，形成“产学互促，校企协同、一体两翼、创新融合”的合作育人机制。汽车智能制造产业学院坚持“产学互促，校企协同、一体两翼、创新融合”理念，基于“基础-综合-创新-孵化”四个层次实践平台、“工程实践-综合应用-设计创新-技术前瞻”四种能力、六个模块化实践课程设计，形成了校内校外结合、课内课外结合、技能与竞赛结合及产业技术前瞻的“4·6·4”实践教学体系，如图2所示。

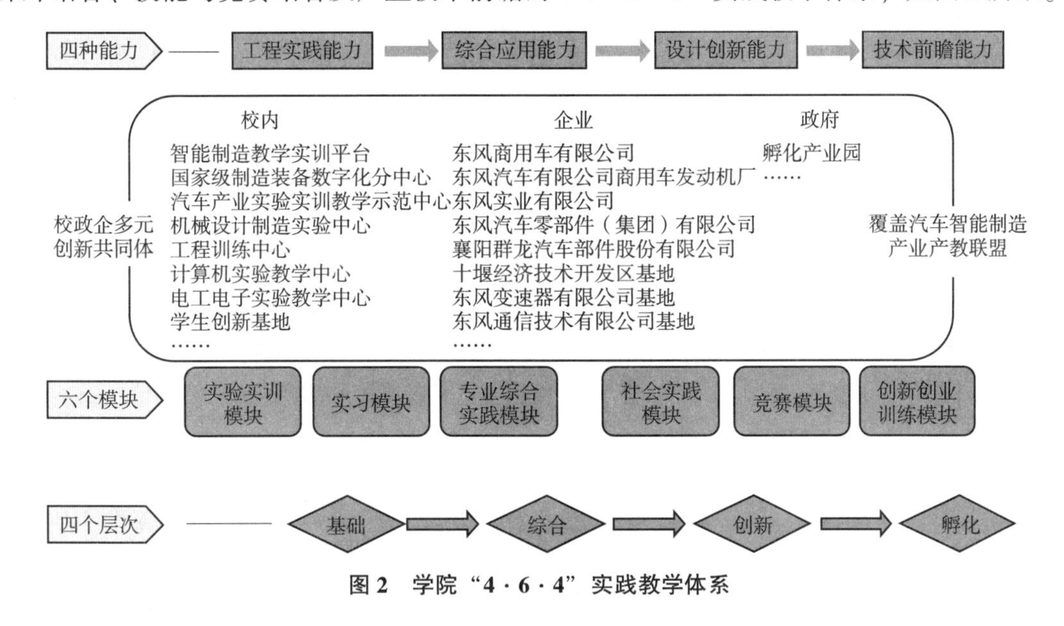

图2 学院“4·6·4”实践教学体系

4 高水平教师队伍建设

提出校际、国际、校企“双师型”师资队伍建设思路，打造可持续发展的跨学科师资队伍。通过校校、校企、政校合作“渠道”引进打造专兼结合教师队伍；通过校际、校企、国际的教育与科研合作“途径”培养教师的“前瞻化、工程化、国际化”视野；建立教师教学、科研和成果转化能力的“能力”弹性评价机制。

（1）强化国际、校际合作，加强产业相关高水平技能型人才引进，提升教师汽车智能制造工程教育水平。积极引进国内外知名高校的高水平教师，采用全职引进、兼职讲学和客座教授等形式吸引和培养优秀人才充实师资队伍，并选派教师参与国内或国际访学培训，积极参与智能制造产业的相关论坛和会议，了解汽车智能制造产业的前沿技术和方向，提升教师整体素质和能力。鼓励汽车智能制造产业的高水平技能型人才采用全职引进或兼职讲座的形式参与产业学院教学和实践过程，充实师资力量。目前已选派 4 名骨干教师通过国家留学基金委项目进行国际访学研究。智能制造工程专业核心教师参与清华大学出版社主办的智能制造专业课程建设论坛，以服务汽车智能制造产业升级为基础，博采众长，改进课程群设计。

（2）强化校企联合，提升教师汽车智能制造方向技术创新能力。在前期新工科专业和试点学院建设中，学院教师团队全体成员通过参加企业科技项目，师资队伍技术研发能力得到有效提升，并形成核心技术优势。

（3）改革教师评聘、考核和评价制度，探索人员流转退出机制，完善岗位管理制度，探索年薪制。提出师资队伍建设计划，面向学院选聘或社会招聘教师，向产业相关技能型人才适度倾斜；根据“能力”实施教师分类管理和考评，采用三方评价（自我评价、专家评价、学生评价）综合考核。

5 主要特色及优势

（1）以满足湖北汽车产业转型升级过程中对汽车智能制造技术的迫切需求为导向，突破传统以教为主的人才培养模式，调动企业参与人才培养的积极性，以“专业与产业呼应，教学与生产融合，实践与就业贯通”为指导，以培养“行业的骨干，创新的纽带”为目标，创新工程教育人才培养组织模式，推动开放式办学，构建协同型聚集模式和“政产学研用”多元协同的人才培养机制。

（2）专注汽车智能制造工程师能力培养和社会服务，以学生全面成长成才为中心，对接产业需求，构建良好的教师建设和评价机制，培养具备“前瞻化、工程化、国际化”的跨学科可持续发展的教师团队。

（3）以服务湖北省汽车工业“十四五”发展规划为目标，融合产业链、创新链和人才链，主动对接汽车企业智能制造技术需求，建立良好的校企合作育人模式，从人才培养与智力服务两个维度，为汽车智能制造产业与社会经济发展提供高质量支持。

参考文献

[1] 王磊，李生英，马乐. 工业互联网背景下智能制造产业学院工程教育探索 [J]. 科技风，2023（12）：35-37.

[2] 刘元朋，常绪成，王正鹤，等. 新工科背景下地方本科高校产业学院建设路径探索——以 ZUA 为例 [J]. 管理工程师，2023，28（2）：58-62.

[3] 李金成，夏文香，毕学军，等. 地方本科院校现代产业学院建设研究与实践 [J]. 中国冶金教育，2023（2）：6-9.

[4] 王仁宝，王晓峰，张慧. 面向新工科的现代产业学院建设探索——以合肥学院大众学院为例 [J]. 应用型高等教育研究，2023，8（1）：1-4.

[5] 滕继濮，韩荣. 现代产业学院：产教融合新形式，区域发展强助力 [N]. 科技日报，2023-03-29（006）.

[6] 岑文静. 现代产业学院人才培养模式实践探索——以 H 高校 J 智能供应链产业学院为例 [J]. 教育观察，2023，12（10）：121-124.

新工科背景下工业工程专业“产学研”三位一体实践教学研究[①]

侯 俊

湖北汽车工业学院

摘 要：本文结合新工科背景和工业工程专业特点，提出实现“产学研”三位一体的创新实践教学模式需要依托产业需求、学科融合、导师制和学生主导四个要素。该模式紧密贴合产业需求，通过实践教学模式实现产学研三方的密切合作，将理论教学与工程实践、课堂教学和科研项目有机结合。该模式以学生为主体、以企业为主导、以结果为导向，重在激发和提高学生的创造力、快速学习能力、解决实际问题能力，较好地促进了产教融合创新实践落地，具有较强的应用价值。

关键词：新工科 工业工程 产学研三位一体

引言

工业工程是一门涵盖工程与管理的交叉新型学科。它以各种复杂的工业系统为研究对象，以系统中的人力、物质、信息、能源、生产组织等为要素，旨在通过科学、合理地组织协调相关生产要素，进而实现工业系统及工程项目性能、经济效益与生产率的最佳优化。同时，工业工程专业也是应用型专业，该专业在产教融合实践中存在体制、机制、评价指标、师资能力等共性障碍与问题；另外，制造业乃至社会对该专业缺乏认知加大了在产教融合方面的推进难度。

因此，探索实践新工科建设背景下工业工程创新人才培养模式，在新工科建设中升级改造工业专业，强化产业、学术和研究的结合，极具现实意义。

1 工业工程与实践教学

工业工程（IE）专业要求学生具备创新思维和工程实践能力，培养学生的方法主要是通过与产业界和研究机构的协作实践。通过协作实践、实习等形式，学生可以更好地掌握所学知识和技能，增强实践能力和创新能力，同时企业也可以更好地培养和引进高素质的工业工程专业人才。

工业工程与企业各职能部门（如业务、制造、品保等）之间联系非常紧密，通过搜集各职能部门的信息和反馈，使用各类工具和手法支持不同部门业务的开展，因而工业工程的学生在企业各部门都有用武之地，能够发挥不同的作用，如图 1 所示。实习与实践环节是教学过程中的重要组成部分，学生可以在真实的企业环境中亲身体验和掌握所学知识和技能。在工业工程专业的实习教学中，非常适合实行产学研三位一体的协作模式。

---

① 基金资助：湖北汽车工业学院博士科研启动基金项目（BK202223）；湖北汽车工业学院研究生教育质量工程项目（Y202329）。

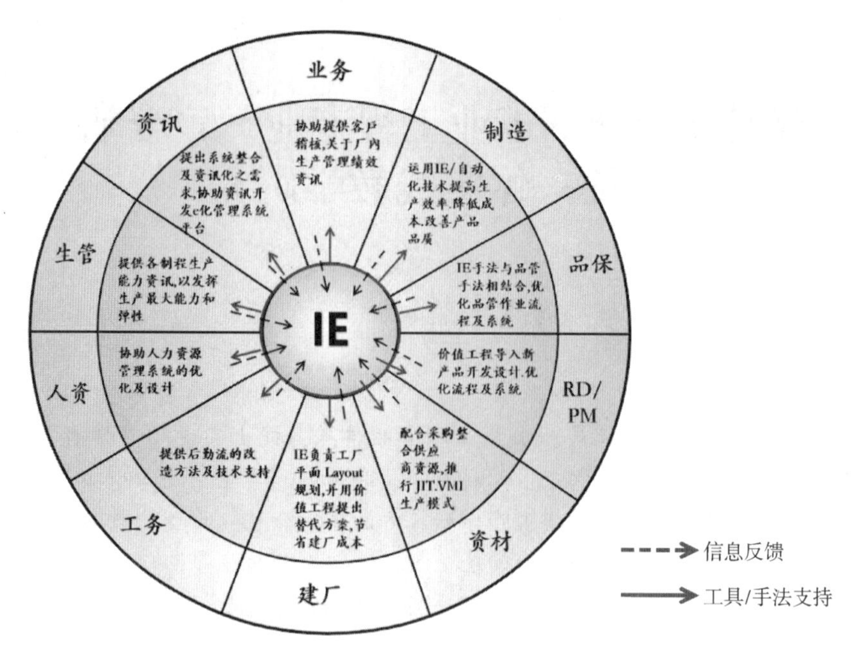

图1　工业工程在企业各职能部门中的改善应用

2　“产学研”三位一体实践教学模式设计

产学研三位一体的协作模式强调学校、企业和研究机构之间在教育、培训及科研方面的合作（图2）。这种模式的优势在于能够将学术界、产业界和研究界联系起来，以共同推进知识的传授和实践及应用，从而提高教育教学和科学研究的效率和质量。具体举措有：

（1）学校将工业工程课程的核心理念进行改革，结合行业、市场、技术需求等因素，设置与现实销售环境相符合的业务案例。学校与企业合作，共同设计工业工程课程，以便课程内容更贴合企业需求，通过校企合作项目、发掘企业需求等途径实现。

（2）企业向学校提供实践机会，让学生深入了解企业运营方式和管理方法，提高学生实践能力和创新能力。研究机构向学校提供专业课程讲授和实践研究等方面的支持，推进产学研的高效整合模式，确保课程开发和实践能够得到充分的交流和共享。

（3）学校、企业和研究机构共同组织创新竞赛，鼓励学生开展科研和创新活动。这类活动可联合举办或交流经验，共同组建产学研联合实验室等。

（4）在毕业生就业方面，学校、企业和研究机构之间加强联系和合作，以便毕业生能够更好地接触到就业机会和适应工作环境，以及能够更好地应对工作压力和挑战。

通过建立产学研合作的教学体系和管理制度，将部分实验内容和实验项目“搬迁”到企业，有针对性地开展“发现问题、提出方案、采集与分析数据、新方案试验与优化、解决问题”的产学研活动，围绕制造企业生产计划制定生产经营、设施规划、车间管理、现场改善等活动，强化学生利用相关理论知识解决工程实际问题的能力。

通过与企业开展深层次合作，学校在实习安排等环节上进行系统的改革、创新，从课程体系设置、教学内容安排、教学方法创新、实践室建设及实践教学方面借鉴国内外高校在学科建设上积累的经验，同时学生也能够在校内期间接触到真实、实际的工作经验，更贴合企业需求，提高实践能力和创新能力；为企业提供了机会接触到下一代人才；给研究机构提供更多的实践参照，便于它与实际企业建立关系。

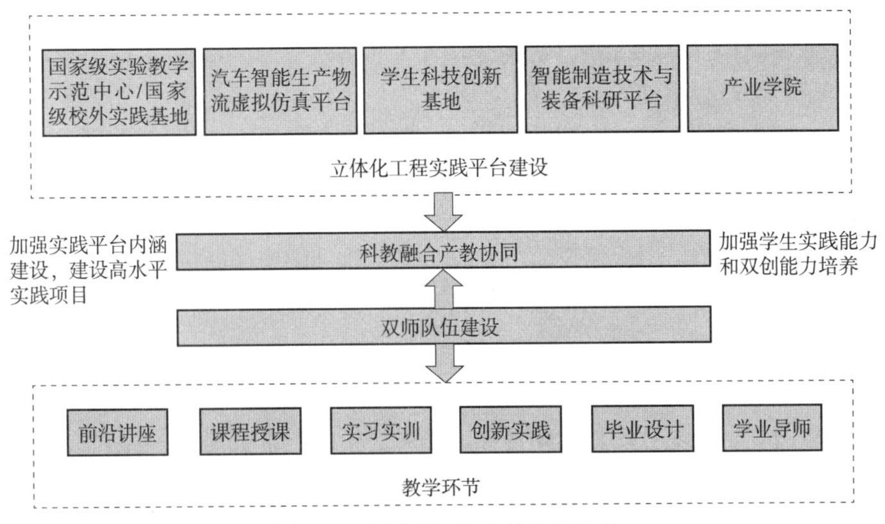

图 2　“产学研”结合的实践教学

3　“产学研”融合实践教学落地四要素

实现工业工程专业“产学研”融合创新实践教学落地，需要依托产业需求、学科融合、导师制和学生主导四个要素，缺一不可（图 3）。

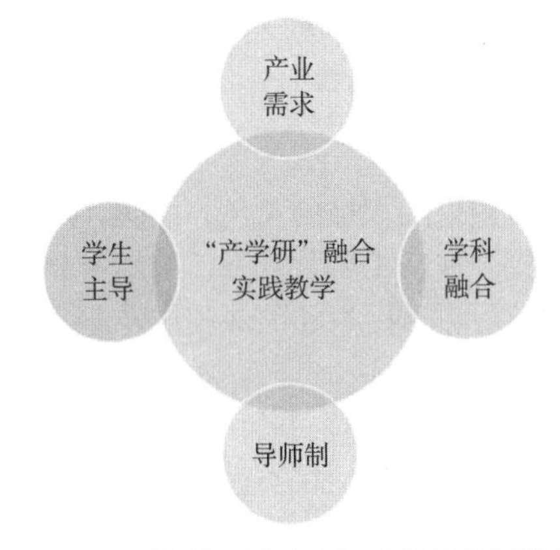

图 3　“产学研”融合实践教学落地四要素

3.1　产业需求

产业需求是指根据实际的市场需求和产业发展趋势，制定符合产业和市场的人才培养目标，设置可以满足企业和产业需求的教学内容和实践项目。以汽车产业为例，产业需求主要来自市场需求、技术需求、管理需求、营销需求及创新需求等。

学校可以根据实际情况，制定适合自己的教学内容和实践项目，让学生能够更好地适应产业需求，为产业的发展贡献人才和力量。工业工程课程教学内容应紧密贴合以上产业需求，使学生能够在实践中学习到实际应用技能，并采用最新的技术和工具。

3.2　学科融合

工业工程专业的核心课程之一是生产制造，需要学生学习生产制造中的工艺设计、生产计划、生产控制等知识，只有具备这方面的知识才能更好地进行工业流程优化和生产效率提升；工业工程专业需要将计算机科学与技术纳入学习范围，掌握信息化技术在工业生产中的应用，包括工业物联网、数据分析、可视化技术等；将运筹学的概念引入工业生产当中，将优化算法应用于生产过程中的人员管理、物料配送、设备维护等方面，以提高效率和降低成本；另外掌握一定程度的人文社会科学知识，比如人力资源管理、运营管理、推销管理等，这些知识能够让学生更好地理解商业运作背景和商业需求，从而为管理层提供更好的决策方案和意见。

在学科融合的过程中，学生需要具备跨学科的思维和综合实践能力，能够从多个学科中融合新的想法和发展机会，更好地适应市场需求和科技发展的变化，使学生能够全面成长并在实践中提高应用能力。

3.3 导师制

实践过程应由一个或多个校外导师指导，并对学生的学术表现和综合素质给予评价和建议。在新工科背景下，导师制更加注重学生的综合能力培养，鼓励导师和学生开展产学研合作，实现理论与实践的结合。导师制是非常重要的一环，对于培养高素质的工业工程人才起着至关重要的作用。以下是以工业工程专业为例的导师制的实施细节：

（1）学生需要在实践前确定校外导师。

（2）导师为学生提供专业的学术指导，从选题到实验设计和实验结果的分析，指导学生完成研究项目。

（3）学生可以利用实验室和企业合作等机会，开展科研项目和创新实践，提升自己的实践能力。

（4）校外导师在实践结束后，对学生的学术表现、综合素质和实践成果进行综合评价，为学生学业测评和重要决策提供参考建议。

3.4 学生主导

学生应在学习实践过程中扮演更加积极的角色，能够针对自己的兴趣和特长进行自我探索和自我实现，有更大的自主权。在新工科背景下，学生主导更注重培养学生的自主学习和自主探究能力。学生可以自主学习自己感兴趣的课程或专业，最终确定自己的职业方向。学生可以和导师自由交流，明确自己的目标和方向，学习相关的知识和技能，开展研究和实验项目，并通过发布论文的方式，分享自己的成果和发现。

教学模式应侧重于学生主导，鼓励学生在实践中充分发挥自己的才能和创新精神，增加学生自主学习、管理和创造的能力，适应新工科背景下的快速发展和创新，成为优秀的工业工程师，在工业应用和实践环节中取得更好的成果。

4 结语

本文针对工业工程专业特点，结合新工科背景，提出了“产学研”三位一体的实践教学思路，指出实现工业工程专业“产学研”融合创新实践教学落地，需要依托产业需求、学科融合、导师制和学生主导四个要素，使实践教学模式紧密贴合产业需求，形成产学研密切合作、理论教学与工程实践有机结合、课堂传授与科研项目有机结合的人才培养模式，以适应新工科发展，同时提高学生的学习效率与实际解决问题的能力，为学生顺利走向工作岗位做出必要和充分的铺垫。本文所列实践教学思路，对其他相关专业也有借鉴作用。

参考文献

［1］陆国栋，李拓宇. 新工科建设与发展的路径思考［J］. 高等工程教育研究，2017，

164（3）：20-26.

［2］朱小勇，胡鸿，刘爱群，等. 工业工程专业生产实习改革——基于团队解决问题导向［J］. 价值工程，2016，35（28）：181-183. DOI：10. 14018/j. cnki. cn13-1085/n. 2016. 28. 072.

［3］黄丽，周青青，刘小燕，等. 产教融合背景下本科智慧课堂建设的探索实践与研究——以《基础工业工程》为例［J］. 软件，2021，42（3）：22-25.

［4］王丽，王洪喜，王沁. 激发内驱力——基于 OBE-I&E 的创新创业教育模式改革与实践［J］. 高教学刊，2020（15）：41-45. DOI：10. 19980/j. cn23-1593/g4. 2020. 15. 009.

［5］贺书霞，冀涛. 从“合作”到“融合”：职业教育产教融合机制研究［J］. 河北职业教育，2022，6（1）：5-10.

［6］池春阳. 利益相关者视角下高职教育产教融合长效机制研究［J］. 教育理论与实践，2021，41（33）：16-20.

［7］周慧文. 高校产教融合困境及其突破——一个综合性的理论分析框架［J］. 中国人民大学教育学刊，2021（1）：59-72.

［8］赵晶英，吴小东. 工业工程专业三层次协同递进实践教学体系优化［J］. 实验技术与管理，2020，37（2）：196-200. DOI：10. 16791/j. cnki. sjg. 2020. 02. 047.

新时代高校学生党支部对网络行为的法治教育路径探析

方　林　王　娟　肖　锦　周　曦
武汉纺织大学机械工程与自动化学院

摘　要：网络生活是现代生活的重要组成部分，大学生的创造力将在网络生活中得到充分展示，他们可以创造出多元化的新思想新观点，但同时也容易出现思想形态问题。高校学生党支部是学生组织的重要组成单元，肩负着引领青年学生思想发展、正确管理教育学生思想形态的重任。因此，本文将试图逐步厘清高校大学生网络行为存在的一般社会情形内涵和社会基本组织形态特征与本质特征，应对并努力抵制一些不良、错误文化思潮的无端侵扰，从网络法治实践教育活动的宏观角度上梳理思路，进一步系统思考新形势下高校学生党支部有可能出现的各种工作新机制模式和制度基本方案。

关键词：高校学生党支部　网络行为　法治教育

引言

在互联网新时代下，大学生群体参与的各类移动互联网络的交友行为频次更高，涉及群体面较为广泛。在现代国家法治传统教育思想多维视角的引领下，有必要进一步加强现阶段大学生网络行为特征识别，未成年人网络边际行为预防教育、重视与力度研究和具体操作制度规范。学生党支部在全面强化高校学生法制道德方面承担着极其深远的法律教育使命。针对普通大学生网络舆论引导与规范普通大学生网络行为特征来进行全方位的大学生法治思想道德教育也变得势在必行。

1　高校学生党支部对新时代大学生网络行为需有所作为

1.1　大学生群体的网络行为需要被关注

非法学专业本科学生仍是主要关注对象。法学专业学生经过相关专业理论教育课程学习和法学素养培训后，对中国法治体系的基本认知及认知能力水会普遍高于非法学专业学生；一些普适性较差的中国法治理念教育学习活动项目不能满足普通大学生对中国法治意识教育活动的深层次需求，他们需要更细致专业耐心的思想教育学习。另外，法学生们对于大学生普适性法治教育情况的反馈，能有效印证大学生群体参与的司法整体情况。

低年级本科生群体将是法治素养教育研究的主要服务对象。本科低年级学生党支部主要成员接受政治通识课教育学习和入党基本意识养成课程教育，将马克思主义法治观念教育学习贯穿到其中，是能恰逢其时学以致用的[1]；另外他们是参加组织团学活动实践的群体骨干，是一定能受本科学生党支部组织所感染、号召和调动到的。

大学生的网络行为较为频繁活跃，其中尤以本科生突出。自高中毕业后，进入大学会不自觉地进入网络世界获取需求。但随着年龄心智的增长，大学生会逐渐减少自己的网络行为。高年级学生更加愿意花时间关注升学、就业等社会现实问题，低年级学生更热衷于网络互动，但也是在螺旋上升中发展。在此过程，很容易受到外界不良因素的干扰，同时也容易接受道德观和法治教育的输入。

1.2 大学生网络行为分析

通过对大学生使用网络行为时长的调查分析发现，接近四成的大学生网络日使用时间为1~3小时，四成以上的大学生网络日使用时间为3~6个小时。现阶段网络社交对象更多的是教师、朋友和亲人。

当前中国大学生最常见的几个主要上网行为是休闲娱乐、网络社区使用和信息收集，具体为浏览网络影视作品、读书、参与新闻舆论讨论、互联网社区和应用等。以关键字“频度”的分析数据表明，通过手机各类应用APP进行试听类应用、社交应用、时事新闻是目前最普遍的三种上网行为。此外，大约89%的受访者有过网上借贷等消费或理财行为，大约90%的大学生向平台提出拒绝网络借贷。在选择如何表达想法建议时，多数学生会通过“两微一端”进行留言评论，占了近30%。

大学生在互联网及相关社会问题方面的风险法治意识较为薄弱。通过对大学生上网行为的风险意识调查分析发现，近54%的大学生表示会主动或在一定程度上预知上网风险，并能自主排除上网活动中可能产生的各类违法网络风险；约83%的大学生逐渐产生了对基本网络行为的风险意识；约48%的大学生还会考虑如何认识到网络行为违法风险；超过87%的大学生能意识到网络行为可能引发民事责任、行政责任、刑事责任。

1.3 对网络行为的法治教育形式的接受程度

超过13.5%的大学生认为利用校园新媒体平台等形式进行大学生法治思维教育是科学合理的；约73%的大学生认为，思修与法学基础等学科直接指导大学生依法进行网络活动；超过56%的大学生明确表示希望通过手机下载法学APP来接受法治教育，甚至79%的大学生愿意在大二的教学活动环节中知法学法。由此可见，大学生对于网络法治教育的接受程度是较高的。

2 对大学生网络行为实施法治教育的思路整理

2.1 积极应对社会思潮冲击

当前我国社会思潮相对比较稳定，但仍然存在一些影响较大的错误社会思潮，主要有历史虚无主义、“西方宪政民主”论、新自由主义、“普世价值”论、“公民社会”论、马克思主义“西方新闻自由”史观、马克思主义“两个质疑”论、共产主义“逆全球化”思潮等[2]。考察评价当前错误社会思潮，应着力全面剖析其产生的客观表现、实质特点和本质危害。

具有明显政治意图色彩的社会思潮，如“历史虚无主义”社会历史思潮，通过批评分析各种媒体报刊网络文章、“重新解构”或“重新评价”影视作品人物，从而歪曲、有意否定历史甚至抹黑正面人物或历史事实；同时更有一些别有用心的伪学者打着各种先进学术思想史研究试验之类的旗号，歪曲甚至否定建设现代化物质文明、民主政治文化改革和发展进步的历史过程。近年来，不法分子利用网络对“颜色革命”口号的政治思想内容进行了升级修改与重新包装，鼓吹“公民行”的口号，去对抗现有权威秩序。应坚决抵制这些错误思潮，引导青年学生认识到中华民族伟大复兴的进程是艰辛和光荣的，自觉做到四个自信、四个意识和两个维护。

2.2 网络行为的法治教育内容

2.2.1 对于非法学专业的学生

首先，对非法学专业学生进行法治教育，必须进一步建立完善的公民意识。

其次，逐渐形成权利、义务、责任观念。大学生网络行为是受法律主体普遍关注的社会行为。义务指人们在网络社会行为相关活动中所付出的某种价格，而权益则指人们在其网络社会关系活动中相应的某种代价与收益[3]。另外，网络行为责任主体是对一切网络行为人基本价值利益所承担的各种主体责任，利益指利人利己行为的基本价格付出。

最后，要树立法治面前人人平等的社会主义法治观念。网络犯罪行为虽然存在一定的心理虚拟性，但网络行为人在网络司法面前也是平等公正的，因此不会出现网络司法空白地带。

2.2.2 对法学专业学生

大学生必须首先从政治思想生活出发，正确树立起社会主义法治理念。法学专业学生在实践中首先应该重视培养并自觉坚持和维护遵循社会主义法治事业发展的内在逻辑和价值追求；运用西方当代主流法学思维深入地认识中国现代社会主义法治国家公民的各种法律制度内在根本价值要求、精神实质特点内涵、社会主义法治体系基本原则和运作发展规律，不断在实践中提高全民法律素养，切实增强思想法治观念。

正确把握与认识法律的一般价值，利用网络社区尤其是法律思想的公共空间，正确把握诸如民主、自由、公正、权利保障等法律基本概念在核心层面上与西方普世价值论调之间的重要区别，从而防止人们以外延层面上的抽象或近似的表述去阻碍我国社会主义核心价值观体系的全面建立进程，推动社会主义法治文明精神系统的全面建立。

3 学生党支部对大学生网络行为实施法治教育的路径构建

一要坚持积极应对当代青年网络舆论大会上所提出来的反对意识形态。党支部委员更要注重自身马克思主义理论学习，提高思想专业理论水平，增强各项业务及工作技术服务指导能力，深入接触大学生群体，了解研究当前青年大学生社会和思想动态，正面理性地分析应对当下大学生网络舆论平台上各种关于社会意识形态与思想方面重大矛盾冲突的最强烈观点表达，有效把握宣传并引导好当今大学生思想文化工作走向。在学校加强思想政治理论课专业教育的七大德育视角指引下，进一步培育社会主义核心价值观、意识形态政治素养、法律意识，具体且有效系统地加强针对大学生网络社交行为违法和严重损害身心健康网络言论信息传播行为的道德规范体系建立与日常宣传引导性教育工作。进一步通过网络具体教育实践调研工作来逐步深入贴近大学生实际，在关注大学生网络环境及安全、网络犯罪、网络恶意攻击、网络利他主义、网络亲情疏离之感、网络社会道德缺失行为等六个重要方面分析解决网络行为问题。

二要积极努力搭建学生网络党支部，建设新的媒体平台。学生网上党支部学习要重点加强法学理论方法研究，将常说的思想引领应用于实际问题。引导学生强关联支部，运用网络新媒体载体，以学生喜闻乐见的形式开展一站式法治教育，大胆创新工作方法，剖析存在的实际困难并提出路径规划。

注意针对当前大学生网络行为特征，有针对性地开展大学生法律思想教育。一方面，从高校的法治角度出发，把学校法律价值观灌输活动和社会高频网络活动相结合，进行全面贯穿整合教育并有效地充分渗透融合实施；抓住现阶段大学生网络行为发展的三个最基本特点，按照当前有关学生法律行为发展的主要构成，积极利用法律法规的因时而新和教育的渠道，开展网络明礼诚信守法等教育，以推动当前大学生在网上诚信守法等行为的建立[4]。另一方面积极调动不同层次类别中的各级学生组织，全方位地去设计探索有利于大学生网络法治精神养成的有效活动途径与实践载体。在各个学生党支部组织的活动工作的范畴框架里，对实践途径与活动载体应在活动实践成功后认真予以分析评价，积极推动活动机制的快速形成，重视实践过程中的经验积累，善于发现新观点新思想，将理论与转化实践成果相结合，使之系统化，以达到“以小见大”“实事求是”的好效果。

高校学生党支部是一个重要思政教育组成单元，肩负着引领大学生思想发展的重要作用。学生党支部要坚持以正面立场与当代青年网络舆论大会上所提出来的反对意识形态做斗争，要积极努力搭建起学生网络党支部建设的新媒体平台，引导学生强关联支部，运用网络新媒体载体以学生喜闻乐见的形式开展一站式法治教育，大胆创新工作方法。同时注意针对当前大学生网络行为特征，有针对性地开展大学生法律思想教育，深入分析检验评价工作方法的科学性，不断提升党支部对网络行为的法治教育。

参考文献

[1] 焦云娜. 大学生网络法治教育研究 [J]. 文化学刊，2017，(2)：219-221.

[2] 何玲玲，林佳丽. 大学生网络攻击行为现状及影响因素 [J]. 心理月刊，2021，16 (21)：59-61.

[3] 汪品淳，吴桂芳，姚琼. 基于互联网视角的网络利他行为研究现状分析 [J]. 安徽理工大学学报（社会科学版），2017：19 (3).

[4] 关磊，李敏，刘红斌. 网络对大学生思想行为影响的实证研究 [J]. 高教论坛，2018 (6)：126-130.

“自由开放式”教学模式在电子工艺实训中的应用

李琴琴　赵文晶　李文惠　金卓阳
太原理工大学

摘　要：针对目前电子工艺实训课程中存在的弊端，将“自由开放式”教学模式应用到电子工艺实训中，采取模仿学习、自主实践的自由开放式探究的教学流程，利用大数据全程跟踪实训过程，将学习效果直接反馈到接下来的教学中，实践表明，这种教学模式增强了学生的学习兴趣和自主创新能力。

关键词：“自由开放式”教学模式　电子工艺实训　大数据跟踪　学情反馈

引言

电工电子技术的不断更新和发展促使企业对应聘人员的理论知识和实践能力提出越来越高的要求，然而目前落后的教学理念和教学模式，致使我国高等院校相关专业的毕业生普遍存在动手实践能力较差、自主创新能力不足等方面的问题，特别是在专业基础课方面，比如单片机原理及应用、数字电子技术、模拟电子技术等课程。

随着开放式教学的推广[1]，以学生为主体、教师为主导的教学理念越来越多地应用到高校工程实训的课堂中。本文针对传统电子工艺实训中存在的问题，将自由开放式探索项目引入电子工艺实训课程中，改变了以往以教师引导为主的教学模式，激发了学生的学习兴趣，提高了学生的自主创新能力。

1　电子工艺实训的现状

在目前的电子工艺实训中，教师按照教学大纲详尽地列出实训的原理、操作步骤和实训方法，学生只要按照步骤操作就能顺利完成实习任务，很少安排设计任务，这使得学生的积极性和探索意识受到了限制。此外，固定的实训时间和项目导致学生只能在规定的时间内完成指定的任务，实训室在没课的时候也不对外开放，实训课以外的时间学生没有机会进入实训室，大大地降低了学生的创新能力和自主动手实践能力。

2　“自由开放式”实训模式

电子工艺实训的自由开放式模式包括开放式实训内容、开放式实训时间和开放式教学方式。

2.1　“开放式”实训内容

实训内容按照教学流程包括模仿学习、自主实践，自由开放式探索三个层次，在模仿学习阶段，教师在讲授基本原理、知识点和操作技能以后，将基础实训的操作技能演示给学生看，学生通过模仿教师的操作获得基础技能，使自己的基本动手能力得到锻炼。自主实践阶段，学生在基础实训的基础上学习更深入的内容，涉及更多的电子元器件和仪器仪表，通过理论联系实际的方法在原有的项目基础上自主实践，在实践过程中发现问题后往往能够自主分析和解决问题，这个过程使学生的综合运用能力和工程实践能力都得到了锻炼。自由开放式探索，学生经过前两个阶段的学习掌握了一定的知识和技能后，教师会提供更多的学习资源供学生使用，该阶段以"探索创新"为目标，学生按照教师提出的基本要求，登录网站查阅电子资料，获取学习资源，并结合自身知识结构和层次，以小组为单位，通过反复探讨和研究完成任务，这个过程培养了学生自主创新和探索未知领域的能力，这些能力往往是在研究生阶段才能得到培养的。

2.2 "开放式"实训时间

根据我校电子工艺实训车间目前的条件，实训室的开放时间为全天，每天开放 12 个小时，学生在教师的指导下独立完成实训项目，实训设备的利用率得到了很大的提高，充分发挥了投资效益。学生在课堂以外的时间通过网上预约的方式进入实训室，将自己课堂没有掌握好的技能重新操作和练习，也可以在实训室做课堂以外的其他实践项目，充实自己的课余生活，提高自己的动手能力。实训室开放以后，实习设备使用率高，实训耗材也增加，要求学校投入更多的资金解决设备和耗材紧缺问题。

2.3 "开放式"实训方式

各学院根据每学期教学任务和实训所需要的时间，通过线上预约的方式，预约学生的电子工艺实训时间，学生按照预约时间和分组来实训中心参加实习。开放式教学方式打破了传统的班级制教学理念，学生可以在理论课以外的时间灵活安排自己的实训，克服了以往由实训中心规定实习时间可能导致的学生实训与选修课时间冲突，或者因特殊原因不能上课等问题。

按照各学院的预约时间段，每个时间段均有一组学生实习，在实习设备和耗材有限的情况下，保证每一位实习学生可以在自由、轻松的环境中独立完成实训任务，学生由被动学习变为主动学习，学习的主体意识增强，教学质量也得到了提高。

3 结语

开放式教学打破了传统的班级制教学模式，通过在实训内容中增加开放式自由探究模块、开放实习时间、改变教学方式的模式弥补传统教学的不足，同时也利用线上预约、大数据跟踪等手段将实际教学效果以客观数据的形式反馈到接下来的教学中，为学生提供基础性、自主性、探究性等多种实训项目，满足本校不同专业、不同知识层次学生的实训要求。

参考文献

[1] 陈建忠. 开放式探究教学模式在电子教学中的应用分析［J］. 科技视界，2018（29）：198-199. DOI：10. 19694/j. cnki. issn2095-2457. 2018. 29. 094.

[2] 王翠波. 大数据平台在电子商务专业开放式实验教学中的应用（Ⅱ）：适用性与模式［J］. 智库时代，2017（12）：290-291.

[3] 王诗兵，韩波，王中心. 基于研究案例的“任务驱动”教学法在电子电路仿真教学中的应用 [J]. 阜阳师范学院学报（自然科学版），2016，33（2）：127-130. DOI：10. 14096/j. cnki. cn34-1069/n/1004-4329（2016）02-127-04.

[4] 陈宏，费跃农，钟金明，等. 基于信息技术的模拟电子技术线上线下混合 OBE 教学实践 [J]. 高教学刊，2022，8（22）：89-93. DOI：10. 19980/j. CN23-1593/G4. 2022. 22. 021.

[5] 杨晓冬，陈荣，王建冈，等. 开放式实验系统在电力电子技术教学中的应用 [J]. 科技视界，2016（25）：21+17. DOI：10. 19694/j. cnki. issn2095-2457. 2016. 25. 014.

依托学科竞赛探索工程训练新模式

——以先进制造技术实训为例

李文惠　赵文晶　金卓阳　岳辉

太原理工大学

摘　要：开展学科竞赛，是检验、提高学生综合能力的重要方法渠道。本文以工程训练课程中一个教学模块——先进制造技术实训的教学改革探索为例，分析了目前工程训练在人才培养方面中存在的问题和不足，探索将学科竞赛引入常规的工程训练教学新模式。通过学科竞赛项目驱动式教学开展工程训练，致力于将工程训练课程中的各个工种密切联系起来，充分激发学生的主体参与性、竞争力，促使学生在知识储备、创新能力、工程素养、动手能力方面得到显著提高。

关键词：工程训练　学科竞赛　实践教学

引言

经济全球化、信息化的深入发展，带来了科学技术以及产业升级变革的步伐加快，使得人才的供需结构发生了相应的变化，这对高等工程技术人才培养提出了更高的要求。教育部高等教育司在 2017 年发布《关于开展新工科研究与实践的通知》，强调了高等工程教育的重要地位。这就需要高校必须积极作出工程教育教学的调整，以满足国家战略发展的需要[1]。工程训练是一门以实践为主的基于工程素质能力训练的综合性专业技术课程，是本科生开阔创新思维、培养创新能力的摇篮，也是培养复合型工程人才的基石。

当前，工程训练课程暴露出一些问题。在人才培养模式方面，工程训练课程缺乏多样性和创新性，实训内容陈旧，课程设置单一，缺乏层次性、整体性，不能满足各专业培养方向、就业方向的要求；缺乏引导学生对专业课程的深入思考和理解，未能有效地通过实践课程挖掘学生的兴趣爱好和专长，未能引导学生通过实践课程对专业知识有更深刻的了解和应用。在教学手段方面，还是传统的“讲授式教学”，课堂以教师讲授为主，学生主动参与性低。教学内容上重理论，轻实践，实践环节面向大众化，内容比较平庸，缺乏难度和综合性，对学生实践动手能力培养的作用不够明显。与其他学科交叉融合度低，资源共享不足，学生对工程技术知识及其相关内容理解不深入，缺乏发现问题、研究问题、解决问题的钻研能力。

基于这些问题，工程训练课程急需突破传统的固定教学模式，探索出一条新的符合当代社会发展要求的复合型人才培养模式。先进制造技术实训课程是工程训练中的一个重要模块，主要的教学任务是培养学生对智能制造设备的理解和运用，实训场所包含激光加工设备、3D 打印机、数控车床和加工中心，可以满足大部分比赛中对加工零件方面的任务需求，适合探索开展“赛教学”一体的工程训练新模式。

1 先进制造技术实训课程（赛教融合的教学模式）建设思路

1.1 建设意义

1.1.1 学生层面

赛教融合的教学模式，可以使学生的专业基础知识更加扎实。在赛项的推动下，学生对专业知识的理解和应用将得到进一步的加深和提高，在竞赛项目的推进过程中对专业知识进行查漏补缺。通过这样的实践过程，学生的学习热情可以逐步被激发出来，同时学生的奇思妙想落到实地，认识到成为一合格的工程师的基本要求，真正意义上提升学生的专业技术能力[2]。

1.1.2 教学层面

促使教学内容与时俱进，紧跟国家对工程人才发展需求，符合中国2035年制造强国的发展战略。国家反复强调，增强制造业核心竞争力，首先把先进制造业摆在更加突出的位置。面对内需的不断增加和外部势力对中国制造业的欺压，中国的制造业急需走出一条具有中国特色的道路，急需更多的制造业优秀人才来支撑。将学科竞赛融入先进制造课堂教学中，可以极大地开发学生的工程技术潜能，为国家强国之路储备人才[3]。

1.2 建设目标

充分利用学科竞赛的特点，在具体项目的牵引下，打造先进制造技术理实一体化课堂，通过竞赛项目学习先进制造装备技术，引导激发学生对先进制造业的学习兴趣和创造热情，同时通过竞赛项目的融合培养，学生实践工程师所需要的专业技能，深入理解设计思想、产品结构、加工工艺、项目管理、团队协作等相关知识，让理论知识灵活运用于实际产品的生产制造当中去[4]。

1.3 实施方案

围绕人才培养目标、学生能力需求开展先进制造技术实训课程，将实训关注的重点转移到学生在先进制造中学到了什么，而非在工程训练实训中实习了哪些设备。通过在课堂中引入竞赛项目，帮助学生建立系统性的工程思维。同时根据赛项要求，制定既具有普适性，又具备针对性、时代性、前沿性的教学内容[5]。在课堂上，层层分析竞赛项目的技术要求，引导学生将不同专业知识融合进产品设计和生产环节中，深入理解先进制造技术实训基地各个设备在实际生产中的适用范围和优缺点。同时，改变传统的讲授式教学模式，增强课堂的师生互动性，激发学生学习的主动性和积极性，鼓励学生将脑袋里的奇思妙想制作成实物，将实习场变成实践创意工坊。在成绩认定考核中，要多维度地考核学生的综合实践能力，不仅要看理论知识的掌握程度，更要注重锻炼学生的实践能力、创新能力和团队合作能力。教学改革实施方案将从以下四个方面着手开展：

1.3.1 教学理念

先进制造技术是一门贴近现代制造企业生产技术、生产设备、生产工艺的实践课程，将项目式教学思想融入先进制造教学实训课堂，要摆脱传统工程训练模式单一的问题，引导学生培养系统性工程思维，即从产品生命周期四个方面——构思、设计、实施、运行入手，培养学生的工程能力[6]。应用项目式教学能让学生在大学时期就明确成为一名合格的工程师应具备的工程素质和能力。先进制造设备能帮助学生学习、掌握、运用当前行业发展的新技术、新工艺、新方法，可以帮助学生毕业后尽快适应工作岗位的需求。

1.3.2 教学模式

为了增强动手实践的主动性，教学需要改变传统的以教师讲授为主的教学模式，加强实训课堂的交互性，利用先进制造技术实训基地中设备的智能化操作特点，以解决问题为导向，在课堂开展头脑风暴，鼓励学生大胆思考，拓宽解决问题的思路，分享解决问题的想法。

1.3.3 教学方法

充分利用竞赛项目对多学科知识的需求，通过教师在课堂上深入分析竞赛项目的要求和细节，引导学生综合利用专业知识，如数字化建模、三维数据采集、逆向建模、创新设计、CNC 编程与加工、装配验证等。将学科竞赛的内容和当前先进制企业对应用型人才的需求结合起来，在内容上重点突出培养学生解决问题的能力和团队合作的能力，培养学生从比赛和实际工作的角度去思考问题的工作模式。

1.3.4 考核评估

建立灵活多样、科学合理的课程考核方式，着力强化学生质疑、批判、思辨和知识应用能力的培养，在竞赛项目开展过程中，开展全过程跟踪考核。例如：不定时抽查进度，布置专业测试、研究报告等项目任务，客观全面地考查学生在整个项目开展周期的表现和能力。同时增加组内互评，激发学生的主体参与性，认识到团队合作的重要性。

2 结语

工程训练是每一个工程技术人才走向岗位的必经之路，提高工程训练教学质量对理工科高等教育有着深远的意义。依托学科竞赛打造工程训练课程新模式符合“新工科”的时代要求和制造强国战略的需要，同时也可以更大限度地发挥工程训练实践大平台的作用。这样的实训教学不再是按部就班、冰冷孤立的教学单元，而是活灵活现、充满生机、充满创新的有机创新工场，真正实现了工程训练的“在学中做，在做中学”和“以赛赋能、实践育人”的培养目标[7-8]。这样的教学模式对学生应具备的工程意识、创新思维的培养，和教师的教学能力的提高起到了双向促进作用。因此，将学科竞赛引入实践教学环节的新模式，既是优化和创新人才培养新路径，更是工科院校提升综合实力，加深高等工程实践教育深度和广度的重要途径。

参考文献

[1] 李守太，杨明金，李云伍，等. “互联网+双创”背景下工程训练教学、实践、竞赛、科研“四维一体”育人模式探索［J］. 四川农业与农机，20230（2）：49-51.

[2] 邢智慧，商丽，王娜. 基于工程训练竞赛的机械创新设计课程教学改革［J］. 西部素质教育，2022，8（6）：23-26.

[3] 马雪亭，周岭，张涵，等. 基于学科竞赛的机械设计课程设计教学改革与实践——以工程训练综合能力竞赛为例［J］. 内燃机与配件，2022（2）：241-243.

[4] 潘敏辉，陈益丰，陈雷清. 以大学生竞赛为载体的高校“机械工程训练”实践教学模式探索［J］. 科技资讯，2022，20（8）：176-179.

[5] 郑朝阳. 工程训练课程教学与学科竞赛融合的实践初探［J］. 中国设备工程，2021

(17)：26-27.

[6] 杨兴文，王文胜. 基于学科竞赛的项目驱动式工程训练教学改革与探索 [J]. 科技视界，2020 (7)：16-18.

[7] 郑朝阳，陈克忠. 工程训练课程教学与学科竞赛融合的实践探索——以机械类、材料类专业为例 [J]. 大学，2021 (31)：131-133.

[8] 雷经发，景甜甜，陈雪辉，等. 基于大学生竞赛的机械工程训练实践教学模式研究 [J]. 黑龙江工业学院学报（综合版），2018，18 (11)：18-21.

第七篇　相关行业

发展涉农职业教育助力乡村振兴的思考与实践①

李从权[1]　张　融[2]

1. 天门职业学院智能制造学院；2. 武昌工学院绿色风机制造湖北省协同创新中心

摘　要：中国是人口大国、农业大国，乡村振兴是推进国家持续发展的基础，也是维护世界稳定的重要力量。乡村振兴不能依赖于传统型的农民，要依赖新时代农民，这些农民能学习、能创新。做好涉农职业教育，培养新时代农民是教育战线面临的重要任务。教师读职教史，养慈悲情怀；学生读职教史，树立技能强国的志向。涉农职业教育要抓早、抓小，把学校劳动课开成农业实践课，计入学分定量实践。农村学生有农业背景，读涉农专业有潜力，要有涉农专业供其选读。教材要走近学生，教师要走向农村，教案要涉农。职教生培养不能止于掌握一项技能，需要培养创新能力和独立思考能力。教学工作者要弯下腰，用心看，要踮起脚帮助瞭望。只要能培养出大量的新时代农民，解决农村振兴的主要矛盾就容易了。

关键词：乡村振兴　抓早抓小　职教史　涉农　独立思考

引　言

现在农村的住房、交通，用水、用电条件都得到了很大改善，轿车、摩托车成了基本代步工具，大部分农业生产使用了机械化作业。但是农村人很少，很难见到年轻人，很多农家门前杂草丛生，粗放经营的田地和抛荒的田地很多。农村需要振兴，急需要大量的高素质劳动者，职业学校成了培养农村建设生力军的主战场。那些考试分数不高的学生、返乡青年、退伍军人纷纷进入职校学习专业技术，数量一年比一年多。教学上困难多起来，职校生学习困难是职业教育研究的一个主题。江西师范大学向玲等人认为，学习困难青少年的控制能力存在不足，其主动性控制能力的缺陷很明显[1-2]。苏州高等职业学校盛祖华认为，职校生学习困难原因在于注意力分散、缺乏兴趣、心理问题，论述了培养学生兴趣的重要性[3]。无锡立信职教中心李大扣认为，教师可以从改进教学方法、端正学习态度、培养良好的习惯等方面改变这种现象[4]。霍国强认为，职教生有学习拖拉的不良习惯，这种习惯与学习困难互为因果[5]。综合现有的观点，学生学习困难大致有四种：兴趣缺乏、自觉性差、信心不足、学习拖拉。

1　开展职教史教育

目前还没有职教史方面的教材，教学时主要是教师在备课时有意识进行整理，穿插学习国内职教史，介绍发展过程，学习典型的人和事。讲解时要重点讲解洋务运动的意义和作用，洋务运动在职教史中具有划时代的意义，洋务运动前没有萌发资本主义生产关系，平民

---

①　基金项目：湖北省教育厅百校联百县——高校服务乡村振兴科技支撑行动计划项目（BXLBX1495）。作者简介：李从权（1972—），男，安徽六安人，天门职业学院智能制造学院副教授，从事职业教育研究与实践。

百姓要谋生，种植、养殖，技能、技巧无所不学。这种职业教育特征是无体制，无系统。洋务运动开始后，发展机器生产，迫切需要会开机器、会修机器的人才，政府机构开办以培训实用人才为目标的实业教育，即为现在的职业教育[6]。1902年的《壬寅学制》，规定了高小毕业以后可以进入中等实业学堂就读，中等实业学堂毕业可以进入高等实业科就读[7]。1904年清政府颁布了《癸卯学制》，建立了独立的高等学堂[8]。1917年在黄炎培、蔡元培、梁启超等社会名流创立了中华职教社，以解决谋生和社会服务为宗旨倡导实用，提倡手脑并用。中华人民共和国成立后我国的职业教育经历了调整适应、恢复发展、规范发展、质量提升和改革深化的过程[9]。教师和学生都要熟悉职业教育发展历史，深刻领会职业教育起源于谋生教育。在职教发展历中涌现出大量工匠大师，成就非凡。随着社会的发展，职业教育的根本没有改变。农民背井离乡，孩子成为留守儿童，成绩不好进入职校学习，从这一点来说职业教育依旧是一种弱势教育，教师要有仁慈之心。今天的职业教育已经发生了一定的变化，学生衣食无忧，迷恋游戏，不愿深入思考问题，这和以前迫切需要解决吃饭问题的职业教育是不同的。教学依旧不能求全责备。教师要有足够的耐心和学生打交道，抓住职教生农村生活背景促其进步，着力为农村振兴培养实用人才。不能用一节课、一周课、一个月，甚至数个月的学习来评价学生，要用进校门和出校门的差别来评价学生，要从家长的感受来评价教学。学生读过职业教育发展史，容易树立起技能强国的志向。近4年的教学实践表明，开展职教史教育有利于养心励志。

2 涉农教育要抓早抓小

2021年8月教育部倡导涉农高校耕读教育，让学生走进农村、走近农民、走向农业，了解乡情民情，学习乡土文化[10]。涉农高校做好涉农实践是其本分工作。农业是人类社会生存的基础，人活着第一要务是吃饱饭，涉农实践是源头活水。中小学、幼儿园都应该做好涉农实践。少年儿童好奇心比较强，对芽苗很感兴趣，尤其喜欢花鸟虫鱼，这时候特别有利于开展农业生产教育，既能提高生活乐趣，又能增长知识。

从普遍情况看，乡村小学劳动教育没有走出教室[11]，初中、高中劳动课流于形式[12]。学生把精力放在考试得高分上，放在升学竞争上。学校劳动课要让学生理解农业是很脆弱的产业，农业生产周期长，农业生产风险大。全社会要充分去体会农民产业的艰辛，辛勤劳动不能解决农业发展中的问题，农业发展要依赖于科学技术，依赖于创新实践。

对于学校来说，劳动课要有目的有意识去开展，把劳动课开成农业实践课很有必要。劳动教育要让学生了解节气与农业生产的关系，了解常见的传统农具特点和使用方法，了解现代农机具的使用特点，学习一些农田水利常识。农业劳动课每学期要定时开展，指导学生动手实践，栽培、除草、采摘、收获等都要认真参与。劳动量要达标，换算为学分计入学生成绩档案。

3 打造涉农职教专业

高校专业设置要充分理解市场供求规律，专业设置一定要从自身条件出发[13-14]。热门专业与就业率相关度较大，但是跟风设置容易导致有特色的少，没有特色的多，热门专业很快变冷门，学生毕业后高质量就业的少，低质量的多。中国是农业大国，农业却不火，高职院校开涉农专业极少，想学农也无处找。调查发现，湖北61所高职院校只有3所正在开办涉农专业。其中，黄冈职业技术学院开设了动物医学专业、现代农业技术专业；襄阳职业技术学院开设了畜牧兽医；湖北生态工程职业技术学院开设了茶树栽培、茶叶加工技术。湖北处于湿润气候地区，光能充足，降水充沛，适合于农业生产，按理说湖北职业院校要开设很多涉农专业，农村生产需要大量的农机、农电、土地整治类农业工程人才，需要养殖、种植、林草学等农学类人才。

学校不开涉农专业，那么学生入校以后，没有涉农专业可以选择，只能读护理、电子、计算机、汽车专业、模具等专业。这些专业只是听说，从没有见过，学起来困难很大，难以学到心里去，学习兴趣、态度、信心自然就少了，表现出来的就是没有上进心。在农村长大的学生，看到的就是农村建设，听到的是农村趣事，根在农村，涉农专业应该有潜力，职业院校没有充分认识这一点。专业设置不能只以市场发展为导向，职业院校要结合农村学生身心特点，打造出供选读的涉农专业。

4 教学贴近新农村

农村职教生以留守，隔代抚养为主要背景，教材选用有讲究。教材要主动走进学生，要有乡土味，这是是乡村教育的核心元素[15]。编写教材者还应该有创新创业新时代农民，用他们的创新事迹、成功案例来感染在读职教生。农村风土人情、农机、农电、农业建筑、农村电商、物流等很多内容都可以编进教材，每个领域都有成就非凡的创业成果，这就要求编写者深入涉农行业去采集。教材反应了涉农壮观的场面，学生内心必然会被感染。看到了农民创收有思路，就会觉得扎根农村有前途。涉农行业科技含量高，涉农者显得很光荣。

教师要阔步走向农村，学生也会跟着走。农村职教生入学前有了很好的涉农基础，这有利于涉农专业的学习。再进行涉农实践，不仅深化了课堂教学认识，而且可以获取新的认识。涉农是个大行业，包括种植、养殖、技术服务、设备保障、衣食住行、教育、卫生。做好涉农实践，了解农村需求，为投身于农村振兴找准方向。

5 培养思考能力

传统技法授课时强调板书，黑板、挂图、器具是主要的教学用具，这些依旧是最为有效的教学形式与方法[16]。信息技术引入课堂以后，视频动画多了起来。视频的好处就是直观形象，学生听课培养的是形象思维。没有动画，理解费力，不愿深入思考问题。习惯于形象思维，抽象思维能力弱，独立思考能力也弱。独立思考能力是学生在学习中应该取得的最重要的目标[17]。独立思考能力是可以培养的，教师应该抓住在校期间宝贵时间培养学生独立思考问题的能力。利用视频展示学科前沿、大国工匠、创新创业、红色历史，是很有优势的，动画展示以后，迅速进入教学主题。合理的做法是，教师把视频的链接网址发到共享空间，学生在复习的时候自己去看。好的课堂，教师把学生引入教材里面去，引到思考的情景中去。涉农行业需要能想问题的人，职教生需要培养能思考问题的能力。

李太平、李炎清强调教学要贯彻对话精神[18]，也就是学生有思考的空间，有发问的权利。教学不是灌输，是指导学生参与形成知识的过程，“传授”≠“灌输”[19]。课堂要留思考余地，不能把学生都教会。听懂的学习是被动的学习，听懂了，就不需要再看书了，这不利于自学能力的培养。负责任的做法是，学生听不懂是必须要有的。为了让学生听不懂，教师要特意设置悬念。

6 结语

职业院校担负着培养振兴乡村的高素质劳动者的重任，要打造好适合农村职教生的好课堂。要读职教史，懂得职业教育依旧是一种弱势教育，教学不能求全责备。教师要有足够的耐心和宽厚的仁慈心。要用长远的眼光来评价职业教育，要从家长的感受来评价教学；打造涉农专业供农村学生选读，引导学生学习涉农专业；教材要走近学生，涉农精英要定期到学校开展讲座。教师带头走向农村，做好言传身教，努力培养职教生创造能力和独立思考能力。培养出大量高素质的涉农行业职教生，农村振兴的主要矛盾就会得到解决。职教生性格欠开朗，不爱表达，主要原因是隔代抚养造成的，要给学生更多的阳光，使其乐于交往，这是心理活力培养的问题，是后续研究的方向。

参考文献

[1] 向玲，范淑娴，陈家利，等. 学习困难青少年认知控制特点研究［J］. 心理发展与教育，2018，34（4）：410-416.

[2] 高成瑨，高职院校学生学业不良的成因与精准帮扶策略［J］. 无锡职业技术学院学报，2021，20（3）：70-73.

[3] 盛祖华. 职业学校学习困难学生的不同学习需要研究［J］. 中国职业技术教育，2011，31（3）：15-16.

[4] 李大扣. 当前职业学校学生学习数学困难的原因及对策［J］. 南昌高专学报，2009，24（2）：137-138.

[5] 霍国强，学困生学业拖延的心理成因及干预策略［J］. 苏教育研究，2021（26）：4-7.

[6] 谢长发. 中国职业教育史［M］. 太原：山西教育出版社，2011.

[7] 周浩.《壬寅学制》：中国学制近代化的起始［D］. 银川：宁夏大学，2013.

[8] 刘虹. 癸卯学制百年简论［J］. 河北师范大学学报，2004，1（6）：32-41.

[9] 贾旻，王迎春. 职业学校新中国成立70年职业教育发展历程、经验与展望［J］. 河北大学成人教育学院学报，2020，22（2）：91-100.

[10] 教育部关于印发《加强和改进涉农高校耕读教育工作方案》的通知［Z］. 教高函〔2021〕10号，2021-08-23.

[11] 尹开元. 乡村小学劳动课实施现状浅析［J］. 基础教育参考，2020（1）：72-73.

[12] 秦庚迪. 劳动课不该流于形式［N］. 重庆日报，2019-05-23（8）.

[13] 吴维煊，主动停招热门专业彰显责任与担当［N］. 中国建设报，2019-04-17（5）.

[14] 张怡跃. "热门"专业要遵循三个规律［J］. 连云港职业技术学院学报，2015-12（4）：63-66.

[15] 李新. 乡土教材发展的现实困境与路径选择［J］. 课程·教材·教法，2021，41（1）：29-34.

[16] 阎光才. 讲授与板书为代表的传统教学已经过时？——不同方法与技术在本科课堂教学中的有效性评价［J］. 教育发展研究，2019，39（23）：1-9.

[17] 杨振宁. 具备独立思考、独到见解和独立研究的能力是最重要的目标［J］. 高等教育研究，1982（3）：74-75.

[18] 李太平，李炎清. 灌输式教学及其批判［J］. 高等教育研究，2008（7）：83-88.

[19] 张硕，王潇. 关于高中数学习题课教学的调查与研究［J］. 数学教育学报，2013，22（13），37-42.

绿色设计在制造业的融入发展

王恩泽
太原理工大学工程训练中心

摘　要：随着国际形势的变化，环境问题的加剧，能源危机的凸显，各类能源消耗型产业面临着转型升级的问题，绿色设计理念便逐步成为转型发展的方向，通过寻找代替能源、循环利用产品来提升企业效益，实现生态环境的保护，实现人与自然的和谐发展。

关键词：绿色设计　环保　制造　机械

引言

随着改革开放的深入，时代的进步，工业化和现代化的飞速发展，人们的生活水平日益提高，伴随而来的是温室效应、厄尔尼诺现象、拉尼娜现象、雾霾沙尘暴等异常气候的频繁袭扰，对人类的生存繁衍的影响日益严重，传统的高耗能高排放高产出的粗放发展模式已被时代淘汰，人们的环保观念越来越强，绿色可持续发展理念逐步深入人心，尤其是渗透到制造业领域的各个方面。为适应国际形势变化，机械设备制造领域渗透并发展绿色设计理念，是该行业能够长远发展的重要条件[1]，同时也是促进国家经济建设的主要力量。

1　绿色设计理念的基本内容

绿色设计理念，或可持续设计理念，又称生态设计，是 20 世纪 90 年代兴起的一种新的设计方式。工业革命之后设计始终围绕如何满足人的需求，而忽视了对自然环境的保护，导致环境破坏、生态污染、能源过度消耗，为了解决这些问题，设计界掀起了旨在建立人与自然和谐发展的设计理念，即绿色设计。而环境设计、生命周期设计或环境意识设计等，由于这些方法的目的基本相同，都是设计和制造对环境影响最小的产品，因而经常被互换使用。绿色可持续设计是在产品的整个生命周期内，加强对环境属性的考虑，注重其重复利用的能力，而且在设计初期就要考虑它的环境影响性[2]，在这个基础上再考虑其他性能要求。传统的工业化大批量生产，完全无视对生态环境和生物多样性的保护，在逐利的本质驱动下任由资本侵略扩张，牺牲种族的未来以换取亮眼的增长数据，绿色设计理念强调保护生态环境和重视人类生存的需求。

2　绿色设计的特征

一般来说，绿色设计需要考虑系统性，产品设计的完整过程需要从头到尾通盘考虑，才能把控住每一个设计环节都能体现绿色设计的理念，其与环境的关系能得到确认，提高产品的达标率。然后还需要确认设计过程是否能通过动态和静态评价，以期能够设计出更长生命周期的、长时间不落伍的产品，减少频繁升级换代产生的损失。世上唯有变化是永恒不变的真理，人类对产品需求的认知和对绿色设计理念本身的认知都是在不断发展变化的，要保持长远的眼光来看待问题，以科学的方法来进行实践，确保绿色设计贯穿始终[3]。贯穿产品的完整生命周期便是绿色设计理念的重要特征，需要产品的设计团队对产品从需求调研一直到报废回收再利用的环节都进行思考，哪一步可以做到节能，哪一块能做到低碳，哪部分能做到节省原材料，尽可能对生态环境造成更小的影响。产品的可再生循环利用性也是其重要特征，可确保其符合可持续的基本要求，实现生存环境在保护中发展，在发展中保护。

3 引入绿色设计理念的意义

在制造业领域引入绿色设计理念，可以促进企业进行技术迭代更新，主动研发设计方法和制造工艺，并且促进企业对环保新材料的研发加大投入，进一步提升产品质量，这对提高生产效率和经济效益都有重要的推动作用，会促进上下游产业链的发展，而最终也会反哺到企业，有利于企业自身的长期发展。绿色设计可以减少化石能源等传统能源和原材料的消耗，人类从近代工业化发展一路走来，都是以消耗地球能源和自然资源为主，发展工业、商品经济，扩大经济体量，维护自身的领先地位。随着科技的发展和人类认知的完善，各国都认识到靠着粗放经济的发展模式行不通，发现了绿水青山才是金山银山的道理，纷纷出台对传统能源的消耗限制措施和对新能源开发利用的奖励机制，这对制造行业加速转型是一个利好。企业通过加大投入提高产量，来提高利润，不利于成本控制，绿色设计理念的加持可以使原材料管理更有效，利于减少浪费，提高企业抗库存风险的能力。绿色设计还可以减少对生态环境的污染破坏，理念融入全流程当中，控制污染排放和噪声。

4 结语

绿色设计理念在高耗能产业中的融入与渗透，能够高效地推动地球环境的治理和维护，实现人类与自然的和谐共生，推动经济与社会的健康与可持续发展的目标的实现，这将会为建设制造业强国奠定坚实的基础。

参考文献

[1] 张维波，杨迁. 绿色理念融入机械设计制造的途径 [J]. 化肥设计，2022，60 (5)：38-40.

[2] 李国岩. 绿色设计理念在机械设计制造中的应用 [J]. 科技资讯，2022，20 (22)：41-44.

[3] 刘强. 绿色理念在机械设计制造中的应用路径研究 [J]. 中国设备工程，2023 (9)：261-263.